FLORE

FRANÇAISE.

FLORE FRANÇAISE,

OU

DESCRIPTIONS SUCCINCTES

DE TOUTES LES PLANTES

QUI CROISSENT NATURELLEMENT

EN FRANCE,

Disposées selon une nouvelle Méthode d'Analyse, et précédées par un Exposé des Principes élémentaires de la Botanique ;

TROISIÈME ÉDITION;

Par MM. DE LAMARCK et DECANDOLLE.

TOME SECOND.

A PARIS,

Chez H. AGASSE, rue des Poitevins, N°. 6.

DE L'IMPRIMERIE DE STOUPE, AN XIII (1805).

EXPLICATION

D E

LA CARTE BOTANIQUE

DE LA FRANCE.

La Carte botanique de la France, que nous avons cru utile de joindre à cet Ouvrage, est destinée à indiquer deux choses très-différentes, savoir, 1°. le degré auquel les productions végétales des différentes parties de la France, sont connues des Botanistes; 2°. la disposition générale des plantes sur le sol de la France.

Le premier objet, quoique peu important par lui-même, nous a paru cependant mériter quelque intérêt; par-là les Botanistes qui voudront herboriser dans l'intérieur de la France, pourront facilement diriger leurs recherches sur les points qui n'ont pas encore été suffisamment visités, ou (ce qui est la même chose pour la science) dont les végétaux n'ont pas encore été décrits dans des ouvrages imprimés. Par-là, on verra quelles sont les parties de la France sur lesquelles nous possédons des renseignemens positifs, et sur lesquelles cet Ouvrage doit mériter plus de confiance.

Pour donner une idée du degré différent auquel les différentes provinces de ce vaste territoire ont été explorées par les Naturalistes, nous n'avons indiqué sur cette carte que les noms des villes et villages autour desquels on a herborisé; ainsi les provinces de l'Ouest, qui sont presque entièrement vides, sont celles qui appellent le plus l'attention des observateurs. Au contraire, les points très-chargés de noms, tels que les environs de Paris, de Montpellier, de Turin, nous indiquent déjà que la presque totalité des plantes de ces pays ont été observées. Pour graduer d'une manière encore plus précise cette connoissance des plantes de la France, nous avons indiqué, par de grandes capitales, les villes où ont vécu plusieurs Botanistes distingués, et dont nous possédons des Flores exactes et détaillées : telles sont, PARIS, MONTPELLIER, TURIN; par de petites capitales, les villes dont nous ne possédons encore qu'une seule Flore bien faite, ou plusieurs fragmens épars : telles sont, Grenoble, Barrèges, Genève; par des lettres romaines, les villes dont nous possédons seulement des catalogues peu complets : telles sont, Rouen, Soissons; enfin, nous avons fait écrire en lettres italiques, tous les lieux qui sont simplement indiqués dans les Flores des pays voisins, ou dont nous connoissons quelques plantes égrenées. Au moyen de ces conventions, on pourra, à la seule inspection de la Carte, déterminer, avec assez de précision, si les plantes de tel ou tel pays sont suffisamment connues. Ces conventions, fort différentes de celles des cartes ordinaires, expliqueront pourquoi les noms de certains villages sont écrits en grandes lettres, et ceux de plusieurs villes en petits caractères; pourquoi il existe dans cette Carte une si grande inégalité entre le nombre des villages indiqués dans diverses provinces. Au reste, dans les pays bien connus relativement à la Botanique, on a été obligé d'omettre quelques noms, faute d'espace pour les placer.

Le second objet que nous nous sommes proposé d'indiquer, savoir, la disposition générale des plantes sur le sol de la France, est beaucoup plus important que le précédent ; mais il faut avouer aussi qu'il nest pas susceptible d'une grande précision, du moins dans l'état actuel de nos connoissances; et cette Carte doit être plutôt considérée comme l'essai d'une méthode particulière, que comme l'exposé complet de la géographie botanique de la France.

La France est divisée dans cette Carte en cinq régions, qui y sont distinguées par des couleurs différentes, et on doit observer que leurs limites ne sont point tranchées dans la nature comme elles le sont ici, mais qu'on n'auroit pu, sans de grandes difficultés, représenter leurs dégradations ; ainsi ces régions ne doivent être considérées que comme des indications très-générales.

La couleur verte placée sur les côtes depuis Ostende jusqu'à Oneille, indique la patrie des plantes *maritimes* ; et les taches vertes qu'on retrouve dans l'intérieur des terres aux environs des salines de Dieuze, de Château—Salins, de Salins, de Durckheim et de Frankenstatt, indiquent que ces mêmes plantes maritimes croissent aussi dans l'intérieur de la France, dans les lieux où se trouve une suffisante quantité de sel marin.

Toutes les plantes maritimes du nord de la France se retrouvent sur les côtes méridionales ; mais l'inverse n'a pas également lieu, et la plupart des plantes maritimes de la Méditerranée ne croissent qu'en petite quantité sur les bords de l'Océan, du côté de la Gascogne, et ne s'avancent vers le nord qu'environ jusqu'à l'embouchure de la Loire, ou tout au plus jusqu'au midi de la Bretagne. Malgré cette différence, je n'ai pas cru devoir séparer en deux classes les plantes maritimes, à cause de l'extrême ressemblance qu'on observe dans leur port et leur végétation.

La couleur bleue est destinée à présenter aux yeux l'espace occupé en France par les plantes *montagnardes*. Ici les lignes de démarcation sont beaucoup moins prononcées que dans la région précédente ; les vallées exposées au soleil, participent souvent à la végétation des provinces méridionales, et les vallons moins chauds offrent des plantes qui leur sont communes avec les vastes plaines du nord et du centre de la France ; mais ces mêmes régions offrent un nombre très – considérable de plantes qui leur sont particulières, et dont la plupart se trouvent dans toutes les montagnes ; car quelques différences que présentent les chaînes des Vosges, du Jura, des Alpes, des montagnes d'Auvergne, des Cévennes et des Pyrénées, on ne peut disconvenir que l'aspect de leur végétation offre de grands traits de ressemblance, et que la plupart des plantes montagnardes se retrouvent dans ces différentes chaînes.

Le rouge-carmin qui colore l'île de Corse et les parties méridionales de la France, est destiné à représenter l'espace occupé par cette classe de plantes que je nommerois volontiers plantes *méditerranéennes*, parce qu'elles se retrouvent dans presque tous les pays qui entourent la Méditerranée ; on peut remarquer que cette région occupe le revers méridional de nos grandes chaînes de montagnes, et l'espace qui se trouve entre la mer et le pied des montagnes ; elle s'avance un peu vers le nord, du côté de Montélimart et dans la vallée du Rhône, parce que la moindre élévation du sol au-dessus du niveau de la mer, maintient dans cette partie de la France une température supérieure à celle des autres villes situées à la même latitude.

Le vaste espace coloré en jaune, qui comprend plus de la moitié de la France, et notamment tous les pays de plaines situés au nord des chaînes de montagnes, indique l'uniformité de la végétation de ces grandes plaines; cette région est peuplée de plantes presque semblables dans toute son étendue, et dont la plupart se retrouvent dans les autres régions; mais elle manque des plantes qui sont particulières à chacune d'entre elles.

Enfin les parties colorées en rouge vermillon sont destinées à faire connoître les provinces de la France dont la végétation est pour ainsi dire intermédiaire entre celle des plaines du nord et des provinces méridionales. A la seule inspection de cette Carte, on peut voir que les plantes des provinces méridionales s'approchent davantage vers le nord du côté de l'ouest, que du côté de l'est. Ainsi, si l'on étudie les Flores du Mans et de Nantes (1), on trouve qu'elles diffèrent très-peu de celles de Dax et d'Agen, situées à trois ou quatre degrés plus au sud, tandis que du côté de l'est, les Flores de Dijon et de Strasbourg diffèrent totalement de celles d'Aix et de Turin, situées à des distances presque semblables.

Ce fait paroîtra plus singulier si on le rapproche d'un autre observé par M. Arthur Young; cet estimable voyageur, qui a donné toute son attention aux plantes cultivées, a remarqué que si l'on fait passer des lignes par les points les plus septentrionaux où l'on cultive l'olivier, le maïs et la vigne, on obtient trois lignes à-peu-près parallèles, qui vont toutes en s'approchant vers le nord du côté de l'est; ce qui est précisément l'inverse de ce que nous observons dans les plantes sauvages : nous avons fait copier les trois lignes de M. Arthur Young, pour servir de points de comparaison avec nos propres divisions.

L'explication de cette contradiction apparente se trouve dans la double comparaison de la nature physique de l'est et de l'ouest de la France, et du choix des plantes cultivées avec l'ensemble des plantes sauvages.

De toutes les circonstances qui influent sur l'habitation des plantes, la température est sans contredit la plus essentielle; or, la température moyenne d'un lieu, indépendamment des circonstances locales, est déterminée par la latitude et par la

---

(1) Pour les plantes de Nantes, je me suis fié à la Flore publiée par M. Bonamy; j'apprends, au moment de la publication de cette note, que ce Botaniste, sans en avertir, a inséré dans cet Ouvrage plusieurs plantes exotiques naturalisées aux environs de Nantes : ainsi cette partie de la Flore française devra peut-être subir quelque révision.

hauteur au-dessus du niveau de la mer ; on estime même en général que 200 mètres d'élévation au-dessus du niveau de la mer, influent sur la température moyenne à-peu-près autant qu'un degré de latitude plus au nord. Pour que les lecteurs puissent eux-mêmes faire sous ce rapport la comparaison des différentes parties de la France, nous avons fait tracer sur cette carte des lignes qui indiquent, d'une manière générale, la hauteur des différentes provinces au-dessus du niveau de la mer : l'idée ingénieuse d'appliquer aux cartes des continens, pour indiquer leur hauteur, les mêmes procédés employés dans les cartes maritimes pour indiquer la profondeur, est due à M. Dupaintriel; et c'est de la carte de France qu'il a publiée, que nous avons tiré les lignes qui indiquent les hauteurs des plaines de la France, et de la base des montagnes. Quant aux sommités des montagnes elles-mêmes, nous les avons indiquées tantôt d'après M. Dupaintriel, plus souvent d'après les observations des géologues ; ainsi les hauteurs des Alpes sont extraites des Voyages de Desaussure; celles des Pyrénées nous ont été communiquées par M. Ramond; celles du Jura ont été observées par M. Léopold de Buch.

Si maintenant nous comparons les provinces occidentales et orientales, nous voyons que les premières sont très-peu élevées au-dessus du niveau de la mer, car à une grande distance des côtes, on ne trouve encore que 100 mètres d'élévation ; au contraire, les provinces de l'est qui entourent les grandes chaînes de montagnes, sont généralement élevées de 4 à 500 mètres au-dessus du niveau de la mer; cette hauteur diminue, il est vrai, du côté de la Belgique ; mais alors la température est sensiblement réfroidie par la seconde des causes qui la déterminent, savoir, la distance de l'équateur. Ainsi il n'y a rien que de conforme aux loix de la physique, à ce que les plantes du midi s'approchent davantage vers le nord du côté de l'ouest que du côté de l'est.

Mais lors même que la température moyenne seroit la même, la distribution des plantes entre ces deux parties de la France, devroit être différente, à cause de la manière différente dont la même température se répartit entre les saisons de l'année. C'est un fait généralement reconnu, qu'à latitudes égales, les îles et les pays maritimes jouissent d'une température moins inégale que les pays éloignés des mers : en d'autres termes, qu'ils ont des étés moins chauds, et des hivers moins froids. Cette uniformité de la température des pays maritimes, tient évidemment à l'influence des vents et à la proximité d'un réservoir immense d'eau dont la température est sensiblement constante. Or les provinces de l'ouest de la France, qui sont toutes maritimes, jouissent de cette espèce d'uniformité que ne peuvent avoir les provinces de l'est, qui sont éloignées des mers, et voisines des montagnes.

On doit aussi diviser les plantes en deux classes ; les unes qui craignent les grands froids de l'hiver, mais qui, pendant l'été, n'ont pas besoin d'une grande chaleur ; les autres qui ne craignent point les grands froids de l'hiver, mais qui ont besoin, pendant l'été, d'une assez grande chaleur. Dans la première classe, il est évident qu'on doit placer, par exemple, les arbres qui, sans être résineux, conservent leurs feuilles, et par conséquent leur sève, pendant l'hiver ; et en effet la plupart des arbres du midi qu'on retrouve, soit indigènes, soit naturalisés, vers le nord dans les provinces maritimes, appartiennent à cette classe ; tels sont le chêne-ieuse, le chêne-liège, le chêne au kermès, l'arbousier, le laurier franc, le figuier, les philaria, la pervenche à grande fleur. On doit, au contraire, placer dans la seconde classe, c'est-à-dire, parmi les plantes qui ne craignent pas les grands froids de l'hiver, celles qui peuvent leur résister, parce que la sève y est interrompue par la chute des feuilles, comme la vigne, etc., et celles qui leur échappent, parce que les plantes, ou au moins leurs tiges, sont annuelles, comme le maïs, etc. On conçoit donc facilement que les plantes de cette seconde classe naîtront plus volontiers, et seront naturalisées plus facilement dans l'est que dans l'ouest de la France.

Relativement aux plantes cultivées, il est nécessaire d'ajouter une dernière observation, savoir, que celles qui se cultivent pour obtenir leurs fruits, devront être préférablement réservées pour les pays où il fait très-chaud pendant l'été ; ainsi la vigne est cultivée avec profit sur les revers méridionaux des Alpes, dans les lieux dont la température moyenne est plus froide que la Bretagne ou la Normandie, mais où il fait très-chaud pendant l'été, et où on est sûr que le raisin mûrira. Ce même arbuste n'est pas cultivé dans le nord de la France, non qu'il y périsse, mais c'est que ses fruits y mûrissent mal, parce que l'été n'y est pas assez chaud. Au contraire, les plantes

que nous ne cultivons pas pour obtenir leurs fruits , quoique
indigènes des pays les plus méridionaux, sont facilement cultivées dans toute la France : tel est l'artichaud, la lavande, le
micocoulier, etc. Je ne pousserai pas plus loin ces observations,
qui me paroissent suffisantes pour expliquer pourquoi, en France,
les plantes du midi approchent plus vers le nord du côté de
l'ouest que du côté de l'est, et pourquoi plusieurs plantes cultivées suivent une marche inverse.

Quelque importance que j'aie attaché jusqu'ici à la hauteur au-
dessus du niveau de la mer, en tant que cause de la température, je suis loin cependant d'attribuer à cette hauteur autant
d'influence sur la végétation, que le font plusieurs Naturalistes
célèbres, qui pensent que la diminution de la densité de l'air
influe beaucoup sur les plantes : comment concilieroit-on cette
influence de la raréfaction de l'air, avec d'autres faits très-gé-
néraux et connus de tout le monde ; savoir que dans toutes les
montagnes où le sol permet la végétation, on trouve des plantes
jusque auprès des neiges éternelles, quelle que soit leur hauteur ;
que les plantes des hautes Alpes se retrouvent dans le nord de
l'Europe, dans les lieux où l'air est beaucoup plus dense , mais
où la température est égale à celle de ces montagnes ; que ces
plantes des Alpes peuvent, avec des précautions, être cultivées
dans les plaines les plus basses ; que quelques-unes même de celles
qui croissent sur les hautes Alpes , se retrouvent sur les bords de la
mer ; que dans les mêmes montagnes les mêmes plantes s'élèvent
plus haut sur le revers méridional, que du côté du nord ; que
dans les zônes tempérées où la hauteur ne détermine pas seule
la température, on observe beaucoup d'anomalies relativement
aux élévations auxquelles les mêmes plantes se trouvent, tandis
qu'on en remarque très-peu dans les pays voisins de l'équateur,
où la hauteur presque seule détermine la température. Je crois
donc que, d'après ces faits, on peut regarder comme prouvé
que la hauteur des montagnes n'influe sur la végétation qu'en
tant que cause de la température.

On a encore, dans quelques écrits, attribué une grande importance à la nature chimique des terreins dans lesquels les
plantes croissent, et peut-être pensera-t-on que j'aurois dû les
indiquer dans cette Carte botanique ; mais j'observerai que tous
les faits de la Botanique générale tendent, ce me semble, à
prouver le peu d'influence de cette cause. Je ne nie point que

la nature du terreau, et même quelquefois celle de la terre, n'influent sur la vigueur et les propriétés des plantes; mais ce que je crois pouvoir affirmer, c'est que cette influence est trop foible pour déterminer l'habitation générale des végétaux; qu'ainsi telle plante qui prospère davantage dans certains sols, ne laissera pas de se propager sur un sol différent, lorsque celui-ci se trouvera à sa proximité. Je prendrai pour exemple les deux terreins les plus caractérisés et sur lesquels on a le plus clairement cru reconnoître la diversité de la végétation; savoir les terreins granitiques et calcaires; et, comme dans les cas précédens, je m'attacherai plutôt à des preuves générales qu'à des détails. Nous possédons en France deux chaînes de montagnes assez considérables qui détruisent cette assertion : les Vosges sont granitiques, le Jura est calcaire, et on trouveroit à peine quelques plantes qui ne fussent pas communes à ces deux chaînes; le Jura offre de même un grand nombre de plantes qui croissent aussi dans les Alpes granitiques; la chaîne des Alpes comparée avec les hautes sommités des Pyrénées, montre encore qu'un grand nombre de plantes sont communes à ces deux terreins : je vais plus loin, et si j'en excepte les plantes très-rares, je ne saurois trouver un seul végétal qu'on puisse affirmer n'avoir été trouvé que dans des terreins calcaires ou que dans des terreins granitiques.

D'après les considérations précédentes, je crois que dans un pays donné, tel que la France, les causes qui déterminent l'habitation des plantes, peuvent se réduire à trois.

1°. La température, qui est déterminée par la distance de l'équateur, la hauteur au-dessus du niveau de la mer, et l'exposition au sud ou au nord.

2°. Le mode d'arrosement, qui comprend la quantité plus ou moins considérable d'eau qui peut arriver à la plante, la manière plus ou moins rapide dont cette eau peut se filtrer au travers du sol, les matières utiles ou nuisibles à la végétation de telle ou telle plante, qui sont dissoutes dans l'eau.

3°. Le degré de tenacité ou de mobilité du sol.

DESCRIPTION

DESCRIPTION
SUCCINCTE
DES PLANTES
QUI CROISSENT NATURELLEMENT EN FRANCE.

PREMIÈRE CLASSE.
PLANTES ACOTYLÉDONES.

Les végétaux Acotylédones ou Cellulaires, sont composés de tissu cellulaire, dont les cellules sont tantôt arrondies, tantôt alongées : on n'y découvre ni vaisseaux propres, ni vaisseaux lymphatiques, ni pores corticaux; leurs graines, qui ont reçu le nom de *gongyles*, sont dépourvues de cotylédons et peut-être de tégumens.

Ces végétaux n'offrent qu'une substance homogène, et ce n'est que par une analogie d'apparence qu'on y distingue des racines, des tiges et des feuilles. Leurs racines, qui doivent être plutôt désignées sous le nom de *crampons*, ne sont pas spécialement destinées à pomper leur nourriture, mais seulement à les fixer au sol; leurs tiges n'offrent qu'à un degré peu marqué et souvent point du tout, cette tendance à la perpendicularité qu'on remarque dans tous les végétaux Vasculaires; leurs prétendues feuilles diffèrent essentiellement des vraies feuilles par leur permanence, et par l'absence des pores corticaux. Toutes ces plantes absorbent leur nourriture par toute leur surface : les loix de leur accroissement sont inconnues.

On n'a point encore découvert avec certitude de sexes distincts dans la plupart des plantes Acotylédones; Linné croyant que les organes sexuels y existent, quoiqu'ils nous échappent par leur petitesse, les avoit nommées plantes *Cryptogames*; Lamarck pensant que ces organes manquent réellement dans ces végétaux, les nomme plantes *Agames*; Jussieu considérant qu'on n'y a pas encore découvert de cotylédons, les désigne par le nom de plantes *Acotylédones*.

PREMIÈRE FAMILLE.

ALGUES.   *ALGÆ.*

Algæ. Dec. — *Algarum gen.* Linn. Juss.

Les Algues se présentent sous la forme de filamens ou de membranes ; les filamens sont simples ou cloisonés ; les membranes sont homogènes dans toutes leurs parties, ou traversées par des nervures formées de cellules alongées ; ces plantes se reproduisent ou par une division naturelle de leurs parties, ou par des gongyles renfermés dans des tubercules internes ou externes.

Elles vivent presque toutes dans l'eau douce ou salée ; lorsqu'étant sèches on les plonge dans l'eau, elles s'en imbibent et reprennent le plus souvent l'apparence de la vie ; lorsqu'on les y plonge à moitié, il n'y a que la partie submergée qui se renfle, et l'autre reste sèche : les Algues sont vertes ou rougeâtres ; les premières donnent du gaz oxigène lorsqu'on les expose sous l'eau de source, au soleil.

I. NOSTOCH.   *NOSTOCH.*

Nostoch. Vauch. — *Tremellæ spec.* Linn.

Caractère. Les nostochs sont composés d'une enveloppe verdâtre et membraneuse, remplie d'une espèce de gelée, dans laquelle on distingue une multitude de filamens alongés, menus et articulés, comme si c'étoient des grains de chapelet enfilés les uns à la suite des autres.

Observations. Ils vivent sur les terres humides ou dans les eaux, et jouissent, à un haut degré, de la faculté de reverdir lorsqu'après une dessication totale on les replonge dans l'eau. Réaumur a observé que les petits globules qui composent les filamens, se séparent d'eux-mêmes et forment de nouvelles plantes. Girod-Chantrans dit que les filamens sont immobiles tant qu'ils sont renfermés dans l'enveloppe ; qu'à leur sortie leurs anneaux se séparent et acquièrent un mouvement rapide ; qu'enfin ils se réunissent de nouveau pour former des filets articulés, d'où il conclut que les nostochs sont des polipiers. Vaucher a vérifié le fait découvert par Réaumur ; il penche à croire que les nostochs sont des polipiers, et que chaque filament est un animalcule qui se multiplie par division, et dont il pense avoir vu les mouvemens. Ces opinions ne nous paroissent pas encore appuyées sur un assez grand nombre de faits, pour que nous cessions de ranger les nostochs parmi les végétaux.

1. Nostoch commun.   *Nostoch commune.*

Nostoch commune. Vauch. Conf. p. 223. t. 16. f. 1. — *Tremella nostoch.* Linn. spec. 1625. Lam. Fl. Franç. 1. p. 93. Chantr. Conf. p. 42. t. 7. f. 12. — *Nostoc.* Réaumur. Act. Acad. 1722. p. 121.—Dill. Musc. t; 10. f. 14.—*Tremella atrovirens.* Bull. Champ. p.|225. t. 184. et p. 38. t. 2. f. 1. L.

Le nostoch commun a d'abord une forme globuleuse; il devient ensuite irrégulier, plissé et ondulé; sa couleur est d'un verd assez variable. Il offre à l'intérieur une matière gélatineuse, composée de filets articulés, dont le dernier anneau, selon l'observation de Vaucher, est ordinairement plus gros que les autres. Cette plante, lorsqu'elle est sèche, se réduit à une membrane sèche, et en apparence inorganisée; elle reprend sa forme lorsqu'on l'humecte : on la trouve sur la terre, et on ne la distingue qu'après la pluie et dans les temps humides; elle atteint 3-4 centim. de largeur.

2. Nostoch coriace.   *Nostoch coriaceum.*

Nostoch coriaceum. Vauch. Conf. p. 226. t. 16. f. 4.

La pellicule qui recouvre cette plante est coriace, d'un brun qui tire sur le jaune. Ce nostoch offre des lobes arrondis et comme foliacés; l'intérieur est rempli d'une gelée composée de filamens très-petits, et dont les anneaux sont peu sensibles. Il se trouve sur la terre humide, dans les marais.

3. Nostoch lichenoïde.   *Nostoch lichenoides.*

Nostoch lichenoides. Vauch. Conf. p. 227. t. 16. f. 5.—*Tremella nostoch, var.* β. Lam. Fl. Franç. 1. p. 93.—*Noctoc nigricans arboribus inascens.* Vaill. Bot. Par. p. 144.

Cette espèce est foliacée, plissée et sinueuse; sa couleur est noirâtre; sa superficie est couverte de grains noirs qui sont peut-être, selon Vaucher, les anneaux des filets de l'intérieur. Ce nostoch, quoique commun, n'a pas encore été bien étudié : il adhère aux arbres et aux pierres; on le trouve sur-tout en hiver, après les pluies.

4. Nostoch en vessie.   *Nostoch vesicarium.*

Tremella vesicaria. Bull. Champ. p. 224. t. 427. f. 3.

Le nostoch en vessie est composé d'une membrane cartilagineuse,

qui a la forme d'une bourse ou d'un sac, sur lequel on remarque quelques inégalités; sa surface est verdâtre ou d'un gris
roussâtre; cette bourse, d'abord remplie d'un suc visqueux,
se crève à la longue, se vide et reste fixée au sol par une racine
latérale.

5. Nostoch découpé.   *Nostoch laciniatum.*

Tremella laciniata. Bull. Champ. p. 226. t. 499. f. 1.

Cette espèce est d'un verd un peu bleuâtre, et formée d'une
substance cartilagineuse qui ressemble à de la gelée; elle est
très-mince, crépue, fort petite, ramassée en gazon : elle se
distingue par ses bords profondément découpés. Dans la gelée
on distingue des filamens articulés, composés de gongyles agglutinés les uns aux autres : elle croît sur la terre et la mousse
humide.

6. Nostoch sphérique.   *Nostoch sphæricum.*

Nostoch sphæricum. Vauch. Conf. p. 223. t. 16. f. 2. — Dill.
Musc. t. 10, f. 17. — *Tremella granulata.* Bull. Champ. p. 227.
t. 499. f. 2? — *Ulva granulata.* Linn. spec. 1633. Lightf.
Scot. 2. p. 976.

Ce nostoch se présente toujours sous la forme de grains
arrondis plus ou moins nombreux, souvent distincts et quelquefois réunis. Il contient intérieurement des grains arrondis qui,
vus au microscope, sont eux-mêmes composés de filamens articulés. Cette plante se conserve pendant la sécheresse; elle croît
sur la terre humide.

7. Nostoch à verrues.   *Nostoch verrucosum.*

Nostoch verrucosum. Vauch. Conf. p. 225. t. 16. f. 3. — *Tre-*
mella verrucosa. Linn. spec. 1625. Lam. Fl. franç. 1. p. 93.
Chantr. Conf. p. 37. t. 6. f. 10. — Dill. Musc. t. 10. f. 16.

Sa couleur est d'un verd foncé; sa grosseur varie depuis
3 millim. à 6 centim. de diamètre; sa forme est arrondie, tuberculeuse; sa consistance assez solide; à l'entrée de l'hiver, la
pellicule se crève et laisse sortir une gelée composée de filets
articulés, dont le dernier anneau est plus gros que les autres.
Ce nostoch croît dans les ruisseaux et les rivières, attaché aux
pierres.

II. RIVULAIRE. *RIVULARIA.*

Rivularia. Roth. — *Ulva*. Vauch.

C**ar**. Les rivulaires offrent une membrane diversement lobée, un peu cartilagineuse, revêtue d'un enduit gélatineux.

O**bs**. Elles différent des nostochs parce que l'intérieur de leur membrane n'offre ni gelée ni filamens; des ulves, parce que leur membrane est recouverte d'une couche de gelée; des batracho-spermes, parce que leur gelée externe recouvre des membranes et non des filamens. Elles vivent dans les eaux douces. Les plantes de ce genre sont encore plus mal connues que les autres cryptogames.

8. Rivulaire tubulée.   *Rivularia tubulosa.*

Ulva gelatinosa. Vauch. Conf. p. 244. t. 17. f. 2.

Cette espèce ressemble au frai de grenouille; sa couleur est d'un vert clair; elle offre une membrane recouverte d'une couche de gelée, disposée en forme de tube renflé et crispé à l'une de ses extrémités. On la trouve au printemps, flottante dans les petits ruisseaux.

9. Rivulaire fétide.   *Rivularia fœtida.*

Ulva fœtida. Vauch. Conf. p. 244. t. 17. f. 3. — *Conferva fœtida*. Vill. Dauph. t. 56.

Cette plante est remarquable par l'odeur fétide qu'elle exhale; son tronc principal offre une membrane gonflée qui ressemble à un filament de conferve, qui se divise sur-tout vers son sommet en plusieurs rameaux grèles et pointus. Sa couleur est d'un vert sombre, sur-tout vers les extrémités. Elle vit adhérente aux pierres, au fond des petits ruisseaux.

10. Rivulaire de Haller.   *Rivularia Halleri.*

Ulva. Hall. Helv. n. 2128. *Excl. Syn.*

Cette espèce offre une membrane repliée en tube cylindrique alongé, rameux, pointu; sa surface externe est toujours chargée de dépôts calcaires qui indiquent que, dans sa jeunesse, elle étoit gélatineuse; elle atteint jusqu'à 1 décimètre de longueur. Cette plante m'a été communiquée par M. Chaillet, qui l'a trouvée dans le Seyon, rivière du comté de Neuchâtel.

III. ULVE.   *ULVA.*

Ulva. Woodw. — *Ulvæ et Fuci spec.* Linn.

Car. Je réunis sous ce genre les algues membraneuses, dont les graines ou les capsules sont éparses sous l'épiderme, n'aboutissent à aucun conduit externe et ne peuvent sortir que par la destruction de la feuille elle-même.

Obs. Ce genre comprend des plantes fort hétérogènes ; les unes sont tubuleuses, d'autres sont planes ; les unes sont membraneuses, d'autres coriaces, quelques-unes gélatineuses ; en général les espèces de ce genre sont des membranes dépourvues de nervures longitudinales : la fructification de plusieurs d'entre elles n'est pas encore connue ; presque toutes habitent la mer.

§. I. *Pantes gélatineuses intérieurement.*

11. Ulve diaphane.   *Ulva diaphana.*

Ulva diaphana. With. Brit. 4. p. 121.

Cette plante singulière est cylindrique ou peu comprimée, son tissu cellulaire est gonflé par une grande quantité de sucs muqueux et pellucides ; sa surface est unie, d'une couleur jaunâtre sale, ou un peu brunâtre ; elle offre beaucoup de diversité dans la manière dont elle se ramifie : tantôt elle est cylindrique et émet de côté et d'autre des segmens ou des rameaux ; tantôt elle est comprimée et divisée irrégulièrement vers son sommet ; elle est ordinairement de 1-2 décim. de longueur. Lorsqu'elle est sèche elle devient ferme et un peu transparente ; on découvre dans l'intérieur de cette espèce de gelée une multitude de grains, qu'on regarde comme ses semences. Cette espèce vit dans l'Océan ; elle est souvent jetée sur les bords de la mer ; je l'ai trouvée assez abondamment près du Hâvre : peut-être cette production bizarre appartient-elle au règne animal.

12. Ulve cotoneuse.   *Ulva tomentosa.*

Fucus tomentosus. Huds. Fl. angl. 584. Stack. Ner. brit. p. 21. t. 7. — Moris. Hist. 3. p. 647, s. 15. t. 8. f. 7. — *Fucus fungosus.* Desf. Atl. 2. p. 428. — *Lamarckia vermillara.* Olivi. Zool. Adriat. p. 258, ic.

Cette espèce adhère aux rochers par un petit renflement de sa tige ; celle-ci est arrondie, épaisse, de nature fongueuse quand elle est vivante, et comme cotoneuse quand elle est sèche, de couleur verdâtre; elle se bifurque plusieurs fois en rameaux plus minces mais semblables au tronc, obtus à leur sommet; sa fructification est inconnue. Stachouse dit que cette plante semble composée d'un amas de tubes réunis dans une membrane; quelques auteurs, et Gouan en particulier, la regardent comme une éponge. Cette plante croît au fond de la Méditerranée et de l'Océan, et est jetée par les flots sur le rivage.

13. Ulve articulé.   *Ulva articulata.*

Ulva articulata. Lightf. Scot. 959. — Moris. s. 15. t. 8. f. 14. — *Fucus articulatus.* Stackh. Ner. Brit. 28. t. 8.

Cette espèce est ordinairement rose et quelquefois verdâtre; elle adhère aux rochers ou aux autres varecs par un disque aplatti fort étroit, d'où s'élèvent ordinairement 2-5 tiges longues de 4-8 centim. Chaque tige est formée d'une série d'articulations ovoïdes ou oblongues; les rameaux partent 2-5 ensemble des étranglemens, et sont articulés comme la tige. La fructification, selon Stackhouse, est composée de globules renfermés dans les articles du sommet des rameaux. Cette plante, qu'on peut placer indifféremment parmi les varecs, les ulves et les conferves, croît aux bords de l'Océan. Stackhouse ne l'a trouvée que sur les grandes espèces de varecs; je l'ai trouvée en abondance sur les rochers calcaires qui bordent la côte de Dieppe.

§. II. *Espèces tubuleuses.*

14. Ulve comprimée.   *Ulva compressa.*

Ulva compressa. Linn. spec. 1632. Dill. Musc. 48. t. 9. f. 8. A. B. C. D. Lightf. Scot. 2. p. 969.
β. *Ulva confervoides.* Linn. spec. 1632;

Cette plante est d'un beau vert, d'une consistance foliacée; lorsqu'elle est jaune elle semble une feuille linéaire absolument plane; bientôt elle se gonfle vers son sommet, et on voit qu'elle est un sac fermé par l'extrémité, aminci en pédicule à sa base, gonflé vers son sommet; elle est quelquefois simple, le plus souvent rameuse ou plusieurs fois bifurquée; la tubulure des rameaux ne paroît pas communiquer avec celle du tronc; ils sont du moins toujours resserrés à leur origine, et dilatés à leur sommet; le tube principal lui-même offre, d'espace en espace, des étranglemens d'où partent les rameaux. Le citoyen Herger a découvert dans les renflemens que forme ce sac, vingt à trente grains, qu'il compare à des ovaires. Elle adhère sans crampons aux rochers et au sable, sur la côte de l'Océan.

15. Ulve intestinale. *Ulva intestinalis.*

Ulva intestinalis. Linn. spec. 1632. — Dill. Musc. t. 9 f 7.
— *Conferva intestinalis.* Roth. Cat. 1. p. 159.

Cette plante, à sa naissance, offre un filament simple, grèle, semblable à ceux des conferves; ce filament s'alonge et se renfle en un tube simple cylindrique, long de 2-4 décim., épais de 2 centim., sinueux et plein d'anfractuosités. Cette plante est d'un verd clair et devient jaunâtre à la fin de sa vie; le tube renferme souvent des bulles d'air, et alors ne ressemble pas mal à l'intestin colon; si l'on examine au microscope la membrane qui forme ces tubes, on y découvre des cellules arrondies comme dans les espèces marines; çà et là on en voit partir de petits filamens qui paroissent des tubes très-grèles, semblables à des conferves, et qui probablement se séparent naturellement de la plante mère. Elle croît dans les eaux stagnantes douces, salées ou saumâtres; tantôt elle est perpendiculaire et fixée au fond, tantôt flottante sur la surface.

16. Ulve ridée. *Ulva rugosa.*

Ulva rugosa. Linn. Mant. p. 311.

Cette plante est une feuille qui, se repliant sur elle-même, forme un tube aminci à sa base en une espèce de pédicelle, à-peu-près cylindrique et ouvert à son sommet; sa longueur varie de 4-12 centim.; sa couleur est d'un brun verdâtre; ce qui la rend très-facile à reconnoître, c'est que sa surface entière est parsemée de ponctuations tuberculeuses brunes et saillantes; ces tubercules, vus à la loupe, paroissent composés de plusieurs mammelons; on croiroit voir une sphérie sortant de l'écorce d'un arbre. Cette espèce croît dans la Méditerranée.

§. III. *Espèces membraneuses sans pédoncule ni nervure.*

17. Ulve naine. *Ulva minima.*

Ulva minima. Vauch. Conf. p. 243. t. 17. f. 1.

Cette espèce croît au printemps, attachée aux pierres dans les ruisseaux d'eau courante; elle y forme des expansions arrondies, flottantes, d'un verd foncé; sa substance est membraneuse. Vaucher y a observé des globules disposés quatre à quatre.

18. Ulve ombiliquée.   *Ulva umbilicalis.*

Ulva umbilicalis. Linn. Syst. ed. 13. p. 817. Spec. 1633. Dill.
Musc. t. 8. f. 3. Lightf. Scot. 2. p. 967.

Cette espèce est une feuille membraneuse, d'un verd très-
foncé et tirant sur le brun, étalée, un peu coriace; elle est
attachée aux rochers par le centre, sinueuse et légèrement ondulée sur les bords; quelquefois elle est trouée ou déchirée irrégulièrement. Elle se distingue de l'ulve laitue par sa consistance,
le peu de profondeur de ses lobes, et parce qu'elle devient
brune à sa mort au lieu de pâlir. J'ai vu un échantillon de cette
plante qui offroit des taches brunes très-petites, disposées en
cercle ou en anneau : ce sont probablement les organes de
la fructification. Elle croît dans l'Océan; on la mange sur les
côtes d'Angleterre en salade, avec du poivre, du vinaigre et du
beurre. On la sale afin de la conserver pour l'hiver.

19. Ulve pourpre.   *Ulva purpurea.*

Ulva purpurea. Roth. Cat. Bot. 1. p. 209. t. 6. f. 1. — *Ulva*
purpureo-violacea. Roth. Fl. germ. I. v. 1. p. 524. n. 6.

On trouve souvent sur les bords de l'Océan et de la Méditerranée, des ulves foliacées, planes ou ordinairement ondulées,
simples ou divisées, attachées non par le centre, mais par le
bord, le plus souvent terminées en pointe, et toujours recon-
noissables par une couleur brune vineuse ou violette. Peut-être
sous le même nom spécifique renfermé-je ici plusieurs espèces
distinctes : peut-être aussi cette couleur est une simple variété
due à l'âge ou aux circonstances. Ce qui me semble autoriser
cette dernière conjecture, c'est 1°. qu'il est rare de trouver
des ulves brunes naissantes; 2°. j'en possède divers échantillons,
dont les uns ressemblent, pour la forme, à l'ulve laitue, et
les autres à l'ulve ruban. Ces ulves méritent d'attirer l'attention des naturalistes qui vivent sur les bords de la mer. J'ai
observé que malgré sa couleur, cette ulve donne quelquefois
du gaz oxigène, lorsqu'on l'expose sous l'eau au soleil.

20. Ulve laitue.   *Ulva lactuca.*

Ulva lactuca. Linn. spec. 1632. Lightf. Scot. p. 970. Dill. Musc.
t. 8. f. 1. *malè.* Roth. Cat. I. p. 206. II. p. 244.
β. *Ulva latissima.* Linn. spec. 1632.

Elle consiste en une feuille mince, verte, pellucide, qui

n'affecte ni forme ni proportion constante; quelquefois elle pousse une seule feuille élargie à sa base et pointue au sommet; le plus souvent elle pousse de la même base deux ou plusieurs lanières élargies ou réunies à la base, lobées et pointues au sommet; ces feuilles sont toujours ondulées et crépues, ensorte qu'on a comparé cette algue à la laitue frisée. Cette plante devient d'un verd pâle lorsqu'elle souffre; sa grandeur ordinaire est de 2 décim. de longueur; elle prend quelquefois des dimensions considérables, et alors elle a été regardée comme une espèce distincte, à laquelle on a donné le nom d'*ulve élargie*. Elle vit dans la mer, attachée aux rochers et aux coquilles. Cette espèce se mange comme salade sur les côtes d'Ecosse.

21. Ulve lancéolée.   *Ulva lanceolata.*

Ulva lanceolata. Linn. Spec. 1632. Dill. Musc. t. 9. f. 5.

Sa consistance est mince, papiracée, pellucide; sa couleur est d'un verd assez décidé dans sa jeunesse, et jaunâtre à sa mort : elle est lancéolée, pointue aux deux extrémités, entière ou quelquefois un peu divisée, attachée aux rochers par une callosité simple. On y observe quelquefois des taches brunes, oblongues, éparses, très-petites, qui paroissent les organes de la fructification. Elle croît dans l'Océan.

22. Ulve ruban.   *Ulva linza.*

Ulva linza. Linn. spec. 1633. Lightf. Scot. 2. p. 973. Dill. Musc. t. 9. f. 6.

Sa consistance est coriace; elle forme des rubans oblongs verds, plus ou moins alongés et larges, à bords parallèles, ondulés ou crépus; ces rubans tendent souvent à se plier longitudinalement sur eux-mêmes; ils deviennent pâles en se desséchant. Elle croît dans l'Océan.

23. Ulve tortillée.   *Ulva contorta.*

Fucus contortus. Gmel. Fuc. p. 181. t. 22. f. 1.

Sa consistance est molle, sa couleur d'un brun clair un peu rougeâtre; sa tige est comprimée, foliacée, linéaire; elle se divise en rameaux menus, le plus souvent bifurqués, toujours pointus au sommet; la tige et les rameaux sont entiers sur les bords, mais ondulés et marqués sur toute la surface, d'enfoncemens formés par la crispation de la feuille; ces enfoncemens sont pleins d'une gelée qui peut-être renferme les graines. J'ai trouvé cette plante dans l'Océan, tout auprès du rocher du Calvados. Elle a 8–10 centim. de longueur. Appartient-elle aux ulves ou aux varecs?

24. Ulve dentelée. *Ulva serrata.*

Ulva atomaria. Woodw. Trans. Linn. 3. p. 53.

Cette espèce est d'un fauve verdâtre et d'une consistance foliacée; sa feuille est plane dès sa naissance, mince, dentée irrégulièrement en scie sur les bords, sur-tout vers le sommet, bifurquée, rameuse ou même déchiquetée sans ordre, terminée par des lobes pointus et comme déchirés; les fructifications sont des points protubérans, épars sur toute la surface de la feuille et jusque sur les bords, quelquefois disposés par bandes transversales. Chacun de ces points vus au microscope, ne m'a offert qu'un tubercule simple ovoïde, épais et opaque; peut-être son opacité m'a-t-elle empêché de distinguer les corpuscules dont il est probablement composé. J'ai trouvé cette plante adhérente au sable, sur la côte du Calvados, dans la partie de la plage que la mer n'abandonne qu'une ou deux heures par marée.

25. Ulve bifurquée. *Ulva dichotoma.*

Ulva dichotoma. Huds. Angl. 476. Lightf. Scot. 2. p. 975. t. 34.

Sa couleur est d'un fauve verdâtre; elle est mince et foliacée; ses feuilles sont planes dès leur naissance, parfaite-ment entières sur leurs bords, et vont toujours en se divisant en deux lobes obtus à leur sommet. La longueur de cette feuille est de 7–8 centim., la largeur de ses lobes varie depuis 4–10 millim. Les fructifications sont éparses sur le milieu de la feuille, et de chaque côté se trouve un espace de 1–2 millim. qui en est constamment dépourvu; elles ne paroissent d'abord à l'œil nu que comme de petites plaques ovales; peu-à-peu on voit ces plaques se changer en tubercules noirâtres et ovoïdes; ces tubercules vus au microscope, paroissent composés de 15–20 corpuscules arrondis, qui probablement contiennent les graines. J'ai trouvé cette espèce adhérente au sable, sur la côte du Calvados, dans la partie de la plage que la mer n'abandonne que deux heures à chaque marée.

26. Ulve annulaire.   *Ulva ocellata.*

Fucus ocellatus. Lamour. Bull. Philom. n. 65. p. 131. t. 9.
f. 2 et 3.

Cette espèce est d'un rose vif, relevé par le pourpre foncé
des tubercules; sa feuille est papiracée, pellucide, dépourvue
de nervures, entière sur les bords; elle se bifurque plusieurs
fois, et se termine toujours par des lobes arrondis et obtus. Sa
grandeur varie de 5–9 centim. Les fructifications sont éparses
dans le milieu de la feuille, et composées de tubercules disposés en anneau arrondi assez régulier; chacun de ses tubercules
vu au microscope, paroît un mammelon divisé en 2–3 parties.
Cette espèce se trouve dans la Méditerranée et l'Océan, près
des frontières de l'Espagne et de la France.

27. Ulve palmée.   *Ulva palmata.*

Ulva palmata. With. Brit. 4. p. 123. — *Fucus palmatus.* Linn.
spec. 1630. Lightf. Scot. 933. t. 27. Gmel. Fuc. 26. — Moris.
Oxon. s. 15. t. 8. f. 1.

Sa couleur est rouge, sa consistance mince, papiracée et
pellucide; ses feuilles sont réunies 5–6 ensemble; elles adhèrent
aux rochers par une callosité peu considérable; elles sont planes,
rétrécies à la base en un court pédicule, promptement élargies,
divisées à leur sommet en quatre, cinq ou six segmens divergens, profonds, oblongs, obtus, entiers, quelquefois déchiquetés au sommet, mais toujours entiers sur les bords, ce qui
distingue cette plante de l'ulve ciliée. Elle vit dans l'Océan, et
est fréquemment jetée sur le rivage par les flots. Les habitans
pauvres du nord de l'Ecosse et de l'Irlande, s'en nourissent.

28. Ulve comestible.   *Ulva edulis.*

Fucus edulis. With. Brith. 4. p. 101.

Sa couleur est rouge, sa consistance épaisse et comme cartilagineuse; ses feuilles sont planes, amincies à leur base en un
court pédicule comprimé, évasées et découpées profondément
en quatre, cinq ou six segmens alongés, oblongs, obtus, entiers sur leurs bords ou légèrement sinués; la surface est unie;
on y apperçoit des taches circulaires un peu proéminentes, qui
sont formées par les globules de la fructification; après la chûte
de ces globules, la feuille reste trouée de place en place.

Elle croit dans l'Océan; elle diffère, par sa consistance épaisse, de l'ulve palmée. On mange cette plante sur les côtes de l'Ecosse et de l'Irlande.

29. Ulve ciliée. *Ulva ciliata.*

Fucus ciliatus. Linn. Mant. p. 136. Trans. Linn. 3. p. 160. Stackh. Ner. Brit. 90. t. 15.

α. Fucus ciliatus. Gmel. Fuc. p. 176. t. 21. f. 1. Esper. Fuc. t. 4. — *Fucus laciniatus, var. β.* With. Brit. 4. p. 103.

β. Fucus holosetacens. Gmel. Fuc. p. 177. t. 21. f. 2. With. Brit. 4. p. 104.

γ. Fucus ligulatus. Gmel. Fuc. p. 178. t. 21. f. 3. — *Fucus lanceolatus.* With. Brit. 4. p. 104

Sa couleur est rouge, sa consistance foliacée ou membraneuse; ses feuilles naissent en grouppes plus ou moins nombreux; de leurs bases partent quelques racines fibreuses et cylindriques; les feuilles sont oblongues, planes, le plus souvent pointues, quelquefois bifurquées ou même déchirées à leur sommet; elles émettent des deux côtés des dentelures semblables à des cils plus ou moins longs et plus ou moins nombreux; dans la var. *α.* la surface de la feuille est nue; dans la var. *β.* elle est hérissée de petites pointes saillantes et coniques; dans la var. *γ.* les cils s'alongent et se changent en petites folioles latérales et elles-mêmes ciliées. J'ai observé dans plusieurs individus de cette espèce, des taches arrondies, éparses qui paroissent grenues, et sont probablement les organes de la fructification. Cette espèce croît dans l'Océan; elle est souvent jetée sur les bords par les flots; elle sert à la nourriture de l'homme dans quelques parties de l'Ecosse et de l'Irlande.

30. Ulve crépue. *Ulva crispa.*

Fucus crispus. Linn. Systm. Nat. p. 970. Trans. Linn. 3. p. 169. Stackh. Ner. Brit. p. 63. t. 12. — *Fucus ceranoides.* Gmel. Fuc. p. 115 t. 7. f. 1. 2. 3. Lightf. Scot. 2. p. 913. Lam. Fl. fr. 1. p. 95. — *Fucus polymorphus.* Lamour. Monogr. Bull. Philom. n. 73. ic.

α. Apicibus obtusis, ramis undulatis. Gmel. t. 7. f. 1. — *Fucus stellatus.* Stackh. Ner. Brit. t. 12. Esper. Fuc. t. 52. f. 3.

β. Fronde ramisque latitudine æqualibus. Gmel. t. 7. f. 3.

γ. Ramis deltoideis. Esper. Fuc. t. 52. f. 1.

δ. Ramis mammillosis. — *Fucus mammillosus.* Trans. Linn. 3. p. 114. — *Fucus canaliculatus, var. β.* Huds. Angl. 583. — Moris. Oxon. s. 15. t. 8. f. 13.

La consistance de ce varec est membraneuse, un peu coriace;

sa couleur est brune, vineuse, rouge, verdâtre ou blanchâtre;
il adhère aux rochers par une dilatation calleuse arrondie, de
laquelle s'élèvent 10-30 tiges hautes de 6-18 centim.; ces tiges
sont presque cylindriques à leur base, évasées vers leur milieu
ou leur sommet, en une feuille plane ou courbée en gouttière,
ou ondulée à son extrémité, sans nervure, plusieurs fois bifurquée; les sinus des bifurcations sont plus ou moins obtus; les
divisions sont pointues ou obtuses, à bords parallèles, ou élargies, quelquefois peu nombreuses et régulières; quelquefois
tellement multipliées, que la plante paroît frisée et déchirée;
les fructifications commencent par être des taches rondes ou
ovales d'un brun foncé, éparses dans la feuille près de son
sommet; elles se renflent ensuite, et forment des tubercules
saillans composés d'une foule de capsules ovoïdes, dans lesquelles, à l'aide du microscope, on découvre les graines; après
la sortie des graines les tubercules se détruisent, et il se forme
souvent un trou dans la feuille; quelquefois au contraire les
tubercules s'alongent et forment des mammelons simples ou
divisés, calleux et proéminens sur la surface de la feuille.

Cette plante est commune sur les bords de l'Océan et de la
Méditerranée. Lamouroux en distingue vingt-sept variétés
relativement aux couleurs, aux ramifications, etc. Il les classe
sous quatre divisions que j'ai indiquées en tête de cet article.

§. IV. *Espèces membraneuses traversées par une nervure longitudinale.*

31. Ulve en langue.   *Ulva lingulata.*

Fucus lingulatus. Soland. in Trans. Linn. 3. p. 113.

Cette espèce, qui me paroît avoir été confondue avec le
fucus alatus et le fucus hypoglossum, en diffère par des caractères importans; sa feuille est papiracée, pellucide, rose, traversée par une nervure longitudinale; mais cette nervure n'émet
dans aucune partie de sa longueur, des nervures latérales qui
traversent le parenchyme; ce parenchyme est entier, soit à
son sommet, soit en ses bords, et continu dans toute la longueur de la plante; les rameaux naissent sur la nervure, et sont
distincts du parenchyme; l'extrémité de la tige et des rameaux
s'élargit en folioles ovales arrondies, au milieu desquelles on
distingue un amas ovale de petits tubercules purpurins, qui sont
les organes de la fructification. Cette fructification est bien

représentée T. XIII, f. ii de la Nereis Britannica, mais n'appartient pas au varec ailé. Cette espèce a été trouvée sur les côtes du Calvados, par mademoiselle Signard.

32. Ulve polypode. *Ulva polypodioides.*

Fucus polypodioides. Desf. Atl. 2. p. 421. — *Fucus membranaceus.* Stackh. Ner. Brit. p. 13. t. 6.

Cette espèce n'a que 1-2 décim. de longueur; elle adhère au sol par un disque orbiculaire, d'où sortent une ou plusieurs tiges grèles noirâtres et nues vers leur base, bientôt bordées d'une membrane verdâtre, pellucide, entière en son bord, obtuse à son sommet; cette feuille se bifurque plusieurs fois; on y remarque de petits points noirs qui, vus à la loupe, sont des amas de graines séparées les unes des autres. Cette plante diffère de l'ulve bifurquée, à cause de la côte saillante qui occupe le milieu de la feuille. Elle croît dans l'Océan et dans la Méditerranée.

§. V. *Espèces membraneuses portées sur un pédoncule.*

33. Ulve fougère. *Ulva phyllitis.*

Fucus phyllitis. Vith. Bot. Arr. 4. p. 100. Stackh. Ner. Brit. p. 33. t. 9. — *Fucus saccharinus*, *var.* Gmel. Fuc. t. 28. f. 2.

Cette ulve n'est peut-être qu'une variété de l'ulve sucrée; elle en diffère cependant parce qu'elle est beaucoup plus petite, plus mince et d'un verd clair; ses crampons n'ont pas plus de 5-7 millim. de longueur; sa tige est grèle et longue de 2 centim.; sa feuille est pointue, quelquefois divisée à son sommet en segmens alongés; elle n'a pas plus de 2 décim. de longueur. Cette plante croît dans l'Océan.

34. Ulve sucrée. *Ulva saccharina.*

Fucus saccharinus. Linn. spec. 1650. Gmel. Fuc. t. 27 et 28. Stackh. Ner. Brit. p. 31. t. 9. Fl. dan. t. 416. Esper. Fuc. t. 57.

Cette grande espèce d'ulve adhère au fond de la mer par des crampons rameux, qui forment une espèce de griffe hémisphérique, d'où s'élèvent une ou plusieurs tiges cylindriques, épaisses comme le doigt, longues de 5-20 centim.; cette tige s'évase subitement en une feuille souvent ondulée, quelquefois plane, entière ou sinuée sur les bords, large comme la main et longue de 1-2 mètres; cette feuille est d'un verd foncé; sa

surface est lisse comme si elle étoit vernie. On regarde comme
les graines de cette plante, de petits globules qu'on trouve soit
sous la peau, selon Stackhouse, soit dans les sinus des ondulations, selon Gmelin. Cette immense plante porte vulgairement
le nom de *Baudrier de Neptune*; elle croît au fond de l'Océan
et est jetée toute entière sur le rivage; elle sert à fumer les
terres. On dit qu'on peut la manger en la faisant cuire avec
du lait; lorsqu'après l'avoir sortie de la mer on la lave à l'eau
douce, et qu'on la fait dessécher, elle se couvre d'une efflo-
rescence blanche qui est douce comme du sucre; ce phénomène singulier, qui lui a mérité le nom d'ulve sucrée, se
retrouve dans quelques autres espèces, mais avec moins d'é-
nergie que dans celle-ci. Cette ulve desséchée est très-sensible
aux variations de l'humidité de l'air, et a été proposée pour
servir d'higromètre.

35. Ulve digitée. *Ulva digitata.*

Fucus digitatus. Linn. Mant. 134. Œd. Fl. dan. t. 392. Stackh.
Ner. Brit. p. 5. t. 3.

Cette grande espèce d'ulve atteint 8-10 décimètres de longueur; sa couleur est d'un verd brun, sa consistance très-coriace; elle tient aux rochers ou aux cailloux par des crampons
rameux qui forment une espèce de rosette arrondie; sa tige est
cylindrique, épaisse comme le pouce, longue de 3-4 décim.;
elle s'évase subitement en une feuille plane qui se découpe
presque jusqu'à la base en sept à huit lanières parallèles et pointues. La fructification est inconnue. L'ulve digitée est habituellement jetée par les flots sur la côte de l'Océan : on l'emploie
à fumer les terres. Elle donne du sucre comme la précédente.

36. Ulve bulbeuse. *Ulva bulbosa.*

Fucus polyschides. Lightf. Scot. 936. Stackh. Ner. Brit. p. 6. t.
4. — *Fucus palmatus.* Gmel. Fuc. t. 30. — *Fucus bulbosus.*
Huds. Angl. 579. Réaum. Mém. Acad. Paris. 1712. p. 21. t. 1.
Trans. Linn. 3. p. 153.

Cette plante adhère au fond de la mer, au moyen d'une
espèce de bulbe déprimé dans le centre, concave, tuberculeux,
d'où partent des crampons cartilagineux et tortueux; sa tige est
très-grande, comprimée, un peu épaisse vers le milieu, et découpée sur les bords en lanières arrondies; elle s'évase tout-à-
coup, au sommet, en une feuille très-large, découpée en
segmens

segmens alongés, épais et sans nervures. Cette plante a été trouvée sur les côtes de l'Océan, par Réaumur : elle atteint quelquefois jusqu'à cinq mètres de longueur. Quelques naturalistes, et en particulier le C. Roucel, croient que cette plante n'est qu'une monstruosité de l'ulve digitée.

§. VI. *Espèces membraneuses marquées de zones transversales.*

57. Ulve queue de paon.   *Ulva pavonia.*

Ulva pavonia. Linn. Syst. 972. Desf. Atl. 2. p. 428. — *Fucus pavonius.* Gmel. Fuc. 169. — Ellis. Corall. 103. t. 33. f. c. — Moris. Oxon. s. 15 t. 8. f. 7. — *Zonaria pavonia.* Drap. ined. herb. Juss.

Cette plante offre l'aspect d'un éventail ; sa feuille s'élargit dès sa base et est arrondie à son sommet; toute sa surface est marquée par des raies transversales parallèles au bord supérieur, et qui représentent des segmens de cercles concentriques; sa substance est mince, cartilagineuse ; elle est longue de 5-8 centimètres et large d'autant; sa couleur est d'un verd jaunâtre, souvent couverte d'une poussière blanche. On ignore absolument l'organisation interne et le mode de reproduction de cette plante : elle est le plus souvent simple, quelquefois divisée dès sa base en plusieurs lobes disposés en éventail; elle croît sur les rochers, dans la Méditerranée.

38. Ulve écaille.   *Ulva squammaria.*

Ulva squammaria. Gmel. Syst. p. 1390.—*Zonaria squammata.* Drap. ined. herb. Juss. — *Fucus squammarius.* Gmel. Fuc. 171. t. 20. f. 1. Desf. Atl. 2. p. 427.

Cette espèce a l'aspect de la peltigère canine; son diamètre est de 5-8 centimètres; ses feuilles partent plusieurs ensemble d'une souche commune, et s'étendent horizontalement ; elles sont coriaces, brunes, arrondies, découpées en lobes inégaux, obtus, orbiculaires ou en forme de rein; ces feuilles sont striées par de petites lignes divergentes. Cette plante croît dans la Méditerranée, sur les pierres.

I V. VAREC.   *F U C U S.*

Fuci sp. Linn.— *Fuci et ceramii spec.* Roth.

CAR. Les varecs sont des algues membraneuses ou filamenteuses, dont les graines ou les capsules sont réunies dans des

Tome II.   B gousses ou des tubercules, aboutissent à des pores extérieurs et sortent naturellement de la plante.

Obs. Les espèces de ce genre habitent le fond de la mer; elles se font remarquer par une consistance coriace; presque toutes celles qui sont membraneuses sont traversées par une nervure longitudinale. La fructification de plusieurs espèces n'est point connue. Les varecs filamenteux diffèrent des ceramiums, parce qu'ils ne sont pas cloisonnés.

§. 1er. *Tubercules fructifères réunis dans un renflement de la feuille, ou du moins cachés sous l'épiderme.*

39. Varec vésiculeux.   *Fucus vesiculosus.*

Fucus vesiculosus. Linn. spec. 1626. Stackh. Ner. Brit. p. 3. t. 2. 6. Esper. Fuc. t. 12. — *Fucus quercus marina.* Gmel. Fuc. 60. — Moris. s. 15. t. 8. f. 10.

β. *Fucus divaricatus.* Linn. spec. 1627.—Moris. s. 15. t. 8. f. 5.

Sa couleur est d'un verd brun, sa consistance coriace, sa hauteur de 3–4 décim.; il tient aux rochers par une base arrondie, de laquelle s'élève une tige cylindrique qui bientôt s'élargit en une feuille plane, munie d'une côte longitudinale, entière sur les bords, plusieurs fois bifurquée; cette feuille est parsemée de vésicules arrondies, placées tantôt à l'aisselle des bifurcations, tantôt deux à deux le long de la feuille; ces vésicules sont pleines d'air; on y remarque quelques fils qui les traversent; la surface entière de la feuille est parsemée de petites concavités bordées d'un rang de filamens blancs et articulés, qu'on a regardés comme les organes mâles de la plante, mais qui paroissent n'être que des organes excrétoires ou absorbans; l'extrémité de la feuille se renfle, et dans ces gousses qui sont tantôt simples, tantôt à deux ou trois divisions, on trouve une foule de tubercules qui viennent aboutir à la surface; chacun de ces tubercules vu au microscope, contient plusieurs globules ovoïdes qui renferment eux-mêmes les graines noyées dans un mucus visqueux. Cette espèce est commune sur les bords de l'Océan et de la Méditerranée; elle croît sur les rochers : on la coupe deux fois l'an pour en faire de la soude et pour fumer les terres.

40. Varec spiral. *Fucus spiralis.*

Fucus spiralis. Linn. spec. 1627. Esper. Fuc. t. 14. Stackh. Ner. Brit. p. 10. t. 5.

Cette espèce, que quelques auteurs n'ont regardée que comme une variété du varec vésiculeux, en diffère parce qu'elle est dépourvue de vésicules aériennes, que le bas de sa tige est souvent dénudé de membrane latérale, et que la plante a une disposition générale à se rouler en spirale; elle diffère du varec denté, parce que le bord de la feuille n'est point denté en scie; du varec cornu, parce que ses fructifications sont obtuses et ovales. Le varec spiral croît aux bords de l'Océan et de la Méditerranée; il est attaché aux rochers par une base arrondie.

41. Varec cornu. *Fucus ceranoides.*

Fucus ceranoides. Linn. spec. 1626. Stackh. Ner. Brit. p. 71. t. 13.

Cette espèce a été souvent confondue avec le varec vésiculeux, le varec spiral et le varec crispé; elle diffère du premier parce qu'elle est dépourvue de vésicules aériennes; du second, parce que ses fructifications sont pointues; du troisième, parce que sa feuille se renfle au sommet en vésicules fructifères. Sa couleur est d'un brun olivâtre, sa consistance membraneuse; sa feuille est traversée par une nervure longitudinale ordinairement dénudée à sa base; les bords de la feuille sont entiers et pellucides. Cette feuille se bifurque au sommet, et porte des gousses séminifères oblongues, pointues, longues de 1 centim. au plus, et larges de 3–4 millim. Les détails de la fructification sont les mêmes que dans le varec vésiculeux, mais le nombre des tubercules est beaucoup moindre dans chaque gousse. Cette plante se trouve dans l'Océan, souvent mélangée avec le varec vésiculeux.

42. Varec à long fruit. *Fucus longifructus.*

Cette espèce a, je crois, été confondue avec le varec spiral, mais elle en diffère trop pour qu'on puisse la regarder comme une simple variété; sa feuille est étroite, coriace, presque opaque, traversée par une nervure peu saillante, dépourvue de vésicules aériennes, bifurquée plusieurs fois; elle se termine par des gousses fructifères, analogues à celles du varec vésiculeux, obtuses, quatre fois plus longues que larges, à bords

parallèles, longues de 2 centimètres, larges de 5 millimètres.
Elle a été trouvée dans l'Océan, près de Brest.

43. Varec dentelé.   *Fucus serratus.*

Fucus serratus. Linn. spec. 1626. Réaum. Mém. Acad. Paris,
1772. t. 3. f. 1. 2. 3. 4. 5. 7. 9. Stackh. Ner. Brit. p. 1. t. 1.

Cette espèce, la plus commune de toutes, atteint 3-4 décimètres de longueur et se distingue facilement, parce que ses
feuilles sont dentées en scie; sa couleur est d'un verd brun;
elle tient aux rochers par une base arrondie, d'où s'élève une
tige cylindrique, qui peu après se divise en feuilles applaties,
marquées, sur-tout vers leur base, par une côte longitudinale,
dentées en scie, plusieurs fois bifurquées, mais toujours ramifiées de manière que les diverses parties de la plante sont
sur le même plan; la surface de la feuille est parsemée de petits
enfoncemens entourés d'une rangée de filamens blancs et articulés, qu'on a regardés comme les organes mâles; l'extrémité
de la feuille offre un amas de tubercules placés à l'intérieur,
et qui aboutissent à de petits orifices externes; ces tubercules
vus au microscope, contiennent des globules ovoïdes qui eux-
mêmes renferment les graines. Le varec denté croît dans
l'Océan, sur les rochers découverts par la marée : on le coupe
deux fois par année, pour en faire de la soude ou pour fumer
les terres.

44. Varec tortillé.   *Fucus volubilis.*

Fucus volubilis. Linn. Syst. 789. Gmel. Fuc. p. 180. Bocc. Sic.
p. 70. t. 38. f. 2. Barr. Icon. 1303.

Sa couleur est d'un brun verdâtre, sa tige se divise en plusieurs rameaux alongés peu branchus et disposés sans ordre;
cette tige est véritablement membraneuse et sans nervure, mais
la feuille qui la compose se roule sur elle-même en spirale, de
manière à donner à la plante fraîche un aspect cylindrique; les
bords de la feuille sont dentelés et souvent prolongés en une
griffe déliée et ramifiée. Je n'ai point vu la fructification de
cette plante; il paroît, d'après la place que Linné a assignée à
cette espèce, qu'elle a quelques rapports avec celle du varec
vésiculeux. Elle croit dans la Méditerranée; elle m'a été communiquée par le citoyen Clarion. Cette espèce est différente
de la plante décrite sous ce nom par Hudson. Celle-ci n'est qu'une

variété du varec vésiculeux ; et sa feuille est traversée par une
nervure longitudinale , tandis que ma plante en est dépourvue.

45. Varec en gouttière. *Fucus canaliculatus.*

> *Fucus cunaliculatus.* Linn. Syst. Nat. 812. Fl. dan. t. 244.
> Stackh. Ner. Brit. app. t. E. n. 4. Trans. Linn. 3. p. 172.
> Gmel. Fuc. t. 1. A. f. 2.
> β. *Fucus excisus.* Linn. Syst. Nat. XII. 3. p. 715. — Moris. 3.
> t. 8. f. 11.

Cette espèce ressemble , par sa fructification , au varec vésiculeux , mais elle s'en éloigne beaucoup par le port; elle ne
s'élève pas à plus de 7-8 centim. ; elle adhère au sol par un
disque arrondi, d'où sortent plusieurs feuilles étroites, entières
sur leurs bords , plusieurs fois bifurquées, courbées sur elles-
mêmes , de manière à former un canal; l'extrémité des rameaux
se gonfle et se remplit de tubercules qui aboutissent à un orifice
extérieur ; ses fructifications sont oblongues , souvent divisées en
deux parties vers leur extrémité ; les tubercules y sont disposés
sur deux rangs. Stackhouse dit avoir semé ces graines dans de
l'eau de mer renouvellée toutes les douze heures , et les avoir vu
lever au bout de huit jours; les jeunes plantes ressembloient , au
moment de leur naissance , aux coupes d'où sort le varec courroie.
Cette espèce croît dans l'Océan , près de ses bords.

46. Varec à silique. *Fucus siliquosus.*

> *Fucus siliquosus.* Linn. spec. 1629. Gmel. Fuc. p. 81. t. 2. B.
> Œd. Fl. dan. t. 106. Stackh. Ner. Brit. p. 8. t. 5.
> β. *Fucus siliculosus.* Gmel. Syst. p. 1381.

Cette espèce adhère aux rochers par une base arrondie, de
laquelle s'élève une ou plusieurs tiges alongées, comprimées,
coriaces , divisées en plusieurs rameaux qui sont tous disposés
sur le même plan; l'extrémité de la plupart de ces rameaux se
renfle en une gousse alongée, comprimée, marquée de cloisons
transversales ; entre ces cloisons se trouve un mucus gélatineux ,
dans lequel Lightfoot dit avoir observé des capsules séminales.
Cette plante est d'une couleur noirâtre , et s'alonge jusqu'à
4-5 décim. La var. β. est de moitié plus petite dans toutes ses
parties ; elle croît au fond de l'Océan , et est fréquemment jetée
sur le rivage.

47. Varec à nœuds.   *Fucus nodosus.*

Fucus nodosus. Linn. spec. 1628. Gmel. Fuc. t. 1. B. 1. Stackh.
Ner. Brit. p. 35. t. 10. Fl. dan. t. 146. Réaum. Mém. Acad.
Paris, 1712, t. 2, f. 3.

Cette espèce adhère aux rochers par un disque arrondi, duquel s'élèvent plusieurs tiges longues de 2-4 décim., de couleur
brune, de consistance coriace; ces tiges sont presque cylindriques à leur base, puis elles s'aplatissent et s'élargissent; elles
émettent de côté et d'autres des rameaux comprimés, simples ou
bifurqués, qui, d'espace en espace, se renflent en une vésicule
ovoïde pleine d'air : de ces rameaux sortent des pédoncules linéaires, qui se terminent par une gousse arrondie comprimée,
tuberculeuse, laquelle renferme les graines enveloppées dans
un mucus visqueux. Ce varec croît dans l'Océan; il est commun
sur nos côtes.

48. Varec en gazon.   *Fucus cœspitosus.*

Fucus cœspitosus. Stackh. Ner. Brit. p. 59. t. 12. — *Ulva filiformis.* Fl. dan. t. 949.

Sa couleur est brune, sa tige cylindrique, un peu dure,
compacte, fine comme un cheveu et longue de 3-4 centim.
au plus; cette tige se divise en rameaux très-étalés, toujours
pointus; les deux derniers sont souvent opposés, et alors la
branche paroît terminée par une espèce de croix; l'extrémité
des rameaux se renfle en une petite gousse alongée, obtuse,
en forme de massue; cette gousse est pleine de grains qu'on
distingue par transparence, et qui paroissent être les semences.
Ce varec croît en grouppes serrés, sur le sable ou le fin terreau que la mer dépose, et sur les rochers eux-mêmes; je
l'ai trouvé sur les murs du port du Hâvre et sur la côte du
Calvados.

49. Varec lombric.   *Fucus lumbricalis.*

Fucus lumbricalis. Gmel. Fuc. p. 108. t. 6. f. 2. Trans. Linn. 3.
p. 204. — *Fucus fastigiatus.* Gmel. Fuc. p. 106. t. 6. f. 1.
Stackh. Ner. Brit. p. 15. t. 6. — *Fucus furcellatus.* Huds.
p. 589.

Cette espèce ressemble tellement au varec en faîte, qu'on
l'en distingue à peine au premier coup-d'œil; elle en diffère
cependant, parce que ces rameaux sont dichotomes avec assez
de régularité, se terminent en pointe et forment à leur aisselle

un angle aigu ; ces rameaux se renflent vers leur sommet , et
ce renflement renferme les graines. Cette plante adhère aux
rochers par une racine fibreuse ; elle croît dans l'Océan.

5o. Varec bifurqué. *Fucus bifurcatus.*

Fucus bifurcatus. With. Brit. 4. p. 109. t. 17. f. 1. — *Fucus
tuberculatus.* Stackh. Ner. Brit. app. t. A. n. 1. — *Fucus
elongatus.* Gmel. Fuc. p. 103.

Sa couleur est verdâtre quand la plante est fraîche , et devient
brune en séchant ; sa consistance est coriace , sa tige est cylindrique, se divise vers son sommet seulement en plusieurs bifurcations successives ; l'angle que les rameaux laissent entre eux
est arrondi ; les dernières ramifications sont courtes et obtuses
lorsqu'elles sont stériles ; ordinairement elles s'alongent , se
renflent en une vésicule cylindrique , pleine de tubercules qui
aboutissent à des pores placés à l'extérieur , et qui sont entourés
d'une mucosité limpide ; ce liquide s'évapore par la dessication ,
et les vésicules fructifères paroissent alors chagrinées et raboteuses.
Cette espèce , qui s'alonge jusqu'à 2 et 3 décim. , se trouve
dans l'Océan , aux environs de Brest.

51. Varec couroie. *Fucus loreus.*

Fucus loreus. Linn. Syst. Nat. 813. Stackh. Ner. Brit. p. 37. t. 10.
Fl. dan. t. 710. Réaum. Mem. Acad. Paris., 1712, p. 34. f. 2.
et 1772, p. 2. pl. 2. fig. 14. Y.

La base de cette plante est en-dessous un disque arrondi ; ce
disque s'évase supérieurement en une coupe orbiculaire , concave ,
large de 18-20 millim. , entière sur ses bords ; du fond de cette
coupe partent une ou quelquefois deux tiges cylindriques ,
visqueuses , coriaces , brunes , tuberculeuses vers le sommet ,
plusieurs fois bifurquées , épaisses de 6-7 millim. et longues
de 1-2 mètres. Les semences sont , selon plusieurs auteurs ,
des grains à-peu-près en forme de poire , entourés d'un mucus
visqueux , qu'on remarque épars le long de la tige sous l'épiderme.

Cette plante croît dans l'Océan ; elle est fréquemment jetée
sur la côte.

52. Varec fibreux. *Fucus fibrosus.*

Fucus fibrosus. Stackh. Ner. Brit. p. 80. t. 14. — *Fucus seta-
ceus.* Huds. Fl. angl. 575. — *Fucus abrotanoides.* Gmel. Fuc.
p. 89. Esper. Fuc. 65. t. 29. A. — Moris. Hist. 646. s. 15.
t. 8. f. 17.

Cette espèce adhère au sol par une base arrondie , molle et

spongieuse ; sa tise est ligneuse, cylindrique, divisée en rameaux épars, nombreux, grèles, comprimés, munis de petites
ramifications qui les font paroître dentelés ; ces rameaux s'évasent
çà et là, sur-tout près de leur base, en vessies ovoïdes pleines
d'air, qui, par leur succession, ressemblent un peu aux grains
d'un chapelet. La fructification est au sommet des rameaux ;
elle consiste en des vésicules muqueuses qui contiennent des
graines, et qui n'ont pas d'orifice visible à l'extérieur. La couleur de la plante est obscure ; sa consistance coriace. Ce varec
croît dans l'Océan, et n'est jeté sur la côte que dans de fortes
tempêtes.

53. Varec bruyère.   *Fucus ericoides.*

> *Fucus ericoides.* Trans. Linn. 3. p. 13o. — *Fucus tamaris-*
> *cifolius.* Stackh. Ner. Brit. p. 44 et xxxv. t. 11. — *Fucus*
> *abies marina.* Gmel. Fuc. p. 83. t. 2. A. — *Fucus selaginoides.*
> Esp. Fuc. t. 31.

Sa couleur est verdâtre pendant sa vie, et devient brune par
la dessication ; sa tige est épaisse, noueuse et irrégulièrement
cylindrique, spongieuse, souvent couverte de conferves et de
sertulaires ; elle se divise vers son sommet en rameaux grèles,
aplattis ou anguleux, striés ou sillonnés en long, garnis sur leurs
bords ou leurs angles, de feuilles élargies par le bas, pointues,
courtes, dirigées vers le sommet ; les feuilles inférieures des
rameaux se détruisent promptement ; vers le haut les branches
se renflent en vésicules oblongues ou cylindriques, souvent
placées les unes après les autres, comme les grains d'un chapelet ; ces vésicules vues au microscopes, offrent des ponctuations
en soucoupe, bordées de cils ; ces ponctuations aboutissent à
un tubercule qui contient les graines. Cette plante varie beaucoup pour son port ; quelquefois ses rameaux sont simples,
quelquefois rameux ; ils sont aplattis comme des feuilles ou anguleux comme des tiges ; elle croît dans l'Océan et la Méditerranée.

54. Varec sedum.   *Fucus sedoides.*

> *Fucus sedoides.* Desf. Atl. 2. p. 423. t. 260.

Sa couleur est brune, sa substance coriace, sa tige qui s'élève
de 1-3 décimètres, est cylindrique, quelquefois simple, quelquefois divisée en deux ou trois branches, qui portent une foule
de petits rameaux cylindriques, alongés, garnis dans toute leur

longueur de folioles géminées, ou plutôt réunies deux à deux par leur base; chacune de ces folioles est cylindrique, pointue, un peu courbée au sommet, appliquée contre le rameau, et on distingue à sa base une petite cavité glanduleuse qui paroît aboutir à l'organe de la fructification. Cette espèce a été trouvée sur les côtes de la Méditerranée, par le citoyen Brongniard.

55. Varec barbu. *Fucus barbatus.*

Fucus barbatus. Trans. Linn. 3. p. 128. Stackh. Ner. Brit. p. 83. t. 14. — *Fucus granulatus.* Flor. dan. t. 571. — *Fucus fœniculaceus.* Gmel. Fuc. 86. t. 2. A. f. 2.

Sa couleur est brune, sa consistance coriace et filamenteuse; sa tige est cylindrique, épaisse dans le bas, longue de 2 décim.; elle émet de tous côtés des rameaux cylindriques et ramifiés eux-mêmes : les dernières ramifications se renflent en vésicules oblongues, rousses, pleines de grains opaques. On trouve souvent deux et quelquefois trois renflemens successifs sur le même rameau; ces vésicules sont terminées par une foliole pointue et ordinairement simple. Cette espèce croit dans l'Océan, sur les côtes de la Manche.

56. Varec à feuilles d'aurone. *Fucus abrotanifolius.*

Fucus abrotanifolius. Linn. spec. 1629. Stackh. Ner. Brit. p. 85. t. 14.

Sa couleur est brunâtre, sa consistance coriace; il adhère aux rochers par un petit disque aplati, duquel s'élève une ou plusieurs tiges longues de 1-2 décim., filiformes, comprimées; cette tige émet des rameaux alternes, très-comprimés; les inférieurs sont oblongs, garnis de dentelures profondes et peu nombreuses; ceux du milieu de la tige se divisent en plusieurs déchirures linéaires, à-peu-près comme l'aurone; enfin, ceux du sommet se renflent en vésicules rousses, oblongues, pleines de graines; de ces vésicules sortent de petites folioles déchiquetées, ou le plus souvent divisées en deux branches pointues. Cette espèce croît dans l'Océan et dans la Méditerranée.

57. Varec dépareillé. *Fucus discors.*

Fucus discors. Stackh. Ner. Brit. p. 108. t. 17. Esp. Fuc. t. 26.

Un petit renflement sert à fixer ce varec sur le rocher; sa tige est cylindrique, légèrement comprimée, ferme, grume

dans toute sa surface de petits rameaux avortés ou de tubercules pointus ; cette tige produit des feuilles tantôt alternes et
tantôt opposées ; les inférieures sont linéaires-lancéolées, planes,
un peu pellucides, dentelées sur les bords, traversées par une
nervure longitudinale ; bientôt l'extrémité de cette feuille se
découpe en ramifications menues, et enfin les feuilles supérieures sont entièrement déchiquetées ; ce sont elles qui portent
la fructification ; les dernières ramifications se renflent en vésicules ovoïdes, pleines de mucus et de graines. Cette plante est
de couleur rousse ; elle croît dans la Méditerranée, près de
Montpellier ; elle a quelques rapports avec le varec nageant et le
varec à feuilles d'aurone.

58. Varec nageant.　　　　*Fucus natans.*

Fucus natans. Linn. spec. 1628. Trans. Linn. 3. p. 107. —
Fucus sargasso. Gmel. Fuc. 96. Lob. ic. 2. t. 256. f. 2.

La tige de cette plante est cylindrique et nue à sa base ;
bientôt elle se divise en deux ou trois rameaux anguleux, grèles,
garnis de feuilles éparses, lancéolées ou linéaires, pointues,
dentelées en scie sur leurs bords ; de l'aisselle de ces feuilles
sortent une ou deux vésicules sphériques portées sur un pédicule ; ces vésicules sont coriaces et ne renferment que de l'air ;
quelquefois elles se prolongent à leur sommet en un petit filet.
On remarque dans ies feuilles de petits tubercules opaques qui
se détruisent et sont souvent remplacés par de petits trous : seroit-ce la fructification ? Cette plante croît dans la Méditerranée
et dans l'Océan ; elle flotte sur l'eau. On la trouve en abondance sous les tropiques, près des îles du Cap Verd, etc.

59. Varec gousse de raisin.　　　*Fucus uvarius.*

Fucus uvarius. Murr. Syst. veg. p. 788. Jacq. Coll. 3. t. 13. f. 1.

Cette plante est d'un brun verdâtre ou rougeâtre ; elle adhère
au sol par une dilatation calleuse ; sa tige se divise dès la base
en trois ou quatre rameaux cylindriques ou comprimés, qui
s'élèvent à 3-4 centim. et se ramifient peu ; le long de ces rameaux et sur-tout vers le sommet, sont attachées par de très-
courts pédicules, des vésicules à-peu-près sphériques, foliacées
à l'extérieur, pleines d'un suc visqueux, dans lequel on pense
que les graines sont placées ; elle croît dans la Méditerranée,
et m'a été communiquée par le citoyen Girard.

§. II. *Tubercules fructifères placés latéralement le long des tiges ou des feuilles.*

60. Varec en langue.   *Fucus hypoglossum.*

Fucus hypoglossum. Trans. Linn. 2. p. 30. t. 7. Stach. Ner.
Brit. app. t. C. n. 3. With. Brit. 4. p. 95.

Cette élégante espèce est d'un rose vif, d'une consistance
papiracée et pellucide ; elle forme une petite touffe très-rameuse en tout sens ; ses feuilles sont entières en leurs bords,
obtuses, traversées par une nervure longitudinale, saillante,
étroite et convexe ; cette nervure se dénude souvent de parenchyme dans le bas de la plante ; elle émet de côté et d'autre
des folioles ovales, rétrécies à leur base, et dont le parenchyme
n'adhère point avec le parenchyme de la feuille mère ; la nervure qui traverse les feuilles et les filioles, émet de côté et
d'autre des nervures secondaires, visibles à l'œil ou à la loupe.
Les fructifications sont des tubercules opaques arrondis, placés
sur la côte principale. J'ai trouvé cette espèce jetée par les
flots sur les côtes du Calvados.

61. Varec sanguin.   *Fucus sanguineus.*

Fucus sanguineus. Linn. Syst. 815. Stach. Ner. Brit. p. 20 t. 7.
Gmel. Fuc. t. 24. f. 2.
β. *Minoribus foliis.*

Cette belle espèce de varec est toujours d'un rose vif, mais
diffère beaucoup d'elle-même pour sa grandeur et son port ; elle
pousse ordinairement une tige cornée, qui est, dans sa jeunesse,
bordée de parenchyme, et qui finit par se dénuder absolument ;
de cette côte dénudée partent des folioles oblongues ou ovales,
entières, toujours traversées par une côte longitudinale qui
émet des nervures secondaires très-visibles à l'œil, et quelquefois rameuses à leur sommet ; la grandeur de ces folioles varie
de 4-15 centim. de longueur sur 1-4 centim. de largeur ; le
bord des feuilles et des rameaux dénudés, porte des cils tuberculeux qu'on regarde comme les fructifications. Cette espèce
est jetée par le flot sur les bords de l'Océan.

62. Varec vermiculaire.   *Fucus vermicularis.*

Fucus vermicularis. Gmel. Fuc. p. 162. t. 18. f. 4. Lightf. Scot.
p. 958. — *Fucus sedoides.* Reaum. Act. Acad. 1712. p. 40. t. 4.
f. 8. Stackh. Ner. Brit. p. 67. t. 12

Sa racine est un petit disque aplati ; sa tige est d'un vert

brun, charnue, cylindrique, menue, bifurquée en plusieurs
rameaux divergens ; ces rameaux portent des feuilles gélatineuses, cylindriques, pointues aux deux extrémités, éparses,
nombreuses vers le sommet des tiges. Les fructifications, selon
Goodenough et Woodward, sont des tubercules nombreux
et très-petits, placés sur les feuillles supérieures. Cette espèce
croît dans l'Océan et dans la Méditerranée.

63. Varec déchiré.   *Fucus laceratus.*

Fucus laceratus. Trans. Linn. 3. p. 155. Gmel. Fuc. 179. t. 21.
f. 4. Stackh. Ner. Brit. p. 77. t. 13.
β. *Fucus endiviæfolius.* Lightf. Scot. p. 948. t. 32. Stackh. Ner.
Brit. app. t. E. n. 2.
γ. *Fucus crispatus.* Huds. Angl. 580. Stackh. Ner. Br. p. 92. t. 15.
δ. *Fucus laciniatus.* Lightf. Scot. p. 947.
ε. *Fucus bifidus.* Trans. Linn. 3. p. 159. t. 17. f. 1.

Il est peu d'espèces de varec qui offre autant de variétés dans
les caractères les plus importans, que celle qui nous occupe ;
tantôt sa feuille s'évase dès son origine, et se divise en plusieurs lobes palmés ; tantôt elle se bifurque une ou plusieurs
fois ; quelquefois ses bords sont entiers, quelquefois ils offrent
çà et là de petites dentelures ou de petites folioles, quelquefois
ils sont entièrement garnis de petits cils rameux : ici les tubercules de la fructification sont placés sur le bord de la feuille ;
là ils sont épars dans le milieu. Au milieu de toutes ces anomalies, on reconnoît cette espèce aux caractères suivans : sa consistance est mince, papiracée, pellucide ; sa couleur plus ou
moins rouge ; ses feuilles toujours dépourvues de nervures,
quelquefois seulement un peu rétrécies en pétiole à la base de
la touffe ; l'extrémité des lobes est toujours arrondie ; les tubercules sont opaques, convexes, pleins de globules ovoïdes enchaînés dans une viscosité limpide ; chaque globule vu au microscope paroît contenir cinq à sept graines. Cette plante croît
abondamment sur les côtes du nord de la France ; elle forme
des touffes de 3-6 centim. de hauteur, attachées aux éponges,
aux coquilles, aux corallines, etc.

64. Varec ailé.   *Fucus alatus.*

Fucus alatus. Linn. Mant. 135. Fl. dan. t. 352. Gmel. Fuc.
p. 187. t. 25. f. 1. 2. 3. Esper. Fuc. t. 3. Stackh. Ner. Brit.
p. 79. t. 13.

Sa couleur est d'un beau rose, sa consistance papiracée et

pellucide; les feuilles naissent en grouppe ; chacune d'elle se
divise en rameaux alternes , tous sur le même plan; les tiges ,
les rameaux et leurs ramifications sont remarquables , parce
que la côte longitudinale y est très-visible , et que la partie
membraneuse de la feuille ne paroît être qu'un appendice qui
borde cette côte ; le bord de cette membrane est entier; l'extrémité des feuilles est ordinairement échancré en deux lobes
arrondis ; elle est quelquefois rameuse ou déchiquetée : dans le
bas de la tige on remarque , soit à l'œil, soit à la loupe , de
petites nervures latérales qui partent de la côte longitudinale
et traversent la membrane. J'ai trouvé cette élégante espèce
sur les côtes de Dieppe , où elle étoit jetée par les flots. Elle a
quelquefois une teinte verdâtre.

65. Varec à nervure.   *Fucus nervosus.*

α. *Marginibus undulatis.*
β. *Marginibus ciliato-tuberculatis.* — *Fucus caulescens.* Gmel.
Fuc. p. 173. t. 20. f. 2.

Cette espèce est d'un rouge vif, relevé par le pourpre de ses
fructifications; sa tige est nue dans le bas , et se divise en feuilles
oblongues, pellucides, traversées par une côte longitudinale
saillante, large et aplatie des deux côtés ; les bords sont à-peu-
près parallèles , ondulés ou crépus dans la variété α , garnis de
petits cils tuberculeux dans la variété β; les feuilles sont quelquefois bifurquées et toujours obtuses ; les fructifications sont des
tubercules épars dans le milieu de la feuille ; ces tubercules sont
opaques, arrondis, et paroissent recouverts par une foliole
qui ressemble au tégument des fougères. Cette espèce diffère
de toutes les espèces analogues, par la nervure qui traverse sa
feuille. Cette plante vit dans la Méditerranée et au Cap de
Bonne-Espérance. Quelques botanistes lui ont mal-à-propos
appliqué le nom de *Fucus crispus ;* voyez n°. 50.

66. Varec prolifère.   *Fucus prolifer.*

Fucus prolifer. Lightft. Scot. 2. n. 949. t. 30. — *Fucus rubens.*
Stackh. Ner. Brit. app. t. F. n. 1. Linn. spec. 1630. — *Fucus
crispus.* Huds. Angl. 580.

Sa couleur est rouge, sa consistance membraneuse; la tige
est presque cylindrique à sa base , mais bientôt elle se comprime
en une feuille plane , sans nervure, linéaire-oblongue , un peu
plus large au sommet qu'à la base , divisée par articles à peu-près

comme une feuille d'oranger ou une raquette; les articles du
sommet sont souvent bifurqués, les branches naissent vers la
sommité de chaque article. Les fructifications sont des taches
arrondies ou tuberculeuses, noirâtres, qui naissent dans le milieu des articles; ces tubercules, vus à la loupe, paroissent composés de trois à quatre corpuscules pédicellés qui, selon Lightfoot,
sont de jeunes feuilles pliées sur elles-mêmes. Cette espèce croît
dans l'Océan, au nord de la France.

67. Varec hybride.   *Fucus hybridus.*

Ce varec ressemble extrêmement au varec pinnatifide, mais
je l'ai trouvé constamment distinct, quoique mélangé avec lui
sur les mêmes rochers; il est toujours plus petit et plus grêle;
sa couleur est plus verte, sa tige et ses rameaux cylindriques;
ses branches sont éparses autour de la tige, et non disposées sur
un seul plan; ses fructifications sont placées sur la tige ou les
branches mères, et non sur les rameaux. Ces fructifications
sont d'ailleurs absolument semblables au varec pinnatifide. J'ai
trouvé cette espèce adhérente aux rochers, sur la plage que
l'Océan laisse à découvert pendant environ deux heures, près
du rocher du Calvados.

68. Varec pinnatifide.   *Fucus pinnatifidus.*

Fucus pinnatifidus. Gmel. Fuc. p. 156. t. 16. f. 3. Huds. Angl.
473. Lightf. Scot. p. 953. Stackh. Ner. Brit. p. 48. t. 11?

Sa couleur est d'un verd olivâtre, sa consistance est coriace;
il s'élève ordinairement de 4-5 centim., et forme une touffe
composée de plusieurs tiges; chacune d'elles est comprimée,
plane, rameuse, mais émettant tous ses rameaux dans le même
plan, de manière à ce qu'ils sont placés sur les angles de la
tige; ces ramifications sont obtuses et un peu rameuses; celles
du milieu de la tige sont courtes et divisées en deux ou trois
branches cylindriques, à la bifurcation desquelles on observe
d'abord une espèce de cavité qui est remplacée par un tubercule; ce tubercule renferme plusieurs corpuscules en forme de
massues, attachés à sa base; dans chacun de ces tubercules on
trouve plusieurs graines; quelquefois les rameaux fructifères
s'alongent beaucoup : elle croît sur les rochers aux bords de
l'Océan : elle n'est pas rare près de Dieppe, de Bayeux, etc.

69. Varec osmonde.   *Fucus osmunda.*

Fucus osmunda. Stackh. Ner. Brit. p. 46. t. 11 ? Gmel. Fuc.
p. 55 t. 16. f. 2.

L'espèce que je désigne ici diffère peu du varec pinnatifide
pour son port et la manière dont elle se ramifie ; mais elle est
d'une consistance charnue et non coriace ; sa tige est plus
large et plus plate, sur-tout vers le sommet ; elle émet des
ramifications disposées sur un seul plan, courtes, obtuses, quelquefois en spatule, quelquefois à trois lobes arrondis. Cette
espèce croît dans la Méditerranée.

70. Varec écarlate.   *Fucus plocamium.*

Fucus plocamium. Gmel. Fuc. 153. t. 16. f. 1. Esper. Fuc. t. 2.
— *Fucus coccineus.* Trans. Linn. 3. p. 187. Stackh. Ner. Brit. p.
106. ic. frontisp.— *Ceramium plocamium.* Roth. Cat. 2. p. 161.

Sa couleur est d'un beau rouge, sa consistance coriace, un
peu cornée ; sa tige est comprimée, nue vers le bas, très-rameuse et toujours dans le même plan ; l'ordre des ramifications
est très-remarquable ; chaque rameau est légèrement flexueux
et n'émet de ramifications que du côté convexe : la première
est un filet simple et pointu ; la deuxième est un filet qui a trois
dents du côté antérieur ; la troisième est un filet qui a deux
dents, et qui au lieu de la troisième dent pousse un filet muni
d'une dent en dehors ; la quatrième est un filet qui n'a qu'une
dent, la deuxième dent est devenue un filet à une dent, et la
troisième un filet rameux. Après ces quatre ramifications il y a
un espace vide, et la tige émet des rameaux semblables du côté
opposé. Stackhouse pense que la fructification de cette plante se
présente sous trois aspects différens, tantôt on trouve des tubercules globuleux à l'aisselle des rameaux, tantôt des siliques
réunies trois à trois sur un pédicelle, tantôt enfin, de petites
grappes sortant des aisselles. Cette plante est très-commune sur
les côtes de l'Océan et de la Méditerranée, où elle est jetée par
les flots.

71. Varec plumeux.   *Fucus plumosus.*

Fucus plumosus. Stackh. Ner. Brit. p. 105. ic. Trans. Linn. 3.
p. 188.

Sa tige est comprimée, de couleur purpurine, quelquefois
verdâtre, opaque, cornée, longue de 4-6 centim. ; elle pousse
des branches qui sont elles-mêmes garnies des deux côtés de

petites folioles rangées avec régularité ; ces folioles sont rapprochées , ouvertes, linéaires , pointues , quelquefois entières ,
quelquefois bordées de dentelures en scie très-fines. La fructification , selon Stackhouse, naît à l'extrémité des rameaux latéraux ; c'est un globule foliacé qui , à sa maturité , s'ouvre en
quatre parties. Cette espèce croît dans l'Océan.

72. Varec obtus.   *Fucus obtusus.*

Fucus obtusus. Linn. Trans. 3. p. 191. Huds. Angl. p. 586.
Velley. Col. Mar. Plants. ic. opt.

Cette espèce a quelque analogie avec le varec corné et le
varec hipne , mais sa consistance quoique cartilagineuse , est cependant plus tendre et plus charnue ; sa couleur est d'un rouge
clair, ses tiges sont comprimées , grêles , rameuses, entrelacées , longues de 6–7 centim. , presque par-tout d'égale largeur ; les rameaux sont souvent opposés, semblables à la tige ,
garnis eux-mêmes de branches opposées , éloignées, linéaires,
obtuses , souvent terminées par un tubercule de couleur foncée ,
qui est l'organe de la fructification. Cette plante croît dans
l'Océan et dans la Méditerranée ; étant sèche elle adhère au
papier sans difficulté.

73. Varec hipne.   *Fucus hipnoides.*

Fucus hipnoides. Desf. Atl. 2. p. 426. — *Fucus spinosus.* Gmel.
Fuc. t. 18. f. 3?

Cette espèce ressemble beaucoup au varec corné ; sa consistance est cartilagineuse, sa couleur d'un pourpre foncé ; elle
ne s'élève pas au-delà de 3–4 centim. ; sa tige et ses rameaux
principaux sont comprimés, et vont en s'élargissant jusqu'au
sommet qui est obtus ; ces rameaux émettent sur leurs angles
des petites branches simples, trifides ou pennées, presque cylindriques, pointues ou obtuses ; l'extrémité de ces branches se
renfle à la fin de la vie du varec, et paroît renfermer leur
fructification. Cette plante croît dans la Méditerranée.

74. Varec corné.   *Fucus corneus.*

Fucus corneus. Trans. Linn. 3. p. 181. Huds. Angl. p. 585.
Stackh. Ner. Brit. p. 61. t. 12.

Sa consistance est cartilagineuse, pellucide même dans les
tiges principales ; sa couleur est d'un rouge plus ou moins violet
et quelquefois un peu verdâtre ; la tige est étroite, comprimée,
longue de 5–8 centim. ; elle émet sur ces deux angles des
rameaux

rameaux souvent opposés , qui ressemblent absolument à la tige
mère , et qui portent de même des branches opposées , linéaires ,
pointues ; ces ramifications sont plus ou moins nombreuses ,
plus ou moins rapprochées dans les diverses variétés. Ce varec
croît dans l'Océan et dans la Méditerranée.

75. Varec corne de cerf.   *Fucus coronopifolius.*

Fucus coronopifolius. Stackh. Ner. Brit. p. 82. t. 14. Trans.
Linn. 3. p. 185.

Sa couleur est ordinairement rouge , quelquefois jaune ou
verdâtre , sa consistance cartilagineuse. Il adhère aux rochers
par un disque aplati; sa tige est comprimée , très-rameuse ,
assez grèle , longue de 7–8 centim.; les dernières ramifications
sont garnies , de côté et d'autre , de petits pédicelles terminés par un globule déprimé , qui paroît être l'organe de
la fructification : lorsque ces rameaux ne portent pas de fructification , leur manière de se sous-diviser a quelque analogie
avec celle du varec écarlate. Cette espèce croît dans l'Océan ,
et n'est jetée sur les bords que pendant les tempêtes.

76. Varec coriace.   *Fucus gigartinus.*

Fucus gigartinus. Stackh. Ner. Brit. app. t. C. n. 4. Trans.
Linn. 3. t. 17.—*Fucus pistillatus.* Gmel. Fuc. p. 159. t. 18. f. 1?

Sa couleur est d'un brun verdâtre , sa consistance coriace ; sa
tige est comprimée , longue de 8–9 centim. , large de 2–3 mill. ;
elle se divise en rameaux plusieurs fois fourchus , terminés en
pointe; sur ces rameaux naissent de petites branches souvent
opposées , qui s'écartent du rameau à angle droit et qui portent
les fructifications : celles-ci sont en forme de globule , quelquefois
placées à l'extrémité de ces petites branches , souvent placées
de côté , ensorte que la branche se prolonge un peu au-delà.
Cette espèce croît dans l'Océan , sur les côtes du nord de la
France.

77. Varec frangé.   *Fucus fimbriatus.*

Fucus fimbriatus. Desf. Atl. 2. p. 423. t. 269.

Sa couleur est brune , sa consistance coriace; il forme une
touffe composée de quatre à cinq tiges comprimées , rameuses
sur le même plan géométrique , droites , s'élevant jusqu'à 1 décimètre , émettant des rameaux alternes , dont les inférieurs

Tome II.   C

sont souvent avortés ; ceux du haut se ramifient eux-mêmes,
et les ramifications sont elles-mêmes divisées en petites folioles
pointues, souvent fourchues, nombreuses, assez courtes, quelquefois roulées en spirale à leur sommet. Desfontaines a observé des grains arrondis et rapprochés en grouppe sur la
surface de la tige. Cette espèce croît dans la Méditerranée,
sur les rochers ; elle a été trouvée près de Cette.

78. Varec à aiguillon.   *Fucus aculeatus.*

Fucus aculeatus. Linn. spec. 1161. Flor. dan. t. 355. Stackh. Ner.
Brit. p. 24. t. 8. — Moris. Hist. s. 15. t. 9. f. 1. 4.

D'une base plane et orbiculaire, s'élève un tige cylindrique
ou comprimée, qui bientôt se divise en rameaux linéaires,
alongés, comprimés, aigus au sommet, et le plus souvent rétrécis à leur naissance ; ces rameaux émettent de côté et d'autre
des petites dents aiguës très-minces, dirigées vers le sommet ;
ces dents sont molles et ressemblent à de petites épines. Selon
Stackhouse, la fructification naît à l'aisselle des rameaux, elle
est hérissée, obtuse et s'ouvre à sa maturité, qui arrive en
hiver : sa couleur est brune, sa consistance un peu cornée ; son
aspect varie beaucoup. Cette espèce croît dans l'Océan.

79. Varec en languette.   *Fucus ligulatus.*

Fucus ligulatus. Stackh. Ner. Brit. app. t. D. Lightf. Scot. 2.
t. 29. p. 946. — *Fucus herbaceus* Huds. Angl. 582.

Sa racine est un petit tubercule charnu, d'où sort une tige
plate comme une feuille, dépourvue de nervure, d'un verd
jaunâtre ; cette tige, qui acquiert 3 et 4 décim. de longueur, se
divise dans le même plan en rameaux, qui émettent eux-mêmes
des folioles linéaires, oblongues, bordées de cils ou dentelures
linéaires et pointues. La fructification consiste, selon Stackhouse,
en tubercules circulaires placés sur les branches, à l'origine des
folioles. La consistance de cette plante est tendre et herbacée ;
elle croît dans les places profondes de l'Ocean.

80. Varec entrelacé.   *Fucus implexus.*

Fucus implexus. Desf. Atl. 2. p. 423.

Cette espèce croît en grouppes assez serrés ; sa couleur est
d'un verd pâle ou rougeâtre ; sa consistance un peu cartilagineuse ; sa tige est comprimée, très-étroite ; elle se bifurque plusieurs fois, et va toujours en se rétrécissant ; elle a quelques

rapports avec le varec plié, et n'en diffère que par sa tige comprimée. Ce varec croît dans la Méditerranée.

81. Varec verd. *Fucus viridis.*

Fucus viridis. Stackh. Ner. Brit. p. 111. t. 17.

Cette espèce a tout-à-fait le port d'une conferve d'eau douce, mais en l'observant même au microscope on n'y apperçoit aucune trace de cloisons transversales; sa couleur est d'un verd jaunâtre, sa tige est cylindrique et se divise en une foule de branches rameuses, cylindriques et fines comme des cheveux. Stackhouse dit avoir vu à l'extrémité de quelques-unes, une vésicule ovale qu'il soupçonne contenir les graines. J'ai trouvé cette plante sur les côtes de Dieppe; elle croît abondamment sur le varec à vessie et le varec denté.

82. Varec petit arbre. *Fucus arbuscula.*

Ulva plumosa. Huds. Angl. 571. With. Brit. 4. p. 126.

Cette petite et élégante espèce a le port d'un sapin ou d'un if taillé en pyramide; sa texture est grèle et délicate; chaque touffe est composée de 3-5 plantes; la tige est simple, cylindrique, blanchâtre, longue de 3-4 centim.; aux deux tiers de sa longueur elle commence à émettre des rameaux verds, grèles, simples, cylindriques, non articulés; les rameaux sont disposés en tout sens autour de la tige, et les inférieurs sont les plus longs, de manière à ce que ce feuillage forme une petite pyramide pointue. Je n'ai point vu la fructification. Cette plante croît sur les côtes du Calvados, dans la place abandonnée par le flux : elle y est très-rare. J'ai vu des échantillons de cette plante, recueillis en Angleterre, beaucoup plus grands et plus rameux que les miens.

83. Varec nivellé. *Fucus fastigiatus.*

Fucus fastigiatus. Trans. Linn. 3. p. 199. —Moris. Oxon. s. 15. t. 9. f. 9. Flor. dan. t. 393.

Cette plante adhère aux rochers par un disque, duquel sortent plusieurs tiges cylindriques droites ou étalées, très-rameuses, toujours bifides ou trifides; les sommets des rameaux sont un peu obtus, et ils s'écartent les uns des autres sous un angle assez ouvert et souvent presque droit; les rameaux supérieurs sont nombreux, et presque égaux en longueur, souvent on y observe çà et là des anneaux proéminens, semblables

C 2

à des bourrelets; ces anneaux ne contiennent pas de graines ;
celles-ci se trouvent dans des tubercules placés latéralement le
long des branches. La plante est d'un noir olivâtre, cartilagineuse, haute de 5-13 centim. ; elle croît dans l'Océan.

84. Varec pourpre.   *Fucus purpurascens.*

Fucus purpurascens. Linn. Trans. 3. p. 225. — *Fucus tuberculatus.* Lightf. Scot. 2. p. 926.

Sa couleur est d'un rouge plus ou moins foncé ; sa tige est
cylindrique, menue, longue de 1 décim., très-rameuse ; les
rameaux sont pointus, branchus, semblables à la tige, et portent
les fructifications ; celles-ci sont des tubercules épars qui paroissent d'abord comme d' simples renflemens du rameau, et
qui prennent ensuite l'apparence de mammelons latéraux ; chacun de ces tubercules renferme un globule compact et opaque.
J'ai trouvé cette plante jetée par les flots, sur la côte du
Calvados.

85. Varec à verrues.   *Fucus verrucosus.*

Fucus verrucosus. Lightf. Scot. 928. Réaum. Mém. Acad.
Paris. 1712. t. 5. f. 9. Stackh. Ner. Brit. p. 26. t. 8. Flor.
dan. t. 358. 650.

Cette espèce pousse un grand nombre de tiges grèles, cylindriques, rougeâtres ou jaunâtres, rameuses, longues de 8-10
centim ; les rameaux sont pointus, cylindriques et dépourvus
de feuilles ; les fructifications sont des tubercules épars le long
des branches, sessiles, latéraux, hémisphériques, solides, rougeâtres. La consistance de cette plante est charnue. Cette espèce
croît dans l'Océan et dans la Méditerranée.

86. Varec conferve.   *Fucus confervoides.*

α. *Fucus confervoides.* Linn. spec. 1629. Stackh. Ner. Brit.
p. 96. t. 15.

β. *Fucus longissimus.* Gmel. Fuc. p. 134. t. 13. Stackh. Ner.
Brit. p. 99. t. 16. — *Fucus confervoides.* Trans. Linn. 3.
p. 208. — *Fucus flagelliformis.* Lightf. Scot. 928.

Sa couleur est d'un brun verd assez clair ; ses tiges sont
longues, cylindriques, rameuses ; les rameaux sont longs, cylindriques, presque égaux en grosseur à la tige principale, un
peu amincis à leurs extrémités et à leur base : le long de la
tige et des rameaux se trouvent épars des tubercules hémisphériques, un peu mammelonnés à leur extrémité, de couleur

brune; ces mammelons sont percés à leur sommet, et j'en ai
vu sortir des grains enchaînés dans un mucus visqueux; cette
émission vue sous le foyer du microscope, se fait par de petits
jets instantannés : ces grains sont eux-mêmes des capsules dans
lesquelles on distingue sept à huit graines. Cette espèce adhère aux rochers de la plage abandonnée par l'Océan à chaque
marée.

87. Varec plié.   *Fucus plicatus.*

Fucus plicatus. Gmel. Fuc. p. 142. t. 14. f. 2. Stackh. Ner.
Brit. p. 23. t. 7. — *Ceramium plicatum.* Roth. Cat. 2. p. 162.

Cette espèce diffère du varec à verrues par sa consistance
cornée et cartilagineuse, et du varec helminthocorton, par sa
grandeur, le nombre de ses ramifications et l'absence de cloisons transversales; il s'élève jusqu'à 1 décim. de longueur; sa
tige est grêle, cylindrique, très-rameuse; les rameaux sont
branchus, épars, lâches et pointus; les fructifications sont des
tubercules latéraux, sessiles, très-éloignés les uns des autres.
La couleur de cette plante est tantôt blanchâtre, tantôt jaune,
tantôt rouge : le même pied offre ces diverses teintes. Ce varec
croît dans l'Océan et dans la Méditerranée.

88. Varec vermifuge.   *Fucus helminthocortos.*

Fucus helminthocortos. Haenm. Diss. Erlangæ. 1792. ic. —
Ceramium helminthocortos. Roth. Cat. 2. p. 168.

Cette plante est d'une consistance cornée et tendineuse; sa
couleur varie du jaune pâle au gris rougeâtre et au violet; elle
s'élève jusqu'à 3-5 centim. seulement; sa tige est grêle, cylindrique, et pousse trois à quatre rameaux redressés, terminés en
pointes et très-rarement ramifiés; vers le sommet de ces branches on croit voir, avec la loupe, des articulations peu sensibles,
à la manière des conferves. Les fructifications, selon Roth, sont
des tubercules hémisphériques, latéraux, épars et sessiles. Cette
plante forme des touffes extrêmement serrées, les branches
s'entrelacent les unes dans les autres, et les petits crampons qui
partent de la tige s'entrecroissent et fortifient cette jonction.
Cette plante croît au bord de la Méditerranée, à l'entour de
la Corse; elle est connue sous les noms de *mousse de Corse*
et de *fucus helminthocorton*; on s'en sert avec succès comme
de vermifuge.

C 5

V. CÉRAMIUM. *CERAMIUM.*

Ceramii spec. Roth. — *Confervæ spec.* Linn.

CAR. Les ceramiums sont composés de filamens simples ou rameux, cloisonnés ou articulés ; ils portent des tubercules remplis de globules, qui sont des gongyles ou des capsules

OBS. Les cloisons ne sont quelquefois visibles qu'à la loupe : ils vivent dans la mer. Ce genre comprend les céramiums articulés de Roth, et j'y ai réuni toutes les conferves marines. Peut-être la première division des ceramiums doit-elle se rapporter au genre batrachosperme.

§. Ier. *Tiges garnies de filamens verticillés ou très-rapprochés.*

89. Céramium éponge. *Ceramium spongiosum.*

Conferva spongiosa. With. Brit. 4. p. 132. Lightf. Scot. 2. p. 983. Huds. Angl. 596.

Cette plante forme une touffe de 6-8 centim. de hauteur ; ses tiges sont cylindriques, noirâtres, peu rameuses, quelquefois dénudées à la base, marquées d'anneaux transversaux, très-rapprochés et peu saillans ; ces tiges émettent sur toute leur surface des filamens d'un verd foncé, simples, en alène, embriqués les uns sur les autres ; ces filamens cachent entièrement la tige et lui donnent un aspect spongieux ; vus au microscope, ils paroissent foiblement cloisonnés, presque opaques et un peu rudes : elle croît dans l'Océan.

90. Céramium verticillé. *Ceramium verticillatum.*

Fucus hirsutus. Linn. Mant. t. 11. f. 1. — *Conferva verticillata.* Lightf. Scot. p. 984. With. Brit. 4. p. 133.

Cette plante se présente sous l'aspect d'une touffe branchue, haute de 6-8 centim., d'un verd foncé ; ses tiges sont cylindriques, rameuses, fermes, brunes pendant leur vie, noirâtres à leur mort, dénudées dans le bas et marquées d'anneaux transversaux et proéminens ; ces anneaux émettent des filamens verdâtres, verticillés, en alène, quelquefois simples, souvent inégalement bifurqués, rarement rameux, continus à la vue simple, cloisonnés sous le microscope, plus longs que les entrenœuds, étalés à leur base, puis courbés du côté du sommet de la plante ; les verticilles sont si rapprochées, que la plante entière

a un aspect velu et hérissé. On ne connoît pas encore sa fructification : elle croît dans l'Océan.

91. Céramium à feuilles de prêle.   *Ceramium equisetifo-lium.*

Conferva equisetifolia. Lightf. Scot. 2. p. 984. With. Brit. 4.
p. 133. — *Conferva imbricata.* Huds. Angl. 596.

Cette plante est de couleur rouge foncé, et atteint 8–10 centim.
de longueur. On peut prendre une idée de son aspect par la fig. 22
t. 4 de Dillen ; mais les détails de sa structure sont fort différens
de la plante de Dillen. De la même base partent plusieurs tiges
cylindriques, rameuses, marquées, ainsi que les branches principales, par des anneaux transversaux ; de chaque anneau partent
huit ou dix petits filets disposés en verticilles serrés ; chaque filet
est deux ou trois fois bifurqué et articulé à chaque bifurcation.
Les branches principales partent de l'aisselle des verticilles, et
on y distingue déjà à la loupe, les verticilles futurs. Pendant
qu'on examine cette plante au microscope, on remarque souvent que l'articulation qui étoit absolument rouge, devient
tout-à-coup pellucide sur les bords, et ne conserve qu'un filet
rouge au milieu ; il semble que l'articulation est formée de deux
membranes, et que l'intérieure qui renferme la partie colorante
se contracte sur elle-même. Cette plante croît dans l'Océan ; je
l'ai trouvée abondamment sur les côtes du Calvados.

92. Céramium à filets simples.   *Ceramium simplicifi-lum.*

Converva verticillata. Roth. Cat. Bot. 1. p. 189. non Lightf.

Cette espèce ressemble beauconp, pour le port, pour la couleur et pour la plupart des caractères, au céramium à feuilles
de prêle ; mais les filets de ses verticilles, au lieu d'être bifurqués, sont toujours simples. Ce caractère la rapprocheroit du
céramium casuarina ; mais ses filamens sont tous au moins
aussi longs, et souvent plus longs que la distance qui sépare deux
verticilles ; ces filets sont composés d'articulations alongées et
cylindriques ; les verticilles sont très-rapprochés : elle croît
dans l'Océan.

93. Céramium casuarina. *Ceramium casuarinæ.*

Cette espèce est d'un rouge clair, sa consistance est fort délicate ; elle se flétrit dès qu'on la sort de l'eau , et s'applique très-
exactement sur le papier ; elle forme une touffe lâche ; les tiges
sont rameuses, cylindriques, composées d'articulations cylindriques , grèles , longues de 4 millim. ; de chaque cloison partent
des filamens grèles, verticillés, simples , étalés , ordinairement
plus courts que les entrenœuds, composés de quatre à cinq cellules cylindriques, dont les cloisons ne sont visibles qu'au microscope ; les rameaux partent de l'aisselle des verticilles ; les
articulations offrent le même phénomène que les rameaux du
céramium à feuille de prèle. Cette élégante espèce croît dans
l'Océan ; je l'ai trouvée sur les côtes du Calvados.

94. Céramium digité. *Ceramium cancellatum.*

Conferva cancellata. Linn. Sys. 4. p. 589. Roth. Cat. 2. p. 230.
Dill. Musc. t. 4. f. 22.

Sa couleur est rougeâtre , sa tige est cylindrique, pellucide,
striée , foible , rameuse , bifurquée ; les rameaux principaux sont
semblables à la tige et portent de tous côtés , sur-tout vers leur
sommet, de petites branches très-foibles , évidemment cloisonnées , divisées en quatre ou cinq ramifications. La plante
entière a 4 centim. de hauteur ; elle croît dans la Méditerranée.

§. II. *Filamens rameux ou bifurqués.*

95. Céramium écarlate. *Ceramium coccineum.*

Ceramium hirsutum. Roth. Cat. 2. p. 169. t. 4. opt. — *Conferva coccinea.* Ellis. Tr. Phil. 57. t. 18. With. Brit. 4.
p. 141.

Cette plante ressemble , pour le port et pour la couleur au
varec écarlate ; sa tige est cylindrique, articulée ; dans le bas
elle pousse de chaque articulation des filets simples , courts et
articulés, qui lui donnent un aspect hérissé ; puis elle se divise
en rameaux comprimés qui n'émettent de ramifications que sur
un seul plan et sur leurs deux angles ; chaque articulation successive émet alternativement un filet simple et un filet rameux,
de manière que chaque filet simple est opposé à un filet rameux.
Les filets branchus du haut des rameaux portent les fructifications
tantôt vers leur sommet, tantôt à leur base, tantôt solitaires ,
tantôt géminées ; ces fructifications sont portées sur un court

pédicelle en toupie renversée , plus brunes et plus opaques que le reste de la tige; chacune de ces capsules renferme des globules qu'on apperçoit au microscope. Cette espèce remarquable est abondamment jetée par les flots sur la côte du Calvados; elle atteint 2 décim. de longueur.

96. Céramium en balai. *Ceramium scoparium.*

Conferva scoparia. Linn. spec. 1635. Lightf. Scot. 2. p. 981.
Dill. Musc. t. 4. f. 23.
β. *Conferva pennata.* With. Brit. 4. p. 142.

Cette espèce naît en touffes serrées et très-ramifiées ; les tiges principales et les grands rameaux sont tellement couverts de branches accessoires , qu'on a peine à les distinguer; si l'on sépare l'un de ces rameaux , on reconnoît qu'il est cylindrique , coriace et comme ligneux; ils émettent des branches chargées de filets déliés , d'un verd olivâtre , disposés comme les barbes d'une plume ; à l'extrémité des principales ramifications, se trouve un globule ovoïde, opaque, qui paroît l'organe de la fructification. Je n'ai pu distinguer les articulations qu'au microscope, et seulement dans l'extrémité des ramifications. La var. β est plus petite, plus grêle, plus brune, et a ses ramifications moins serrées et un peu plus ouvertes : elle croît dans l'Océan.

97. Céramium égagropile. *Ceramium ægagropilum.*

Conferva ægagropila. Linn. Syst. 4. p. 973. Roth. Cat. 1.
p. 181.
β. *Laxa.* Roth. Cat. 1. p. 181. t. 2. f. 5.

Cette plante est d'un verd ordinairement obscur; elle forme une touffe arrondie , du centre de laquelle les filamens partent en rayonnant; chacun de ces filamens est long de 15–20 millim. , rarement simple, ordinairement deux ou trois fois bifurqué, formé d'articulations oblongues, un peu étranglées aux nœuds, et qui, à la dessication, conservent leur couleur. La var. β offre la même structure, mais forme une touffe plus lâche. Cette plante croît dans la Méditerranée. Quelques auteurs ont pris pour la conferve égagropile, la base de la zostère marine, roulée par les flots.

98. Céramium chaînette. *Ceramium catenatum.*

α. Conferva catenata. Linn. Syst. veg. 973. Roth. Cat. 2. p. 210.
Dill. Musc. t. 5. f. 7.

β. Conferva prolifera. Roth. Cat. 1. p. 182. t. 3. f. 2.

Cette plante commence par être verdâtre et peu rameuse,
ensuite elle devient bistrée et pousse vers le sommet de ses
branches principales, un assez grand nombre de petites ramifications ; ses filamens forment une touffe serrée ; ils sont membraneux, formés d'articulations alongées, cylindriques, qui, à
leur sommet, poussent une ou plusieurs branches. La plante ne
s'élève pas au-delà de 3–4 centim. ; elle croît dans la Méditerranée ; elle est mélangée en assez grande quantité dans le fucus
helminthocorton des boutiques.

99. Céramium soyeux. *Ceramium sericeum.*

Conferva sericea. Huds. Angl. 485. With. Brit. 4. p. 140. —
Conferva cristata. Roth. Cat. Bot. 1. p. 193. — Dill. Musc.
t. 5. f. 33.

Cette plante est d'un verd pâle et d'un aspect soyeux lorsqu'elle est sèche ; elle s'élève jusqu'à 6–8 centim. ; sa tige se
ramifie indéfiniment en une multitude de rameaux très-fins, branchus, entre-croisés ; ces rameaux paroissent continus et dépourvus
d'articulations ; mais si on les observe avec une forte loupe, on
y apperçoit des étranglemens peu profonds ; les articles sont
quatre à cinq fois plus longs que larges, oblongs, renflés au
milieu, étranglés à leur point de jonction. Cette espèce, que
j'ai vue sèche dans l'herbier du C. de Jussieu, a été trouvée sur
la côte de Dieppe.

100. Céramium des rochers. *Ceramium rupestre.*

Conferva rupestris. Linn. spec. 1637. Roth. Cat. 2. p. 208.
Lightf. Scot. 994. — Dill. Musc. t. 5. f. 29. Fl. dan. t. 948.

Sa couleur est d'un verd quelquefois jaunâtre, quelquefois
obscur ; elle forme des touffes serrées de la longueur du doigt ;
ses filamens sont cylindriques, un peu fermes, rameux ou plutôt souvent bifurqués ; les rameaux sont absolument semblables
à la tige ; les articulations sont cylindriques, formées par de
grandes cellules placées les unes après les autres ; les cloisons
ne sont point proéminentes. Après la dessication les cloisons
restent vertes et leurs intervalles deviennent blancs ; les articula-
lations sont alors alternativement comprimées en sens différens :

la fructification n'est pas connue. Cette plante croît dans l'Océan, sur les rochers.

101. Céramium courbé. *Ceramium incurvum.*

Fucus pinastroides. Stackh. Ner. Brit. p. 74. t. 13. Gmel. p. 127. t. 11. f. 1. — *Fucus incurvus.* Huds. Angl. 2. n. 58. — *Ceramium scorpioides.* Roth. Cat. 2. p. 173?

La couleur de cette plante est noirâtre, sa consistance est filamenteuse, coriace; une racine fibreuse qui s'accroche aux rochers, émet plusieurs tiges dures et cylindriques, d'où partent en tous sens une foule de rameaux cylindriques et branchus; les dernières ramifications sont le plus souvent roulées en crosse sur elles-mêmes, comme de jeunes fougères; elles sont quelquefois fourchues, quelquefois fendues, quelquefois simples et obtuses; c'est dans la partie roulée qu'on trouve des globules, qu'on a regardés comme ceux de la fructification; les rameaux sont interrompus par des cloisons transversales visibles à la loupe, ensorte que cette espèce appartient réellement au genre des conferves, quoiqu'elle ait le port des varecs : elle croît dans l'Océan, et je crois qu'elle se trouve aussi dans la Méditerranée.

102. Céramium en pinceau. *Ceramium penicillatum.*

Cette espèce est d'une grande délicatesse; sa couleur est d'un rouge vif, mais elle s'altère facilement, soit par la dessication, soit par la macération; sa tige est cylindrique, menue, très-ramifiée, rarement bifurquée; les articulations sont à peine visibles à la vue simple, quand la plante est fraîche; elles le deviennent par la dessication, parce que les nœuds restent plus rouges que les intervalles; chaque articulation paroît composée d'une seule cellule alongée; les jeunes rameaux naissent bifurqués ou trifurqués, l'un d'eux est terminé par un globule opaque; bientôt ce globule émet de tous côtés des petites branches qui forment une espèce de houppe; pendant ce temps les rameaux stériles s'alongent, et alors les petites houppes pédicellées paroissent latérales, tandis qu'elles étoient réellement terminales. Cette espèce se trouve dans l'Océan, adhérente aux rochers ou aux grands varecs.

103. Céramium pédicellé. *Ceramium pedicellatum.*

Conferva nodulosa. Lightf. 2. p. 994?

Cette espèce ressemble beaucoup au céramium noueux; elle

est comme elle de couleur rouge, et offre la même apparence quant à l'anatomie de ses articulations; mais les tubercules fructifères sont placés d'une manière très-différente; le long des rameaux principaux il part de côté et d'autre de courts pédicelles qui portent, soit à leur sommet, soit près de leur sommet, un tubercule arrondi; ce tubercule est souvent prolifère, c'est-à-dire qu'il émet de petites branches en faisceaux; d'ailleurs les rameaux sont très-divisés, mais non régulièrement bifurqués; leurs articulations sont proéminentes dans l'état frais, et sont formées par des cellules arrondies; les intervalles sont cylindriques et formés par des cellules alongées. Cette plante croît dans l'Océan, sur les corallines et les grands varecs.

104. Céramium alongé. *Ceramium elongatum.*

Conferva elongata. Huds. Angl. 2. n. 27. — Dill. Musc. p. 35. t. 6. f. 38. — *Ceramium elongatum.* Roth. Cat. Bot. 2. p. 178? — *Conferva rubra.* With. Brit. 4. p. 138.

Cette espèce est l'une des plus grandes qui existent; elle est de couleur rouge lorsqu'elle est fraîche, et devient brune par la dessication; sa tige est cylindrique, rameuse ou souvent bifurquée, glabre, marquée d'articulations visibles seulement par transparence lorsque la plante est fraîche, et qui ne forment point de saillie à l'extérieur; les rameaux sont très-alongés et deviennent plus fins et pointus vers leur sommet; la coupe transversale offre une areole centrale entourée de quatre grandes cellules, autour desquelles sont quelques autres cellules beaucoup plus petites; les articulations sont produites parce que toutes ces cellules se terminent au même plan horizontal. (Voyez Bull. Philam. n. 22. p. 171. f. 9. 10.) Cette plante croît dans l'Océan.

105. Céramium varec. *Ceramium fucoides.*

Conferva fucoides. Huds. Angl. p. 485. With. Brit. 4. p. 141. — *Ceramium virgatum.* Roth. Cat. Bot. 1. p. 148. t. 8. f. 1?

Cette plante est d'un pourpre brun, sur-tout dans les tiges anciennes; elle forme une touffe épaisse composée d'un grand nombre de pieds; chaque tige s'élève jusqu'à 8-10 centim., elle se ramifie beaucoup et presque toujours en se bifurquant; les rameaux deviennent toujours plus grèles en s'éloignant de la tige principale, et se terminent en pointe aiguë; les articulations sont un peu plus longues que larges; dans l'état frais elles sont visibles; dans l'état sec on voit les cloisons qui sont proéminentes dans les tiges âgées ; les capsules sont sessiles , latérales , hémisphériques, un peu élargies à leur base , placées le long des ramifications supérieures. La plante est d'une consistance cartilagineuse ; elle croît dans l'Océan, sur la partie du rivage abandonnée par la marée.

106. Céramium changeant. *Ceramium polymorphum.*

Conferva polymorpha. Linn. Syst. 4. p. 591. Œd. dan. t. 395. — Dill. Musc. t. 6. f. 35. — *Ceramium fastigiatum.* Roth. Cat. 2. p. 175.

Cette espèce est assez dure et cartilagineuse ; sa couleur est noire , quelquefois elle est brune et pellucide vers le sommet ; sa tige est cylindrique, capillaire, cloisonnée , divisée plusieurs fois en rameaux divergens et souvent bifurqués ; ceux du sommet sont courts, ramassés , fourchus, droits dans la jeunesse de la plante, ensuite courbés et obtus ; les fructifications sont des tubercules latéraux, sessiles, solitaires et arrondis , placés vers le sommet des ramifications ; les cloisons ne sont bien visibles qu'à la base de la plante ; elle croît fréquemment dans l'Océan, sur le varec noueux.

107. Céramium noueux. *Ceramium nodulosum.*

Fucus diffusus. Stackh. Ner. Brit. t. 16? — *Ceramium violaceum.* Roth. Cat. Bot. 1. p. 150. t. 8. f. 2? — *Conferva nodulosa.* With. Brit. 4. p. 138. Dill. Musc. t. 7. f. 40.

Cette plante ressemble un peu à la conferve alongée , mais elle est plus grèle, plus petite, plus rameuse ; elle est d'un rouge plus ou moins foncé, et brunit peu par la dessication ; sa tige est cylindrique, très-rameuse, presque toujours bifurquée , sur-tout vers ses extrémités ; les dernières ramifications sont pointues et divergentes ; c'est entre elles, à leur aisselle , que naissent des tubercules globuleux , sessiles, opaques, d'où j'ai vu sortir une poussière fine en les examinant au microscrope ; quelquefois l'une des deux branches avorte, et alors les tubercules paroissent latéraux ; quelquefois ces tubercules sont prolifères , c'est-à-dire qu'ils donnent naissance à une touffe de petites branches ; les tiges et les branches sont articulées d'une manière très-visible, même dans l'état frais ; les articulations ne sont pas dues à ce que toutes les cellules sont de la même longueur, mais à ce que d'espace en espace, il se trouve une ou deux rangées de cellules très-petites et très-serrées ; les intervalles au contraire sont formés par des cellules plus grandes mais toujours arrondies. Cette plante croît dans l'Océan, adhérente aux corallines et aux varecs.

108. Céramium axillaire.　*Ceramium axillare.*

Conferva elegans. Roth. Cat. 1. p. 199. t. 5. f. 4 ?

Ce céramium ressemble un peu au précédent, mais il est cinq ou six fois plus petit, et à l'époque de la dessication sa tige paroît annelée de blanc et de brun, parce que les cloisons conservent seules leur couleur; la tige est cylindrique, cloisonnée, rameuse; les rameaux sont une ou deux fois bifurqués, très-aigus, toujours un peu divergens au sommet, et ont des articulations qui ne sont visibles qu'à la loupe; à l'aisselle des dernières ramifications, on trouve de petits tubercules sessiles; quelquefois l'avortement d'un des rameaux les fait paroître latéraux : elle croît dans la Méditerrannée, et m'a été communiquée par le C. Lamouroux.

109. Céramium grèle.　*Ceramium gracile.*

Conferva gracilis. Draparnaud in herb. Juss.

Cette petite conferve est d'un rouge brun; sa tige est cylindrique, un peu coriace, et se ramifie plusieurs fois en rameaux grèles, alongés et dichotomes; les dernières ramifications sont pointues, un peu divergentes; les articulations sont extrêmement peu sensibles. La plante s'élève à 4-6 centim.; je ne connois pas la fructification : elle croît près de Dieppe, dans l'Océan.

110. Céramium en forceps.　*Ceramium forcipatum.*

α. *Ciliatum.*—*Conferva ciliata.* Lightf. Scot. 2. p. 998.—*Conferva pilosa.* Roth. Cat. Bot. 2. p. 215. t. 5. f. 2.

β. *Glabellum.* — *Conferva diaphana.* Lightf. Scot. 2. p. 996. Roth. Cat. Bot. 2. p. 226.

Cette espèce est grèle, mince, fragile, haute de 4-5 centimètres au plus; sa tige est cylindrique, articulée, divisée plusieurs fois en rameaux bifurqués; les dernières ramifications se roulent en dedans et imitent ainsi les deux branches d'un forceps; entre ces deux branches se trouve un tubercule arrondi et sessile, qui est l'organe de la fructification. Si l'on examine à la loupe ou au microscope les derniers rameaux de cette plante, on voit que les cloisons sont bordées d'une rangée de cils verticillés, aigus et ordinairement transparens, quelquefois ces cils s'apperçoivent encore dans les tiges âgées, mais souvent ils disparoissent avec l'âge, ensorte que la présence ou l'absence de ces cils ne peut point fournir de caractère spécifique, comme Lightfoot et Roth l'ont pensé. La couleur de cette plante offre plusieurs variétés; elle est d'un rouge plus ou moins pâle, ou plus ou moins violet; par la dessication les cloisons conservent une couleur intense, dans leurs intervalles deviennent plus pâles et quelquefois même totalement transparens et décolorés; enfin, dans certains individus, les deux branches du forceps sont égales, dans d'autres elles sont inégales. Au milieu de toutes ces variétés, la disposition des rameaux extrêmes suffit pour distinguer cette espèce : elle croît dans l'Océan et dans la Méditerranée. C'est au C. Girard que je dois la connoissance de la fructification de cette espèce.

§. III. *Filamens simples.*

111. Céramium lacet. *Ceramium filum.*

Fucus filum. Linn. spec. 1631. Stackh. Ner. Brit. p. 40. t. 10. Fl. dan. t. 821. Petiv. Gaz. t. 91. f. 5. — *Ceramium filum.* Roth. Cat. 1. p. 147.

Cette plante singulière n'est autre chose qu'un filet cylindrique qui n'a pas plus de 3-4 millim. d'épaisseur, et qui atteint jusqu'à 5-6 mètres de longueur, sans se ramifier jamais; il est un peu plus mince à la base, et adhère au sol ou aux coquilles par un petit disque épais et arrondi; ce filet se roule souvent en spirale; lorsqu'on le voit par transparence, on y remarque des articulations peu prononcées; les graines sont petites, nombreuses, cachées sous la peau, selon Stackhouse; au contraire, selon Roth, elles sont renfermées dans une capsule terminale. La couleur de cette plante est verdâtre, en vieillissant elle devient un peu cornée et ressemble alors à une corde à boyau: les marins la nomment lacet; elle croît dans l'Océan.

112. Céramium fil de lin. *Ceramium linum.*

Conferva linum. Roth. Cat. 1. p. 174. — Dill. Musc. t. 5. f. 25. A. — *Conferva capillaris.* Linn. spec. 1636. Dillw. Brit. Conf. t. 9.

Sa couleur est d'un beau vert, sur-tout dans sa jeunesse; elle devient quelquefois grisâtre; ses filamens sont cylindriques, simples, épais comme un fil de lin, longs de 8-12 centimètres, membraneux, formés d'articulations cylindriques; chaque

articulation paroît composée de plusieurs cellules , tandis que
dans la conferve capillaire chaque cellule constitue une articulation ; chacune d'elles est aussi longue que large ; en se desséchant
les cloisons restent vertes. Dillwin a découvert que les fructifications sont des globules sessiles , adhérens le long des filamens
sphériques terminés par une légère pointe : elle croît sur les
bords marécageux de la Méditerranée et de l'Océan.

113. Céramium capillaire. *Ceramium capillare.*

Conferva capillaris. Roth. Cat. 1. p. 175. — Dill. Musc. t. 5.
f. 25. B.

Sa couleur est d'un verd assez prononcé , sur-tout dans sa
jeunesse; ses filamens sont simples ou rameux, très-menus ,
cylindriques, formés d'articulations oblongues qui, par la dessication , deviennent pâles , tandis que la cloison reste obscure ;
ces filamens ne forment pas une touffe serrée ; mais sont droits ,
distincts , et non entortillés les uns dans les autres. Cette conferve croît dans la Méditerranée et dans l'Océan , adhérente aux
corallines et aux autres corps fixes ; elle a le port des conferves
d'eau douce.

114. Céramium en paquet. *Ceramium glomeratum.*

Cette plante ne diffère pas , pour la structure , du ceramium
capillaire , mais ses filamens sont crépus , entortillés les uns
dans les autres , de manière à former un paquet alongé cylindrique , qui ne se désunit pas même en flottant dans l'eau. J'ai
trouvé cette espèce dans l'Océan , sur la côte du Calvados.

VI. DIATOME. *DIATOMA.*

Confervæ spec. Roth.

Car. Les filamens des diatomes sont simples , composés
d'articles qui , à la fin de la vie de la plante , se séparent transversalement les uns des autres , excepté par un de leurs angles ; et
forment ainsi une série d'articles rhomboïdaux , striés en travers.

Obs. Les diatomes sont très-petites , à peine visibles à l'œil ,
et croissent sur les plantes marines. Ce genre est encore très-
mal connu : peut-être appartient-il au règne animal ?

115. Diatome roide. *Diatoma rigidum.*

Conferva mucor. Roth. Cat. Bot. 1. p. 191 ? — Dill. Musc.
t. 85. f. 2. *malè.*

Cette production croît sur plusieurs espèces de plantes marines, et en particulier sur le céramium varec, qu'elle couvre
quelquefois en entier ; elle paroît alors comme une moisissure
de couleur glauque ; par la dessication elle devient pulvérulente
et un peu luisante ; ses filamens sont courts, tenaces, simples,
composés d'articulations cylindriques, qui se séparent les unes
des autres avec facilité : en se séparant les articles restent
adhérens les uns aux autres par un angle, ensorte qu'en
l'observant au microscope on croiroit voir un chapelet composé de pièces rhomboïdales ; chaque pièce paroît elle-même
composée de plaques cylindriques qui un jour se sépareront
les unes des autres. J'ai trouvé cette singulière production sur
la côte de Dieppe.

116. Diatome en floccons. *Diatoma flocculosum.*

Conferva flocculosa. Roth. Cat. 1. p. 192. t. 4. f. 4. et t. 5. f. 6.

Cette plante est à peine visible à l'œil, et ne paroît que
comme un léger duvet verdâtre qui couvre les varecs et les
autres plantes marines ; au microscope on y distingue des filamens très-menus, simples ou peu rameux, formés d'articulations simples et ovoïdes ; ensuite ces articulations deviennent
rhomboidales, et ne sont attachées les unes aux autres que par
leurs angles. Enfin, ces articles se dédoublent ou se divisent longitudinalement en deux quadrilatères. Ces articles, vus par transparence, paroissent renfermer des grains. J'ai trouvé cette plante
dans l'Océan, sur la côte du Calvados.

VII. CHANTRANSIE. *CHANTRANSIA.*

Chantransia. Decand. — *Prolifera et polysperma.* Vauch. —
Confervæ spec. Linn.

CAR. Les chantransies offrent des filamens cloisonnés et rameux ; chaque loge renferme une multitude de graines très-
menues ; quelquefois ces graines sortent de la loge, quelquefois
elles germent dans l'intérieur même, et les plantes sont ainsi
réellement prolifères.

OBS. Elles habitent les eaux douces.

117. Chantransie en collier. *Chantransia torulosa.*

Conferva torulosa. Roth. Cat. Bot. 1. p. 200. — *Conferva fluviatilis, var. β.* With. Brit. 4. p. 134. — Dill. Musc. t. 7. f. 48. opt.

Cette plante est d'un verd très-foncé qui passe au brun et au noir par la dessication ; sa consistance est cartilagineuse ; elle forme une touffe composée de 8–10 filamens simples , ou émettant tout au plus un ou deux rameaux ; les articles sont ovoïdes , renflés dans le milieu et étranglés à leur point de jonction, ce qui est précisément l'inverse de la structure des articulations de la chantransie fluviatile , avec laquelle on l'avoit confondue. J'ai vu cette plante dans l'herbier du C. de Jussieu ; elle croît dans les rivières.

118. Chantransie fluviatile. *Chantransia fluviatilis.*

Polysperma fluviatilis. Vauch. Conf. p. 99. t. 10. f. 1. 2. 3. — *Conferva fluviatilis.* Linn. spec. 1635. — Dill. Musc. t. 7. f. 47.

Cette espèce se distingue par sa consistance solide et cartilagineuse , par sa couleur d'un verd sombre qui passe au noir dès qu'elle est desséchée ; elle teint en rouge l'eau dans laquelle elle a séjourné ; ses filamens sont d'abord simples , ensuite un peu rameux , composés d'articles alongés , renflés à leur point de réunion en un bourrelet circulaire ; ils naissent par grouppes. A une certaine époque les loges se fendent, et il en sort une poussière verdâtre qui reproduit de nouvelles plantes. Elle croît dans les eaux pures et courantes , en particulier dans les conduits de moulin ; elle adhère presque toujours au bois et non aux pierres ; elle répand ses graines à la fin du printemps.

119. Chantransie bifurquée. *Chantransia bichotoma.*

Cette espèce diffère peu de la chantransie fluviatile ; elle est comme elle d'un verd foncé qui passe au noir par la dessication , d'une consistance solide et cartilagineuse ; mais ses filamens sont plus grèles , plus entre-croisés , et la forme de ses articulations est bien caractérisée ; elles sont alongées , amincies à leur base et évasées à leur sommet en un large bourrelet annulaire ; les filamens ne se ramifient pas d'une manière vague , mais certains bourrelets donnent naissance à deux nouvelles articulations au lieu d'une seule , ensorte qu'elle est réellement bifurquée : elle croît dans les ruisseaux , attachée aux pierres et aux plantes aquatiques.

120. Chantransie noire.   *Chantransia atra.*

Conferva atra. Huds. Fl. angl. 947. Dillw. Brit. Conf. t. 11. — Dill. Musc. t. 7. f. 46?

Cette espèce est l'une des plus fines et des plus délicates qu'on connoisse; étendue sur du papier, elle y paroit comme des ramifications d'un brun noir, plus déliées que les cheveux; les filamens sont partagés en articulations trois à quatre fois plus longues que larges; les places des cloisons sont opaques, renflées à l'extérieur, et vues au microscope, paroissent garnies de cils ou de poils assez courts, nombreux et embriqués; les rameaux partent de ces renflemens : elle croît dans les ruisseaux aux environs d'Agen, et m'a été communiquée par le citoyen Lamouroux.

121. Chantransie pelo-   *Chantransia glome-*
   tonnée.   *rata.*

Polysperma glomerata. Vauch. Conf. p. 99. t. 10. f. 4. 5. — *Conferva glomerata.* Linn. spec. 1637. Lam. Fl. franç. 1. p. 101. Chantr. Conf. p. 30. t. 4. f. 8. — *Conferva canalicularis.* Chantr. Conf. p. 173. t. 24. f. 62.

Sa couleur est d'un beau verd, plus ou moins foncé selon l'âge de la plante; sa dimension varie selon les lieux; dans les fontaines et les canaux elle forme des tapis verts, longs de 7-10 millim.; dans les rivières elle s'étend jusqu'à 3 décim.; ses filamens sont cylindriques, cloisonnés, divisés en un grand nombre de rameaux qui partent toujours des cloisons et non de leur intervalle; les articulations sont toujours légèrement renflées, leur intérieur est rempli de graines nombreuses, vertes et pulvérulentes, qui sortent par l'extrémité sous forme de poussière : elle est adhérente aux pierres; elle se trouve communément dans les eaux douces.

122. Chantransie des   *Chantransia rivularis.*
   ruisseaux.

Prolifera rivularis. Vauch. Conf. p. 129. t. 14. f. 1. — *Conferva rivularis.* Linn. spec. 1633.

Ses filets sont d'un beau verd, sur-tout dans leur jeunesse, rudes au toucher, assez tenaces, cloisonnés; indépendamment de ces cloisons, il se forme d'espace en espace des bourrelets globuleux, d'où sortent de nouveaux filets; l'intervalle des cloisons égale trois fois leur largeur. Cette espèce est libre, flottante , et ses longs filamens s'entortillent aux corps qu'ils rencontrent : elle croît dans les ruisseaux. Le C. Colladon est parvenu à fabriquer du papier avec cette plante.

123. Chantransie crépue.   *Chantransia crispa.*

Prolifera crispa. Vauch. Conf. p. 130. t. 14. f. 2.

Ses filets sont d'un verd foncé , libres et flottans dans les eaux courantes , entrelacés et frisés les uns dans les autres ; les nouveaux filets se développent çà et là et non sur les bourrelets seulement : ces filets sont solitaires et en hameçon. Cette espèce ressemble beaucoup à la chantransie des ruisseaux , et n'en est peut-être qu'une variété : elle croît cependant dans les mêmes lieux , à la même époque.

124. Chantransie à vessie.   *Chantransia vesicata.*

Prolifera vesicata. Vauch. Conf. p. 132. t. 14. f. 4. — *Conferva vesicata.* Mull. nov. act. Petrop. 3. p. 95. t. 2. f. 6. — *Chantransia nodosa.* Decand. Bull. n. 51. p. 21. — *Conferva nodosa.* Vauch. Journ. Phys. flor. an. 9. t. 4. f. 11.

Cette espèce est parasite sur les feuilles et les tiges des plantes aquatiques ; sa couleur est d'un verd glauque , elle forme de petits floccons extrêmement fins ; ses filets sont grèles , cloisonnés ; l'intervalle des cloisons égale deux fois leur largeur. Outre les cloisons on y distingue des bourrelets globuleux d'où partent de nouveaux filets en divers sens.

VIII. CONFERVE. *CONFERVA.*

Conferva. Decand. — *Conjugata.* Vauch. — *Confervæ spec.* Linn.

Car. Les plantes que je classe sous le genre des conferves, sont des filamens cloisonnés , simples , qui n'offrent à l'extérieur ni tubercule , ni proéminence fructifère ; ces filamens ont entre leurs cloisons une matière verte disposée en spirale ou en étoile double , ou éparse dans l'intérieur des loges ; à une certaine époque deux tubes se rapprochent , s'accouplent l'un avec l'autre au moyen de tubercules creux qui poussent sur le milieu des loges ; alors la matière verte passe par ce canal dans la loge correspondante de la conferve accouplée , et s'y réunit en un globule ; ce globule reste long-temps renfermé dans la loge ; il en sort par la destruction du tube lui-même , et reproduit une nouvelle plante.

Obs. Presque toutes les espèces de ce genre ont été réunies , par Linné, sous le nom de *Conferva bullosa*, et habitent les eaux douces et ordinairement stagnantes. Les conferves s'approchent beaucoup des animaux microscopiques, auxquels Vaucher a donné le nom d'*oscillatoires*; elles n'offrent aucun mouvement, tandis que les oscillatoires se meuvent d'une manière sensible; les articulations des conferves sont plus longues que larges, celles des oscillatoires sont plus larges que longues. Il faut rapporter aux oscillatoires : 1°. la tremelle décrite par Adanson, Mém. des Sav. étrang. 1757; 2°. celle trouvée par Desaussure dans les bains d'Aix; 3°. la *conferva thermalis* Schr. Bav. que j'ai retrouvée dans les eaux de Plombières; 4°. la tremella reticulata observée aux eaux de Dax; 5°. probablement aussi l'ulva labyrinthiformis, observée dans les eaux chaudes de Valderie; 6°. les espèces décrites aux n°s. 3, 11, 22, 68 et 74 des mémoires de Girod-Chantrans; 7°. probablement la *conferva muralis* Dillw. Brit. Conf. t. 7.

§. Ier. *Conferves à spirales.*

125. Conferve conjugée.   *Conferva jugalis.*

Conjugata princeps. Vauch. Conf. p. 64. t. 4. f 1. 3. — *Conferva jugalis.* Mull. Fl. dan. t. 883. Dillw. Brit. Conf. t. 5. Coqueb. Bull. Philom. niv. an 2. n. 30. — *Conferva bullosa.* Hedw. Theor. ed. 2. p. 223. t. 37. f. 1-4. —*Conferva scalaris.* Roth. Cat. Bot. 2. p. 196. — *Conferva.* Chantr. p. 88. t. 13. f. 27. — *Conferva bulligera.* Decand. Bull. Philom. n. 51. p. 21.

Cette espèce est celle de toutes dont les filamens offrent les plus grandes dimensions; la longueur de ses loges excède leur largeur; dans la jeunesse de la plante les loges offrent plusieurs spirales entremêlées l'une dans l'autre; après la jonction des filamens on trouve dans plusieurs loges un globule ovoïde : elle flotte dans les étangs, principalement au printemps; elle disparoît en été et se montre de nouveau à l'entrée de l'hiver; elle se distingue par sa grandeur, par un toucher plus rude, un coup d'œil plus lisse, par ses tubes à demi-frisés, et surtout par l'habitude de relever ses extrémités hors de l'eau lorsqu'elle est plongée dans ce liquide.

126. Conferve à portiques.   *Conferva porticalis.*

Conferva porticalis. Mull. nov. act. Petrop. 3. p. 90. —*Conjugata porticalis.* Vauch. Conf. p. 66. t. 5. f. 1. — *Conferva spiralis.*

Roth. Cat. 2. p. 202. Dillw. Brit. Conf. t. 3. — *Conferva.*
Chantr. Conf. p. 160. t. 22. f. 56?

Ses filamens sont simples, cloisonnés ; la longueur des loges est double de leur largeur ; avant l'accouplement chaque loge offre une série de points brillans et verds, disposés en triple spirale ; ces spirales ont quelquefois la forme de demi-ellipses, et ressemblent alors un peu à des portiques ; après l'accouplement les loges sont remplies de globules ovoïdes. Cette espèce est commune dans les eaux ; on la trouve accouplée depuis la fin de l'hiver jusqu'au milieu du printemps. Dans la planche de Dillwin il me semble qu'il y a deux espèces confondues ; la figure inférieure ressemble absolument à celle de Vaucher.

127. Conferve condensée.   *Conferva condensata.*

Conjugata condensata. Vauch. Conf. p. 67. t. 5. f. 2.

Les filamens sont simples, partagés par des cloisons en loges environ deux fois plus longues que larges ; ces loges, dans la jeunesse de la plante, offrent deux spirales ; lorsque la plante est accouplée, la largeur des loges augmente proportionellement à leur longueur ; les globules qui résultent de l'accouplement sont exactement sphériques : elle vit sur les pierres au fond du Rhône, elle s'accouple à la fin de l'été ; elle forme des floccons verdâtres, assez alongés, un peu glutineux au toucher.

128. Conferve renflée.   *Conferva inflata.*

Conjugata inflata. Vauch. Conf. p. 68. t. 5. f. 3.

Les filamens de cette conferve offrent des loges trois fois plus longues que larges ; dans chaque loge, avant l'accouplement, on apperçoit trois spirales écartées ; les loges se renflent au moment de leur réunion, et les globules qui résultent de cette réunion sont ellipsoïdes. Cette conferve se trouve dans les fossés, mêlée avec d'autres espèces ; elle s'accouple à la fin de l'hiver.

129. Conferve adhérente.   *Conferva adnata.*

Conjugata adnata. Vauch. Conf. p. 70. t. 5. f. 4. — *Conferva setiformis.* Roth. Cat. Bot. I. p. 171. t. 2. f. 1. II. p. 203?

Cette espèce ressemble beaucoup à la conferve conjuguée ; elle en diffère, 1°. parce que son diamètre est d'un tiers plus petit ; 2°. parce qu'elle est douce et onctueuse au toucher ; 3°. parce qu'elle croît attachée aux pierres des ruisseaux et ne flotte jamais dans l'eau ; 4°. parce qu'elle ne relève pas l'extrémité de ses filets hors de l'eau. Vaucher l'a découverte sur les bords du lac de Genève et dans les petites rivières qui l'avoisinent.

130. Conferve alongée. *Conferva elongata.*

Conjugata elongata. Vauch. Conf. p. 71. t. 6. f. 1. — *Conferva punctalis.* Muller. t. 1. n. 1.

Les filamens de cette conferve sont très-menus, leurs loges sont six fois plus longues que larges ; on y observe, dans leur jeunesse, une spirale très-alongée, formée de points brillans un peu écartés ; ses loges ne se renflent point à l'époque de l'accouplement ; les globules sont ellipsoïdes et placés à l'ouverture de la loge. Vaucher l'a découverte aux environs de Genève.

§. II. *Conferves à étoiles.*

131. Conferve effilée. *Conferva gracilis.*

Conjugata gracilis. Vauch. Conf. p. 73. t. 6. f. 2.

Ses filamens sont simples, grêles, cloisonnés ; les loges sont environ quatre fois plus longues que larges ; dans leur jeunesse elles sont à demi remplies d'une matière verdâtre réunie indistinctement en deux masses ; les globules qui paroissent après l'accouplement sont exactement sphériques et placés à l'ouverture des loges. Vaucher l'a trouvée dans les fossés, mélangée avec la conferve genouillée.

132. Conferve jaunâtre. *Conferva lutescens.*

Conjugata lutescens. Vauch. Conf. p. 74. t. 6. f. 3. — *Conferva bullosa.* Linn. spec. 1634. Chantr. Conf. p. 86. t. 12. f. 26. Decand. Bull. Philom. n. 51. p. 21.

Cette conferve est remarquable par sa couleur jaunâtre et par son coup-d'œil gras et luisant ; ses filamens sont cloisonnés, les loges sont deux fois plus longues que larges, remplies d'une matière verdâtre d'abord abondante et en un seul corps, ensuite divisée en deux masses distinctes ; son accouplement n'est pas encore bien connu. Cette espèce est l'une des plus communes ; elle flotte sur les fossés et retient les bulles d'air qui s'élèvent du fond de l'eau.

133. Conferve croisée. *Conferva decussata.*

Conjugata decussata. Vauch. Conf. p. 76. t. 7. f. 3.

Les loges de cette plante sont presque quatre fois plus longues que larges ; dans la jeunesse elles sont à peu près remplies d'une matière verdâtre quelquefois divisée en deux masses ; les globules qui résultent de l'accouplement sont sphériques et restent placés entre les deux tubes réunis ; ce stubes sont ordinairement croisés et entrelacés au moment de leur accouplement : elle se trouve mélangée dans les marais avec d'autres espèces de conferves.

134. Conferve étoilée. *Conferva stellina.*

Conferva stellina. Mull. nov. act. Petrop. 3. p. 93. — *Conjugata stellina.* Vauch. Conf. p. 75. t. 7. f. 1.

Elle est d'un verd pâle, la longueur de ses loges est à-peu-près double de leur largeur ; dans chaque loge, avant l'accouplement, on apperçoit deux masses verdâtres distinctes, et à six pointes ou rayons ; les globules qui résultent de l'accouplement sont ovoïdes ; il s'en forme dans l'un des deux tubes accouplés ou dans tous les deux : elle vit dans les fossés d'eau tranquille.

135. Conferve en croix. *Conferva cruciata.*

Conjugata cruciata. Vauch. Conf. p. 76. t. 7. f. 2. — *Conferva bipunctata.* Roth. Cat. Bot. 2. p. 204 ? Dillw. Brit. Conf. t. 2.

Les loges de cette conferve sont deux fois plus longues que larges ; chacune d'elle contient, dans sa jeunesse, deux masses verdâtres assez petites, très-distinctes et à quatre rayons ; les globules qui résultent de l'accouplement sont exactement sphériques : elle flotte dans les fossés, en grandes masses d'un verd jaunâtre ; elle s'accouple à l'entrée de l'hiver.

136. Conferve à peigne. *Conferva pectinata.*

Conjugata pectinata. Vauch. Conf. p. 77. t. 7. f. 4.

Les loges de ses filamens sont une fois et demie plus longues qu'elles ne sont larges ; elles sont d'abord à demi remplies d'une matière verdâtre non divisée ; bientôt cette matière se forme en deux masses oblongues qui ont trois pointes de chaque côté ; les globules qui résultent de l'accouplement sont sphériques, un peu hérissés, et se placent entre les deux tubes accouplés : elle se trouve dans les fossés de Genève.

§. III. *Conferves à tube intérieur plein de matière verte.*

137. Conferve genouillée. *Conferva genuflexa.*

Conferva serpentina. Mull. nov. act. Petrop. 3. p. 92. t. 1. f. 9.
— *Conjugata angulata.* Vauch. Conf. p. 79. t. 8. f. 1-9.
— *Conferva genuflexa.* Roth. Cat. Bot. 2. p. 199. Dillw.
Brit. Conf. t. 6.

Elle est d'un verd un peu jaune, lisse et douce au toucher;
ses loges sont trois fois plus longues que larges; elles sont à
moitié pleines d'une matière verdâtre parsemée de points brillans; les filamens de cette conferve se coudent une ou plusieurs
fois et s'accouplent au sommet de l'angle formé par leur
flexion. Vaucher ne croit pas qu'il passe de matière d'un tube
à l'autre; il pense que chaque loge produit une nouvelle plante
qui se développe dans le tube intérieur qui renferme la matière
verte. Cette espèce se trouve abondamment dans les fossés,
dans toutes les saisons.

138. Conferve serpentine. *Conferva serpentina.*

Conferva serpentina. Mull. nov. act. Petrop. 3. t. 1. f. 8. —
Conjugata serpentina. Vauch. Conf. p. 81. t. 8. f. 10.

Les filamens qui composent cette plante se roulent sur eux-
mêmes en spirale, d'une manière remarquable; leurs loges sont
trois fois plus longues que larges; elles sont à demi remplies
d'une matière verdâtre entre-mêlée de points brillans et renfermée dans un tube intérieur : elle se trouve dans les eaux
stagnantes.

§. IV. *Conferves imparfaitement connues.*

139. Conferve parasite. *Conferva parasitica.*

Prolifera parasitica. Vauch. Conf. p. 133. t. 14. f. 6.

Cette espèce croît sur la chantransie pelotonnée; ses filets
sont très-grèles, cloisonnés; l'intervalle des cloisons est un peu
plus long que leur largeur; ces filets poussent çà et là de nouveaux filamens; on distingue un globule dans l'intérieur de
chaque loge : on n'a point encore apperçu son accouplement.

140. Conferve en floccons. *Conferva floccosa.*

Prolifera floccosa. Vauch. Conf. p. 131. t. 14. f. 3. Vauch. Journ.
de Phys. flor. an 9. t. 4. f. 12.

Ses filamens sont simples, très-grèles, alongés, cloisonnés;

l'intervalle entre les cloisons surpasse à peine leur largeur; on
apperçoit au microscope un globule au milieu de chaque loge,
ce qui la rapproche des conferves; mais Vaucher qui l'a étudiée
trois ans, ne l'a jamais vu s'accoupler; il ne l'a pas vu non
plus former de bourrelets : elle croît dans les eaux vives ou tranquilles, où elle forme des floccons épais d'un verd jaunâtre; elle
se multiplie avec une grande rapidité.

IX. BATRACHOSPERME. *BATRACHOSPERMUM.*

Batrachospermum. Roth. — *Confervæ spec.* Linn.

CAR. Les batrachospermes sont faciles à reconnoître en ce que
leur surface est souvent entourée d'un mucus gélatineux qui les
rend onctueuses au toucher; leur tige est articulée; les rameaux
souvent disposés en verticilles complets, partent des cloisons;
ces rameaux sont ordinairement branchus et souvent terminés
par un filet; entre les ramifications on observe des corpuscules
hérissés, qui sont les rudimens des nouvelles plantes, et qui se
séparent d'eux-mêmes de la plante mère : ils vivent dans les
eaux douces.

141. Batrachosperme   *Batrachospermum in-*
     pelotonné.   *tricatum.*

Batrachospermum intricatum. Vauch. Conf. p. 117. t. 12. f. 2-3.
— *Conferva.* Hall. Helv. n. 2110.

Cette espèce, à la vue simple, n'offre que des mammelons
arrondis, gélatineux, d'un beau verd, qui varient de forme et
de grandeur; on les observe à la source des petites fontaines,
adhérens au corps fixes; au microscope on voit que ces mammelons sont formés de filamens engagés dans une matière glaireuse; ces filamens sont cloisonnés, rameux, sur-tout vers leur
sommet, terminés à chaque ramification par un cil transparent.

142. Batrochosperme   *Batrachospermum fas-*
     en faisceau.   *ciculatum.*

Batrachospermum fasciculatum. Vauch. Conf. p. 116. t. 13. f. 1.
— *Rivularia confervoides.* Roth. Cat. I. p. 213. t. 6. f. 3.
II. p. 249.

Cette espèce vue à l'œil, n'offre que des mammelons verds
gélatineux, irrégulièrement lobés, de 12-15 millim. de longueur
sur 1-2 de largeur; au microscope on y distingue une multitude de filamens parallèles, alongés, qui portent à leurs

extrémités des rameaux divisés et terminés par des cils transparens : elle croît dans les eaux à demi-courantes et s'attache
aux pierres.

143. Batrachosperme en plume. — *Batrachospermum plumosum.*

Batrachospermum plumosum. Vauch. Conf. p. 113. t. 11. f. 2. 4.

Cette espèce est d'un beau verd ; elle est disposée en petites
touffes de quelques millimètres de largeur, et d'environ 4-5
centim. de longueur ; sa tige est cylindrique, cloisonnée, divisée en rameaux branchus, alongés, rapprochés du tronc principal ; les ramifications sont alternes ou opposées, et partent
toujours des cloisons ; les dernières divisions sont terminées par
un cil transparent : elle croît dans les eaux pures, les bassins
des fontaines ; elle adhère, par sa base, au fond de l'eau.

144. Batrachosperme en houppe. — *Batrachospermum glomeratum.*

Batrachospermum glomeratum. Vauch. Conf. p. 114. t. 12. f. 1.
4. Journ. Phys. fl. an 9. p. 52. t. 3. f. 7. — *Conferva gelatinosa.*
Chantr. Conf. p. 33. t. 5. f. 9. — *Batrachospermum simplex.*
Decand. Bull. n. 51. p. 21. — *Conferva mutabilis.* Dillw. Brit.
Conf. t. 12.

Cette espèce est d'un beau verd ; sa longueur varie depuis
7-8 millim. à 6 centim. ; son tronc principal est pellucide,
formé d'articulations séparées par des cloisons ; de ces cloisons
partent des filamens simples ou rameux, solitaires ou le plus
souvent en houppe, articulés, d'un verd intense, terminés par
un cil transparent. On la trouve, en hiver ou au printemps,
dans les eaux courantes ; elle adhère, par sa base, aux pierres
des ruisseaux ; lorsqu'elle est jeune elle n'offre qu'une masse
gélatineuse.

145. Batrachosperme à collier. — *Batrachospermum moniliforme.*

Batrachospermum moniliforme. Vauch. Conf. p. 112. t. 11. f. 1.
3. — *Batrachospermum nigricans.* Decand. Bull. Philom. n. 51.
p. 21. — *Chara gelatinosa purpurascens.* Roth. Cat. 1. p. 127.
— *Conferva gelatinosa.* Linn. Syst. p. 973. — Dill. Musc.
t. 7. f. 42-46.

Sa couleur est d'un brun plus ou moins intense, selon le lieu et
la saison ; à la vue elle ressemble à des grains de chapelet, enfilés à

un axe commun irrégulièrement ramifié ; à la loupe chaque grain est un assemblage de houppe de poils, distinctes et verticillées autour de l'axe; au microscope chaque poil est un filet articulé terminé par un cil transparent : elle croît dans les ruisseaux, adhérente aux pierres et aux autres corps fixes; sa durée est d'une année.

146. Batrachosperme hérissé.   *Batrachospermum hispidum.*

Conferva hispida. Thore. Mag. Enc. an. 5. p. 398. t. 5.

Cette algue est d'un chatain foncé tirant sur le noir; elle devient d'un beau violet par la dessication; elle adhère aux rochers par un petit empatement, duquel part une seule tige qui se ramifie subitement en une infinité de rameaux branchus, tous de la même épaisseur que le tronc, et qui atteignent 5-8 décimètres de longueur. La plante est garnie d'un bout à l'autre d'un duvet fin très-visible à l'œil nu, ce qui donne à chaque branche l'apparence d'une queue de chat dont les poils seroient très-distincts : elle a été découverte dans l'Adour, près Dax, par le C. Thore, et depuis dans la Seine, par le C. Léman. Appartient-elle véritablement à ce genre? Son toucher, qui indique un enduit gélatineux, me le fait croire.

X. HYDRODYCTIE. *HYDRODYCTION.*

Hydrodyction. Roth. — *Conservæ spec.* Linn.

Car. L'hydrodyctie offre l'apparence d'un sac cylindrique presque fermé aux deux extrémités, et formé par un réseau à mailles ordinairement pentagones. Selon Vaucher chacun des cinq filamens qui composent ce pentagone se renfle légèrement, sur-tout à ses extrémités, ensuite il se sépare spontanément des filamens voisins, et forme à lui seul un sac cylindrique semblable à celui dont il s'est séparé.

147. Hydrodyctie pentagone.   *Hydradyction pentagonum.*

Hydrodyction pentagonum. Vauch. Conf. p. 88. t. 9. — *Hydrodyction majus.* Roth. Cat. 2. p. 238. — *Conferva reticulata.* Linn. spec. p. 1635. Dill. Musc. t. 4. f. 14.

Cette espèce nage dans les eaux douces tranquilles, sans adhérer au sol par aucun crampon ; elle est de couleur verte , quelquefois grise ou jaunâtre ; la longueur du sac qu'elle forme est de 1-2 décim., sa largeur est de 3-4 centim., les mailles du réseau ont environ 6-8 millim. de diamètre ; elles sont à quatre, cinq ou six côtés. Cette plante offre un exemple de reproduction par séparation, comme le polype : son organisation est assez forte pour résister à un froid très-vif sans se détruire, et lorsqu'elle reste long-temps desséchée, elle recommence à croître et à se développer lorsqu'on la plonge dans l'eau.

XI. VAUCHÉRIE. *VAUCHERIA.*

Vaucheria. Decand. — *Ectosperma.* Vauch. — *Confervæ spec.* Linn.

CAR. Les vaucheries offrent des filamens herbacés, cylindriques, simples ou rameux, non cloisonnés ; ces filamens portent un ou plusieurs tubercules extérieurs adhérens au tube ; ces tubercules se séparent d'eux-mêmes et deviennent les rudimens des nouvelles plantes ; entre eux ou à côté d'eux se trouve une pointe ou crochet diversement conformé : elles croissent dans les eaux douces, et l'une d'elles croît à l'air libre.

OBS. Presque toutes les espèces de ce genre ont été réunies par Linné sous le nom de *Conferva fontinalis.*

§. Ier. *Vaucherie à graines pédonculées.*

148. Vaucherie à plu- *Vaucheria multicornis.* sieurs cornes.

Ectosperma multicornis. Vauch. Conf. p. 33. t. 3. f. 9.

Les filamens de cette espèce sont verds, alongés, rameux, sans cloisons ; ils poussent des pédoncules qui se divisent en plusieurs branches ; les unes, au nombre de trois à quatre, portent des graines demi-ovoïdes ou tronquées ; les autres, entre-mêlées avec les précédentes, forment des crochets pointus et recourbés : elle vit dans les eaux douces.

149. Vaucherie à bouquet. *Vaucheria racemosa.*

Ectosperma racemosa. Vauch. Conf. p. 32. t. 3. f. 8.

Les filamens de cette espèce sont verds, alongés, rameux ,

sans cloisons ; ils poussent çà et là des pédoncules qui se ramifient en plusieurs (3-7) pédicelles ; au sommet de chacun est
une graine arrondie ; le pédoncule se termine par un petit filet
crochu qui ne porte pas de graine, et que Vaucher regarde
comme une anthère. Il a souvent observé sur cette espèce, comme
sur plusieurs autres, des protubérances irrégulières, qui sont
des espèces de galles produites par le *cyclops luzula* : elle est
commune dans les fossés, au printemps.

150. Vaucherie en croix. *Vaucheria cruciata.*

Ectosperma cruciata. Vauch. Conf. p. 3o. t. 2. f. 6.

Les filamens de cette plante sont verds, grèles, peu rameux,
alongés, sans cloisons ; ils poussent çà et là des pédoncules assez
grèles ; ceux-ci, vers le sommet, se divisent en trois branches ;
les deux latérales, extrêmement courtes, portent des graines
ovoïdes ; celle du milieu, que Vaucher regarde comme l'anthère, se divise en trois rameaux, deux latéraux opposés, qui
semblent des pédicelles dont la graine a avorté, et un au sommet, qui a la forme d'une pointe crochue ; elle vit dans les
eaux stagnantes.

151. Vaucherie géminée. *Vaucheria geminata.*

Ectosperma geminata. Vauch. Conf. p. 29. t. 2. f. 5.

Cette espèce est d'un verd sale, ses filamens sont simples, continus ; ils poussent quelques pédoncules alongés ; ceux-ci, vers leur
sommet, se divisent en trois branches, les deux latérales sont
courtes, opposées, divergentes, et portent chacune une graine
qui a la forme d'une sphère tronquée ; celle du milieu se prolonge sous la forme d'une pointe cornue : elle croît dans les
fossés d'eau stagnante.

152. Vaucherie terrestre. *Vaucheria terrestris.*

Ectosperma terrestris. Vauch. Conf. p. 27. t. 2. f. 3. — *Byssus
velutina.* Linn. spec. 1638. Dill. Musc. 7. t. 1. f. 14. Lam.
Fl. franç. 1. p. 102. Chantr. Conf. p. 9. t. 1. f. 1.

Ses filets sont verds, courts, cylindriques, un peu rameux,
entrelacés les uns dans les autres ; vus au microscope ils paroissent moins réguliers que ceux des autres espèces de ce genre ;
ses graines sont un peu aplaties, portées sur le dos d'un pédoncule qui se prolonge en petit crochet recourbé : ces graines sont

visibles à l'œil nu. Cette plante croît sur la terre ou sur les vieux murs humides.

153. Vaucherie à hameçon. *Vaucheria hamata.*

Ectosperma hamata. Vauch. Conf. p. 26. t. 2. f. 2.

Elle forme au fond de l'eau des tapis d'un verd jaune ; ses filamens simples et continus, portent, d'espace en espace, des pédoncules redressés et alongés ; ce pédoncule se divise en deux branches, l'une fort courte porte une graine arrondie et d'un verd foncé, l'autre est pointue et crochue : ses graines. se détachent au printemps.

§. II. *Vaucheries à graines sessiles.*

154. Vaucherie sessile.   *Vaucheria sessilis.*

Ectosperma sessilis. Vauch. Conf. p. 31. t. 2. f. 7.

Ses filamens sont simples, verds, continus; ils portent çà et là deux graines oblongues sessiles, entre lesquelles s'élève un petit prolongement crochu, que Vaucher regarde comme une anthère ; quelquefois cette prétendue anthère n'est accompagnée que d'une seule graine : elle croît dans les eaux stagnantes.

155. Vaucherie gazonnée. *Vaucheria cespitosa.*

Ectosperma cespitosa. Vauch. Conf. p. 28. t. 2. f. 4. Journ. de Phys. flor. an 9. t. 3. f. 6. Bull. Philom. n. 48. t. 13. f. 9. — *Vaucheria disperma.* Decand. Bull. Philom. n. 51. p. 21.

Ses filamens sont courts, simples, nombreux, et forment un gazon d'un verd noir ; ils portent vers leur sommet deux graines ovoïdes sessiles, entre lesquelles le filament se prolonge sous la forme d'une pointe cornue qui, selon Vaucher, est l'organe mâle. Cette plante croît au fond des ruisseaux et des rivières de l'eau la plus pure ; elle répand ses graines en été; ses graines tombent sur la touffe et la rendent toujours plus épaisse.

156. Vaucherie ovoïde.   *Vaucheria ovata.*

Ectosperma ovata. Vauch. Conf. p. 25. t. 2. f. 1.

Les filamens de cette plante sont verds, cylindriques, dépourvus de cloisons; ils se divisent à leur sommet en deux branches; l'une porte à son sommet un corpuscule ovoïde qui se détache naturellement de la plante, et que Vaucher a vu reproduire un nouvel individu; l'autre porte un corpuscule à-peu-près de la même forme, mais qui répand une poussiere verdâtre, et que Vaucher regarde comme l'organe mâle : elle se trouve, en hiver, dans les ruisseaux.

§. III. *Vaucheries imparfaitement connues.*

157. Vaucherie à massue. *Vaucheria clavata.*

Ectosperma clavata. Vauch. Conf. p. 34. t. 3. f. 10. — *Conferva.* Chantr. Conf. p. 233. t. 35. f. 79 ?

Les filamens sont simples ou rameux, d'un aspect lustré, doux et onctueux au toucher; ses extrémités, sur-tout en hiver, sont terminées par des massues ovales non articulées, remplies d'une poussière verdâtre. Vaucher regarde ces massues comme des anthères, et soupçonne que cette espèce est dioïque : elle croît dans les eaux pures et courantes, et forme des touffes d'un beau verd sur les bois et les pierres.

158. Vaucherie en mam- *Vaucheria mammifor-*
melons. *mis.*

Vaucheria mammiformis. Decand. Bull. n. 51. p. 21. — *Conferva mammiformis.* Chantr. Conf. p. 28. t. 4. f. 7.

Cette belle espèce est d'un verd clair; ses filamens sont cylindriques, entre-croisés et sans cloisons; ils rayonnent d'un centre et forment une croûte orbiculaire et convexe : ses graines ne sont pas encore connues. Girod - Chantrans a découvert cette plante aux environs de Saint-Hippolite; elle étoit attachée aux rochers et arrosée par filtration.

159. Vaucherie à ap- *Vaucheria appendicu-*
pendices. *lata.*

Ectosperma appendiculata. Vauch. Conf. p. 35. t. 3. f. 11.

Cette plante, selon Vaucher, se présente sous deux états; tantôt ses filamens sont d'un jaune pâle, tantôt ils deviennent bruns; ils sont très-rameux, solides, et souvent chargés d'appendices irréguliers, qui sont les demeures d'insectes microscopiques; mais parmi ces appendices on apperçoit des grains ronds réguliers et sessiles, qui sont probablement les graines : elle se trouve à Lons-le-Saulnier, dans les bassins d'eau salée.

160. Vauchérie infusoire. *Vaucheria infusionum.*

Vaucheria infusionum Decand. Bull. n. 51. p. 21. — *Lepra infusionum.* Schranck. Bav. 2. p. 556.

Toutes les fois qu'on expose pendant quelques jours de l'eau douce à l'air libre et à la lumière, on voit s'y développer de petits flocons verds que l'on désigne sous le nom de *matière verte*; Priestley est le premier qui l'ait découverte. Ingenhousz a cru qu'elle étoit d'origine animale. Senebier a, ce me semble, prouvé que c'étoit une plante : elle paroît composée de fila- mens entre-croisés, très-fins, sans cloisons, enveloppés dans une matière gélatineuse. Cette plante dégage une assez grande quantité de gaz oxigène, et elle a souvent induit en erreur les physiciens qui ont cru que ce gaz étoit produit par les corps qu'ils avoient placés dans l'eau, tandis que la vauchérie infu- soire l'avoit seule fourni.

SECONDE FAMILLE.

CHAMPIGNONS. *FUNGI.*

Les champignons sont de consistance mucilagineuse, charnue ou subéreuse; leur forme est très-variable, leur couleur n'est jamais verte ; en diverses parties de ces plantes, on découvre des globules arrondis ou ovoïdes; ces globules, qu'on regarde ordinairement comme leurs graines, paroissent, lorsqu'on les examine au microscope, être eux-mêmes des capsules pleines de grains, qui sont probablement les gongyles; ces capsules sont placées tantôt à l'extérieur, tantôt à l'intérieur de la plante.

Les champignons vivent sur la terre, sur les bois humides ou sur les feuilles elles-mêmes; quelques-uns vivent dans l'eau, quelques autres croissent sous terre; plusieurs sont parasites sur les autres végétaux : aucun d'eux ne donne de gaz oxigène sous l'eau, au soleil; quelques-uns exhalent du gaz hydrogène, d'autres du gaz azote et du gaz acide carbonique ; ceux qui sont charnus se pourrissent facilement et peuvent être changés en adipocire comme les muscles. Presque tous présentent , à l'analyse, les principes des matières animales. Les deux sections qui composent cette famille diffèrent par un caractère si important, que peut-être on devra les considérer un jour comme deux familles distinctes.

PREMIER ORDRE.

Champignons dont les capsules sont placées à la surface extérieure. GYMNOCARPI. Pers.

** Champignons filamenteux.*

XII. BISSE.   *B I S S U S.*

Byssi filament. Linn. — *Dematium , Racodium , Himantia* et *Mesenterica.* Pers.

En attendant que les espèces qui composent ce genre soient mieux connues , je réunis ici tous les champignons filamenteux , simples , rameux , anastomosés ou entre-croisés , blancs , jaunes , rougeâtres ou bruns , dont les formes sont mal déterminées , et dans lesquels on n'a point encore découvert les organes de la reproduction.

161. Bisse des parois.   *Bissus parietina.*

 α. Flavescens.
 β. Argentea. — *Mesenterica argentea.* Pers. Syn. 706. — *Corallofungus argenteus omentiformis.* Vaill. Bot. Par. p. 41. t. 8. f. 1.

Cette belle espèce croît dans les maisons , appliquée sur les parois , les murailles et les plafonds , particulièrement dans les lieux obscurs et humides ; elle y forme des plaques arrondies qui atteignent jusqu'à 3 et 4 décim. de diamètre ; leur couleur est d'un jaune pâle dans la variété *α* , et d'un blanc argenté dans la variété *β.* Les filamens qui composent ces plaques rayonnent souvent d'un centre commun ; ils sont excessivement ramifiés , et entre les filamens les plus gros on en découvre une multitude de petits , qui les réunissent presque entièrement et forment une membrane papiracée et continue.

162. Bisse blanc.   *Bissus candida.*

 Bissus candida. Huds. Angl. p. 601.—Dill. Musc. t. 1. f. 15. A. — *Himantia candida.* Pers. Syn. 704.
 β. Epidendra.

Cette espèce est d'un beau blanc et d'un aspect soyeux ; elle naît sur les feuilles mortes tombées à terre , ou sur les bois morts qui les avoisinent; ses filamens sont capillaires, appliqués sur la surface de la feuille, branchus, divisés vers leur sommet en ramifications nombreuses, quelquefois réunis en faisceaux qui imitent des nervures, quelquefois anastomosés en forme de membrane mince et papiracée.

163. Bisse jaunâtre. *Bissus flavescens.*

α. *Epidendra.*
β. *Epiphylla.*

Cette expansion croît sur les vieux troncs humides et sur les feuilles tombées à terre dans les forêts; elle est d'un jaune pâle; ses filamens, qu'on n'apperçoit bien que sur les bords de la croûte, sont cylindriques, très−menus, appliqués sur le tronc, soudés les uns avec les autres, tantôt sous forme de nervures rameuses ou proéminentes, tantôt sous la forme d'une membrane mince et diversement lobée ou déchirée.

164. Bisse alongé. *Bissus elongata.*

Cette plante est de couleur blanche; elle offre des filamens très−menus, très−entre−croisés et réunis en faisceaux alongés, arrondis, rameux, longs de 4−6 décim. et quelquefois davantage; ces faisceaux de filamens ont, pendant la vie de la plante, l'apparence de la crême fouettée; après leur dessication ils prennent un aspect cotonneux. Cette espèce a été trouvée dans les souterrains de l'Observatoire, par l'Héritier.

165. Bisse gigantesque. *Bisus gigantea.*

Xylostroma giganteum. Tode. Mckl. 1. p. 36. t. 6. f. 51. Gmel. Syst. 1442. — *Racodium xylostroma.* Pers. Syn. 702.

Cette production singulière croît dans l'intérieur des arbres; elle s'insinue entre leurs fentes et les remplit dans un espace quelquefois très-considérable; elle est blanchâtre; ses filamens entre-croisés les uns dans les autres, forment une espèce de feutre ou d'amadou serré et coriace : on y remarque des globules épars, qu'on regarde comme les graines.

166. Bisse des caves. *Bissus cryptarum.*

Bissus cryptarum. Lam. Fl. franç. 1. p. 102. Mich. t. 89. f. 9. Dill. Musc. t. 1. f. 12. — *Racodium cellare.* Pers. Syn. p. 701. — *Byssus septica.* Roth. Germ. 4. p. 561.

Cette plante croît dans les caves, sur les tonneaux; elle y

forme de larges duvets bruns ou noirâtres, aplatis, mous et compacts comme l'amadou, composés de filamens cylindriques et crépus, entre-croisés les uns dans les autres.

167. Bisse entre-mêlé. *Bissus intertexta.*

Dematium stuposum. Pers. Syn. p. 696?

Cette espèce est d'un fauve jaunâtre couleur de rouille; elle forme des touffes de diverses formes; ses filamens sont cylindriques, menus, entre-croisés les uns dans les autres : lorsqu'on les observe au microscope, on y découvre çà et là des tubercules arrondis. Cette plante croît dans les souterrains de l'Observatoire de Paris : elle atteint 6–7 centim. de longueur.

168. Bisse orangé. *Bissus aurantiaca.*

Bissus aurantiaca. Lam. Dict. p. 524. — *Bissus fulva.* Humb.
Fryb. p. 62. — Mich. Gen. p. 211. t. 90. f. 1. — *Dematium
strigosum.* Pers. Syn. p. 695.

Cette espèce est d'une consistance qui approche de celle des clavaires; elle est d'un fauve doré et un peu luisant; elle forme des touffes droites rameuses, un peu roides; les rameaux supérieurs se divisent en un grand nombre de petits filamens réunis en faisceaux : elle atteint 4 centim. de longueur. On trouve cette plante dans les lieux obscurs et humides, sur les bois à demi-pourris.

169. Bisse doré. *Bissus aurea.*

Bissus aurea. Linn. spec. 1638. Lam. Fl. franç. 1. p. 102. — Dill.
Musc. t. 1. f. 16. — *Dematium petræum.* Pers. Syn. p. 697. —
Lichen aureus. Ach. Lich. p. 11.

Cette espèce forme des coussinets convexes, arrondis, ramassés, d'un jaune roussâtre et d'un aspect laineux; les filamens sont courts, aigus, simples, et vus au microscope, paroissent un peu articulés. Cette plante croît sur les murs et les pierres; on la trouve aussi sur les gazons formés par les mousses; par la vieillesse ou par la dessication, elle devient souvent d'un jaune pâle.

170. Bisse rouge. *Bissus rubra.*

Dematium cinnabarinum. Pers. Syn. p. 697?

Cette espèce croît sur les bois à demi-pourris; elle est d'un rouge de lacque; ses filamens sont longs, déliés, très-distincts même à la vue simple, et paroissent un peu entre-croisés les uns dans les autres. Cette plante diffère du *bissus purpurea*, Lam., et du *bissus phorphorea*, Linn., parce qu'elle ne forme point une croûte poudreuse.

XIII. MONILIE. *MONILIA.*

Monilia. Pers. — *Mucoris spec.* Bull.

C**AR.** Les monilies sont composés d'un pédicule grêle, simple ou rameux, analogue aux filamens des bisses; à son sommet se trouvent des filets articulés, composés de globules sphériques collés les uns au bout des autres, et qui se séparent naturellement à leur maturité.

O**BS.** Elles ressemblent beaucoup aux moisissures, mais leurs capsules sont nues et non renfermées dans un peridium vésiculeux.

171. Monilie glauque. *Monilia glauca.*

Monilia glauca. Pers. Syn. p. 691. Tent. Disp. p. 40. — *Mucor glaucus.* Linn. Syst. 1020. — *Mucor aspergillus.* Bull. Champ. p. 106. t. 504. f. 10. — *Aspergillus.* Mich. gen. 212. t. 91. f. 1.

Elle a les pédicules simples, plus ou moins alongés, blancs et grêles; ses capsules agglutinées les unes à la suite des autres sur des lignes divergentes, représentent de jolies petites aigrettes d'une forme sphérique; ces capsules sont rondes, diaphanes, d'abord blanches, verdâtres à leur maturité; à cette époque elles séparent les unes des autres. Cette plante croît en touffe ou quelquefois éparse, sur les fruits qui se pourrissent.

172. Monilie digitée. *Monilia digitata.*

Mucor penicillatus. Bull. Champ. p. 107. t. 504. f. xi. 11. — *Monilia digitata.* Pers. Syn. p. 693. — *Mucor crustaceus.* Linn. Syst. 1020. — *Mucor cœspitosus.* Bolt. Fung. p. 132. f. 2? — *Aspergillus simplex.* Pers. Tent. Disp. p. 41. Mich. gen. t. 91. f. 3.

Cette monilie vient par touffe; quoique d'une extrême ténuité, elle se distingue par ses semences agglutinées les unes aux autres sur des lignes divergentes qui sont au nombre de trois, cinq ou davantage, insérées sur un même point en forme d'ombelle, et qui se terminent à des hauteurs différentes comme les poils d'un pinceau; les pédicules sont simples, blancs, pellucides; les graines sont rondes d'abord, blanches, puis verdâtres : elle croît sur les mets corrompus.

173. Monilie en grappe.   *Monilia racemosa.*

Monilia recemosa. Pers. Syn. p. 692. — *Aspergillus racemosus.* Pers. Tent. Disp. p. 41. Mich. gen. p. 213. t. 91. f. 4. — *Mucor penicillatus.* Bull. Champ. p. 107. t. 504. f. xi. 12.

Cette espèce ne diffère de la monilie digitée, que parce que son pédicule est rameux au lieu d'être simple. Bulliard ne la regarde que comme une variété de cette plante : elle croît de même par grouppes, sur les divers corps en putréfaction.

XIV. BOTRYTIS.   *BOTRYTIS.*

Botrytis. Pers. — *Mucoris spec.* Bull.

Car. Les botrytis offrent des pédoncules rameux, redressés, qui portent vers leur sommet des capsules nues en tête ou en grappe, non agglutinées les unes au sommet des autres.

Obs. Elles ressemblent aux monilies, aux moisissures et aux égérites : leur vie est très-fugace.

§. Ier. *Fibres droites et rameuses.*

174. Botrytis en arbre.   *Botrytis dendroides.*

Mucor dendroides. Bull. Champ. p. 105. t. 504. f. 9.

Elle vient sur diverses substances fermentescibles, et surtout sur les champignons, où elle forme de larges touffes d'abord blanches, ensuite un peu brunes; sa forme imite celle d'un petit arbre; ses pédicules se divisent en mille petits rameaux épars, le long desquels sont insérés, sans ordre, des pédicelles alongés, qui portent chacun une petite capsule ovale-oblongue d'abord blanche, ensuite brune.

175. Botrytis à grappe.   *Botrytis racemosa.*

Mucor racemosus. Bull. Champ. p. 104. t. 504. f. 7. — *Botrytis cinerea.* Pers. Syn. p. 690.

Cette espèce se distingue facilement à ses pédoncules rameux, grêles, droits, et à ses capsules ovales-alongées, d'abord blanches, puis cendrées, portées chacune sur un pédicelle fort court, et disposées en grappes le long des ramifications des pédoncules : elle est commune sur toutes les substances fermentescibles, où elle forme de larges touffes cendrées et barbues.

176. Botrytis perce-bois.   *Botrytis lignifraga.*

Mucor lignifragus. Bull. Champ. p. 103. t. 504. f. 6.

Elle ne vient jamais que sur les écorces d'arbres, et en

particulier sur celle du bouleau ; elle s'implante sous les couches externes de l'écorce, écarte les lèvres de l'épiderme qui la recouvre, et forme à l'extérieur de petits boutons blancs et cotonneux, qui deviennent ensuite pulvérulens et d'un verd foncé ; ses capsules sont rondes, très-petites, sessiles le long des ramifications des pédicelles, qui sont grèles, rapprochés, droits et entre-croisés.

§. II. *Fibres couchées émettant des pédoncules droits.*

177. Botrytis en ombelle. *Botrytis umbellata.*

Mucor umbellatus. Bull. Champ. p. 105. t. 504. f. 8. — *Botrytis ramosa.* Pers. Syn. p. 690 ?

Elle se trouve sur les fruits et les confitures qui se gâtent ; elle vient par touffes ; sa couleur est d'abord blanche et ensuite d'un gris noir ; ses pédicules sont grèles, droits, insérés presque à angles droits sur des fibres couchées et rameuses ; à leur sommet ces pédicules se divisent en cinq à six rayons courts et en ombelle ; chacun de ces rayons porte plusieurs capsules sphériques, sessiles, éparses.

178. Botrytis rose. *Botrytis rosea.*

Mucor roseus. Bull. Champ. p. 102. t. 504. f. 4.

Elle croît sur les écorces d'arbre, et en particulier sur celles d'aulne ; elle naît ordinairement à l'orifice de quelque glande ou près de quelque piqûre d'insecte ; elle forme de petits boutons d'abord blancs, arrondis et d'un aspect velu, ensuite alongés et de couleur vermillon ; il s'en échappe alors une poudre rousse : les capsules sont ovoïdes, portées deux à cinq ensemble au sommet d'un pédicelle grèle, droit et simple ; ces pédicelles sont insérés à angles droits sur des fibres fort grosses, distinctes et rectilignes.

179. Botrytis en paquets. *Botrytis glomerulosa.*

Mucor glomerulosus. Bull. Champ. p. 101. t. 504. f. 3.

Elle se trouve sur diverses substances, mais plus ordinairement sur le papier renfermé dans des lieux humides ; elle est d'un gris roussâtre, et au lieu de naître par grouppes, elle vient fort éparse ; ses pédicelles portent à leur sommet trente à quarante capsules ovoïdes, réunies en une petite tête sphérique ;

ces pédicelles sont simples, droits, et naissent de fibrilles rameuses très-menues, couchées et peu apparentes.

XV. EGÉRITE. *ÆGERITA.*

Ægerita. Pers. — *Mucoris spec.* Bull.

Car. Les égérites n'offrent à l'œil qu'un tubercule ou une
croûte convexe; vues à de fortes loupes ou au microscope, on
y distingue des capsules sphériques éparses, attachées à des
fibrilles couchées, rameuses et extrêmement menues.

Obs. Les égérites ressemblent aux botrytis par leur structure; elles en diffèrent parce que les fibrilles qui portent les
capsules sont couchées et beaucoup plus menues : les plaques
d'égérites ont une apparence glabre et charnue, celles des botrytis et des monilies ont l'aspect velu et filamenteux.

180. Egérite tête d'épingle. *Ægerita punctiformis.*

J'ai trouvé cette plante sur les racines de jacinthes qui crois-
soient dans l'eau; elle y forme de petits tubercules d'un brun
bleuâtre, gros comme la tête d'une épingle; vus au microscope,
ces tubercules paroissent composés de globules sphériques très-
nombreux, adhérens le long de filamens rameux extrêmement
déliés.

181. Egérite orangée. *Ægerita aurantia.*

Mucor aurantius. Bull. Champ. p. 103. t. 504. f. 5.

Elle forme de petites plaques fermes et d'un jaune doré, sur
l'écorce du bois mort, les cercles des tonneaux et les bouchons
de liège; ses semences sont rondes, extrêmement petites, insérées sans ordre sur des filamens grêles, rameux et rampans.

182. Egérite en croûte. *Ægerita crustacea.*

Mucor crustaceus. Bull. Champ. p. 100. t. 504. f. 2.

Elle est d'abord blanche, puis d'un jaune soufre, puis d'un
rouge foncé; c'est elle qui forme ces plaques colorées qu'on
apperçoit sur la croûte des fromages salés; ses semences sont
extrêmement petites, éparses, insérées à des fibrilles qu'on
apperçoit à peine aux plus fortes lentilles microscopiques.

183. Egérite? des bois morts. *Ægerita? epixylon.*

Reticularia epixylon. Bull. Champ. p. 90. t. 472. f. 1.

Elle est annuelle et naît sur le bois mort dépouillé d'écorce;
elle y forme de petits coussins d'abord grisâtres, unis et mous,

ensuite bruns ou noirs , et réduits en poussière qui s'attache aux doigts; les capsules sont oblongues , attachées à de petites fibres articulées et élastiques.

XVI. CONOPLÉE. *CONOPLEA.*

Conoplea. Pers. Hedw. f.

Car. Les conoplées sont composées de filamens rameux analogues à ceux des bisses qui portent çà et là des capsules presque globuleuses, qui s'en détachent facilement, comme une poussière.

184. Conoplée puccinie. *Conoplea puccinioides.*

Elle croît sur les feuilles mortes des carex, et y forme des tubercules noirs, très-petits, faciles à détruire et à enlever, et qui ressemblent un peu à de jeunes puccinies; ces tubercules vus au microscope, sont composés de filamens pellucides, rameux, étalés, qui portent sur toute leur surface des globules opaques, anguleux, assez gros comparativement à la tige. J'ai trouvé plusieurs fois une espèce de puccinie mélangée avec les filamens de cette conoplée; communiq. par le C. Leman.

XVII. ERINÉUM. *ERINEUM.*

Erineum. Pers. — *Mucoris sp.* Bull.

Car. Les érinéums n'offrent que des tubes souvent cylindriques, quelquefois en forme de toupie, tronqués au sommet: on ignore si les capsules sont internes ou externes; ils naissent par grouppes très-nombreux , sur les feuilles vivantes.

185. Erinéum des érables. *Erineum acerinum.*

Mucor ferrugineus. Bull. Champ. p. 108. t. 514. f. 12. Excl. Syn.
— *Erineum acerinum.* Pers. Syn. p. 700. Disp. Fung. p. 43.

Il croît sur la surface inférieure des feuilles de l'érable champêtre et de l'érable faux platane; il y forme des taches d'un rouge de rouille, qui prennent à la longue une teinte rembrunie; ces taches examinées au microscope, paroissent formées par une multitude de petits champignons sessiles, membraneux, coriaces, transparens et en forme de toupie ou de massue; ses péricarpes, selon Bulliard, s'ouvrent d'une manière peu régulière , et laissent échapper les graines nombreuses et pulvérulentes qu'il renferme. Ce naturaliste dit que cette plante se trouve sur les feuilles de bouleau, d'orme et de charme : peut-être a-t-il réuni ici des espèces voisines.

186. Erinéum de la vigne.   *Erineum vitis.*

Erineum vitis. Schrad. ex Schleich. crypt. ex sic. n. 100.

Cette plante croît sur la face inférieure des feuilles de la vigne; elle y forme des taches nombreuses irrégulières, d'une couleur rousse qui approche un peu de celle de la rouille; ces taches vues au microscope, sont composées d'une multitude de tubes cylindriques, simples, crépus, tronqués au sommet, et dont la fructification est entièrement inconnue. Seroient-ce des loges d'insectes?

187. Erinéum du tilleul.   *Erineum tiliaceum.*

Erineum tiliaceum. Pers. Syn. p. 700. Obs. Myc. 1. p. 25.

Cette espèce croît sur l'une et l'autre surface des feuilles de tilleul; elle ne présente à l'œil nu que des taches irrégulières d'un blanc sale ou roussâtre, appliquées, et qui semblent n'être que des amas de poils : si on les examine au microscope, on y distingue des tubes cylindriques tronqués, simples, un peu crépus, et qui paroissent marquées de raies sinueuses dont on ignore l'origine. Cette production est encore plus mal connue que toutes celles qui composent la famille des champignons, et je ne l'indique comme espèce, que pour attirer sur elle l'attention des observateurs.

188. Erinéum articulé.   *Erineum arriculatum.*

Dematium articulatum. Pers. Syn. 694. Disp. Fung. p. 41. t. 4. f. 2.

Cette espèce est extrêmement petite et naît sur les tiges sèches des herbes, où elle forme des taches noirâtres à peine visibles à l'œil nu; à la loupe et mieux encore au microscope, on distingue que ces taches sont formées de l'assemblable de plusieurs groupes distincts, composés de filamens noirs, divergens, cylindriques, un peu flexueux et articulés. — Communiquée par M. Chaillet.

** *Champignons dont la surface fructifère est unie et ne dégénère pas en pulpe.*

XVIII. HELOTIUM.   *HELOTIUM.*

Helotium. Pers. — *Helvellæ* spec. Bull.

CAR. Les hélotiums ont un chapeau convexe régulier, pédonculé, lisse sur l'une et l'autre surface, qui porte en dessus des capsules disposées comme dans les périzes.

189. Hélotium agaric. *Helotium agariciformis.*

Helvella acicularis. Bull. Champ. p. 296. t. 473. f. 1.—*Helvella agariciformis.* Bolt. Fung. 3. t. 98. f. 1.

Cette plante est fort petite, de couleur blanche, et ressemble beaucoup à un agaric ; son pédicule est plein et de la grosseur d'une petite épingle ; son chapeau est mince, bombé et uni dessus et dessous ; ses bords sont toujours régulièrement arrondis. Cette plante croît sur le bois pourri ; elle diffère de l'*helotium aciculare* Pers., par sa consistance plus durable et moins charnue.

190. Hélotium des fumiers. *Helotium fimetarium.*

Leotia fimetaria Pers. Obs. Myc. 2. p. 21. t. 5. f. 4. 5. — *Helotium fimetarium.* Pers. Syn. 678.

Cette petite plante croît sur le fumier sec, et ne s'élève pas à 2 millim. de hauteur ; sa consistance est ferme, durable, sa couleur d'un rose vif ; on y distingue un pédicelle grèle et cylindrique, surmonté d'un chapeau plane ou convexe, souvent anguleux, lisse sur l'une et l'autre surface.

XIX. PEZIZE. *PEZIZA.*

Peziza. Linn. — *Octospora.* Hedw.

Car. Les pezizes offrent un réceptacle ordinairement en forme de coupe concave ou hémisphérique ; la surface supérieure est glabre et porte les graines, qui s'échappent sous forme de poussière fine. Ces graines, selon Hedwig, sont renfermées dans des capsules membraneuses ; on en trouve le plus souvent huit dans chaque capsule.

Obs. Elles sont gélatineuses, charnues, coriaces ou de la consistance de la cire ; elles vivent sur la terre, le fumier, le bois et les herbes pourris ; une d'elles vit dans l'eau.

§. Ier. *Pezizes coriaces.*

191. Pezize coriace. *Peziza coriacea.*

Pezica coriacea. Bull. Champ. p. 258. t. 438. f. 1. Gmell. Syst. p. 1451.

Cette plante est de la grandeur d'une lentille, glabre, de couleur cendrée ; sa chair est épaisse et coriace, sa partie inférieure se prolonge en un pédicule grèle, alongé, aminci à sa base ; la supérieure est creusée en soucoupe, d'une couleur ordinairement ferrugineuse dans le centre ; elle porte une poussière grise, abondante ; elle est rare ; son pédicule se divise quelquefois en deux ou trois parties : elle croît sur les fumiers du cerf et le crotin de cheval et d'âne.

§. II. *Pezizes charnues.*

192. Pezize aquatique.   *Peziza aquatica.*

Peziza aquatica. Decand. Dict. Encycl. 5. p. 216. n. 78. — *Peziza.* Hall. Helv. n. 2245.

Cette rare et remarquable espèce a été indiquée par Haller avec beaucoup de doute. Je l'ai trouvée en été dans un conduit d'eau ; elle est plane ou très-légèrement convexe, sans rebord, d'un beau rouge écarlate ; elle est sessile au fond de l'eau, singularité qui la distingue de tout ce genre et de presque tous les champignons.

193. Pezize cendrée.   *Peziza cinerea.*

Peziza cinerea. Batsch. Fung. 2. f. 137. Pers. Syn. p. 634. — *Octospora cinerea.* Gottl. Fl. Lips. 1643.

Cette jolie espèce ne diffère pas beaucoup de la pezize-calleuse ; elle est sessile comme elle dans sa jeunesse ; elle est orbiculaire, régulière ; son disque est gris et plane, entouré d'un rebord plus blanc ; peu-à-peu le disque devient légèrement convexe, les bords se crispent et deviennent irréguliers : elle ressemble beaucoup, soit pour la forme, soit pour la gradation d'accroissement, à la scutelle de quelques lichens ; sa substance est demi-transparente, cendrée ; elle devient membraneuse et blanchâtre en séchant. Batsch l'a vue sur le bois des rameaux, à la fin du printemps. Je l'ai trouvée entre l'écorce et le bois d'un vieux arbre pourri ; elle étoit implantée sur le bois ; elle a 6-9 millim. de diamètre.

194. Pezize patellaire.   *Peziza patellaria.*

Peziza patellaria. Pers. Syn. 670. — *Lichen atratus.* Hedw. Musc. Frond. 2. p. 61. t. 21. f. A.

Cette plante ressemble beaucoup à diverses patellaires noires, mais elle en diffère par l'absence de la croûte lichenoïde, qui supporte les scutelles des lichens : elle offre un amas de tubercules entièrement noirs, glabres, arrondis dans leur jeunesse, oblongs ou un peu anguleux dans un âge avancé, planes, entourés d'un rebord distinct : elle croît sur les vieux bois dépouillés d'écorce.

195. Pezize lenticulaire.   *Peziza lenticularis.*

Peziza lenticularis. Bull. Champ. p. 248. t. 300. Pers. Syn. p. 664. — *Peziza flava.* Wild. Berol. p. 404. n. 1175.

La pezize lenticulaire est fragile, glabre, sessile ou un peu amincie en pédicule, unie et glabre en dessus et en dessous ;

elle a 4-5 millim. de diamètre, et a une épaisseur assez considérable pour sa grandeur; sa surface supérieure est d'abord
un peu concave, puis s'aplatit en vieillissant; elle est jaunâtre
ou grisâtre, ou rougeâtre : elle naît sur les troncs coupés, et
vient ordinairement en sociétés nombreuses.

196. Pezize calleuse.   *Peziza callosa.*

   α. Peziza callosa ardosiacea. Bull. Champ. p. 252. t. 416. f. 1.
    Peziza callosa. Gmel. Syst. p. 1456.
   β. *Peziza callosa alba.* Bull. Champ. p. 252.
   γ. *Peziza callosa viridis.* Bull. Champ. p. 252. t. 376. f. 4. —
    Peziza viridis. Gmel. Syst. p. 1458.

Cette plante est sessile, fragile, épaisse, de 2-4 millim. de
diamètre; sa surface inférieure est un peu peluchée, la supérieure est glabre, d'abord concave, puis plane et même bombée
au centre; ses bords sont élevés et ont l'apparence d'un bourrelet calleux; sa couleur est ardoisée, blanche ou verte : elle
croît sur le bois pourri et les fruits coriaces.

197. Pezize aranéeuse.   *Peziza araneosa.*

   Peziza araneosa. Bull. Champ. p. 264. t. 280. Pers. Syn. p. 651.

La pezize aranéeuse est mince, fragile et d'un rouge orangé;
elle n'a guère que 6-8 millim. de diamètre; sa partie inférieure, tapissée de fibrilles noirâtres et enlacées, est en forme de
toupie et se prolonge en un pédicule court; sa partie supérieure
est creusée en plateau, et ses bords sont sinués ordinairement :
elle ne se trouve que sur la terre, dans les forêts ombragées
ou les jardins.

198. Pezize ombiliquée.   *Peziza omphalodes.*

   Peziza omphalodes. Bull. Champ. p. 264. t. 485. f. 1. — Fl.
    dan. t. 656. f. 2.

La pezize ombiliquée n'a que 4-8 millimètres de diamètre;
elle est sessile, épaisse, fragile, glabre, de couleur orange; elle
est insérée, par son centre, sur la terre, où on la trouve en
grouppes nombreux : sa surface inférieure, vue à la loupe,
est légèrement hérissée; la supérieure est creusée d'une fossette
en forme d'ombilic.

199. Pezize en écusson.   *Peziza scutellata.*

   Peziza scutellata. Linn. spec. 1181. Bull. Champ. p. 247. t. 10.
    — *Octospora scutellata.* Hedw. Crypt. 2. p. 10. t. 3. A. —
    Elvela ciliata. Schœf. Fung. 3. t. 284.

Le pezize en écusson est la plus commune de toutes; elle est sessile et d'un rouge écarlate tirant un peu sur l'orangé ; sa chair est épaisse, fragile, rougeâtre ; sa partie inférieure, d'une forme lenticulaire, est hérissée de gros poils noirs, qui ressemblent à des cils ; sa partie supérieure, d'abord creusée en soucoupe, s'aplatit peu à peu ; quelquefois même, dans sa vieillesse, elle est un peu bombée au centre : on la trouve sur de vieilles souches, et souvent sur la terre.

200. Pezize ciliée.   *Peziza ciliata.*

Peziza ciliata. Bull. Champ. p. 257. t. 438. f. 2. Gmel. Syst. p. 1456.

Ce n'est que sur la fiente des hommes, et sur-tout du bœuf, que ce trouve ce champignon, qui, par sa station, diffère de la pezize palpébrale. La pezize ciliée est petite, épaisse, très-fragile, sessile, de couleur orange tirant sur le rouge ; sa partie inférieure a quelques poils noirs, courts, déliés ; sa chair est rougeâtre ; ses bords ont de gros poils très-apparens ; sa partie supérieure est creusée en soucoupe : elle n'a qu'un millimètre environ de diamètre.

201. Pezize barbue.   *Peziza crinita.*

Peziza crinita. Bull. Champ. p. 249. t. 416. f. 2. Pers. Syn. p. 651.

Elle est mince, ferme, fort petite, sessile, grisâtre à sa partie inférieure, et hérissée, sur-tout vers ses bords, de gros poils noirs, qui ressemblent à des cils ; sa chair est blanche ; sa partie supérieure creusée en godet ou en coupe, est d'un rouge pourpre : elle croît sur le bois à demi-pourri.

202. Pezize charnue.   *Peziza carnosa.*

Peziza carnosa. Bull. Champ. p. 255. t. 396. f. 1.—*Peziza pinguis.* Gmel. Syst. p. 1455.

La chair de cette pezize est épaisse, d'un rouge tendre ; sa surface est grisâtre ; elle est sessile, cotonneuse, et même laineuse inférieurement ; sa partie supérieure, profondément creusée en soucoupe ou en coquetier, est recouverte d'une sorte de duvet qui ne se trouve que dans cette seule espèce : elle croît sur le bois à demi-pourri.

203. Pezize dorée.   *Peziza chrysocoma.*

α. *Peziza chrysocoma.* Bull. Champ. p. 254. t. 376. f. 2. — *Peziza aurea.* Pers. Syn. p. 635 ?

β. *Pallida.*

γ. *Rubella.*

Ce champignon est mince, fragile, sessile, glabre, uni en dessus et en dessous, et ordinairement d'une à deux lignes de diamètre; il est d'abord creusé en grelot, et prend ensuite la forme d'une petite coupe. Cette plante ne croît que sur le bois pourri, soit en touffe, soit éparse; sa couleur est dorée dans la variété *α*, pâle dans la variété *β*, d'un jaune rougeâtre dans la variété *γ*; elle devient noirâtre dans sa vieillesse.

204. Pezize des fientes.   *Peziza stercoraria.*

Ascobolus furfuraceus. Pers. Syn. p. 676. — *Peziza stercoraria.*
   Bull. Champ. p. 256.
α. Luteus. Bull. t. 376. f. 1.
β. Violaceus. Bull. t. 438. f. 4.

Cette plante est un peu plus grande qu'une lentille, charnue, fragile, presque sessile, en forme de coupe; sa surface inférieure est granulée ou comme farineuse, blanchâtre; la surface supérieure est jaune ou violette, concave, parsemée de petits grains noirs qui sont des capsules : elle ne se trouve jamais que sur la fiente des bêtes de somme.

205. Pezize grenue.   *Peziza granulosa.*

Peziza granulosa. Bull. Champ. p. 258. t. 438. f. 3. Pers. Syn.
   p. 667. — *Peziza scabra.* Fl. dan. t. 655. f. 2.

Cette plante se trouve abondamment sur la bouze de vache, et là seulement; elle est de la largeur d'une petite lentille, d'une forme peu régulière; elle est épaisse, fragile, sessile, glabre, grenue inférieurement, et d'une couleur orangé clair; sa partie supérieure, creusée en soucoupe, est d'un rouge orangé.

206. Pezize bicolore.   *Peziza bicolor.*

Peziza bicolor. Bull. Champ. p. 243. t. 410. f. 3. — *Peziza Pul-
   chella.* Pers. Syn. p. 653. — *Peziza oxyacanthœ.* Pers. Obs.
   Myc. 1. p. 41.

Cette pezize est fort petite, assez épaisse, ferme, constamment sessile et velue à sa partie inférieure ; sa partie supérieure est creusée en soucoupe. Cette plante se trouve sur de vieilles souches ou de petites branches tombées à terre, ou même sur les arbres; elle y est nombreuse, mais éparse; elle se ferme dans les temps secs, et s'ouvre dans les temps humides. Son nom lui vient de la diversité des couleurs de ses deux surfaces; mais, à cet égard, on peut distinguer deux variétés, qui toutes deux ont la surface inférieure blanche; mais la surface supérieure est orangée dans la première, et brune dans la seconde.

207. Pezize des écorces.   *Peziza corticalis.*

Peziza corticalis. Pers. Syn. p. 651.

Elle croît sur l'écorce des vieux arbres, et y forme des tubercules d'un blanc sale, sessiles, presque globuleux, hérissés de poils courts et roides sur toute leur surface, et plus petits que des têtes d'épingles; la chair est charnue, un peu rougeâtre. — Communiquée par le C. Dufour.

208. Pezize papillaire.   *Peziza papillaris.*

α. *Alba.* — *Peziza tomentosa.* Vill. Dauph. 4. p. 1038.
β. *Albo-grysea.* — *Peziza papillaris,* var. 1. Bull. Champ. p. 244.
γ. *Grysea.* — *Peziza papillaris,* var. 2. Bull. Champ. p. 244. t. 467. f. 1.

Cette espèce est fort petite et assez épaisse en proportion de son diamètre; elle est presque fragile et transparente comme de la cire; elle est absolument sessile; sa surface inférieure, qui paroît laineuse, est hérissée de papilles grosses, courtes, entremêlées les unes dans les autres, et qui portent souvent de petites gouttelettes d'une eau limpide; sa partie supérieure, d'abord creusée en grelot, prend à la longue la forme d'une petite coupe. Cette plante croît sur le bois pourri : on la trouve solitaire ou en grouppes. La couleur diverse qu'elle prend, en fait distinguer trois variétés; la première est blanche en dessus et en dessous; la seconde est blanche en dessous et cendrée en dessus; la troisième est grise des deux côtés : ses bords sont souvent sinués et irréguliers; c'est probablement le dernier âge de la plante.

209. Pezize tubulée.   *Peziza solenia.*

Solenia candida. Hoffm. Fl. Germ. t. 8. f. 1. — *Peziza solenia candida.* Pers. Syn. p. 676. Disp. Meth. p. 36. — Lam. Illustr. t. 889. f. 1. *a. b.*

Ce petit champignon croît sur le bois pourri, en grouppes assez nombreux; il n'a pas 2 millim. de longueur; il est blanc; lorsqu'on l'examine à une forte loupe, on voit que sa forme est celle d'un tube cylindrique alongé, d'abord fermé à son sommet, ensuite ouvert, et entouré à son orifice d'un rebord obtus et un peu étalé.

210. Pezize imberbe.   *Peziza imberbis.*

Peziza imberbis. Bull. Champ. p. 245. t. 467. f. 2.
α. *Alba.* Bull. var. 1. — *Peziza nivea.* Batsch. Fung. 1. p. 117.
t. 12. f. 56.
β. *Cinerea.* Bull. var. 2. — *Peziza sigillatoria.* Batsch. Fung. 2.
n. 142.

La pezize imberbe s'approche beaucoup, par sa consistance ,
des espèces fragiles et transparentes comme la cire ; elle est
parfaitement glabre, d'abord sessile, puis en toupie, puis amincie en un court pédicule ; sa partie supérieure, d'abord creusée
en coupe, s'aplatit peu à peu. Cette plante croît abondamment
sur de vieilles souches, sur lesquelles elle ne se réunit pas ordinairement en grouppes. Sa grandeur et sa teinte en font distinguer deux variétés ; la première est blanche , très-petite ,
d'abord en forme de massue , puis elle s'ouvre au sommet, et
forme enfin un disque pédonculé ; la seconde est d'abord
blanche comme du lait, et prend avec l'âge une légère teinte
de bistre.

211. Pezize lactée.   *Peziza lactea.*

Peziza lactea. Bull. Champ. p. 253. t. 376. f. 3. — *Peziza nivea.*
Dicks. Fung. p. 21.

Cette pezize est très-petite , et se rapproche de celles qui
ont la consistance de la cire ; elle est blanche , velue à sa surface inférieure, sur-tout vers les bords , qui paroissent comme
frangés ; elle est en forme de toupie , ou amincie en un pédicule plus ou moins alongé ; sa partie supérieure est creusée en
soucoupe. Cette pezize est commune toute l'année sur le bois
et les feuilles mortes : sa forme et sa teinte varient selon l'âge ;
ce qui en fait distinguer quelques variétés ; la première est droite ,
ouverte , circulaire et évidemment pédicellée ; la seconde est
inversement conique , penchée , et son bord est moins ouvert ; la
troisième , qui est probablement le dernier âge de la plante ,
est d'un blanc sale tirant sur le cendré ou le brun , et est un
peu plus velue.

212. Pezize calicium.   *Peziza calicioides.*

α. *Alba.*
β. *Sulfurea.*

Elle s'élève au plus à 3 millim. ; son pédicule est grêle et
s'évase en un disque arrondi ; ce disque est plane ou un peu

convexe quand la plante est humectée, il devient concave par
la dessication; sa surface supérieure est unie et glabre; le pédicelle et la surface inférieure sont hérissés de petites protubérances visibles à la loupe; les bords du disque en sont comme
frangés : la variété *α* est blanche, la variété *β* est d'un jaune de
soufre, et un peu plus courte. Cette plante croît sur les vieux
bois, dans le tronc des arbres creux. Appartient-elle réellement
au genre des pezizes? — Communiquée par le C. Dufour.

213. Pezize gobelet.   *Peziza cyathoidea.*

> *Peziza cyathoidea.* Bull. Champ. p. 250. t. 416. f. 3. Pers. Syn.
> p. 662. — *Peziza solani.* Pers. Obs. Myc. 2. p. 80.
> *α. Alba.* Bull. var. 1. — Hall. Helv. n. 2238.
> *β. Lutea.* Bull. var. 2. — *Peziza infundibuliformis.* Batsch.
> Fung. 2. n. 147.
> *γ. Ferruginea.* Bull. var. 3.

La pezize gobelet est fort petite, mince, fragile, glabre,
et se termine en un pédicule plus ou moins alongé, dont l'extrémité n'est pas rétrécie en pointe; sa partie supérieure,
d'abord concave, devient peu à peu plane et même convexe;
elle croît sur les tiges à demi-pourries des herbes, et sur les
petites branches d'arbres tombées à terre. La première variété
est d'abord d'un blanc de lait, et ensuite cendrée; la seconde
est d'abord jaune ou orangée, et prend ensuite une couleur
bistre; la troisième commence par une teinte de rouille, et devient ensuite brune.

214. Pezize des fruits.   *Peziza fructigena.*

> *Peziza fructigena.* Bull. Champ. p. 236. t. 228. Sowerb. Engl.
> Fung. t. 117. Pers. Syn. p. 660. — *Peziza carpini.* Batsch.
> Fung. p. 215. f. 150.
> *α. Lutea.* Bull. f. A. B. E.
> *β. Alba.* Bull. f. C. D.

Cette jolie espèce est fragile, glabre et peu charnue; elle
n'a pas plus de 10–15 millim. de hauteur; elle se prolonge en un
pédicule très-grêle, aminci en pointe à sa base; sa partie supérieure est plus ou moins concave. La variété *α* est presque plane
en dessus; sa couleur est d'un blanc tirant sur le jaune; elle
croît sur le fruit du charme; la variété *β* est d'abord d'un
jaune tendre, et prend, à la fin de sa vie, une teinte de rouille
orangée.

215. Pezize couronnée. *Peziza coronata.*

Peziza coronata. Bull. Champ. p. 251. t. 411. f. 4. Pers. Obs.
Myc. 2. p. 86. — *Peziza radiata.* Fl. dan. t. 1012. f. 1. Pers.
Syn. p. 662. — *Peziza armata.* Roth. Cat. 1. p. 240.

Cette pezize est extrêmement petite, mince, fragile; son
pédicule se courbe dès qu'elle est un peu avancée en âge ; elle
est d'une couleur ferrugineuse tirant sur le bistre; elle est
parfaitement glabre, excepté à ses bords, qui sont couronnés
d'un rang de poils très-visibles ; sa partie supérieure est profondément creusée en soucoupe : on la trouve quelquefois sur
les branches d'arbres, mais le plus souvent sur des herbes annuelles.

216. Pezize clandestine. *Peziza clandestina.*

Peziza clandestina. Bull. Champ. p. 251. t. 416. f. 5. Pers. Syn.
p. 655.

Cette espèce est la plus commune de toutes, quoique Bulliard
soit le premier qui l'ait décrite; mais elle échappe aux regards
de l'observateur, parce qu'elle ne se trouve que sous des amas
de feuilles mortes ; elle est attachée à de petits morceaux de
branches qu'elle couvre quelquefois en entier; elle est grande
de 5-7 millimètres, ferme, pédiculée; sa partie inférieure est
laineuse, d'un gris tirant sur le brun ; la supérieure est d'un
blanc grisâtre, lisse, creusée en soucoupe. Si on met la plante
dans un lieu humide, sa cupule s'ouvre aussitôt.

217. Pezize en alène. *Peziza subularis.*

Peziza subularis. Bull. Champ. p. 236. t. 500. f. 2.

La pezize en alène est mince, fragile et d'un rouge de
brique; elle se prolonge en un pédicule grêle, ordinairement
fort alongé; sa partie supérieure est creusée en soucoupe ou en
coquetier; elle se trouve sur les graines demi-pourries du bi-
dent chanvrin et de l'héliante annuel; elle atteint 3-4 centim.
de longueur.

218. Pezize des chataigniers. *Peziza echinophila.*

Peziza echinophila. Bull. Champ. p. 235. t. 500. f. 1. Pers. Syn.
p. 661.

Cette pezize est très-commune en automne dans les bois
de châtaigniers; elle croît sur le brou de la châtaigne et non

ailleurs ; elle est glabre , d'une légère teinte bistrée ; sa chair est épaisse , ferme et cependant fragile ; sa base se prolonge en un pédicule assez gros ; sa partie supérieure , légèrement creusée en soucoupe , est d'une couleur ferrugineuse ; ses bords , avant le développement parfait , paroissent crénelés : elle donne ses semences par jets instantanés , comme si elle étoit irritable ; elle a jusqu'à 2 centimètres de hauteur, et 1 de largeur dans son développement parfait.

§. III. *Pezizes qui ont la consistance de la cire.*

219. Pezize en ciboire.   *Peziza acetabulum.*

Peziza acetabulum. Linn. spec. 1650. Pers. Syn. 643. Bull. Champ. p. 267. t. 485. f. 4. — Vaill. Bot. Par. t. 13. f. 1.

Cette pezize est l'une des plus grandes de ce genre ; elle a la consistance de la cire ; elle croît sur la terre , à laquelle elle est attachée par une petite racine ; son pédicule est épais et court : elle a d'abord la figure d'un grelot , et peu-à-peu elle s'évase de manière à avoir la forme d'un ciboire ; sa surface externe est relevée de côtes ramifiées plus ou moins saillantes , qui manquent rarement : lorsqu'elle n'a pas ces nervures , on a peine à la distinguer de la pezize vesse-loup. La couleur de la pezize en ciboire est d'abord d'un jaune paille tirant sur le fauve ; elle devient ensuite bistrée et brune. Cette plante atteint un diamètre de 6 centimètres.

220. Pezize tubéreuse.   *Peziza tuberosa.*

Peziza tuberosa. Bull. Champ. p. 266. t. 485. f. 3. Pers. Syn. p. 644.—*Octospora tuberosa.* Hedw. Musc. frond. 2. p. 33. t. 10. f. 2.

Cette espèce , ainsi que toutes celles de cette famille , a la fragilité et la transparence de la cire ; elle est d'abord d'un jaune fauve , puis elle devient bistre , et enfin d'un rouge brun ; elle est remarquable par sa racine , qui est un tubercule charnu et noirâtre : son pédicule est long de 7-8 lignes ; il se termine par une coupe évasée , garnie en dessous de petits sillons longitudinaux : elle croît toujours sur la terre.

221. Pezize en radis.   *Peziza rapulum.*

Peziza rapulum. Bull. Champ. p. 265. t. 485. f. 3. — *Peziza rapula.* Pers. Syn. p. 659.

Cette espèce est remarquable par sa racine fibreuse , droite , qui s'implante perpendiculairement dans la terre. Son pédicule est ordinairement tortueux, long de 7-8 lignes, et porte une coupe évasée qui, examinée à la loupe, paroît creusée de petits sillons longitudinaux. Cette plante est d'abord blanchâtre, puis jaunâtre, puis fauve, et finit par être brune; quelques individus n'ont pas de fibrilles radicales.

222. Pezize pédiculée. *Peziza stipitata.*

Peziza stipitata. Bull. Champ. p. 271. t. 196. et t. 457. f. 2. — *Boletus calyciformis*. Batt. Fung. 25. t. 3. f. C. L. M.

α. *Alba*. Bull. var. 1.

β. *Fusca*. Bull. var. 2.

Cette grande espèce a la fragilité et la transparence de la cire; elle est cotonneuse à sa partie inférieure, la supérieure est creusée en soucoupe, et varie beaucoup de forme; son pédicule est long, plein, quelquefois uni à sa surface, et quelquefois creusé de fossettes plus ou moins profondes; ses semences sortent par jets instantanés de la partie supérieure, ce qui la distingue de l'helvelle élastique, dans laquelle les graines sortent de la surface inférieure. Bulliard distingue deux variétés de cette plante; l'une est d'abord blanchâtre, et devient ensuite d'une couleur cendrée ou bistre dans sa vieillesse; l'autre est d'abord brune, et devient noire en vieillissant. Cette plante croît sur la terre.

223. Pezize des troncs. *Peziza epidendra.*

Peziza epidendra. Bull. Champ. p. 246. t. 467. f. 3. Sowerb. Engl. Fung. t. 13. — *Peziza coccinea*. Bolt. Fung. 3. t. 104. f. A. B. C. Pers. Syn. p. 652. — *Peziza cupularis*. Linn. spec. 1651 ?

Cette espèce a la couleur et la consistance de la suivante, mais elle se termine en un pédicule alongé, et ne vient jamais que sur le bois; si quelquefois elle semble sortir de terre, c'est que cette terre recouvre le bois dans lequel elle est enracinée; son pédicule, qui est blanchâtre ou jaunâtre, se termine par une cavité qui a d'abord la forme d'un grelot, mais qui bientôt après s'évase et prend celle d'une cloche; sa grandeur est de 3-4 centimètres.

224. Pezize scarlatine.   *Peziza coccinea.*

Peziza coccinea. Bull. Champ. p. 269. t. 474. — *Peziza aurantia.* Pers. Syn. p. 617. — Fl. dan. t. 657. f. 2. —Berg. Phyt. 2.
t. 49.

Cette belle espèce croît sur les pelouses, au bord des chemins; sa grandeur et la vivacité de sa couleur orangée, la font
reconnoître de loin sans difficulté; elle est toujours sessile;
transparente et fragile comme de la cire; sa surface supérieure
est d'un rouge orangé, l'inférieure est jaunâtre ou blanchâtre;
elle commence par avoir la forme d'une coupe arrondie,
attachée à la terre par un court pédicule qui donne naissance
à des racines courtes, fibreuses et blanchâtres; peu-à-peu elle
grandit, se creuse davantage; ses bords deviennent ondulés
et irréguliers : la plante prend alors une forme qui ressemble
à une oreille; souvent elle est partagée jusqu'à sa base en deux
lobes, qui se roulent en coquille de limaçon : sa grandeur varie depuis 1-5 centimètres de diamètre; l'émission de ses semences a
lieu par jets instantanés, faciles à voir : elle croît à la fin de l'été.

225. Pezize laineuse.   *Peziza lanuginosa.*

Peziza lanuginosa. Bull. Champ. p. 260. t. 396. f. 2. — *Peziza
fusca.* Batar. Fung. 25. t. 3. f. F.

Elle est mince, fragile, transparente comme de la cire, sessile, de 4-5 centim. de diamètre; sa partie inférieure est d'un
brun rouillé, recouverte de poils laineux; la supérieure est d'un
blanc grisâtre, d'abord creusée en grelot, puis évasée en coupe;
dans sa jeunesse les bords sont glabres : elle croît dans les lieux
humides, sur la terre, et y est attachée par une large touffe de
fibrilles radicales.

226. Pezize crénelée.   *Peziza crenata.*

Peziza crenata. Bull. Champ. p. 261 t. 396. f. 3. — *Peziza cupularis.* Poll. Fl. pal. 1189. —Vaill. Bot. t. 11. f. 1. 2. 3.

La pezize crénelée n'a quelquefois pas plus de 6 millim. de
diamètre, et quelquefois elle atteint 2 centim.; elle est sessile,
sur-tout dans sa jeunesse; peu-à-peu elle s'élève sur un court
pédoncule; elle est creusée en coupe, et ses bords sont toujours
plus ou moins profondément découpés; sa surface inférieure
est tantôt lisse, tantôt granuleuse; sa couleur est cendrée :
elle croît le plus souvent solitaire sur le terrain, dans les fossés
humides, au commencement de l'été.

227. Pezize vesse - loup.   *Peziza lycoperdoides.*

Peziza lycoperdoides. Decand. Dict. Enc. 5. p. 204. — *Elvela
lycoperdoides.* Scop. carn. 1618. — *Peziza vesiculosa.* Bull.
Champ. p. 270. t. 44. et t. 457. f. 1.
α. *Lutea.* Bull. var. 1. t. 44.
β. *Alba.* Bull. var. 2. t. 457. f. 1. E. F.
γ. *Lateritia.* Bull. var. 3. t. 457. f. 1. G. I. R.

Cette espèce, l'une des plus grandes de ce genre, est commune sur les fumiers et sur la terre ; elle est quelquefois solitaire, et croît le plus souvent en grouppes : sa consistance est
toujours celle de la cire ; mais sa forme, ses dimensions et sa
couleur, varient beaucoup ; elle est d'abord creusée en grelot,
puis elle prend la forme d'une bourse ou d'un creuset, dont les
bords sont sinués ou crénelés ; elle n'a ordinairement que 2-3
centim. dans son entier développement, quelquefois elle a 6-8
centim. de largeur ; sa surface externe est unie ou granuleuse.
On en distingue trois variétés ; la première est d'abord d'un
jaune paille, et prend ensuite une teinte de bistre ; la seconde
est d'abord blanchâtre, puis grisâtre et enfin brune ; la troisième commence par être d'un rouge de brique, et finit par
être brune.

228. Pezize en cuvette.   *Peziza labellum.*

Peziza labellum. Bull. Champ. p. 262. t. 204.
α. *Alba.* Bull. var. 1. — *Elvela albida.* Schœff. Fung. 2. t. 151.
β. *Fusca.* Bull. var. 2.

La pezize en cuvette a, dans son développement parfait,
3-5 centimètres de diamètre ; elle est mince, fragile, transparente comme la cire, garnie de poils, ou plutôt de duvet sur
toute la surface inférieure ; la supérieure, d'abord creusée en
grelot, prend peu-à-peu la forme d'une coupe, et s'aplatit ensuite ; dans sa jeunesse, ses bords velus sont retenus par une
espèce de tissu qui ressemble à une toile d'araignée. Cette
plante se plaît dans les lieux humides ; elle ne croît que sur la
terre. On peut en distinguer deux variétés ; l'une est d'un blanc
jaunâtre dans sa jeunesse, et prend ensuite une couleur bistrée tirant sur le brun ; l'autre est d'abord rousse, et devient
ensuite brune ; dans l'une et l'autre la surface supérieure est
d'une couleur plus obscure que la surface inférieure.

229. Pezize en limaçon.   *Peziza cochleata.*

Peziza cochleata. Linn. spec. 1625. Bull. Champ. p. 268. t. 154.
Peziza alutacea. Pers. Syn. p. 638.
β. *Elvela ochroleuca.* Schœff. Fung. 3. t. 274. et t. 155. —
Peziza umbrina. Pers. Syn. p. 638.

Cette espèce est grande, mince, fragile, transparente comme
de la cire; cette consistance la distingue de l'oreille de Juda;
elle est toujours partagée jusqu'à la base en deux lobes latéraux roulés en spirale; sa partie supérieure, dont la forme
imite celle d'une oreille d'homme, est ordinairement creusée
dans le centre d'un large trou qui communique à sa racine; sa
couleur est d'abord d'un blanc jaunâtre, puis d'un fauve cendré, et dans sa vieillesse elle devient brunâtre; c'est par la
couleur qu'elle diffère de la pezize scarlatine; quelquefois sa
base n'est point trouée. On ne trouve jamais cette espèce que sur
la terre; elle donne ses semences par jets instantanés, et vient
ordinairement en grouppes composés de cinq ou six individus;
elle atteint 6 centim. de diamètre et 3 de hauteur.

§. IV. *Pezizes gélatineuses.*

230. Pezize oreille de Juda.   *Peziza auricula.*

Peziza auricula. Linn. spec. 1625. — *Peziza auricula Judœ.*
Bull. Champ. p. 241. t. 427. f. 2. — *Tremella auricula Judœ.*
Pers. Syn. 624. — *Oreille de Juda.* Gersault. Dict. Mat. Med.
5. p. 317. t. 497.

La pezize oreille de Juda atteint 9 centim. de largeur sur 3
de hauteur; elle est gélatineuse, mais ferme et élastique, comme
un cartilage; elle est sessile, mince, et composée de deux lames
appliquées l'une sur l'autre; elle a ordinairement une large
échancrure qui lui donne la forme d'une oreille d'homme; sa
surface inférieure est pubescente, relevée de nervure, et remarquable par son aspect poudreux; la supérieure est creusée en
soucoupe et diversement plissée; sa couleur est d'un brun rougeâtre, plus claire en dessous qu'en dessus; ses bords sont sinués, et quelquefois profondément découpés en plusieurs lobes.
Cette plante ne se trouve jamais que sur de vieux troncs d'arbres,
et en particulier sur les troncs des vieux sureaux. On l'emploie
dans l'hydropisie et les inflammations de gorge.

231. Pezize tremelle. *Peziza tremelloidea.*

α. Peziza tremelloidea ferruginea. Bull. Champ. p. 240. t. 410.
f. 1. A. — *Peziza sarcoides , var. β.* Pers. Syn. p. 633.
β. Peziza tremelloidea violacea. Bull. Champ. p. 240. t. 410.
f. 1. B. C. — *Peziza sarcoides, var. α.* Pers. Syn. p. 633. —
Peziza porphyria. Batsch. Fung. 1. p. 127. t. 12. f. 53.

Elle est d'abord sessile, et se prolonge, avec l'âge, en un
pédicule épais, central, et quelquefois creusé de sillons plus
ou moins profonds ; dans sa jeunesse, sa partie supérieure est
creusée en soucoupe, peu-à-peu elle s'aplatit, et quelquefois
même devient convexe ; ses bords sont ordinairement sinués,
quelquefois découpés en lobes, ce qui la rapproche de l'espèce précédente. On en distingue deux variétés ; l'une est , dans
sa jeunesse, d'un rouge de brique tirant un peu sur la rouille , et
brunit en vieillissant ; l'autre est d'abord d'un rouge vineux tirant
sur le violet, et devient ensuite d'un brun foncé. La pezize tré-
melle croît en touffe sur les vieux troncs et les vieux bois
de charpente.

232. Pezize gélatineuse. *Peziza gelatinosa.*

Peziza gelatinosa. Bull. Champ. p. 239. t. 460. f. 2. Pers. Syn.
p. 633.

Cette plante est d'une couleur tannée ; elle se termine en un
pédicule court, presque latéral , et ordinairement aminci en
pointe à son extrémité inférieure ; sa partie supérieure, d'abord
creusée en soucoupe, s'aplatit peu-à-peu avec l'âge, et souvent
les bords se renversent. On trouve cette production gélatineuse
sur les troncs morts : sa forme et ses dimensions varient , et
peut-être doit-elle être réunie à la précédente , dont elle diffère
cependant par la position latérale de son pédoncule.

233. Pezize noire. *Peziza nigra.*

Peziza nigra. Bull. Champ. p. 238. t. 460. f. 1. — *Peziza inquinans.* Pers. Syn. p. 631. — *Peziza brunnea.* Batsch. Fung.
125. t. 2. f. 50. — *Lycoperdon truncatum.* Linn. Syst. ed. XII.
2. p. 726. — Hall. Helv. t. 48. f. 8. Fl. dan. t. 464.
β. Subtus nigricans. Bull. Herb. t. 116.

Cette espèce de champignon se distingue facilement de toutes
les autres par sa couleur et sa consistance gélatineuse , élastique ,
épaisse ; elle est sessile, en forme de cône renversé et tronqué ,

sa surface inférieure est peluchée et ridée ; la supérieure,
d'abord presque fermée et creusée en soucoupe, s'aplatit avec
l'âge, et devient même quelquefois convexe dans le milieu ;
cette surface est abondamment couverte d'une poussière noire
qui tache les mains, et qu'on regarde comme sa graine ; sa
chair est brune, élastique. On en distingue deux variétés ; l'une
est d'un brun noirâtre en dessus et en dessous ; l'autre est noire
en dessus et d'une couleur de rouille en dessous. La grandeur
de l'une et de l'autre varie beaucoup, selon l'âge, et atteint
5 centimètres de diamètre sur 5 de hauteur. Cette plante croît
sur les bois morts, et en particulier sur les troncs de chêne
coupés et exposés à l'air ; elle ne se trouve point sur les bois
flottés : on la trouve en automne et au printemps, dans les
temps humides.

X X. TREMELLE.   *TREMELLA.*

Tremellæ spec. Linn. Pers. Bull.

CAR. Les tremelles sont des expansions gélatineuses de forme
très-diverse et très-variable, dont les graines sont éparses sur
la superficie entière.

OBS. Le genre *tremella* de Linné et de Bulliard, se trouve
maintenant séparé en plusieurs genres. Les espèces qui sont vertes
et renferment une gelée à l'intérieur, composent notre genre
nostoch ; nous avons rejeté parmi les égérites celles qui offrent
leurs graines nues au milieu d'une gelée non entourée d'enveloppe. Enfin, celles qui présentent des capsules articulées flottantes au milieu d'une gelée charnue, entrent dans le genre
Gymnosporange de Hedwig fils.

234. Tremelle charbonnée. *Tremella ustulata.*

Tremella ustulata. Bull. Champ. p. 221. t. 420. f. 2. Pers. Syn.
p. 627.

Elle est fort petite, vésiculeuse, plus charnue que gélatineuse,
et d'un brun noirâtre ; elle se présente ordinairement sous la
forme de petits boutons arrondis et dont la surface est creusée
de sillons plus ou moins profonds et tortueux. Bulliard l'a trouvée
sur des fruits charnus demi-pourris, et en particulier sur des
citrons.

235. Tremelle glanduleuse. *Tremella glandulosa.*

Tremella glandulosa. Bull. Champ. p. 220. t. 420. f. 1. — *Tre-mella arborea.* Hoffm. Crypt. 1. t. 8. f. 1. — *Tremella spiculosa.* Pers. Syn. 624. Obs. Myc. 2. p. 99. — *Tremella atra.* Flor. dan. t. 984.

Cette plante est ordinairement assez épaisse, presque hémisphérique, le plus souvent sessile, quelquefois prolongée en un pédicule cylindrique; elle est d'un brun noirâtre en dehors et en dedans, et d'une consistance gélatineuse; sa surface est parsemée de mammelons fugaces, en forme de glandes; dans sa vieillesse elle se plisse, puis se fond et laisse sur le bois une tache noire : elle croît sur les troncs morts; elle ressemble à la pezize noire, avec laquelle peut-être on doit la réunir pour former un genre particulier.

236. Tremelle amethiste. *Tremella amethystea.*

Tremella amethystea. Bull. Champ. p. 229. t. 499. f. 5. — *Elvela purpurea.* Schœf. 4. t. 323.

β. *Tremella dubia.* Pers. Syn. p. 630?

Elle est formée d'une substance gélatineuse; elle est toujours partagée, jusqu'à sa base, en plusieurs lobes épais, d'une forme très-variée et d'un violet plus ou moins foncé; sa surface est glabre, souvent creusée de fossettes ou de sillons plus ou moins profonds : elle ne croît que sur le bois pourri. Seroit-ce, comme le pense Persoon, une simple variété de la pezize tremelle?

237. Tremelle persistante. *Tremella persistens.*

Tremella persistens. Bull. Champ. p. 223. t. 304. Pers. Syn. p. 623.

Elle est simple, cartilagineuse, un peu coriace, mince, glabre, ondulée à ses bords, et d'une couleur vineuse tirant un peu sur le violet : elle croît sur la tige et les rameaux du genevrier-sabine, auxquels elle est attachée par le côté; elle y persiste plusieurs années; quand il fait sec on l'apperçoit à peine; elle se renfle et devient apparente quand l'atmosphère est humide.

238. Tremelle deliques- *Tremella deliquescens.*
cente.

Tremella deliquescens. Bull. Champ. p. 219. t. 455. f. 3. — *Tremella lacrymalis.* Pers. Syn. p. 628?

Cette espèce est fort petite, d'une consistance gélatineuse, arrondie ou en forme de toupie ; elle est toujours glabre et d'un jaune plus ou moins foncé ; elle n'a jamais de divisions internes ; tantôt elle est régulièrement voûtée et unie à sa surface, tantôt ondulée ou sillonnée ; elle est d'abord orangée et ferme , elle devient ensuite bistrée , s'amollit et s'étend comme de la gomme à moitié dissoute : elle croît sur les vieux troncs et les bois de charpente.

259. Tremelle cérébrale. *Tremella cerebrina.*

Tremella cerebrina. Bull. Champ. p. 221. t. 386. — *Tremella mesenterica.* Schœf. Fung. 2. t. 168. f. 4. 5. 6.
α. *Alba.* Bull. var. 1. fig. A.
β. *Lutea.* Bull. var. 2. fig. B. — *Tremella lutescens.* Pers. Ic. et Descr. p. 33. t. 8. f. 9 ?
γ. *Nigra.* Bull. var. 3. fig. C.

Elle est ordinairement fort grande ; elle se distingue à sa chair très-gélatineuse , épaisse et sans aucune division interne ; on la reconnoît aussi à sa surface creusée de sillons tortueux , et plus ou moins profonds : elle varie beaucoup de couleur, de forme et de dimensions ; dans sa jeunesse sa surface est parsemée de protubérances fugaces ; la première variété est d'abord blanchâtre , puis cendrée ; la deuxième est jaune ou orangée , puis couleur de rouille ; la troisième est d'abord bistrée ou brune , puis noire : elle croît sur les vieux troncs ou les bois de charpente humides.

240. Tremelle mésentère. *Tremella mesenteriformis.*

Tremella mesenteriformis. Bull. Champ. p. 230. t. 174. 406. 272. et 499. f. 6.
α. *Alba.* Bull. var. 1. t. 406. f. C.
β. *Lutea.* Bull. var. 2. t. 499. f. 6. U. V. t. 406. f. B. D. t. 174. Vaill. Bot. Par. t. 14. f. 4.—*Tremella mesenterica.* Jacq. Austr. Misc. 1. p. 142. t. 13. Pers. Syn. p. 622.
γ. *Livida.* Bull. var. 3. t. 499. f. T. t. 406 f. A. a.
δ. *Violacea.* Bull. var. 4. t. 272. t. 499. f. 6. X. — *Tremella foliacea.* Pers. Syn. p. 626 ?

Cette plante est formée d'une substance gélatineuse, mais élastique comme un cartilage ; elle est toujours partagée, plus ou moins avant, en plusieurs lobes minces , plissés, qui, par leur aggrégation, rappelle la forme du mésentère : elle ne vient que sur les bois morts ; l'âge et les circonstances la font varier à l'infini. La variété α est d'abord blanchâtre, puis devient bistrée en vieillissant; la variété β commence par être jaune ou orangée, et devient couleur de rouille : c'est la plus commune; la variété γ est d'abord blanchâtre, puis couleur de chair, puis d'un rouge bistré; la variété δ est enfin d'un violet plus ou moins foncé, et finit par être brune ou noirâtre. Cette dernière variété produit, par la seule infusion dans l'eau, un bistre rougeâtre très-solide.

241. Tremelle helvelle. *Tremella helveloides.*

Sa consistance est gélatineuse, tremblante, cependant un peu ferme; sa couleur est d'un rose qui tire sur l'orangé; elle est droite, haute de 6 centim.; son pédicule, qui est comprimé et creusé en canal dès sa base, s'évase promptement en une expansion tantôt droite, tantôt inclinée, courbée sur elle-même en forme d'entonnoir incomplet, un peu sinueuse sur les bords. J'ai trouvé cette singulière plante en automne, croissant sur la terre, dans un bois de hêtres assez humide, non loin du pied du Jura.

XXI. HELVELLE. *HELVELLA.*

Helvella. Linn. Bull. — *Helvella et leotia.* Pers.

Car. Les helvelles sont des champignons pédiculés, terminés par un chapeau souvent irrégulier, uni en dessus et en dessous, et qui donne ses graines de sa surface inférieure seulement.

Obs. Elles sont distinctes des mérules, parce que leur chapeau est dépourvu de veines en dessous, et des auriculaires, parce qu'elles sont pédiculées et ne se retournent point pendant leur végétation; elles s'approchent des clavaires, mais celles-ci n'ont pas de chapeau.

242. Helvelle sessile. *Helvella acaulis.*

Helvella acaulis. Pers. Syn. 614. Obs. Myc. 2. p. 20.

Cette singulière plante a, de loin, l'aspect d'une grande espèce de sphérie; elle croît dans les bois, sur la terre, parmi les mousses; elle est voûtée, bosselée, irrégulière, large de 5-6 centim., brune ou noirâtre en dessus; sa surface inférieure est charnue, rousse, munie d'une espèce de duvet, et elle émet çà et là de petits crampons qui la fixent à la terre; sa consistance est dure et permanente.

243. Helvelle en mitre.   *Helvella mitra.*

Helvella mitra. Linn. spec. 1649. Bull. Champ. p. 298. t. 190 et
466. Pers. Syn. p. 615. Lam. Fl. franç. 1. p. 123.

α. Alba. Bull. var. 1. — *Elvella pallida.* Schœff. Fung. t. 282.
et 326. — *Helvella alba.* Berger. Phyt. 1. t. 145.

β. Fulva. Bull. var. 2.

γ. Fusca. Bull. var. 3. *Elvella nigricans.* Schœff. Fung. 2.
t. 154.

L'helvelle en mitre est fragile et transparente comme si elle
étoit de cire ; elle se distingue principalement à son pédicule la-
cuneux ou cannelé, dont l'intérieur est formé de lames tortueuses
comme les routes d'un labyrinthe : ce pédicule varie depuis
2 à 10 centim. de hauteur; son chapeau est ordinairement à
deux ou trois lobes réfléchis, et quelquefois divisé en une infinité de petits lobes verticaux qui le rendent comme feuilleté ;
quelquefois les bords du chapeau adhèrent au pédicule : la couleur en fait distinguer trois variétés ; la première est blanchâtre
ou d'un gris paille; la deuxième est roussâtre ou d'un gris
fauve ; la troisième est d'un brun grisâtre et quelquefois presque
noir : elle croît sur la terre, dans les bois; elle donne ses
semences par jets instantanés.

244. Helvelle élastique.   *Helvella elastica.*

Helvella elastica. Bull. Champ. p. 299. t. 242. — *Helvella albida.* Pers. Syn. p. 616. — *Helvella mitra.* Bolt. Fung. 3. t. 95?
— *Helvella levis.* Berg. Phyt. 1. t. 149.

α. Alba. Bull. var. 1. Pers. var. *α.*

β. Fusca. Bull. var. 2. — *Helvella fuliginosa.* Schœff. Fung. 4.
t. 320. Pers. var. *β.*

Elle est fragile et transparente ; son pédicule est grêle, cylindrique, fistuleux d'un bout à l'autre, uni à sa surface ou
légèrement ondulé; son chapeau, mince et lisse, est d'une
forme qui ressemble un peu à celle d'une mitre; il est ordinairement divisé en deux ou trois lobes verticaux, penchés ou
contournés; ces bords adhèrent quelquefois au pédicule par le
bas; les semences sortent, par jets instantanés, de la surface
inférieure du chapeau : elle croît sur la terre; la couleur en
fait distinguer deux variétés, l'une blanchâtre, la deuxième
cendrée ou noirâtre.

245. Helvelle gélatineuse. *Helvella gelatinosa.*

Helvella gelatinosa. Bull. Champ. p. 296. t. 473. f. 2. — *Leotia lubrica.* Pers. Syn. p. 613. — *Helvella lutea.* Berg. Phyt. 1. t. 151. Vaill. Bot. Paris. t. 13. f. 7-9. — *Helvella clavata.* With. Brit. 4. p. 340.

Son pédicule est fistuleux et ventru à sa base ; son chapeau, lisse, voûté, d'une forme irrégulière et diversement plissé ou comme ondulé à sa surface inférieure, ressemble à une vessie affaissée ; son pédicule est d'une couleur orangée, et son chapeau d'un jaune sale d'abord, prend une teinte de verd en vieillissant ; quelquefois le pédicule est un peu verdâtre : elle croît par touffes sur la terre.

246. Helvelle de Bulliard. *Helvella Bulliardi.*

Clavaria phalloides. Bull. Champ. p. 214. t. 463. f. 3. — *Leotia Bulliardi.* Pers. Syn. p. 612. — *Helvella laricina.* Vill. Dauph. 3. p. 1045. t. 56.

Cette espèce, intermédiaire entre les clavaires et les helvelles, est très-fragile ; son pédicule est blanc, ondulé, mince, fistuleux d'un bout à l'autre ; il porte à son sommet un chapeau ovoïde, orangé, quelquefois divisé en deux à son sommet. Cette plante naît dans les forêts, sur les feuilles tombées à terre.

XXII. SPATHULAIRE. *SPATHULARIA.*

Spathularia. Pers. — *Helvellæ. sp.* Sow.

Car. Les spathulaires ont à-peu-près la forme des clavaires simples ; mais on peut y distinguer un pédicule et un chapeau distincts ; le chapeau, au lieu d'être horizontal, est comprimé, vertical, et se prolonge de l'un et l'autre côté sur le pédicule.

247. Spathulaire jaunâtre. *Spathularia flavida.*

Helvella spathulata. Sowerb. Fung. t. 35. — *Spathularia flavida.* Pers. Syn. 610. — *Clavaria spathula.* Dicks. Crypt. 1. p. 21. Fl. dan. t. 658.

Cette plante est d'un jaune plus ou moins foncé, son pédicule est cylindrique, un peu comprimé, plus pâle, glabre, long de 5-6 centim. ; il porte un chapeau qui est vertical au lieu d'être horizontal, comme dans les helvelles ; il est obtus à son sommet, et se prolonge de l'un et de l'autre côté du pédoncule, de manière à donner à la plante l'aspect d'une spathule : elle croît en automne, par touffes, dans les bois de pins.

XXIII. CLAVAIRE.   *CLAVARIA.*

Merisma, Clavaria, Geoglossum. Pers. — *Clavariæ spec.* Linn. Bull.

Car. Les clavaires sont des expansions simples ou rameuses, ordinairement charnues, quelquefois coriaces, qui n'ont point de chapeau distinct du pédicule, qui répandent leur poussière de tous les points de leur surface.

Obs. Ce genre comprend les clavaires de Linné et de Bulliard, à l'exception de celles qui offrent des loges séminales.

§. Ier. *Espèces charnues simples.* (*Clavaria.* Holsmk.)

248. Clavaire en pilon.   *Clavaria pistillaris.*

Clavaria pistillaris. Linn. spec. 1651. Bull. Champ. p. 211. t. 244.
Pers. Syn. p. 597. Schœff. Fung. 2. t. 169.
α. *Rufida.* Bull. var. 1. t. 244.
β. *Fuliginea.* Bull. var. 2.
γ. *Ferruginea.* Bull. var. 3.

C'est la plus grande et la plus épaisse des espèces de ce genre ; elle est toujours simple, glabre, pleine et taillée en massue ou en pilon ; sa chair est très-ferme, blanche et filandreuse ; son sommet, d'abord arrondi, se fend irrégulièrement dans sa vieillesse. La première variété est d'abord jaune et ensuite d'un fauve bistré ; la deuxième commence par le blanc cendré et passe au bistre et au brun ; la troisième, de jaune sale, devient d'un rouge de rouille : elle croît sur la terre.

249. Clavaire brillante.   *Clavaria micans.*

Clavaria micans. Pers. Syn. 604. — *Clavaria acrospermum.*
Hoffm. Germ. 2. t. 7. f. 2.

Cette espèce ne s'élève pas à 2 millim. de hauteur, et ressemble, pour la forme, à la clavaire en pilon ; sa consistance est charnue ; son pédicelle est court, blanchâtre, et s'évase en une tête ovoïde, obtuse, d'un rose vif, un peu raboteuse à la surface : elle croît au printemps, sur les herbes et les feuilles sèches. — Elle a été trouvée par les citoyens Leman et Dufour.

250. Clavaire blanc d'ivoire. *Clavaria eburnea.*

Clavaria cylindrica. Bull. Champ. p. 212. t. 463. f. 1. A. L. M.
— *Clavaria pistillaris.* Lam. Fl. franç. 1. p. 125. — *Clavaria
eburnea.* Pers. Syn. p. 603. Vaill. Bot. Par. t. 7. f. 5.

Cette espèce est très-fragile, simple, glabre et lisse, ordinairement arrondie à son sommet, et traversée d'un bout à
l'autre par un petit canal central ; son pédicule est cylindrique,
grèle, et supporte une massue cylindrique deux fois plus épaisse.
Toute la plante est blanche : elle ne croît que sur la terre.

251. Clavaire fistuleuse. *Clavaria fistulosa.*

Clavaria fistulosa. Bull. Champ. p. 213. t. 463. f. 2.

Elle est très-fragile, simple, grèle, cylindrique et arrondie
à son sommet ; sa couleur approche de celle du bistre ; elle est
traversée, dans toute sa longueur, par un petit canal central ;
sa surface est couverte de poils dans sa jeunesse, et devient
glabre en vieillissant : elle se trouve sur les feuilles d'arbres
tombées à terre et à demi-pourries.

252. Clavaire jaune. *Clavaria lutea.*

α. Clavaria aurantia. Pers. Syn. p. 598 ?—*Clavaria cylindrica,*
var. 2. Bull. Champ. p. 212. t. 463. f. 1. B. N. O.
β. Clavaria lutea. Lam. Fl. franç. 1. p. 126. — *Clavaria hel-
veola.* Pers. Syn. 598. — Mich. gen. t. 87. f. 5.

Cette espèce ressemble beaucoup à la clavaire blanc d'ivoire,
elle est comme elle droite, fragile, simple, glabre, lisse et traversée par un canal central : elle en diffère, 1°. par sa couleur
d'abord jaunâtre, puis orangée ; 2°. parce que sa massue est de
peu de chose plus épaisse que le pédicule : elle croît sur la terre.
La variété *α* est droite ; la variété *β* est courbée au sommet, en
forme de corne.

253. Clavaire en faisceau. *Clavaria fasciculata.*

Clavaria fasciculata. Vill. Dauph. 3. p. 1052?

Ses tiges sont d'une consistance charnue, d'une couleur
orangée, et de 6-7 centim. de longueur ; elles sont réunies en
faisceau par leurs bases, simples, cylindriques, amincies aux
deux extrémités, pointues, déchirées au sommet en lambeaux
caduques dans leur vieillesse ; ces tiges sont pleines et n'ont

Tome II. G

ni mauvais goût, ni mauvaise odeur : elle croît sur la terre, dans les bois.

§. II. *Espèces charnues rameuses. (Ramaria. Holmsk.)*

254. Clavaire bifurquée.   *Clavaria bifurca.*

Clavaria bifurca. Bull. Champ. p. 207. t. 264. — *Clavaria inæqualis, var.* γ. Pers. Syn. 601.

Elle est jaune, fragile, pleine et glabre; dans sa jeunesse elle est simple, aplatie et creusée plus ou moins profondément, suivant sa longueur d'un ou de deux sillons opposés; à mesure qu'elle avance en âge, elle se partage en deux parties égales qui se roulent sur elles-mêmes; chacune de ses divisions est terminée en pointe à son sommet : elle croît sur la terre, à laquelle elle adhère par une racine fibreuse.

255. Clavaire filiforme.   *Clavaria filiformis.*

Clavaria filiformis. Bull. Champ. p. 205. t. 448. f. 1. — *Clavaria gyrans.* Bolt. Fung. 3. t. 112. f. 1. Pers. Syn. 606.

Cette clavaire est grêle, alongée et ressemble à quelques espèces du genre des bisses; elle est pleine et pubescente sur toute sa surface, excepté à ses sommités, qui sont blanches et velues; elle est d'abord tendre et fragile, et devient un peu coriace en vieillissant; elle est rarement simple, et se divise le plus souvent en trois ou quatre rameaux peu alongés; elle est ordinairement d'un rouge de brique, quelquefois brunâtre : elle croît dans les forêts, sur les feuilles à demi-pourries.

256. Clavaire en aiguillon. *Clavaria aculeiformis.*

Clavaria aculeiformis. Bull. Champ. p. 214. t. 463. f. 4. — *Clavaria cornea.* Pers. Syn. 596. var. β.

Cette espèce est fort petite, extrêmement fragile, pleine, glabre, de couleur jaune; elle est tantôt simple, tantôt bifurquée, toujours pointue; elle passe du jaune clair à l'orangé, et même devient quelquefois rougeâtre. On la trouve en grouppes sur le bois mort; elle sort ordinairement des fentes qui s'y trouvent.

257. Clavaire ridée.   *Clavaria rugosa.*

Clavaria rugosa. Bull. Champ. p. 206. t. 448. f. 3. Pers. Syn. 594. — Vaill. Bot. Par. t. 8. f. 2.

Elle est fragile, glabre, tantôt simple, tantôt rameuse,

toujours amincie à sa base, quelquefois aplatie, quelquefois cylindrique; elle n'est jamais fistuleuse, et se distingue par sa surface qui est plissée ou ridée; elle est ordinairement d'une couleur fauve très-claire, quelquefois blanche, jaunâtre, ou dans sa vieillesse légèrement bistrée : elle ne croît que sur la terre.

258. Clavaire en pinceau. *Clavaria penicillata.*

Clavaria penicillata. Bull. Champ. p. 207. t. 448. f. 3. — Vaill. Bot. Par. 41. t. 8. f. 3.

Elle est fort petite, glabre, alongée et fort grêle; vers son sommet seulement, elle se partage en sept à dix filamens simples et filiformes, qui lui donnent quelque ressemblance avec un petit pinceau; elle est tantôt d'un jaune clair, tantôt d'une couleur orangée, quelquefois presque rouge : elle ne vient que sur le bois mort.

259. Clavaire bisse. *Clavaria bissoides.*

Clavaria bissoides. Bull. Champ. p. 209. t. 415. f. 2. — *Clavaria puccinia.* Batsch. Fung. 139. t. 11. — *Puccinia bissoides.* Gmel. Syst. 1462.

Cette espèce est la plus petite que nous connoissions, à peine peut-on la bien distinguer à l'œil nu; ses rameaux, d'abord blancs, glabres, et taillés en massue, prennent, à la longue, une couleur cendrée, se compriment, se subdivisent et se couvrent de poils; elle est blanche et mollasse, et dans sa vieillesse elle devient fragile et saupoudrée de poussière: elle croît sur le bois à demi-pourri.

260. Clavaire mousse. *Clavaria muscoides.*

Clavaria muscoides. Linn. spec. 1652? Bull. Champ. p. 203. t. 358. f. A.

α. *Alba.*

β. *Aurantiaca.*

Elle est fort petite, fragile, glabre et découpée en branches de corail, de manière à avoir la forme d'un petit arbre; ses rameaux sont grêles, pleins, cylindriques. On en connoît deux variétés, l'une blanche, l'autre plus commune, est d'un jaune orangé : elle croît sur les bois à demi-pourris.

261. Clavaire nivellée.　*Clavaria fastigiata.*

Clavaria fastigiata. Linn. spec. 1652. Bull. Champ. t. 358. D. F.
—*Clavaria pratensis.* Pers. Syn. 590.—Vaill. Bot. Par. t. 8. f. 4.

Cette plante ressemble beaucoup à la clavaire corail, et
Bulliard ne la regarde que comme une monstruosité de cette es—
pèce; sa constance m'engage à adopter l'opinion de ceux qui
l'ont regardée comme une espèce distincte : elle est plus petite,
jaune, glabre; sa tige est pleine, nue par le bas, et se divise
en une multitude de rameaux droits et branchus, qui atteignent
tous exactement à la même hauteur, comme s'ils avoient été
taillés : elle croît dans les prés et au bord des chemins.

262. Clavaire corail.　*Clavaria coralloides.*

Clavaria coralloides. Linn. spec. 1652. Bull. Champ. p. 201.
t. 496. f. 3. et t. 222. Lam. Fl. franç. 1. p. 127.
α. *Alba.* Bull. var. 1. t. 496. f. L. M. P.
β. *Lutea.* Bull. var. 2. t. 496. f. O. Q. t. 222.

Cette plante est fragile, pleine, tantôt simple, tantôt à deux
ou trois divisions, ordinairement divisée en un nombre considérable de rameaux glabres, cylindriques, pleins, taillés en
branches de corail, et dont la surface est comme ondulée ; on
en distingue plusieurs variétés ; sa couleur est quelquefois
blanche ou légèrement jaunâtre, quelquefois d'un jaune orangé;
ses rameaux se surpassent ordinairement les uns les autres.
Cette espèce croît sur la terre. Holmskold et Persoon ont distingué comme espèces, un grand nombre des plantes que je
réunis ici comme variétés de la clavaire corail. Cette plante,
et en particulier sa variété jaune, est employée comme aliment; c'est un des champignons les plus sûrs. On la connoît
sous les noms de *Menottes*, de *Gantelines*, de *Barbe de Bouc*,
de *Bouquinbarde*, de *Tripettes*, de *Cheveline*, de *Pieds de
Coq*, de *Balai*, etc.

263. Clavaire cendrée.　*Clavaria cinerea.*

Clavaria cirenea. Bull. Champ. p. 204. t. 354. Pers. Syn. 586.

La clavaire cendrée est grisâtre ou d'une couleur cendrée;
elle est glabre, et sa chair est très-fragile ; son tronc est épais
et se divise en une multitude de rameaux verticaux, branchus,
épais, aplatis à leur sommet, sinueux sur les bords, atteignant
presque tous la longueur de 7-9 centim. : elle ne croît que sur

la terre, dans les forêts. On la connoît sous les noms de *Me-nottes grises*, de *Ganteline*, etc. Elle est bonne à manger.

264. Clavaire améthyste.   *Clavaria amethystea.*

Clavaria amethystea. Bull. Champ. p. 200. t. 496. f. 2. Pers. Syn. 590. Bolt. Fung. 22. t. 1. c.

Cette espèce est toute entière de couleur violette, glabre, fragile, divisée en rameaux cylindriques pleins, taillés en branche de corail, et ordinairement unis à leur surface; elle commence par être d'un violet clair, et devient presque noirâtre à sa mort; mais dans aucun âge de sa vie elle ne devient jaune; elle s'élève à 4 ou 5 centim. : elle ne vient que sur la terre, dans les bois.

§. III. *Espèces coriaces simples.* (*Geoglossum.* Pers.)

265. Clavaire langue de   *Clavaria ophioglos-*
serpent.   *soides.*

Clavaria ophioglossoides. Linn. spec. 1652. Bull. Champ. p. 195. t. 372. — *Geoglossum glabrum.* Pers. Syn. 608. — Vaill. Bot. Par. t. 7. f. 4. — *Clavaria nigra.* Lam. Fl. franç. 1. p. 125.

Cette plante est d'une consistance mollasse, un peu coriace, simple, haute de 3-5 centim.; elle est noire en dedans et en dehors; son pédicule s'évase en un sommet obtus ou pointu, étroit, alongé, aminci, quelquefois fendu en deux parties, ordinairement creusé en spirale, et souvent contourné; sa surface est glabre, couverte d'une poussière noire très-fine, qui se répand d'elle-même lorsqu'on pose la plante sur une glace : elle croît sur la terre.

§. IV. *Espèces coriaces rameuses.* (*Merisma.* Pers.)

266. Clavaire des bains   *Clavaria thermalis.*
chauds.

J'ai trouvé cette plante dans le souterrein duquel sortent les eaux chaudes de Courmayeur, dans le Val d'Aost; elle adhéroit aux poutres par une dilatation peu régulière; sa consistance est coriace; elle devient très-dure en se desséchant; elle pousse ordinairement plusieurs tiges cylindriques, pointues, simples ou irrégulièrement divisées, glabres, d'un jaune rouillé, longues de 10-15 centim.

267. Clavaire laciniée.   *Clavaria laciniata.*

Clavaria laciniata. Bull. Champ. p. 208. t. 415. f. 1. — Schœff.
Fung. 3. t. 291. — *Merisma cristatum.* Pers. Syn. 583.

Elle forme d'abord une croûte épaisse et informe : avec l'âge
elle se divise en rameaux plus ou moins alongés; ces rameaux
aplatis, ordinairement fort minces vers leur partie supérieure,
et frangés ou découpés en manière de crête à leurs sommets,
s'attachent aux différens corps qui se trouvent autour d'eux.
Cette plante varie beaucoup de forme; sa couleur est blanche
ou grisâtre, ou d'un gris paillet; quelquefois ses sommités sont
jaunâtres ou fauves : elle ne croît que sur la terre.

268. Clavaire coriace.   *Clavaria coriacea.*

Clavaria coriacea. Bull. Champ. p. 198. t. 452. f. 2.
α. *Fusca.*
β. *Nigra.*

Elle se distingue à sa chair mollasse, élastique comme du
cuir mouillé, et qui ne se déchire qu'avec peine sous la dent; ses
divisions, plus ou moins nombreuses, sont, pour l'ordinaire,
un peu comprimées et striées selon leur longueur; leurs sommités, qui sont toujours verticales, sont finement découpées ou
frangées; sa couleur est brunâtre ou noirâtre : elle croît sur la
terre.

269. Clavaire à tête fleurie. *Clavaria anthocephala.*

Clavaria anthocephala. Bull. Champ. p. 197. t. 452. f. 1.
β. *Merisma fœtidum.* Pers. Syn. 584.

Elle est coriace, d'une couleur ferrugineuse, et comme drapée
à sa base; sa tige est cylindrique, courte, et se divise en plusieurs lanières qui forment une espèce de bouquet; elles vont
en s'élargissant, sont ferrugineuses à leur base, aplaties,
blanches, cotonneuses, lobées ou crénelées vers leur sommet,
et disposées en éventail ouvert. On la trouve rarement simple :
elle croît sur la terre.

270. Clavaire cotonneuse.   *Clavaria tomentosa.*

α. *Compressa.* — *Clavaria tomentosa.* Lam. Dict. 2. p. 38. n. 9.
β. *Teres.*

Cette clavaire est d'une consistance coriace et un peu molle; sa
couleur est d'un roux carmelite; elle est entièrement couverte
d'un duvet court, mou et cotonneux, qu'on retrouve à

l'intérieur de la plante quand on la déchire; elle se divise en rameaux quelquefois bifurqués, plus souvent divisés sans ordre régulier. La variété α est comprimée, haute de 3 centimètres environ : elle a été trouvée par le C. Lamarck, dans les souterrains de Chemnitz. La variété β est un peu plus grande; ses rameaux sont cylindriques : elle a été trouvée par le C. Leman, dans un souterrain à Chantilly.

XXIV. AURICULAIRE. *THELEPHORA.*

Auricularia. Bull. — *Thelephora.* Wild. Pers.— *Craterella, Stereum et Corticium.* Pers.

CAR. Les auriculaires ont un chapeau coriace, sessile, de forme irrégulière, attaché par le côté ou par le dos, dont la surface inférieure est lisse ou munie de quelques papilles, et porte les semences.

OBS. Plusieurs des champignons de ce genre naissent appliqués contre les troncs d'arbres par leur surface stérile, ensuite ils se détachent et se renversent de manière à devenir horizontaux, de sorte que la surface qui porte les graines devient l'inférieure.

§. Iᵉʳ. *Chapeau entier en forme d'entonnoir, attaché par le centre. (Craterella. Pers.)*

271. Auriculaire cario-   *Thelephora cario-*
     phyllée.   *phyllea.*

Auricularia cariophyllea. Bull. Champ. p. 284. t. 483. f. 6. 7. et t. 278. — *Helvella cariophyllea.* Schœff. Fung. 4. t. 325.
α. *Lateritia.* Bull. var. 1. t. 483. f. 6.
β. *Cinerea.* Bull. var. 2. t. 483. f. 7.
γ. *Fusca.* Bull. var. 3. t. 278.

Cette espèce est annuelle, charnue, épaisse et mollasse; sa surface supérieure est zonée et peluchée; l'inférieure est lisse, mais ondulée, et parsemée de globules disposés quatre à quatre et visibles au microscope; elle est tantôt simple, tantôt divisée en plusieurs parties, qui se recouvrent comme les tuiles d'un toit; ses bords sont ordinairement déchirés : quelquefois elle est adhérente par le côté, ailleurs elle est un peu pédiculée; son retournement est peu sensible. La première variété est d'abord d'un rouge bistré, et devient brune; la deuxième est d'abord d'un cendré roussâtre, puis d'un bistre brun; la troisième commence par un bistre clair, et devient d'un brun rouillé : elle croît sur la terre et les souches pourries.

§. II. *Demi-chapeau attaché par le côté.* (*Stereum.* Pers.)

272. Auriculaire tremelle. *Thelephora tremelloides.*

Auricularia tremelloides. Bull. Champ. p. 278. t. 290. — Mich. gen. t. 66. f. 4. — *Thelephora mesenterica.* Gmel. Syst. p. 1440.

α. *Violacea.* Bull. var. 1. t. 290. — *Thelephora mesenterica.* Pers. Syn. 571 ?

β. *Subcœrulea.* Bull. var. 2.

γ. *Fusca.* Bull. var. 3. — *Thelephora purpurea.* Pers. Syn. 571 ?

Cette espèce est vivace et se distingue facilement à sa chair transparente et cartilagineuse, analogue à celle des tremelles ; elle paroît d'abord comme une croûte crevassée attachée aux bois morts ; peu-à-peu elle se détache par le haut et se renverse ; lorsqu'elle est parvenue à son développement parfait, elle est zonée et ciliée à sa partie supérieure, glabre et creusée de larges fosses, ou diversement plissée à sa surface inferieure ; elle est ordinairement de la forme d'une trompette, coupée en long par le milieu ; quelquefois elle a la forme d'une trompette entière, à cause de la soudure de ses bords. La première variété est légèrement bistrée en dessus, et d'une couleur vineuse ou violette en dessous ; la deuxième est d'un blanc cendré en dessus, et d'un bleu plombé en dessous ; la troisième est d'un blanc grisâtre en dessus, et d'un rouge brun ou d'un brun noirâtre en dessous. Cette espèce s'approche du genre des mérules et de certaines pezizes, mais elle en diffère par le renversement qu'elle subit dans sa jeunesse.

273. Auriculaire tannée. *Thelephora ferruginea.*

Auricularia ferruginea. Bull. Champ. p. 281. t. 378. — *Boletus auriformis.* Bolt. Fung. 2. t. 82. f. 2.

Cette plante est vivace, coriace, mince, zonée, glabre et d'une couleur ferrugineuse tirant sur le brun ; ses zones sont moins apparentes en dessous qu'en dessus ; sa surface inférieure paroît poreuse lorsqu'on la regarde à l'œil nu ; mais si on l'examine à une forte loupe, on apperçoit que ces prétendus

pores sont de petites papilles agglutinées les unes aux autres :
elle croît sur les vieilles souches , et y est ordinairement nombreuse et embriquée. Persoon, Syn. p. 567, a confondu cette
espèce avec l'*helvella rubiginosa*, Dicks. Crypt. 1. p. 20 , qui
doit être rapportée à l'auriculaire réfléchie, et il a appliqué le
nom de *T. ferruginea* à deux autres espèces , dont l'une est
l'*auricularia tabacina* , Sowerb. Fung. t. 25 , et l'autre le
corticium ferrugineum , Pers. Obs. Myc. 2. p. 18.

274. Auriculaire réfléchie. *Thelephora reflexa.*

> *Auricularia reflexa*. Bull. Champ. p. 282 t. 274. et t. 483. f. 1-6.
> With. Brit. 3. p. 434. Sowerb. Fung. t. 27. — *Thelephora
> hirsuta*. Pers. Syn. 571. — *Stereum hirsutum*. Pers. Obs.
> Myc. 2. p. 90. — Mich. gen. t. 66. f. 2. 6. 7.
> α. *Lutea*. Bull. var. 1. t. 274.
> β. *Fuliginea*. Bull. var. 2. t. 483. f. 3.
> γ. *Fusca*. Bull. var. 3. t. 483. f. 2. —*Helvella rubiginosa*. Dicks.
> Crypt. 1. p. 20.
> δ. *Cinerea*. Bull. var. 4. t. 483. f. 4.
> ε. *Variegata*. Bull. var. 5. t. 483. f. 5.
> ζ. *Amethystea*. Bull. var. 6. t. 483. f. 1.

Elle est vivace , coriace et fort mince, sa surface supérieure est zonée et toujours velue ; l'inférieure est unie et quelquefois légèrement zonée ; elle varie beaucoup de couleur
et de dimension. La première variété est d'abord jaune , puis
fauve en dessous , et d'un blanc cendré à la surface supérieure ;
la deuxième est cendrée en dessus , et d'un bistre fauve en dessous ; la troisième est bistrée en dessus , et d'un brun ferrugineux en dessous ; dans la quatrième les deux surfaces sont cendrées , et la base devient quelquefois noirâtre ; la cinquième a
la surface supérieure zonée ou bigarrée de jaune et de brun ,
et la surface inférieure d'abord jaune , puis brune ; la sixième
est cendrée ou bistrée en dessus , violette , puis vineuse en dessous : elle croît sur les arbres morts et les pieux.

§. III. *Chapeau attaché par la surface stérile.* (*Corticium.* Pers.)

275. Auriculaire des mousses. *Thelephora muscigena.*

> *Thelephora muscigena*. Pers. Syn. 572.

Elle croît sur le tronc des grandes espèces de mousse ,

auquel elle adhère par sa surface stérile, ou par son bord; elle est mince, membraneuse, blanche, de 6-10 millim. de diamètre, arrondie, un peu ridée à la surface : elle croît ordinairement par grouppes.

276. Auriculaire papiracée. *Thelephora papyrina.*

Auricularia papyrina. Bull. Champ. p. 279. t. 402. — *Corticium lœve.* Pers. Disp. meth. p. 30 ? — *Thelephora lœvis.* Pers. Syn. p. 575 ?
α. *Alba.* Bull. var. 1. t. 402.
β. *Rubra.* Bull. var. 2.
γ. *Cinerea.* Bull. var. 3.

Elle est annuelle, mince, mollasse, zonée et velue à sa surface supérieure; elle se distingue à sa surface inférieure d'abord unie, ensuite zonée et creusée de pores de diverses grandeurs, à-peu-près comme un bolet; elle commence par former une croûte sur les vieux troncs, et se renverse ensuite; sa forme et ses dimensions varient beaucoup. La première variété est blanche en dessus, d'un jaune rougeâtre ou fauve en dessous; la deuxième est d'un rouge tendre en dessus, et roussâtre en dessous; la troisième est plus épaisse, cendrée en dessus, et d'un gris bistré en dessous : elle doit peut-être former une espèce distincte.

277. Auriculaire corticale. *Thelephora corticalis.*

Auricularia corticalis. Bull. Champ. p. 285. t. 436. f. 1. — *Thelephora quercina.* Pers. Syn. p. 573. — *Thelephora carnea.* Gmel. Syst. p. 1441.

Elle est vivace, coriace, mince et glabre, attachée par la surface supérieure; l'inférieure d'abord d'un blanc roussâtre, puis d'un rouge tendre, prend, à la longue, une teinte rembrunie et même noirâtre sur les bords : elle croît à la surface inférieure des branches d'arbres mortes et tombées à terre.

278. Auriculaire embrassante. *Thelephora phylacteris.*

Auricularia phylacteris. Bull. Champ. p. 286. t. 436. f. 2.

C'est la plus grande des espèces de ce genre; elle est bisannuelle, membraneuse, glabre et toujours plissée à sa base; elle commence par être d'un blanc jaunâtre, ensuite elle brunit et finit par devenir noirâtre; sa surface est parsemée de globules disposés quatre à quatre, qui sont probablement ses semences :

elle croît en terre et y adhère par sa base; mais si dans son
voisinage il se trouve une pierre ou un tronc, elle s'élève en
s'y appliquant.

279. Auriculaire bleue.   *Thelephora cœrulea.*

Byssus cœrulea. Lam. Fl. franç. 1. p. 103. — *Thelephora cœrulea.* Schrad. ex Schleich. crypt. exs.

Cette plante n'offre, au premier coup-d'œil, qu'une plaque
d'un beau bleu d'outremer, irrégulièrement étalée sur le bois
ou l'écorce des arbres à demi-pourris; en l'examinant de près,
on remarque que cette plaque est une véritable auriculaire,
dont la surface stérile, quoique implantée en un seul point,
est cependant tellement appliquée contre l'arbre, qu'on ne peut
la distinguer; la surface fructifère est ridée, étalée, couverte
d'un duvet bleu excessivement court, visible sur-tout sur les
bords; à la fin de la vie de la plante, cette surface devient
brune comme l'autre.

280. Auriculaire de Per-   *Thelephora Persoonii.*
soon.

Thelephora ferruginea. Pers. Syn. 578. — *Corticium ferrugineum.* Pers. Obs. Myc. 2. p. 18.

Elle est mince, coriace, arrondie ou oblongue, appliquée sur
les troncs par sa surface stérile presque entière; sa couleur est
d'un brun de rouille qui tire sur la couleur du tabac; la surface
exposée à l'air est garnie de quelques papilles peu sensibles,
et a un aspect légèrement pulvérulent : elle croît sur les fissures
des vieux troncs.

XXV. HYDNE.   *HYDNUM.*

Hydnum. Linn. Bull. — *Systotrema, Hydnum, Odontia, Hericium.* Pers.

CAR. Les hydnes ont la surface inférieure, ou quelquefois la
supérieure, hérissée de pointes ordinairement dirigées vers la
terre; les graines sont situées vers l'extrémité de ces pointes;
quelquefois dans les temps pluvieux, les pointes des hydnes se
renflent à leur extrémité; ces pointes sont ordinairement cylindriques, quelquefois lamelleuses.

OBS. Ils sont charnus ou coriaces, croissent sur la terre ou les
troncs d'arbres.

§. Ier. *Point de chapeau distinct. Champignon rameux. (Hericium. Pers.)*

281. Hydne tête de   *Hydnum caput Medusæ.*
Méduse.

Hydnum caput Medusæ. Pers. Syn. 564. — *Clavaria caput Medusæ.* Bull. Champ. p. 210. t. 412. — *Hericium caput Medusæ.* Pers. Comm. Clavæf. p. 26.

Cette espèce se distingue à ce qu'elle est composée d'un tronc épais, court et charnu, qui se termine en une multitude de divisions simples, alongées, grèles, pointues et rapprochées en touffe ; ces divisions d'abord verticales comme celles des clavaires, se courbent peu-à-peu en divers sens , et deviennent enfin tout-à-fait pendantes comme celles de l'hydne hérisson. La plante, dans sa jeunesse, est d'un blanc de lait ; elle devient ensuite d'un gris bistré clair : elle croît sur le bois mort.

282. Hydne hérisson.   *Hydnum erinaceus.*

Hydnum erinaceus. Bull. Champ. p. 304. t. 34. Pers. Syn. 560. Buxb. Cent. 1. 35. t. 56. f. 1.

Cette espèce est l'une des plus grandes de ce genre; elle est convexe, d'abord blanche, puis jaunâtre ; elle est ordinairement sessile, mais lorsqu'elle sort d'une fente, sa base se prolonge en un pédicule cylindrique peu régulier ; ce pédicule se recourbe à son sommet, et émet une multitude d'aiguillons minces qui pendent tous perpendiculairement et se terminent par étages ; sa consistance est tendre et charnue : elle croît sur les chênes âgés. On dit qu'on la mange dans les environs des Vosges.

283. Hydne corail.   *Hydnum coralloides.*

Hydnum coralloides. Schœff. Fung. 2. t. 142. Pers. Syn. 563. *Hydnum ramosum.* Bull. Champ. p. 305. t. 390. — *Hericium coralloides.* Pers. Comm. Clavæf. p. 23.
β. *Hydnum abietinum.* Schrad. Spic. 181.

Cette espèce, la plus grande de toutes celles de ce genre , est sessile, d'abord blanche, puis jaunâtre; sa base, qui est charnue et tendre, émet un nombre considérable de rameaux dont la surface inférieure est hérissée de pointes , et dont les dernières subdivisions rapprochées en touffe et embriquées , portent chacune à leur sommet une houppe de longues pointes d'abord droites, puis pendantes, et qui se terminent par étages. Cet hydne ressemble, dans sa jeunesse, à une tête de choufleur : il croît sur de vieilles souches mortes, ou sur des arbres âgés.

§. II. *Point de chapeau distinct. Couche étendue sur les troncs. (Odontia. Pers.)*

284. Hydne blanc. *Hydnum niveum.*

Hydnum niveum. Pers. Syn. 563. — *Odontia nivea.* Pers. Disp. meth. p. 3o. t. 4. f. 6. 7.

L'hydne blanc forme une couche large, coriace et irrégulière, placée entre l'écorce et le bois des chênes et de quelques autres arbres; cette plaque commence par être lisse; elle devient ensuite poreuse, et enfin elle se charge de pointes souvent irrégulières, qui indiquent son affinité avec les autres espèces de ce genre.

285. Hydne barbe de Job. *Hydnum barba Jovis.*

Hydnum barba Jovis. Bull. Champ. p. 3o3. t. 481. f. 2.

Cette plante est coriace, sessile, membraneuse, appliquée sur le bois par tous les points de sa surface supérieure; dans sa jeunesse elle est blanchâtre, puis d'un jaune roux; sa surface inférieure est parsemée d'aiguillons nombreux d'abord blancs, simples et en mammelons; du sommet de ces aiguillons sortent ensuite des filamens jaunes, simples ou rameux : elle croît sur les branches d'arbres, et particulièrement sur celles tombées à terre.

286. Hydne membraneux. *Hydnum membranaceum.*

Hydnum membranaceum. Bull. Champ. p. 3o2. t. 481. f. 1. — *Hydnum ferrugineum.* Pers. Syn. p. 562?

Cette espèce est coriace, mince et constamment sessile; elle naît sur le bois et y est appliquée par tous les points de la surface supérieure; la surface inférieure ou extérieure est d'une couleur tannée, mélée d'une légère teinte fauve, et parsemée d'aiguillons épais, cylindriques, assez courts et quelquefois divisés. Cette plante est plus pâle dans sa jeunesse, et plus bistrée dans un âge avancé : elle naît à la surface inférieure des branches d'arbres mortes et tombées à terre.

§. III. *Chapeau distinct. Pointes cylindriques ou coniques.* (*Hydnum.* Pers.)

287. Hydne gélatineux.　　*Hydnum gelatinosum.*

Hydnum gelatinosum. Jacq. Austr. 3. p. 239. Pers. Syn. 560.
α. *Album.*
β. *Murinum.*

Sa consistance est gélatineuse, à demi-transparente ; sa couleur est tantôt blanche, quelquefois d'un gris de souris en dessus, et sur-tout vers les bords : il est attaché aux vieux troncs à demi-pourris, par un pédicule très-court et latéral ; le chapeau est presque arrondi, entier, lisse en dessus, garni à la surface inférieure de papilles coniques, délicates, assez nombreuses ; on observe souvent une gouttelette d'eau au sommet de chacune d'elles. J'ai trouvé cette plante, en été, dans des bois touffus et humides.

288. Hydne cure-oreille.　　*Hydnum auriscalpium.*

Hydnum auriscalpium. Linn. spec. 1648. Bull. Champ. p. 303. t. 481. f. 3. Pers. Syn. 557. — Schœff. Fung. 2. t. 143. Flor. dan. t. 1020.

L'hydne cure-oreille est de couleur brune ou bistrée ; il est muni d'un pédicule cylindrique, droit, velu, plein, long de 4-5 centim. ; son chapeau est demi-orbiculaire, attaché par le côté, coriace, velu ; sa surface inférieure est munie d'aiguillons grèles et pointus : elle croît sur les cônes du pin sauvage, tombés à terre.

289. Hydne cendré.　　　　*Hydnum cinereum.*

Hydnum cinereum. Bull. Champ. p. 309. t. 419. — *Hydnum tomentosum.* Pers. Syn. 556 ?

Cet hydne est coriace et d'un gris tirant sur le bistre ; il a un pédicule ordinairement très-renflé, sur-tout près de sa base ; son chapeau est d'abord arrondi ou en toupie, et garni de pointes sur toute sa surface ; ensuite il se creuse à son sommet ; dans son développement parfait, il est souvent aplati ou convexe, arrondi, pubescent, soyeux ou un peu écailleux, de 5 centimètres de diamètre, ses pointes sont grèles, cylindriques et de couleur cendrée : il croît sur le terrein, rarement solitaire.

290. Hydne en coupe. *Hydnum cyathiforme.*

Hydnum cyathiforme. Schœff. Fung. 2. t. 139. Bull. Champ.
p. 308. t. 156. — *Hydnum concrescens.* Pers. Syn. 556 ?

Il est d'une couleur tannée et d'une consistance coriace, et
ne s'élève pas au-delà de 3 centim. ; son pédicule est très-
court ; son chapeau d'abord arrondi ou en toupie, est, dans
sa jeunesse, hérissé de pointes sur toute sa superficie ; il se fend
ensuite à son sommet, et se creuse en entonnoir ; dans cet
état, il est mince et zoné ; ses pointes sont d'un brun gris,
grèles et cylindriques : il naît sur la terre, dans les bois, et y
forme des touffes nombreuses, qui entourent souvent les corps
placés dans leur voisinage.

291. Hydne hybride. *Hydnum hybridum.*

Hydnum hybridum. Bull. Champ. p. 307. t. 453. f. 2. — *Hydnum
floriforme.* Schœff. Fung. 2. t. 146. f. 1-6. — *Hydnum compactum.* Pers. Syn. 556.

Il est coriace et d'une couleur tannée dans sa jeunesse ; il
devient ensuite d'un brun noirâtre ; son pédicule est gros, court
et plein ; son chapeau, d'abord voûté et lisse en dessus, se
creuse en entonnoir et acquiert ordinairement la largeur de
12-18 centim. ; sa surface inférieure est doublée d'aiguillons
cylindriques, grèles et verticaux ; le chapeau est arrondi,
quelquefois zoné : il se trouve sur la terre, dans les bois de
pins.

292. Hydne sinué. *Hydnum repandum.*

Hydnum sinuatum. Bull. Champ. p. 311. t. 172. — *Hydnum
repandum.* Linn. spec. 1647. Pers. Syn. 555. Sowerb. Fung.
t. 176. — Vaill. Bot. Paris. t. 14. f. 6. 7. 8.

L'hydne sinué est quelquefois blanc et ordinairement d'un
jaune fauve ; sa chair est blanche, ferme et cassante ; son
chapeau convexe a 4-8 centim. de diamètre ; ses bords sont
plus ou moins ondulés et sinués ; son pédicule est gros, court
et blanchâtre ; les pointes de la surface inférieure du chapeau,
sont cylindriques, fragiles, et un peu plus foncées que la surface supérieure : il naît sur le terrein rarement solitaire. Les
paysans le connoissent sous les noms d'*Eurchon*, de *Rignoche ;*
on le mange cuit sur le gril, avec du beurre frais, du sel, du
poivre et des fines herbes.

293. Hydne écailleux. *Hydnum squammosum.*

Hydnum squammosum. Bull. Champ. p. 310. t. 409. — *Hydnum
subsquammosum.* Batsch. Fung. p. 111. t. 10. f. 43. — *Hydnum
imbricatum.* Linn. spec. 1647. Pers. Syn. 554. Schœff. Fung. 2.
t. 140. et 73.

Cette espèce est coriace et d'une couleur tannée, son pédicule est toujours fort gros ; il a un chapeau très-épais, bombé,
parsemé en dessus de taches brunâtres, peluché, arrondi, large
de 6–12 centim. ; sa surface inférieure est hérissée de pointes
cylindriques, d'abord blanches au sommet, puis d'un gris
brun : elle vient sur le terrein, et croît ordinairement solitaire.

§. IV. *Chapeau plus ou moins distinct. Pointes lamelleuses.* (*Systotrema.* Pers.)

294. Hydne lamelleux. *Hydnum sublamellosum.*

Hydnum sublamellosum. Bull. Champ. p. 306. t. 453. f. 1.
Sowerb. Fung. t. 112. — *Systotrema confluens.* Pers. Syn.
551.

Cette espèce ne s'élève pas au-delà de 4 centim. ; elle est
tendre, blanche, munie d'un pédicule court, plein et cylindrique ; son chapeau est assez épais ; ses pointes, au lieu d'être
cylindriques comme dans les autres hydnes, ont la forme de
petites lames étroites et diversement contournées : elle croît sur
le terrein, solitaire ou par grouppes.

295. Hydne bisannuel. *Hydnum bienne.*

Boletus biennis. Bull. Champ. p. 333. t. 449. f. 1. — *Systotrema
bienne.* Pers. Syn. 550.

Son pédicule est gros, court, fauve, laineux à sa base ; le
chapeau est d'abord convexe, et garni de pores sur toute sa
surface, ensuite concave et poreux en dessous seulement ; sa
surface supérieure est fauve dans le centre, blanchâtre sur les
bords, douce au toucher, et d'un aspect poudreux ; l'inférieure est
blanche ou d'une couleur cendrée, garnie de pores irréguliers,
sinueux, qui semblent formés par la soudure d'aiguillons analogues à ceux des hydnes : il croît sur la terre ou le bois pourri.

296. Hydne trompeur. *Hydnum decipiens.*

Agaricus decipiens. Wild. Bot. mag. 4. p. 12. t. 2. f. 5. — *Systotrema violaceum.* Pers. Syn. 551. — *Hydnum parasiticum.*
Linn. Syst. 799.

Il a le port du bolet bigarré, la surface inférieure d'un
mérule

mérule ou d'un agaric, et cependant les caractères des hydnes : il croît sur les pins, attaché au tronc par le côté du chapeau ; celui-ci est oblong, étroit, un peu sinueux, sec, coriace, blanchâtre et cotonneux en dessus, de couleur violette ou vineuse en dessous ; sa surface inférieure est hérissée de pointes lamelleuses souvent disposées en bandes et réunies par le bas, en sorte qu'on croiroit voir un agaric dont les feuillets seroient déchirés.

*** *Champignons dont la surface fructifère est munie de pointes ou de tubes.*

XXVI. BOLET. *BOLETUS.*

Boletus. Linn.—*Dœdaleœ spec.*, *Boletus et Sistotrematis spec.* Pers. — *Boletus et Fistulina*. Bull. — *Polyporus*. Hall.

Car. Les bolets ont un chapeau sessile ou pédonculé, garni (d'ordinaire à la surface inférieure seulement) de tubes qui renferment les gongyles.

Première section. Fistuline. *Fistulina*. Bull.

Tubes libres et non soudés entre eux.

297. Bolet foie. *Boletus hepaticus.*

Boletus hepaticus. Schœff. Fung. t. 116.-120. Pers. Syn. 549. *Boletus buglossum*. Fl. dan. t. 1039.—*Fistulina buglossoides*. Bull. Champ. p. 314. t. 74. 464 et 497.

Cette plante est d'un rouge brun, charnue, mollasse, attachée par le côté, sessile ou portée sur un court pédicule ; sa chair est comme zonée, d'un rouge plus ou moins foncé ; sa surface supérieure est, dans sa jeunesse, parsemée de petites protubérances qui, vues à la loupe, paroissent des rosettes pédicellées ; ces rosettes se détachent plus ou moins promptement, et alors la surface est lisse ; les tubes qui occupent la surface inférieure sont grèles, inégaux en longueur, d'abord blancs, puis jaunâtres ou roussâtres ; ce qui les distingue essentiellement, c'est qu'ils ne sont pas soudés ensemble comme dans les autres bolets, mais distincts et séparés : il croît sur de vieilles souches, et le plus souvent à fleur de terre.

Deuxième section. **PORIA.**   **PORIA. Pers.**

Tubes réunis placés non seulement à la surface inférieure, mais sur diverses parties de la plante ; chapeau mal formé.

298. Bolet rameux.   *Boletus ramosus.*

Boletus ramosus. Bull. Champ. p. 349. t. 418. Pers. Syn. 549.

Il est coriace, fragile, d'un jaune fauve, divisé dès sa base en rameaux à-peu-près cylindriques, quelquefois branchus, un peu plus épais vers leur sommet, et dont la surface entière est garnie de tubes courts et assez réguliers ; sa chair est blanche : il croît sur les vieux bois de charpente, dans les carrières et les souterreins. ♃.

299. Bolet des souterreins.   *Boletus cryptarum.*

Boletus cryptarum. Bull. Champ. p. 350. t. 478. Pers. Syn. 542.

Sa forme et ses dimensions sont très-variables ; sa consistance est coriace, quoique molle et spongieuse ; il est sessile, mince, d'un bistre tirant sur la couleur de rouille ; sa partie supérieure est creusée comme si elle formoit deux lèvres ; ses tubes sont alongés : il croît dans les souterreins, les caves, et forme ordinairement de larges plaques. ♃.

300. Bolet guêpier.   *Boletus favus.*

Boletus favus. Bull. Champ. p. 363. t. 421. Pers. Syn. 542. Linn. spec. 1645 ?

Il est coriace, subéreux, constamment sessile ; sa surface supérieure est d'un brun bistré, ordinairement zonée, hérissée de peluchures épaisses et assez roides ; l'inférieure est munie de tubes alongés, larges comme les alvéoles d'un guêpier, d'un bistre clair : il croît sur les arbres morts ou languissans. ♃.

Troisième section. **BOLET.**   **BOLETUS. Pers.**

Tubes adhérens ensemble et qu'on ne peut séparer de la chair du chapeau.

§. Ier. *Chapeau sessile.*

301. Bolet bigarré.   *Boletus versicolor.*

Boletus versicolor. Linn. spec. 1645. Lam. Fl. fr. 1. p. 119. Bull. Champ. p. 367. t. 86. Pers. Syn. 540. Schœff. Fung. t. 268.

Il est coriace, très-mince, sessile, attaché par le côté, oblong ou arrondi, souvent sinueux ; sa surface supérieure est comme cotonneuse et d'un aspect soyeux, marquée de zones ou bandes brunes, rouges, jaunes ou d'un bleu d'ardoise sur un fond grisâtre ou jaunâtre ; l'inférieure porte des tubes blancs, courts, étroits, réguliers : il est commun sur les arbres morts et les bois de charpente. ♃.

302. Bolet à peau poreuse. *Boletus pelloporus.*

Boletus pelloporus. Bull. Champ. p. 365. t. 5o1. f. 2.

Il est coriace, extrêmement mince, sessile, attaché par le côté, arrondi ou en forme de rein ; glabre ou légèrement cotonneux, et d'un gris cendré ou roussâtre en dessus, d'un brun grisâtre ou presque noir en dessous ; ses tubes sont si courts, qu'ils semblent seulement des pores pratiqués dans la pellicule inférieure : il croît sur les troncs et les branches mortes. ♃.

303. Bolet uni. *Boletus unicolor.*

Boletus unicolor. Bull. Champ. p. 365. t. 4o8. et t. 5o1. f. 3. — *Sistotrema cinereum.* Pers. Syn. 551.

Cette espèce, qu'on a confondue avec le bolet bigarré, est, comme elle, sessile, mince, coriace, attachée par le côté, mais elle est grise en dedans, en dessus et en dessous ; sa surface supérieure est très-laineuse, et marquée de zones un peu creuses, de la même couleur ; l'inférieure porte des tubes alongés, irréguliers et sinueux, souvent prolongés comme les pointes des hydnes : il croît sur de vieilles souches, et est souvent embriqué. ♃.

304. Bolet écarlate. *Boletus coccineus.*

Boletus coccineus. Bull. Champ. p. 364. t. 5o1. f. 1. — *Boletus cinnabarinus.* Pers. Syn. 54o. Jacq. austr. 4. t. 3o4.

Il est coriace, subéreux, épais, sessile, attaché par le côté, lisse, d'un rouge de vermillon, quelquefois mêlé en dessus d'une teinte jaune ; sa chair est roussâtre ; ses tubes sont apparens, irréguliers, sinueux à leur orifice. Il ne s'est encore trouvé que sur le merisier ; il diffère, par son épaisseur, du bolet sanguin de Cayenne.

305. Bolet imberbe. *Boletus imberbis.*

Boletus imberbis. Bull. Champ. p. 339. t. 445. f. 1.

Il est coriace, sessile, glabre, fort mince, arrondi, attaché par le côté, blanchâtre ou jaunâtre en dessus, marqué de sillons disposés par zones; dans sa vieillesse il devient verdâtre, parce qu'il est attaqué par une petite espèce d'algue encore mal connue; ses tubes sont très-courts, sinueux, irréguliers, d'abord blancs, et ensuite d'un jaune pâle : il croît sur les troncs d'arbres morts. ♃.

306. Bolet subéreux.   *Boletus suberosus.*

Boletus suberosus. Bull. Champ. p. 354. t. 482.
α. *Fulvus.* Bull. var. 1. fig. A. B.
β. *Rutilus.* Bull. var. 2. fig. C. D. E. G.
γ. *Albus.* Bull. var. 3. fig. F.

Il est coriace, mais mou et ordinairement aqueux à sa naissance; glabre, sessile, attaché par le côté, un peu rétréci à sa base, de forme variable, et pour l'ordinaire assez mince; sa chair et ses deux surfaces sont de la même couleur, d'un fauve rouillé dans la variété α, d'un roux fauvé dans la variété β, ou blanchâtre dans la variété γ; la surface supérieure est quelquefois ridée ou zonée; ses tubes sont larges, irréguliers, souvent séparés par des crevasses : il croît sur les troncs, les pieux, etc. ♂. ou ♃.

307. Bolet faux-ama-   *Boletus pseudo-igniarius.*
douvier.

Boletus pseudo-igniarius. Bull. Champ. p. 356. t. 458. — *Boletus drijadeus.* Pers. Obs. Myc. 2. p. 3 ?

Cette espèce s'approche du bolet ongulé et du bolet obtus, mais elle en diffère en ce qu'elle ne vit qu'un ou deux ans, et qu'on n'y trouve jamais plusieurs couches de tubes superposés; elle est coriace, mais molle et aqueuse, glabre, sessile, attachée par le côté, d'un rouge ferrugineux, ou grisâtre dans toutes ses parties, dépourvue de zones en dessus; ses tubes sont très-alongés et souvent séparés par des crevasses; on observe souvent sur le bord des gouttelettes d'eau limpide : il croît sur le tronc de divers arbres.

308. Bolet ongulé.   *Boletus ungulatus.*

Boletus ungulatus. Bull. Champ. p. 357. t. 401. et t. 491. f. 2. Pers. Obs. Myc. 2. p. 4. Schœff. Fung. 2. t. 137. — *Boletus igniarius.* Sowerb. Fung. t. 131.

Il est coriace, sessile, attaché par le côté, de la forme d'un sabot de cheval; sa chair est d'une couleur tannée, d'abord mollasse et filandreuse, puis dure comme du bois; ses tubes sont étroits, réguliers, de la même couleur que la chair; sa surface supérieure est grisâtre ou ferrugineuse; si on frotte la première écorce, on en trouve dessous une seconde, dure et d'un noir luisant; il croît sur divers arbres, ou il persiste long-temps; chaque année il se forme une nouvelle couche de tubes, qu'on retrouve en coupant le champignon verticalement; les pousses de chaque année sont encore séparées par un sillon annulaire, profond, facile à distinguer des zones brunes qui se font quelquefois remarquer à la surface : on peut ainsi reconnoître son âge. Ce bolet est celui qui, dans sa jeunesse, sert à la préparation de l'amadou et de l'agaric avec lesquels les chirurgiens arrêtent les hémorrhagies. On le connoît sous les noms de *Boula*, d'*Agaric de chéne*, d'*Agaric femelle*.

309. Bolet obtus.   *Boletus obtusus.*

Boletus obtusus. Pers. Obs. Myc. 2. p. 4. — *Boletus igniarius.* Bull. Champ. p. 361. t. 454 et t. 82. excl. syn.

Il est coriace, sessile, attaché par le côté, demi-orbiculaire et obtus; sa chair est d'une couleur tannée, d'abord de la consistance du liége, ensuite dure comme du bois; ses tubes sont courts, étroits, très-réguliers, de la même couleur que la chair : il naît sur diverses espèces d'arbres et d'arbrisseaux; il vit plusieurs années, et chaque année il se forme une nouvelle couche de tubes; en coupant le champignon verticalement, on retrouve ces couches superposées, qui indiquent l'âge de l'individu; à l'extérieur les pousses des diverses années ne sont pas séparées par des sillons profonds. Ce bolet, connu dans les campagnes sous le nom de *Boula*, sert aux paysans pour transporter et conserver le feu : les teinturiers en tirent une couleur noire; ils le nomment *Champignon* ou *Agaric de chéne*.

310. Bolet labyrinthe. *Boletus labyrinthiformis.*

Dædalea confragosa. Pers. Syn. 501. — *Boletus labyrinthiformis.* Bull. Champ. p. 357. t. 491. f. 1.

Cette plante est coriace et même presque ligneuse; elle est constamment sessile et attachée par le côté; sa surface supérieure est raboteuse, souvent zonée, et d'un rouge de brique tirant sur le brun; sa chair est d'une couleur tannée très-foncée; ses tubes grisâtres et fort larges, forment des sinuosités très-variées : elle vient sur l'alisier ; elle est vivace.

311. Bolet de frène.   *Boletus fraxineus.*

Boletus fraxineus. Bull. Champ. p. 341. t. 433. f. 2. Pers. Syn. 535.

Sa chair est coriace, subéreuse, épaisse et d'un roux paille ; il est glabre, constamment sessile, attaché par le côté ; sa surface supérieure est d'abord blanche, puis jaunâtre, puis marron, mais les bords restent blancs et un peu zonés ; ses tubes sont courts, étroits, d'un rouge de tan ou de rouille dans leur longueur, et blanchâtres à leur ouverture : il croît sur les troncs des frènes languissans ; en vieillissant il devient dur comme du bois. ♃.

312. Bolet odorant.   *Boletus suaveolens.*

Dœdalea suaveolens. Pers. Syn. 502. — *Boletus suaveolens.* Bull. Champ. p. 342. t. 310.

Cette espèce est sessile, glabre, attachée par le côté, blanche dans sa jeunesse ; roussâtre ensuite ; sa chair est subéreuse, compacte, d'un blanc de neige d'abord, puis d'une légère teinte bistrée et zonée ; ses tubes très-alongés et fort irréguliers, sont, dans leur développement parfait, d'une couleur roussâtre ; sa surface supérieure, d'abord lisse et d'un blanc de lait, devient ensuite zonée, raboteuse, roussâtre et rembrunie : elle croît sur les vieux troncs de saule ; elle exhale une odeur d'anis, pénétrante et agréable : réduite en poudre et préparée en électuaire, on l'administre avec succès aux phthisiques, à la dose d'un scrupule à un drachme. ♃.

313. Bolet de mélèze.   *Boletus laricis.*

Boletus agaricum. All. pedem. n. 2748. — *Boletus laricis.* Jacq. misc. t. 19. 20. 21. Bull. Champ. p. 353. t. 296. — *Boletus purgans.* Pers. Syn. 531. — *Boletus officinalis.* Vill. Dauph. 4. p. 1041. — *Agaricum.* Mich. t. 61. f. 1. — Hall. Helv. n. 2284.

Ce bolet, vulgairement connu en pharmacie sous le nom d'*Agaric*, est d'une consistance molle et coriace, et devient friable lorsqu'il est sec ; il est sessile, attaché par le côté, glabre, toujours fort épais et blanc à l'intérieur ; il a à-peu-près la forme d'un sabot de cheval ; sa surface supérieure est marquée de quelques zones jaunâtres ou brunâtres, peu prononcées ;

l'inférieure est munie de tubes jaunâtres. dont l'ouverture est peu distincte ; il croît dans les Alpes, sur les troncs de mélèze, même après qu'ils ont été coupés. L'agaric est un purgatif hydragogue ; quelquefois il excite le vomissement. Les habitans des Alpes l'emploient pour leurs troupeaux. Les médecins modernes font moins d'emploi de ce remède que les anciens.

314. Bolet embriqué. *Boletus imbricatus.*

Boletus imbricatus. Bull. Champ. p. 349. t. 366.—*Boletus amaricans.* Pers. Syn. 531.

Cette espèce est coriace, fragile, sessile, d'un jaune fauve plus clair, et presque blanchâtre vers les bords ; elle est divisée en un nombre plus ou moins considérable de divisions assez minces, larges, un peu sinueuses, et qui se recouvrent les unes les autres ; ses tubes sont courts, roussâtres ou de couleur de rouille ; sa chair est blanchâtre, elle a l'odeur et l'amertume de la racine de gentiane. Ce bolet prend quelquefois des dimensions extraordinaires : il croît sur divers arbres morts ou languissans.

315. Bolet de saule. *Boletus salicinus.*

Boletus salicinus. Bull. Champ. p. 340. t. 433. f. 1. — *Boletus suaveolens, var. β.* Pers. Syn. 530.

Il est un peu mou et coriace, absolument sessile, un peu rétréci à la base, arrondi, légèrement sinueux, glabre, mince, attaché par le côté, blanchâtre, uni, dépourvu de zones ; ses tubes sont courts, d'abord blancs et ensuite roussâtres : il croît ordinairement solitaire, sur les vieux troncs de saule. ⊙.

316. Bolet mince. *Boletus cuticularis.*

Boletus cuticularis. Bull. Champ. p. 350. t. 462. — *Boletus alneus.* Pers. Syn. p. 528 ?

Il est coriace, sessile, attaché par le côté, arrondi, un peu rétréci à la base, et sinueux sur les bords ; il a fort peu de chair ; ses tubes sont de la même couleur que le chapeau ; il commence par être d'un jaune roux, puis il devient bistré et noirâtre ; sa surface est d'abord douce au toucher, et devient ensuite égratignée par zones : il croît solitaire sur les troncs d'arbres morts. ♃.

317. Bolet hérissé.   *Boletus hispidus.*

Boletus hispidus. Bull. Champ. p. 351. t. 210. et t. 493. Pers.
Syn. 526. — *Boletus villosus.* Huds. Angl. p. 626.
α. *Luteus.* Bull. var. 1. t. 493.
β. *Ruber.* Bull. var. 2. t. 210.

Ce bolet est coriace, mais cependant mou et aqueux ; il est
absolument sessile, attaché par le côté, assez épais ; sa surface
supérieure est hérissée de poils rudes ; l'inférieure porte des
tubes nombreux accolés les uns aux autres, ciliés à leur ouverture ; sa forme est ordinairement demi-orbiculaire, mais variable ; la variété α est d'abord d'un jaune orangé, puis d'un
rouge de brique en dessus et jaune en dessous ; la variété β est
d'abord d'un rouge de sang, puis fauve en dessous ; l'une et
l'autre noircissent en vieillissant. Ce bolet vient sur le tronc du
chêne, du noyer, du pommier, etc.

318. Bolet sulfurin.   *Boletus sulfureus.*

Boletus sulfureus. Bull. Champ. p. 347. t. 429. — *Boletus citrinus.* Pers Syn. p. 524 ?

Il est mollasse, sessile, glabre, attaché par le côté, d'un jaune
doré tirant un peu sur le rouge en dessus, et sur la couleur de
soufre en dessous ; dans son dernier âge il prend une teinte chamois ; ses tubes sont si courts, si étroits, qu'on a peine à les
appercevoir ; sa poussière séminale est blanche et abondante ; sa
chair est jaune ; elle devient rouge sur les bords quand elle est
froissée. Il sort des cicatrices des vieux chênes. ☉.

§. II. *Chapeau pédiculé. Pédicule latéral ou excentrique.*

319. Bolet sabot.   *Boletus calceolus.*

Boletus calceolus. Bull. Champ. p. 338. t. 445. f. 2. t. 360. et
t. 46.
β. *Boletus badius.* Pers. Syn. 523.

Sa consistance est coriace ; sa couleur varie du jaune paille
au brun marron, sur l'une et l'autre surface ; quelquefois il est
sessile, le plus souvent porté sur un pédicule latéral ou du
moins excentrique, de 1–6 centim. de longueur ; son chapeau
est mince, souvent tacheté de points ou de lignes brunâtres,
tantôt aplati, tantôt concave, tantôt ondulé, souvent sinueux ;

ses tubes sont, pour l'ordinaire fort courts : il croît sur le tronc des arbres morts ou languissans. ♃.

320. Bolet de noyer.   *Boletus juglandis.*

Boletus juglandis. Bull. Champ. p. 344. t. 19. et 114. Schœff. Fung. t. 101. 102. — *Boletus platyporus.* Pers. Syn. 521.

Il croît sur différens arbres, mais plus souvent sur le noyer; il varie beaucoup pour sa forme, sa couleur et ses dimensions; son pédicule est ordinairement latéral, très-court, épais, le plus souvent crevassé par carreaux près de sa base, roussâtre ou noirâtre; son chapeau est attaché par le côté convexe, d'un jaune roux ou fauve bistré, ordinairement écailleux ou crevassé; ses tubes sont courts, larges, quelquefois blancs, le plus souvent de la couleur du chapeau; sa chair est blanche, ferme. Il est connu sous les noms de *Miellin*, *Langou*, *Oreille d'orme.* On assure qu'il est bon à manger; il atteint quelquefois 6-7 décim. de diamètre. ☉.

321. Bolet oblique.   *Boletus obliquatus.*

Boletus obliquatus. Bull. Champ. p. 335. t. 7. et 459. — *Boletus lucidus.* Pers. Syn. 522. — *Agaricus pseudo-boletus.* Jacq. Austr. t. 41. — *Agaricus nitens.* Batsch. Fung. 3. t. 41. f. 225. — *Boletus vernicosus.* Berg. Phyt. 1. t. 99.

Sa chair est sèche, coriace et subéreuse : sa surface est luisante et comme vernissée; son pédicule est cylindrique, un peu bosselé, lisse, brunâtre, le plus souvent simple, quelquefois rameux à sa base, tantôt très-court, tantôt de la longueur de la main, inséré sur le bord du chapeau; celui-ci est d'abord blanc ou jaunâtre, puis rougeâtre, puis marron, arrondi, un peu sinueux, horizontal, épais, marqué en dessus de zones parallèles au bord; les tubes sont d'abord blancs et ensuite couleur de rouille : il croît sur les vieilles souches. ♃.

322. Bolet feuille d'acanthe.   *Boletus acanthoides.*

Boletus acanthoides Bull. Champ. p. 337. t. 486. — *Boletus giganteus.* Pers. Syn. p. 521 ?

Le bolet feuille d'acanthe est mollasse et fragile, d'un rouge de brique tirant sur la couleur de rouille; son pédicule est cylindrique à la base, et s'évase d'un côté en un demi-chapeau sinué, ondulé, irrégulier, zoné en dessus, réticulé en dessous, très-mince, sur-tout vers les bords; il atteint quelquefois une grandeur extraordinaire; ses tubes sont courts, et se prolongent

jusque sur le pédicule. Ce bolet croît sur les vieilles souches,
où il forme quelquefois des touffes très-considérables. ☉.

§. III. *Chapeau porté sur un pédicule central.*

325. Bolet en écu.   *Boletus nummularius.*

Boletus nummularius. Bull. Champ. p. 335. t. 124. Pers. Syn.
519.

Son pédicule est grèle, noir à sa base, jaunâtre dans la partie
supérieure, long de 2 centim.; il n'est jamais parfaitement
central; son chapeau est arrondi, mince, aplati et souvent un
peu creusé en forme de coupe, de couleur jaunâtre ou blanchâtre; ses tubes sont fort courts et jaunâtres; sa consistance
est coriace : il naît sur les branches sèches tombées à terre.

324. Bolet vivace.   *Boletus perennis.*

Boletus perennis. Linn. spec. 1646. Pers. Syn. 518. — *Boletus
coriaceus.* Schœff. Fung. 2. t. 125. Bull. Champ. p. 334. t. 449.
f. 2. et t. 28.

Sa consistance est coriace, sa couleur grise, jaunâtre, rouillée
ou rougeâtre; son pédicule est central, quelquefois glabre,
ordinairement velu on drapé à sa base, long de 2-3 centim.;
son chapeau est plane, un peu creusé au centre, toujours zoné,
luisant, doux au toucher, entier et non frangé sur ses bords;
sa surface inférieure est munie de tubes très-courts, roux ou
bruns dès leur jeunesse. Il croît sur terre et le plus souvent
sur de vieilles souches, ordinairement solitaire, quelquefois en
grouppes réunis par le pied ou le chapeau. ♂.

325. Bolet frangé.   *Boletus fimbriatus.*

Boletus fimbriatus. Bull. Champ. p. 332. t. 254. — *Boletus subtomentosus.* Bolt. Fung. 2. t. 87.

Sa consistance est coriace, sa couleur tannée; son pédicule
est central, glabre, cylindrique, assez grèle, long de 3-4 centimètres; son chapeau est mince, glabre ou soyeux, zoné et
frangé sur ses bords, toujours creusé en entonnoir; sa surface
inférieure est doublée de pores courts et irréguliers. Persoon ne
regarde cette plante que comme une variété du bolet coriace;
cependant elle est annuelle et l'autre vivace. Le bolet frangé
croît ordinairement solitaire; mais on en trouve souvent des
touffes dont les individus sont soudés ensemble par le chapeau,

ou dont les pédicules, en se greffant, forment une souche rameuse : il croît sur la terre.

326. Bolet poreux.   *Boletus polyporus.*

Boletus polyporus. Bull. Champ. p. 331. t. 469. — *Boletus fuligineus.* Pers. Syn. 516.

Il a la chair mince, blanche, coriace quoique molle; son pédicule est central, un peu rougeâtre à la base, d'un jaune terreux, ainsi que le chapeau, long de 4-5 centim.; le chapeau
est orbiculaire, creusé, dès sa naissance, comme une coupe
à bords renversés; sa surface inférieure, d'abord blanche, puis
cendrée, est criblée de pores étroits, superficiels et assez éloignés : il ne se trouve que sur la terre.

Quatrième section. S u i l l u s.   *S u i l l u s.* Pers.

Tubes adhérens ensemble faciles à séparer du chapeau.

327. Bolet de bouleau.   *Boletus betulinus.*

Boletus betulinus. Bull. Champ. p. 348. t. 312. Pers. Syn. 535.
Bolt. Fung. p. 159.

Il est coriace, glabre, sessile ou porté dans sa jeunesse par
un court pédicule, attaché par le côté, demi-orbiculaire; sa
chair est blanche, ferme, plus ou moins épaisse; il est blanc ou
quelquefois d'un roux bistré en dessus; ses tubes sont courts et
forment une lame poreuse et criblée, qu'on peut facilement
séparer du chapeau; l'épiderme de la surface supérieure se peluche dans la vieillesse de la plante : elle croît sur le tronc du
bouleau blanc.

328. Bolet à tubes rouges.   *Boletus rubeolarius.*

Boletus rubeolarius. Bull. Champ. p. 326. t. 100 et t. 490. f. 1.
With. Brit. 4. p. 315. Schœff. Fung. t. 105. 106. 107. Pers.
Syn. 512? — *Boletus luridus.* Pers. Syn. 512.

Son pédicule est jaune, réticulé, ordinairement gros et renflé
à la base, quelquefois plus mince et cylindrique; son chapeau
est toujours voûté, orbiculaire, et atteint quelquefois jusqu'à
3-4 décim. de diamètre; sa couleur ordinaire est un roux bistré,
quelquefois il est blanchâtre ou grisâtre; sa chair est épaisse et
devient, quand on l'entame, tantôt verte, tantôt rouge, tantôt
bleue; ses tubes sont d'un rouge de cinabre, sur-tout à leur
orifice, mais avec l'âge ils deviennent jaunes : il croît sur la
terre dans les bois, à la fin de l'été.

329. Bolet bronzé.   *Boletus æreus.*

Boletus æreus. Bull. Champ. p. 321. t. 385. Pers. Syn. 511.
α. *Carne niveâ sub cute vinosâ.*
β. *Carne dilutè sulfureâ, ruptâ viridiusculâ.*

Ce bolet a son pédicule exactement cylindrique, long de
5-7 centim., tantôt jaunâtre, tantôt fauve, tantôt brun, ordinairement marqué de nervures réticulées, que l'âge efface quelquefois; le chapeau est orbiculaire, convexe, fort épais, d'un
brun noirâtre qui tire un peu sur le rouge; les tubes sont courts
et d'un jaune sulfurin; la chair est ferme, ordinairement
blanche, un peu rougeâtre vers la peau, et jaune vers les tubes.
Dans la variété β, qui peut-être est une espèce distincte, la
chair est jaune, et lorsqu'on la rompt elle prend une teinte
verdâtre. Il croît sur la terre dans les bois, au commencement
de l'automne : on le mange dans plusieurs provinces; on le
connoît sous le nom de *Ceps noir.*

330. Bolet comestible.   *Boletus edulis.*

Boletus edulis. Bull. Champ. p. 322. t. 60. et t. 494. Pers. Syn.
510. — *Boletus esculentus.* Pers. Obs. Myc. 1. p. 23. — *Boletus bovinus.* Linn. spec. 1646. Bolt. Fung. 2. t. 85. Schœff.
Fung. t. 134. 135. 85. 103.

Ce bolet s'élève à 12-15 centim.; son pédicule est assez
gros, cylindrique, quelquefois ventru, blanchâtre ou fauve,
avec des lignes en réseau; son chapeau est large, voûté, d'une
couleur ferrugineuse tirant sur le brun, quelquefois d'un rouge
de brique rembruni, quelquefois d'un rouge cendré; quelquefois, enfin, blanc ou jaunâtre; sa chair est blanche, épaisse,
ferme, quelquefois blanche ou jaunâtre, souvent d'une teinte
vineuse sous la peau; les tubes sont d'abord blancs et alongés,
ensuite jaunâtres ou même verdâtres : il croît, tout l'été, sur la
terre, dans les bois et les lieux couverts. On le connoît sous les
noms de *Ceps*, de *Cepe*, de *Gyrole* ou *Gyroule*, de *Bruguet*,
etc. On en fait fréquemment usage comme aliment et comme
assaisonnement.

331. Bolet marron.   *Boletus castaneus.*

Boletus castaneus. Bull. Champ. p. 324. t. 328. Pers. Syn. 509.

Son pédicule est lisse, d'un rouge brun ou marron, mou
sur-tout à son centre, cylindrique, souvent renflé et crevassé
à sa base; son chapeau est orbiculaire, convexe, de la même

couleur que le pédicule , ou quelquefois jaunâtre sur ses bords ,
est remarquable par un aspect velouté ; la chair est blanche ,
molle et cotonneuse ; ses tubes sont d'abord d'un blanc de
lait, et ensuite jaunes : il croît sur la terre , dans les bois ,
en été.

532. Bolet chicotin. *Boletus felleus.*

Boletus felleus. Bull. Champ. p. 325. t. 379. Pers. Syn. 509.

Son pédicule est cylindrique, un peu ventru à sa base , jaunâtre , marqué de lignes fauves en réseau, long de 8-9 centim. ;
son chapeau est fauve ou bistré , d'abord très-voûté , ensuite
plane ou même un peu concave; sa chair est blanche , molle ,
peu épaisse , amère , et devient d'un rose tendre quand on
la coupe ; les tubes sont blancs à leur naissance , et prennent
ensuite une teinte couleur de chair : il croît sur la terre.

333. Bolet indigotier. *Boletus cyanescens.*

Boletus cyanescens. Bull. Champ. p. 329. t. 369. — *Boletus
constrictus.* Pers. Syn. 508.

Son pédicule est fort épais à sa base , charnu , d'un gris un
peu bistré; dans la partie qui , avant le développement du chapeau , étoit recouverte , il est plus mince et de couleur blanche ;
son chapeau est épais, orbiculaire , convexe , plus large que le
pédicule n'est long , de la même couleur que lui; ses tubes ,
d'abord d'un blanc de lait, deviennent à la longue d'un blanc
sale; la chair est blanche comme la neige , mais elle change de
couleur et passe au bleu au moment où on l'entame , et même
pour peu qu'elle ait été froissée. Ce changement de couleur se
fait appercevoir dans plusieurs espèces. Saladin a prouvé qu'il
n'étoit dû ni à l'action de l'air, ni à la lumière ; Bulliard l'attribue à l'extravasion d'un suc propre coloré, et auparavant
invisible à cause de la ténuité des vaisseaux qui le renferment.
Le bolet indigotier croît sur la terre ; quelquefois sa surface
est comme poudreuse ; lorsqu'il a crû dans un lieu très-humide ,
le changement de couleur de sa chair est peu sensible.

334. Bolet poivré. *Boletus piperatus.*

Boletus piperatus. Bull. Champ. p. 318. t. 451. f. 2. Sowerb.
Fung. t. 34. Pers. Syn. 507. — *Boletus ferruginatus.* Batsch.
Fung. 179. t. 25. f. 128.

Son pédicule est peu épais, cylindrique , plein , jaune , long de 4-5 centim.; son chapeau est orbiculaire, plane, d'abord jaune, puis orangé, puis fauve, large de 7-9 centim.; ses tubes sont alongés, rouges; sa chair est ferme et d'un jaune sulfurin, excepté près des tubes où elle est un peu rougeâtre; elle ne change point de couleur quand on l'entame : il ne vient que sur la terre.

335. Bolet à tubes jaunes.   *Boletus chrysenteron.*

Boletus chrysenteron. Bull. Champ. p. 329. t. 393. t. 4. et t. 490. f. 3. — *Boletus subtomentosus.* Pers. Obs. Myc. 2. p. 9. Syn. p. 506. — *Boletus cupreus.* Schœff. Fung. t. 133. — Mich. gen. t. 69. f. 1.

β. *Boletus lividus.* Bull. Champ. p. 327. t. 490. f. 2.

Ce champignon varie beaucoup pour sa forme, sa couleur et ses dimensions; son pédicule est grèle, cylindrique, quelquefois aminci, quelquefois renflé à sa base, tantôt brun bistré ou jaune, tantôt rayé ou réticulé; son chapeau est orbiculaire, voûté, de 7-12 centim. de diamètre, cendré, bronzé ou brunâtre; sa chair est plus ou moins épaisse, de couleur jaune, et change de couleur dès qu'on l'entame; ses tubes assez alongés, sont larges et irréguliers dans leur développement parfait, et se séparent facilement de la chair. Ce bolet ne vient que sur la terre; dans sa vieillesse, son chapeau se fend quelquefois en polygones à cinq ou six côtés; la variété β ne diffère de la plante que je viens de décrire, que parce que ses tubes sont extrêmement courts : elle croît dans les lieux marécageux.

336. Bolet rude.   *Boletus scaber.*

Boletus scaber. Bull. Champ. p. 319. t. 132. et t. 489. f. 1. Pers. Obs. Myc. 2. p. 13. Syn. 505. — *Boletus bovinus.* Schœff. Fung. t. 104.

Cette espèce s'élève ordinairement jusqu'à 10-12 centim.; son pédicule est plein, cylindrique, un peu renflé à la base, hérissé de crochets ou de petites éminences qui ressemblent aux dents d'une rape; son chapeau est charnu, orbiculaire, convexe, ordinairement d'un bistre très-cendré, quelquefois d'un brun de rouille; ses tubes sont ordinairement blancs, quelquefois grisâtres ou couleur de chair, ou jaunâtres : elle croît sur la terre, dans les bois, à l'entrée de l'automne.

337. Bolet orangé. *Boletus aurantiacus.*

Boletus aurantiacus. Bull. Champ. p. 320. t. 236. et t. 489. f. 2.
— *Boletus aurantius.* Pers. Syn. p. 504.
α. *Boletus aurantiacus.* Pers. Obs. Myc. 2. p. 12. — Bull. t. 236.
β. *Boletus rufus.* Schœff. Fung. t. 108. Pers. Obs. Myc. 2. p. 13.
— Bull. t. 489. f. 2.

Cette espèce a un pédicule cylindrique ou renflé dans le milieu, long de 5-10 centim., hérissé de pointes comme une rape, blanchâtre, moucheté de rouge ou de brun; son chapeau est orbiculaire, large, épais, convexe, orangé ou fauve; ses tubes sont blancs, étroits, alongés, et peuvent se séparer du chapeau. Ce bolet naît sur la terre, dans les bois : on le mange lorsqu'il est jeune; on le connoît sous les noms de *Roussile*, de *Gyrole rouge*, etc.

338. Bolet parasite. *Boletus parasiticus.*

Boletus parasiticus. Bull. Champ. p. 317. t. 451. f. 1.

Son pédicule est jaune, cylindrique, un peu aminci à la base, quelquefois écailleux dans sa vieillesse; son chapeau est convexe, d'un brun bistré, d'abord uni à sa surface, ensuite partagé en aréoles anguleuses par des crevasses assez profondes; sa chair est ferme, d'un beau jaune; ses tubes courts, d'un jaune foncé : il a été trouvé par Bulliard, sur la vesse-loup verruqueuse.

339. Bolet à collier. *Boletus annularius.*

Boletus annularius. Bull. Champ. p. 317. — *Boletus annulatus.*
Pers. Syn. 503. — *Boletus luteus.* Schœff. Fung. 2. t. 114.
Bolt. Fung. 2. t. 84.

Son pédicule est cylindrique, plein, jaunâtre, long de 4-5 centim., muni d'un collier annulaire qui se détruit souvent de bonne heure; son chapeau est arrondi, convexe, jaune, tigré de lignes roussâtres; il a la chair ferme, blanche et fort épaisse; elle ne change pas de couleur quand on l'entame; ses tubes sont d'un jaune foncé, et peuvent se séparer facilement de la chair : il croît sur la terre.

****** *Champignons dont la surface fructifère est garnie de feuillets ou de rides proéminentes.***

XXVII. MÉRULE.　　*MERULIUS.*

Merulius. Hall. Pers. — *Agarici et Helvellæ spec.* Linn. Bull.

Car. Les mérules ont un chapeau charnu ou membraneux plus ou moins prononcé, relevé en dessous par des plis ou veines renflées souvent anastomosées entre elles.

§. Ier. *Chapeau pédiculé convexe.*

340. Mérule vesse-loup.　*Merulius lycoperdoides.*

Agaricus lycoperdoides. Pers. Syn. p. 325. Bull. Herb. t. 516. f. 1. et t. 166. Mich. t. 82. f. 1.

Au premier coup-d'œil on croiroit voir une vesse-loup pédonculée, mais lorsqu'on examine cette plante avec attention, même à l'œil nu, on y découvre des rides épaisses, disposées, en rayonnant, comme les feuillets des agarics; ces rides sont entières, rares, noirâtres, peu saillantes; le pédoncule est cylindrique, long de 2-8 centimètres, plein ou fistuleux, glabre ou pubescent, droit ou fléchi, continu avec le chapeau; celui-ci est presque globuleux, blanc, uni et ferme dans sa jeunesse; dès qu'il vieillit, sa superficie devient brunâtre, peluchée, et se couvre d'une poussière noire qui paroît être la graine. Cette poussière est la substance même du champignon, qui se détruit ainsi sans laisser d'enveloppe comme celle des vesse-loups. Ce singulier mérule croît en automne, dans les bois, sur d'autres champignons, et en particulier sur l'agaric en fuseau.

§. II. *Chapeau pédiculé concave.*

341. Mérule chanterelle.　*Merulius cantharellus.*

Merulius cantharellus. Pers. Syn. 488. — *Agaricus cantharellus.* Linn. spec. 1639. Bull. Herb. t. 62. et t. 505. f. 1. Fl. dan. t. 264. Vaill. Bot. Par. t. 11. f. 9-15.

Cette espèce est d'un jaune plus ou moins pâle, plus ou moins orangé; son pédicule est plein, charnu, épais de 10-12 millimètres, se dilatant en chapeau irrégulier, d'abord arrondi et convexe, ensuite sinueux et en entonnoir, ordinairement plus prolongé d'un côté que de l'autre; le dessous du chapeau est marqué de veines ou nervures, qui ressemblent à de véritables feuillets; ces plis sont continus avec le chapeau, décurrens sur

le

le pédoncule, une ou deux fois bifurqués : elle croît fréquemment dans les bois; son odeur est agréable; on le mange dans plusieurs campagnes.

342. Mérule à pied noir. *Merulius nigripes.*

Merulius nigripes. Pers. Syn. 489. — *Agaricus cantharelloides.* Bull. Herb. t. 505. f. 2.

Cette espèce ressemble beaucoup à la vraie chanterelle, mais son pédicule est plus long du double, absolument cylindrique, et d'un noir assez décidé; le chapeau est d'un jaune sale, arrondi, souvent sinueux ou lobé, d'abord convexe, ensuite concave ou du moins plane avec le centre déprimé; les veines qui sont sous le chapeau sont rarement simples, mais ordinairement une ou deux fois fourchues : elle croît aux environs de Paris.

343. Mérule jaunâtre. *Merulius lutescens.*

Merulius lutescens. Pers. Syn. 489. — *Helvella cantharelloides.* Bull. Herb. t. 473. f. 3. — *Agaricus cantharelloides.* Sowerb. Fung. t. 47.

Son pédicule est d'un jaune orangé, cylindrique, uni, renflé à sa base, sur-tout dans sa jeunesse, long de 6 centimètres; le chapeau est d'un jaune brun, d'abord arrondi et convexe, ensuite sinueux et lobé sur les bords, et déprimé au centre ; ce chapeau, qui a 3–4 centimètres de diamètre, porte en dessous des nervures proéminentes, jaunâtres, une ou deux fois fourchues, décurrentes sur le pédicule. Cette plante vient par grouppes sur la terre, dans les temps pluvieux.

344. Mérule en trompette. *Merulius tubæformis.*

α. Merulius tubiformis. Pers. Syn. 489. — *Helvella tubæformis.* Bull. Herb. t. 461. A. C. — *Peziza undulata.* Bolt. Fung. t. 105. f. 2.

β. Helvella tubæformis fulva. Bull. t. 461. f. B. D. — *Agaricus cornucopioides.* Bull. Herb. t. 208.

Ce champignon, dans sa jeunesse, est composé d'un pédicule cylindrique un peu évasé vers le haut, et d'un chapeau arrondi et convexe; ensuite ce chapeau se creuse à son centre, et cette cavité se réunissant à celle du pédicule, donne à la plante la figure d'une trompette ; le pédicule est uni, jaunâtre, long de 6 centim. ; le chapeau est d'un jaune plus ou moins brun, un peu peluché, marqué de zones plus brunes; ses bords sont un peu sinueux, et le plus souvent réfléchis : ce chapeau est, en dessous, chargé de nervures proéminentes, décurrentes sur le pédicule, jaunes et bifurquées. Cette plante vient sur la terre, en été et en automne; elle croît par groupes; quelquefois les individus d'une touffe se soudent ensemble par le pied.

345. Mérule hydropique. *Merulius hydrolips.*

α. *Merulius cinereus.* Pers. Syn. 490. Icon. p. 10. t. 3. f. 3. 4.
β. *Helvella hydrolips.* Bull. Herb. t. 465. f. 2. Champ. 1. p. 292.
γ. *Merulius fuligineus.* Pers. Syn. 490.

Cette plante est d'un gris un peu noirâtre, longue de 7-8 centim.; son pédicule est, dans sa jeunesse, fistuleux et plein d'eau; si on le comprime, cette eau sort par le centre du chapeau, qui est alors orbiculaire et convexe; bientôt il se creuse à son centre, et cette cavité se réunissant à celle du pédicule, forme une trompette alongée; le chapeau devient sinueux, ses bords se réfléchissent un peu, il est brun ou noirâtre et absolument dépourvu de zones concentriques; sa surface inférieure est munie de nervures proéminentes, décurrentes sur le pédicule, anastomosées et bifurquées, quelquefois d'un gris bistré, quelquefois un peu rougeâtres : elle vient sur la terre, solitaire ou le plus souvent par grouppes.

546. Mérule corne d'a- *Merulius cornucopioides.*
bondance.

Merulis cornucopioides. Pers. Syn. 491. — *Helvella cornucopioides.* Bull. Herb. t. 150. et t. 498. f. 3. — *Peziza cornucopioides.* Linn. spec. 1650. Bolt. Fung. t. 103. — *Craterella cornucopioides.* Pers. Disp. 71. —Vaill. Bot. t. 13. f. 2. 3.

Cette singulière plante a du rapport avec les pezizes, les helvelles et les mérules, sans avoir cependant exactement le caractère d'aucun de ces genres; sa ressemblance avec le mérule cendré, m'engage à la rapporter ici. Sa consistance est coriace, membraneuse; sa couleur plus ou moins rembrunie; sa forme approche de celle d'un entonnoir; sa surface supérieure est plus noire, peluchée ou égratignée; ses bords sont sinueux, lobés et souvent un peu étalés; la surface inférieure est marquée de veines anastomosées, pâles et peu saillantes; elle donne une poussière noire qu'on regarde comme la graine : le pédicule est creux jusqu'à la base. Cette plante croît solitaire ou en grouppes dans les bois, en été.

547. Mérule ondulé.   *Merulius undulatus.*

Merulius undulatus. Pers. Syn. 492. — *Helvella crispa.* Bull.
Herb. t. 465. f. 1. Champ. p. 263. — *Craterella crispa.* Pers.
Obs. Myc. 1. p. 30. *Helvella floriformis.* Schœff. Fung. 3.
t. 278.
α. Fulva. Bull. f. A. D. E.
β. Fusca. Bull. f. B. C.

Sa couleur est fauve ou brune ; elle atteint jusqu'à 7-9 centimètres de longueur ; son pédicule est plein , cylindrique,
évasé au sommet en une espèce de chapeau, d'abord plane et
presque entier, ensuite concave et très-irrégulier ; ses bords
sont sinueux, ondulés, crépus ; la surface supérieure est unie ,
l'inférieure porte des veines ou nervures anastomosées, bifurquées, peu saillantes ; les bords du chapeau sont souvent blanchâtres ; la consistance de la plante est coriace : elle croît sur
la terre , solitaire ou par grouppes.

§. III. *Chapeau sessile.*

348. Mérule des mousses.   *Merulius muscigenus.*

Merulius muscigenus. Pers. Syn. 493. — *Helvella dimidiata.*
Bull. Champ. p. 290. Herb. t. 498. f. 2. — *Agaricus muscigenus.* Bull. Herb. t. 288.

Sa consistance est coriace , sa couleur est blanchâtre, cendrée
ou quelquefois bistre, ou rouillée ; il n'a qu'un pédicule court,
latéral, plein et peu remarquable ; le chapeau ou plutôt la
plante est horizontale , presque sessile , d'abord arrondie , ensuite irrégulièrement sinuée ou ondulée ; sa surface supérieure
est lisse, quelquefois zonée ; l'inférieure est chargée de nervures ou de veines proéminentes, bifurquées et divergentes.
Cette plante croît sur les mousses vivantes ; son diamètre ne
dépasse pas 4 centimètres.

349. Mérule réticulé.   *Merulius retirugus.*

Merulius retirugus. Pers. Syn. 494. — *Merulius reticulatus.*
Gmel. Syst. p. 1401. — *Helvella retiruga.* Bull. Herb. t. 498.
f. 1. Champ. p. 289.

Cette espèce est membraneuse , fort mince et d'une forme
arrondie ; elle naît dans une direction verticale, qu'elle conserve
presque tout le temps de son existence ; sa surface supérieure
est unie et d'un blanc cendré ; c'est de cette même surface que
sortent les fibrilles, au moyen desquelles elle adhère aux corps

qui la soutiennent ; sa surface inférieure est d'un gris légèrement bistré , relevée de nervures délicates , peu saillantes , anastomosées en forme de réseau ; les bords sont d'abord entiers , et se fendent ensuite de diverses manières. Le diamètre de cette plante est de 3-4 centim. : elle croît sur les mousses , et sur de petites branches vivantes ou mortes.

35o. Mérule délicat. *Merulius tenellus.*

Sa consistance est fragile , un peu gélatineuse ; sa couleur noire en dessus , et un peu moins obscure en dessous ; son diamètre est d'un centimètre environ ; il est marqué en dessous de veines proéminentes inégales , qui rayonnent du centre. On le trouve sessile sur les vieilles planches pourries. — Communiqué par le C. Dufour.

351. Mérule tremelle. *Merulius tremellosus.*

Merulius tremellosus. Pers. Syn. 496. Schrad. spic. 139.

Il est dépourvu de tige , d'abord appliqué par la surface stérile contre les troncs pourris , ensuite renversé et simplement attaché par le côté ; sa consistance est gélatineuse et coriace ; sa surface supérieure est blanche , cotonneuse ; l'inférieure est d'un jaune rougeâtre , relevée de plis nombreux qui , par leurs anastomoses , forment des espèces de pores. Cette plante n'appartient-elle pas plutôt au genre des auriculaires ?

352. Mérule pleureur. *Merulius lacrymans.*

Boletus lacrymans. Wulf. Misc. austr. 2. p. 111. t. 8. f. 2. — *Merulius destruens.* Pers. Syn. 496.

Cette espèce atteint quelquefois des dimensions considérables ; elle est mince , appliquée contre les bois morts par sa surface stérile , qui est pâle et glabre ; la surface fructifère est d'un jaune orangé , relevée de larges plis anastomosés en forme de réseau à grandes mailles ; le bord de la plante est cotonneux , blanchâtre , convexe , et émet souvent des gouttelettes d'eau. Ce champignon couvre les poutres dans les lieux humides , et accélère leur putréfaction. Le meilleur moyen de s'en délivrer , est de l'arroser avec de l'eau mêlée d'acide sulfurique.

XXVIII. AGARIC. *AGARICUS.*

Amanita. Hall. — *Amanita et Agaricus.* Pers. — *Agarici spec.* Linn.

Car. Les agarics ont un chapeau ordinairement pédonculé ,

doublé en dessous de feuillets qui ne sont presque jamais anastomosés les uns avec les autres, et entre lesquels se trouvent
les gongyles.

Première section. PLEUROPE.   *PLEUROPUS.* Pers.

Point de volva. Pédicule nul, latéral ou excentrique.

Les pleuropes sessiles sont en général coriaces ; ceux qui ont
un pédicule sont charnus, et ont un chapeau irrégulier souvent
concave.

353. Agaric de chêne.   *Agaricus quercinus.*

Dœdalea quercina. Pers. Syn. 500. — *Agaricus labyrinthiformis.* Bull. Herb. t. 352 et t. 442. f. 1. — *Agaricus quercinus.*
Linn. Syst. 797.—*Merulius quercinus.* Gmel. Syst. 2. p. 1431.

Cette plante est d'une consistance subéreuse ; elle est attachée contre le bois par sa surface supérieure presque entière,
ensorte qu'on ne voit à l'extérieur que la superficie poreuse ;
les pores de cette plante sont larges, sinueux et anastomosés ;
tantôt on la prendroit pour un agaric, tantôt pour un bolet.
Toute la plante est d'un roux pâle ; sa forme et sa grandeur
varient beaucoup : elle est commune, dans toutes les saisons,
sur les vieux troncs et les bois de charpente ; celles qui viennent
sur le sapin sont toutes noires.

354. Agaric du sapin.   *Agaricus abietinus.*

Agaricus abietinus. Bull. Herb. t. 442. f. 2. et t. 541. f. 1. Pers.
Syn. 486.

Cette singulière espèce ne se trouve jamais que dans les
fentes où les cicatrices du sapin ; elle est très-coriace et d'un
roux brun ; elle est appliquée contre l'arbre, et absolument
sans pédoncule ; le chapeau est très-court, large, épais, cotonneux dans sa jeunesse, marqué quelquefois d'une zone transversale ; ses feuillets sont nombreux, inégaux, irréguliers,
continus avec le chapeau. Peut-être cette plante doit-elle être
réunie avec les mérules ?

355. Agaric tricolor.   *Agaricus tricolor.*

Agaricus tricolor. Bull. Herb. t. 541. f. 2. — *Agaricus sepiarius, var. β.* Pers. Syn. 487.

Cette espèce est sessile, horizontale, attachée par le côté, d'une
consistance coriace ; son chapeau est cotonneux en dessus, en
forme de rein, arrondi, sinueux, marqué de zones concentriques

noires, rouges et jaunes, entremêlées avec assez de régularité ; les feuillets sont nombreux, d'un jaune sale, tous égaux en longueur, remarquables par des sinus pointus, ou plutôt des dentelures qui se prolongent de place en place. Il paroît que dans la jeunesse de la plante, ces feuillets étoient soudés comme dans l'agaric coriace : elle croît sur les troncs du bouleau blanc.

356. Agaric coriace.   *Agaricus coriaceus.*

Agaricus coriaceus. Bull. Herb. t. 394. et t. 587. Pers. Syn. 486. Bolt. Fung. t. 158.

Ce champignon ressemble, pour le port, à l'agaric d'aulne ; il est comme lui sessile, horizontal, attaché latéralement, à bord sinueux et quelquefois lobé, d'un jaune pâle et sale, marqué de zones concentriques noirâtres, chargé d'un duvet cotonneux, large de 6-7 centim. Dans sa jeunesse sa surface inférieure offre des feuillets épais, anastomosés et sinueux ; à mesure que la plante avance en âge, les anastomoses disparoissent, et on trouve des feuillets et des parties de feuillets bien distincts les uns des autres, d'abord blanchâtres et ensuite jaunâtres. La consistance de cette plante est sèche et coriace : elle est commune dans les bois, toute l'année, sur les vieilles souches. Bulliard pense que cette plante appartient à la même espèce que le bolet bigarré, et que l'âge seul cause leurs différences.

357. Agaric à duvet roux. *Agaricus rufo-velutinus.*

Son chapeau est d'une consistance coriace, un peu molle ; sa forme est arrondie, convexe ; il est sessile, attaché par le côté, couvert d'un duvet épais, mou, cotonneux, d'un roux carmelite ; les feuillets sont à-peu-près de la même couleur, continus avec le chapeau, peu nombreux, entiers ou interrompus, quelquefois un peu réunis par la base. Cet agaric a été trouvé dans les caves de l'Observatoire, par le C. Léman : il naît par grouppes de deux à trois individus réunis par une espèce de prolongement membraneux et cotonneux, qui s'étend sur la poutre à laquelle il adhère.

358. Agaric d'aulne.   *Agaricus alneus.*

Agaricus alneus. Linn. spec. 1645. Bull. Herb. t. 346. et t. 581. Pers. Syn. 485. — *Agaricus multifidus.* Batsch. El. f. 126. —Vaill. Bot. t. 10. f. 7. Schœff. Fung. t. 256.

Lorsque ce champignon naît, il offre une petite coupe

arrondie, régulière, sessile ou un peu pédonculée; bientôt le chapeau s'évase d'un seul côté et devient hémisphérique, puis lobé plus ou moins profondément et régulièrement; dans sa jeunesse ses bords sont roulés en dessous, et ensuite planes; ce chapeau est coriace, sec, mince, large de 4–8 centim., et toujours horizontal; il est d'un blanc jaunâtre sale, et couvert d'un duvet blanc ou gris, sur-tout dans sa jeunesse; ce duvet forme souvent des zones grisâtres; les feuillets sont rougeâtres, étroits, épais, creusés en gouttières, plus ou moins ramifiés à leur sommet, sans adhérence avec la peau qui les recouvre. Cet agaric est commun, en hiver et au printemps, sur tous les bois, mais en particulier sur l'aulne.

359. Agaric des troncs. *Agaricus epixylon.*

Agaricus epixylon. Bull. Herb. t. 581. f. 2. — *Agaricus applicatus.* Batsch. Fung. 2. t. 24. f. 125.

β. *Centro adfixus.* Bull. f. K. Q.

Cet agaric est sessile, attaché latéralement, horizontal, arrondi, d'un bleu d'ardoise en dessus, garni en dessous de feuillets d'abord rougeâtres, puis noirâtres, inégaux, très-distincts, foliacés; quelquefois il s'évase en tous sens également, alors il est attaché par le centre et porte ses feuillets en dessus; son diamètre ne s'élève pas au-delà de 15 millim. : il croît toujours sur les troncs coupés.

360. Agaric variable. *Agaricus variabilis.*

α. *Agaricus sessilis.* Bull. Herb. t. 152. et t. 581. f. 3. — *Agaricus variabilis.* Pers. Obs. Myc. 2. p. 46. t. 5. f. 12. — *Agaricus mutabilis.* Pers. Disp. met. p. 25. — *Agaricus niveus.* Sowerb. Fung. t. 97.

β. *Id. pediculo centrali donatus.* Pers. Obs. Myc. 2. t. 5. f. 12. a.

Ce champignon a une direction horizontale; il n'a absolument point de pédicule, et est attaché par le bord; sa superficie est sèche, d'un blanc de lait, glabre ou légèrement cotonneuse; son chapeau a peu de chair, et atteint 12–15 millim. de largeur; dans sa jeunesse il est régulièrement arrondi, ensuite il devient un peu irrégulier et sinué; les feuillets sont nombreux, minces, larges, si on les compare à l'épaisseur de la chair, de couleur canelle ou rouillée, inégaux en longueur; ceux qui sont entiers sont peu nombreux, et amincis aux deux extrémités. Persoon a remarqué que quelquefois, dans sa jeunesse, il a un court pédicule inséré au centre. Il croît en été, dans les bois, sur les branches mortes, et même sur la terre.

361. Agaric styptique.   *Agaricus stypticus.*

Agaricus stypticus. Bull. Herb. t. 140. et t. 557. f. 1. Pers. Syn. 481. Obs. Myc. 1. p. 52. — *Agaricus semipetiolatus.* Schœff. Fung. t. 208?

Sa couleur générale est celle de la canelle plus ou moins foncée; sa chair est mollasse et se déchire difficilement; sa superficie est sèche; le pédicule est nu, plein, continu avec le chapeau, un peu comprimé, et va en s'épanouissant à son sommet; il est long de 10-15 millim.; le chapeau hémisphérique avec les deux extrémités un peu prolongées et arrondies, et les bords roulés en-dessous; son grand diamètre est de 3 centim. au plus; les feuillets sont étroits, tous entiers, susceptibles d'être détachés de la chair, et remarquables par la manière dont ils se terminent tous à une ligne circulaire qu'aucun d'eux ne dépasse. Ce champignon croît, en automne et en hiver, dans les bois, sur les troncs d'arbres coupés horizontalement; lorsqu'on le mâche il produit, au bout de quelques instans, un étranglement analogue à l'effet du vitriol.

362. Agaric pétale.   *Agaricus petaloides.*

Agaricus petaloides. Bull. Herb. t. 226 et t. 557. f. 2.
β. *Agaricus spathulatus.* Pers. Syn. 479. — *Agaricus anomalus.* Pers. Obs. Myc. 1. p. 55. t. 4. f. 1.

Sa superficie est sèche et comme farineuse; sa chair a de la consistance, mais se casse aisément; son pédicule s'insère au bord du chapeau; il est court, plein, nu, demi-cylindrique, un peu creusé en canal en dessus; le chapeau est presque vertical, un peu rabattu sur les bords, sinueux, mêlé de brun, de roux et de blanc; ses feuillets sont nombreux, inégaux, décurrens. Ce champignon a la forme d'un pétale dont l'onglet seroit prolongé. L'espèce de Persoon, que j'ai indiquée sous la variété β, ne me paroît différer de celle de Bulliard que parce que son pédicule est velu. Il croît sur la terre, en automne, le long des bois et des chemins.

363. Agaric glanduleux. *Agaricus glandulosus.*

Agaricus glandulosus. Bull. Herb. t. 426. Pers. Syn. 476.

Ce champignon croît latéralement sur les arbres et les souches

pourries; il est sessile ou rétréci à sa base en un pédicule épais,
latéral et fort court; ses feuillets sont blancs, larges, décurrens sur le pédoncule, inégaux en longueur, remarquables par
des houppes glanduleuses et velues, répandues çà et là sur leur
surface; sa chair est épaisse, blanche et ferme; son chapeau
lisse en dessus, de couleur plus ou moins brune, large de 12
à 15 centim. et davantage; il est d'abord hémisphérique avec
les bords régulièrement arrondis et rabattus, ensuite ses bords
deviennent sinueux et à-peu-près planes : il croît dans les bois,
en automne et en hiver.

364. Agaric inconstant.   *Agaricus inconstans.*

  α. Agaricus dimidiatus. Bull. Herb. t. 508. et t. 517. — *Agari-*
   cus inconstans, var. *α.* Pers. Syn. 476.
  β. Agaricus conchatus. Bull. Herb. t. 298. — *Agaricus incons-*
   tans, *var. β.* Pers. Syn. 476.

Ce champignon croît latéralement le long des troncs d'arbres
vivans, à la hauteur de 6-7 mètres; son pédicule est plein,
à-peu-près cylindrique, continu avec le chapeau et inséré sur
son bord, plus ou moins long et plus ou moins arqué; son
chapeau a souvent la forme d'une coquille, irrégulièrement
sinuée sur les bords; il est mince, et ses bords sont roulés
en dessous; il atteint 2-3 décimètres de diamètre; les feuillets sont nombreux, inégaux en longueur, décurrens sur le
pédicule, quelquefois jusque près de sa base; sa chair est mollasse; sa couleur jaunâtre, brune ou blanche; les feuillets sont
toujours jaunâtres; le chapeau est souvent peluché légèrement
en dessus.

365. Agaric palmé.   *Agaricus palmatus.*

  Agaricus palmatus. Bull. Herb. t. 216. Pers. Syn. 474.

Il croît latéralement en grouppes, le long des poutres ou des
troncs; son pédicule est nu, plein, charnu, continu avec le
chapeau, blanc, un peu renflé à sa base dans sa jeunesse, puis
cylindrique, long de 6-12 centim., toujours arqué pour soutenir
le chapeau dans une situation horizontale; ce chapeau est d'un
jaune brun ou roux, convexe, arrondi dans sa jeunesse, ensuite excentrique et sinué sur les bords; il atteint 10-12 centimètres de diamètre; les feuillets sont peu nombreux, inégaux,
de la même couleur que le chapeau, assez irréguliers; ceux qui
sont entiers se terminent sur une membrane, laquelle empêche

leur adhérence au pédicule : il vient en automne ; on le trouve ordinairement à une élévation considérable. Bulliard l'a aussi trouvé dans les caves de l'Observatoire.

366. Agaric marqueté.   *Agaricus tesselatus.*

Agaricus tesselatus. Bull. Herb. t. 513. f. 1.

Son pédicule est blanc, nu, plein, charnu, cylindrique, long de 5-8 centim., toujours arqué pour soutenir le chapeau dans une position horizontale ; le chapeau est charnu, convexe, jaunâtre, avec des marquetures à-peu-près hexagonales, tracées en jaune plus clair ; il atteint 10-12 centim. de diamètre ; dans sa jeunesse il est arrondi, ensuite il croît plus d'un côté que de l'autre ; les feuillets sont blancs ou jaunâtres, inégaux, adhérens au pédicule, ayant à leur base une échancrure plus ou moins marquée : il croît en automne, sur de vieilles poutres de chêne ou de vieux troncs de pommier.

367. Agaric orcelle.   *Agaricus orcellus.*

Agaricus orcellus. Bull. Herb. t. 573. f. 1. et t. 591. Pers. Syn. 473.

Cet agaric tient le milieu entre ceux dont le pédicule est central, et ceux où il est excentrique ; il est, dans l'une ou l'autre division, selon la position dans laquelle il se développe ; son pédicule est nu, plein, jaunâtre, glabre, ordinairement courbé, long de 2-5 centim. ; son chapeau est d'abord convexe, ensuite plane et même concave dans le milieu, un peu sinueux, jaunâtre, zoné ou tacheté, de 5-7 centim. de diamètre ; les feuillets sont d'un jaune d'ochre, inégaux, étroits, pointus aux deux extrémités, un peu décurrens : il croît sur les vieux troncs, solitaire ou le plus souvent en touffes.

368. Agaric d'orme.   *Agaricus ulmarius.*

Agaricus ulmarius. Bull. Herb. t. 510. Pers. Syn. 473.

Son pédicule est nu, plein, charnu, d'un blanc sale, cylindrique, toujours arqué de manière à soutenir le chapeau dans une situation horizontale, continu avec la chair de ce chapeau, long de 8-12 centim., épais de 1-2 ; le chapeau est arrondi, excentrique dans sa vieillesse, convexe, charnu, d'un jaune terreux, souvent tacheté de petites raies rouges ou noires dans sa vieillesse ; il atteint jusqu'à 3 et 4 décim. de diamètre ; les feuillets sont d'abord blanchâtres, ensuite d'un jaune sale,

inégaux , assez larges, échancrés à leur base, adhérens au pédicule : il croît en automne, le long des troncs des arbres, et
particulièrement de l'orme.

Deuxième section. **R U S S U L E.**   *R U S S U L A.* **Pers.**

*Point de volva. Pédicule central. Feuillets égaux entre eux
et non terminés sur un bourrelet annulaire.*

369. Agaric à dents de   *Agaricus pectinaceus.*
peigne.

> α. *Albus.* Bull. Herb. t. 509. f. M. N. — *Agaricus lacteus.* Pers.
> Syn. 439.
> β. *Fulvus.* Bull. f. N. O. P. — *Russula emetica.* Pers. Obs.
> Myc. 1. p. 100. — *Agaricus emeticus.* Pers. Syn. 439.
> γ. *Ochroleucus.* Bull. f. R. S. Q. — *Russula ochroleuca.* Pers.
> Obs. Myc. 1. p. 102. Syn. 443.
> δ. *Rosaceus.* Bull. f. T. U. Z. — *Agaricus rosaceus.* Pers. Syn.
> 439. — *Russula rosea.* Pers. Obs. Myc. 1. p. 100.

Il est peu de plantes qui varient autant que celle-ci pour la
couleur et l'apparence : la première variété est toute blanche ,
et devient quelquefois verdâtre dans le centre du chapeau ; la
deuxième a le chapeau fauve , avec les feuillets blancs ; la troisième a le chapeau et les feuillets d'un jaune terreux , et le
pédicule blanc ; la quatrième a le chapeau rouge , avec le pédicule et les feuillets blancs. Peut-être sont-elles réellement des
espèces distinctes ? Elles offrent cependant des caractères communs assez tranchés ; leur pédicule est blanc , nu , cylindrique ,
charnu , plein , long de 3-4 centim. , épais de 10-12 millim. ;
le chapeau est d'abord convexe, ensuite plane avec le centre
déprimé , souvent concave ; ses bords sont quelquefois irrégulièrement relevés , et l'impression des feuillets y marque des
stries assez sensibles; les feuillets sont simples, presque droits ,
adhérens au pédicule , et tous d'égale longueur : elle croît solitaire dans les bois , en été et en automne.

370. Agaric fétide.   *Agaricus fœtens.*

Agaricus fœtens. Pers. Syn. p. 443. — *Russula fœtens.* Obs.
Myc. 1. p. 102. — *Agaricus piperatus.* Bull. Herb. t. 292.

Sa couleur est d'un jaune terreux, sale et tirant sur le fauve ,
son pédicule est nu , épais, plein, long de 4-5 centim. , épais
de 2-3 ; son chapeau est d'abord convexe , puis plane , puis un

peu concave, irrégulièrement sinué sur les bords, marqué de cannelures articulées tout le long de son contour, enduit d'une matière gluante, large de 18-24 cent.; les feuillets sont libres, rares, épais, souvent bifurqués vers le bord du chapeau. Ce champignon a peu de chair; les limaçons en sont si friands, qu'ils dévorent l'intérieur du pédicule, ensorte qu'on a peine à en trouver qui soit entier. Sa chair a une saveur très-poivrée. Elle croît en automne, dans les bois.

371. Agaric à lames fourchues. *Agaricus furcatus.*

Agaricus furcatus. Pers. Syn. 446. — *Russula furcata.* Pers. Obs. Myc. 1. p. 102. — *Amanita furcata.* Lam. Dict. p. 106. — *Agaricus bifidus.* Bull. Herb. t. 2.

Son pédicule est blanc, nu, épais, cylindrique, long de 4-5 centim., épais de 5 environ, plein dans sa jeunesse, creux ou spongieux dans un âge avancé; son chapeau est d'abord plane avec le centre déprimé, et les bords un peu recourbés en dessous, il devient ensuite plus concave; il est d'un verd terne et inégal, sa superficie est comme moisie ou farineuse; sa chair est sèche, blanche, caséeuse; il atteint 9-10 centim. de diamètre; ses feuillets sont blancs, épais, peu nombreux, attachés au pédicule, presque tous bifurqués vers la moitié ou les deux tiers de leur longueur : il croît en été, dans les bois secs et arides; sa saveur est fade et nauséabonde; dans sa vieillesse elle devient salée et amère.

372. Agaric rouge.   *Agaricus ruber.*

Agaricus sanguineus. Bull. Herb. t. 42. — *Amanita rubra.* Lam. Dict. 1. p. 105. — *Agaricus sylvaticus.* Lam. Fl. franç. 1. p. 106. — *Agaricus integer.* Linn. spec. 1640?

Son pédicule est blanc, nu, long de 5-6 centim. au plus, épais de 2, continu avec la chair du chapeau, cylindrique, d'abord plein, puis spongieux, puis creusé dans son centre, souvent marqué de petites stries noires ou roses; le chapeau est d'un rouge sanguin, non strié sur les bords, d'abord convexe, puis plane, et enfin concave, avec les bords un peu déjetés, arrondi, de 9-10 centim. de diamètre; les feuillets sont épais, fragiles, blancs, bifurqués ou quelquefois trifurqués, un peu décurrens sur le pédicule : il croît dans les bois, en été. Les vers mangent souvent la peau du chapeau et laissent les feuillets.

Il a une saveur caustique, et est très-dangereux. Ce n'est point
l'*agaricus sanguineus* de Wulfen, Persoon et Sowerby.

Troisième section. **LACTAIRE.** *LACTARIUS.* **Pers.**

*Point de volva. Pédicule central. Feuillets inégaux. Suc
laiteux ordinairement blanc, quelquefois jaune ou rouge.*

373. Agaric âcre. *Agaricus acris.*

Agaricus acris. Bull. Herb. t. 538.

β. *Agaricus piperatus.* Pers. Obs. Myc. 2. p. 40. — *Amanita
piperata.* Lam. Dict. 1. p. 104. — *Agaricus acris.* Bull. Herb.
t. 200.

Cette espèce est blanche, à l'exception des feuillets qui,
selon leur âge, sont quelquefois jaunâtres ou rougeâtres dans
la variété α; le pédicule est nu, plein, cylindrique, charnu,
long de 2-5 centim. et presque aussi épais; le chapeau d'abord
convexe et régulier, devient ensuite plane, puis concave, avec
les bords sinueux et onduleux; ce chapeau est charnu, large
de 8-10 centim. environ; il n'offre aucune trace de zones concentriques; les feuillets sont nombreux, inégaux, souvent bifurqués, un peu décurrens sur le pédoncule. Cette plante est
pleine d'un suc laiteux très-âcre : elle croît dans les forêts. On
la trouve souvent rongée par les lièvres et les lapins, d'après le
témoignage de Bulliard.

374. Agaric à larmes laiteuses. *Agaricus dycmogalus.*

Agaric dycmogale. Bull. Herb. t. 584.

Ce champignon est absolument blanc et glabre, il est rempli
d'un suc laiteux insipide; son pédicule est nu, plein, cylindrique, long de 5 centim., épais de 10-20 millim., évasé en
un chapeau cuivré ou orangé, d'abord convexe, puis plane,
avec le centre déprimé, arrondi, large de 6-10 centim., quelquefois marqué de zones grisâtres; les feuillets sont inégaux,
légèrement décurrens sur le pédicule : il croît solitaire ou par
grouppes de deux individus réunis.

375. Agaric à zones. *Agaricus zonarius.*

Agaricus lactifluus zonarius. Bull. Herb. t. 104. — *Agaricus
flexuosus.* Pers. Syn. 430. Vaill. Bot. t. 12. f. 7. — *Amanita
zonaria.* Lam. Dict. 1. p. 105.

Son pédicule et ses feuillets sont blancs; le chapeau est d'un

jaune terne , marqué de zones concentriques plus foncées et sinueuses comme le bord lui-même ; ce chapeau est d'abord convexe , puis plane , souvent un peu concave , de 8-10 centim. de
diamètre; les feuillets sont inégaux , un peu décurrens sur le
pédoncule ; celui-ci est nu, plein, charnu, long de 2-3 centim.
seulement, et presque aussi épais. Cette plante est pleine d'un
lait âcre et caustique : elle croît en été et en automne , dans les
bois , souvent cachée à la surface du sol.

376. Agaric à lait jaune. *Agaricus theiogalus.*

Agaricus theiogalus. Bull. Herb. t. 567. f. 2. Pers. Syn. 431.

Son pédicule est nu, plein, cylindrique, d'un roux fauve ,
long de quatre centim. au plus , épais de 5-7 millim. ; son chapeau est d'abord convexe, ensuite plane, puis concave, glabre,
d'un fauve un peu zoné , de 5-6 centim. de diamètre ; les feuillets sont inégaux , adhérens et un peu décurrens sur le pédicule , terminés en pointe ; la chair est blanche , mais devient
jaune lorsqu'on la coupe ; le lait qui découle de cette plante
devient promptement jaune. Il naît solitaire.

377. Agaric caustique. *Agaricus pyrogalus.*

Agaricus pyrogalus. Bull. Herb. t. 529. f. 1. Pers. Syn. 436.

Son pédicule est cylindrique, nu, plein, d'un jaune livide et
terreux, long de 3-4 centim. , épais de 8-10 millim.; son
chapeau est d'abord convexe, puis presque plane , un peu déprimé au centre , de la même couleur que le pédoncule , souvent marqué de zones concentriques noirâtres; il atteint 16
centim. de diamètre ; ses feuillets sont nombreux , un peu rougeâtres , inégaux , adhérens un peu au pédicule. Toute la plante
émet, lorsqu'on la blesse, un liqueur laiteuse, douce dans sa
jeunesse , et qui devient ensuite âcre et caustique. Elle croît dans
les bois.

378. Agaric sans zones. *Agaricus azonites.*

Agaricus azonites. Bull. Herb. t. 559. f. 1. et t. 567. f. 3.

Son suc est laiteux, de couleur blanche; son pédicule nu ,
plein, cylindrique , blanchâtre, un peu jaune à la base , long
de 4-5 centim. , épais de 8-10 millim. ; son chapeau est arrondi
ou un peu lobé, d'abord convexe, puis concave, d'un gris
pâle qui tire un peu sur la couleur du café au lait; on n'y remarque pas de zones concentriques; son diamètre est de

5-6 centim. ; les feuillets sont jaunes, inégaux , droits , à peine
attachés au pédicule : il croît solitaire , sur le terrein.

379. Agaric délicieux. *Agaricus deliciosus.*

Agaricus deliciosus. Schœff. Fung. t. 11. Linn. spec. 1641.
Pers. Syn. 432. — *Amanita sanguinea.* Lam. Dict. 1. p. 104.
Hall. Helv. n. 2419. — *Lactarius lateritius.* Pers. Disp. 64.

Son pédicule est jaune , ferme , épais , plein , nu, long de
5-6 centim. ; son chapeau est orbiculaire, un peu déprimé dans
le centre et réfléchi sur les bords , jaune dans sa jeunesse , puis
fauve ou quelquefois d'un rouge de brique , le plus souvent
uni , quelquefois marqué de zones jaunâtres , du diamètre de
5-10 centim. et quelquefois davantage ; les feuillets sont plus
pâles que le chapeau , inégaux entre eux , et il en tombe une
poussière séminale verdâtre. Toute la plante émet , lorsqu'on
la blesse, une liqueur laiteuse douce et d'un rouge prononcé.
Cette espèce croît dans les bois couverts et montagneux. On dit
qu'elle est bonne à manger ; son odeur et les qualités nuisibles
connues aux agarics laiteux, doivent engager à s'en défier.

380. Agaric meurtrier. *Agaricus necator.*

α. Agaricus necator. Bull. Herb. t. 529. f. 2. — *Agaricus tor-*
minosus. Schœff. Fung. t. 12. Pers. Syn. 430. — *Amanita*
venenata. Lam. Dict. 1. p. 104.
β. Agaricus necator. Bull. Herb. t. 14. Pers. Syn. 435.

Il est d'un rouge tirant sur le jaune ; sa chair est ferme , dès
qu'on l'entame il en sort une liqueur laiteuse âcre et caustique ;
le pédicule est cylindrique , plein , nu , épais , long de 8-10 cent.
au plus ; son chapeau est d'abord convexe, puis plane , puis
concave dans le centre ; souvent il grandit plus d'un côté que
de l'autre , quelquefois il est marqué de zones concentriques ;
il ne dépasse pas 7-8 centim. de diamètre : sa surface est couverte de peluchures plus foncées qui lui donnent un aspect velu ,
et disparoissent avec l'àge ; les feuillets sont inégaux ; le petit
nombre de ceux qui sont entiers forme un bourrelet à leur
insertion au pédicule : il croît dans les bois , à la fin de l'été.
Cette plante est nuisible à la plus petite dose ; l'huile prise en
lavemens et en boissons , remédie à ses mauvais effets.

381. Agaric douceâtre.   *Agaricus subdulcis.*

Agaricus subdulcis. Pers. Syn. 433. — *Agaricus dulcis.* Bull.
   Herb. t. 224. — *Agaricus rubescens.* Schœff. Fung. t. 73.
α. *Azonus.* Bull. f. A. B.
β. *Zonarius.* Bull. f. C.
γ. *Rubro-castaneus.* —*Agaricus camphoratus.* Bull. Herb. t. 567.
   f. 1.

Toute la plante est d'un fauve rougeâtre; sa superficie est sèche
et sa chair cassante; son pédicule est nu, cylindrique, glabre,
droit ou un peu courbé, plein dans sa jeunesse, creusé irrégulièrement dans un âge avancé, long de 4-5 cent., épais de 7-10 mil.;
le chapeau est d'abord convexe ou un peu conique, ensuite plane
ou concave avec le centre proéminent, quelquefois uni, quelquefois marqué de zones noirâtres concentriques; son diamètre
est au plus de 7-9 centim.; les feuillets sont inégaux, adhérens
au pédicule; lorsqu'on détache le pied du chapeau, il sort une
grande abondance d'un lait douceâtre, sur-tout dans la jeunesse
de la plante : il croît en automne, dans les bois; son odeur est
pénétrante, analogue à celle du mélilot bleu.

382. Agaric plombé.   *Agaricus plumbeus.*

Agaricus plumbeus. Bull. Herb. t. 282. et t. 559. f. 2. Pers. Syn.
   435.
β. *Amanita æruginea.* Lam. Dict. 1. p. 105.

Son pédicule est nu, jaunâtre, épais de 15-18 millim., long
de 4-5 centim., plein dans sa jeunesse, irrégulièrement creux
dans son centre à son âge avancé, continu avec le chapeau;
celui-ci est d'abord convexe, puis plane, avec le centre déprimé et les bords un peu déjetés en bas, du diamètre de
8-10 centim.; sa superficie est sèche; sa couleur noirâtre, enfumée ou plombée; il n'offre pas de zones concentriques; on peut
le peler sur les bords; sa chair est blanche, cassante; les
feuillets sont nombreux, jaunâtres, un peu décurrens sur le
pédicule, inégaux entre eux; il sort peu de lait du chapeau
quand on le blesse, mais ce lait sort souvent de lui-même entre
les feuillets, et se concrète à l'air; il est très-âcre. Cet agaric
vient dans les bois, en automne.

Quatrième section. COPRIN.   *COPRINUS.* Pers.

Point de volva. Pédicule central nu ou muni d'un collier. Feuillets inégaux qui, dans leur vieillesse, se fondent en une eau noire. Chapeau membraneux.

383. Agaric massette.   *Agaricus typhoides.*

Agaricus typhoides. Bull. Herb. t. 16. — *Agaricus porcellaneus.* Schœff. Fung. t. 46 et 47. — *Agaricus comatus.* Pers. Syn. 395. — *Agaricus cylindricus.* Sowerb. Fung. t. 189. — *Amanita clavata.* Lam. Dict. 1. p. 113.
β. *Basi tuberosd.* Bull. t. 582. f. 2.

Sa couleur est d'un blanc sale à sa naissance, et devient noirâtre en vieillissant ; le pédicule est cylindrique, tubéreux à sa base, glabre, uni, sans volva, long de 18-20 centim., plein dans sa jeunesse, fistuleux dans toute sa longueur à un âge avancé, et renfermant alors au centre de sa cavité un filet cotonneux central, attaché à la base et au sommet ; le chapeau, à sa naissance, offre une masse ovoïde déjà peluchée, bientôt il devient cylindrique ; ses bords sont entiers, presque droits ; il atteint 9-10 centim. de longueur ; la surface se peluche et finit par se détruire et se réduire, avec les feuillets, en une liqueur noire ; les feuillets sont nombreux, presque tous entiers, recouverts, dans leur jeunesse, par une membrane qui se détache du pédicule et du chapeau, et forme un anneau mobile et sans adhérence : il croît dans les bois humides, les jardins, à la fin de l'été.

384. Agaric faux éphémère. *Agaricus ephemeroides.*

Agaric éphéméroïde. Bull. Herb. t. 582. f. 1.
α. *Basi glabrd.* Bull. f. A. F. D. G.
β. *Basi hirsutd.* Bull. f. B. C.

Son pédicule est cylindrique, blanc, renflé à sa base en un bulbe épais, glabre dans la variété α, hérissé dans la variété β, fistuleux et traversé, dans toute la longueur de sa cavité, par un filet velu ; la longueur de ce pédicule est de 4-6 centim. ; le chapeau est d'abord ovoïde, ensuite conique, puis plane, avec les bords déchirés ; il est blanchâtre, strié sur les bords, parce qu'on y apperçoit le dos des feuillets, jaunâtre au centre ; les feuillets sont étroits, libres, et se fondent en une eau noire à

Tome II.   K

la fin de leur vie ; dans leur jeunesse ils sont recouverts d'une membrane qui forme, autour du pédicule, un collier tantôt fixe, tantôt mobile : il croît sur le fumier ; il ressemble, par la grandeur, à l'agaric éphémère ; par la forme, à l'agaric massette.

385. Agaric larmoyant. *Agaricus lacrymabundus.*

Agaricus lacrymabundus. Bull. Herb. t. 194. et t. 525. f. 3. — *Agaricus velutinus.* Pers. Syn. 409 ?

Sa superficie est sèche et comme cotonneuse ; son pédicule est d'un blanc jaunâtre, un peu peluché, cylindrique, fistuleux, long de 7–10 centim., épais de 8–10 millim. ; le chapeau est d'abord hémisphérique, ensuite en cloche, puis ses bords se relèvent en dessus ; il atteint 6–10 centim. de diamètre ; sa couleur est d'un fauve clair ou brun : les feuillets sont recouverts, dans leur jeunesse, d'un tissu aranéeux qui se détruit sans laisser de trace sur le pédicule, mais qui laisse sur les bords du chapeau quelques lambeaux fugaces ; ces feuillets sont jaunâtres, tachetés de nébulosités noirâtres, inégaux, légèrement décurrens sur le pédicule ; on remarque sur la tranche de ces feuillets de petites gouttes d'une eau noirâtre. Il se trouve solitaire, en automne, dans les bois, sur la terre.

386. Agaric pie. *Agaricus picaceus.*

Agaricus picaceus. Bull. Herb. t. 206. Pers. Syn. 397. Sowerb. Fung. t. 170.

Son pédicule est blanc, nu, cylindrique, renflé en tubercule à sa base, creux dans toute sa longueur, long de 15–18 centimètres et épais de 10–12 millim. ; son chapeau est ovoïde dans sa jeunesse, puis conique, puis presque plane, avec les bords déchirés ; sa peau, qui est blanche, le recouvre en entier à sa naissance, puis elle se fend en travers, laisse à nu les feuillets qui sont bruns, et forme par dessus des plaques blanches ; les feuillets sont très-nombreux, bruns, inégaux, cohérens entre eux par le dos, distincts du pédicule ; ces feuillets se fondent en une eau noire comme de l'encre. Ce champignon est de peu de durée ; il croît dans les lieux où des végétaux entassés sont réduits à l'état de putréfaction.

587. Agaric cendré. *Agaricus cinereus.*

Agaricus cinereus. Bull. Herb. t. 88. Schœff. Fung. t. 100. Fl. dan. t. 1198. Mich. gen. t. 80. f. 5. — *Agaricus cinereus*, var. *α*. Pers. Syn. 398.

Sa couleur est d'un gris cendré ; son pédicule est cylindrique, nu, fistuleux dès sa naissance, long de 15-20 centim., parsemé, sur-tout à sa partie inférieure, de petites inégalités, et recouvert d'une poussière qui s'attache aux doigts ; le chapeau offre d'abord l'aspect d'un cylindre, puis les bords se relèvent, se fendent, se recoquillent en dessus, et finissent par se fondre en une eau noire et fétide ; son plus grand diamètre est de 9-11 centim. ; sa surface est toute peluchée ; les feuillets sont inégaux, nombreux, distincts du pédicule et noircissent très-vite : il croît en été, dans les bois, les prés, sur les bouses de vache.

388. Agaric drapé. *Agaricus tomentosus.*

Agaricus tomentosus. Bolt. Fung. p. 156. t. 156. Bull. Herb. t. 138. — *Agaricus cinereus*, var. *β*. Pers. Syn. 399.

Son pédicule est cylindrique, aminci aux deux extrémités, blanchâtre, nu, fistuleux, un peu cotonneux, long de 4-5 centimètres ; le chapeau est cylindrique à sa naissance, et devient un peu conique par l'écartement de son bord inférieur ; il a 3 centim. de hauteur, sur un peu plus de diamètre ; il est recouvert d'une peau peluchée et cotonneuse, qui disparoit et laisse à découvert le dos des feuillets ; ceux-ci sont blancs, inégaux, étroits, distincts du pédicule, composés de deux lames appliquées l'une sur l'autre. Ce champignon ne vit que deux ou trois jours, et se réduit en une eau noire ou bistrée : il croît en automne, dans les bois et les jardins, sur le terreau.

389. Agaric à encre. *Agaricus atramentarius.*

Agaricus atramentarius. Bull. Herb. t. 164. — Vail. Bot. t. 12. f. 10. 11.

Son pédicule est blanc, nu, cylindrique, creux, continu avec le chapeau, glabre, long de 12-15 centim. ; le chapeau n'a presque pas de chair ; il est d'abord globuleux, ensuite en cloche alongée, du diamètre de 6-7 centim. ; ses bords sont sinueux, sa surface est toujours humide, jaunâtre, plus ou moins striée vers les bords, parsemée, sur-tout vers le haut, de petites taches roussâtres ; ses feuillets sont inégaux, formés d'une lame repliée sur elle-même, cotonneux sur la tranche lorsqu'on les voit à la loupe, distincts du pédicule, d'abord blancs, ensuite d'un noir bistré ; il se fondent en une eau noire, avec laquelle Bulliard a fait de l'encre pour le lavis : il croît en automne, dans les lieux humides ; on trouve quelquefois jusqu'à 40 pieds qui partent de la même souche.

390. Agaric micacé.   *Agaricus micaceus.*

Agaricus micaceus. Bull. Herb. t. 565. — *Agaricus ferrugineus.*
Pers. Syn. 400. — *Agaricus lignorum.* Schœff. Fung. t. 66 ?

Son pédicule est blanc, nu, cylindrique, fistuleux, long de 9-11 centim. ; son chapeau n'a presque point de chair ; il est d'abord convexe et en cloche alongée, il devient ensuite plane, avec le centre proéminent ; ce centre est fauve, peluché ; les bords sont marqués de stries nombreuses formées par le dos des feuillets, laissé à découvert ; les feuillets sont blancs dans leur jeunesse, ensuite noirâtres, libres, très-multipliés, inégaux, tous formés par les duplicatures d'une seule et même membrane, ensorte que chacun d'eux paroît composé de deux lames. Toute la plante se réduit en une eau noire comme de l'encre ; le chapeau et la surface externe des feuillets sont parsemés de petites pointes saillantes et brillantes qu'on voit facilement à la loupe. Cette plante reparoît trois ou quatre fois par an, dans les bois, les près, les jardins.

391. Agaric faux-éteignoir.   *Agaricus pseudo-extinctorius.*

Agaricus extinctorius. Bull. Herb. t. 437. f. 1. non Pers. Bolt. et
Linn. — *Agaricus ferrugineus, var.* γ. Pers. Syn. 401.

Son pédicule est nu, blanc, glabre, fistuleux, cylindrique, un peu plus épais à sa base, prolongé en une courte racine, continu avec le chapeau, long de 10-12 centimètres au plus ; son chapeau est d'abord cylindrique, ensuite ovoïde, puis conique, blanchâtre et jaunâtre au sommet, long de 3-4 centim. dans son développement complet, obtus, marqué dans le bas de stries, et dans le milieu de peluchures, qui sont des débris de la peau ; les bords de ce chapeau sont sinueux et frangés dans la vieillesse ; les feuillets sont d'abord blanchâtres, adhérens par le dos, inégaux entre eux ; ils noircissent, et les plus petits se détruisent après la chute de la peau, ensorte qu'à la fin on trouve huit ou dix rayons partant du sommet du pédicule. Cet agaric vient solitaire sur le fumier, en été.

392. Agaric cotonneux. *Agaricus gossypinus.*

Agaricus gossypinus. Bull. Herb. t. 425. f. 2. Pers. Syn. 402.

Son pédicule est cylindrique, nu, blanchâtre, fistuleux, long de 5 centim. au plus, couvert quelquefois jusqu'au bas du chapeau, quelquefois seulement à sa base, d'un duvet cotonneux très-abondant dans les jeunes pieds, et qui disparoît ensuite; le chapeau est ovoïde, puis campanulé, puis plane, d'abord cotonneux et ensuite glabre, blanc dans sa jeunesse, puis jaune, pâle, avec le centre roux, et enfin grisâtre; d'abord sans stries, ensuite marqué sur les bords de stries rayonnantes; il a peu de chair, et atteint 4 centim. de diamètre; les feuillets sont d'abord blancs, ensuite noirâtres, libres, inégaux entre eux; les feuillets et le chapeau se réduisent en liqueur noire à leur mort. Ce champignon vient dans les bois, sur la terre, à la fin du printemps; il est fragile, et ne dure que cinq à six jours.

393. Agaric en forme de dé. *Agaricus digitaliformis.*

Agaricus digitaliformis. Bull. Herb. t. 22. et t. 525. f. 1. — *Agaricus disseminatus, var. β.* Pers. Syn. 403. — *Amanita digitaliformis.* Lam. Dict. 1. p. 110.

Son pédicule est nu, cylindrique, creux, blanc, grêle, long de 4 centim., glabre, continu avec le peu de chair qu'offre le chapeau; celui-ci d'abord ovoïde, prend ensuite la forme d'un dé à coudre, et quelquefois finit par se relever et par devenir plane; alors il a deux centim. de diamètre; il est blanc ou d'un fauve clair, avec le centre roux et le bord marqué de stries noirâtres; sa superficie vue à la loupe, paroît revêtue de petits tubercules sphériques; les feuillets sont blancs ou roussâtres; marqués de petits points noirs, inégaux, entièrement libres et distincts du pédicule : il croît en été et en automne, au pied des vieux troncs, et en particulier au fond des saules creux, où il est comme disséminé.

394. Agaric éphémère. *Agaricus ephemerus.*

α. Agaricus ephemerus. Bull. Herb. t. 542. f. 1. Pers. Syn. 406.
β. Agaricus momentaneus. Bull. Herb. t. 128.

Cet agaric est d'une consistance grêle, molle et fugace; son pédicule est absolument glabre, cylindrique, fistuleux, blanchâtre, grèle, long de 7-8 centim., et épais de 2 millim. au plus; le chapeau est glabre, d'abord ovoïde, ensuite en cloche, puis étalé et souvent partagé en cinq ou six lobes profonds et rayonnans; le centre est roux, le bord est d'un jaune sale et marqué de stries noirâtres produites par les feuillets; ceux-ci sont inégaux, libres, étroits, d'abord blancs et se réduisent, ainsi que le chapeau, en liquide noirâtre; le chapeau, à la fin de sa vie, tend à se rouler en dessus par les bords : il croît sur les fumiers; sa durée ne s'étend pas au-delà d'un jour.

395. Agaric des fumiers.   *Agaricus stercorarius.*

Agaricus stercorarius. Bull. Herb. t. 68 et 542. f. 2. — *Agaricus radiatus.* Pers. Syn. 407.

Cette espèce ressemble absolument à l'agaric éphémère, et la description de cette plante lui convient parfaitement, à l'exception que celui-ci a son chapeau plus grisâtre, et que, soit sur le pédoncule, soit sur le chapeau, il est garni d'un duvet peluché, plus abondant dans la jeunesse de la plante : il devient un peu plus grand que l'agaric éphémère; il croît sur les fumiers, en automne. Est-ce une simple variété de l'agaric cendré?

396. Agaric hydropique.   *Agaricus hydrophorus.*

Agaricus hydrophorus. Bull. Herb. t. 558. f. 2.

Son pédicule est nu, fistuleux, blanc, glabre, cylindrique, long de 8-10 centim., épais de 4 millim.; son chapeau, d'abord en cloche, puis conique, se relève et se déchire sur les bords, après quoi il se fond en une eau noirâtre; il est strié et grisâtre sur les bords, roux à son centre, large de 3 centim.; les feuillets sont inégaux, étroits, jaunâtres, un peu adhérens au pédicule : il croît par grouppes de huit à dix individus, dans les bois, les prés et les jardins, sur la terre.

397. Agaric déliquescent.   *Agaricus deliquescens.*

Agaricus deliquescens. Bull. Herb. t. 437. f. 2. et t. 558. f. 1.

Son pédicule est creux, nu, cylindrique, long de 8-12 centimètres, blanc, glabre, quelquefois rayé à la place où les bords du chapeau le touchoient avant son développement; son chapeau est d'abord hémisphérique, ensuite en cloche alongée, puis ses bords se détruisent et se relèvent; il n'a presque pas

de chair ; sa surface est glabre , grise et striée sur les bords ,
fauve et unie au centre , de 4 centim. de diamètre ; les feuillets
sont nombreux , inégaux , libres , d'abord blancs ou purpurins ,
et ensuite noirs ; le chapeau et les feuillets se fondent en une
eau noirâtre : il se trouve , toute l'année , dans les prés et les
jardins ; il vient ordinairement en grouppes.

398. Agaric entassé. *Agaricus congregatus.*

Agaricus congregatus. Bull. Herb. t. 94. — *Amanita congre-
gata.* Lam. Dict. 1. p. 110.

Son pédicule est blanc , nu , grêle , cylindrique , presque toujours fistuleux , glabre , long de 4-5 centim. au plus ; son chapeau est en forme de dez à coudre , et s'évase un peu dans sa
vieillesse ; ses bords sont sinueux , inégaux ; son diamètre ne
dépasse guère un centim. ; sa surface est jaune , humide , un
peu gluante : il a peu de chair ; ses feuillets sont blancs dans
leur jeunesse , et se fondent en une eau noirâtre ; ils sont inégaux , libres , droits. Il est commun en été et en automne , à
l'ombre , dans les jardins , les allées des bois , etc. Bulliard le
regarde comme une variété de l'agaric micacé.

399. Agaric de terreau. *Agaricus fimiputris.*

Agaricus fimiputris. Bull. Herb. t. 66. — *Agaricus semiovatus.*
With. Brit. 3. p. 296. Sowerb. Fung. t. 131. Pers. Syn. 408.

Son pédicule est long de 12-18 centim. , cylindrique , glabre ,
roussâtre , fistuleux dans toute sa longueur , marqué , un peu
au-dessous du chapeau , d'une tache noirâtre et circulaire ; le
chapeau a peu de chair ; il est d'abord en cloche un peu conique , puis les bords se relèvent et il devient plane ; sa couleur ,
qui étoit d'abord jaunâtre , devient grise et noirâtre ; son diamètre ne dépasse pas 4 - 5 centim. ; sa superficie devient
gluante à sa vieillesse ; les feuillets sont nombreux , inégaux ,
noirâtres à leur vieillesse , adhérens au pédicule , de manière à
laisser leur trace sur lui quand on les enlève : il croît en automne , sur les couches de jardins , dans les serres chaudes ,
par-tout où on a déposé du terreau.

400. Agaric papilionacé. *Agaricus papilionaceus.*

Agaricus papilionaceus. Bull. Herb. t. 58. et t. 561. f. 2. Pers.
Syn. 410. — *Agaricus varius.* Pers. Icon. et Descr. 2. p. 40.

Son pédicule est jaunâtre , nu , cylindrique , glabre , long de
8-10 centim. , non continu avec le chapeau , creusé , dès sa

jeunesse, par un canal fort étroit ; le chapeau est d'abord conique et ensuite en cloche, glabre, d'un jaune sale, un peu
frangé à son bord, ayant peu de chair, et ne dépassant pas
3-4 centim. de diamètre ; ses feuillets sont larges, minces,
inégaux, parsemés de taches semblables à celles des ailes de
quelques papillons, adhérentes avec le pédicule de manière à
laisser leur marque quand on les enlève ; ils deviennent noirs
comme de l'encre en vieillissant. Ce champignon est très-fugace ; il croît en été dans les bois, les jardins, etc. sur les
feuilles pourries.

401. Agaric ami du fumier. *Agaricus coprophilus.*

Agaricus coprophilus. Bull. Herb. t. 566. f. 3. Pers. Syn. 412.

Ce champignon ressemble beaucoup à l'agaric bulleux, mais
son pédicule s'alonge jusqu'à 7-8 centim. ; son chapeau est plus
pâle, plus conique et non strié sur les bords ; ses feuillets sont
d'un gris roux, et sont échancrés de bas en haut à la place de
leur insertion sur le pédicule ; le pédicule et quelquefois même
le chapeau, commencent par être velus, et deviennent ensuite
glabres : il croît sur les fumiers, en touffes dont les pieds sont
distincts.

402. Agaric bulleux. *Agaricus bullaceus.*

Agaricus bullaceus. Bull. Herb. t. 566. f. 2. Pers. Syn. 412.

Son pédicule est creux, nu, cylindrique, quelquefois glabre,
souvent hérissé, long de 3-4 centim., épais de 3-4 millim. ;
son chapeau est hémisphérique, convexe, roussâtre, brun et
strié sur les bords, de 2-3 centim. de diamètre ; les feuillets
sont larges, inégaux, de couleur cannelle, adhérens au pédicule par toute leur largeur, et se terminant par une ligne
presque droite : il naît sur le fumier, par touffes dont les pieds
sont distincts.

403. Agaric chancelant. *Agaricus titubans.*

Agaricus titubans. Bull. Herb. t. 425. f. 1. Pers. Syn. 415.
Sowerb. Fung. t. 128.

Son pédicule est cylindrique, d'un blanc jaunâtre, long de
9-10 centim., grêle, glabre dans toute sa longueur, excepté
à sa base, où est une touffe de poils, creusé par une tubulure
longitudinale divisée en deux vers le sommet, par une protubérance du chapeau ; celui-ci est d'abord en cloche, ensuite
plane, à bords sinueux, dépourvu de chair, et formé seulement

par une pellicule jaune facile à enlever, qui se voit vers le
centre, tandis que le bord, blanchâtre et marqué de stries
noirâtres, est réellement formé par le dos des feuillets, lesquels
en dessous sont roux, inégaux en longueur, non adhérens avec
le pédicule. Ce champignon croît dans les bois, sur la terre,
parmi les feuilles mortes : il est fragile et ne vit que quatre à
cinq jours.

Cinquième section. PRATELLE.   *PRATELLA.* Pers.

*Point de volva. Pédicule central nu ou muni d'un collier.
Feuillets qui noircissent, sans se fondre, dans leur vieillesse. Chapeau charnu.*

404. Agaric strié.   *Agaricus striatus.*

α. *Agaricus striatus.* Bull. Herb. t. 552. f. 2.
β. *Agaricus plicatus.* Schœff. Fung. t. 31. Bull. Herb. t. 80. —
   Amanita plicata. Lam. Dict. 1. p. 110.

Son pédicule est nu, fistuleux, blanchâtre, cylindrique, long
de 5-10 centim., épais de 3-4 millim.; son chapeau est d'abord
conique, puis convexe et enfin plane; il est marqué de stries
profondes ou de plis rayonnans, qui vont en décroissant de la
circonférence au centre; sa couleur est rousse, jaunâtre ou blanchâtre; les feuillets sont inégaux, libres, d'abord de couleur
pâle, puis d'un brun bistré; ils ne se fondent point en une eau
noire. Cet agaric croît solitaire dans les bois, les prés et les
jardins, sur la terre.

405. Agaric à tête conique. *Agaricus conocephalus.*

Agaricus conocephalus. Bull. Herb. t. 563. f. 1. Pers. Syn. 427.

Son pédicule est grêle, nu, creux, blanchâtre, glabre, long
de 10-12 centim., épais de 3-4 millim.; le chapeau est d'abord
ovoïde, ensuite absolument conique, d'un gris violet, strié sur
les bords, de 2-3 centim. de diamètre; les feuillets sont distincts du pédicule, inégaux, amincis aux deux extrémités, d'un
rouge marron : il naît presque solitaire, sur le terrein.

406. Agaric à feuillets *Agaricus violaceo-la-*
violets.   *mellatus.*

Son pédicule est nu, fistuleux, cylindrique, blanchâtre,
long de 8 centim., épais de 2-3 millim.; son chapeau est
mince, presque sans chair, en cône arrondi au sommet, de
15 millim. de diamètre et de 3 centim. de longueur; il est
calleux à son sommet, d'un gris roux, et un peu strié sur les

bords : les feuillets sont d'un beau violet, inégaux, étroits, nombreux, distincts du pédicule. Il ressemble beaucoup à l'agaric à tête conique : il vient sur la terre, par grouppes.

407. Agaric aqueux. *Agaricus aquosus.*

Agaricus aquosus. Bull. Herb. t. 12. — *Agaricus melleus.* Schœff. Fung. t. 45.

Ce champignon s'élève à 6-8 centim.; son pédicule est nu, cylindrique, fauve, fistuleux dès sa jeunesse; il émet des radicules nombreuses disposées en flocons; son chapeau est d'abord peu convexe et ensuite plane, quelquefois concave ou mamelonné au centre, un peu strié sur les bords, d'un blanc mêlé de fauve, légèrement sinueux, de 4-6 centimètres de diamètre; sa chair est aqueuse et molle; ses feuillets sont inégaux, peu serrés, très-fragiles, entièrement distincts du pédicule : il croît à la fin de l'été, dans les bois ombragés, parmi la mousse.

408. Agaric en cloche. *Agaricus campanulatus.*

Agaricus campanulatus. Bull. Herb. t. 552. f. 1. Pers. Syn. 426.

Le pédicule est creux, grêle, cylindrique, d'un roux pâle, glabre, long de 12-14 centim.; il est muni, dans sa jeunesse, d'un anneau très-peu apparent, qui disparoît ensuite totalement; le chapeau est en cloche, obtus, d'un roux brun, lisse, de 3-4 centim. de diamètre; ses bords sont un peu sinueux; les feuillets sont larges, non adhérens au pédicule, inégaux, arqués, d'un roux cannelle : il croît sur la terre, par touffes de quatre à cinq pieds distincts.

409. Agaric à graines brunes. *Agaricus pellospermus.*

Agaricus pellospermus. Bull. Herb. t. 561. f. 1. — *Agaricus corrugis.* Pers. Syn. 424?

Son pédicule est nu, fistuleux, grêle, blanchâtre, quelquefois entièrement glabre, quelquefois hérissé à sa base, long de 6-10 centim.; son chapeau est d'abord ovoïde, ensuite conique, puis plane, entier ou rarement fendu, quelquefois strié sur les bords, d'un jaune pâle et terne; les feuillets sont d'un violet brun qui tourne en noir, adhérens au pédicule, inégaux entre eux : il croît dans les forêts, sur les feuilles mortes, par touffes dont les pieds sont distincts.

410. Agaric demi-orbi- *Agaricus semi-orbicu-*
  culaire.   *laris.*

Agaricus semiorbicularis. Bull. Herb. t. 422. f. 1.

Son pédicule est jaunâtre, ferme, nu, long de 4-5 centim.,
cylindrique, recouvert d'une écorce que l'on peut détacher entièrement du canal fistulaire interne; son chapeau est hémisphérique dans preque toute sa durée, quelquefois il devient
concave ou bosselé, large de 2 centim; sa surface est lisse,
luisante, jaunâtre; les feuillets sont nombreux, inégaux, larges,
libres, d'abord d'un blanc grisâtre, puis jaunâtres, ensuite
bistrés, mais ne deviennent jamais mouchetés : il croît presque
toute l'année, sur le bord des chemins et des pelouses.

411. Agaric poudreux. *Agaricus pulverulentus.*

Agaricus pulverulentus. Bull. Herb. t. 178. — *Agaricus fasci-
culatus.* Pers. Syn. 421.

Ce champignon est d'un jaune fauve plus ou moins foncé ;
son pédicule est cylindrique, fistuleux, glabre, continu avec la
chair du chapeau, long de 7-8 centim. au plus; son chapeau
est d'abord conique, ensuite il s'évase, mais son centre reste
toujours protubérant; sa surface est sèche; il a peu de chair ;
il atteint 5-6 centim. de diamètre : ses feuillets sont nombreux,
inégaux, adhérens au pédicule, recouverts, dans leur jeunesse,
d'une membrane blanche qui, en se déchirant, reste plus souvent adhérente, par lambeaux, au bord du chapeau qu'au pédicule, et finit par disparoître entièrement; ses feuillets sont
remarquables par la grande abondance de poussière rousse qui
s'en échappe. Il croît fréquemment, en été et en automne,
sur les souches pourries; il vient communement par touffes ; il
est amer et n'est peut-être qu'une variété du suivant.

412. Agaric amer. *Agaricus amarus.*

Agaricus amarus. Bull. Herb. t. 30 et t. 562. — *Agaricus lateritius.* Schœff. Fung. t. 49. f. 4. 5. Pers. Syn. 421. —*Agaricus auratus.* Fl. dan. t. 820.—*Amanita amara.* Lam. Dict. 1.
p. 106.

Son pédicule est nu, cylindrique, fistuleux, un peu tortueux, long de 6-7 centim., jaune, avec de petites peluchures
noires; le chapeau est d'abord hémisphérique, puis convexe,
puis plane ou même un peu concave, jaune, souvent plus
foncé au centre; il a peu de chair; sa superficie est sèche; il a

4 centim. de diamètre : ses feuillets sont d'un gris verdâtre , inégaux , distincts du pédicule , même dans leur jeunesse. L'odeur de ce champignon est agréable , mais sa saveur est fort amère : il croît dans les bois à l'ombre , par grouppes.

413. Agaric noircissant.   *Agaricus nigricans.*

Agaricus nigricans. Bull. Herb. t. 212. t. 370. f. 2. t. 579. et t. 166.
Pers. Obs. Myc. 2. p. 50. — *Agaricus adustus.* Pers. Syn. 459.

Cette espèce remarquable est d'abord brunâtre en dessus , avec la chair, les feuillets et le pédicule blancs; il devient ensuite complettement noir ; son pédicule est nu , plein , à-peuprès cylindrique, long de 5 centim. , épais de 15-20 millim. ; son chapeau est d'abord très-régulier, convexe, avec le centre déprimé et les bords recourbés en dessous, ensuite il devient plane , un peu sinué ; sa chair est ferme , mais cassante ; ses feuillets sont peu nombreux , entremêlés de demi-feuillets , non adhérens au pédicule , et d'une épaisseur très-remarquable. Il se trouve , en automne , dans les bois de haute futaie; il croît solitaire , dans les lieux secs et nus.

414. Agaric à appendices. *Agaricus appendiculatus.*

Agaricus appendiculatus. Bull. Herb. t. 392.
β. *Agaricus spadiceus.* Schœff. Fung. t. 237. — *Agaricus stipatus.* Pers. Syn. 423.

Sa substance est aqueuse et molle; son pédicule est cylindrique, fistuleux , blanc , nu , glabre , long de 7-8 centim. ; son chapeau est fauve, roussâtre ou d'un blanc sale , le plus souvent marqué de stries rayonnantes , d'abord ovoïde , ensuite en cloche, puis convexe, souvent fendu et recoquillé en dessus par les bords; ses feuillets sont nombreux , inégaux, d'un rouge plus ou moins vif, couverts, dans leur jeunesse, d'une membrane qui, en se déchirant, reste, par lambeaux, adhérente aux bords du chapeau : il croît ordinairement par grouppes , en été et en automne , dans les bois et les jardins.

415. Agaric changeant. *Agaricus sphaleromorphus.*

Agaricus sphaleromorphus. Bull. Herb. t. 540. f. 1. Pers. Syn. 266.

Son pédicule est blanc , cylindrique , glabre , creux et assez charnu , dépourvu de fibrilles radicales ; il porte un collier en forme de manchette sinuée et étalée ; son chapeau est d'un jaune terreux , d'abord hémisphérique , puis convexe, puis irrégulièrement aplati; les lames sont d'abord jaunâtres , et

deviennent noires en vieillissant ; elles sont nombreuses , inégales ,
et atteignent à peine le pédicule ; celui-ci est souvent courbé ,
et atteint 8 centim. de longueur , sur 7-9 millim. de diamètre ;
le chapeau n'a pas plus de 6 centim. de diamètre.

416. Agaric à graine   *Agaricus melanosper-*
      noire.   *mus.*

Agaricus melanospermus. Bull. Herb. t. 540. Pers. Syn. 420.

Son pédicule est charnu, plein , blanchâtre , bulbeux à sa
base , cylindrique , garni d'un collier , long de 7-8 centim. au
plus ; le chapeau est d'abord hémisphérique , ensuite plane ,
blanc sur les bords , jaune vers le centre , large de 4 centim. ,
un peu charnu , lisse , glabre ; les feuillets sont inégaux , décurrens sur le pédicule , d'abord jaunâtres , ensuite noirs à la fin de
leur vie , recouverts , dans leur jeunesse , par la membrane qui
forme le collier.

417. Agaric azuré.   *Agaricus cyaneus.*

Agaricus cyaneus. Bull. Herb. t. 170. et t. 530. f. 1. — *Agaricus*
æruginosus. Pers. Syn. 419. — *Agaricus beryllus.* Batsch.
Fung. f. 213. — *Agaricus politus.* Bolt. Fung. t. 30.

Son pédicule est cylindrique , plein , bleuâtre , un peu écailleux en dessous du collier , long de 4-5 centim. ; le chapeau est
d'abord globuleux , ensuite en cône évasé ou convexe , d'abord
azuré , ensuite il jaunit au sommet , et à sa mort il est entièrement jaune ; sa surface est unie , un peu glutineuse ; sa chair
continue avec le pédicule ; il a 3-4 centim. de diamètre ; ses
feuillets sont d'un jaune roux , inégaux , un peu adhérens au
pédicule , recouverts , dans leur jeunesse , d'une membrane qui
se détruit , et laisse sur le pédicule la trace d'un collier peu
prononcé , et quelquefois aussi des débris sur le bord du chapeau : il croît solitaire sur les troncs , dans les forêts , en automne.

418. Agaric comestible.   *Agaricus edulis.*

α. *Agaricus arvensis.* Schœff. Fung. t. 310. 311. — *Agaricus*
edulis. Bull. Herb. t. 514. Pers. Syn. 418.
β. *Agaricus campestris.* Linn. spec. 1641. Schœff. Fung. t. 33.
Pers. Syn. 418. — *Agaricus edulis.* Bull. Herb. t. 134.

Son pédicule est plein, charnu , continu avec le chapeau ,
blanc , glabre , cylindrique , quelquefois aminci , quelquefois
tubéreux à sa base , long de 5-6 centim. , épais de 12-15 millimètres ; le chapeau est d'abord sphérique , ensuite convexe ,

lisse et d'un jaune pâle, et terne dans la variété α, écailleux, blanc, avec des mouchetures jaunes dans la variété β, atteignant au plus 8-10 centim. de diamètre, et ordinairement ne dépassant pas 5-7; il a beaucoup de chair ferme, cassante et susceptible d'être pelée; les feuillets sont ordinairement rougeâtres à leur naissance, et deviennent bruns ou noirâtres; quelquefois ils commencent par être blancs; ils sont inégaux, étroits, distincts du pédicule, recouverts, à leur naissance, d'une membrane blanche qui, en se déchirant, laisse des lambeaux aux bords du chapeau, et forme un collier plus ou moins complet autour du pédicule. Il croît dans toute espèce de terrein, dans les près, les bois, les jardins, etc. On le cultive sous couches; il est agréable au goût et est employé fréquemment comme aliment, non qu'il soit le plus délicat des champignons, mais c'est qu'il est facile à reconnoître.

Sixième section. R O T U L E.   *R O T U L A.*

Point de volva. Pédicule central. Feuillets tous égaux et terminés sur un bourrelet annulaire qui entoure le pédicule.

419. Agaric en roue.   *Agaricus rotula.*

Agaricus rotula. Pers. Syn. 467. Sowerb. Fung. t. 95. Scop. Carn. 2. p. 1569.—*Agaricus androsaceus.* Bull. Herb. t. 64. — *Agaricus nigripes.* Vahl. Dan. t. 1134. f. 1.
β. *Pileo flavido.* Bull. t. 569. f. 3.

Cette jolie et singulière espèce est toute blanche, à l'exception du pédicule qui est noirâtre ou d'un violet foncé à sa base; ce pédicule est nu, plein, grèle, poli, luisant, long de 3 centimètres et épais de 1-2 millimètres; le chapeau est ombiliqué, strié, plus ou moins convexe, un peu ondulé et comme crénelé à son bord, très-mince, de 1 centim. de diamètre au plus; les feuillets sont peu saillans, au nombre de quinze à vingt seulement, tous entiers et terminés à une distance égale du pédoncule, sur une élévation circulaire qui a la forme d'un bourrelet: la variété β a le chapeau d'un jaune d'ochre. Elle croît en été et en automne, dans les forêts, sur les feuilles mortes et le bois pourri.

420. Agaric stylobate.   *Agaricus stylobates.*

Agaricus stylobates. Pers. Syn. 390? Bull. Herb. t. 563. f. R. S. T.

Ce champignon est sur-tout remarquable parce que la base de son pédicule s'évase en un empatement orbiculaire, qui sert à l'attacher aux branches sur lesquelles il croît ; ce pédicule est grèle, blanc, ainsi que le reste de la plante, fistuleux, glabre, nu, long de 4-5 centim.; le chapeau est d'abord en cloche, puis plane, orbiculaire, de 8-12 millim. de diamètre ; les feuillets sont inégaux, étroits, les plus longs se rendent tous sur un espèce de cercle qui entoure le pédicelle, à la distance de 1-2 millimètres.

Septième section. M Y C È N E. *M Y C E N A.* **Pers.**

Point de volva ni de collier. Pédicule central fistuleux. Feuillets qui ne norcissent point en vieillissant. Chapeau non ombiliqué.

421. Agaric en roseau. *Agaricus arundinaceus.*

Agaricus arundinaceus. Bull. Herb. t. 403. f. A.— *Agaricus collinus.* Pers. Syn. 330. Schœff. Fung. t. 220. — *Agaricus pratensis.* Sowerb. Fung. t. 127.

Son pédicule est nu, cylindrique, presque toujours aplati ou marqué d'un sillon large et profond, un peu velu à sa base, glabre, lisse et même un peu luisant dans toute sa longueur, creux comme un roseau, long de 10-12 centim.; son chapeau est blanchâtre, avec des stries rousses, conique, un peu mamelonné au centre ; il a peu de chair, et ne dépasse pas 3-4 centimètres de diamètre ; les feuillets sont fauves, inégaux, arqués et distincts du pédicule. Ce champignon croît dans les prés, en automne, pendant que le colchique est en fleur : il vient solitaire ou en petites touffes.

422. Agaric pied noir. *Agaricus nigripes.*

Agaricus nigripes. Bull. Herb. t. 344. et t. 519. f. 2 — *Agaricus velutipes.* Pers. Syn. 314. Curt. Lond. ic. — Vaill. Bot. Par. t. 12. f. 8 et 9.

Ce champignon est remarquable par son pédicule nu, fistuleux, continu, cylindrique, velouté sur toute sa surface, noirâtre dans sa partie inférieure, long de 8 centim.; le chapeau est de couleur fauve, avec le centre brun ; il est large de 5 centim., peu convexe ; il a peu de chair, se pèle aisément, et a la superficie gluante ; les feuillets sont libres, inégaux, jaunâtres ; son pédicule s'amincit quelquefois à sa base. Il vient quelquefois solitaire, le plus souvent en grouppes de dix à douze pieds ; il croît dans nos bois, à la fin de l'automne et dans les plus grands froids de l'hiver. Il n'a point le goût ni l'odeur des champignons ; lorsqu'on le mâche on croiroit avoir de la gomme arabique dans la bouche.

423. Agaric alliacé. *Agaricus alliaceus.*

Agaricus alliareus. Bull. Herb. t. 158, et t. 524. f. 1. Linn. Syst. Veg. p. 1014? — *Agaricus porreus.* Pers. Syn. 376? — Ant. Juss. Mem. Acad. Paris. 1728. p. 382.

Son pédicule est nu, grèle, cylindrique, un peu conique, quelquefois velu dans toute sa longueur, quelquefois pubescent et rougeâtre à sa base, plus glabre, plus pâle et plus mince au sommet, long de 8-10 centim., épais de 5-6 millim.; le chapeau est plane ou convexe, ou quelquefois bosselé au centre, un peu sinué sur les bords, d'abord blanchâtre ou jaunâtre, ensuite roussâtre, peu charnu, large de 3-4 centim.; les feuillets sont roussâtres, inégaux, peu nombreux, libres et terminés en pointe du côté du pédicule. Toute la plante a une odeur d'ail : elle croît dans les bois humides, en automne, sur les feuilles mortes. Scopoli dit que le suc du bas du pédicule est rouge.

424. Agaric ventru. *Agaricus ventricosus.*

Agaricus ventricosus. Bull. Herb. t. 411. f. 1.

On en distingue deux variétés; l'une d'un gris jaunâtre, l'autre presque blanche; son pédicule est nu, fistuleux, renflé vers le bas et terminé en une racine simple et pointue; il a 7-9 centim. de longueur; le chapeau est d'abord en cloche, ensuite convexe, puis il devient souvent protubérant à son centre et strié sur ses bords; il a 5-6 centim. de diamètre; ses feuillets sont nombreux, roux, sinueux, terminés par un crochet qui forme une légère décurrence sur le pédoncule : il croît dans les bois, en été et en automne.

425. Agaric fistuleux. *Agaricus fistulosus.*

Agaricus fistulosus. Bull. Herb. t. 518. excl. litt. H. P. et t. 563. f. 4. — *Agaricus galericulatus.* Pers. Syn. 376. Obs. Myc. 2. p. 57. — *Agaricus pseudo-clypeatus.* Bolt. Fung. t. 154. — *Agaricus mammillaris.* Hoffm. Nom. p. 217. t. 4. f. 1.

α. *Communis.* — *Agaricus fistulosus.* Bull. f F. D. — *Agaricus galericulatus.* Schœff. Fung. t. 52. Pers. Obs. Myc. var. ζ.

β. *Rufescens.* Bull. f. E.

γ. *Gracilis.* Bull. f. O. P.

ε. *Proliferus.* — *Agaricus proliferus.* Soweib. Fung. t. 169.

Il est peu de champignons qui varient autant que celui-ci pour

le

lè port, la grandeur et la couleur ; son pédicule est quelquefois
très-grèle et long de 8-10 centim., quelquefois plus épais et
long de 4-5 ; sa couleur est blanchâtre, rousse ou d'un gris
plus ou moins foncé ; son chapeau est conique ou en cloche,
plane ou souvent marqué d'une protubérance à son centre. Au
milieu de toutes ces variations, on remarque que son pédicule
est toujours cylindrique, glabre et sans stries ; qu'à sa base il
se renfle un peu et est chargé de petits poils roides et noirâtres,
et qu'il se prolonge en une petite racine pointue qui entre dans
les fentes des arbres ; si on coupe ce pédicule, on voit qu'il est
tubuleux dans toute sa longueur, et qu'à son sommet ce tube est
divisé par une protubérance qui part du chapeau : les feuillets
sont nombreux, blanchâtres ou grisâtres, très-inégaux, un peu
adhérens au pédicule. Quelquefois il se développe sur le chapeau
une cupule, qui offre en dedans des feuillets concentriques,
comme si c'étoit un petit chapeau d'agaric né à l'envers. Il croît
en automne, en groupples réunis par le pied, sur les troncs et les
branches d'arbres.

426. Agaric à cent raies. *Agaricus polygrammus.*

Agaricus polygrammus. Bull. Herb. t. 395. et t. 518. f. H. Pers.
Obs. Myc. 2. p. 59. Syn. 377.

Cette espèce ressemble beaucoup à l'agaric fistuleux ; son pédicule est cylindrique, marqué de stries longitudinales bleuâtres,
souvent velu à sa base, terminé par une racine alongée et pointue, fistuleux, sans protubérance au sommet du tube, long de
8-10 centim. au plus ; son chapeau est d'un gris noir, d'abord
ovoïde, ensuite conique, puis plane ou concave, avec les bords
déchirés et le sommet protubérant ; il a peu de chair ; son diamètre ne passe pas 4-5 centim. ; ses feuillets sont blancs, inégaux, libres. Elle croît ordinairement solitaire, en été et en
automne, dans les cavités des vieux troncs ou au pied des
arbres.

427. Agaric pied menu. *Agaricus filopes.*

Agaricus filopes. Bull. Herb. t. 320. — *Agaricus pilosus.* Pers.
Syn. 380 ? Batsch. El. p. 67. f. 2 ?
α. *Campanulatus.* Bull. f. A.
β. *Conicus.* Bull. f. B.

Son pédicule est fistuleux, très-velu à sa base, cylindrique,
aminci vers le haut, long de 15-20 centim., extrêmement

mince, blanchâtre; le chapeau est en cloche dans la variété *α*, en cône dans la variété *β*, mince, à peine apparent quand le pédicule a déjà 6-9 centim. de hauteur, atteignant 2 centim. de diamètre, blanchâtre, marqué de stries rousses rayonnantes; les feuillets sont blancs, libres, inégaux: il vient dans les bois, parmi la mousse. Bulliard soupçonne que le grand alongement du pédicule est dû à une espèce d'étiolement.

428. Agaric rayé.   *Agaricus lineatus.*

Agaricus lineatus. Bull. Herb. t. 522. Pers. Syn. 383.

Son pédicule est grêle, nu, cylindrique, plein, cotonneux à sa base, long de 4-5 centim.; le chapeau est hémisphérique pendant toute sa vie, rayé de lignes noirâtres rayonnantes du centre, sur un fond jaunâtre, ayant 8-10 millim. de diamètre; les lames sont blanches, adhérentes au pédicule, veineuses à la base, selon Persoon: il croît en automne, parmi la mousse, dans les bois de hêtres.

429. Agaric tubulé.   *Agaricus foraminulosus.*

Agaricus foraminulosus. Bull. Herb. t. 403. f. B. C. et t. 535. f. 1.

Ce champignon est de couleur fauve plus ou moins prononcée; sa surface est unie; il ne s'élève pas au-delà de 7-9 centim.; son pédicule est grêle, cylindrique, nu, fistuleux, glabre; le chapeau est en cloche ou le plus souvent conique, quelquefois aplati, avec le centre protubérant dans sa vieillesse, de 2-3 centim. de diamètre, jamais strié en dessus; les feuillets sont libres, inégaux, très-nombreux: il croît en automne, au bord des chemins, toujours solitaire.

430. Agaric couleur de   *Agaricus melinoides.*
coing.

Agaricus melinoides. Bull. Herb. t. 560. f. 1. Pers. Syn. 387.

La couleur de ce champignon est d'un jaune d'ochre ou de coing; son pédicule est nu, grêle, creux, long de 3-7 centim., glabre, quelquefois hérissé à sa base; le chapeau est d'abord convexe, puis conique et ensuite plane, souvent strié sur les bords, de 2 centim. de diamètre au plus; les feuillets sont inégaux, plus ou moins adhérens au pédicule. Persoon pense que les figures de Bulliard, qui offrent le chapeau strié, doivent être rapportées à l'agaric des hipnes: je ne serois pas éloigné

de croire, vu la diversité de forme et d'adhérence des feuillets, que Bulliard a confondu ici deux espèces. Cette plante
croît, en automne, sur les gazons et les mousses.

431. Agaric raboteux.   *Agaricus squarrosus.*

Agaricus squarrosus. Bull. Herb. t. 535. f. 3. — *Agaricus atro-
punctus.* Pers. Syn. 353 ?

Ce champignon est ordinairement fauve, quelquefois blanchâtre ou jaunâtre ; son pédicule est nu, fistuleux, cylindrique,
souvent un peu renflé et velu à sa base, hérissé d'écailles
droites, pointues, plus ou moins nombreuses, long de 4-6 centimètres ; le chapeau est, dans sa jeunesse, hémisphérique et
régulier, ensuite il devient convexe ou plane, sinueux et peu
régulier ; souvent il est bordé ou hérissé d'écailles blanchâtres :
les feuillets sont d'un fauve clair, inégaux, nombreux, un peu
décurrens : il croît par grouppes de cinq à six individus.

432. Agaric coqueret.   *Agaricus physaloides.*

Agaric physaloïde. Bull. Herb. t. 566.

Le pédicule est nu, creux, cylindrique, long de 3-4 centim.,
épais de 2-3 millim., fauve ou jaunâtre ; le chapeau est d'abord
ovoïde, puis en cloche, puis plane et même concave, arrondi,
jaunâtre ou d'un fauve roux, glabre, non strié sur les bords,
de 2 centim. de diamètre ; les feuillets sont roux ou d'un fauve
gris, tres-larges, inégaux, légèrement décurrens sur le pédicule. Il paroît, d'après la figure de Bulliard, qu'il croît solitaire
sur le sol.

433. Agaric pivotant.   *Agaricus perpendicularis.*

Agaricus perpendicularis. Bull. Herb. t. 422. f. 2.

Son pédicule est nu, fistuleux, grèle, lisse, luisant, roussâtre, cylindrique, prolongé à sa base en une racine simple,
pivotante et velue, long de 6-7 centim., épais de 2 millim. ;
son chapeau est couleur de chamois, d'abord convexe, ensuite
plane, de 15-20 millim. de diamètre ; ses feuillets sont très-
nombreux, inégaux, libres, blanchâtres, même à la fin de la
vie du champignon : il se trouve, à la fin de l'hiver, dans les
bois de haute futaie.

434. Agaric des feuilles   *Agaricus epiphyllus.*
mortes.

Agaricus epiphyllus. Bull. Herb. t. 569. f. 2.

Son pédicule est noirâtre, d'une excessive ténuité, cylindrique, nu, plein, long de 6-8 centim.; il porte un chapeau plus ou moins convexe, arrondi, blanchâtre ou roussâtre, un peu strié sur les bords, de 7-9 millim. de diamètre; ses feuillets sont inégaux, étroits, libres : il croît dans les forêts, sur les feuilles mortes et tombées à terre.

435. Agaric d'Hudson.   *Agaricus Hudsoni.*

Agaricus Hudsoni. Pers. Syn. 390. — *Agaricus pilosus.* Huds.
Fl. angl. ed. 2. p. 622. Sowerb. Fung. t. 164.

Il a le port de l'agaric en roue; son pédicule est grêle, noirâtre, luisant, hérissé de quelques poils à sa base; le chapeau est convexe, large de 5-6 millim., blanchâtre, hérissé de poils noirâtres assez longs, doublé de feuillets blanchâtres, alternativement inégaux, assez écartés les uns des autres, à peine adhérens au pédicule : il croit en automne, sur les feuilles mortes du houx. — Comm. par le C. Dufour.

436. Agaric adonis.   *Agaricus adonis.*

Agaricus adonis. Bull. Herb. t. 560. f. 2. Pers. Syn. 391.
α. *Albus.* Bull. f. M. N.
β. *Flavescens.* Bull. f. O.
γ. *Viridescens.* Bull. f. P.

Son pédicule est nu, grêle, creux, cylindrique, blanchâtre, long de 5 centim., large de 2-3 millim.; le chapeau est en forme de cloche, obtus, lisse, blanc, jaunâtre ou verdâtre, mince, sans chair, de 8-10 millim. de diamètre; les feuillets sont blancs, étroits, inégaux, nombreux, non décurrens sur le pédicule : il naît dans les bois, sur la mousse et les branches tombées; il vient par touffes de huit à dix pieds distincts.

437. Agaric panaché.   *Agaricus variegatus.*

Agaricus variegatus. Pers. Syn. 391. — *Agaric tentatule.* Bull.
Herb. t. 560. f. 3.

Son pédicule est nu, fistuleux, blanc, très-grêle, long de 5-7 centim.; son chapeau est rayé de jaune et de blanc, en cloche ou quelquefois terminé par une protubérance centrale

qui le rend conique ; il a peu de chair ; son diamètre est de
1 centim. ; les feuillets sont blancs, inégaux ; ils forment un
crochet très-marqué dans le milieu, et ensuite se prolongent
sur le pédicule : il croît sur les gazons et les mousses, par
grouppes dont les pieds sont distincts.

438. Agaric rose.   *Agaricus roseus.*

Agaricus roseus. Pers. Syn. 393. — *Agaricus fistulosus.* Bull.
Herb. t. 518. f. P.

Son pédicule est grèle, fistuleux, blanchâtre, velu à sa base,
nu, long de 4 centim. environ ; son chapeau d'abord ovoïde,
ensuite hémisphérique, devient enfin convexe, avec le centre
protubérant ; sa couleur est grise ou rose ; il a peu de chair,
et ne dépasse pas 1 centim. de diamètre ; les feuillets sont
blanchâtres, inégaux, un peu adhérens avec le pédoncule : il
croît dans les bois, sur les branches et les feuilles mortes.

439. Agaric clou.   *Agaricus clavus.*

Agaricus clavus. Linn. spec. 1644. Bull. Herb. t. 569. f. 1. et
t. 148. Pers. Syn. 392. — Vaill. Bot. t. 11. f. 19. 20.

Ce petit champignon s'élève à 4 centim. au plus ; son pédicule est grèle, nu, plein, cylindrique, continu avec le chapeau ;
celui-ci est arrondi, toujours convexe ou presque plane,
mais jamais concave, de 3-8 millim. de diamètre ; sa chair
est blanche, transparente ; ses feuillets sont peu nombreux,
alternativement entiers et tronqués en demi-feuillets, retrécis
aux deux extrémités, adhérens mais non décurrens sur le pédicule ; les bords du chapeau sont souvent gaudronnés ; le pédicule est blanc ou roux ; les feuillets ordinairement blancs ; le
chapeau d'un fauve roux ou blanchâtre : il croît assez communément à la fin de l'été, sur le bois pourri, les feuilles mortes,
la terre et la mousse.

440. Agaric des écorces.   *Agaricus corticalis.*

Agaricus corticalis. Bull. Herb. t. 519. f. 1. — *Agaricus corticola.* Pers. Syn. 395.

Cette petite espèce ressemble à l'agaric rayé ; son pédicule est grèle, nu, blanc, cylindrique, cotonneux à sa base,
fistuleux, long de 5 centim. ; son chapeau hémisphérique, lisse
et jaunâtre dans la jeunesse, devient ensuite un peu conique,
roux et strié sur les bords ; son diamètre ne dépasse jamais

5-7 millim.; les feuillets sont blanchâtres, un peu décurrens
sur le pédicelle, inégaux entre eux : elle croît sur l'écorce des
arbres vivans, entre les fentes; le pédicule se courbe pour ga-
gner la verticale.

441. Agaric petit.   *Agaricus pumilus.*

Agaricus pumilus. Bull. Herb. t. 260. et t. 663. f. 3. M. N. O.
Pers. Syn. 317?

Ce champignon est d'une couleur blanchâtre, et ne s'élève
pas au-delà de 3 centim.; son pédicule est nu, fistuleux, grèle
et cylindrique; son chapeau est d'abord conique, puis convexe
et enfin plane, avec les bords fendus; il a très-peu de chair, et
n'atteint pas un centimètre de diamètre; les feuillets sont inégaux, larges et terminés par un petit crochet recourbé du côté
du pédicule, fort étroits sur les bords du chapeau : il croît dans
les bois, en automne, au pied des arbres, parmi la mousse.

442. Agaric pygmée.   *Agaricus pygmœus.*

Agaricus pygmœus. Bull. Herb. t. 525. f. 2.

Son pédicule est nu, creux, grèle, cylindrique, hérissé de
poils à sa base, glabre et blanchâtre dans le reste de son étendue, long de 3 centim.; le chapeau est d'abord convexe, ensuite
plane, large de 8-10 centim., roussâtre, strié sur les bords,
peu charnu; les feuillets sont roux, inégaux, libres, pointus
du côté du pédicule : il croît sur les bois morts. Appartient-il à
la section des pratelles ?

Huitième section. OMPHALIE.   *OMPHALIA.* Pers.

*Point de volva ni de collier. Pédicule central fistuleux ou
plein. Chapeau ombiliqué. Feuillets qui ne noircissent
pas dans leur vieillesse et qui sont presque toujours
décurrens.*

443. Agaric ami des forêts.   *Agaricus dryophilus.*

Agaricus dryophilus. Bull. Herb. t. 434. Pers. Syn. 452. Sowerb.
Fung. t. 127.

Son pédicule est nu, cylindrique, fistuleux, glabre, long de
5-6 centim., épais de 4-8 millim., d'une couleur fauve ou
brune; son chapeau est d'abord hémisphérique, ensuite plane,
ombiliqué dans le centre, un peu sinueux sur les bords, mince,
lisse, sans stries, excepté à l'approche de son dépérissement,

d'un jaune plus ou moins pâle et quelquefois brun , de 5-8 centimètres de diamètre; les feuillets sont blancs ou jaunâtres, inégaux , étroits à leur sommet , élargis près de leur base et terminés brusquement, de manière à faire avec le pédicule un angle rentrant et profond : il croît fréquemment en grouppes , dans les bois, sur la terre, les feuilles mortes et la mousse.

444. Agaric en coupe. *Agaricus cupularis.*

Agaricus cupularis. Bull. Herb. t. 554. f. 2. Pers. Syn. 454.

Cette espèce a un pédicule nu, grèle, creux, blanchâtre, glabre, cylindrique, long de 6-7 centim., large de 2-4 millim.; son chapeau est d'un jaune pâle, souvent plus foncé au centre; il commence par être convexe, ensuite il devient plane, avec une large dépression en coupe dans le centre; les feuillets sont d'un jaune un peu plus roux que le chapeau, oblongs, plus ou moins décurrens sur le pédicule, inégaux entre eux : il naît solitaire sur le terrein.

445. Agaric ombiliqué. *Agaricus umbilicatus.*

Agaricus umbilicatus. Bull. Herb. t. 411. f. 2.

Son pédicule est nu, fistuleux, blanchâtre, glabre, cylindrique , long de 6-7 centim.; le chapeau est convexe , avec le centre décidément concave et les bords rabattus; il a 3 centim. de diamètre; sa couleur est jaunâtre, souvent striée en rouge sur les bords ; les feuillets sont jaunâtres, larges, inégaux; ceux qui sont entiers ont , à leur base , un crochet qui forme une légère décurrence sur le pédicule : il croît en été, dans les bois.

446. Agaric ardoisé. *Agaricus ardosiaceus.*

Agaricus ardosiaceus. Bull. Herb. t. 348. Pers. Syn. 466.

Son pédicule et son chapeau sont d'un bleu d'ardoise , et ses feuillets roux ou couleur de rouille ; le pédicule est nu, fistuleux, cylindrique, un peu blanchâtre et plus épais à sa base , long de 10-12 centim.; le chapeau a fort peu de chair; il est d'abord en cloche, puis convexe avec le centre un peu déprimé , puis souvent concave; ses bords sont un peu sinueux ; sa surface est lisse, son diamètre est de 6-8 centim.; les feuillets sont larges, peu épais, absolument libres ; entre deux feuillets entiers se trouvent cinq à six demi-feuillets; le chapeau est quelquefois marqué de zones concentriques noirâtres : il vient en automne, dans les prés humides.

447. Agaric nivelé.   *Agaricus hydrogrammus.*

Agaricus hydrogrammus. Bull. Herb. t. 564. A. B. Pers. Syn. 470.

Ce champignon est d'une seule couleur, tantôt blanc, tantôt roux, tantôt jaunâtre; son pédicule est cylindrique, nu, un peu ondulé, glabre, long de 4-6 centim., creux selon Persoon; quelquefois plein, selon Bulliard; le chapeau est d'abord convexe et presque globuleux, ensuite il devient creusé dans son centre et enfin plane, un peu sinueux; il est glabre, strié sur les bords; son diamètre est de 3-4 centim., quelquefois le centre est plus pâle; les feuillets sont inégaux entre eux, un peu décurrens sur le pédicule; les plus longs se terminent tous au même niveau : il croit sur les feuilles mortes.

448. Agaric virginal.   *Agaricus virgineus.*

Agaricus virgineus. Jacq. Misc. 2. t. 15. f. 1. Pers. Syn. 456.— *Agaricus ericeus.* Bull. Herb. t. 188. — *Agaricus niveus.* Schœff. Fung. t. 232.

Ce champignon est toujours blanc ou légèrement roux dans toutes ses parties; lorsqu'il croît dans un lieu exposé au soleil, il est sec et solide; lorsqu'il vient dans un lieu humide, il est au contraire mollasse; son pédicule est nu, cylindrique, plein ou fistuleux, long de 2-3 centim., continu avec le chapeau; celui-ci est d'abord convexe, ensuite plane ou concave, avec les bords rabaissés; il atteint 4 centim. de diamètre; sa surface est susceptible de se gercer; les feuillets sont peu nombreux, entremêlés de demi-feuillets, décurrens sur le pédoncule; le chapeau est quelquefois demi-transparent sur les bords. Il croît par grouppes, en automne, dans les bruyères et les friches : il est agréable au goût; on le mange dans quelques campagnes, sous le nom de *Mousseron.*

449. Agaric faux-androsace.   *Agaricus speudo-androsaceus.*

Agaricus speudo-androsaceus. Bull. Herb. t. 276. Sibth. Oxon. p. 336. — *Agaricus ericetorum.* Pers. Syn. 472. Obs. Myc. 1. p. 50. t. 4. f. 12. — *Agaricus nothus.* Gmel. Syst. 2. p. 1423.

Ce petit champignon est blanchâtre, grisâtre ou roussâtre; sa hauteur est de 3-4 centim.; son pédicule est nu, plein, cylindrique; son chapeau d'abord convexe, ensuite en forme d'entonnoir, avec les bords rabattus, marqué de sillons rayonnans, qui sont les traces des feuillets entiers ; sa chair est épaisse, ses feuillets sont inégaux, décurrens, peu nombreux : il croît en été et en automne, sur la mousse, dans les bois.

450. Agaric fichet.   *Agaricus fibula.*

Agaricus fibula. Bull. Herb. t. 186. et t. 550. f. 1. Pers. Syn. 471. Sowerb. Fung. t. 45.

Ce petit champignon a un pédicule grêle, plein, nu, long de 4-5 centim., épais de 1-2 mill., glabre, blanchâtre ou roux, continu avec le chapeau ; celui-ci est d'abord convexe, ensuite concave au centre, avec les bords entiers et un peu rabattus, d'une couleur fauve ou rougeâtre, de 7-9 millim. de diamètre ; ses feuillets sont très-étroits, inégaux, jaunâtres, décurrens sur le pédicule : il croît parmi la mousse, en automne.

451. Agaric en famille.   *Agaricus amadelphus.*

Agaricus amadelphus. Bull. Herb. t. 550. f. 3.

Ce petit agaric croît sur l'écorce des arbres, en sociétés nombreuses, dont les individus sont distincts ; le pédicule est nu, plein, grêle, blanchâtre, long de 12-18 millim., souvent courbé pour regagner la perpendiculaire, un peu hérissé à la base ; le chapeau est d'abord convexe, puis plane et concave au centre, arrondi ou un peu plus large d'un côté que de l'autre, d'un fauve pâle, de 7-9 millimètres de diamètre ; les feuillets sont rougeâtres, inégaux, décurrens.

452. Agaric tigré.   *Agaricus tigrinus.*

Agaricus tigrinus. Bull. Herb. t. 70. Sowerb. Fung. t. 68. Pers. Syn. 458. — *Amanita tigrina.* Lam. Dict. 1. p. 107.

Ce champignon est blanc, tacheté, sur son pédicule et surtout sur son chapeau, de petites peluchures brunes plus ou moins nombreuses ; le pédicule est nu, plein, tortueux, long de 2-3 centim. ; le chapeau est régulièrement arrondi, ayant toujours un enfoncement dans le milieu, et les bords plus ou moins rabattus ; son diamètre est de 4-6 centim. ; sa chair est en petite quantité, molle, sans être fragile ; ses feuillets sont très-multipliés, inégaux, décurrens sur le pédicule, dont on ne peut les séparer en entier : il vient par grouppes dans les bois, sur de vieux troncs, en automne et en été ; il est agréable au goût et à l'odorat.

453. Agaric en enton-   *Agaricus infundibuli-*
    noir.   *formis.*

Agaricus infundibuliformis. Bull. Herb. t. 286. et t. 553. — *Aga-*
ricus cyathiformis. Vahl. Fl. dan. t. 1011. — *Agaricus gilvus.*
Pers. Syn. 448.

Ce champignon est d'un blanc jaunâtre ou grisâtre; son pédicule est plein, cylindrique, fibreux, continu, évasé à sa partie
supérieure, long de 4-6 cent. ; le chapeau est mince, humide,
fragile, plus ou moins sinué sur les bords, toujours creusé en
coupe ou en entonnoir, atteignant 7-9 centim. de diamètre;
les feuillets sont minces, étroits, terminés en pointe; il n'y en
a que la huitième partie qui se prolongent jusqu'à la base du
chapeau, et ceux-ci sont un peu décurrens : il croît en automne,
dans les bois, sur les feuilles mortes entassées, qu'il pénètre
au moyen des fibrilles radicales dont il est muni.

454. Agaric mou.   *Agaricus mollis.*

Agaricus mollis. Bull. Herb. t. 38. — *Amanita mollis.* Lam.
Dict. 1. p. 107.

Son pédicule est plein, charnu, cylindrique, quelquefois un
peu renflé à sa base, d'un blanc sale jaunâtre, long de 3-4 centimètres ; le chapeau n'a presque pas de chair; il tend, dès sa
naissance, à être en cône renversé ou en entonnoir; mais sa
consistance est si foible que ses bords se rabattent de tous côtés;
sa superficie est d'un blanc sale, son diamètre de 5-6 centim. ;
les feuillets sont nombreux, jaunâtres, très-étroits, inégaux ;
il y en a peu qui soient entiers, et ceux-ci sont un peu décurrens. On le trouve, en été, sur les vieux troncs pourris, dans
les lieux humides.

455. Agaric en coupe.   *Agaricus cyathiformis.*

α. *Agaricus cyathiformis.* Bull. Herb. t. 248. t. 568. f. 1. et t.
575.—*Agaricus tardus.* Pers. Syn. 461. Vaill. Bot. t. 14. f. 1-3.
β. *Agaricus rufolamellatus.* Bull. Herb. t. 568. f. 1.

Le pédicule est nu, plein, cylindrique, blanc, continu avec
le chapeau, long de 5-5 centim. ; le chapeau est concave dès
sa jeunesse, puis en forme de coupe assez profonde ou d'entonnoir; les bords sont un peu sinueux; la surface est unie,
blanche, jaunâtre ou brunâtre; le diamètre de ce chapeau est
de 5 centim. ; les feuillets sont blancs ou brunâtres, minces,
inégaux, décurrens sur le pédicule, où ils se terminent en

pointe. Cette plante croît dans les bois, en été et en automne ; elle se plaît à l'ombre, parmi la mousse.

456. Agaric contigu. *Agaricus contiguus.*

Agaricus contiguus. Bull. Herb. t. 240. et t. 576. f. 2. — *Agaricus involutus.* Batsch. El. 1. p. 39. t. 13. f. 61. Pers. Syn. 448.

Ce champignon est d'un jaune terreux plus ou moins foncé : son pédicule est cylindrique, glabre, nu, long de 4-5 centim., épais de 2-3 centim., plein, charnu, continu avec le chapeau ; celui-ci, dans sa jeunesse, est convexe ; ses bords sont roulés en dedans, un peu cotonneux et cannelés ; ensuite le chapeau s'aplatit, mais les bords ne se déroulent que lorsque la plante a pris tout son accroissement ; ce chapeau atteint 12-14 centim. de diamètre ; les feuillets sont nombreux, décurrens sur le pédicule ; quand le champignon est jeune, ils sont plissés sur le pédicule, de manière à ce qu'on croiroit voir les tubes d'un bolet ; dans un âge avancé ils forment des rayons droits entremêlés de demi-feuillets : tous ces feuillets sont formés d'une membrane plissée avec une délicatesse extrême ; cette membrane se détache aisément de la chair, avec laquelle elle n'est que contiguë, et on peut alors l'étendre comme on étendroit un surplis. Il croît solitaire dans les bois, en été ; son suc poisse les doigts.

457. Agaric en boîte. *Agaricus pyxidatus.*

Agaricus pyxidatus. Bull. Herb. t. 568. f. 2. Pers. Syn. 471.
α. *Fulvus.* Bull. f. C. H.
β. *Luteolus.* Bull. f. A.
γ. *Albus.* Bull. f. B.

Son pédicule est nu, plein, blanchâtre ou roussâtre, cylindrique, glabre, long de 5-6 centim., épais de 2-5 millim. ; son chapeau est de très-bonne heure concave au centre, avec les bords un peu convexes ; cette concavité augmente avec l'âge par l'élévation des bords ; ce chapeau est blanc, jaunâtre ou le plus souvent fauve ; il est strié sur les bords, de 1-2 centim. de diamètre ; les feuillets sont roux, inégaux, étroits, décurrens : il croît sur la terre, par grouppes de deux à quatre individus réunis par le pied.

458. Agaric amethyste.　*Agaricus amethysteus.*

Agaricus amethysteus. Bull. Herb. t. 198. et t. 570. f. 1. Pers. Syn. 465.

Ce champignon est d'une couleur violette-amethyste à sa naissance, il devient ensuite jaunâtre et blanchâtre; son pédicule est cylindrique, nu, plein, filandreux, long de 5-7 centimètres, continu avec le chapeau, garni par le bas de quelques fibrilles radicales; le chapeau est d'abord hémisphérique et très-régulier, ensuite convexe, un peu sinué sur ses bords et déprimé au centre, large de 4-6 centim. au plus; les feuillets sont rares, épais; il en est peu d'entiers, et ceux-ci sont légèrement décurrens sur le pédicule; la surface du chapeau est sèche et comme veloutée : il croît fréquemment en automne, dans les bois, en grouppes de deux à quatre individus.

Neuvième section. **GYMNOPE.**　　**GYMNOPUS.** Pers.

Point de volva ni de collier. Pédicule plein. Chapeau charnu. Feuillets qui ne noircissent point en vieillissant.

§. Ier. *Feuillets décurrens sur le pédicule.*

459. Agaric transparent.　*Agaricus pellucidus.*

Agaricus pellucidus. Bull. Herb. t. 550. f. 2. — *Agaricus biconus.* Pers. Syn. 317.

Cet agaric est de couleur roussâtre; son pédicule est nu, grèle, plein, glabre, cylindrique, long de 4-5 centim., épais de 2 millim.; son chapeau est conique, un peu strié sur les bords, de 10-15 millim. de diamètre; les feuillets sont très-larges, légèrement décurrens, inégaux entre eux : il croît solitaire, sur le terrein.

460. Agaric terreux.　*Agaricus geotropus.*

Agaric geotrope. Bull. Herb. t. 573. f. 2.

Il est quelquefois absolument blanchâtre; le plus souvent ses feuillets seuls sont blancs, et le reste est d'un jaune pâle et terreux; son pédicule est nu, plein, cylindrique, glabre, quelquefois hérissé à sa base, long de 4-7 centim., épais de 8-15 millim.; son chapeau est arrondi, régulier, d'abord convexe, puis plane et même concave, avec le centre proéminent; les feuillets sont nombreux, inégaux, décurrens : il croît sur la terre, solitaire ou en grouppes peu nombreux.

461. **Agaric petit bonnet.** *Agaricus pileolarius.*

Agaricus pileolarius. Bull. Herb. t. 400.

Son pédicule est nu, plein, continu avec la chair du chapeau, ventru à sa base, blanc, avec des stries grisâtres ou jaunâtres, cotonneux intérieurement, long de 6 centim. au plus, épais de près de 20 millim. à sa base ; le chapeau est d'abord hémisphérique, ensuite convexe, avec les bords repliés en dessous, et enfin plane ou un peu concave ; il atteint 8-10 centim. de diamètre ; sa surface est sèche, d'un gris roux, et paroît farineuse ou cotonneuse ; sa chair est épaisse, ferme et blanche ; ses bords sont minces ou lisses ; les feuillets ont une légère teinte grisâtre ; ils sont nombreux, inégaux, décurrens : il croît à la fin de l'été, dans les bois, sur des amas de feuilles pourries.

462. **Agaric vineux.** *Agaricus vinosus.*

Agaricus vinosus. Bull. Herb. t. 54. — *Amanita vinosa.* Lam. Dict. 1. p. 107.
β. *Agaricus leucophyllus.* Pers. Syn. 309 ?

Son pédicule est nu, plein, roussâtre, cylindrique, renflé légèrement à sa base, continu avec la chair du chapeau, long de 6 centim. ; son chapeau est d'un roux brun, régulièrement convexe et arrondi dans sa jeunesse, sinueux ou lobé, plane, un peu ombiliqué au centre dans sa vieillesse ; il atteint 5 centimètres de diamètre ; sa superficie est sèche, recouverte d'un duvet fin susceptible d'être enlevé par le plus léger frottement ; les feuillets sont roussâtres, très-nombreux, continus avec la chair du chapeau, inégaux, décurrens. Il a le goût vineux et salé ; il n'a pas de mauvaise odeur : il croit en automne, dans les bois sablonneux.

463. **Agaric ficoïde.** *Agaricus ficoides.*

Agaricus ficoides. Bull. Herb. t. 587. f. 1. — *Agaricus pratensis.* Pers. Syn. 304. — *Agaricus miniatus.* Sowerb. Fung. t. 141.

Cette espèce est remarquable par la couleur, d'un rouge fauve, que prend son chapeau, sur-tout vers son centre, et qu'on retrouve souvent dans la chair elle-même ; les feuillets sont jaunâtres, et le pédicule blanc ; celui-ci est nu, plein, cylindrique, assez court ; le chapeau est glabre, d'abord convexe, ensuite plane, avec le centre proéminent, un peu sinueux, charnu, continu avec le pédoncule ; les feuillets sont décurrens, inégaux, épais, éloignés les uns des autres; sa consistance est un peu dure : elle croît dans les près, par grouppes de deux à trois individus réunis par le pied.

464. Agaric à tête velue.   *Agaricus eriocephalus.*

Agaric gnaphaliocéphale. Bull. Herb. t. 576. f. 1.
α. *Rufipes.* Bull. f. B. C. D. E.
β. *Albipes.* Bull. f. A.

Ce champignon est d'un roux plus ou moins foncé dans toutes ses parties, excepté dans la variété β qui a le pédicule blanc ; ce pédicule est nu, plein, cylindrique, long de 4–7 centim., épais de 4 millim., glabre dans la variété α, pubescent dans la variété β ; le chapeau est d'abord en cloche, puis convexe, cotonneux, sur-tout vers les bords, régulièrement arrondi, plus foncé au centre et aux bords que dans le milieu, large de 2–3 centim.; les feuillets sont inégaux, légèrement décurrens : il croît par touffes de trois à cinq individus, sur les bois morts.

465. Agaric ondulé.   *Agaricus undulatus.*

Agaricus undulatus. Bull. Herb. t. 535. f. 2. Pers. Syn. 371.

Son pédicule est nu, cylindrique, fistuleux, grêle, blanchâtre, long de 4–5 centim., un peu flexueux ; son chapeau d'abord conique, ensuite plane, ayant peu de chair, large de 15–18 millim., un peu sinueux sur les bords, blanc, avec des zones concentriques d'un jaune pâle, et le centre taché de gris ; les feuillets sont nombreux, inégaux, jaunâtres, un peu décurrens : il croît sur la terre.

466. Agaric blanc d'ivoire.   *Agaricus eburneus.*

Agaricus eburneus. Bull. Herb. t. 118. Pers. Syn. 364. — *Agaricus nitens.* Sowerb. Fung. t. 71. — *Agaricus jozzolus.* Scop. Carn. 2. p. 431. — *Amanita alba.* Lam. Dict. 1. p. 107.

Ce champignon est remarquable par sa couleur, qui est celle d'un morceau d'ivoire bien poli ; son pédicule est nu, plein, charnu, cylindrique, long de 5–8 centimètres, quelquefois chargé, à son sommet, de petites écailles noirâtres ; son chapeau d'abord hémisphérique, puis convexe, puis plane et même concave, lisse, recouvert, ainsi que le pédicule, d'une liqueur limpide et très-gluante, charnu, continu avec le pédoncule, de 6–8 centim. de diamètre ; les feuillets sont étroits, nombreux, inégaux, un peu décurrens sur le pédicule. Il y en a une variété plus petite , à pédoncule plus grèle et plus alongé. Il croit dans les bois , en automne ; il est agréable au goût.

467. Agaric des bruyères. *Agaricus ericetorum.*

Agaricus ericetorum. Bull. Herb. t. 551. f. 1. non Pers.

Il ressemble tellement à l'agaric blanc d'ivoire , qu'on a peine à l'en distinguer ; il diffère cependant, 1°. parce que son pédoncule n'est jamais chargé d'écailles au sommet, et qu'il est fistuleux vers le haut ; 2°. parce que son chapeau a presque toujours une teinte jaunâtre , et est plus exactement convexe , tandis que dans l'agaric blanc d'ivoire , il est toujours proéminent au centre.

468. Agaric odorant. *Agaricus odorus.*

Agaricus odorus. Bull. Herb. t. 176. et t. 556. f. 3. Pers. Syn. 323. Sowerb. Fung. t. 42.

On distingue aisément ce champignon à son odeur pénétrante , qui approche de celle du musc , de la girofle ou de l'anis ; son pédicule est charnu , plein , nu , cylindrique, un peu dilaté à son sommet, continu avec le chapeau , blanc ou légèrement verdâtre , long de 6 centim. ; son chapeau est peu convexe dans sa jeunesse et ensuite plane , de couleur verdâtre ou bleuâtre , quelquefois gaudronné sur les bords , susceptible d'être pelé ; sa superficie est sèche , sa largeur de 8-9 centim. ; les feuillets sont blancs , un peu décurrens sur le pédoncule , inégaux ; entre deux feuillets entiers on trouve jusqu'à huit demi-feuillets : il croît par grouppes peu nombreux , dans les bois de pins , en automne.

469. Agaric acerbe. *Agaricus acerbus.*

Agaricus acerbus. Bull. Herb. t. 571. f. 2. Pers. Syn. 328.

Son pédicule est plein , nu , cylindrique, épais à sa base , jaunâtre , tacheté , sur-tout vers le haut , de très-petites écailles noires , long de 5 centim. , épais de 1-2 centim. ; le chapeau est orbiculaire , charnu , convexe, roulé en dessous sur ses bords , de couleur jaunâtre , de 7-9 centim. de diamètre ; les feuillets sont étroits , inégaux , nombreux , légèrement décurrens , d'un jaune pâle : il croit sur la terre , par grouppes de deux à trois pieds.

470. Agaric mousseron.   *Agaricus albellus.*

Agaricus mousseron. Bull. Herb. t. 142. — *Amanita.* Hall. Helv.
n. 2341. — *Agaricus albellus.* Schœff. Fung. t. 78. Lam. Fl.
franç. 1. p. 109. — *Amanita albella.* Lam. Dict. 1. p. 107.

Sa couleur est d'un blanc jaunâtre ; sa superficie est sèche et
ressemble à de la peau de gant ; son pédicule est nu , plein ,
charnu , cylindrique ou ordinairement renflé à sa base dans sa
jeunesse , souvent un peu velu vers le pied , continu avec le chapeau , long de 4-5 centim. au plus , épais de 10-15 millim. ;
le chapeau est d'abord sphérique , ensuite en cloche , très-
charnu , de 3-4 centim. de diamètre au plus ; ses bords sont un
peu repliés en dessous ; les feuillets sont nombreux , inégaux ,
très-serrés , très-étroits , terminés en pointe aux deux extrémités ; ceux qui sont entiers sont légèrement décurrens ; sa
chair est cassante quoique fibreuse ; elle prend une couleur brunâtre sous la dent ; on ne peut la peler. Il croît à la fin du
printemps , dans les friches et les bois : on le récolte pour la cui-
sine ; sa saveur est agréable ; on le préfère lorsqu'il est jeune ;
pour le conserver on l'enfile par le pied sur une ficelle , et on le
fait dessécher.

471. Agaric du bois mort.   *Agaricus lignatilis.*

Agaricus lignatilis. Bull. Herb. t. 554. f. 1. — *Agaricus caudicinus , var.* Pers. Syn. 271.

Cet agaric ressemble à l'agaric annulaire, et Persoon le con-
sidère comme une simple variété ; il en diffère cependant en ce
qu'il n'a point de collier ; son pédicule est plein , cylindrique ,
souvent courbé à sa base , fauve , moucheté vers la base de
petites écailles brunes ; le chapeau est d'abord convexe , puis
plane , souvent sinueux , jaune , avec le centre fauve ; les feuillets
sont d'un rouge de brique , inégaux , adhérens ou légèrement
décurrens sur le pédicule : il croît sur les bois de charpente et
la coupe des vieux troncs.

472. Agaric pied en fuseau.   *Agaricus fusipes.*

Agaricus fusipes. Bull. Herb. t. 516. f. 2. et t. 106. Pers. Syn.
312. — *Agaricus crassipes.* Schœff. Fung. t. 88. — *Amanita
attenuata.* Lam. Dict. 1. p. 106.

Ce champignon est tout entier d'une couleur fauve ou marron , à l'exception des feuillets qui sont blancs à leur naissance ;
son pédicule est long de 10-12 centim. , cylindrique au sommet ,
un peu renflé vers le bas , et dégénère en une pointe menue
qui

qui ressemble à une racine fusiforme ; ce pédicule est nu ,
glabre , plein dans sa jeunesse , fistuleux dans un âge avancé ;
le chapeau est globuleux à sa naissance, et ensuite irrégulièrement convexe, de 8-10 centim. de diamètre ; les feuillets sont
un peu éloignés, inégaux : il croît en automne, par grouppes de
trois à cinq individus, sur les troncs pourris.

473. Agaric à tête en-   *Agaricus capnioce-*
    fumée.   *phalus.*

Agaricus capniocephalus. Bull. Herb. t. 547. f. 2.

Son pédicule est nu , plein , cylindrique, un peu aminci à la
base , charnu , jaunâtre , rayé longitudinalement , long de 4-7
centim. , épais de 12-18 millim. ; son chapeau est d'abord convexe, ensuite plane , fauve, avec le centre et le bord noirâtre
lorsqu'il parvient à un âge avancé ; les feuillets sont d'un fauve
roux , inégaux , échancrés à leur base et très-légèrement prolongés sur le pédicule : il croît solitaire ou du moins sans que
ses pédicules soient soudés.

§. II. *Feuillets adhérens au pédicule.*

474. Agaric des pacages.   *Agaricus ovinus.*

Agaricus ovinus. Bull. Herb. t. 580. Pers. Syn. 303.

Son pédicule est nu , plein, quelquefois fistuleux dans un
âge avancé, glabre, cylindrique ou un peu conique , souvent
courbé , jaunâtre , quelquefois un peu strié ; le chapeau d'abord
convexe , puis conique et ensuite plane , est souvent sinueux ou
fendu sur ses bords , quelquefois peluché à sa surface ; sa couleur varie du blanc jaunâtre au roux brun ; son diamètre est de
3-5 centim. ; les feuillets sont blanchâtres , jaunâtres ou grisâtres , inégaux , peu nombreux , adhérens et rarement décurrens sur le pédicule : il croît dans les pacages , par grouppes
dont les pieds sont distincts.

475. Agaric en fuseau.   *Agaricus fusiformis.*

Agaricus fusiformis. Bull. Herb. t. 76. — *Agaricus œdemato-*
    sus. Schœff. Fung. t. 259. — *Amanita œdematosa.* Lam. Dict.
    1. p. 108.

Ce champignon ressemble beaucoup à l'agaric pied en fuseau ;
sa couleur est d'un fauve jaunâtre ; son pédicule est nu , plein ,
glabre, uni, renflé vers le milieu, en pointe à la base et en
cylindre au sommet, long de 7-8 centim. ; son chapeau est

convexe, en cloche, arrondi, un peu sinueux dans un âge avancé, large de 2 centim.; sa superficie est sèche, sa chair fibreuse et continue avec celle du pédicule; les feuillets sont étroits, inégaux, adhérens au pédicule : il croît en été, dans les bois ; on le trouve toujours par grouppes.

476. Agaric à pied rayé. *Agaricus grammopodius.*

Agaricus grammopodius. Bull. Herb. t. 548. et t. 585. f. 1. Pers. Syn. 311.
α. *Albus.* Bull. t. 548. f. A. et t. 585. f. 1. K. G. L. M.
β. *Rufescens.* Bull. t. 548. f. B-G.

Les feuillets sont blancs ou jaunâtres, le reste de la plante est tantôt blanc, tantôt roux ; le pédicule est nu, plein, cylindrique, marqué de petites raies noirâtres et irrégulières, long de 6-8 centim., épais de 10-12 millim., un peu renflé à la base ; le chapeau est d'abord conique, ensuite convexe, plane ou concave, avec le centre proéminent ; son diamètre est de 6-7 centimètres au plus; les feuillets sont inégaux, très-nombreux, adhérens, mais non décurrens sur le pédicule : il croît solitaire sur le terrein.

477. Agaric rameux. *Agaricus ramosus.*

Agaricus ramosus. Bull. Herb. t. 102. — *Amanita ramosa.* Lam. Dict. 1. p. 108.

Ses pédicules partent tous d'un tronc qui leur est commun, et sont souvent soudés ensemble pendant une partie de leur longueur ; ils sont cylindriques, un peu plus minces vers le sommet, nus, pleins, longs de 10-12 centim., continus avec la chair du chapeau ; celui-ci est d'abord hémisphérique, ensuite convexe, orbiculaire, large de 4-5 centim. ; les feuillets sont minces, inégaux, élargis du côté du pédicule. Toute la superficie de ce champignon est sèche et d'un blanc de lait; sa chair est ferme sans être cassante : il croît à la fin de l'automne, sur de vieilles souches de chêne et sur du tan brut.

478. Agaric tubéreux. *Agaricus tuberosus.*

α. *Agaricus tuberosus.* Bull. Herb. t. 256. et t. 522. f. 4. Pers. Syn. 374.
β. *Agaricus amanitæ.* Batsch. El. 1. p. 109. f. 93. Pers. Obs. Myc. 2. p. 52.

Cette plante singulière mérite l'attention des observateurs; si on suit son développement, on apperçoit d'abord une petite graine ou tubercule rougeâtre plongé dans le corps ou entre les feuillets des grosses espèces d'agarics ou de bolets; cette graine s'alonge en un ou plusieurs points, et de chacun sort un filet menu, blanc et surmonté d'une petite tête; ce filet se développe, et on voit enfin un agaric long de 4-5 centim. au plus, dont le pédicule est grêle, nu, plein, fistuleux, garni vers sa base d'un anneau de poils, et continu avec le tubercule rougeâtre; le chapeau est large de 10-12 millim., plane ou convexe, blanchâtre, lisse, doublé de feuillets inégaux, blancs, non décurrens sur le pédicule. Telle est la manière dont Bulliard décrit cette plante. Persoon, au contraire, croît que le tubercule rougeâtre dont j'ai parlé, est un végétal particulier analogue aux truffes du safran, et qu'il nomme *Sclerotium des champignons*. Il dit qu'on trouve quelquefois l'agaric sans ce tubercule ou cette plante. L'agaric tubéreux croît sur les grandes espèces d'agarics ou de bolets à demi-pourris.

479. Agaric trapu. *Agaricus brevipes.*

Agaricus brevipes. Bull. Herb. t. 521. f. 2. Pers. Syn. 360.

Cet agaric est facile à reconnoître à son port; il a un pédicule court et épais, surmonté d'un chapeau charnu et aplati, large de 6-7 centim., c'est-à-dire trois fois plus large que le pied n'est long; le pédicule est nu, plein, charnu, cylindrique; le chapeau d'abord conique, puis plane, souvent échancré sans régularité, continu avec le pédicule; les feuillets sont nombreux, inégaux, échancrés auprès du pédicule; toute la plante est d'un gris brun, avec les feuillets d'un gris cendré, et la chair un peu rougeâtre: elle croît sur la terre, solitaire ou en grouppes peu nombreux.

480. Agaric glauque. *Agaricus glaucus.*

Agaricus glaucus. Bull. Herb. t. 521. f. 1. — *Agaricus salicinus*, var. γ. Pers. Syn. 345.

Son pédicule est cylindrique, nu, plein, grêle, long de 6-8 centimètres, continu avec le chapeau, lequel est peu charnu, d'abord hémisphérique, ensuite convexe, et souvent fendu sur les bords; ce chapeau est large de 5 centim., de couleur glauque tirant sur le brun, strié de noirâtre, et souvent tacheté de noir au sommet; les feuillets sont larges, inégaux, échancrés du côté du pédicule, de couleur rougeâtre: il croît solitaire.

481. Agaric pur.　　　*Agaricus purus.*

α. Agaricus purus roseus. Pers. Syn. 339. — *Agaricus roseus.*
Bull. Herb. t. 162. Sowerb. Fung. t. 72.

β. Agaricus purus janthinus. Pers. Syn. 339. — *Agaricus janthinus.* Batsch. El. p. 79. f. 20. — *Agaricus roseus.* Bull. Herb.
t. 507. fig. pleræq.

γ. Agaricus purus fucescens. — *Agaricus roseus.* Bull. Herb.
t. 507. f. F. G.

δ. Agaricus purus purpureus. Pers. Syn. 339. — *Agaricus purpureus.* Bolt. Fung. p. 41. t. 41.

ε. Agaricus purus cæsius. Pers. Syn. 339.

La forme, la grandeur et sur-tout la couleur de cette espèce,
varient beaucoup; on en voit de roses, de pailles, de bruns,
de rouges, de bleuâtres; il s'élève quelquefois à 15 centim.,
quelquefois il ne dépasse pas 5 centim.; son chapeau est tantôt
conique, tantôt un peu en cloche, quelquefois absolument plane;
les bords en sont entiers ou le plus souvent sinueux; son pédicule est quelquefois glabre et très-souvent hérissé de poils nombreux à sa base; on peut cependant le distinguer aux caractères
suivans : son pédicule est toujours nu, cylindrique, fistuleux
dans toute sa longueur; son chapeau a peu de chair, et a la
surface légèrement humide; ses feuillets sont nombreux, inégaux, un peu adhérens au pédicule, marqués à leur base de
veines, ensorte que si on les regarde en travers du jour, ils
offrent un réseau marqué. Cette espèce croît dans les bois, en
automne.

482. Agaric caméléon.　　　*Agaricus cameleo.*

Agaricus cameleo. Bull. Herb. t. 545. f. 1. — *Agaricus psitac-
cinus.* Schœff. Fung. t. 301. Pers. Syn. 335.

L'agaric caméléon mérite ce nom non seulement pour la diversité de ses couleurs, mais encore pour celle de ses formes;
son pédicule est nu, cylindrique, ordinairement plein, quelquefois creux vers le sommet, tantôt jaune, tantôt verdâtre,
le plus souvent jaune à la base et verdâtre au sommet, long
de 4–5 centim.; son chapeau est en cloche ou en cône plus ou
moins évasé, presque plane dans sa vieillesse, sinueux et fendu
sur ses bords, strié ou rayé, jaune, verd, blanchâtre ou bigarré;
les feuillets sont jaunes, inégaux, adhérens au pédicule, un
peu éloignés les uns des autres : il croît dans les prairies, en
automne, par touffes dont les pieds sont distincts.

483. Agaric butireux. *Agaricus butyraceus.*

Agaricus butyraceus. Bull. Herb. t. 572.
β. *Agaricus thrycopus.* Pers. Syn. 308.

Cet agaric a un pédicule plein, nu, cylindrique, un peu renflé et bosselé à sa base, glabre ou souvent velu dans la partie inférieure, d'un rouge marron, long de 5-8 centim.; le chapeau est d'abord globuleux, puis conique. puis il devient concave par le relèvement de ses bords; sa superficie est d'un roux plus ou moins clair et souvent inégale en teinte; les feuillets sont blancs ou jaunâtres, inégaux, un peu arqués, adhérens mais non décurrens sur le pédicule : il naît solitaire ou par grouppes de deux à trois pieds soudés ensemble; on le trouve sur la terre.

484. Agaric arqué. *Agaricus arcuatus.*

Agaricus arcuatus. Bull. Herb. t. 443. et 589. f. 1. Pers. Syn. 303.

Il n'y a pas d'espèce qui varie autant que celle-ci pour la grandeur, pour la forme et pour la couleur; on en trouve qui, à la hauteur de 3 cent., ont atteint leur maturité; d'autres s'élèvent jusqu'à 12, sur une largeur à-peu-près égale; le pédicule est blanchâtre, nu, plein, cylindrique ou un peu épaissi à la base; le chapeau est convexe ou irrégulièrement plane, ou concave; sa couleur varie du blanchâtre au fauve et au brun; ses lames sont blanchâtres ou, à la fin de leur vie, de couleur fauve ou brune; elles sont nombreuses, inégales, les plus longues sont arquées, c'est-à-dire insérées autour du pédicule comme autant de demi-accolades : il est commun en automne, sur la terre, dans les bois, les prés, les jardins.

485. Agaric à tête bronzée. *Agaricus molibdocephalus.*

Agaricus molibdocephalus. Bull. Herb. t. 523. — *Agaricus œneus.* Pers. Syn. 302.

Son pédicule est nu, plein, charnu, long de 8-16 centim. sur 2-3 de large, jaunâtre, lisse dans le bas, garni de quelques écailles vers le haut; son chapeau est d'abord convexe, hémisphérique, puis à-peu-près conique, à cause de la protubérance de son centre; il est d'une couleur de bronze foncée; les feuillets sont très-larges, inégaux en longueur, d'un gris rouillé; les plus longs avant d'atteindre le pédicule, font un angle droit

ou un angle rentrant ; ce dernier caractère fait aisément reconnoître cette espèce : elle croît sur la terre.

486. Agaric ionide.　　　*Agaricus ionides.*

Agaricus ionides. Bull. Herb. t. 533. f. 3. Pers. Syn. 338.

Son pédicule est nu , plein, cylindrique , long de 5-6 centim. ,
plus ou moins roux , continu avec le chapeau; celui-ci est d'abord
en cloche , ensuite plane et même légèrement concave , d'abord
arrondi et entier , ensuite un peu sinué , quelquefois violet ,
avec le centre plus foncé; quelquefois paille , avec le centre et
le bord violet , large de 4-8 centim. ; les feuillets sont blanchâtres , inégaux , adhérens par leur pointe , et assez sensiblement arqués.

487. Agaric sinué.　　　*Agaricus sinuatus.*

Agaricus sinuatus. Bull. Herb. t. 579. f. 1. Pers. Syn. 329.

Ce champignon est d'un jaune pâle et un peu sale , avec les
feuillets d'un roux jaune ; son pédicule est épais, charnu, plein,
nu , cylindrique ou un peu renflé à sa base, long de 5-8 centimètres , épais de 1-3 centim. ; son chapeau est charnu , d'abord
convexe et presque régulier , ensuite plane ou concave , avec
les bords sinueux et ondulés irrégulièrement; le diamètre de
ce chapeau va jusqu'à 15 centim. et au-delà; les feuillets sont
aussi un peu sinueux , inégaux , tronqués à leur base de manière à adhérer fort peu au pédicule : il naît solitaire , sur le
terrein.

488. Agaric des devins.　　　*Agaricus hariolorum.*

Agaricus hariolorum. Bull. Herb. t. 56. et t. 585. f. 2. — *Agaricus sagarum.* Pers. Syn. 331. — *Amanita nummularia.* Lam.
Dict. 1. p. 107.

Ce champignon est d'un jaune pâle , haut de 3-4 centim. , et
porte un chapeau qui a presque le même diamètre; son pédicule est nu , glabre ou hérissé, cylindrique , plein dans sa
jeunesse , fistuleux dans un âge avancé; sa chair est continue
avec celle du chapeau; celui-ci est peu convexe ou presque
plane , lisse , glabre ; sa superficie est sèche ; il a peu de chair;
ses feuillets sont inégaux , écartés , presque toujours tortueux ,
et ne touchent le pédicule que par leur pointe : il croît en été ,
dans les bois, parmi les feuilles pourries; il a un goût agréable;

dans quelques pays le peuple superstitieux craint de le fouler aux pieds.

489. Agaric couleur de chair. *Agaricus carneus.*

Agaricus carneus. Bull. Herb. t. 533. f. 1. Pers. Syn. 340.

Ce petit champignon est d'une couleur de chair tirant un peu sur le roux ; son pédicule est nu, plein, cylindrique, long de 3-4 centim., continu avec le chapeau ; celui-ci est compact, d'abord hémisphérique et régulier, ensuite convexe et souvent irrégulièrement fendu ou sinué ; sa largeur est de 5 centimètres ; les feuillets sont blancs, inégaux, un peu attachés au haut du pédicule : il croît parmi les gazons.

490. Agaric couleur de soufre. *Agaricus sulphureus.*

Agaricus sulphureus. Bull. Herb. t. 168. et t. 545. f. 2. Pers. Syn. 322.

Ce champignon commence par avoir une teinte jaune un peu verdâtre ; il prend ensuite la couleur du soufre fondu ; son pédicule est nu, plein, cylindrique, fibreux, glabre, long de 8-10 centim., large de 10-11 millim. ; son chapeau est charnu, d'abord conique, ensuite convexe, avec le centre légèrement enfoncé ; il a 6 centim. de diamètre ; sa surface est sèche, et ne peut se peler ; les feuillets sont nombreux, inégaux, adhérens légèrement au pédoncule : il croît solitaire dans les bois, en automne, sur la terre et jamais sur le bois ; il sent le chenevis pourri, mais n'a rien de désagréable au goût.

491. Agaric à tête jaune. *Agaricus chrysenterus.*

Agaricus chrysenterus. Bull. Herb. t. 556. f. 1. Pers. Syn. 321.

Dans cette espèce d'agaric le pédicule est nu, plein, cylindrique, jaune et glabre dans presque toute sa longueur, blanc et hérissé de poils à sa base, long de 6 centim. ; le chapeau est jaune, d'abord presque globuleux, ensuite convexe, puis presque plane, avec le centre proéminent ; son diamètre est de 4 centim. ; les feuillets sont jaunes, inégaux, à peine adhérens au pédicule, un peu échancrés à leur base. Ce champignon croît sur les bois et les feuilles mortes, par grouppes de deux ou trois pieds souvent soudés ensemble.

492. Agaric parasite.   *Agaricus parasiticus.*

Agaricus parasiticus. Bull. Herb. t. 574. f. 2. Pers. Syn. 371.

Sa couleur est blanche, avec les feuillets rougeâtres ; son pédicule est nu, plein, un peu mou dans le centre, hérissé de poils dans la moitié inférieure, cylindrique, souvent courbé, long de 4-7 centim. ; son chapeau est d'abord conique, ensuite plane, avec le centre protubérant et un peu plus foncé ; ses bords sont un peu sinueux, et son diamètre de 15-20 mill. ; les feuillets sont inégaux, amincis à la base, à peine adhérens au pédicule : il naît par grouppes de trois à quatre pieds réunis ensemble par la base ; on le trouve sur les grands agarics à moitié pourris.

493. Agaric à pied brun.   *Agaricus phaiopodius.*

Agaricus phaiopodius. Bull. Herb. t. 532. f. 2.

Son pédicule est nu, plein, épais à sa base, aminci vers le milieu de sa longueur, évasé à son sommet, glabre, d'un brun un peu roux, long de 5-6 centim. ; son chapeau est de la même couleur que le pédicule, d'abord convexe, puis plane ou concave, avec le centre proéminent, un peu sinueux sur les bords, de 4-8 centim. de diamètre ; les feuillets sont blancs, inégaux, arqués à leur base, à peine adhérens au pédicule : il croît solitaire sur le terrein.

§. III. *Feuillets non adhérens au pédicule.*

494. Agaric élancé.   *Agaricus longipes.*

Agaricus longipes. Bull. Herb. t. 232. et t. 515. — *Agaricus radicatus pudens.* Pers. Syn. 313.

Ce champignon est remarquable parce que son pédicule s'enfonce si profondément en terre, qu'on a peine à l'en tirer en entier ; ce pédicule est long de 2 décim., plein, nu, revêtu d'une écorce facile à détacher, velouté et marqué, dans presque toute sa longueur, de stries noirâtres et parallèles ; il est cylindrique, un peu renflé à sa base, et dégénère en une racine horizontale alongée, et qui émet de petites fibrilles latérales ; le chapeau est d'abord conique, puis presque aplati, velouté et doux au toucher, de couleur blanchâtre ou brunâtre, large de 5-6 centim. et davantage ; les feuillets sont peu nombreux, larges, minces, inégaux, gaudronnés, blancs ou cendrés ; les

plus longs viennent se terminer en pointe, sans adhérer au pédicule, quelquefois au contraire ils sont légèrement décurrens ;
le chapeau a peu de chair : il croît dans les bois, en automne.

495. Agaric brûlant. *Agaricus urens.*

Agaricus urens. Bull. Herb. t. 528. f. 1. Pers. Syn. 333.

Son pédicule est d'un jaune pâle et terreux, un peu strié de
roux, long de 10-15 centim., cylindrique, un peu épais et velu
à sa base, nu, plein, continu avec la chair du chapeau ; celui-ci
est d'abord convexe, ensuite plane, assez régulier, de 4-5 centimètres de diamètre, d'un jaune pâle et sale ; les feuillets sont
roux, inégaux ; ceux qui sont entiers n'atteignent pas jusqu'au
pédicule, mais s'arrêtent tous régulièrement à 1-2 millim. de
distance : il croît sur les feuilles mortes.

496. Agaric rampant. *Agaricus repens.*

Agaricus repens. Bull. Herb. t. 90. — *Amanita repens.* Lam.
Dict. 1. p. 109. — *Agaricus erythropus.* Pers. Syn. 367 ?

Une souche rougeâtre, rameuse, rampante, pousse de tous
côtés des pédicules simples ou rameux, cylindriques, nus,
pleins ou à peine fistuleux, longs de 8-10 centim. ; à leur sommet sont des chapeaux orbiculaires dans leur jeunesse, et ensuite irrégulièrement sinueux, d'abord convexes, puis planes et
concaves dans le centre, jaunâtres, larges de 2 centim. ; les
feuillets sont nombreux, jaunes, inégaux, libres, un peu plus
larges du côté du pédicule : il croît en automne, dans les bois,
parmi les feuilles pourries qui quelquefois le recouvrent presque
en entier.

497. Agaric tortu. *Agaricus contortus.*

Agaricus contortus. Bull. Herb. t. 36. — *Amanita contorta.* Lam.
Dict. 1. p. 108.

Il a le pédicule et le chapeau d'un roux brun, et les feuillets
blancs ; il croît par grouppes nombreux, ou plutôt une même
souche produit un grand nombre de tiges ; chaque pédicule est
cylindrique, glabre, nu, toujours tortueux ou plutôt tordu
sur lui-même, plein, quelquefois fistuleux dans sa vieillesse,
long de 6-7 centim. ; le chapeau est convexe, protubérant au
centre, régulièrement arrondi, comme gaudronné sur les bords,
large de 5 centim. ; les feuillets sont minces, fragiles, inégaux,
distincts du pédicule, autour duquel ils forment une espèce
de bourrelet : il croît en été, au pied des arbres, dans les bois.

498. Agaric à tête brune. *Agaricus phaiocephalus.*

Agaricus phaiocephalus. Bull. Herb. t. 555. f. 1. Pers. Syn. 302.

Son pédicule est nu, plein, cylindrique, un peu tubéreux à sa base, brunâtre vers le haut, blanchâtre dans la partie inférieure, long de 10-12 centim., épais de 10-12 millim.; son chapeau est d'un brun roux, d'abord en cloche irrégulière, puis en cône à bords sinueux, un peu peluché, large de 6-8 centimètres; ses feuillets sont d'un jaune terreux, inégaux, sinueux, non adhérens au pédicule : il naît sur le terrein.

499. Agaric fauve.   *Agaricus fulvus.*

Agaricus fulvus. Bull. Herb. t. 555. f. 2. et t. 574. f. 1.

Son pédicule est nu, plein, charnu, cylindrique, un peu plus épais à la base, jaunâtre, avec des stries rougeâtres longitudinales, haut de 8-12 centim., épais de 10-15 millim.; son chapeau est d'abord arrondi, puis convexe et enfin plane, arrondi, d'un fauve tirant quelquefois sur le brun, quelquefois sur l'orangé, large de 6-7 centim.; les feuillets sont inégaux, jaunâtres, un peu sinueux, tronqués à la base et non adhérens au pédicule : il croît en grouppes de deux à trois individus réunis par le pied.

500. Agaric écarlate.   *Agaricus coccineus.*

Agaricus coccineus. Bull. Herb. t. 202. et t. 570. f. 2. Pers. Syn. 334. Obs. Myc. 2. p. 49. Schœff. Fung. t. 302.

Ce champignon est, pendant sa jeunesse, d'un beau rouge écarlate; à sa vieillesse il pâlit et devient d'un blanc sale, et taché de brun; son pédicule est nu, cylindrique, plein dans sa jeunesse, fistuleux dans l'âge avancé, souvent aminci à sa base, continu avec le chapeau, long de 6-10 centim.; le chapeau est d'abord conique, ensuite à-peu-près plane, d'abord exactement arrondi, ensuite un peu sinué, légèrement humide et visqueux, large de 4-5 centim.; les feuillets sont épais, inégaux, libres : il croît par petits grouppes, en automne, dans les bois, les friches, les herbages.

501. Agaric à tête rayée. *Agaricus grammocephalus.*

Agaricus grammocephalus. Bull. Herb. t. 594.

Le pédicule est nu, plein, cylindrique, jaunâtre, glabre, long de 7-11 centim., épais de 10-11 millim.; le chapeau est convexe, quelquefois plane dans sa vieillesse, jaunâtre, marqué d'une multitude de raies interrompues rayonnantes, noires et rougeâtres, sinué sur les bords, large de 7-8 centim.; les feuillets sont d'un jaune clair, inégaux, tronqués à leur base, non adhérens au pédicule : il croît solitaire.

502. Agaric à graines rouges. *Agaricus phonospermus.*

Agaricus phonospermus. Bull. Herb. t. 534. et t. 547. f. 1. et t. 590. — *Agaricus fertilis.* Pers. Syn. 328. — *Agaricus pallidus.* Sowerb. Fung. t. 143 ?

Son pédicule est nu, plein, cylindrique, un peu renflé à la base, blanchâtre, avec quelques stries roussâtres, long de 7-8 centim. au plus; son chapeau est d'abord conique et obtus, ensuite convexe et enfin à-peu-près plane; sa couleur est d'abord blanchâtre et ensuite roussâtre; il est lisse et large de 7-8 centim. à son plus grand développement; ses feuillets sont nombreux, inégaux, non adhérens au pédicule, couleur de rouille; les graines sont nombreuses, de couleur rouge : il croît dans les lieux boisés et découverts.

503. Agaric blanc-cendré. *Agaricus cinerescens.*

Agaricus cinerescens. Bull. Herb. t. 438.

Il est d'abord blanc et prend ensuite une couleur cendrée, principalement sur ses feuillets; sa chair est ferme, cassante; son pédicule est plein, nu, cylindrique, long de 6-7 centim. ; le chapeau est arrondi, un peu sinué sur les bords, convexe, quelquefois un peu concave et mamelonné à son centre ; il atteint 5-8 centim. de diamètre; ses feuillets sont inégaux, larges, épais, libres, et se détachent facilement et tous ensemble du chapeau et du pédicule : il croît en automne, dans les bois, solitaire ou en grouppes.

504. Agaric couleur de froment. *Agaricus frumentaceus.*

Agaric frumentacé. Bull. Herb. t. 571. f. 1.

Sa couleur est d'un jaune paille qui tire un peu sur le rouge et qui offre quelquefois de petites taches rougeâtres; son pédicule est nu, plein, charnu, cylindrique, long de 6-9 centim., épais de 10-18 millim. ; son chapeau est d'abord convexe, ensuite légèrement concave, arrondi, glabre, large de 6-8 cent.; ses feuillets sont inégaux, non adhérens au pédicule : il naît par grouppes de deux à trois individus réunis par le pied.

5o5. Agaric gris de souris. *Agaricus murinaceus.*

Agaricus murinaceus. Bull. Herb. t. 52o.
β. *Agaricus nitratus.* Pers. Syn. 356?

Son pédicule est plein, nu, cylindrique, quelquefois silloné, grisâtre, avec des stries noirâtres éparses, long de 6-7 centimètres, épais de 15 millimètres; son chapeau est orbiculaire, souvent sinué ou fendu, convexe dans sa jeunesse, grisâtre, avec des stries noirâtres, quelquefois roux à son centre; il atteint 7-9 centimètres de diamètre; sa chair est blanche, extrêmement fragile; ses feuillets sont nombreux, inégaux, gris, libres, sinueux, échancrés à leur base, remarquables par leur largeur et leur épaisseur : il croît sur la terre, dans les bois de haute futaie, en automne.

5o6. Agaric cartilagineux. *Agaricus cartilagineus.*

Agaricus cartilagineus. Bull. Herb. t. 589. f. 2. Pers. Syn. 356.

Le pédicule est plein, nu, cylindrique, long de 6 centim., blanc, avec de petites stries rougeâtres, excepté à la base; le chapeau est noirâtre, convexe, sinueux et ondulé, difforme, large de 7-8 centim.; les feuillets sont jaunes-pâles, distincts du pédoncule, inégaux, élargis à la base, pointus au sommet. Il paroît, d'après le nom que Bulliard a donné à cette espèce, que sa consistance est cartilagineuse. Il croît solitaire, sur le terrein.

5o7. Agaric livide.   *Agaricus lividus.*

Agaricus lividus. Bull. Herb. t. 382.

Son pédicule est d'un blanc sale, quelquefois taché de rouge, plein, nu, cylindrique ou un peu renflé à sa base, charnu, long de 6-8 centim., épais de 10-15 millim.; le chapeau est d'un gris livide, quelquefois marqué de zones concentriques, lisse et même luisant, continu avec le pédicule, d'abord en cloche, ensuite plane, large de 8-10 centim. quand il a atteint tout son développement; les feuillets sont nombreux, inégaux, libres, un peu sinueux, échancrés à leur base, d'un rouge semblable au fruit de la pomme-d'amour; la poussière qu'ils émettent est de la même couleur : il croît dans les bois, solitaire, à la fin de l'été, sur la terre.

508. Agaric à tête blanche. *Agaricus leucocephalus.*

Agaricus leucocephalus. Bull. Herb. t. 428. f. 1. et t. 536.

Ce champignon est entièrement blanc, sur-tout dans sa jeunesse, ensuite son pédicule est quelquefois un peu rayé de brun et le centre du chapeau un peu brunâtre ou fauve; son pédicule est nu, plein, charnu, cylindrique, long de 6-8 centim.; le chapeau est d'abord sphérique, ensuite en cloche, puis plane; ses bords sont souvent sinueux, sa chair est ferme sans être cassante; son diamètre est au plus de 7-8 centim.; les feuillets sont très-nombreux, un peu adhérens, minces et ne peuvent être séparés de la chair du chapeau : il croît solitaire ou par grouppes de 4-5 individus, dans les bois, au printemps et en automne.

509. Agaric velouté. *Agaricus villosus.*

Agaricus villosus. Bull. Herb. t. 214.

Son pédicule est blanc, nu, plein, cylindrique, long de 6-7 centim.; son chapeau est d'abord ovoïde ou en cloche, puis convexe; ses bords sont souvent sinueux; son diamètre est de 5 centim. au plus; sa superficie est violette, un peu humide, légèrement veloutée comme la pêche, et susceptible d'être pelée; sa chair est blanche; ses feuillets sont libres, plus étroits vers le pédicule que vers le bord du chapeau, inégaux, d'abord blancs, et ensuite orangés et rougeâtres : il croît en automne, sur des morceaux de bois pourris tombés à terre.

510. Agaric satiné. *Agaricus sericeus.*

Agaricus sericeus. Bull. Herb. t. 413. f. 2. et t. 526. non Schœff.
β *Agaricus sericeus.* Pers. Syn. 366. Icon. t. 6. f. 2 ?

Ce champignon est remarquable parce que, dans sa jeunesse, son chapeau est luisant comme du satin; son pédicule est cylindrique, nu, ordinairement strié, long de 6-8 centim., le plus souvent fistuleux, quelquefois plein; son chapeau est d'abord conique, ensuite plane, avec le centre proéminent, large de 6-7 centim.; sa couleur est brune, rousse ou blanchâtre; dans sa vieillesse il perd son luisant et est strié sur les bords; ses feuillets sont grisâtres ou jaunâtres, nombreux, inégaux, libres, échancrés à leur base : il croît en automne, dans les bois, le long des prés et des chemins.

511. Agaric poudreux. *Agaricus furfuraceus.*

Agaricus furfuraceus. Bull. Herb. t. 532. f. 1. non Pers.

Son pédicule est nu, plein, blanc, droit, glabre, long de
6-8 centim., épais de 8-10 millim.; le chapeau est d'abord
hémisphérique, ensuite en cloche, puis plane, avec le centre
proéminent et les bords un peu sinueux; sa superficie est poudreuse, jaunâtre, avec des mouchetures fauves nombreuses vers
le centre; les feuillets sont d'abord blancs, ensuite jaunâtres,
inégaux, libres et ascendans du côté du pédicule. Il diffère peu
de l'agaric sinué; ses bords sont plus entiers et son chapeau plus
foncé : il croît solitaire ou en grouppes, sur la terre.

512. Agaric gorge de pigeon. *Agaricus columbarius.*

Agaricus columbarius. Bull. Herb. t. 413. — *Agaricus chaly-
bœus.* Pers. Syn. 343?

Ce champignon commence par être d'un bleu violet ou gorge
de pigeon; son chapeau et ensuite ses feuillets deviennent d'un
gris plus ou moins foncé; son pédicule est nu, cylindrique,
fistuleux dans le haut, glabre, long de 5-7 centim., épais de
4-5 millim.; le chapeau est d'abord en cloche, ensuite convexe,
à bord sinueux, quelquefois entièrement plane, large de 2-4
centim.; sa surface est satinée, chatoyante et marquée de stries
noirâtres, sur-tout vers le centre; les feuillets sont larges, libres,
inégaux, arqués à la base : il croît dans les bois, en été et en
automne.

513. Agaric argenté. *Agaricus argyraceus.*

Agaricus argyraceus. Bull. Herb. t. 423. f. 1. et 513. f. 2. —
Agaricus myomices, var. β. Pers. Syn. 346.

Son pédicule est nu, plein, cylindrique, continu avec la
chair du chapeau, blanc ou brunâtre, long de 5-6 centim.;
le chapeau est d'abord conique, ensuite aplati ou un peu concave avec le centre protubérant, d'abord sinueux, ensuite légèrement fendu ou lobé, large de 7-8 centim.; ce chapeau est
d'abord comme laineux ou drapé, et d'un gris obscur, sur-tout
à son sommet; sa couleur perd de son intensité avec l'âge, et en
se répandant par petites mouchetures très-légères sur toute la
surface du chapeau, dont le fond est blanc et luisant; les feuillets sont nombreux, libres, blancs, irrégulièrement crénelés.
Bulliard en a vu une variété dont le chapeau est gris et uni.

L'agaric argenté croît en été, dans les bois, sur la terre; il est très-fragile.

514. Agaric échaudé. *Agaricus crustuliniformis.*

Agaricus crustuliniformis. Bull. Herb. t. 308. et t. 546. — *Agaricus circinans.* Pers. Obs. Myc. 1. p. 10. — *Agaricus fastibilis.* Pers. Syn. 326. — *Agaricus lateritius.* Batsch. El. t. 33. f. 195.

Sa superficie est unie, luisante, très-gluante dans les temps humides; dans sa jeunesse comme dans un âge avancé, il ressemble, par sa forme et par sa couleur, à un échaudé; son pédicule est nu, plein, cylindrique, blanc, long de 4-6 centimètres, glabre à sa base et à son sommet, tacheté de petites peluchures noirâtres dans le milieu; son chapeau est convexe, un peu irrégulièrement bosselé et sinueux, jaunâtre, glabre, large de 4-8 centim.; les feuillets sont roux, inégaux; ceux qui sont entiers laissent un intervalle entre eux et le pédicule. Cet agaric est commun en automne, dans les bois et les prairies. Rien de plus curieux, dit Bulliard, que la manière dont ce champignon est semé sur la terre; tantôt autour d'un arbre, à une distance de 2-3 mètres, tantôt au milieu d'une prairie ou d'une forêt, formant des ronds réguliers ou des bandes sinueuses qui ont quelquefois jusqu'à 100 mètres de longueur, sur 6-8 décim. de largeur.

515. Agaric safrané. *Agaricus croceus.*

Agaricus croceus. Bull. Herb. t. 50. et t. 524. f. 3. — *Agaricus tristis.* Pers. Obs. Myc. 2. p. 49. — *Agaricus conicus.* Schœff. Fung. t. 2. f. 9. Pers. Syn. 335.

Cet agaric est, pendant sa jeunesse, d'une couleur aurore ou safranée, ensuite il brunit et devient entièrement noir à sa mort; son pédicule est nu, cylindrique, d'abord plein, ensuite fistuleux, long de 6-8 centim.; son chapeau est le plus souvent conique, quelquefois étalé par les bords, sinué ou échancré, souvent même divisé en lobes irréguliers jusques au tiers de son diamètre; sa superficie est sèche et luisante; les feuillets sont épais, assez consistans, inégaux, libres; il n'a presque point de chair: il croît dans les terreins secs, parmi le gazon, et quelquefois dans les bois.

5i6. Agaric ondulé.   *Agaricus repandus.*

Agaricus repandus. Bull. Herb. t. 423. Pers. Syn. 329.

Son pédicule est nu, plein, blanc, cylindrique, long de 5-6 centim.; le chapeau est d'abord conique, ensuite ses bords s'évasent; il devient enfin presque plane, avec le centre protubérant; ses bords sont sinués dès sa naissance, et souvent fendus et échancrés dans l'âge adulte; sa chair est blanche, ferme et cassante; sa surface est lisse, rayée de jaune sur un fond blanchâtre; sa largeur est de 5-6 centim.; les feuillets sont très-larges, libres, inégaux et de couleur grise; les graines sont rougeâtres : il pousse au printemps, sur la terre, dans les forêts; il est rare.

5i7. Agaric crevassé.   *Agaricus rimosus.*

Agaricus rimosus. Bull. Herb. t. 388. et t. 599. Pers. Syn. 310.
— *Agaricus aurivenius.* Batsch. El. t. 20. f. 107.

Son pédicule est cylindrique, nu, plein, d'un blanc sale, long de 4-12 centim.; son chapeau est d'abord conique, ensuite à-peu-près plane, avec le centre protubérant, glabre, comme satiné, strié de jaunâtre et de fauve, marqué de fentes inégales rayonnantes; ce chapeau ne dépasse pas la largeur de 6-8 centimètres; il a peu de chair; ses lames sont jaunâtres, inégales, libres : il croît en été et en automne, dans les bois et au bord des routes.

5i8. Agaric à graines *Agaricus pyrrospermus.* orangées.

Agaricus pyrrospermus. Bull. Herb. t. 547. f. 3.

Le pédicule de cet agaric est nu, plein, blanchâtre ou jaunâtre, glabre, souvent courbé à sa base, long de 5-6 centim., épais de 5-7 millim.; le chapeau d'abord convexe, ensuite plane, est d'un fauve plus ou moins foncé, et marqué de petites taches noirâtres striées, plus nombreuses au centre et dans la jeunesse; son diamètre ne dépasse guère 4 centim; les feuillets d'abord blancs, deviennent ensuite d'un roux orangé; ils sont inégaux, arqués, libres : il croît sur les bois morts.

5i9. Agaric des tiges mortes. *Agaricus caulicinalis.*

Agaricus caulicinalis. Bull. Herb. t. 522. f. 2.

Son pédicule est grêle, cylindrique, nu, plein, roux, glabre ou hérissé dans sa partie inférieure, long de 5-6 centim.; le
chapeau

chapeau est légèrement convexe ; quelquefois un peu mamelonné, blanc, avec des mouchetures rousses, sur-tout vers le centre, arrondi, large de 12-15 millim. ; il a peu de chair ; ses feuillets sont blancs, inégaux, non adhérens au pédicule et échancrés à leur base : il croît sur les tiges des prêles et d'autres plantes mortes.

520. Agaric des rameaux.   *Agaricus ramealis.*

Agaricus ramealis. Bull. Herb. t. 336. Pers. Syn. 375.

Son pédicule est nu, grêle, cylindrique, blanc, long de 3-4 centim. au plus, continu avec le chapeau ; celui-ci est d'abord convexe et enfin concave, blanc sur les bords, rougeâtre vers le centre ; il n'est jamais strié ni dentelé, et n'atteint pas 2 centim. de diamètre ; ses feuillets sont blancs, nombreux, inégaux, et se terminent en pointe sur le pédicule sans lui être contigus, car lorsque la plante est vieille ils s'en séparent et restent réunis entre eux : il croît en automne, sur les branches mortes tombées à terre et à demi-pourries, et sur-tout sur celles du bouleau et du rosier.

521. Agaric inodore.   *Agaricus inodorus.*

Agaricus inodorus. Bull. Herb. t. 524. f. 2.

Son pédicule et son chapeau sont blanchâtres, et les feuillets d'un jaune fauve ; le pédicule est cylindrique, nu, souvent un peu tortueux, plein ou fistuleux, long de 4-5 centim. ; le chapeau d'abord conique, devient ensuite plane avec le centre protubérant, et atteint 2-3 centim. de diamètre ; ses bords sont légèrement sinueux et quelquefois fendus dans sa vieillesse ; les feuillets sont nombreux, inégaux, libres, terminés en pointe du côté du pédicule : il croît solitaire, sur le terrein.

522. Agaric à pied blanc. *Agaricus leucopodius.*

Agaricus leucopodius. Bull. Herb. t. 533. f. 2.
β. *Agaricus leucopus.* Pers. Syn. 333.

Il s'élève à 4 centim. ; son pédicule est nu, cylindrique, plein, glabre et toujours blanc ; le chapeau est plus ou moins conique, jaunâtre, glabre, large de 3-4 centim. au plus ; il a peu de chair ; ses bords sont ordinairement entiers ; les feuillets sont nombreux, libres, assez larges, inégaux, de la même couleur que le chapeau : il croît dans les bois, solitaire.

523. Agaric à pied plein.   *Agaricus pleopodius.*

Agaricus pleopodius. Bull. Herb. t. 556. f. 2.

Son pédicule est nu, plein, grèle, cylindrique, blanchâtre, glabre, long de 4-5 centim.; son chapeau jaunâtre, uni, d'abord conique, puis plane et un peu concave, de 2 centim. de diamètre, très-peu charnu; les feuillets sont roux, inégaux, arqués, absolument libres : il croît solitaire.

524. Agaric terrestre.   *Agaricus geophilus.*

Agaricus geophilus. Bull. Herb. t. 522. f. 2.

Ce champignon ne s'élève pas au-delà de 4 centimètres; son pédicule est cylindrique, nu, roussâtre, plein, grèle, droit; le chapeau est d'abord hémisphérique, puis conique, puis plane, avec le centre protubérant et les bords souvent fendus en cinq à six parties; son diamètre est de 12-18 millim.; sa superficie est blanchâtre ou roussâtre, un peu striée vers le centre; les feuillets sont jaunâtres, inégaux, libres, ascendans du côté du pédicule : il croît solitaire ou par petits grouppes, sur la terre.

525. Agaric faux-mousseron.   *Agaricus tortilis.*

Agaricus pseudo-mousseron. Bull. Herb. t. 144. et t. 528. f. 2.

Cette espèce qu'on nomme *Faux-mousseron*, *Mousseron d'automne*, ressemble beaucoup au véritable mousseron; sa couleur est d'un blanc roux ou d'un fauve assez prononcé; son pédicule est nu, plein, cylindrique, long de 3-4 centimètres, épais de 5-6 millim. au plus, lorsqu'on dessèche ce champignon, le pédicule se tord sur lui-même comme une corde; le chapeau est d'abord hémisphérique, puis conique, quelquefois plane; il a moins de chair que le mousseron; son diamètre est de 4 centim.; les feuillets sont libres, nombreux, inégaux, plus colorés sur la tranche; sa chair est molle et ne se déchire qu'avec peine : il croît en automne, dans les friches; il a à-peu-près la saveur du mousseron, mais il est moins délicat: on le mange sans inconvénient.

526. Agaric horizontal. *Agaricus horizontalis.*

Agaricus horizontalis. Bull. Herb. t. 324.

Cette espèce est d'un fauve brun; elle croît dans les fentes des troncs de poirier; son pédicule est presque horizontal et un

peu ascendant au sommet, plein, nu, cylindrique, long de
10-12 millim., inséré au centre du chapeau, quoiqu'il semble
inséré de côté; le chapeau est convexe, orbiculaire, horizontal, glabre, large de 12-14 millim.; les feuillets sont larges,
saillans, inégaux; ils touchent au pédicule sans y adhérer, et
le cachent quelquefois entre eux : il est commun au printemps
et en automne.

Dixième section. **CORTINAIRE.** *CORTINARIA.* **Pers.**

*Point de volva. Pédicule central. Feuillets qui ne noircissent
pas en vieillissant, recouverts, dans leur jeunesse, d'une
membrane incomplette, qui laisse sur le pédicule un collier filamenteux.*

527. Agaric nu. *Agaricus nudus.*

   α. Agaricus nudus. Bull. Herb. t. 439. f. A. Pers. Obs. Myc. 2.
     p. 44. var. *α.*
   β. Idem. totus rufescens. Bull. Herb. t. 439. f. C. Pers. Obs.
     Myc. p. 45. var. *β.*

Son pédicule est cylindrique, un peu plus épais à la base qu'au
sommet, glabre, dépourvu de collier, de volva et d'écailles;
son chapeau est d'abord hémisphérique, ensuite régulièrement
convexe, et devient enfin irrégulièrement concave ou sinué; ce
chapeau est charnu seulement au centre, dépourvu d'écailles; les
feuillets sont nombreux, étroits, inégaux, et atteignent le pédicule.
La var. *α* commence par être toute violette; son chapeau devient
fauve, et ensuite les lames elles-mêmes deviennent roussâtres;
la variété *β* est toute rousse ou fauve dès sa naissance; le pédicule atteint 5-6 centim. de longueur sur 1 de diamètre; le
chapeau a 10-11 centim. de diamètre. Cette espèce est commune dans les bois, toute l'année.

528. Agaric glutineux. *Agaricus glutinosus.*

   Agaricus glutinosus. Bull. Herb. t. 258. t. 539. et t. 587. f. 2. —
   Agaricus albobrunneus. Pers. Syn. 293 ?

Ce champignon est remarquable par une forte couche d'un
mucilage gluant qui recouvre le chapeau et la partie colorée du
pédicule, et qui retient adhérens les feuilles ou autres corps qui
viennent à tomber sur lui; son pédicule est plein, de couleur cannelle dans le bas, blanchâtre au sommet, un peu renflé à sa base,
long de 6-10 cent., tacheté vers le haut de petits points noirs qui
paroissent les débris d'une membrane ou réseau qui recouvroit

les feuillets dans leur jeunesse ; le chapeau est convexe , à bords
un peu repliés en dessous ; il atteint 6-8 centim. de diamètre ;
il est de couleur cannelle ; ses feuillets sont blancs , inégaux ,
décurrens ; son chapeau et même ses feuillets deviennent quelquefois jaunâtres ; dans une autre variété le pédicule entier
est roux : il croît solitaire ou par grouppes sur la terre, *en*
automne.

529. **Agaric à tête**   *Agaricus psammoce-*
      grenue.   *phalus.*

Agaricus psammocephalus. Bull. Herb. t. 531. f. 2. et t. 586. f. 1.
— *Agaricus arenatus.* Pers. Syn. 293.

Sa couleur est d'un fauve clair ; son pédicule est plein, cylindrique , quelquefois un peu épais à sa base, marqué de quelques
écailles peluchées et brunâtres ; son chapeau est d'abord hémisphérique , ensuite convexe , charnu , continu avec le pédoncule ,
chargé en dessus de petites écailles pulvérulentes ; les feuillets
sont inégaux , un peu larges et échancrés , recouverts , dans leur
jeunesse , par une membrane qui disparoît en laissant à peine
quelques traces sur le pédoncule ; celui-ci est glabre en dessus
du collier , long de 4 centim. ; le chapeau a aussi 4 centim. **de**
largeur.

530. **Agaric turbiné.**   *Agaricus turbinatus.*

Agaricus turbinatus. Bull. Herb. t. 110. — *Agaricus callochrous.*
Pers. Syn. 283 ? — *Agaricus turbinatus.* Pers. Syn. 294 ? —
Amanita turbinata. Lam. Dict. 1 p. 106.

Son pédicule est plein , cylindrique, d'un blanc sale , marqué
d'un collier filamenteux rougeâtre et très-fugace , long de 10-18
centim., renflé à sa base en un tubercule qui a à-peu-près la
forme d'une toupie, et qui est bordé d'écailles avortées tellement , qu'on les prendroit pour les débris d'une volva ; le chapeau est convexe , charnu , d'un jaune sale , souvent brun vers
le centre , large de 15-25 centim. ; sa superficie est sèche , susceptible d'être pelée ; le feuillets sont roussâtres , inégaux , nombreux , adhérens , mais non décurrens sur le pédicule : il croît
en automne , dans les bois de haute futaie.

531. **Agaric à pied grèle.**   *Agaricus ileopodius.*
Agaric ileopode. Bull. Herb. t. 578. 592. et t. 586. f. 2.

Ce champignon est un véritable protée qu'il est presque im-
possible de reconnoître ; son pédicule est long de 4-6 centim. ,

épais de 3-5 millim., blanchâtre ou roussâtre, glabre ou velu, cylindrique ou conique, plein dans sa jeunesse, creux dans un âge avancé, portant la marque d'une membrane filamenteuse qui recouvroit les feuillets dans leur jeunesse ; le chapeau est quelquefois en cloche à sa naissance, mais le plus souvent il a la forme d'un cône alongé et pointu ; il devient ensuite convexe ou plane, avec le centre proéminent ; il est fauve ou roussâtre, ou jaunâtre, uni ou rayé, ou tacheté, glabre ou écailleux, de 2-3 centim. de diamètre ; ses feuillets sont rouges-orangés, larges, inégaux, échancrés près de leur base et ensuite légèrement prolongés sur le pédicule : il naît sur la terre, en touffes, en grouppes ou solitaire.

532. Agaric des bois morts. *Agaricus xylophilus.*

Agaricus xylophilus. Bull. Herb. t. 530. f. 2. non Pers.

Ce champignon est de couleur fauve plus ou moins foncée, son pédicule est plein dans sa jeunesse, fistuleux dans un âge avancé, cylindrique, souvent velu à sa base, long de 3-4 centimètres ; son chapeau est d'abord convexe, ensuite plane, un peu strié sur les bords dans sa vieillesse, large de 4 centim. ; les feuillets sont nombreux, inégaux, larges, légèrement décurrens, couverts dans leur jeunesse d'un tissu filamenteux qui se déchire et laisse sur le pédicule un collier peu prononcé et fugace : il croît sur les bois morts.

533. Agaric pourpré. *Agaricus purpureus.*

Agaricus purpureus. Bull. Herb. t. 598. f. 1. Pers. Syn. 290.

Ce champignon est d'un rouge-orangé assez foncé et non véritablement pourpre ; son pédicule est plus pâle que le chapeau, cylindrique, plein, glabre, long de 4-5 centimètres, épais de 5-7 millimètres ; le chapeau est d'abord en cloche, puis en cône évasé, puis plane et même concave, avec le centre proéminent, glabre ou ordinairement un peu écailleux vers le centre, orbiculaire ou sinueux, large de 5 centim. ; les feuillets sont inégaux, larges de 8-9 millim., échancrés à leur base de manière à ne pas adhérer au pédicule, recouverts, dans leur jeunesse, d'une membrane filamenteuse, blanche, très-fugace : il croît sur la terre, par grouppes de deux ou trois plantes soudées à la base.

534. Agaric aranéeux. *Agaricus araneosus.*

α. Violaceus. Bull. Herb. t. 250. et t. 544. f. H. — *Agaricus violaceus.* Lam. Fl. fr. 1281. n. 8.

β. Crassipes. Bull. Herb. t. 96.

γ Nitidus. Bull. Herb. t. 431. f. 1.

δ. Proteus. Bull. Herb. t. 431. f. 2.

ε. Rimosus. Bull. Herb. t. 431. f. 4.

ζ. Helveolus. Bull. Herb. t. 431. f. 5.

Э. Glaucopus. Bull. Herb. t. 598. f. 2. — *Agaricus glaucopus.* Schœff. Fung. t. 83. Pers. Syn. 282.

ι. Cinnabarinus. Bull. Herb. t. 431. f. 3. — *Agaricus Bulliardi.* Pers. Obs. Myc. 2. p. 43. Syn. 289.

A l'exemple de Bulliard, je réunis ici, sous une même dénomination spécifique, un grand nombre de plantes en apparence diverses, mais rapprochées en réalité, par un caractère assez facile à saisir; dans leur jeunesse les bords du chapeau sont liés au pédoncule par une membrane si lâche, qu'elle semble une toile d'araignée tendue par dessus les feuillets; le pédoncule est plein, cylindrique, plus ou moins renflé à sa base, muni de fibrilles radicales très-petites; le chapeau est d'abord hémisphérique, et ses bords se recourbent en dedans; peu-à-peu ces bords s'étalent, mais le chapeau reste toujours convexe; sa couleur est marron, violette, jaunâtre ou noirâtre; les lames sont nombreuses, inégales, d'abord blanches et ensuite d'une couleur cannelle ou marron. La grandeur et les dimensions de ce champignon varient beaucoup : il croît dans les bois, en automne.

535. Agaric taché de sang. *Agaricus hœmatochelis.*

Agaricus hœmatochelis. Bull. Herb. t. 596.

β. Agaricus notatus. Pers. Syn. 296.

Cette plante est d'un fauve clair; son pédoncule est charnu, plein, cylindrique, long de 12 centimètres, épais de 2 centimètres à sa base, jaunâtre, marqué par une tache rouge circulaire, placée au milieu de sa longueur; son chapeau d'abord convexe, devient ensuite plane et acquiert 8-10 centimètres de diamètre; ses feuillets sont couleur de rouille, inégaux, non décurrens sur le pédoncule, recouverts, dans leur jeunesse, d'une membrane aranéeuse, qui laisse sur le haut du pédicule un collier très-peu marqué : elle croît en automne, dans les bois de hêtres.

536. Agaric châtain. *Agaricus castaneus.*

Agaricus castaneus. Bull. Herb. t. 268. et 537. f. 2. Pers. Syn. 298.

Son pédicule est cylindrique, plein, continu avec le chapeau, long de 2-3 centim., d'un blanc tirant sur le brun; le chapeau est satiné, de la couleur d'une châtaigne, quelquefois blanchâtre sur les bords; ce chapeau est d'abord convexe et exactement campanulé; dans la vieillesse de la plante, les bords se relèvent et le chapeau devient concave; les lames sont peu nombreuses, inégales, libres, de la couleur du chapeau, couvertes, à leur naissance, d'un tissu filamenteux qui se détache et laisse sur le pédicule un collier aranéeux peu marqué. Ce champignon croît en automne, dans les bois de haute futaie, parmi la mousse ou sur les vieux troncs: on le trouve en grouppes peu considérables.

537. Agaric à tête luisante. *Agaricus lamprocephalus.*

Agaricus lamprocephalus. Bull. Herb. t. 544. f. 2. — *Agaricus lucidus.* Pers. Syn. 299.

Ce champignon est tout entier couleur de rouille; son pédicule est plein, cylindrique, glabre, souvent un peu courbé à sa base, continu avec le chapeau, long de 6 centim.; le chapeau est presque sphérique à sa naissance, ensuite convexe, puis presque plane, avec le centre un peu protubérant; ce chapeau est remarquable parce qu'il est luisant en dessus; il a 5 centim. de longueur; les feuillets sont un peu larges, inégaux, légèrement décurrens sur le pédoncule, recouverts, dans leur jeunesse, d'une membrane aranéeuse qui ensuite laisse sur le pédoncule un collier peu marqué.

538. Agaric laineux. *Agaricus lanuginosus.*

Agaricus lanuginosus. Bull. Herb. t. 370.

Un pédicule plein, long de 4 centimètres, cylindrique, légèrement rayé de brun, porte un chapeau brun recouvert d'un tissu drapé et laineux, fort touffu dans la jeunesse de la plante, qui s'éclaircit sur les bords à mesure qu'elle avance en âge; lorsqu'elle approche de son dépérissement, le chapeau n'est plus laineux qu'à son sommet, et le reste est comme satiné; ce chapeau est d'abord sphérique, puis en cloche, puis conique, et enfin ses bords se relèvent et se fendent; les feuillets sont fauves, inégaux, libres, élargis; les bords du chapeau sont, dans leur jeunesse, lutés au pédicule au moyen d'un tissu aranéeux, dont une partie reste attachée au chapeau, et l'autre au pédicule : il croît dans les bois, au printemps et en automne; il se plaît sur de vieilles souches et sur la terre, parmi la mousse; il croît solitaire ou géminé.

539. Agaric muqueux.   *Agaricus mucosus.*

Agaricus mucosus. Bull. Herb. t. 549. et t. 596. f. 2. — *Agaricus collinitus.* Pers. Syn. 281. Sowerb. Engl. Fung. t. 9.

Cette espèce est l'une de celles qui forment le passage des amanites aux lepiotes et aux cortinaires; son pédicule est jaune, plein, cylindrique, quelquefois bulbeux à la base, le plus souvent hérissé d'écailles irrégulières, qui paroissent les débris d'une volva incomplette, et qui quelquefois se détruisent absolument; les feuillets sont en outre recouverts, dans leur jeunesse, d'une membrane filamenteuse blanche, qui laissent sur le pédicule un anneau incomplet; le chapeau est d'abord globuleux, puis convexe et ensuite presque plane, glabre, orbiculaire, d'un jaune quelquefois terreux, quelquefois assez décidé, de 5–8 centim. de diamètre; les feuillets sont d'abord rouges, ensuite couleur de rouille, inégaux entre eux, légèrement adhérens au pédicule. Cet agaric croît dans les forêts, sur la terre.

540. Agaric hybride.   *Agaricus hybridus.*

Agaricus hybridus. Bull. Herb. t. 398.

Son pédicule est plein, charnu, fibreux, inversement conique, c'est-à-dire mince à sa base et renflé à son sommet, de couleur fauve, rougeâtre, long de 6–12 centim.; le chapeau est de la même couleur que le pédoncule, d'abord sphérique, ensuite convexe, puis plane, avec les bords un peu roulés en dessous; sa chair est épaisse, ferme, jaune, continue avec le pédicule; ses feuillets sont nombreux, minces, inégaux, jaunâtres, un peu décurrens sur le pédicule, recouverts, dans leur jeunesse, par une membrane blanche qui se déchire, laisse des lambeaux sur le bord du chapeau, et quelquefois des écailles sur le pédicule : il vient en été et en automne, sur la terre, dans les bois, quelquefois solitaire, quelquefois en grouppes peu nombreux.

541. Agaric hydrophile. *Agaricus hydrophilus.*

Agaricus hydrophilus. Bull. Herb. t. 511.

Son pédicule est blanc, cylindrique, fistuleux, long de 5-7 centim. ; le chapeau est d'un fauve grisâtre ou rougeâtre, d'abord globuleux, ensuite en cloche, puis convexe, et enfin plane ; ses bords sont souvent striés, quelquefois sinueux ; les feuillets sont nombreux, de couleur cannelle, inégaux, non adhérens au pédicule, recouverts, dans leur jeunesse, par un réseau blanchâtre qui se déchire et laisse de légères traces sur le pédicule, et quelques lambeaux fugaces sur le bord du chapeau : il croît abondamment dans les bois, après les pluies de longue durée.

542. Agaric écailleux. *Agaricus squammosus.*

Agaricus squammosus. Bull. Herb. t. 266.

Ce champignon est tout entier d'un fauve foncé, à l'exception du sommet du pédicule ; ce pédicule est cylindrique, plein, mou dans le centre, revêtu d'écailles peluchées dans toute la partie qui étoit à nu dans son premier âge, glabre dans la partie recouverte par le chapeau dans sa jeunesse ; ses écailles forment une espèce de collier vers le haut du pédicule ; le chapeau est d'abord hémisphérique, puis convexe ou souvent un peu protubérant à son centre, tout hérissé d'écailles peluchées, un peu cilié sur ses bords, large de 8-10 centim. ; les feuillets sont inégaux, nombreux, presque droits, non décurrens : il se trouve en automne, dans les bois, sur de vieilles souches.

Onzième section. **LEPIOTE.** *LEPIOTA.* **Pers.**

Point de volva. Pédicule central. Feuillets qui ne noircissent pas en vieillissant, recouverts, dans leur jeunesse, par une membrane qui se déchire ordinairement, et laisse un collier sur le pédoncule.

543. Agaric pilule. *Agaricus piluliformis.*

Agaricus piluliformis. Bull. Herb. t. 112.

Son pédicule est blanc, fistuleux, cylindrique, glabre, long de 5 centim. ; le chapeau est presque sphérique, roussâtre ; son diamètre est de 8-10 millim. ; sa superficie est sèche ; ses bords entiers et blancs ; sa chair est ferme ; les feuillets sont blancs, libres, inégaux, recouverts, pendant toute leur vie, par une membrane qui s'étend du pédicule aux bords du chapeau, et qui ne se rompt point comme dans les autres espèces d'agaric ;

caractère singulier qui mériteroit peut-être la formation d'une section particulière pour cette espèce. Il croît en automne, par grouppes, sur la mousse, au pied des arbres.

544. Agaric coronille.   *Agaricus coronilla.*

Agaricus coronilla. Bull. Herb. t. 597. f. 1.

Son pédicule est blanc, glabre, cylindrique, à peine fistuleux, muni d'un collier arrondi, entier et fugace, long de 3-4 centim.; son chapeau est très-convexe et devient quelquefois plane, avec le centre proéminent, d'un fauve roussâtre, charnu, arrondi; son diamètre varie de 2-4 centim.; les feuillets sont rougeâtres, inégaux, arrondis, libres : il croît solitaire.

545. Agaric lustré.   *Agaricus nitens.*

Agaricus nitens. Bull. Herb. t. 84. et t. 566. f. 4. non Persoon. et Batsch. nec Sowerb.—*Amanita nitens.* Lam. Dict. 1. p. 113.

Son pédicule est blanchâtre, plein, grêle, cylindrique, un peu renflé et tubéreux à sa base, long de 6-8 centimètres; le chapeau est d'abord en forme de dé à coudre, ensuite en cloche, puis convexe; il atteint 3-4 centim. de diamètre; sa superficie est sèche, luisante, d'un jaune paille et susceptible d'être facilement pelée; elle devient gluante peu après qu'on a arraché la plante; les feuillets sont nombreux, inégaux, marbrés de noir et de blanc, ou d'un brun noir, distincts du pédicule, recouverts, dans leur jeunesse, d'un tissu aranéeux qui, en se déchirant, laisse sur le pédicule un anneau persistant concave; cet anneau, à cause de l'alongement de la partie supérieure du pédoncule, se trouve, dans la vieillesse du champignon, placé à la moitié de la longueur du pédicule; son chapeau est quelquefois blanc ou grisâtre : il croît solitaire, en été et en automne, dans les prairies et les bois.

546. Agaric à tige d'oignon. *Agaricus cepæstipes.*

Agaricus cepæstipes. Sowerb. Fung. t. 2. Pers. Syn. 416.
α. *Agaricus cretaceus.* Bull. Herb. t. 374.
β. *Agaricus luteus.* With. Brit. 3. p. 344.

Son pédicule est renflé dans le bas comme une tige d'oignon; il est blanchâtre, un peu roux à sa base, glabre ou le plus souvent velu en dessous du collier, plein, fibreux intérieurement, long de 10-12 centim., épais de 1 centim. à sa base; le chapeau est d'abord globuleux, puis en cloche, puis convexe et enfin presque plane, blanchâtre, couvert d'un tissu pelucheux, tantôt blanc, jaune dans la variété β décrite par Withering ; il devient un peu roussâtre en vieillissant, et atteint 8 centim. de diamètre ; ses feuillets sont blancs, nombreux, inégaux ; les plus longs s'arrêtent tous à quelque distance du pédicule ; ils sont recouverts, pendant leur jeunesse, par une membrane qui se sépare du chapeau et forme autour du pédoncule un collier délicat et assez grand : il croît en été sur les couches et dans les serres chaudes.

547. Agaric paillet. *Agaricus helveolus.*

Agaricus helveolus. Bull. Herb. t. 531. Pers. Obs. Myc. 1. p. 49. Syn. 273. — *Agaricus hinnuleus.* Sowerb. Engl. Fung. t. 175.

Sa couleur est d'un fauve clair ; son pédicule est cylindrique, glabre, souvent un peu courbé à sa base, long de 8–10 centim. ; le chapeau est d'abord conique, ses bords s'élargissent ensuite et finissent même quelquefois par se relever, mais son centre est toujours un peu proéminent ; ce chapeau est un peu charnu et continu avec le pédoncule ; les lames son nombreuses, inégales, de la même couleur que le chapeau ; elles sont recouvertes, dans leur jeunesse, d'une légère membrane qui se déchire et forme un collier peu prononcé : il croît en grouppes, dans les bois, les routes, les herbages, etc.

548. Agaric annulaire. *Agaricus annularius.*

α. *Agaricus annularius.* Bull. Herb. t. 377. et t. 540. f. 3. — *Agaricus polymyces.* Pers. Syn. 269. — *Agaricus melleus.* Fl. dan. t. 1013. — *Agaricus congregatus.* Bolt. Fung. t. 140. et 141. — *Agaricus stipitis.* Sowerb. Engl. Fung. t. 101. — *Agaricus cumulatus.* With. Brit. 4. p. 164.

β. *Agaricus annularius.* Bull. Herb. t. 543. — *Agaricus caudicinus.* Pers. Syn. 271. — *Agaricus mutabilis.* Schœff. Fung. t. 9.

Ce champignon est d'une couleur fauve ou rousse ; son pédicule est charnu, cylindrique, souvent un peu courbé à sa base, long de 9–10 centim., muni d'un collier entier redressé en forme de godet, glabre ou garni de petites écailles dans la variété β ; le chapeau est convexe, un peu proéminent vers le centre, tacheté de petites écailles noirâtres dans la variété α, et glabre dans la variété β ; les bords sont entiers ou un peu sinueux, non étalés ; les feuillets sont jaunâtres ou blancs, inégaux, et descendent légèrement sur le haut du pédicule. Cette espèce se trouve en automne, dans les forêts, sur les vieux troncs ou tout auprès d'eux ; elle croît quelquefois en grouppes très-nombreux.

549. Agaric doré.   *Agaricus aureus.*

Agaricus aureus. Bull. Herb. t. 92. Pers. Syn. 269 ? Sowerb. Fung. t. 77.

Ce champignon est d'un fauve doré , à l'exception des feuillets qui sont blancs ; son pédicule est glabre, cylindrique, plein , un peu aminci et courbé à sa partie inférieure , long de 6-7 centim. , épais de 10-12 millim. , garni d'un collier entier et peu apparent ; le chapeau est charnu , d'abord globuleux , ensuite convexe, moucheté de petites peluchures peu nombreuses , large de 4 centim. ; les feuillets sont blancs , inégaux , très-étroits , couverts , dans leur jeunesse , d'une membrane qui reste adhérente au pédicule : il croît en été , dans les bois ombragés et humides.

550. Agaric à racine de navet. *Agaricus radicosus.*

Agaricus radicosus. Bull. Herb. t. 160. — *Agaricus radicatus.* Pers. Syn. 266.

Ce champignon, dans sa jeunesse , a la forme d'un œuf ; son pédicule s'alonge et porte un chapeau charnu , épais , presque hémisphérique , d'un blanc jaunâtre , de 10-12 centim. de diamètre ; les feuillets sont nombreux , frangés , inégaux , et ne se continuent pas sur le pédoncule ; une membrane réunit les bords du chapeau avec le pédicule , et en se déchirant laisse des lambeaux sur le premier , et forme un collier déchiré sur le second ; le pédicule est charnu , long de 7-9 centimètres , chargé de lambeaux écailleux en dessous du collier , plus gros à sa base qu'à son sommet ; il pousse une racine très-grosse , verticale , qui émet de longues fibres radicales , et qui porte quelquefois de nouvelles plantes de la même espèce : il croît dans les bois ; sa saveur est très-désagréable.

551. Agaric jaune d'ocre. *Agaricus ochraceus.*

Agaricus ochraceus. Bull. Herb. t. 530. f. 3. et t. 362. — *Agaricus granulosus.* Pers. Syn. 264. Batsch. El. p. 79. et 170. t. 6. f. 24.

Ce champignon est d'une couleur d'ocre jaune ou de rouille ; son pédicule est fistuleux , cylindrique , chargé de quelques écailles en dessus du collier , lequel est peu apparent et déchiré ;

le chapeau est assez charnu, d'abord très-convexe, ensuite un peu plus en cloche, mais ayant toujours le sommet proéminent et de couleur foncée; on trouve souvent au bord du chapeau des débris du collier; les lames sont nombreuses, plus pales que le reste de la plante. Cette plante croit solitaire ou en grouppes peu nombreux, dans les bruyères et les bois de pins.

552. Agaric raclé.   *Agaricus ramentaceus.*

Agaricus ramentaceus. Bull. Herb. t. 595. f. 3. Pers. Syn. 263.

Son pédicule est plein, cylindrique, blanchâtre, avec des taches jaunes transversales ou en réseau, muni d'un collier court et un peu étalé, long de 5 centim., épais de 6-9 millim.; le chapeau est d'abord presque sphérique, ensuite convexe, puis plane, d'un blanc jaunâtre sur les bords, brunâtre au centre, tacheté de petites écailles noires, larges de 5-6 centim.; les feuillets sont d'un roux pâle, à peine adhérens, inégaux, peu arqués, pointus aux deux extrémités : il naît solitaire sur le terrein.

553. Agaric de moyenne taille.   *Agaricus mesomorphus.*

Agaricus mesomorphus. Bull. Herb. t. 506. f. 1. Pers. Syn. 262.

Son pédicule est grèle, cylindrique, fistuleux, blanchâtre, glabre, long de 5 centim. et épais de 2 millim.; il porte un anneau en godet, redressé, entier et assez petit; son chapeau d'abord en forme de bouton, se relève par ses bords en vieillissant; il devient presque plane, mais toujours protubérant au centre; ce chapeau est glabre, roussâtre en dessus, large de 2 centim.; il a peu de chair; ses feuillets sont blancs, assez larges : il croît par petits grouppes, sur la terre.

554. Agaric pudique.   *Agaricus pudicus.*

Agaricus pudicus. Bull. Herb. t. 597. f. 2.

a. Albus. Bull. f. Q. R. S.

β. Flavidus. Bull. f. L. M. N. O. P.

Cet agaric est tantôt de couleur blanche, tantôt d'un jaune fauve; dans l'un et l'autre son pédicule est tacheté de jaune; ce pédicule est plein, cylindrique, long de 5-8 centim., épais de 10-15 millim., muni d'un collier entier, arrondi, étalé ou rabattu, souvent strié en dessus; le chapeau d'abord ovoïde ou globuleux, ensuite convexe, devient enfin plane ou concave; il est charnu, arrondi, large de 8-10 centim.; les feuillets sont inégaux, arqués, non adhérens au pédicule : il croît solitaire.

555. Agaric en toge. *Agaricus togularis.*

Agaricus togularis. Bull. Herb. t. 595. f. 2. Pers. Syn. 262.

Le pédicule est creux, cylindrique, long de 5-8 centim., épais de 5-7 millim., jaunâtre dans la partie inférieure, blanc vers le sommet, muni d'un collier arrondi, étalé ou rabattu, qui s'efface avec l'âge; le chapeau est d'abord globuleux, puis convexe, puis presque plane, d'un jaune roussâtre, glabre, de 4-6 centim. de diamètre; les feuillets sont de la même couleur que le chapeau, non adhérens au pédicule, arrondis à leur base, inégaux entre eux, recouverts dans leur jeunesse par une membrane blanche qui forme le collier : il naît solitaire ou par touffes de deux ou trois pieds soudés ensemble à la base.

556. Agaric à graines rouges. *Agaricus hœmatospermus.*

Agaricus hœmatospermus. Bull. Herb. t. 595. f. 1. Pers. Syn. 261.

Le pédicule est grêle, cylindrique, jaunâtre, glabre, le plus souvent muni d'un anneau redressé et peu régulier, plein ou quelquefois fistuleux, long de 4-6 centim.; le chapeau est d'abord hémisphérique, puis conique, puis plane, avec le centre protubérant; il est glabre, d'un jaune terreux, plus foncé au centre; les feuillets sont inégaux, arqués, peu ou point adhérens au pédicule, d'un rouge quelquefois très-vif. Il naît sur la terre, par touffes de deux à trois pieds réunis ensemble.

557. Agaric en bouclier. *Agaricus clypeolarius.*

Agaricus clypeolarius. Bull. Herb. t. 405. et t. 506. f. 2. — *Agaricus colubrinus.* Pers. Syn. 258.

Son pédicule est cylindrique, blanc, long de 12-15 centim. au plus, fistuleux, nu et assez ordinairement cotonneux en dehors, jusqu'à l'endroit où les bords du chapeau touchoient au pédicule avant le développement du champignon; son chapeau est d'abord de couleur blanchâtre et de forme ovoïde alongée; ses bords se redressent ensuite; souvent le chapeau devient concave sans cesser d'être protubérant à son centre; sa surface est recouverte de mouchetures roussâtres d'autant plus nombreuses, que

la plante est plus jeune, et qu'elles sont plus près du centre;
ses bords sont crénelés ou lobés ; ses feuillets blancs, inégaux
et libres; il a peu de chair et se péle aisément; il varie beaucoup d'aspect; le collet est quelquefois apparent, quelquefois
à peine visible : il est assez commun dans les bois, en été et en
automne.

558. Agaric élevé. *Agaricus procerus.*

Agaricus procerus. Schœff. Fung. t. 22. 23. Pers. Syn. 257. —
Agaricus colubrinus. Bull. Herb. t. 78. et t. 583. — *Agaricus
variegatus.* Lam Fl. fr. 1. p. 114.

Ce champignon est dépourvu de volva, mais son pédicule
se renfle et forme un tubercule à sa base; ce pédicule s'élève
jusqu'à 3 et 4 décim. de hauteur ; il est cylindrique, creux,
panaché en travers de blanc et de brun; le chapeau est ovoïde
dans sa jeunesse, puis les bords se relèvent, ensorte qu'il devient peu convexe; il a environ 1 décim. de diamètre; la peau
de ce chapeau se soulève par lambeaux qui le font paroître
écailleux; il est roussâtre, un peu panaché; les feuillets sont
blanchâtres, peu nombreux, inégaux, se terminent en pointe
avant d'arriver au pédicule, et sont couverts, dans leur jeunesse, d'une membrane qui se détachant du chapeau et souvent
aussi du pédicule, forme un collier mobile : il croit dans les
bois et les champs sablonneux, en été. On le mange dans les
campagnes, où il est connu sous le nom de *Grisette.*

Douzième section. **AMANITE.**   *AMANITA.* **Pers.**

*Une volva qui enveloppe le champignon tout entier dans sa
jeunesse, et laisse quelquefois des lambeaux sur le
chapeau.*

§. Ier. *Volva incomplette.*

559. Agaric âpre.   *Agaricus asper.*

Amanita aspera. Pers. Syn. 256. — *Agaricus verrucosus.* Bull.
Herb. t. 316.

Cette espèce a une volva incomplette qui disparoît après le
premier âge, et laisse sur le chapeau des plaques proéminentes
souvent pointues; son pédicule est épais à sa base, plein, long
de 5-6 centim.; son chapeau d'abord hémisphérique et étroit,
finit par devenir un peu concave et large de 7-8 centim.; ses

lames blanches, nombreuses, inégales, recouvertes, dans leur
jeunesse, d'une membrane qui se rabat en forme de collier,
persistent sur le pédoncule; la chair est blanche ou rougeâtre.
Cette plante est commune dans les bois, en été; on la croit
vénéneuse.

56o. Agaric solitaire.   *Agaricus solitarius.*

Agaricus solitarius. Bull. Herb. t. 10. et t. 5g3.

Ce champignon est d'un blanc sale; son pédicule est droit,
long de 12-15 centim., plein, épais à sa base et garni d'écailles
qui sont les débris de la volva incomplette qui le recouvroit
dans sa jeunesse; le chapeau est presque plane, avec un léger
enfoncement au milieu; il atteint 12-15 centim. de largeur, et
est taché de verrues proéminentes et éparses, qui sont les débris de la volva; ses feuillets sont larges, épais, non contigus avec
le pédicule, sur lequel ils laissent leur marque; la membrane
qui les recouvroit se rabat en forme de collier sur le pédoncule :
il croît en été, dans les bois à l'ombre; il a un goût exquis :
on le mange cuit sur le gril, avec du beurre frais et du sel.

561. Agaric moucheté.   *Agaricus muscarius.*

α. *Amanita muscaria,* var. α. Lam. Dict. 1. p. 111. Pers. Syn.
253. — *Agaricus pseudo-aurantiacus.* Bull. Herb. t. 122. —
Oronge fausse. Vulg.
β. *Amanita formosa.* Pers. Obs. Myc. 2. p. 27.
γ. *Amanita puella.* Pers. Syn. 253. Schœff. Fung. t. 28.

Cette espèce est remarquable par sa beauté; son chapeau
atteint 14-18 centim. de diamètre; il est d'abord convexe et
ensuite presque horizontal, d'une belle couleur écarlate, plus
foncé au centre, un peu rayé vers le bord et taché (excepté
la variété γ.) de peaux blanches, qui sont des débris de la
volva; cette volva ne le recouvre pas entièrement à sa naissance, et forme quelques écailles le long du pédicule; celui-ci
est épais à sa base, puis cylindrique, plein, blanc, long de
8-12 centim.; les lames sont blanches, inégales, recouvertes,
dans leur jeunesse, d'une membrane qui se rabat sur le pédicule et forme son collier. Cette plante est commune dans les
bois; elle est vénéneuse; on la dit propre à faire mourir les
mouches et les punaises.

§. II. *Volva complette.*

562. Agaric oronge.   *Agaricus aurantiacus.*

a. Amanita aurantiaca. Lam. Dict. 1. p. 111. Pers. Syn. 252. — *Agaricus aurantiacus.* Bull. Herb. t. 120. — *Oronge vraie.* Vulg.

β. Amanita cœsarea. Pers. Syn. 252. — *Agaricus cœsareus.* Schœff. Fung. 4. p. 64. t. 267. Mich. gen. 186. t. 67. f. 1. — *Oronge jaune.* Vulg.

γ. Agaricus ovoides albus. Bull. Herb. t. 364. — *Oronge blancke.* Vulg.

L'oronge paroît d'abord sous la forme d'un œuf; une volva membraneuse, blanche et épaisse le recouvre entièrement; elle se déchire; le chapeau paroît et continue à croître jusqu'à ce qu'il ait acquis 8-12 centim. de diamètre; sa superficie est sèche, susceptible d'être pelée, remarquable par autant de raies sur ses bords qu'il y a de feuillets, rarement tachée par les débris de la volva; sa chair est continue avec le pédoncule, lequel est bulbeux, plein, un peu spongieux, très-épais à sa base, long de 8-12 centim.; les feuillets sont un peu frangés, composés de deux lames, très-adhérens avec la chair. L'oronge vraie a le chapeau d'un rouge orangé, les feuillets et le pédicule jaunâtre; l'oronge jaune est toute jaune; l'oronge blanche est d'un blanc sale; les feuillets de toutes trois sont recouverts d'une membrane qui se rabat pour former le collier du pédicule. L'oronge croît dans les forêts de pins, à la fin de l'été: elle est d'un goût et d'une odeur exquise, et recherchée pour les tables les plus délicates. Il faut faire une grande attention à ne pas la confondre avec l'oronge fausse, qui est vénéneuse; l'oronge vraie a une volva complette; la fausse a la volva incomplette, et le chapeau tacheté de plaques blanches.

563. Agaric à verrues.   *Agaricus verrucosus.*

Amanita verrucosa. Lam. Dict. 1. p. 111. — *Agaricus squammosus.* Fl. franç. 1281.-32.

a. Amanita citrina. Pers. Syn. 251.

β. Agaricus mappa. Batsch. El. p. 57.

γ. Amanita viridis. Pers. Syn. 251. — *Agaricus phalloides.* Bull. Champ. t. 2. et t. 577. f. D.

Cette plante est, dans sa jeunesse, recouverte par sa volva; celle-ci se fend et laisse sur le chapeau des plaques de forme et d'épaisseur diverses, qui paroissent des verrues; le pédicule est bulbeux à la base, cylindrique, plein, au moins dans sa jeunesse, blanchâtre, haut de 10-15 centim., et chargé d'un collet membraneux rabattu; le chapeau est d'abord hémisphérique, puis en parasol; il atteint 6-8 centim. de diamètre; sa couleur est jaune, aurore, paille ou même quelquefois verdâtre; les lames sont nombreuses, blanches, inégales, recouvertes, dans leur jeunesse, d'une membrane qui forme ensuite le collet du pédicule. Cette espèce croît dans les bois sablonneux.

564. Agaric bulbeux. *Agaricus bulbosus.*

Amanita bulbosa. Lam. Dict. 1. p. 112. Pers. Syn. 250. — *Agaricus bulbosus.* Bull. Herb. t. 3. et. t. 577. Schœff. Fung. t. 2|1.

Il s'élève jusqu'à 15-18 centimètres; dans sa jeunesse il est entièrement recouvert par une volva qui se fend, persiste à la base du pédicule et laisse souvent des plaques adhérentes au chapeau; le pédicule est cylindrique, renflé à sa base, souvent courbé dans sa vieillesse; le chapeau est plus ou moins convexe, mais ne devient jamais concave; les lames sont nombreuses, inégales, blanches, et n'atteignent qu'à 2 millim. du pédicule; elles sont recouvertes, dans leur jeunesse, par une membrane qui se détache du bord du chapeau et reste adhérente au haut du pédicule, sous forme de collier entier et rabattu. La plante entière est d'un blanc jaunâtre sale, et devient brune en vieillissant; son chapeau est quelquefois visqueux : elle croît en automne, dans les bois; elle est très-vénéneuse : les vomitifs, l'huile, le lait, sont ses antidotes.

565. Agaric printanier. *Agaricus vernus.*

Amanita verna. Lam. Dict. 1. p. 113. Pers. Syn. 250. — *Agaricus bulbosus vernus.* Bull. Champ. t. 108.

Dans sa jeunesse elle est entièrement recouverte par sa volva, qui se fend à son sommet et laisse sortir le champignon; le pédicule est cylindrique, épais et garni de sa volva à sa base, plein, long de 5-7 centim.; le chapeau est d'abord convexe, puis concave, à cause que les bords se relèvent en vieillissant; les lames sont inégales et recouvertes, dans leur jeunesse, par une membrane qui s'étend du pédicule au bord du chapeau; cette membrane se détache et reste au haut du pédicule, sous forme de collet entier. Cette plante est absolument blanche, quelquefois un peu jaunâtre au sommet : elle croît au prin-

temps , dans les bois ; elle est très-vénéneuse , le meilleur contre-
poison est le vomitif, accompagné de dix à douze gouttes d'éther
sulfurique dans du vin.

366. Agaric à petite volva.   *Agaricus pusillus.*

Amanita pusilla. Pers. Syn. 249. — *Agaricus volvaceus minor.*
Bull. Herb. t. 330.

Il sort d'une volva grisâtre qui s'éclate à son sommet et quatre
à cinq segmens, et qui persiste à la base de son pédicule; celui-ci est cylindrique, transparent, plein ou quelquefois creux
à son centre, blanchâtre, long de 2–3 centimètres ; le chapeau
est hémisphérique, surmonté d'un mamelon convexe pendant
toute sa vie, blanchâtre, avec de petites raies noirâtres et rayonnantes, recouvert d'une légère peluchure, continu avec le pédicule et de 2 cent. de diamètre; ses lames sont larges, épaisses,
peu nombreuses, assez distantes du pédicule, inégales, de couleur rose dans leur état adulte : elle croît en automne, dans les
jardins et les bois.

567. Agaric à grande volva.   *Agaricus volvaceus.*

Agaricus volvaceus. Bull. Herb. t. 262. — *Amanita virgata.*
Pers. Syn. 245.

Ce champignon, dans sa jeunesse, est renfermé tout entier
dans une volva complette, persistante, d'un gris taché de lignes
noirâtres ; cette volva s'éclate à son sommet en cinq ou six segmens, et il en sort une plante dont le pédicule est plein, cylindrique, blanchâtre, long de 5–6 centim. au plus ; le chapeau est
d'abord gris, uni et ensuite rayé de lignes noires divergentes,
peluché, d'abord convexe, puis presque plane ; les feuillets sont
blancs dans leur jeunesse, de couleur de brique dans un âge
avancé, inégaux, et atteignant à peine le pédicule ; le chapeau
est large de 6-7 centimètres, assez charnu et continu avec le
pédicule. Cette espèce croît fréquemment en été , par grouppes,
sur le tan, dans les serres. Bulliard l'a trouvée une fois dans les
bruyères de Versailles.

568. Agaric engaîné.   *Agaricus vaginatus.*

Agaricus vaginatus. Bull. Champ. t. 512. et t. 98. — Lam. Dict.
1. p. 109.
α. *Amanita livida.* Pers. Syn. 247. Fl. dan. t. 1014. — *Agaricus
plumbeus.* Schœff. Bav. t. 85 et 86. — *Agaricus hyalinus.* Schœff.
t. 244. — *Amanita involuta.* Lam. Dict. 1. p. 106.

β. *Amanita spadicea*. Pers. Syn. 248. — *Agaricus badius*. Schœff.
t. 245.

Cette espèce varie beaucoup pour la couleur et la grandeur,
mais on la reconnoît constamment à ce que la volva d'où elle
est sortie forme une gaine cylindrique cachée sous terre et
alongée à la base de son pédicule; celui-ci est creux, un peu
conique, blanc, et s'élève jusqu'à 15 centim.; le chapeau est
d'abord très-convexe, puis presque plane, large de 6-8 centim.
au plus, roux, marron ou fauve dans sa jeunesse, livide à son
âge avancé, toujours strié sur ses bords; les lames sont blanches,
inégales, rayonnantes, adhérentes au sommet du pédicule;
quelquefois on trouve des débris de la volva qui forment des
taches sur le chapeau : elle croît au bord des forêts, et sur-tout
dans celles de pins.

XXIX. MORILLE.   *MORCHELLA.*

Morchella. Pers. — *Boletus.* Juss. Lam. — *Phalli spec.* Linn.

Car. Les morilles sont dépourvues de volva; un pédoncule
cylindrique porte un chapeau ovoïde, non percé au sommet, relevé en dessus de nervures anastomosées qui forment des cellules
polygones, dans lesquelles les graines sont cachées.

Observ. Jussieu, Lamarck et Persoon, ont distingué les
morilles des satyres, parce qu'elles n'ont point de volva, et que
leurs graines ne sont pas enveloppées dans une liqueur glaireuse.

569. Morille agaric.   *Morchella agaricoides.*

Cette espèce se distingue facilement de toutes les morilles
connues, parce que son chapeau n'adhère au pédicule que par
son sommet, à-peu-près comme dans les agarics; le pédicule
est nu, creux, d'un blanc roux, à-peu-près cylindrique, muni
à sa base de quelques radicules, long de 6-8 centim.; le chapeau est en cloche, de couleur brune, marqué de sillons peu
profonds et un peu ombiliqué au sommet. Je décris cette espèce
sur un dessin fait, d'après nature, par le C. Redouté : elle a
été trouvée dans les bois, aux environs de Paris.

570. Morille à moitié libre. *Morchella semilibera.*

Morchella patula. Pers. Syn. 619?

Cette espèce ressemble à la morille comestible, mais son
pédicule est plus alongé et creusé d'une manière plus décidée;
son chapeau est conique, aminci à l'extrémité, creusé de sillons

alongés et adhérens au pédicule par sa moitié supérieure seulement : elle a été trouvée dans les bois des environs de Paris.

571. Morille comestible. *Morchella esculenta.*

Morchella esculenta. Pers. Syn. 618. — *Phallus esculentus.*
Linn. sp. 1648. Bull. Champ. p. 274. t. 218.
a. *Alba.*
β. *Cinerea.* Bull. A. B. C. D. E. G.
γ. *Fusca.* Bull. f. H.

La morille comestible a un pédoncule cylindrique, quelquefois plein, quelquefois creux à l'intérieur, blanc, uni, long de 5-5 centim. ; son chapeau est ovoïde, adhérent avec le pédoncule et crevassé de cellules polygones ; ce champignon a une odeur agréable : on en distingue trois variétés de couleur ; la première est, dans sa jeunesse, d'un blanc de lait et devient ensuite d'un jaune paille ; la deuxième est d'abord grisâtre et devient d'un bistre foncé ; la troisième est d'un gris brun et devient ensuite noirâtre. Cette plante croît dans les forêts, au printemps ; elle varie beaucoup pour la forme et les dimensions. On mange les morilles, soit fraîches, soit sèches, et toujours sans aucun inconvénient pour la santé. On doit éviter de les cueillir par la rosée ou peu après la pluie, parce qu'elles ne peuvent se conserver.

572. Morille tremelloïde. *Morchella tremelloides.*

Morchella tremelloides. Pers. Syn. 621.—*Phallus tremelloides.*
Venten. Mem. Inst. 1. p. 509. f. 1.—Bull. Herb. t. 218. f. F.

Elle présente, au premier coup d'œil, une masse informe ; son pédicule, court et renflé, porte un chapeau d'un volume considérable, dilaté sur ses bords, lobé et ondulé, de couleur fauve, large de 10-12 centim., haut de 5-5 seulement. Cette espèce a été trouvée près de Pontchartrain, par Antoine de Jussieu. (Vent.).

573. Morille à pied épais. *Morchella crassipes.*

Phallus crassipes. Vent. Mem. Inst. 1. p. 509. f. 2.—*Morchella crassipes.* Pers. Syn. 621.

Cette plante est distincte de la morille comestible parce que son pédicule se renfle à la base et devient plus mince à son sommet ; ce pédicule est quatre fois plus long que le chapeau ; celui-ci est brun, celluleux, conique, terminé en pointe aiguë. Cette espèce a été trouvée près de Pontchartrain, par Antoine de Jussieu. (Vent.)

574. Morille à pied crevassé. *Morchella rimosipes.*

Phallus gigas. Gmel. Syst. 2. p. 1448. — Mich. gen. t. 84. f. 1 ?

Cette espèce s'élève à près de deux décimètres; son pédicule est épais, sur-tout vers sa base, blanchâtre, d'une consistance qui approche de celle de la cire, creux à l'intérieur, crevassé irrégulièrement par des fissures longitudinales, à-peu-près comme l'helvelle en mitre; le chapeau est à-peu-près conique, obtus, un peu resserré à la base, d'un roux qui tire sur le brun, marqué de cellules rhomboïdales, trois ou quatre fois plus court que le pédoncule. Cette plante croît dans les bois de Fontainebleau.

***** *Champignon dont la surface fructifère dégénère en pulpe, et qui sortent d'une volva.*

XXX. SATYRE.   *PHALLUS.*

Phallus. Juss. Pers. — *Phalli spec.* Linn.

CAR. Le chapeau est porté sur un pédoncule enveloppé d'une volva à sa base; ce chapeau est perforé à son sommet, marqué par des crevasses polygones, d'où sort une liqueur visqueuse dans laquelle les graines sont mélangées.

575. Satyre fétide.   *Phallus impudicus.*

Phallus impudicus. Linn. spec. 1648. Bull. Champ. p. 276. t. 182. Œder. Dan. t. 175. Schœff. Fung. t. 196. — *Phallus fœtidus.* Lam. Fl. franç. 1. p. 121.

Dans son premier âge ce champignon est mou, ovoïde, jaunâtre; bientôt la volva s'ouvre; il en sort un pédicule creux en dedans, cylindrique, un peu plus mince au sommet, blanchâtre, percé par une infinité de petits trous; au sommet de ce pédicule se trouve un chapeau conique traversé par le pédicule et non adhérent avec lui par la base, creusé de cellules polygones, couvert d'une liqueur glaireuse, verdâtre et horriblement fétide, que les mouches viennent dévorer. Cette plante, qui s'élève à 10-12 centim., et dont la durée est assez courte, vit dans les bois; on la trouve à la fin de l'été ou en automne; son odeur la fait découvrir de loin.

576. Satyre à double volva.   *Phallus hadriani.*

Phallus hadriani. Vent. Mem. Inst. 1. p. 517. Sterb. Theat. t. 30. 1. F. Pers. Syn. 246.

Cette singulière plante a été trouvée par l'Écluse, sur les bords de la Loire, auprès de Blois, et n'a pas, que je sache, été revue depuis cette époque; sa volva est blanchâtre, en forme de toupie; elle renferme une liqueur fétide; cette volva est formée d'une double membrane dont l'extérieure se renverse, et l'intérieure engaîne la base du pédicule; celui-ci est lisse, taché de gris, creux, long de 15-18 centim., et porte un chapeau en cloche, strié et ridé, libre dans toute son étendue, couronné d'un ombilic saillant et perforé, d'abord blanc, ensuite d'un brun roussâtre.

XXXI. CLATHRE.   *CLATHRUS.*

Clathrus. Mich. Bull. Pers. — *Boleti sp.* Tourn.

Car. Le réceptacle des graines est formé de rameaux charnus anastomosés comme un grillage, et formant une espèce de voûte; ces rameaux émettent de tous côtés un liquide visqueux qui renferme les graines. Ce réceptacle est, dans sa jeunesse, entouré d'une volva.

577. Clathre grillé.   *Clathrus cancellatus.*

Clathrus cancellatus. Linn. spec. 1648. — *Clathrus ruber.* Mich. Gen. 214. t. 93. Pers. Syn. 241. — *Clathrus volvaceus.* Bull. Champ. p. 190. t. 441. — Réaum. Acad. 1713. p. 71.
β. *Clathrus flavescens.* Pers. Syn. 242. Barr. Icon. t. 1265.

Cette plante est sessile et ne tient à la terre que par une petite racine; elle est globuleuse ou ovoïde, blanche, grosse comme une bille de billard; bientôt la volva se rompt à son sommet et découvre le réceptacle ou chapeau qui est le plus souvent d'un beau rouge, quelquefois orangé, jaune ou blanchâtre; les rameaux de ce réceptacle forment une voûte ovoïde en grillage; les semences sont mêlées avec une liqueur puante qui, à une certaine époque, tombe en déliquescence et les entraîne. Cette belle et singulière plante croît dans le midi de la France.

SECOND ORDRE.

Champignons dont les capsules séminales sont renfermées dans un réceptacle (peridium) *fermé de toutes parts, au moins dans la jeunesse de la plante.* ANGIOCARPI. Pers.

* *Point de peridium. Végétaux parasites protégés dans leur jeunesse par l'épiderme de la plante sur laquelle ils croissent.*

XXXII. GYMNOSPORANGE. *GYMNOSPORANGIUM.*

Puccinia. Mich. — *Gymnosporangium.* Hedw. f. ined. — *Pucciniæ sp.* Pers. — *Tremellæ spec.* Linn.

CAR. Les gymnosporanges offrent une masse gélatineuse, à la surface de laquelle se trouvent des péricarpes composés de deux loges coniques appliquées par leurs bases, et qui se séparent l'une de l'autre à leur maturité ; ces péricarpes sont placés au sommet de filamens foibles et menus , qui partent de la base et traversent la masse gélatineuse.

OBS. Les plantes de ce genre sont toutes parasites sur l'écorce des diverses espèces de génevriers.

578. Gymnosporange conique.　　*Gymnosporangium conicum.*

Tremella juniperina. Linn. Syst. 4. p. 562. Vill. Dauph. 3. p. 1007. Jacq. Coll. 2. p. 173. Pers. Syn. 625. — *Gymnosporangium conicum.* Hedw. f. Fung. ined. t. 2.

Cette espèce est d'un jaune fauve; elle naît de l'écorce en perçant l'épiderme ; les individus naissent trois à six ensemble réunis souvent par leur base ; leur forme est celle d'un cône obtus souvent creusé à son sommet ; sa consistance est très-gélatineuse , sur-tout quand le temps est humide ; sa surface est comme veloutée lorsqu'on l'observe à la loupe ; au microscope elle paroît couverte de péricarpes jaunes formés par deux cônes obtus appliqués par leurs bases ; ces péricarpes sont placés au sommet de filamens très-grêles qui partent de la base et traversent la gelée ; ces filamens se brisent ou se détruisent aisément, ensorte qu'il est facile de croire que les péricarpes sont sessiles dans la gelée. Cette plante croît au printemps , sur le génevrier commun et le génevrier sabine.

579. Gymnosporange brun. *Gymnosporangium fuscum.*

Puccinia juniperi. Pers. Disp. p. 38. t. 2. f. 1. Syn. 228. — *Clavaria resinosorum.* Gmel. Syst. 2. p. 1443. — *Tremella sabinæ.* Dicks. Crypt. 1. p. 14.

Cette plante est d'un roux fauve ou brun ; elle sort de dessous l'épiderme qu'elle déchire, et s'alonge jusqu'à 8–10 millim. ; elle est un peu évasée à sa base, presque cylindrique, simple, obtuse, quelquefois marquée par un sillon longitudinal ; sa consistance est un peu gélatineuse ; si on la déchire lorsqu'elle est sèche, elle a à l'intérieur une apparence blanche et cotonneuse ; sa superficie est comme veloutée ; on distingue au microscope que la surface entière est couverte de péricarpes ellipsoïdes, obtus aux deux extrémités, formés de deux demi-ellipsoïdes accolés par leurs bases ; ces péricarpes sont portés au sommet de filamens menus très-alongés qui partent de la base de la plante et composent la souche entière : elle croît sur le génevrier sabine et le génevrier de Virginie.

580. Gymnosporange clavaire. *Gymnosporangium clavariæforme.*

Tremella clavariæformis. Jacq. Coll. 2. p. 174. Pers. Syn. 629. — *Tremella digitata.* Vill. Dauph. 3. p. 1007. t. 56. — *Tremella ligularis.* Bull. Champ. p. 223. t. 427. f. 1.

Cette espèce est d'un jaune orangé, même après sa dessication ; elle sort de l'écorce en perçant l'épiderme, s'alonge jusqu'à 10–12 millim. ; elle est cylindrique ou le plus souvent un peu comprimée, simple et obtuse à son sommet, ou divisée en deux pointes courtes et peu divergentes ; dans ce dernier cas elle est sillonnée, dans toute sa longueur, par une trace qui part de la bifurcation, et qui me fait croire que les individus bifurqués sont composés de deux plantes soudées l'une à l'autre ; la superficie est pubescente lorsqu'on l'observe à la loupe ; la consistance est gélatineuse, assez persistante ; si on examine cette plante au microscope, on voit que sa surface entière offre des péricarpes nus, alongés, jaunes, formés de deux cônes pointus appliqués par leurs bases ; ces péricarpes sont placés au sommet de filamens pellucides très-grèles, qui paroissent partir de la base même de la plante, traverser la masse gélatineuse qui la compose à l'intérieur, et aboutir à chaque point de la

surface : si on frotte cette surface, on détache les péricarpes des
pédicelles, et alors ils paroissent sessiles. Cette plante croit sur
le génevrier commun.

XXXIII. PUCCINIE.   *PUCCINIA.*

Puccinia. Pers. non Gmel. — *Mucoris sp.* Bull.

Car. Les puccinies se présentent sous la forme de tubercules
composés d'une base compacte et gélatineuse, de laquelle s'é-
lèvent des péricarpes portés sur un pédicelle roide, ordinairement divisés en deux ou plusieurs loges par des cloisons transversales, et qui émettent leurs graines par le sommet ou par
le côté.

Obs. Elles naissent sur les feuilles et les jeunes pousses vivantes, soit sous l'épiderme qu'elles percent pour parvenir à
l'air libre, soit sur l'épiderme lui-même.

§. 1er. *Puccinies à trois ou quatre loges.*

581. Puccinie du rosier.   *Puccinia rosæ.*

Puccinia mucronata rosæ. Pers. Syn. 230. Tent. p. 38. t. 3.
f. 5. α. — *Puccinia mucronata.* Hedw. f. Fung. ined. t. 4.

La puccinie du rosier n'offre à l'œil que des taches noirâtres
répandues çà et là sur la surface inférieure des feuilles, et
quelquefois semblables à une poudre noire qui y seroit répandue;
lorsqu'on l'examine au microscope, on voit que chaque tache
est composée par une foule de petits champignons; le pédicelle
est blanc, cylindrique, un peu renflé à sa base ; le réceptacle
est noir, cylindrique, partagé par trois ou quatre cloisons transversales, et terminé sensiblement en pointe. Cette puccinie croit
sur le rosier à cent feuilles, le rosier blanc, etc., et se trouve
souvent parasite sur l'uredo de la rose.

582. Puccinie de la ronce.   *Puccinia rubi.*

Puccinia rubi. Hedw. f. Fung. ined. t. 5. — *Puccinia mucronata,*
var. β. Pers. Syn. 230.

Cette plante, vue à l'œil nu, n'offre que des points noirs,
pulvérulens, convexes et arrondis, qui naissent sur la surface
inférieure des feuilles; elle diffère de la puccinie du rosier, parce
qu'elle est terminée par une pointe excessivement courte, que
les articulations sont sensibles à l'extérieur, et que les globules
qui se trouvent entre les cloisons sont hérissées : elle croit sur

la ronce arbrisseau et la ronce bleuâtre. Persoon dit l'avoir aussi trouvée sur la ronce framboisier.

583. Puccinie de l'orme. *Puccinia ulmi.*

Mucor articulatus. Bull. Champ. p. 110. t. 504. f. 14.

Cette espèce croît sur la surface inférieure des feuilles d'orme ; elle y forme des taches d'un aspect velu et d'un brun noirâtre, comme si on y avoit répandu du noir de fumée ; son pédicule est simple, grèle ; il porte une massue cylindrique divisée en trois ou quatre loges par des cloisons, et terminée par une protubérance obtuse ; on trouve dans chaque loge des semences petites et de forme elliptique. Diffère-t-elle de la puccinie de la ronce ?

584. Puccinie de la spargoute. *Puccinia spergulæ.*

` Cette espèce de puccinie croît sur les feuilles, les tiges et les pédicelles de la spargoute des champs ; elle forme des tubercules oblongs ou ovales, très-convexes, d'un brun roux, assez compacts ; si on les examine au microscope, on voit que chaque tubercule est un amas très-serré de petits champignons ; on distingue que leur pédicelle est blanc, cylindrique, et qu'il porte un réceptacle assez long, obtus, cylindrique, séparé par deux ou trois loges, par une ou deux cloisons transversales ; dans chaque loge on apperçoit des grains opaques qui sont probablement les graines.

585. Puccinie du jasmin. *Puccinia jasmini.*

Elle naît à la surface inférieure des feuilles du jasmin arbrisseau, et couvre presque toute la foliole par une foule de tubercules distincts, très-convexes, bruns, compacts, qui sortent de dessous l'épiderme et demeurent bordés par les débris de l'épiderme déchiré ; la partie de la feuille occupée par cette puccinie, devient jaunâtre ; la matière des tubercules, examinée sous le microscope, offre des capsules brunes portées sur un pédicelle blanc, filiforme et un peu roide, divisées en deux ou ordinairement trois loges par un ou deux étranglemens transversaux. — Commun. par le C. Dufour.

§. II. *Puccinies à deux loges.*

586. Puccinie de l'adoxe.   *Puccinia adoxæ.*

Puccinia adoxæ. Hedw. f. Fung. ined. t. 16.

Elle naît sous l'épiderme des pétioles et des feuilles de l'adoxe musquée ; on la trouve le plus souvent à la surface inférieure , quelquefois elle pousse sur l'une et l'autre surface à la fois ; elle soulève d'abord l'épiderme , puis le déchire et forme une tache arrondie ou irrégulière bordée des débris de l'épiderme ; ces taches naissent souvent rapprochées les unes des autres sur plusieurs séries disposées en anneau , mais bientôt elles se réunissent et ne forment plus qu'une grande tache irrégulière et sinueuse ; sa couleur est d'un brun roux ; chaque globule vu isolé au microscope , est d'un roux fauve , porté sur un court pédicelle , obtus à son sommet , et partagé en deux loges par une cloison peu prononcée ; dans chaque loge on apperçoit des grains opaques. Cette plante m'a été communiquée par M. Hedwig : elle a été trouvée aux environs de Genêve , par le citoyen Berger.

587. Puccinie de l'œillet.   *Puccinia dianthi.*

Cette espèce naît à la surface inférieure des feuilles de l'œillet de poète ; elle forme en dessus une tache jaune , large de 10–15 millim. ; en dessous elle soulève , puis perce l'épiderme , sous la forme de quatre ou cinq anneaux concentriques ; il en sort une masse compacte, proéminente , d'un brun chocolat ; cette masse examinée au microscope , est composée de péricarpes portés sur un long pédicelle , cylindriques , un peu amincis au sommet , étranglés dans le milieu et divisés en deux loges très-distinctes. Cette plante a été découverte par le C. Eugène Coquebert. Les débris de l'épiderme restent souvent sur la puccinie et y prennent l'apparence d'une toile d'araignée étendue sur le grouppe.

588. Puccinie des circées.   *Puccinia circeæ.*

Puccinia circeæ. Pers. Disp. p. 39. t. 3. f. 4. Syn. 228. Hedw. f. Fung. ined. t. 8. opt.

Elle naît à la surface inférieure des feuilles des diverses espèces de circée ; elle y forme des taches proéminentes arrondies , d'un roux tirant sur le gris ; l'épiderme est soulevé , altéré , comme fendillé , et donne à cette tache l'apparence d'une verrue plutôt que d'un amas de plantes parasites; les péricarpes sont alongés, pointus aux deux extrémités, séparés en deux loges par une cloison transversale, un peu étranglés à la section des deux loges, et portés sur un pédicelle assez long.

589. Puccinie de la traînasse. *Puccinia aviculariæ.*

Puccinia polygoni aviculariæ. Pers. Syn. 227. Hedw. f. Fung. ined. t. 17. opt.

Elle naît sous l'épiderme de la tige et des feuilles de la renouée des petits oiseaux, nommée vulgairement *Traînasse ;* elle le rompt en fentes oblongues et longitudinales lorsqu'elle croît sur la tige, et en fentes arrondies sur les feuilles; sa couleur est brune; sa poussière, vue au microscope, paroît composée de globules ovoïdes, obtus, séparés en deux lobes par une cloison peu prononcée, et portés sur un pédicelle grèle souvent courbé, pellucide, très-alongé.

590. Puccinie du groseillier. *Puccinia ribis.*

Uredo appendiculata. Schleich. Crypt. exsic. n. 87.

Cette espèce est la seule de ce genre qui croisse à la surface supérieure des feuilles; elle perce l'épiderme et demeure souvent entourée de ses débris; ses pustules sont brunes, arrondies, planes, un peu pulvérulentes; les péricarpes sont portés sur un court pédicelle, cylindriques, obtus, divisés en deux loges par une cloison peu visible dans la plupart des individus, très-prononcée dans quelques-uns. On la trouve sur le groseillier rouge.

591. Puccinie de la chaussetrape. *Puccinia calcitrapæ.*

Elle croit à la surface inférieure des feuilles de la centaurée chaussetrape; elle perce l'épiderme et forme des tubercules noirs, épars, hémisphériques, à peine bordés par les lambeaux de l'épiderme; les péricarpes vus au microscope, sont en forme de cylindres courts et arrondis par les deux extrémités, portés sur un court pédicelle, et partagés en deux loges par une cloison transversale. —Comm. par le C. Léman.

592. Puccinie des menthes. *Puccinia menthæ.*

a. Menthæ aquaticæ.— *Puccinia menthæ.* Pers. Syn. 227.
β. Menthæ silvestris.

Cette plante se présente, à l'œil nu, sous la forme de points

noirâtres et pulvérulens, épars sur la surface inférieure des
feuilles de la menthe sauvage et de la menthe aquatique ; au
microscope on reconnoît que ces points sont des amas de petits
champignons insérés sous l'épiderme et sur les poils environnans ;
chacun d'eux offre un pédicelle blanc, cylindrique, un peu
dilaté à sa base, et un sommet obtus, cylindrique, brun,
étranglé par une cloison transversale en deux loges globuleuses
un peu déprimées.

593. Puccinie de la tanaisie. *Puccinia tanaceti.*

Cette plante croît sur les feuilles de la tanaisie vulgaire ; elle
perce l'épiderme de l'un et l'autre côté, mais sur-tout en
dessous, et forme des taches d'abord brunes, ensuite noires,
bordés par les lambeaux de l'épiderme, arrondies ou irrégulièrement oblongues ; la poussière vue au microscope, offre
des péricarpes insérés sur un réceptacle un peu dur, portés sur
des pédicelles alongés, cylindriques, obtus, un peu resserrés
vers le milieu et séparés en deux loges par une cloison transversale. — Comm. par les citoyens Delaroche et Léman.

594. Puccinie des pruniers.   *Puccinia pruni.*

Puccinia pruni spinosæ. Pers. Syn. 226. — *Puccinia gemella.*
Hedw. f. ined. t. 10.

Elle croît à la surface inférieure des feuilles du prunier épineux et du prunier domestique ; elle naît sur l'épiderme et y forme
de petits points bruns, arrondis, convexes, ordinairement distincts, quelquefois réunis en tache irrégulière ; la poussière vue
au microscope, paroît composée de péricarpes portés sur un court
pédicelle, hérissés à leur surface, cylindriques, étranglés au
milieu et comme composés de deux globules sphériques accolés
l'un à l'autre ; l'étranglement est peu sensible dans la jeunesse
de la plante.

595. Puccinie de l'anémone. *Puccinia anemones.*

Puccinia anemones. Pers. Syn. 226. Obs. Myc. 2. p. 24. t. 6.
f. 5. — *Æcidium fuscum.* Sowerb. Fung. t. 53.

Elle naît à la surface inférieure des feuilles de l'anémone des
bois, quelquefois elle paroît aussi à la surface supérieure ; elle
perce l'épiderme, forme des taches arrondies, convexes, d'un
brun chocolat, presque toujours distinctes les unes des autres,

et rangées sur plusieurs séries peu régulières le long des bords de la feuille ; la poussière vue au microscope, paroît composée de péricarpes presque sessiles sur un réceptacle blanchâtre, oblongs, resserrés au milieu et comme formés par deux globules accolés ensemble.

596. Puccinie des graminées. *Puccinia graminis.*

Puccinia graminis. Pers. Syn. 228. Disp. Fung. p. 39. t. 3. f. 3. Hedw. f. Fung. ined. t. 6. opt. — *Uredo frumenti.* Sowerb. Fung. t. 140.

Cette espèce naît sur les feuilles et les tiges des diverses graminées ; elle croît sous l'épiderme, entre les nervures, et y forme conséquemment des taches linéaires et parallèles ; ces taches commencent par être d'un jaune brun et deviennent ensuite noires ; les péricarpes sont portés sur un court pédicelle ; ils ont à-peu-près la forme d'une massue ; on y distingue deux cellules ; celle de l'extrémité est plus grosse que l'autre : on la trouve en automne et en hiver.

597. Puccinie du scirpe. *Puccinia scirpi.*

J'ai trouvé cette espèce en grande abondance sur les tiges mortes du scirpe des lacs ; elle naît sous l'épiderme, qu'elle soulève en pustules arrondies et qu'elle fendille longitudinalement ; la pustule est d'un gris noir, compacte, aplatie en dessus, composée de capsules portées sur un court pédicelle, en forme de toupie très-alongée ou de massue, divisée par une cloison transversale en deux loges, dont la supérieure est plus globuleuse et l'inférieure plus alongée. Cette plante vue de loin, ressemble à l'histerie des roseaux.

598. Puccinie de la re- *Puccinia polygoni*
nouée amphibie. *amphibii.*

Puccinia polygoni amphibii. Pers. Syn. 227. Hedw. f. Fung. ined. t. 15. opt.

Elle croît sur l'épiderme de la face inférieure des feuilles de la renouée amphibie, variété terrestre ; elle est d'un roux qui tire sur le brun ; elle forme de petits points arrondis, peu proéminens, distincts, souvent disposés en anneau ; la poussière vue au microscope, offre des péricarpes portés sur un court pédicelle, divisés, par une cloison transversale, en deux loges très-différentes l'une de l'autre ; la supérieure est globuleuse.

d'un jaune doré; l'inférieure est pellucide, blanche, étroite, alongée, en forme de cône renversé.

§. III. *Puccinies à une loge.*

599. Puccinie des haricots.   *Puccinia phaseolorum.*

Puccinia phaseolorum. Hedw. fil. Fung. incd. t. 19. — *Uredo appendiculata,* var. *α.* Pers. Syn. 222.

Cette espèce attaque également la surface inférieure et supérieure des feuilles du haricot; elle naît sous l'épiderme, qu'elle soulève et perce en plusieurs places irrégulièrement; sa couleur est d'abord rousse, elle devient ensuite noirâtre; la poussière examinée au microscope, est composée de globules ovoïdes portés sur des pédicelles cylindriques, de la même longueur que le péricarpe; dans l'intérieur de celui-ci on apperçoit des grains opaques, mais on n'y distingue pas de cloisons.

600. Puccinie du cytise.   *Puccinia laburni.*

Cette espèce a beaucoup de rapport avec la puccinie des haricots, mais elle en diffère par plusieurs caractères de forme et de végétation; elle croît sur le cytise à grappes, mais sur la face inférieure des feuilles seulement; elle est déjà brune au moment où elle perce l'épiderme, et ne devient pas noire en vieillissant; la poussière vue sous le microscope, présente des péricarpes ovoïdes, sans cloisons, amincis en un pédicelle plus court de moitié que le sporange.

601. Puccinie des pois.   *Puccinia pisi.*

Uredo appendiculata, var. *β.* Pers. Syn. 222.

Elle attaque la tige, les pétioles, les vrilles, et sur-tout les folioles et les stipules du pois cultivé; elle naît en pustules brunes un peu proéminentes, éparses, oblongues sur la tige et les pétioles, arrondies sur les feuilles; l'épiderme est d'abord soulevé, ensuite rompu, et il forme une bordure autour de la pustule; celle-ci est composée de capsules ovoïdes, uniloculaires, portées sur un très-court pédicelle. On voit paroître cette plante sur les deux surfaces de la feuille; ce qui la distingue de la puccinie du cytise.

602. Puccinie des rai-   *Puccinia phyteuma-*
      ponces.   *rum.*

α. Phyteumæ spicatæ.
β. Phyteumæ orbicularis.

Cette puccinie naît sous l'épiderme de la surface inférieure des feuilles ; il commence par soulever l'épiderme , et forme alors un tubercule plane en dessus , blanchâtre et un peu luisant ; bientôt la membrane se déchire , et ses débris entourent la tache arrondie ou irrégulière que forme la puccinie ; ces taches naissent distinctes , souvent elles se réunissent dans leur vieillesse ; leur couleur est d'un brun chocolat ; chaque globule vu au microscope , paroît ovoïde et porté sur un pédicelle bien prononcé. La variété α a été trouvée sur la variété à fleurs bleues de la raiponce en épi , par le C. Berger ; la variété β a été trouvée sur la raiponce orbiculaire , par le C. Ramond ; elle est d'un brun plus clair , et ses tubercules se réunissent les uns avec les autres , de manière à couvrir quelquefois la feuille entière.

603. Puccinie de la ficaire.   *Puccinia ficariæ.*

Cette puccinie ressemble beaucoup à celle des raiponces ; la forme des capsules , leur couleur , leur manière de soulever l'épiderme , se ressemblent ; mais ici les grouppes qui percent l'épiderme ne naissent pas distincts , mais sont rapprochés en une tache irrégulière dès leur origine , et souvent l'épiderme soulevé et luisant recouvre ces taches toutes entières : elle naît sur le pétiole et la surface inférieure des feuilles de la renoncule ficaire. Elle m'a été communiquée par le citoyen Berger.

604. Puccinie des trefles.   *Puccinia trifolii.*

Puccinia trifolii. Hedw. f. Fung. ined. t. 18.
α. Trifolii repentis.
β. Trifolii filiformis.
γ. Trifolii hybridi.

Cette espèce est intermédiaire entre les puccinies et les uredo ; elle attaque les tiges, les pétioles, les nervures et les deux surfaces des feuilles ; elle boursoufle , défigure, recroqueville souvent les organes sur lesquels elle croît et empêche le trefle de fleurir ; ses taches sont oblongues ou irrégulières, bordées ou couvertes par les débris de l'épiderme déchiré ; la

Tome II.   P

poussière est d'un brun roux, composée de globules ovoïdes portés sur un pédicelle excessivement court, et qui est quelquefois oblitéré. J'ai trouvé cette espèce dans un pré ombragé, près Fontenai-aux-Roses : elle croît sur le trefle rampant, le trefle filiforme et le trefle hybride.

XXXIV. BULLAIRE.   *BULLARIA.*

Uredinis spec. Pers.

Car. Les bullaires naissent sous l'épiderme des tiges mortes, qu'elles soulèvent et déchirent ensuite ; chaque groupe offre une multitude de capsules articulées et sessiles.

Obs. Elles diffèrent des puccinies et des uredo, parce qu'elles naissent sur les tiges mortes et non sur les feuilles vivantes ; elles sont voisines de certains érinéum, mais elles en diffèrent en ce qu'elles naissent sous l'épiderme, le soulèvent et le percent à la manière des champignons parasites.

605. Bullaire des ombellifères.   *Bullaria umbelliferarum.*

Uredo bullata. Pers. Syn. p. 222. Obs. Myc. 1. p. 98. t. 2. f. 5.

Cette espèce croît sur la tige morte des ombellifères ; elle naît sous l'épiderme, qu'elle soulève en forme de bulle ovale et grisâtre, et qu'elle perce ensuite longitudinalement ; on distingue alors une masse d'un roux brun, presque pulvérulente ; cette poussière examinée sous le microscope, offre des capsules obtuses, sessiles, séparées en deux loges par une cloison ou plutôt par un étranglement transversal, qui leur donne à-peu-près la forme d'un 8 de chiffre. Cette plante m'a été communiquée par M. Chaillet.

XXXV. UREDO.   *UREDO.*

Uredo. Pers. — *Æcidii sp.* Gmel. — *Lycoperdonis sp.* Linn.

Car. Les uredo n'offrent qu'une poussière nue qui naît sous l'épiderme des feuilles vivantes, le rompt et sort par cet orifice, dont les bords déchirés semblent former une petite coupe ou réceptacle ; les grains sont des capsules ovoïdes ou globuleuses, toujours sessiles et dépourvues de cloisons transversales.

§. Ier. *Poussière noire, brune ou rousse.*

606. Uredo en écusson.   *Uredo scutellata.*

Uredo scutellata. Pers. Syn. 220. — *Uredo euphorbiæ cipa-ryssiæ.* Pers. Obs. Myc. 2. p. 23. — *Æcidium scutellatum.* Gmel. Syst. 2. p. 1473. — *Lycoperdon scutellatum.* Schranck. Bav. 2. p. 631.

Cet uredo croît à la surface inférieure des feuilles de l'eu-phorbe cyprès; il vient de préférence sur les feuilles du haut de la tige; souvent il est disposé sur deux séries de points de l'un et l'autre côté de la nervure; souvent aussi il couvre entièrement la surface; l'épiderme commence par se soulever de manière à former un petit bouton arrondi; cet épiderme se rompt et laisse à découvert une poussière d'un brun foncé; les bords de l'épiderme forment autour d'elle une espèce de réceptacle blanc. Il ne faut pas confondre cet uredo avec l'éci-dium de la même euphorbe; les plantes attaquées par ce champignon parasite fleurissent rarement, et ont des feuilles plus étroites qu'à l'ordinaire. Quelques anciens auteurs les ont regardées comme une espèce distincte; Weinman en a donné une figure sous le nom d'*Esula verrucosa.* Phytant. Icon. t. 491. d.

607. Uredo creusé.   *Uredo excavata.*

Cette espèce d'uredo croît sur la surface inférieure des feuilles de l'euphorbe douce; elle en couvre presque toute l'étendue, mais chaque ponctuation est absolument distincte de celles qui l'entourent: elle commence par former un tubercule jaune et proéminent; l'épiderme se rompt au sommet, et il s'y forme un orifice circulaire, au fond duquel on apperçoit une poussière brune composée de globules ovoïdes un peu irrégu-liers; l'ouverture par laquelle la poussière sort, est de moitié plus petite que dans l'uredo en écusson; les lambeaux de l'épi-derme ne forment point une bordure blanche autour de la poussière.

608. Uredo du sédum.   *Uredo sedi.*

Il croît à la surface inférieure des feuilles stériles du sédum rélléchi; chaque feuille porte deux à sept tubercules distincts, plus ou moins rapprochés; ces tubercules sont d'abord hémis-phériques; ils s'ouvrent ensuite et s'affaissent un peu au sommet;

la poussière est d'abord jaune, ensuite brune, composée de globules sphériques adhérens ensemble ; après son émission il reste sur la feuille un tubercule vide, arrondi, formé par l'épiderme persistant. — Comm. par le C. Léman.

609. Uredo odorant.   *Uredo suaveolens.*

Uredo suaveolens. Pers. Syn. 221. Obs. Myc. 2. p. 24.

Cette espèce se trouve fréquemment en été, sur la surface inférieure des feuilles de la serratule des champs ; elle naît sous l'épiderme, le rompt d'une manière peu régulière ; comme il en naît un grand nombre sur la surface de la même feuille, et qu'ils sont peu éloignés, il arrive le plus souvent que les fentes de l'épiderme se réunissent ; la poussière est d'un brun roux ; vue au microscope, elle paroît composée de globules sphériques pellucides, dans lesquels on apperçoit de petits grains opaques. Ordinairement toutes les feuilles de la plante sont couvertes de cet uredo, et alors il est rare de la voir fleurir. Persoon a remarqué que cet uredo répand une odeur agréable.

610. Uredo vagabond.   *Uredo vagans.*

Uredo vagans. Schrad.

α. *Epilobii tetragoni.*

β. *Valerianæ sylvestris.*

Cette espèce vit ordinairement sur la surface inférieure des feuilles, quelquefois sur la supérieure ; les points sont épars, orbiculaires, entourés par les débris de l'épiderme déchiré ; la poussière est d'un brun roux ; vue au microscope, elle paroît composée de globules sphériques pellucides, dans lesquels on apperçoit des grains opaques ; la variété α, qui m'a été communiquée par M. Chaillet, croît sur l'épilobe tétragone, où elle est quelquefois mélangée sur la feuille avec l'écidium de l'épilobe ; la variété β a été trouvée par le C. Ramond, sur la valériane sauvage.

611. Uredo de l'athamanthe. *Uredo athamanthæ.*

Cet uredo croît sur les feuilles de l'*athamantha cervaria* L. ; ordinairement il vient sur la surface inférieure, quelquefois aussi sur la face supérieure ; il naît sous l'épiderme, qu'il rompt avec peu de régularité, de manière à former des taches oblongues ou arrondies, nues ou bordées par les débris de l'épiderme ; la poussière commence par être fauve et devient ensuite noire; elle est composée de globules ovoïdes pellucides, plus petits que dans la plupart des espèces de ce genre. Cette plante m'a été communiquée par M. Chaillet.

612. Uredo des chicoracées. *Uredo chicoracearum.*

J'ai trouvé cette espèce sur les feuilles de plusieurs plantes de la famille des chicoracées; elle naît éparse sur l'un et l'autre côté de la feuille, et souvent les tubercules des deux côtés correspondent. Cet uredo forme des taches extrêmement petites, arrondies, bordées par les débris de l'épiderme déchiré; la poussière est d'un brun roux; vue au microscope, elle paroît composée de globules sphériques, dans lesquels on apperçoit des grains opaques. Cette espèce est souvent mélangée avec l'écidium des chicoracées.

613. Uredo de l'anémone. *Uredo anemones.*

Uredo anemones. Pers. Syn. 223. Disp. p. 56.

Cet uredo croît sur les deux surfaces des feuilles de l'anémone des bois, qu'il boursoufle et rend plus ou moins crépues; il perce l'épiderme par une fente oblongue ou linéaire; sa poussière est abondante, de couleur noire; vue au microscope, elle paroît composée de globules sphériques opaques, souvent agglutinés les uns aux autres. Cette plante a été trouvée aux environs de Paris, par le C. Léman. Les feuilles de cette anémone portent quelquefois en même temps la puccinia de l'anémone, qu'on distingue à sa couleur rousse.

614. Uredo à double face. *Uredo bifrons.*

Cet uredo croît sur les feuilles de la patience crépue; il y naît en points épars orbiculaires et peu nombreux; il offre un caractère remarquable, c'est que l'épiderme se rompt de l'un et de l'autre côté de la feuille également; cet épiderme déchiré reste autour de la poussière, et y forme une espèce de péricarpe blanchâtre; la poussière est rousse; vue au microscope, elle paroît composée de globules sphériques, dans lesquels on apperçoit des grains opaques. Cette plante m'a été communiquée par M. Chaillet.

615. Uredo des bleds. *Uredo segetum.*

Uredo segetum. Pers. Syn. 224. — *Reticularia segetum.* Bull. Champ. p. 92. t. 472. f. 2.

a. Hordei. Tessier. Mal. des grains, p. 306. f. 2-4.

β. Tritici. Bierk. Act. suec. 1775. p. 326. Chantr. Conf. n. 28.
f. 28.

γ. Avenæ. Tessier. Mal. des grains. p. 336. Chantr. Conf. n. 54.
f. 54.

δ. Panici miliacei. Pers. Syn. 224.

ε. Agrostis pumilæ. Pers. Syn. 225.

ζ. Caricis. Pers. Syn. 225?

Cet uredo est composé de globules sphériques assez petits, un peu adhérens les uns aux autres, sur-tout dans leur jeunesse, de couleur brune ou noirâtre; il naît sous l'épiderme, détruit quelquefois la totalité du parenchyme d'un épillet ou d'un épi entier; l'épiderme qui persiste par lambeaux, et les fibres qui, par leur dureté, résistent à la dévastation, ont été pris par Bulliard pour un péricarpe et des filamens propres à la plante parasite. Cette espèce d'uredo cause de grands ravages dans les moissons; elle attaque le froment, l'orge, l'avoine, le millet, l'agrostis naine, quelques carex et probablement toutes les graminées. Cette maladie a reçu, dans divers ouvrages d'agriculture et dans plusieurs provinces, les noms de *Charbon*, de *Carie* ou de *Nielle;* mais peut-être on confond sous ces dénominations plusieurs maladies distinctes.

§. II. *Poussière jaune.*

616. Uredo des champignons.   *Uredo mycophila.*

Uredo mycophyla. Pers. Obs. Myc. 1. p. 16. Syn. 214. — *Mucor chrysospermus.* Bull. Herb. t. 504. f. 1. et t. 467. f. 1. Champ.
p. 99.

Cet uredo naît sur divers champignons, et particulièrement sur le bolet à tubes jaunes; il est composé de globules nombreux, sphériques, diaphanes, d'abord blancs et ensuite d'un jaune doré, tantôt sessiles, tantôt portés, selon Bulliard, par des pédicelles simples ou rameux. Cette poussière couvre la surface du champignon, et en pénètre les tubes et la chair elle-même.

617. Uredo du saule.   *Uredo salicis.*

Cette espèce ressemble beaucoup à l'uredo rouille pour la couleur et l'apparence générale; mais lorsqu'on l'examine au microscope, on remarque que sa poussière est formée de capsules non pas ovoïdes, mais en forme de poire portée sur un pédicelle plus ou moins long; dans l'intérieur de cette capsule j'ai distingué des grains opaques, mais je n'y ai apperçu aucune cloison :

elle croît sur le saule à trois étamines ; elle attaque la surface inférieure des feuilles, les pétioles, les jeunes pousses
et les chatons femelles. Cette plante a été découverte par le
C. Berger.

618. Uredo de l'osier. *Uredo vitellinæ.*

Rouille du saule osier. Chantr. Conf. n. 43. t. 18. f. 43. et n. 56.
t. 22. f. 55 et 55′ A.

Cette espèce d'uredo se trouve fréquemment, en été, à la
surface inférieure des feuilles du saule-osier, et forme à la
surface supérieure des taches jaunes correspondantes ; elle naît
en pustules convexes, orbiculaires, d'abord distinctes, souvent
ensuite réunies, de couleur orangée ; la poussière vue au microscope, est composée de capsules sphériques, pellucides,
remplies de grains opaques. Je n'y ai jamais trouvé l'animalcule
décrit et figuré par le C. Girod-Chantrans, f. 55′ B. ; mais les
deux figures que j'ai citées représentent bien la forme des taches
et celle des capsules de notre uredo.

619. Uredo du tussilage. *Uredo tussilaginis.*

Uredo tussilaginis. Pers. Syn. 218.

Cet uredo ne présente à l'œil que des taches d'un jaune
orangé, arrondies et pulvérulentes ; quelquefois la surface entière de la feuille est couverte de cette poussière qui est composée de globules sphériques. L'uredo du tussilage diffère de
l'écidium qu'on trouve sur la même plante, en ce que sa
poussière n'est point renfermée dans un péricarpe : il croît sur
la surface inférieure des feuilles du tussilage vulgaire.

620. Uredo du séneçon. *Uredo senecionis.*

Cette espèce d'uredo naît à la surface inférieure des feuilles
du séneçon vulgaire, et se fait remarquer par sa vive couleur
orange ou aurore ; il naît sous l'épiderme, le boursoufle sous
la forme d'une bulle ovale, oblongue ou irrégulière, convexe
et déjà colorée, bientôt ces bulles se déchirent, et souvent les
fissures se réunissent les unes avec les autres ; les capsules vues
au microscope sont sphériques. Les plantes de séneçon sont
attaquées par cet uredo, à l'époque de leur floraison ; leurs fleurs
paroissent altérées, et on y remarque en particulier un alongement considérable dans les ovaires et les corolles, signe assez
fréquent de l'avortement des graines. Cette plante m'a été communiquée par le C. Dufour.

P 4

621. Uredo de la potentille.   *Uredo potentillæ.*

Il croît à la surface inférieure et sur les pétioles des feuilles de la potentille printanière; il commence par soulever et boursoufler l'épiderme d'une manière très-visible; ces tubercules sont conxexes sur la feuille, oblongs et irréguliers sur le pétiole; ils se fendent diversement, et ils émettent une poussière orangée composée de globules sphériques un peu adhérens ensemble, en forme de chapelet. — Communiqué par le citoyen Léman.

622. Uredo du réveil-matin.   *Uredo helioscopiæ.*

Uredo euphorbiæ helioscopiæ, *var. α.* Pers. Syn. 215.

Il naît à la surface inférieure des feuilles de l'euphorbe réveil-matin; ses tubercules sont épars, presque planes, d'une couleur orangée assez vive, entourés par les lambeaux de l'épiderme déchiré; les globules vus au microscope, sont presque globuleux, peu adhérens les uns aux autres. — Commun. par le C. Léman. Il est quelquefois mélangé avec l'uredo ponctué.

623. Uredo des rosiers.   *Uredo rosæ.*

Uredo rosæ. Pers. Tent. Disp. p. 13. — *Uredo rosæ centifoliæ.* Pers. Syn. 215.

β. *Eadem petiolos ovariaque occupans.* Chantr. Conf. n. 53. f. 53.

γ. *Rosæ albæ.*

Cet uredo est d'un jaune orangé; il est très-commun sur la surface inférieure des feuilles du rosier à cent feuilles; il semble, au premier coup-d'œil, que ces feuilles sont couvertes d'une poussière jaune; on voit çà et là l'épiderme soulevé et rompu, qui a donné passage à cette poussière; lorsqu'on l'examine au microscope, on voit qu'elle est composée de globules sphériques. Souvent cet uredo sert de base à la puccinie du rosier. La variété β attaque les pétioles, les pédoncules et les ovaires de la même plante; elle forme alors des taches larges, pulvérulentes, qui déforment absolument la tige du rosier. La variété γ naît sur le rosier à fleur blanche.

624. Uredo linéaire. *Uredo linearis.*

Uredo linearis. Pers. Syn. 216. Lamb. Act. Soc. Linn. 4. p. 193.
— *Uredo longissima.* Sowerb. Engl. Fung. t. 139. — *Lycoperdon lineare.* Schranck. Fl. bav. n. 1852. — *Æcidium lineare.* Gmel. Syst. p. 1473.

Cette espèce croît sur les feuilles de plusieurs graminées ; elle y forme des taches linéaires visibles de l'un et l'autre côté ; elle naît sous l'épiderme, le soulève et le rompt, selon la direction des nervures ; la poussière est d'abord jaune, ensuite brune ; observée au microscope, elle paroît composée de globules ovoïdes qui ne m'ont offert en général ni cloisons ni pédicelle ; cependant dans certains groupes j'ai observé çà et là quelques capsules pédicellées et cloisonnées. Seroit-ce la puccinie des graminées qui se trouvoit mélangée avec notre uredo linéaire, ou bien ces deux plantes ne seroient-elles que deux états de la même espèce ?

625. Uredo à longues capsules. *Uredo longi-capsula.*

Æcidium pinolæ. Gmel. Syst. Nat. 2. p. 1473 ?

Cette espèce naît sous l'épiderme, le perce et forme des taches distinctes, arrondies ou oblongues, bordées dans leur jeunesse par les débris de l'épiderme ; la poussière est très-abondante, jaune comme dans l'uredo rouille, mais elle en diffère parce que ses capsules, au lieu d'être ovoïdes, sont très-alongées et cylindriques ; leurs deux extrémités sont obtuses. M. Chaillet, qui m'a communiqué cette espèce, l'a trouvée sur la face inférieure des feuilles du peuplier noir.

626. Uredo confluent. *Uredo conflens.*

Uredo confluens. Pers. Syn. 214. var. β.

Cette plante est extrêmement voisine de l'espèce suivante, mais elle en diffère parce que sa couleur est d'un jaune plus pâle, que sa poussière est peu adhérente et s'envole avec facilité dès que l'épiderme est enlevé, et sur-tout parce que les fentes de l'épiderme ont une disposition à se réunir sous la forme d'anneaux concentriques : elle croît à la surface inférieure des feuilles de la mercuriale vivace. — Commun. par le C. Berger.

627. Uredo rouille.   *Uredo rubigo.*

α. Campanularum. — Uredo campanulæ. Pers. Syn. 217.
β. Sonchi arvensis. — Uredo sonchi arvensis. Pers. Syn. 217.
γ. Rubi saxatilis.

Les feuilles d'un grand nombre de plantes, telles que les campanules, le laitron des champs, la ronce des rochers, et probablement plusieurs autres, sont attaquées en dessous par un uredo d'un jaune de rouille qui naît sous l'épiderme, le déchire tantôt circulairement, tantôt en fentes oblongues ou sinueuses; ces fentes sont bordées par les débris plus ou moins persistans de l'épiderme, et finissent presque toujours par se réunir les unes aux autres; la poussière qui les remplit, observée au microscope, paroît composée de globules ovoïdes, sessiles, demi-transparens, souvent agglutinés les uns aux autres, dans lesquels on apperçoit des grains opaques.

628. Uredo du framboisier.   *Uredo rubi idœi.*

Uredo rubi idœi. Pers. Syn. 218. Obs. Myc. 2. p. 24.

Sa couleur est jaune; il naît épars à la surface supérieure des feuilles de la ronce framboisière, et semble préférer celles qui sont les plus fraîches et les plus vertes; il perce l'épiderme sous la forme d'un anneau circulaire, et s'élève sous celle d'une petite pustule concave dans le centre; la poussière vue au microscope, est composé des péricarpes ovoïdes presque sphériques; dans quelques-uns j'ai cru distinguer un pédicelle. J'ai trouvé cette espèce dans un bosquet ombragé, à Bagneux.

629. Uredo des ronces.   *Uredo ruborum.*

α. Rubi cœsii.
β. Rubi fruticosi. — Uredo rubi fruticosi. Pers. Syn. 218.

Cette espèce naît à la surface inférieure des feuilles de la ronce bleuâtre et de la ronce arbrisseau; quelquefois elle paroît aussi à la surface supérieure; elle y forme du moins toujours des taches orangées; ses pustules sont arrondies lorsqu'elles naissent sur le parenchyme, et alongées sur les nervures ou les pétioles; la poussière est peu adhérente, d'un jaune orangé très-vif; les capsules sont ovoïdes, presque sphériques.

630. Uredo du lin.   *Uredo lini.*

Uredo miniata, var. β, lini. Pers. Syn. 216.

Cette plante parasite naît sur les tiges et les deux surfaces des feuilles du lin purgatif; mais elle attaque de préférence la surface supérieure de la feuille ; elle perce l'épiderme et forme des pustules convexes, ovales ou arrondies, d'un jaune orangé ; leur consistance est un peu compacte; la poussière examinée au microscope, offre des globules nombreux sphériques assez gros, dans lesquels on distingue par transparence des grains opaques; parmi ces globules sphériques et sessiles, on en distingue quelques autres ovoïdes ou en toupie, et portés sur un pédicelle très-distinct; ceux-ci n'offrent pas de grains dans l'intérieur. Ce double état est-il dû à une différence d'âge, ou bien les mêmes pustules offrent-elles deux plantes différentes ? C'est ce que je n'ai pu encore déterminer. Persoon dit qu'on trouve le même uredo sur le lin cultivé.

631. Uredo charnu.   *Uredo pinguis.*

α. Rosæ austriacæ.
β. Rosæ alpinæ.

Cette plante se développe sur les pétioles, les nervures et la surface inférieure des feuilles de quelques espèces de rosiers , telles que le rosier d'Autriche et celui des Alpes ; elle naît sous l'épiderme, le rompt circulairement lorsqu'elle croît sur le parenchyme, et y forme des fentes oblongues et irrégulières lorsqu'elle naît sur les pétioles ou les nervures; l'épiderme rompu forme une bordure inégale et blanchâtre autour d'une plaque épaisse, charnue, convexe, d'un jaune de rouille, large de 2-4 millim. ; cette matière examinée sous le microscope , est composée de globules oblongs, dans lesquels on apperçoit par transparence des grains opaques. Cette espèce m'a été communiquée par le C. Berger.

632. Uredo protubérant.   *Uredo proeminens.*

Il perce l'épiderme sous la forme d'un tubercule aplati , fauve, arrondi, bordé par les débris de l'épiderme déchiré. Il seroit facile de le confondre avec un écidium si on ne faisoit pas attention à la manière dont il s'est développé; à la fin de sa vie ce tubercule se change en poussière rousse ; les péricarpes vus au microscope, sont sphériques : il naît épars à la surface inférieure des feuilles de l'euphorbe en écu.

### 633. Uredo ponctué.	*Uredo punctata.*

α. Euphorbiæ helioscopiæ.
β. Euphorbiæ pusillæ.
γ. Euphorbiæ peplidis.

Cette plante naît sous l'épiderme des feuilles , à la surface
inférieure ; elle perce et détruit cet épiderme , forme un tubercule convexe, d'un jaune pâle , orbiculaire, un peu grenu ;
ce tubercule se couvre bientôt de cinq à sept taches protubérantes , noires , absolument semblables à celles de la sphérie
ponctuée ; ce tubercule ayant été mis dans l'eau sous la lentille
du microscope , j'en ai vu sortir des espèces de globules transparens , alongés , obtus , disposés en bandes , et qui sembloient
retenus dans cet ordre par une viscosité limpide ; à la fin de sa
vie , le tubercule devient noir et charbonneux. Ces observations
tendent à faire penser que ce champignon doit probablement
être rapporté au genre des sphéries; mais n'ayant pu appercevoir d'orifice aux points noirs qui couvrent sa surface, je le
laisse encore dans le genre dont son port le rapproche : il croît
sur les euphorbes réveil-matin , fluette et oreillée.

### 634. Uredo écidium.	*Uredo œcidioides.*

Cette espèce croît sur les feuilles du peuplier blanc ; elle les
attaque dès leur naissance et couvre en entier leur surface inférieure; chaque pustule est arrondie, oblongue ou sinueuse ,
de couleur orangée, d'une consistance ferme et non pulvérulente ; elle naît de dessous l'épiderme , dont les bords déchirés ,
joints aux débris des poils , forment une bordure blanche,
de manière qu'au premier coup d'œil on la prendroit pour un
écidium ; les sporanges sont globuleux, pellucides, adhérens
les uns aux autres , et paroissent remplis de grains opaques.
Cette plante m'a été communiquée par le C. Léman.

### 635. Uredo du pétasite.	*Uredo petasitis.*

Cette espèce est commune à la surface inférieure des feuilles
du pétasite vulgaire, qu'elle occupe quelquefois en entier; ses
taches sont d'un jaune orangé , irrégulièrement sinuées, formées par des globules compacts, ovoïdes, qui naissent sous
l'épiderme , le soulèvent et en rendent la surface grenue , mais
ne parviennent point à le percer, du moins je ne l'ai jamais ren-
contré à l'époque où l'épiderme est déchiré.

§. III. *Poussière blanche.*

636. Uredo fermé.   *Uredo inaperta.*

Il croît assez abondamment sur les feuilles de la patience à
feuille obtuse ; ordinairement il occupe la face inférieure ; on en
trouve aussi quelques individus sur la face supérieure ; il forme
des taches blanches irrégulières confluentes, très-grandes et
très-apparentes ; l'épiderme ne se déchire pas, mais se dessèche ;
il recouvre une poussière blanche très-abondante qui, vue au
microscope, paroît composée de globules arrondis.

637. Uredo du salsifix.   *Uredo tragopogi.*

Uredo candida tragopogi. Pers. Syn. 223.

Cette espèce a une poussière blanche composée de globules
sphériques ; elle naît sous l'épiderme qu'elle soulève légèrement, mais qu'elle ne perce point ; les pustules sont éparses
sur la tige et les deux surfaces des feuilles ; elles sont nombreuses dans la partie de la feuille appliquée contre la tige ;
ses taches sont oblongues, distinctes les unes des autres, beaucoup plus petites que dans l'uredo précédent ; après leur mort
elles deviennent brunes et bosselées. J'ai trouvé cette espèce,
en été, sur un salsifix à feuilles de poireau cultivé dans un
jardin à Bagneux.

** *Péridium membraneux rempli de poussière non entre-*
mélée de filamens.

XXXVI. ÉCIDIUM.   *ÆCIDIUM.*

Æcidium. Pers. — *Lycoperdonis spec.* Linn.

C**ar**. Les écidiums paroissent d'abord comme de simples
tubercules ; bientôt ils s'ouvrent à leurs sommets en un orifice
circulaire et plus ou moins profondément denté ; leur intérieur
renferme une poussière farineuse qui n'est point entremêlée de
filamens : ils sont tous parasites sur les feuilles vivantes.

§. Ier. *Tubercules épars.*

638. Écidium du pin.   *Æcidium pini.*

Æcidium pini. Gmel. Syst. p. 1473. Pers. Syn. p. 213. — *Lyco-*
perdon pini. Wild. Bot. mag. 2. p. 16. t. 4. f. 12.

Cette espèce diffère beaucoup de toutes les autres par sa forme
et par sa station ; son péricarpe est d'un jaune pâle, oblong,

comprimé, long de 4-6 millim., large de 2-4, rempli d'une poussière orangée très-abondante, absolument dépourvue de filamens; ce péricarpe s'ouvre de côté ou à son sommet, d'une manière peu régulière; les globules sont sphériques, agglutinés ensemble. Cette plante croît non-seulement sur les feuilles, mais aussi sur l'écorce du pin sauvage: elle n'est pas enfoncée dans la substance même de la feuille, mais absolument libre et dégagée; elle naît par grouppes, mais les individus sont distincts les uns des autres. Le C. Bosc a trouvé en Caroline la même plante ou une plante très-voisine, sur les feuilles du pin des marais.

639. Écidium de la peltigère. *Æcidium peltigeræ.*

Cette plante offre un tubercule granuleux, hémisphérique, couleur de vermillon; à la loupe on remarque qu'il est composé d'un grand nombre de globules sphériques pleins d'un liquide dans lequel nagent probablement les graines. J'ai cru remarquer que ces globules reposent sur une cupule membraneuse très-évasée, caractère qui rapproche cette plante des écidiums et l'éloigne des tuberculaires; je l'ai trouvée une seule fois sur la peltigère canine; les tubercules étoient épars à la surface supérieure des feuilles.

640. Écidium de l'épilobe. *Æcidium epilobii.*
Æcidium pulchellum. Schrad.

Cette plante, qui m'a été communiquée par M. Chaillet, ressemble beaucoup à l'écidium des chicoracées, mais me paroît cependant une espèce distincte; elle croît sur l'épilobe tétragone, ordinairement à la surface inférieure de la feuille, quelquefois aussi à la supérieure; ses cupules sont distinctes, éparses, tuberculeuses, blanchâtres; leur orifice n'a pas plus d'un quart de millimètre de diamètre, ses bords sont étalés, frangés et caducs, la poussière est orangée et finit par être brune. On le trouve souvent mélangé avec l'uredo vagabond.

641. Écidium de la ronce. *Æcidium rubi.*

J'ai trouvé cette espèce d'écidium mélangée avec la puccinie de la ronce, sur la surface inférieure des feuilles de la ronce arbrisseau; elle y naît éparse et ne forme ni tache, ni tubercule sur la feuille; elle est très-plate et difficile à appercevoir; son bord est blanchâtre, orbiculaire, protubérant, entier ou légèrement dentelé; le centre de la cupule est d'un jaune fauve.

642. Écidium à poudre blanche. *Æcidium leucospermum.*

Æcidium anemones. Pers. Syn. 212. Gmel. Syst. p. 1476. — *Lycoperdon anemones.* Pultn. Act. Soc. Linn. 2. p. 331.

Il naît épars à la surface inférieure des feuilles de l'anémone des bois, qui d'ordinaire alors reste stérile; les cupules sont cylindriques, assez protubérantes, de couleur blanchâtre; leur bord est épais, quelquefois entier, le plus souvent légèrement dentelé; la poussière est abondante, blanche, composée de globules ovoïdes peu adhérens ensemble. Il faut éviter de confondre cet écidium avec l'écidium ponctué, l'uredo de l'anémone et la puccinie de l'anémone.

643. Écidium ponctué. *Æcidium punctatum.*

Æcidium punctatum. Pers. Syn. 212. Ann. Bot. p. 135. — *Æcidium anemones.* Hoffm. Fl. germ. 2. t. 11. f. 1.

Cet écidium croît sur la surface inférieure des feuilles de l'anémone renoncule; en dessus de la feuille il forme des bosselures d'un jaune vif; en dessous on voit des tubercules épars, distincts, d'abord hémisphériques et d'un jaune pâle; ces tubercules se fendent à leur sommet et offrent un orifice circulaire, entier; au fond de la coupe on apperçoit une poussière brune. Cette plante croît souvent entremêlée avec d'autres petits globules bruns, qui sont probablement formés par des insectes.

644. Écidium des chicoracées. *Æcidium cichoracearum.*

α. *Scorzoneræ laciniatæ.*
β. *Tragopogi pratensis.* — *Æcidium tragopogi.* Pers. Syn. 211.

Cette espèce ne forme point de taches, mais elle naît éparse sur les tiges et les feuilles, et sur-tout à leur surface inférieure; elle commence par former un tubercule convexe et jaunâtre; ce tubercule se fend à son sommet, et son bord se replie en dehors; ce bord est le plus souvent dentelé, quelquefois découpé seulement en quatre à cinq lanières assez larges et blanchâtres; la poussière est d'abord d'un jaune orangé et devient ensuite noire; la cupule est évasée et a presque un millim. de diamètre. J'ai trouvé la variété α à l'école du jardin des Plantes, sur la scorzonnère découpée; la variété β, qui croît sur le salsifix des prés, m'a été communiquée par le C. Dufour. J'en possède une troisième variété qui croît sur une chicoracée dont l'espèce m'est inconnue.

645. Écidium des violettes.   *Æcidium violarum*

    α. Violæ tricoloris.
    β. Violæ calcaratæ.

Cette espèce naît sur les tiges, les pétioles et la surface inférieure des feuilles des violettes, pensée et éperonnée ; ses coupes sont nombreuses, rapprochées, mais non réunies, peu proéminentes, blanchâtres, orbiculaires ; leur bord est dentelé ; la poussière est d'abord orangée, ensuite brune.

646. Écidium du chevre-   *Æcidium xylostei.*
feuille des buissons.

Cette espèce attaque la face inférieure des feuilles du chevrefeuille des buissons ; elle forme en dessus une tache jaune presque toujours circulaire ; cette tache, vue en dessous, a un aspect d'un blanc rose ; les pustules sont distinctes, jamais soudées, nombreuses, presque globuleuses avant leur maturité ; à cette époque leur sommet devient un peu conique et se perce par un trou qui va en s'élargissant, et dont les bords sont droits et dentelés ; la poussière est d'un jaune orangé. J'ai trouvé cette plante en été, dans les bois de Ville-d'Avray.

647. Écidium de l'eu-   *Æcidium cyparissiæ.*
phorbe cyprès.

Æcidium euphorbiæ. Gmel. Syst. p. 473. Pers. Syn. 211. Humb. Freyb. p. 128. — *Lycoperdon euphorbiæ.* Schranck. Bav. 2. p. 631.

Cette espèce croît fréquemment sur la surface inférieure des feuilles de l'euphorbe cyprès ; elle paroît dès le printemps, sous la forme de petits points jaunes et protubérans ; ses tubercules grossissent et s'ouvrent en une coupe circulaire d'un jaune pâle, peu proéminente ; les bords sont presque entiers, un peu réfléchis ; la poussière est d'abord d'un jaune orangé et finit par être brune ; ses petites coupes sont distinctes les unes des autres, mais ordinairement il en naît une telle quantité, que la feuille entière en est couverte ; on les trouve quelquefois sur les involucres et les involucelles. Cette plante parasite change tellement l'aspect de cette euphorbe, que quelques botanistes l'ont décrite comme une espèce différente, sous le

nom

nom de *Euphorbia degener*. Riv. Hop. Ect. 560. Gaspard
Bauhin l'a désignée sous le nom de *Tithymalus cyparissias
foliis punctis croceis notatis*. Il faut prendre garde de ne pas
confondre cet écidium avec l'uredo en écusson.

648. Écidium de l'eu-   *Æcidium euphorbiæ
phorbe des bois.   sylvaticæ.*

Il naît au printemps, sur l'euphorbe des bois; on ne le
trouve point sur les feuilles de l'année précédente, mais seulement sur la jeune pousse. Les plantes attaquées par cet écidium
ne fleurissent point; il ressemble, pour la forme et la couleur,
à l'écidium de l'euphorbe cyprès, mais il naît plus épars, et il
pousse quelques pustules à la surface supérieure de la feuille,
tandis que l'espèce précédente ne se développe qu'à la surface
inférieure; sa poussière est orangée, composée de capsules
sphériques un peu collées les unes aux autres. J'ai trouvé cette
espèce dans les bois de Fontainebleau.

§. II. *Tubercules rapprochés en anneau circulaire.*

649. Écidium du tussilage. *Æcidium tussilaginis.*

Æcidium tussilaginis. Gmel. Syst. p. 1473. Pers. Syn. 209. —
Lycoperdon epiphyllum. Linn. spec. 1653.

Cet écidium vit à la surface inférieure des feuilles du tussilage blanc et du tussilage vulgaire; la feuille, dans cette place,
est marquée à sa surface supérieure d'une tache d'abord rougeâtre et ensuite jaune, toujours arrondie, et au centre de
laquelle on observe de petits tubercules de couleur plus foncée;
les cupules sont disposées en taches arrondies et serrées, ou le
plus souvent en anneau circulaire; chacune d'elle est orbiculaire, dentelée sur les bords, très-courte et blanchâtre; la
poussière dont elle est remplie est ordinairement de couleur
orangée; quelquefois elle est absolument blanchâtre.

650. Écidium rougissant. *Æcidium rubellum.*

Æcidium rubellum. Gmel. Syst. p. 1473.
  α. Rumicis aquatici. — *Æcidium rumicis*. Hoffm. Germ. 2. t. 2.
    f. 2. — *Æcidium rumicis*, var. α. Pers. Syn. 207.
  β. Rhei compacti.
  γ. Centaureæ.
  δ.? Fragariæ vescæ.

Les feuilles de la patience aquatique sont quelquefois

marquées en dessus de taches rouges arrondies assez grandes ;
si on soulève ces feuilles, on trouve à la surface inférieure ces
taches couvertes de petits écidiums très-rapprochés et formant
un anneau assez régulier qui laisse à nu le milieu de la tache ;
chaque cupule est orbiculaire, peu élevée et même un peu enfoncée, d'un jaune très-pâle ; ses bords vus à la loupe, paroissent
à peine dentelés ; la poussière est d'un blanc jaunâtre. On trouve
cette plante en été. Les feuilles de plusieurs espèces de patience
et de rhubarbe offrent des taches rougeâtres qui semblent être
les bases de cette même plante parasite avortée. Le C. Berger
l'a trouvée sur la rhubarbe cultivée et sur une espèce de centaurée. J'ai reçu de M. Chaillet des feuilles de fraisier qui
portent des taches analogues à celles que l'écidium rougissant
fait naître sur la patience, mais les écidiums ne s'y trouvoient
pas. Persoon a trouvé la même espèce sur le groseillier.

651. Écidium des bor-   *Æcidium asperifolii.*
raginées.

Æcidium asperifolii. Pers. Syn. 208. Obs. Myc. 1. p. 97.

Il croît en été, sur les feuilles des cynoglosses, des lycopsis
et des autres borraginées ; ses cupules forment à la face inférieure une tache arrondie, large de 1-2 centim. ; la même
place est remarquable par une dépression irrégulière, grenue et
plus ou moins sensible à la surface supérieure ; les cupules sont
distinctes, rapprochées, blanchâtres, en forme de coupe, dentelées sur les bords ; la poussière est d'un rouge orangé, composée de globules presque sphériques adhérens les uns aux
autres. — Comm. par le C. Léman.

652. Écidium du ner-   *Æcidium rhamni*
prun des Alpes.   *Alpini.*

Il naît sur la surface inférieure du nerprun des Alpes ; ses
tubercules sont distincts, mais rapprochés sur un ou deux rangs,
de manière à former un anneau assez régulier ; la feuille elle-
même devient un peu rougeâtre sur-tout en dessus. Chaque
écidium est d'une couleur jaune orangée ; il forme d'abord un
tubercule convexe plein d'une poussière d'un jaune un peu plus
pâle, composée de globules agglutinés les uns aux autres, sphériques, transparens, et dans lesquels, à l'aide du microscope,
on distingue les graines par transparence. Le C. Berger a

vu la partie supérieure du péridium se soulever comme un couvercle, rester adhérente par un seul point, puis se détacher entièrement et laisser une coupe à bords dentelés.

653. Écidium de la barbe de chèvre. *Æcidium arunci.*

Il naît abondamment sur la surface inférieure des feuilles, et quelquefois sur le pétiole de la spirée barbe de chèvre; il forme en dessus de la feuille des taches arrondies, grumeleuses, brunâtres au centre et entourées d'une auréole jaunâtre; lorsqu'il naît sur le parenchyme, il présente des anneaux assez réguliers et à plusieurs séries; mais il forme des grouppes irréguliers quand il croît près des nervures; ses cupules sont d'un jaune pâle; avant leur épanouissement elles sont en forme de mamelons, coniques et obtus; après cette époque elles deviennent cylindriques, et leur bord est droit, à peine dentelé; la poussière est d'un jaune orangé, composée de globules sphériques un peu agglutinés ensemble : dans chaque tache les cupules du centre s'ouvrent les premières. Cette élégante espèce m'a été communiquée par le C. Berger.

654. Écidium de la clématite. *Æcidium clematitis.*

Cet écidium diffère fort peu de celui de la barbe de chèvre; il naît à la surface inférieure des feuilles de la clématite des haies; il forme en dessus une tache arrondie, brunâtre, grumeleuse; les cupules sont d'un jaune pâle, disposées en anneau sur quatre ou cinq rangs, assez écartés les unes des autres; à leur naissance elles offrent des mamelons obtus, puis elles s'ouvrent et deviennent à-peu-près cylindriques; leur bord est à peine dentelé, mais après l'épanouissement il se détruit, ensorte que les cupules ouvertes depuis quelque temps sont plus courtes que les autres; la poussière est jaunâtre, composée de globules sphériques; les cupules sont souvent inclinées et s'épanouissent sans ordre déterminé. Cette espèce a été trouvée par le C. Berger.

§. III. *Plantes ramassées en paquets irréguliers.*

655. Écidium de l'ortie. *Æcidium urticæ.*

Cet écidium naît sur l'ortie dioïque, et forme des grouppes serrés sur la tige et sur l'une et l'autre surface de la feuille;

ces grouppes occupent quelquefois un espace considérable et détruisent les poils dans la partie dont ils s'emparent; chaque cupule est en forme de cloche; ses bords sont dentelés, d'un jaune abricot; la poussière est de la même couleur, composée de capsules sphériques; en vieillissant elle devient d'un brun roux qui contraste avec la couleur pâle des bords de la coupe.

656. Écidium de la barbarée.   *Æcidium barbareæ.*

Il croît sur les feuilles et sur le pétiole de l'*érysimum barbarea*; il y forme des taches grandes et irrégulières, qui émettent des cupules des deux côtés de la feuille; du côté inférieur la tache est entièrement couverte de cupules; du côté supérieur on n'en trouve qu'un petit nombre, et le reste est de couleur rousse; chaque cupule est orbiculaire, ouverte, distincte de celles qui l'entourent; son bord est blanchâtre, crénelé; sa poussière est d'un jaune orangé et paroît souvent fendue en travers, lorsqu'on l'examine à la loupe. Cette espèce a été trouvée par mon frère, aux environs de Genève.

657. Écidium des prenanthes.   *Æcidium prenanthis.*

α. *Prenanthis muralis.* — *Æcidium prenanthis.* Pers. Syn. 208.
β. *Prenanthis purpureæ.*

Ses péridiums ne sont pas soudés les uns avec les autres, mais rapprochés au nombre de quinze à vingt en un paquet arrondi; ils sont de couleur orangée, pâle, peu alongés, leur bord est épais, entier, peu ouvert; la poussière est d'un jaune plus pâle, les globules vus au microscope sont sphériques, non entremêlés de filamens, mais un peu agglutinés les uns avec les autres. Les deux variétés croissent à la surface inférieure des feuilles, l'une sur le prenanthe des murs, l'autre sur le prenanthe pourpre.

658. Écidium épais.   *Æcidium crassum.*

Æcidium crassum. Pers. Syn. p. 208. Icon. 2. p. 37. t. 3. f. 1. 2.
Æcidium evonymi. Gmel. Syst. p. 1473.

Cette espèce est l'une des plus faciles à reconnoître; elle naît non seulement sur les feuilles, mais encore sur les pétioles, les pédoncules et les jeunes pousses du nerprun bourdaine; elle y forme des masses entassées, irrégulières, épaisses et convexes;

chaque plante commence par être un tubercule convexe, ensuite elle se change en un tube peu alongé, d'un jaune orangé, dont les bords sont peu dentelés, et qui renferme une poussière orangée.

659. Écidium ramassé. *Æcidium confertum.*

α. Æcidium ficariæ. Pers. Obs. Myc. 2. p. 23. — *Æcidium crassum ficariæ.* Pers. Syn. 208?
β. Violæ odoratæ.

Cette espèce naît sur la surface inférieure des feuilles de la renoncule ficaire et de la violette odorante ; elle y forme des taches blanchâtres arrondies ou oblongues ; les cupules sont rapprochées, mais distinctes, disposées en paquets arrondis, oblongs, annulaires ou irréguliers ; elles sont blanchâtres ; leur bord est dentelé ; leur poussière commence par être jaune et devient ensuite d'un brun noir.

660. Écidium irrégulier. *Æcidium irregulare.*

Il naît à la surface inférieure des feuilles du nerprun cathartique ; il y forme des taches brunâtres, un peu épaisses, irrégulières, ponctuées en dessus ; ses cupules sont d'un jaune pâle, d'abord sous forme de mamelons cylindriques et obtus, puis elles s'ouvrent à leur sommet ; bientôt le tube se détruit presque en entier, et il n'en reste que la base qui est concave et pleine d'une poussière d'abord jaunâtre, puis noirâtre ; les grouppes sont rapprochés, irréguliers, composés de trente à quarante cupules. Le C. Berger, qui m'a communiqué cette plante, a observé que les cupules restent trois jours pour prendre leur accroissement ; elle diffère beaucoup d'une autre espèce d'écidium que Persoon a observée sur le même arbrisseau, et qu'il désigne sous le nom d'*Æcidium rhamni.*

661. Écidium unilatéral. *Æcidium unilaterale.*

Cette espèce ressemble beaucoup, au premier coup d'œil, à l'écidium à double face, mais au lieu de naître à la fois sur les deux côtés de la feuille, elle ne paroît qu'à la surface inférieure et quelquefois sur le pétiole ; ses péridiums sont d'un jaune orangé, distincts les uns des autres, mais rapprochés en grouppes oblongs ou irréguliers ; la feuille brunit autour de ces grouppes et entre les péridiums ; ceux-ci sont d'abord tuberculeux, ils s'ouvrent tard et incomplettement ; leur bord

est entier, épais; les globules m'ont paru articulés comme
dans les puccinies. Cette espèce a été trouvée dans les Alpes,
par le C. Berger, sur l'anémone à fleurs de narcisse.

662. Écidium à double face.   *Æcidium bifrons.*

    α, Aconiti lycoctoni.
    β. Æcidium ranunculi acris. Pers. Syn. 210?

Cet écidium croît sur les feuilles de l'aconit tue-loup; il y
forme des taches arrondies ou oblongues, irrégulières, qui
émettent des cupules de l'un et de l'autre côté de la feuille,
et quelquefois sur le pétiole; la tache vue en dessus est plane,
vue en dessous elle est convexe et noirâtre; les coupes sont
très-évasées, arrondies, pleines d'une poussière jaune abondante,
et qui conserve sa couleur à la dessication. Je n'ai pu distinguer les bords de la cupule qui ne sont point proéminens.
Cette plante m'a été communiquée par M. Chaillet, qui l'a
trouvée dans le Jura.

663. Écidium de la dent-   *Æcidium erythronii.*
de-chien.

Il croît sur la feuille de l'érythrone dent-de-chien, et y
forme des taches arrondies ou oblongues, qui émettent des
cupules des deux côtés de la feuille; ces taches sont planes,
d'un jaune blanchâtre; dans leur centre se développent d'abord
de petits tubercules qui s'évasent à leur sommet en une cupule
orbiculaire, jaunâtre, à bord presque entier, et qui renferme
une poussière d'un jaune orangé très-vif. J'ai trouvé cette
plante parasite au bois de la Batie, près Genève.

664. Écidium de l'épine-   *Æcidium berberidis.*
vinette.

    α. Æcidium berberidis. Gmel. Syst. p. 1473. Pers. Syn. 209.
    Hedw. f. Fung. ined. t. 31. — *Lycoperdon poculiforme.* Jacq.
    Coll. 1. p. 122. t. 4. f. 1.
    β. Campanulatum.

Cet écidium croît sur la surface inférieure des feuilles de
l'épine-vinette, et quelquefois sur les baies de cette plante; il
y naît en touffes arrondies, convexes; la place de chaque
touffe est marquée à la surface supérieure de la feuille par
une tache rouge; de la base commune qui est rougeâtre,

s'élèvent de petits tubercules jaunâtres qui croissent jusqu'à
5 et 4 millimètres sans s'ouvrir ; enfin, leur sommet s'ouvre
par un orifice circulaire dont le bord a cinq à six dentelures ; le tube est cylindrique, droit, d'un jaune orangé ,
et renferme une poussière de la même couleur. J'ai vu une
variété de cette plante à tube très-court et à bord presque entier. On la trouve au printemps.

665. Écidium cornu.   *Æcidium cornutum.*

Æcidium cornutum. Pers. Syn. 205. Obs. Myc. 2. p. 22. t. 4.
f. 2-3. Gmel. Syst. 1472. Hedw. Fung. ined. t. 30. — *Lycoperdon corniferum.* Fl. dan. t. 838.

Il naît à la surface inférieure des feuilles du sorbier des oise-
leurs ; il forme d'abord une tache orangée et tuberculeuse , de
laquelle s'élèvent trois à six péridiums longs de 5-7 millim. ,
d'un gris jaunâtre, cylindriques, glabres, d'abord droits ,
pointus et fermés au sommet , ensuite courbés, ouverts et
dentelés sur les bords; la poussière est d'un roux gris , composée de capsules sphériques agglutinées les unes aux autres , et
dans lesquelles on apperçoit les graines au microscope. On
trouve cette plante à la fin de l'été.

666. Écidium déchiré.   *Æcidium laceratum.*

α. Mali silvestris.
β. Cratægi oxyacanthæ. — *Æcidium oxyacanthæ.* Pers. Syn.
206.

Cette espèce ressemble beaucoup à la suivante pour la
structure et la manière de croître ; mais les taches qu'elle fait
naître sont plutôt jaunâtres en dessus que rouges ; les tubercules
sont peu élevés , d'un brun clair, divisés en deux ou trois mamelons souvent isolés les uns des autres ; ces mamelons s'ouvrent ,
la coiffe qui recouvre la poussière se déchire en plusieurs fils
irréguliers qui ne restent pas adhérens par le sommet. J'ai trouvé
cette plante sur le pommier sauvage. Persoon l'a vue sur l'épine
blanche.

667. Écidium en grillage.   *Æcidium cancellatum.*

Lycoperdon cancellatum. Linn. spec. 1654. Flor. dan. t. 504.
Jacq. Austr. p. 13. t. 17. —*Æcidium cancellatum.* Pers. Syn.
p. 205. Humb. Freyb. p. 127.

Cette plante naît toujours à la surface inférieure des feuilles

de poiriers ; je ne l'ai trouvé qu'une seule fois sur la face supérieure ; les feuilles attaquées par cette plante sont, en dessus,
marquées de taches orangées, arrondies, au centre desquelles
on remarque de petits points noirs ; en dessous de la feuille se
forme, dès l'été, une protubérance arrondie d'un jaune brun
qui grandit, se divise en plusieurs mamelons ; chacun de ses
mamelons s'ouvre à son extrémité ; il en sort une espèce de
coiffe composée de filamens distincts par le bas et réunis au
sommet ; c'est entre les barreaux de cette cage que sort la
poussière brune renfermée dans les tubercules ; la coiffe tombe
souvent d'elle-même ; elle donne sa poussière à l'entrée de
l'automne ; cette poussière, vue au microscope, est composée
de globules arrondis ou irréguliers, dans lesquels on distingue
des grains opaques. Cette plante naît sur le poirier cultivé ;
elle infeste souvent tous les poiriers d'un jardin pendant plusieurs
années de suite.

XXXVII. MOISISSURE.   *MUCOR.*

Mucor. Pers. — *Mucoris sp.* Linn. Bull.

Car. Les moisissures ont un réceptacle membraneux, globuleux ou en toupie, pédonculé, d'abord aqueux et transparent, ensuite opaque et plein de poussière nue, non entremêlée
de filamens, mais dont les globules adhèrent un peu l'un à
l'autre.

668. Moisissure rameuse.   *Mucor ramosus.*

Mucor ramosus. Bull. Champ. p. 116. t. 480. f. 3. — *Mucor*
rufus. Pers. Syn. p. 200.

Elle forme de larges touffes sur les substances qu'elle attaque ;
on la distingue sans peine, même à l'œil nu, parce que ses
pédicules sont rameux ; au sommet de chaque ramification se
trouve un péricarpe globuleux, d'abord blanc et diaphane,
ensuite roussâtre, puis d'un brun roux ; ses graines sont rondes,
brunâtres, transparentes.

669. Moisissure vulgaire.   *Mucor mucedo.*

Mucor mucedo, Linn. spec. 1655. Pers. Syn. 201. — *Mucedo*
grisea. Pers. Tent. Disp. p. 14. — *Mucor sphœrocephalus.*
Bull. Champ. p. 112. t. 480. f. 2.

Cette espèce est la plus commune de toutes ; elle forme de
larges touffes sur toutes les substances fermentescibles ; ses

pédicules sont simples, grèles, alongés, et portent à leur sommet un péricarpe globuleux, régulier, d'abord blanc et transparent, ensuite opaque et brunâtre; ses graines sont nombreuses, rondes, verdâtres lorsqu'elles sont mûres, absolument dépourvues de filamens; le péricarpe se crève avec élasticité lorsqu'on l'expose sous l'eau à la lentille microscopique. Bulliard a montré, par diverses expériences, que si cette plante et d'autres analogues se développent sur diverses matières en putréfaction, c'est que leurs graines y sont déposées par l'air environnant.

XXXVIII. LICÉE. *LICEA.*

Licea. Schrad. Pers.— *Sphærocarpi spec.* Bull.

Car. Les licées ont un péridium sessile, membraneux, fragile, qui se rompt de diverses manières, renferme une poussière non entremêlée de filamens, et n'est jamais posé sur une membrane commune à plusieurs plantes.

670. Licée boîte-à-savonnette. *Licea circumscissa.*

Sphærocarpus sessilis. Bull. Champ. p. 132. t. 417. f. 5. — *Licea circumscissa.* Pers. Syn. 196. — *Trichia gymnosperma.* Pers. Obs. Myc. 1. p. 63. t. 6. f. 1. 2.

Cette plante est sessile, arrondie, un peu déprimée, d'abord jaunâtre et ensuite d'un brun plus ou moins foncé, de 2-5 millimètres de diamètre; elle s'ouvre en se coupant en travers comme une boîte à savonnette; l'intérieur est plein d'une poussière d'un jaune doré, dans laquelle on distingue à peine un à deux filamens : elle croît à la fin de l'automne, sur le bois mort.

XXXIX. TUBULINE. *TUBULINA.*

Tubulina. Pers. — *Tubifera.* Gmel. — *Sphærocarpi spec.* Bull.

Car. Les tubulines ont une membrane qui porte plusieurs péridiums sessiles, ordinairement cylindriques, dont la poussière n'est pas entremêlée de filamens.

671. Tubuline cylindrique. *Tubulina cylindrica.*

Sphærocarpus cylindricus. Bull. Champ. p. 140. t. 470. f. 3.

Ses péridiums sont sessiles sur une membrane blanche et fort apparente, cylindriques, alongés, terminés en pointe obtuse, d'une couleur d'un brun de rouille, excepté au sommet qui est blanc; ils se rompent irrégulièrement vers le haut, et laissent échapper une poussière d'un brun de rouille : on n'y apperçoit pas de réseau : elle croît sur le bois mort et humide.

672. Tubuline fraise. *Tubulina fragiformis.*

Sphærocarpus fragiformis. Bull. Champ. p. 141. t. 384.
β. *Tubulina fragiformis.* Pers. Syn. 198.

Ses péridiums sont sessiles sur une membrane blanche et cotonneuse; ils sont alongés, cylindriques, amincis à leur base, d'un beau rouge dans leur jeunesse, excepté à la base qui est brunâtre; ils deviennent ensuite d'un brun de rouille, s'ouvrent à leur sommet, répandent une poussière brune, et persistent long-temps sous la forme d'étuis membraneux, bruns, dentelés et ouverts au sommet; la poussière est attachée à un réseau très-fin et à peine apparent. Cette plante croît sur le bois mort et humide.

*** *Péridium membraneux rempli de poussière entremélée de filamens.*

X L. TRICHIE. *TRICHIA.*

Trichia. Hall. —*Trichiæ et sphærocarpi sp.* Bull. —*Physarum, Trichia, Arcyria, Crybraria.* Pers.

CAR. Les péridiums des trichies sont sessiles ou pédonculés, portés en commun sur une membrane sur-tout apparente dans la jeunesse de la plante; ils renferment des filamens qui sont attachés au pédicule ou aux parois du péridium, et qui portent des globules pulvérulens et très-nombreux.

Première section. SPHÉROCARPE. *SPHÆROCARPUS.* Bull.

Péridium ovoïde ou sphérique, sessile ou pédiculé, qui se rompt irrégulièrement.

673. Trichie dorée. *Trichia chrysosperma.*

Sphærocarpus chrysospermus. Bull. Champ. p. 131. t. 417. f. 4.

Ses péridiums sont sphériques, luisans à l'extérieur, ordinairement d'un jaune doré, quelquefois brunâtre ou plombé, souvent sessiles, quelquefois portés sur un pédicelle court et cylindrique; la membrane de la base est blanche, très-apparente; les péridiums s'ouvrent irrégulièrement, et leur partie inférieure persiste ordinairement comme un calice déchiré; le réseau filamenteux et la poussière sont d'un jaune doré : elle croît sur les bois morts.

674. Trichie en poire. *Trichia pyriformis.*

Sphærocarpus pyriformis. Bull. Champ. p. 129. t. 417. f. 2. —
Trichia nigripes, var. *a.* Pers. Syn. 178 ?

Ses péridiums sont d'un jaune d'ochre, lisses et comme vernissés, en forme de poires, obtus à leur sommet, amincis à leur base en un pédicule un peu obscur et presque aussi long que le péridium ; celui-ci se rompt irrégulièrement vers son sommet ; il renferme une poussière d'un beau jaune, insérée sur des filamens de la même couleur ; la membrane qui sert de base est blanche, très-apparente. Cette plante croît sur les bois morts.

675. Trichie trompeuse. *Trichia fallax.*

Trichia fallax. Pers. Syn. 177. Obs. Myc. 1. p. 59. t. 3. f. 4. 5.
β. Sphærocarpus ficoides. Bull. Champ. p. 130. t. 417. f. 3.

Cette espèce est souvent difficile à reconnoître à cause de ses changemens de couleur ; elle commence par être rouge, arrondie, molle à l'intérieur, cornée et luisante à l'extérieur ; elle passe ensuite au jaune brun, s'alonge par le bas et prend la forme d'une poire portée sur une queue évasée à la base et plissée dans sa longueur ; enfin, elle devient presque noirâtre ; la membrane de la base devient coriace, foncée, et se détruit quelquefois dans le dernier âge de la plante : elle croît en automne, sur les troncs humides.

676. Trichie utriculaire. *Trichia utricularis.*

Sphærocarpus utricularis. Bull. Champ. p. 128. t. 417. f. 1. —
Physarum hyalinum. Pers. Syn. 170. Disp. Fung. p. 8. et 54.
t. 2. f. 2. 3 ?

Ses pédicules sont simples, grêles, cylindriques, très-courts, roussâtres, insérés sur une membrane d'un rouge ferrugineux, souvent peu visible ; les péridiums sont ovoïdes, d'abord d'un brun noirâtre, ensuite blancs et transparens, du moins à leur sommet ; les globules sont attachés à quelques filamens tendus d'une paroi à l'autre, et à l'époque de leur dissémination, ils se précipitent au fond du péridium ; celui-ci se rompt irrégulièrement. Cette plante croît sur les bois morts.

677. Trichie à toupet.   *Trichia antiades.*

Sphœrocarpus antiades. Bull. Champ. p. 127. t. 308. f. 2.

Ses pédicules sont souvent rameux, noirâtres, creusés de fossettes irrégulières, insérés sur une base commune, blanchâtre et membraneuse ; le péridium est globuleux, d'un jaune bistré, marqué de lignes sinueuses et comme pointillées ; il s'ouvre vers le sommet par une petite fente irrégulière, de laquelle sort une houppe de fibres chevelues enlacées, qui porte une poussière d'un brun noirâtre : elle croît sur les bois morts.

678. Trichie en toupie.   *Trichia turbinata.*

Sphœrocarpus turbinatus. Bull. Champ. p. 132. t. 484. f. 1.

Sa base est blanche, membraneuse, fort apparente ; ses pédicules simples, lisses, grèles, alongés, cylindriques, évasés en un péridium orangé ou un peu couleur de rouille, d'abord en forme de toupie arrondie, ensuite comme tronqué, et enfin concave au sommet ; on la prendroit alors pour un pezize, si l'intérieur de ce péridium n'étoit pas rempli d'un réseau chevelu couvert d'une poussière d'un gris roussâtre : elle croît sur le bois mort.

679. Trichie blanche.   *Trichia alba.*

Sphœrocarpus albus. Bull. Champ. p. 137. t. 407. f. 3. et t. 470.
   f. 1. *Physarum nutans.* Pers. Syn. 171.
α. *Pedunculo basi tumido.* Bull. t. 407. f. 3.
β. *Pedunculo subtereti.* Bull. t. 470. f. 1. A—G.
γ. *Peridio subcinereo.* Bull. t. 470. f. 1. H—L.

La membrane de la base est blanche, plus ou moins apparente ; les pédicules sont blancs, lisses, quelquefois cylindriques, quelquefois renflés à la base, de 1-4 millim. de longueur ; les péridiums sont sphériques, grenus à la surface, toujours blancs dans leur jeunesse, quelquefois légèrement cendrés ou jaunâtres dans un âge avancé, marqués d'un petit enfoncement à leur point d'insertion ; le réseau qui porte la poussière et la poussière elle-même sont toujours de couleur brune. Cette plante croît sur les troncs et les feuilles mortes et humides.

680. Trichie à filamens jaunes. *Trichia lutea.*

Sphærocarpus luteus. Bull. Champ. p. 136. t. 407. f. 2. —
Physarum luteum. Pers. Syn. 172.

Son péridium est blanc, grenu à la surface, sphérique,
avec un léger enfoncement au point d'insertion; il est friable,
se rompt en aréoles irréguliers et met à nu des filamens toujours jaunes, chargés d'une poussière jaune ou brune; le pédicule est simple, grèle, alongé, blanc, sans stries; la base
commune à plusieurs plantes, est une membrane blanche souvent difficile à remarquer : elle croît sur les bois morts.

681. Trichie verte. *Trichia viridis.*

Sphærocarpus viridis. Bull. Champ. p. 115. t. 481. f. 1.—
Physarum viride. Pers. Syn. 172.

Le base commune est une membrane grisâtre fort apparente;
les pédicules sont grèles, cylindriques, alongés, bruns ou
d'un rouge de brique; les péridiums sont sphériques, un peu
déprimés, verds, grenus à la surface, marqués d'un léger
enfoncement au point de leur insertion; ils se rompent en
aréoles irréguliers; la poussière et les filamens sont d'un brun
noirâtre. Cette plante croît sur les troncs morts et aussi sur la
terre, selon Persoon.

682. Trichie orangée. *Trichia aurantia.*

Sphærocarpus aurantius. Bull. Champ. p. 133. t. 484. f. 2. —
Physarum aurantium. Pers. Syn. 173.

La membrane qui sert de base commune, est blanche et
persistante; les pédicules sont d'un noir bistré, renflés à leur
extrémité inférieure, creusés de sillons longitudinaux; les
péridiums sont sphériques, non luisans, jaunes en dehors, d'un
brun noirâtre en dedans; ils se rompent en aréoles polygones,
et laissent échapper une poussière noirâtre. Bulliard en distingue deux variétés, dont l'une est orangée et l'autre jaune
pâle : elle croît sur les bois morts.

683. Trichie à globules. *Trichia globulifera.*

Sphærocarpus globulifer. Bull. Champ. p. 134. t. 484. f. 3. —
Physarum globuliferum. Pers. Syn. 175.

Une membrane blanche, étroite, souvent déchirée en lanières et peu apparente, sert de base à des pédoncules épais,

courts, lisses, cylindriques, jaunâtres ou rougeâtres ; les péridiums sont sphériques, d'abord blancs, ensuite noirâtres ;
l'enveloppe se rompt et se déjette de côté pour laisser à nu
une touffe de filamens entremêlés d'une poussière noirâtre,
parmi laquelle on distingue à la loupe des globules jaunâtres
assez gros : ce sont probablement les capsules qui contiennent
d'abord la poussière et qui s'ouvrent successivement.

Deuxième section. **A R C Y R I E.**   *A R C Y R I A.* **Pers.**

Péridium pédiculé qui se rompt de manière à former un
petit calice persistant au sommet du pédicelle.

684. Trichie à capsules.   *Trichia capsulifer.*

Sphærocarpus capsulifer. Bull. Champ. p. 139. t. 470. f. 2.

Sa base est une membrane blanche et apparente, sur laquelle
les péridiums sont sessiles ou portés sur un très-court pédicelle ;
ces péridiums sont sphériques ou presque ovoïdes, d'abord
d'un noir bleuâtre, puis d'un bleu cendré, enfin grisâtres ou
blanchâtres ; les enveloppes se fendent irrégulièrement vers
le sommet ; leur intérieur offre quelques filamens tendus d'une
cloison à l'autre et des masses d'un brun noirâtre qu'on prendroit pour des capsules, et qui sont des amas de globules : elle
croît sur les mousses.

685. Trichie penchée.   *Trichia nutans.*

Trichia nutans. Bull. Champ. p. 122. t. 502. f. 3. — *Arcyria*
flava. Pers. Syn. 184.

Une membrane blanche et coriace placée sous les petites
plantes, leur sert de base commune ; elles sont d'abord molles,
blanches, ovoïdes, sessiles, puis portées sur un court pédicelle ; alors elles jaunissent ; leur péridium s'alonge, devient
cylindrique et en même temps se détruit par le haut, de manière à laisser à nu la poussière et les filamens, et à former
seulement un calice irrégulier au sommet du pédicelle : elle croît
sur les bois morts.

686. Trichie cendrée.   *Trichia cinerea.*

Trichia cinerea. Bull. Champ. p. 120. t. 477. f. 3.

La membrane de la base est d'un blanc grisâtre ; ses pédicules sont courts, un peu amincis au sommet, d'un gris cendré ; ils portent un péridium blanc, mou et globuleux dans sa

jeunesse, qui ensuite devient cendré, cylindrique et obtus; il semble posé sur une espèce de calice crénelé, membraneux et strié, qui est la base persistante de l'enveloppe : elle croît sur les bois morts.

687. Trichie rouge. *Trichia cinnabarina.*

Trichia cinnabarina. Bull. Champ. p. 121. t. 502. f. 1. b. c.— *Arcyria punicea.* Pers. Syn. 183.

Une membrane blanche et visible à l'œil nu, porte toutes les petites plantes; dans leur jeunesse elles sont presque sessiles, ovoïdes, molles et d'un blanc de lait; elles prennent ensuite un court pédicule; leur péridium s'alonge et devient rouge; il se rompt de manière à laisser à la base un calice irrégulier; les semences sont d'un beau rouge, ou quelquefois d'une couleur vineuse. Cette plante croît sur les bois morts.

688. Trichie écarlate. *Trichia coccinea.*

Sphœrocarpus coccineus. Bull. Champ. p. 126. t. 368. f. 1. — Hall. Helv. n. 2164. t. 48. f. 6.

La membrane de la base est blanche, fort apparente ; le reste de la plante est d'un beau rouge de cinabre ; les pédicules sont simples, cylindriques, lisses; les péridiums sont sphériques; ils s'ouvrent par une fente horizontale comme une boîte à savonnette; le réseau filamenteux qui adhéroit au fond de la boîte s'en détache et le laisse à nu; il est écarlate, ainsi que la poussière. Cette plante croît sur les bois morts.

Troisième section. CRIBRAIRE. *CRIBRARIA.* Pers.

Péridium qui se détruit en tout ou en partie, de manière à ne laisser que des nervures anastomosées ou en forme de grillages, au travers desquels la poussière sort.

689. Trichie à demi- *Trichia semi - can-*
grillage. *cellata.*

Sphœrocarpus semi-trichiodes. Bull. Champ. p. 125. t. 387. f. 1. — *Cribraria vulgaris.* Pers. Syn. 194?

Une membrane coriace et blanchâtre, sert de base à plusieurs pédicelles simples, striés, d'un brun noirâtre, un peu amincis au sommet, droits ou penchés à la fin de leur vie ; le péridium est globuleux, d'abord opaque et d'un beau jaune avant l'émission de la poussière, roussâtre après cette époque; ce péridium se distingue parce que la moitié inférieure est membraneuse et persiste comme une espèce de calice dentelé , tandis que la partie supérieure est formée de fibres disposées en réseau , soutenues par de grosses nervures , et se détruit après l'émission des graines ; la poussière est jaune. Cette plante croît sur les bois morts.

690. Trichie en réseau. *Trichia reticulata.*

Sphœrocarpus trichiodes. Bull. Champ. p. 124. t. 387. f. 2. — *Cribraria coccinea.* Pers. Syn. 190.

D'une membrane coriace et d'un roux brun , s'élèvent plusieurs pédicules droits , grèles , cylindriques , roussàtres et sans stries ; à leur sommet est un péridium sphérique , d'abord blanc , ensuite d'un roux fauve ou brun , composé de fibrilles enlacées en forme de grillage ; la poussière qui est composée de globules arrondis et de couleur brune , sort par les aréoles de ce grillage. Cette plante croît sur les bois morts.

XLI. STÉMONITIS. *STEMONITIS.*

Stemonitis. Pers. — *Trichiœ sp.* Bull. — *Clathri sp.* Linn.

C_{AR}. Les stémonitis sont le plus souvent insérées sur une membrane commune à plusieurs pieds ; leurs péridiums sont pédicellés et traversés par un axe , qui est le prolongement du pédicelle.

691. Stemonitis en faisceau. *Stemonitis fasciculata.*

Trichia axifera. Bull. Champ. p. 118. t. 477. f. 1. — *Stemonitis fasciculata.* Pers. Syn. 187. — *Clathrus nudus.* Linn. spec. 1649. Bolt. Fung. 1. t. 93. — *Embolus lacteus.* Jacq. Misc. 1. p. 137. t. 6.

La base de la plante est une membrane blanche de laquelle s'élèvent plusieurs pédicules noirs , luisans , grèles , cylindriques , qui se prolongent jusqu'au sommet du péridium et persistent après la chute de la poussière ; le péridium est d'abord ovoïde , mou , et d'un blanc de lait ; ensuite il s'alonge , prend une couleur ferrugineuse ou brune ; les mailles de l'enveloppe s'écartent et laissent sortir une poussière rousse composée de globules arrondis : elle croît en automne , sur les troncs morts et les mousses.

692. Stémonitis massete. *Stemonitis typhoides.*

Trichia typhoides. Bull. Champ. p. 118. t. 477. f. 2. — *Stemo-nitis typhina.* Pers. Syn. 187.

Une membrane blanche et étalée donne naissance à un grand nombre de pédicelles évasés à leur base, grèles, noirs et luisans; ces pédicelles traversent le péridium et persistent après la chûte de la poussière; le péridium est cylindrique, mou et d'un blanc de lait dans sa jeunesse; il devient ensuite roux et presque noir, se rompt latéralement en plusieurs places, et laisse échapper une poussière brune : elle croît en été, sur les troncs pourris, dans les forêts. On le trouve aussi sur la tannée, dans les serres chaudes.

693. Stémonitis à pied blanc. *Stemonitis leucopodia.*

Trichia leucopodia. Bull. Champ. p. 121. t. 502. f. 2. — *Stemo-nitis leucostyla.* Pers. Syn. 186. — *Stemonitis elegans.* Roth. Cat. Bot. 1. p. 220.

Les individus de cette espèce ne sont pas réunis sur une mem-brane commune; mais leurs pédicelles, qui sont blancs et d'un as-pect cotonneux, s'élargissent à la base, quelquefois au point de se réunir; ces pédicelles se prolongent sous la forme d'un axe blan-châtre au travers du péridium, lequel est cylindrique, d'abord jaunâtre, puis brun et enfin noirâtre; l'enveloppe est fugace; les globules sont ellipsoïdes, attachés à des filamens serrés. Cette plante croît sur les feuilles et les tiges des graminées mortes ou languissantes; elle y est souvent disposée en lignes comme les nervures. — Comm. par le C. Dufour.

XLII. DIDERME. *DIDERMA.*

Diderma. Pers. — *Sphærocarpi et Reticulariæ sp.* Bull.

CAR. Les didermes sont placés sur une membrane commune à plusieurs individus; leur péridium est formé d'une double en-veloppe qui renferme une poussière entremêlée de filamens.

OBS. Les didermes sont aux trichies, ce que les géastres sont aux vesseloups.

694. Diderme fleuri. *Diderma floriforme.*

Sphærocarpus floriformis. Bull. Champ. p. 142. t. 371. — *Diderma floriforme.* Pers. Syn. 164.

Cette plante est toute entière d'une consistance coriace et d'un

Tome II. R

jaune terreux très-pâle ; une membrane épaisse et visible à
l'œil nu , sert de base à plusieurs pédicelles grèles , lisses et cylindriques, au sommet desquels se trouve une tête lisse et globuleuse ; bientôt l'écorce extérieure s'ouvre en cinq à sept rayons
inégaux , s'étale et laisse voir le véritable péridium , lequel est
en forme de poire, obtus , ridé , persistant ; celui-ci se fend irrégulièrement , et laisse échapper la poussière , qui est de couleur
brune , ainsi que les filamens qui la portent. On trouve cette
plante sur les bois morts.

695. Diderme rameux.　　　*Diderma ramosum.*

Reticularia stipitata. Bull. Champ. p. 89. t. 380. f. 3. — *Diderma ? ramosum.* Pers. Syn. 166.

Cette plante se rapproche des trichies , parce qu'une membrane coriace et blanche sert de base commune à plusieurs
péridiums ; ceux-ci , analogues à ceux des réticulaires , sont
d'abord blancs et mucilagineux , ensuite jaunes , puis d'un gris
noirâtre ; ils sont arrondis ou en toupie , et portés sur des pédicules rameux à la base : elle croît sur les troncs d'arbres morts
ou languissans.

XLIII. RÉTICULAIRE.　　*RETICULARIA.*

Reticularia. Bull. — *Fuligo et Physarum.* Pers.

Car. Les réticulaires sont d'abord pulpeuses , étalées , difformes
et mollasses ; elles offrent à l'intérieur des cellules pleines de poussière , formées par une espèce de réseau mince et diversement
conformé ; à leur dernier âge elles se réduisent en poussière
fine , et ne sont jamais posées sur une membrane commune à
plusieurs plantes.

696. Réticulaire hémis-　　*Reticularia hemis-*
phérique.　　　　　　　*phærica.*

Reticularia hemisphærica. Bull. Champ. p. 93. t. 446. f. 1.

Elle se reconnoît facilement à ses pédicules simples , courts ,
striés et renflés à leur base ; elle naît blanche et molle comme
une goutte de crème , prend ensuite une certaine dureté et une
teinte d'abord grise , puis noire ; son péridium très-convexe
dans sa jeunesse , s'aplatit ensuite et forme une espèce de chapeau
orbiculaire ; sa poussière est d'un brun noirâtre : elle naît sur
les feuilles mortes.

697. Réticulaire sinueuse. *Reticularia sinuosa.*

Reticularia sinuosa. Bull. Champ. p. 94. t. 446. f. 3. — *Physarum bivalve.* Pers. Syn. 169.

Elle est sessile, composée de deux lames coriaces, parallèles, rapprochées, unies par un réseau filandreux, entre les mailles duquel se trouve la poussière; les valves sont sinueuses, blanches; la poussière est noirâtre : elle croît sur les feuilles mortes.

698. Réticulaire noire. *Reticularia nigra.*

Reticularia nigra. Bull. Champ. p. 88. t. 380. f. 2.

Cette espèce est petite et vit pendant deux ans; elle se présente, dans sa jeunesse, sous la forme de gouttes gommeuses, transparentes, d'abord d'un blanc cendré, ensuite noires; elle forme de petites houppes velues et très-fugaces, naît sur les branches garnies d'écorce, et s'y implante au moyen de petites fibres radicales : elle tue ordinairement les branches à la seconde année de sa vie.

699. Réticulaire sphé-roïde. *Reticularia sphœroidalis.*

Reticularia sphœroidalis. Bull. Champ. p. 94. t. 446. f. 2.
α. *Nivea.* Bull. var. 1. — Mich. t. 95. f. 3.
β. *Subrosea.* Bull. var. 2.

Ses péridiums globuleux, de la grosseur d'un grain de millet, sont rapprochés et serrés les uns contre les autres, ensorte qu'ils ressemblent à un amas d'œufs d'insecte ; ils sont sessiles, blancs, ou d'un rose tendre dans leur jeunesse, formés d'une liqueur épaisse qui s'attache aux corps voisins, et deviennent ensuite fermes et même friables : elle croît sur les feuilles et les branches mortes.

700. Réticulaire rose. *Reticularia rosea.*

Reticularia rosea. Bull. Philom. n. 14. floréal an 6, fig. 8. A. B. C.

Cette plante est d'un rose vif; elle se présente d'abord sous la forme de mamelons irréguliers et pulpeux, qui se réunissent bientôt en un seul massif d'une pulpe rougeâtre, qui semble enveloppée par un filet blanc dont les mailles sont visibles à l'œil nu ; ce filet forme en dessous un petit pédicule qui s'implante dans les fentes du bois; on croiroit voir un morceau de glace aux fraises, enveloppé dans de la dentelle : elle croît à la fin du printemps, sur les vieux troncs coupés et humides.

701. Réticulaire jaune.　*Reticularia lutea.*

Reticularia lutea. Bull. Champ. p. 87. t. 380. — *Fuligo flava*
Pers. Syn. 161. — *Mucor septicus.* Bolt. Fung. t. 134.

On reconnoît cette espèce à la couleur jaune de sa surface externe et du réseau membraneux qui se remarque dans l'intérieur ; sa superficie est un peu cotonneuse ; dans sa jeunesse elle est molle comme de l'écume, s'attache aux doigts et les salit comme le suc de chélidoine ; dans sa vieillesse, elle se réduit facilement en poudre ; sa poussière est d'un brun noir ; sa forme et ses dimensions varient : elle croît sur le terrein, les feuilles, les tiges mortes ou vivantes.

702. Réticulaire des jardins. *Reticularia hortensis.*

Reticularia hortensis. Bull. Champ. p. 86. t. 424. f. 2. — *Mucor
septicus.* Linn. spec. 1656.

Elle est grande, cotonneuse ou filandreuse à la surface, d'un blanc roussâtre dans sa jeunesse, quelquefois jaune ou rouillée ; les mailles de son réseau sont larges ; à sa naissance elle ressemble à de l'écume pour la couleur et la consistance ; à sa mort elle est très-friable : elle croît sur les fumiers, les vieilles souches, les bois de charpente, et sur-tout dans les serres chaudes, sur la tannée.

703. Réticulaire charnue.　*Reticularia carnosa.*

Reticularia carnosa. Bull. Champ. p. 85. t. 424. f. 1.

Sa chair est ferme dès sa jeunesse, et durcit à mesure qu'elle avance en âge, ensorte qu'à la fin de sa vie on peut la couper par tranches comme une truffe ; sa surface est cotonneuse, blanchâtre ou jaunâtre dans sa jeunesse ; ses graines noires sont retenues dans les loges ou mailles d'un réseau blanchâtre : elle naît sur la terre, croît lentement et vit plusieurs mois.

XLIV. SPUMAIRE.　　*SPUMARIA.*

Spumaria. Pers. — *Reticulariæ spec.* Bull.

Car. Les spumaires ont l'apparence des réticulaires, mais leur pulpe cache des étuis coriaces et membraneux qui renferment les graines.

704. Spumaire blanche. *Spumaria alba.*

Reticularia alba. Bull. Champ. p. 92. t. 126. — *Spumaria mucilago*. Pers. Syn. 163.

Elle est de couleur blanche, molle et floconneuse à l'extérieur comme de l'écume ou de la crème fouettée ; on remarque à l'intérieur des espèces d'étuis coriaces taillés en branches de corail, qui renferment une poussière noirâtre. Cette plante se dessèche promptement, se réduit alors en poudre dès qu'on la touche, et il ne reste que les étuis noirâtres : elle naît sur les tiges et les feuilles mortes ou vivantes.

XLV. LYCOGALE. *LYCOGALA.*

Lycogala. Pers. — *Lycoperdi et Reticulariæ sp*. Bull.

CAR. Le péridium est arrondi, membraneux, rempli, dans sa jeunesse, d'une masse pulpeuse et liquide, qui se convertit bientôt en une poussière mélangée d'un petit nombre de filamens. Ce péridium s'ouvre d'une manière peu régulière, de côté ou à son sommet.

705. Lycogale rouge. *Lycogala miniata.*

Lycogala miniata. Pers. Obs. Myc. 2. p. 26. — *Lycoperdon epidendrum*. Linn. sp. 1654. Fl. dan. t. 760. Bull. Champ. p. 145. t. 503. — *Galependrum epidendrum*. Wigg. Hols. p. 108. — Mich. gen. p. 216. t. 95.

La lycogale rouge est sessile, arrondie, un peu déprimée ; dans sa jeunesse elle est d'une belle couleur rouge ou orangée, et pleine d'un suc liquide, épais et de la même couleur ; peu-à-peu cette couleur s'altère et devient d'un gris tirant sur le violet ; alors le péridium se trouve plein d'une poussière d'un rose lilas, très-abondante et entremêlée d'un petit nombre de filamens ; à cette époque il est sec, mince et très-friable ; il s'ouvre à son sommet ou sur ses bords, d'une manière peu régulière. Cette espèce ne croît que sur le bois mort : elle naît en été et meurt en automne ; elle vient ordinairement en grouppes.

706. Lycogale ponctuée. *Lycogala punctata.*

Lycogala punctata. Pers. Syn. 158. — *Reticularia lycoperdon*, var. 4. Bull. Champ. p. 95. t. 476. f. 3.

Cette espèce est sphérique, presque sessile, de 2-4 centim.

de diamètre; son péridium est de couleur grise, tacheté de
petits points proéminents; il contient une pulpe blanchâtre
qui se change en poussière brune; son péridium se fend
plus près du sommet et plus régulièrement que dans la lycogale argentée : elle naît en grouppe sur les troncs pourris, en
automne.

707. Lycogale argentée.   *Lycogala argentea.*

α. Lycogala argentea. Pers. Syn. 157. Mich. gen. p. 216. t. 95.
f. 1. — *Reticularia lycoperdon*, *var.* 2. Bull. Champ. p. 95.
t. 476. f. 1. a.-d.

β. Lycogala turbinata. Pers. Syn. 158. — *Reticularia lycoperdon*, *var.* 3. Bull. Champ. p. 95. t. 476. f. 2.

γ. Reticularia lycoperdon, *var.* 1. Bull. Champ. p. 95. t. 446.
f. 4.

Cette plante est sessile ou prolongée à sa base en un pédicelle court et épais, en forme de sphère de toupie ou en
globe aplati; sa couleur est blanche dans sa jeunesse, elle devient rousse ou brune en vieillissant; sa surface est lisse ou un
peu peluchée dans la variété γ; elle commence par être pleine
d'une pulpe liquide blanche, opaque dans les variétés α et γ,
transparente dans la variété β. Cette pulpe se change en une
poussière d'abord grise ou rousse et ensuite brune; le péricarpe
se crève de côté irrégulièrement. Cette espèce croît solitaire,
sur les troncs pourris, en automne.

XLVI. VESSELOUP.   *LYCOPERDON.*

Lycoperdi sp. Linn. Bull. — *Bovista, Scleroderma et Lycoperdon.* Pers.

Car. Les vesseloups sont composées d'un péridium ordinairement globuleux ou en toupie, plein dans sa jeunesse, d'une
chair ferme et blanchâtre qui se change en une poussière
abondante, fauve ou verdâtre, entremêlée de filamens; il
s'ouvre à son sommet, à sa maturité, d'une manière plus ou
moins régulière.

708. Vesseloup ardoisée. *Lycoperdon ardosiaceum.*

Lycoperdon ardosiaceum. Bull. Champ. p. 146. t. 192. —*Bovista
plumbea.* Pers. Syn. 137.

Cette espèce ressemble un peu à la lycogale rouge; comme
cette plante, elle est presque globuleuse et dépourvue d'écailles

et de tubercules ; mais au lieu d'être pleine, dans sa jeunesse, d'un suc liquide, elle offre une chair ferme de couleur rouge ; cette chair se change en poussière brune entremêlée de filamens ; le péridium est mince, coriace, flexible, blanc dans sa jeunesse, d'un gris bleuâtre à sa maturité ; il s'ouvre au sommet et se détruit ensuite par parcelles. On ne trouve cette plante que sur la terre, en automne. C'est par erreur que Bulliard l'a représentée sur du bois.

709. Vesseloup matras.   *Lycoperdon excipuliforme.*

Lycoperdon excipuliforme, *var. α.* Pers. Syn. 143. Schœff. Fung. t. 187. et 292. — *Lycoperdon proteus excipuliforme.* Bull. Champ. p. 148. t. 450. f. 2.

Cette plante me paroît différer de toutes les variétés de la vesseloup protée, parce que son pédicule, qui est assez long, se renfle à sa base et se rétrécit à son sommet, tandis que l'inverse a lieu dans la vesseloup protée ; le péridium est globuleux, lisse ou un peu peluché, d'abord d'un blanc jaunâtre et ensuite brun : elle croît sur la terre, dans les gazons.

710. Vesseloup cotonneuse.   *Lycoperdon gossypinum.*

Lycoperdon gossypinum. Bull. Champ. p. 147. t. 435. f. 1. Pers. Syn. 150.

Cette espèce, la plus petite des vesseloups connues, n'a pas un centimètre de hauteur ; sa forme est celle d'une toupie, presque globuleuse ; sa surface est cotonneuse ou drapée ; sa chair, blanche d'abord, se convertit en une poussière brunâtre ; son péridium est mince, flexible, mollasse, d'abord d'un blanc de lait, puis jaunâtre et enfin d'un brun clair : elle croît sur les bois pourris, caractère qui seul suffiroit pour la distinguer des autres espèces de ce genre.

711. Vesseloup en forme d'outre.   *Lycoperdon utriforme.*

Lycoperdon utriforme. Bull. Champ. p. 153. t. 450. f. 1. Pers. Syn. 143.

Sa base n'est jamais ni terminée en pointe, ni prolongée en pédicule ; sa forme est presque cylindrique, et approche de celle

R 4

d'une outre ; sa chair d'abord blanche , devient ensuite grisâtre
et se change en une poussière d'un gris jaune ; son péridium est
jaune cendré dans sa jeunesse , puis devient gris et enfin brun ;
la consistance de ce péridium est ferme et épaisse , même au
moment de l'émission des semences ; long-temps après cette
époque on trouve un réseau chevelu et grisâtre , adhérent par
pelotons aux parois du péridium. Cette espèce croît sur la
terre.

712. Vesseloup gi-   *Lycoperdon giganteum.*
gantesque.

Lycoperdon giganteum. Batsch. Elench. 237. f. 165. Pers. Syn.
140. — *Lycoperdon maximum.* Schœff. Fung. 4. p. 130.
t. 191. — *Lycoperdon bovista.* Bull. Champ. p. 154. t. 447.
Linn. sp. 1653 ?

Cette vesseloup est constamment arrondie et presque sphérique ; elle atteint 15-30 centim. de diamètre ; sa racine est
extrêmement petite ; sa chair est d'abord blanche , ensuite d'un
jaune verdâtre, puis d'un gris tirant sur le brun ; elle se change
enfin en une masse de poussière d'un bistre clair ; son péridium
est blanchâtre dans sa jeunesse , puis roux et enfin cendré ,
flasque , mince , sur-tout vers la partie supérieure , où il se
fend en aréoles irréguliers ; la surface est lisse ou un peu pe-
lucheuse. Cette plante croît sur la terre, dans les prairies , en
automne. Bulliard conseille d'en faire de l'amadou , ainsi qu'avec
toutes les grandes espèces de vesseloups.

713. Vesseloup ciselée.   *Lycoperdon cœlatum.*

Lycoperdon cœlatum. Bull. Champ. p. 156. t. 430. — *Lycoperdon
bovista.* Pers. Syn. 141. — *Lycoperdon gemmatum.* Schœff.
Fung. 4. p. 130. t. 189.

Cette espèce est très-grosse , en forme de toupie arrondie au
sommet, et tient fortement à la terre par une large touffe de
fibres radicales ; sa chair blanche d'abord , puis jaunâtre , prend
ensuite une teinte brune assez foncée , et se change enfin en une
masse de poussière couleur de bistre ; son péridium est mince ,
flasque , d'abord blanc , puis cendré ou roussâtre , enfin d'un
brun plus ou moins foncé ; la surface est rarement lisse , mais
le plus souvent hérissée de pointes élargies à leur base ou cre-
vassées par carreaux polygones ; le péridium s'ouvre à son

sommet. La vesseloup ciselée ne se trouve que sur la terre, dans les collines et les gazons, à l'entrée de l'automne.

714. Vesseloup protée. *Lycoperdon proteus.*

α. *Lycoperdon proteus cepæforme.* Bull. Champ. p. 148. t. 435. f. 2. — *Lycoperdon pratense.* Pers. Syn. 142.

β. *Ovoideum.* Bull. l. c. t. 435. f. 3. et t. 475. f. B. C. D. M. N. *Lycoperdon piriforme,* var. β. Pers. Syn. 148.

γ. *Piriforme.* Bull. t. 475. f. B. D. M. t. 32. et t. 340. — Pers. Syn. 148.

δ. *Hyemale.* Bull. t. 72. t. 475. f. E. — *Lycoperdon excipuliforme,* var. β. Pers. Syn. 143.

ε. *Lacunosum.* Bull. t. 52. — *Lycoperdon perlatum,* var. γ. Pers. Syn. 145.

ζ. *Hirtum.* Bull. t. 340. et t. 475. f. A. B. C. D. F. G. H. I. M. — *Lycoperdon perlatum,* var. α. Pers. Syn. 145.

La vesseloup protée est tantôt arrondie, tantôt en toupie, ou enfin se prolonge en pédicule un peu aminci à la base; sa chair d'abord blanche, se convertit en poussière brunâtre; son péridium, blanc dans la jeunesse, gris ou roux dans l'âge adulte, fauve et enfin brun dans sa vieillesse, est mince et flasque pendant l'émission des semences; la surface est quelquefois lisse, quelquefois peluchée, souvent munie de pointes ou de papilles de figures diverses; la racine est peu considérable; la base de la plante est souvent crevassée de fentes ou de dépressions irrégulières. Cette espèce s'offre sous une multitude d'aspects; peut-être la vesseloup ciselée et la vesseloup gigantesque n'en sont-elles que de simples variétés : elle ne croit jamais que sur la terre.

715. Vesseloup à verrues. *Lycoperdon verrucosum.*

Lycoperdon verrucosum. Bull. Champ. p. 157. t. 24. — *Scleroderma verrucosum.* Pers. Syn. 154. — Vaill. Bot. Par. t. 16. f. 7. 8.

La vesseloup à verrues se reconnoît facilement à la forme arrondie de son péricarpe, et à sa racine composée d'appendices membraneux réunis en larges touffes, et dont le collet est creusé de sillons profonds comme s'il étoit plissé ; sa chair est d'abord blanche, puis bleuâtre et enfin brune; ses capsules sont brunes et plus grosses que dans les autres espèces de ce genre; son péridium est cendré, brunâtre, jaunâtre ou fauve, plus pâle dans sa jeunesse que dans un âge avancé; sa surface est lisse ou garnie de verrues peu proéminentes ; ce péridium est épais , ferme, persistant , et s'ouvre çà et là par de petits trous qui émettent des jets de poussière. Cette plante ne vient que sur la terre; sa grandeur est très-variable , et ne dépasse jamais 8-9 centim. de diamètre.

716. Vesseloup orangée. *Lycoperdon aurantium.*

Lycoperdon aurantium. Linn. sp. 1653. Lam. Fl. fr. 1. p. 128. Bull. Champ. p. 158. t. 270.—*Scleroderma verrucosum.* Pers. Syn. 153. — Vaill. Bot. Par. t. 16. f. 9. 10.

Sa forme est arrondie; elle se termine par une racine qui est formée par des appendices membraneux réunis en touffe et dont le collet est formé de sillons profonds comme s'il étoit plissé; sa chair jaune d'abord, devient d'un bleu d'ardoise, quelquefois marbrée de rouge , et enfin d'un brun foncé; elle se change alors en poussière brune; son péridium est épais , ferme, quelquefois jaunâtre, le plus souvent d'un beau jaune orangé ; sa surface est ordinairement écailleuse , quelquefois couverte de verrues, et alors elle diffère peu de la vesseloup à verrues; le péridium s'ouvre en plusieurs places , par lesquelles la poussière s'échappe. Cette espèce croît sur la terre.

XLVII. GÉASTRE.   *GEASTRUM.*

Geastrum. Pers. — *Lycoperdi sp.* Linn. Bull.

CAR. Les géastres sont globuleux à leur naissance; bientôt l'enveloppe externe s'ouvre à son sommet, se fend en plusieurs (4-10) rayons, s'étale, se recoquille en dessous, soulève le péridium et lui forme une espèce de piédestal en voûte; le péridium est globuleux et s'ouvre à son sommet par un orifice bordé de cils caducs; l'intérieur est plein d'une poussière brune entremêlée de filamens épars et peu distincts.

OBS. L'enveloppe externe est coriace , épaisse ; l'interne est membraneuse; entre ces deux enveloppes on trouve quelquefois une volva très-fugace et peu apparente.

717. Géastre à plusieurs pieds.   *Geastrum multifidum.*

Geastrum multifidum. Pers. Disp. Fung. 6. — *Lycoperdon stellatum.* Woodw. Trans. Linn. Soc. 2. p. 54. — *Lycoperdon fornicatum.* Bryant. Hist. of two Lycop. f. 12. 13. 14. 16. 17.

Cette espèce est de couleur brune ou bistrée ; l'enveloppe externe qui forme le piédestal, se divise en sept à huit rayons et a jusqu'à 7 centim. de diamètre lorsqu'elle est étalée ; le péridium est globuleux, porté sur un pédicelle épais, long de 5-7 millim. ; son orifice est grand, arrondi, bordé de cils fort peu apparens. Cette plante croît sur la terre, dans les bois de sapins ; lorsqu'elle est encore jeune, elle est cachée sous les feuilles, et a l'apparence d'une sphère déprimée.

718. Géastre strié.   *Geastrum striatum.*

Geastrum coronatum, β. Pers. Syn. 132. — *Lycoperdon stellatum*, β Woodw. Trans. Linn. Soc. 2. p. 58. Bryant. Hist. acc. of two Lycop. f. 19.

Le géastre strié est la plus petite espèce de ce genre ; son enveloppe se divise en six à huit rayons, et n'a pas plus de 4 centimètres lorsqu'elle est étalée ; son péridium est sphérique, porté sur un pédicelle de 6-7 millim. de longueur, terminé à son sommet par un orifice dont le bord est alongé en un cône strié, pointu, garni de cils alongés ; la couleur de ce champignon est d'un gris brun : il croît sur la terre dans les lieux secs.

719. Géastre à quatre pieds. *Geastrum quadrifidum.*

Geastrum quadrifidum. Pers. Syn. 133. — *Lycoperdon fornicatum.* Huds. Angl. 644.

Cette espèce naît globuleuse comme toutes les autres ; l'enveloppe extérieure s'ouvre, se réfléchit en dessous, se sépare en quatre rayons, se divise elle-même en deux membranes qui s'écartent l'une de l'autre ; l'inférieure est irrégulière, concave, posée sur la terre ; la supérieure est plus régulière et soulève le péridium ; celui-ci est placé à son sommet, porté sur un court pédicelle, globuleux, brunâtre, de 10-15 mill. de diamètre, plein d'une poussière brune, terminé par un orifice arrondi, proéminent, cilié ou plutôt laineux. Cette espèce singulière croît dans les forêts de sapins.

720. Géastre hygromé-   *Geastrum hygrome-*
trique.   *tricum.*

Geastrum hygrometricum. Pers. Syn. 135. — *Lycoperdon recol-*
ligens. Woodw. Trans. Soc. Linn. 2. p. 58. — *Lycoperdon*
stellatum. Bull. Champ. p. 160. t. 238. et t. 471. f. M. N.

Son enveloppe extérieure est d'un brun roux et se divise en
six à sept rayons qui se recourbent en dessous ; son diamètre,
lorsqu'elle est étendue, est de 7 centim. environ ; son péridium
est de la même couleur que le piédestal, sessile au sommet de
ce piédestal, sphérique, entouré à sa base d'une volva fendue
en plusieurs découpures, marqué de stries élevées et disposées
en réseau ; l'orifice est arrondi et non strié. Cette espèce jouit
d'une propriété singulière : c'est que son enveloppe externe se
recoquille en dehors par un temps sec, et en dedans par un
temps humide. Elle croît dans les bois et sur-tout dans les sols
sablonneux ; elle commence à se développer sous terre et en sort
au moment où son enveloppe externe s'ouvre.

721. Géastre roux.   *Geastrum rufescens.*

Geastrum rufescens. Pers. Disp. Fung. p. 6. Schmied Icon. t. 43.
et 50. f. 1. 3. — *Lycoperdon stellatum,* β. Bull. Champ.
p. 160. t. 471. f. L.

Cette espèce est la plus grande de ce genre ; son enveloppe
externe étalée atteint 11-12 centimètres de diamètre ; elle se
divise en 6-7 rayons, et prend avec l'âge une teinte d'un roux
brun ; le péricarpe est sphérique, de couleur pâle, dépourvu
de réseau à sa surface. Cette plante croît dans les mêmes lieux
que le géastre hygrométrique, et n'en est peut-être qu'une
simple variété.

XLVIII. TULOSTOME.   *TULOSTOMA.*

Tulostoma. Pers. — *Lycoperdi sp.* Linn. Bull.

Car. Le péridium est globuleux, plein, dans sa jeunesse,
d'une chair blanchâtre qui se convertit en poussière fine entremêlée de filamens menus ; ce péridium est porté sur un pédicelle cylindrique, creux dans toute sa longueur, et il est ouvert
à son sommet par un orifice dont le bord est cartilagineux.

722. Tulostome d'hiver. *Tulostoma brumale.*

> *Tulostoma brumale.* Pers. Disp. Met. Fung. p. 6. — *Lycoperdon*
> *pedunculatum*, var. β. Linn. sp. 1654. Bull. Champ. p. 161,
> t. 294. et t. 471. f. 2. Batsch. El. Fung. 3. t. 29. f. 167.
> β. *Tulostoma squammosum.* Pers. Syn. 139.
> γ. *Filatum.* — Bull. Champ. t. 471. f. T.

Cette plante est de couleur blanchâtre ; son pédicule est cylindrique, ordinairement glabre, quelquefois écailleux, long de
3 centim., creux dans toute sa longueur, quelquefois traversé
par un fil longitudinal comme on le voit dans plusieurs agarics ;
son péridium est globuleux, ouvert à son sommet par un orifice
arrondi, plat ou légèrement proéminent : elle croît dans les lieux
sablonneux, en hiver et au commencement du printemps.

**** *Peridium membraneux ou charnu, non pulvérulent.*

XLIX. NIDULAIRE.   *CYATHUS.*

> *Cyathus.* Hall. — *Nidularia.* Bull. — *Peziza.* Gled.

Car. Les nidulaires sont de petites coupes dont l'orifice est
d'abord voilé par une membrane, et l'intérieur plein d'un suc
visqueux et limpide ; la membrane se déchire, le liquide s'évapore, et on trouve dans le fond de la coupe trois à quinze capsules en forme de lentilles, adhérentes à la base par un filament
menu, pleines d'une gelée dans laquelle on a remarqué des
grains qu'on prend pour les semences.

723. Nidulaire striée.   *Cyathus striatus.*

> *Nidularia striata.* Bull. Champ. p. 166. t. 40. f. A. — *Cyathus*
> *striatus.* Hoffm. Crypt. 2. p. 33. t. 8. f. 3. — *Peziza hirsuta.*
> Schœff. Fung. 2. t. 178. — *Nidularia hirsuta.* Sowerb. Engl.
> Fung. t. 29. — Mich. Gen. t. 102. f. 2. — Vaill. Bot. t. 11.
> f. 4. 5.

La nidulaire striée est d'un brun bistré, constamment laineuse
en dehors et creusée de stries longitudinales en dedans ; ses
bords ne se réfléchissent point ; ses capsules sont lisses en dessus,
cotonneuses en dessous : elle croît sur la terre et le bois pourri.

724. Nidulaire lisse.   *Cyathus lœvis.*

> *Nidularia lœvis.* Bull. Champ. p. 165. t. 488. f. 2. — *Cyathus*
> *crucibuliformis.* Hoffm. Crypt. 2. p. 29. t. 8. f. 1. Œd. Fl. dan.
> t. 105. — *Cyathus.* Hall. Helv. n. 2215.
> β. *Extus villosa.* Bull. t. 40. f. B. C. C.

Sa couleur est d'un jaune plus ou moins vif ; sa surface externe

est tantôt glabre , tantôt peluchée ; l'intérieure est unie sans être
luisante ; ses bords ne se réfléchissent point en dehors ; ses capsules sont glabres , noirâtres et enveloppées d'une membrane
blanche : elle ne croît jamais que sur le bois mort.

725. Nidulaire vernissée.   *Cyathus vernicosus.*

Nidularia vernicosa. Bull. Champ. p. 164. t. 488. f. 1. — *Cya-*
thus lævis. Hoffm. Crypt. 2. p. 31. t. 8. f. 2. — *Peziza sericea.*
Schœff. Fung. 2. t. 180. — *Cyathus olla.* Pers. Syn. 237.

La surface externe de la coupe est légèrement peluchée et
d'un jaune bistré ; la surface interne est lisse , luisante , d'abord
blanchâtre , puis plombée ; ses bords se renversent en dehors
lorsque la plante avance en âge ; les capsules sont larges , grisâtres , glabres en dessus et en dessous. Cette espèce croît sur
la terre et quelquefois sur le bois mort.

726. Nidulaire aplatie.   *Cyathus complanatus.*

Elle commence par être globuleuse , un peu grenue et ridée
en dessus ; la membrane supérieure se détruit , et il reste une
coupe hémisphérique , peu profonde , entière sur les bords ,
blanche et unie à l'intérieur , un peu peluchée , brune ou cendrée
à l'extérieur ; dans sa vieillesse les capsules , au nombre de sept
à quinze , remplissent la coupe presque entière ; elles sont en
forme de lentilles , d'abord blanches , ensuite grises. Le C. Dufour
a trouvé cette plante sur du bois pourri , au printemps.

L. STICTIS.   *STICTIS.*

Stictis. Pers. — *Sphœroboli sp.* Tode. — *Lycoperdi sp.* Linn.
— *Pezizæ sp.* Sow.

CAR. Les stictis sont de petites coupes membraneuses enfoncées à moitié dans l'écorce , pleines d'une matière non pulvérulente qui renferme les graines , fermées dans leur jeunesse ,
ouvertes ensuite en forme de coupe.

727. Stictis rayonnante.   *Stictis radiata.*

Lycoperdon radiatum. Linn. Reich. 4. p. 624. — *Lichen exca-*
vatus. Hoffm. Enum. t. 7. f. 4. — *Stictis radiata.* Pers. Obs.
Myc. 2. p. 73. — *Peziza radiata.* Pers. Syn. 674. — *Sphœro-*
bolus rosaceus. Tode. Fung. 1. p. 44. t. 7. f. 58.

Cette plante offre l'aspect d'une très-petite pezize enfoncée
dans l'écorce , et dont le bord qui est blanc , un peu grenu ,

entier ou diversement lobé, est seul visible au-dessus de l'épiderme; le fond de la coupe est brun, rempli d'une matière qui
n'est pas pulvérulente comme dans les écidiums, et qui, selon
Tode, se réunit en une vésicule, laquelle est chassée au dehors à
sa maturité. Sa consistance est coriace; elle croît sur les rameaux
desséchés; après l'émission des semences le bord se détruit,
et il ne reste plus qu'un trou dans l'épiderme. — Commun.
par le C. Dufour.

LI. PILOBOLE. *PILOBOLUS.*

Pilobolus. Tode. Pers. — *Hydrogera*. Wigg. Roth.

CAR. Dans les piloboles le réceptacle a la forme d'un filet
qui s'évase par le haut en une vessie pleine d'eau; au sommet
de cette vessie on trouve un corpuscule charnu, qui paroît contenir les graines dans son intérieur.

728. Pilobole cristallin. *Pilobolus crystallinus.*

Hydrogora crystallina. Wigg. Hols. p. 110. Roth. Germ. 1.
p. 557. — *Pilobolus crystallinus*. Pers. Obs. Myc. 1. p. 76.
t. 4. f. 9. 10. 11. — *Mucor urceolatus*. Bull. Champ. p. 111.
t. 480. f. 1.
β. *Mucor urceolatus*. Dicks. Crypt. 1. p. 25. t. 3. f. 6.

Ce petit champignon a un peu le port d'une moisissure; mais
un examen plus attentif montre que sa structure est fort différente; son pédicule est grêle et s'évase à son sommet en une
vessie pleine d'eau limpide, qui s'éclate à la fin de la vie : on
prendroit, au premier coup-d'œil, cette vessie pour l'organe
qui contient les graines, mais on observe à son sommet une
vésicule charnue qui paroît contenir les semences dans son intérieur. Cette espèce est jaunâtre dans sa jeunesse; elle devient
tout-à-fait blanche, à l'exception de la vésicule charnue qui
devient noirâtre; elle est d'abord droite, puis se penche après
que le renflement plein d'eau est éclaté. Ce petit champignon
croît en automne, sur les fientes des chevaux, des chevreuils
et des daims.

LII. THÉLÉBOLE. *THELEBOLUS.*

Theleobolus. Tode. — *Thelebolus*. Pers. Hedw. f.

CAR. Les théléboles offrent un réceptacle cortical, globuleux,
entier sur les bords, qui, dans sa jeunesse, renferme une vésicule qu'il lance ensuite au dehors; cette vésicule renferme un

grand nombre de capsules libres, alongées, pointues et poly-
spermes, selon l'observation de R. A. Hedwig.

729. Thélébole hérissé. *Thelebolus hirsutus.*

Cette espèce croît sur l'écorce des vieux arbres; elle forme
une expansion mince, membraneuse, de couleur grise, analogue à celle des trichies; sur cette base naissent plusieurs petits
champignons blanchâtres, globuleux, de moitié plus petits
que des têtes de camions, hérissés d'un duvet court et comme
pulvérulent, ouverts au sommet en un orifice arrondi, par
lequel s'échappe la matière interne qui renferme les graines.
Cette plante se rapproche beaucoup du *Thelebolus rugosus*,
si bien décrit par R. A. Hedwig (Fung. ined. t. 20.); mais elle
en diffère par la membrane commune qui se trouve à la base
des réceptacles: ce caractère la rapproche du *Thelebolus ster-
coreus* de Tode (Meckl. 1. p. 41. t. 7. f. 56.); mais elle en
diffère par la couleur, la station, et le duvet qui couvre ses réceptacles : elle m'a été communiquée par M. Chaillet.

LIII. ÉRYSIPHÉ. *ERYSIPHE.*

Erysiphe. Hedw. f. ined. — *Sclerotii sp.* Pers. — *Mucoris sp.*
Linn.

Car. Les érysiphés ont un réceptacle charnu qui renferme
plusieurs péricarpes ovoïdes, aigus, dont chacun contient deux
graines; ce réceptacle est entouré d'une pulpe blanchâtre qui
se prolonge en plusieurs rayons articulés, simples ou rameux.

Obs. Elles naissent sur les feuilles vivantes; les réceptacles de
toutes les espèces connues sont d'abord jaunes, puis roux et
enfin noirs; les prolongemens de la base sont toujours blancs,
souvent étendus sur les feuilles, sous la forme de poussière ou de
réseau membraneux.

730. Érysiphé du coudrier. *Erysiphe coryli.*

Erysiphe coryli. Hedw. f. Fung. ined. t. 1. opt.—*Sclerotium erysiphe*, var. β. Pers. Syn. 124.

Cette plante croît à la surface inférieure des feuilles du coudrier noisetier; on n'apperçoit à l'œil que des globules nombreux,
épars, d'abord jaunes, puis bruns et enfin noirs; si on les examine à une forte loupe, on voit que leur base porte cinq à six
prolongemens

prolongemens blancs, filiformes, évasés à leur base, rayonnans, simples et non entrelacés les uns avec les autres ; ces prolongemens sont sur-tout visibles dans la jeunesse de la plante, et la feuille semble couverte, en dessous, d'une poussière blanche ; avec l'âge ces prolongemens s'oblitèrent. J'ai trouvé ce champignon singulier à Bagneux, près Paris, à la fin d'un été très-sec.

731. Érysiphé du frêne. *Erysiphe fraxini.*

Sclerotium erysiphe. Pers. Syn. p. 124. Obs. Myc. 1. p. 13. — *Mucor erysiphe.* Linn. Syst. Veg. 15. p. 1020.

Cette plante croît sur la surface inférieure des feuilles du frêne vulgaire ; elle forme d'abord une croûte blanche très-mince, et dont je n'ai pu discerner la nature, même au microscope : sur cette croûte se forment de petits tubercules d'abord jaunes, puis orangés, puis bruns et enfin noirs ; ces tubercules sont bordés de sept à huit cils pointus, élargis à leur base ; ces cils sont droits, ensuite ils deviennent horizontaux, et enfin ils s'oblitèrent de manière qu'on a peine à en retrouver la trace dans les tubercules âgés.

732. Érysiphé du saule. *Erysiphe salicis.*

Mucor erysiphe. Schleich. Crypt. exsic. n. 77.

Cette plante n'est peut-être qu'une variété de l'érysiphé du frêne, à laquelle elle ressemble absolument à l'œil nu ; ses tubercules passent de même du jaune pâle à l'orangé, au brun et au noir ; de la base du tubercule partent plusieurs fils blancs simples qui s'étalent sur la feuille, s'y entre-croisent avec ceux des autres tubercules, et y forment la croûte blanche dont la surface de la feuille est recouverte. Cette espèce croît sur les feuilles du saule-daphné.

733. Érysiphé de la renouée. *Erysiphe polygoni.*

Les tubercules sont d'abord jaunes, ensuite orangés, bruns et noirs ; ils émettent en dessous une multitude de filamens blancs, rameux, entre-croisés, qui forment un tissu membraneux étendu sur toute la feuille ; ce tissu est plus épais que dans les autres espèces, et se sépare de la feuille sans difficulté. J'ai trouvé cette espèce au commencement de l'été, sur la face inférieure des feuilles de la renouée des petits oiseaux.

734. Érysiphé du pois.   *Erysiphe pisi.*

Cette espèce d'érysiphé attaque la surface inférieure et supérieure des feuilles et des stipules, et quelquefois les pétioles et les tiges du pois cultivé; ses péricarpes sont globuleux, d'abord jaunes, puis bruns et noirs; ils émettent de leur base des filamens nombreux très-longs, probablement rameux, qui s'entrecroisent et s'anastomosent de manière à former une membrane plus serrée que dans toutes les espèces de ce genre. J'ai trouvé cette érysiphé à la fin de l'été, dans le jardin du C. Varnier, à Bagneux, sur des pois à moitié morts, et après une longue sécheresse.

735. Érysiphé des chicoracées   *Erysiphe cichoracearum.*

     α. *Scorzonerœ hispanicœ.*
     β. *Tragopogi porrifolii.*

J'ai trouvé cette espèce à Bagneux, à la fin d'un été très-sec; elle attaque les deux surfaces des feuilles de la scorzonère d'Espagne, et du salsifix à feuilles de poireau; ses tubercules sont noirs, épars, globuleux, un peu déprimés; de leur base partent des filamens blancs, rayonnans, nombreux, articulés et souvent rameux ou anastomosés; ces filamens prennent beaucoup d'accroissement avant la naissance des tubercules, et couvrent quelquefois la feuille entière d'un fin réseau blanc, avant de porter aucun fruit; à la fin de leur vie, ceux qui avoisinent les tubercules deviennent roussâtres.

736. Érysiphé du liseron.   *Erysiphe convolvuli.*

Cette espèce diffère de presque toutes celles de ce genre, en ce qu'au lieu de naître à la surface inférieure seulement, elle attaque de préférence la surface supérieure; on la trouve quelquefois, mais foible et comme avortée, sur la tige et les pétioles; les péricarpes sont globuleux, d'abord jaunes, puis bruns et ensuite noirs, quelquefois épars, souvent rapprochés en taches arrondies qui s'étendent du centre à la circonférence comme les écidiums; de la base de ces péricarpes sortent des prolongemens blancs, filiformes, nombreux, serrés, entrecroisés ou anastomosés les uns avec les autres, de manière à former sur la feuille un tissu blanc serré, et qu'on ne peut séparer sans peine. J'ai trouvé cette érysiphé en grande abondance, à la fin de l'été, à Bagneux près Paris : elle croît sur le liseron des champs, peu après sa floraison, et les fruits des individus qu'elle attaque avortent et tombent en peu de temps.

737. Érysiphé de l'épine-   *Erysiphe berberidis.*
vinette.

Cette espèce, l'une des plus singulières de ce genre, croît à la surface supérieure des feuilles, qui paroissent alors saupoudrées d'une légère poussière blanche ; les tubercules sont d'abord jaunes et ensuite noirs, globuleux, épars ; de leur base partent huit à dix prolongemens blancs, filiformes, rayonnans, qui, à leur sommet, se bifurquent deux ou trois fois en rameaux courts, aigus et divergens : ce caractère suffit pour distinguer cette espèce de toutes celles qui sont connues jusqu'ici. Je l'ai trouvée à la fin d'un été très-sec, dans le jardin du C. Cels, à Mont-Rouge, sur l'épine-vinette à fruit violet.

LIV. TUBERCULAIRE. *TUBERCULARIA.*

Tubercularia. Tode. Pers. — *Tremellæ sp.* Linn. Bull.

CAR. Les tuberculaires n'offrent à l'œil qu'un tubercule charnu, sessile, simple ou composé ; on ne l'a jamais vu répandre de poussière, et on suppose que les graines sont mélangées avec le liquide épais qui se trouve dans l'intérieur.

OBS. Elles croissent sur l'écorce des arbres et de certaines plantes, et sont toutes remarquables par leur couleur rouge.

738. Tuberculaire   *Tubercularia vulgaris.*
commune.

Tubercularia vulgaris. Tode. Mckl. 1. p. 18. t. 4. f. 30. Pers. Syn. p. 112. — *Tremella purpurea.* Linn. spec. 1625. Lam. Fl. franç. 1. p. 94. Bull. Champ. p. 216. t. 284.

Elle se présente sous la forme de petits boutons un peu rétrécis à la base, arrondis, entiers, souvent un peu sillonnés, pleins, épais, charnus, fermes et d'un beau rouge écarlate : elle croît sur les écorces de divers arbres, tels que le groseillier, le rosier, l'érable, etc. ; elle préfère les arbres morts ou mourans : on la voit toujours abondante et éparse sur la même branche.

739. Tuberculaire con- *Tubercularia confluens.*
fluente.

Tubercularia confluens. Pers. Syn. 113.

Cette espèce diffère à peine de la tuberculaire commune; on peut remarquer cependant qu'elle est de moitié plus petite, que sa couleur est d'un rouge de brique un peu orangé, et que les tubercules sont presque toujours un peu réunis ou confluens les uns avec les autres : elle croît sur l'écorce de l'érable champêtre.

740. Tuberculaire noirâtre. *Tubercularia nigricans.*

Tubercularia nigricans. Gmel. Syst. 1482. — *Tremella nigricans.* Bull. Champ. p. 217. t. 455. f. 1.

Cette espèce ressemble beaucoup à la tuberculaire commune, mais elle ne se rétrécit pas à sa base; ses boutons sont plus gros, d'un rouge d'abord assez vif; ils se couvrent ensuite d'un duvet blanc, et ils deviennent noirs en vieillissant : elle croît sur les bois morts et non sur l'écorce.

741. Tuberculaire *Tubercularia cinna-*
vermillon. *barina.*

Tremella cinnabarina. Bull. Champ. 1. p. 218. t. 455. f. 2. Pers. Syn. 629.

Cette espèce est très-petite, de couleur pourpre approchant du vermillon; elle est charnue, granuleuse à la surface, et forme de petits boutons irréguliers, ordinairement amincis à leur base : elle est parasite sur la mousse et sur diverses herbes.

742. Tuberculaire rose. *Tubercularia rosea.*

Tubercularia rosea. Pers. Syn. 114. Obs. Myc. 1. p. 78.

Sa couleur est d'un rose vif; elle croît parmi les lichens, sur l'écorce des arbres, et y forme des tubercules arrondis, un peu lobés, irréguliers, qui paroissent composés de globules distincts; ces globules, en se desséchant, acquièrent de la dureté sans perdre de leur éclat.

LV. SCLÉROTE. *SCLEROTIUM.*

Sclerotium. Tode. Pers. — *Tuberis sp.* Bull.

Car. Les sclérotes offrent une écorce dure qui recouvre

une chair plus ou moins compacte, dépourvue de veines sensibles, et dans laquelle on suppose que les graines sont nichées.

Obs. Ils diffèrent des truffes par l'absence des veines intérieures; des tuberculaires, parce que leur chair est plus ferme et leur écorce plus coriace. Ce genre est très-mal connu. Tode remarque que tous les sclérotes naissent au printemps.

743. Sclérote des safrans. *Sclerotium crocorum.*

Tuber parasiticum. Bull. Champ. p. 81. t. 456. — *Sclerotium crocorum.* Pers. Syn. 119.

Ce singulier végétal est d'une forme arrondie ou irrégulière, de couleur rousse; sa chair est assez ferme; il pousse de divers côtés des racines fibreuses et ramifiées, par lesquelles il se reproduit. Ce végétal s'attache aux racines du safran, en tire sa nourriture et tue en peu de temps la plante sur laquelle il vit; il s'attache aux enveloppes de la bulbe par des suçoirs charnus placés à l'extrémité de ses racines. La propagation de cette plante est si prompte, que pour sauver les safranières qui en sont infestées, il faut entourer d'une fossé profond la partie attaquée; une seule pellée de cette terre infestée suffit pour mettre la contagion dans toute la safranière. On nomme cette maladie la *Mort du Safran.* Voyez les Mémoires de Duhamel et de Fougeroux, parmi ceux de l'Académie des Sciences pour 1720 et 1782. Duhamel a retrouvé la même plante sur les racines de l'hiéble et de l'asperge.

744. Sclérote des bouses. *Sclerotium stercorarium.*

Cette plante se trouve sous les bouses de vache; elle n'offre que des tubercules arrondis ou irréguliers, noirâtres, un peu ridés, dépourvus de racines; si on les coupe, on trouve qu'ils sont formés d'une chair compacte, dure, d'un blanc de lait. Cette espèce a été découverte par le C. Dufour.

745. Sclérote dur. *Sclerotium durum.*

Sclerotium durum. Pers. Syn. 121.

Il croît entre l'écorce et l'aubier, sur les tiges sèches des herbes ou des sous-arbrisseaux; il est oblong ou ovale, un peu aplati, d'une couleur noire matte, d'une consistance dure et ferme, même à l'intérieur; sa chair est blanche et coriace.

746. Sclérote globuleux.   *Sclerotium globulare.*

Il croît sur le bois mort à demi-pourri, et y est à moitié enchâssé; il n'offre qu'un globule noir luisant, gros comme une tête d'épingle, assez dur, rempli d'une chair molle, gélatineuse, jaunâtre. — Commun. par le C. Dufour.

LVI. TRUFFE.   *TUBER.*

Tuber. Pers. — *Tuberis sp.* Bull. — *Lycoperdi sp.* Linn.

CAR. Les truffes sont des fongosités charnues, arrondies, souterreines, dont l'intérieur ne se remplit point de poussière comme dans les vesseloups, mais qui offrent des veines dirigées en divers sens.

OBS. Les espèces de ce genre avoient été réunies, par Linné, avec les vesseloups. Elles sont presque entièrement dépourvues de racines.

747. Truffe comestible.   *Tuber cibarium.*

Tuber cibarium. Bull. Champ. p. 74. t. 356. Mich. Gen. p. 221. t. 102. Matth. Comm. 341. icon. — *Lycoperdon tuber.* Linn. sp. 1653. — *Lycoperdon gulosorum.* Scop. Carn. 2. p. 421.

La truffe est une fongosité arrondie, noire ou grise, dépourvue de toute espèce de racines; sa surface est comme verruqueuse ou relevée de petites éminences à-peu-près prismatiques; sa chair est ferme; elle ne change pas de forme par la dessication. Bulliard en distingue plusieurs variétés : 1°. la *truffe noire*, qui est noire en dehors, et noirâtre en dedans, avec des lignes roussâtres disposées en réseau; 2°. la *truffe grise*, qui est d'abord blanchâtre et devient ensuite d'un brun cendré; 3°. la *truffe violette*, dont la couleur est d'un noir violet. La truffe paroît se propager par des gemmes ou graines contenues dans sa chair même; elle se trouve dans plusieurs parties de la France; elle se plaît dans les terreins légers et graveleux, et en particulier dans les forêts de chênes et de châtaigniers; elle est recouverte d'un à deux centimètres de terre; son odeur est si pénétrante, que les chiens et les porcs la sentent de loin, et les paysans se servent de ces animaux pour reconnoître les truffières; on les reconnoit encore à ce que la terre y est fendillée. La grosseur des truffes est ordinairement plus petite qu'un œuf, et son poids est de sept ou huit onces au plus.

Haller dit qu'on a vu des truffes de quatorze livres. Tout le monde sait que la truffe est un mets estimé des gourmets : elle est dangereuse pour les personnes bilieuses et nerveuses.

748. Truffe musquée.   *Tuber moschatum.*

Tuber moschatum. Bull. Champ. p. 79. t. 479.

La truffe musquée est d'un brun noirâtre, tant en dedans qu'en dehors ; d'une forme arrondie ou un peu alongée ; sa surface est constamment lisse ; elle n'a ni racines apparentes, ni base radicale ; quand elle est fraîche, sa chair est mollasse et a une forte odeur de musc ; lorsqu'elle est desséchée, sa surface est profondément plissée. Cette espèce a été trouvée aux environs d'Agen, par le C. Saint-Amans.

749. Truffe grise.   *Tuber griseum.*

Tuber griseum. Pers. Syn. 127.— *Truffe grise.* Deborch. Lett. sur les truffes du Piémont. p. 7. t. 1 et 2.

Cette espèce ressemble beaucoup à la truffe comestible, et croît de même sous terre, dans les forêts sablonneuses ; sa couleur est grise ; sa chair est d'une consistance savonneuse et exhale une forte odeur d'ail ; sa surface est lisse : elle croit dans le Piémont et est au moins autant estimée que la truffe comestible.

750. Truffe blanche.   *Tuber album.*

Tuber album. Bull. Champ. p. 80. t. 404. — *Tubera.* Sterb. Fung. t. 32. A. A. — *Lycoperdon gibbosum.* Dicks. Crypt. 2. p. 26.

La truffe blanche n'a pas de racines, mais seulement une base radicale semblable à celle d'un oignon qui n'a pas encore poussé ses radicules ; sa chair a une odeur un peu nauséabonde ; en naissant elle est blanche en dehors et en dedans ; dans sa vieillesse elle est en dehors d'un roux sale, veinée en dedans de lignes rousses ; sa surface est le plus souvent unie, quelquefois inégale ou sillonnée. Les sangliers sont très-friands de cette espèce de truffe : elle croît près de la surface du sol.

TROISIÈME FAMILLE.

HYPOXYLONS.   *HYPOXYLA.*

Fungorum et Algarum gen. Linn. Juss.

Les hypoxylons sont de consistance coriace, subéreuse ou cornée; leur couleur générale, ou du moins celle de leurs réceptacles, est presque toujours noire; les réceptacles composent quelquefois la plante entière; ailleurs ils sont posés ou enchâssés dans une tige droite ou étalée, solide, filamenteuse ou pulvérulente. Quelle que soit leur position, ces réceptacles sont arrondis ou oblongs, ouverts au sommet par un pore ou une fente, et remplis d'une pulpe mucilagineuse qui en sort d'une manière plus ou moins évidente à l'époque de la maturité, et qui renferme les graines. Quelques espèces présentent çà et là des paquets d'une poussière blanche et fugace, que plusieurs naturalistes regardent comme un organe mâle.

Ces plantes vivent presque toutes sur les troncs d'arbres; quelques–unes naissent sur les feuilles mourantes, un petit nombre sur les rochers ou sur la terre; aucune d'elles ne donne de gaz oxygène sous l'eau au soleil; plusieurs donnent dans cette circonstance, du gaz hydrogène. Cette famille se divise en deux sections, selon que la pulpe mucilagineuse sort du réceptacle d'une manière évidente ou insensiblement; la première se rapproche des champignons par son port et sa consistance; la seconde touche aux lichens par la base pulvérulente qui entoure ses réceptacles. Le genre Hystérie prouve, ce me semble, le rapprochement naturel qui existe entre elles.

PREMIER ORDRE.

Hypoxylons faux-champignons, ou dont la pulpe séminifère sort d'elle-même à la maturité.

LVII. RHIZOMORPHE.   *RHIZOMORPHA.*

Rhizomorpha. Roth. — *Lichenis sp.* Web. Humb.

CAR. Les rhizomorphes ont des réceptacles presque globuleux, persistans, ouverts au sommet par un orifice peu distinct, attachés en forme de tubercules sur une tige simple ou rameuse, cotonneuse à l'intérieur.

Obs. Elles diffèrent des sphéries, parce que leurs péricarpes ne sont pas enchâssés dans la tige.

751. Rhizomorphe fragile. *Rizomorpha fragilis.*

Rhizomorpha fragilis. Roth. Cat. Bot. 1. p. 232. Decand. Bull. Phil. n. 74. p. 102. t. 12. f. 2.

α. *Teres.* — *Rhizomorpha subterranea.* Pers. Syn. 705. — *Lichen radiciformis.* Murr. Syst. 964. Web. Spic. 232. Humb. Fryb. 34. — *Usnea radiciformis.* Scop. Diss. 1. p. 95. n. 16. t. 8. Mich. Gen. p. 125. n. 21.

β. *Compressa.* — *Rhizomorpha subcorticalis.* Pers. Syn. 704. — *Lichen aidœlus.* Humb. Fryb. 33. — *Clavaria phosphorea.* Sow. Fung. t. 100. — Mich. Gen. p. 125. t. 66. f. 3. — Vaill. Paris. p. 41. n. 9. — Fl. dan. t. 713. — Dodart. Mém. Acad. 1675. v. 10. p. 557.

Son écorce est noire, luisante, fragile, glabre; l'intérieur de la plante est blanchâtre, cotonneux; la tige est cylindrique lorsqu'elle croît à l'air, comprimée lorsqu'elle se glisse entre les fentes des troncs d'arbres; elle pousse un grand nombre de rameaux qui sont souvent anastomosés entre eux; ses fructifications, qu'on ne voit que fort rarement, sont des tubercules épars ou réunis en grouppes, sphériques, noirs, un peu chagrinés, terminés par un orifice à peine sensible, remplis d'une pulpe noirâtre qui renferme les graines. Cette plante croît dans les souterreins, dans les arbres creux, dans les fentes du bois, ou entre le bois et l'écorce; elle s'étend quelquefois jusqu'à la longueur de plusieurs mètres; le diamètre de sa tige est de 4-10 millim. : lorsqu'on en voit des plaques larges comme la main, elles sont formées par plusieurs tiges comprimées et soudées ensemble. Il ne faut pas, comme l'a fait Haller, confondre cette plante avec la racine de la sphérie variable, laquelle n'est jamais cotonneuse à l'intérieur.

752. Rhizomorphe crin de cheval. *Rhizomorpha setiformis.*

Rhizomorpha setiformis. Roth. Cat. 1. p. 235. Pers. Syn. 705.

α. *Lichen hippotrichodes.* Wild. Berol. n. 1038. Ach. Lich. 220. Dill. Musc. t. 13. f. 11. B.

β. *Lichen setosus.* Leyss. Halens. ed. 2. n. 1171. Roth. Germ. 1. p. 515. — *Hypoxylon loculiferum.* Bull. Champ. p. 174. t. 495. f. 1. — Dill. Musc. t. 13. f. 11. A. — *Byssus.* Guett. Obs. p. 4. n. 5.

Cette espèce est noire, glabre et luisante à l'extérieur, grêle et filiforme comme un crin de cheval ; elle est quelquefois absolument simple, quelquefois rameuse à son extrémité seulement, quelquefois branchue dès sa base ; elle porte çà et là des tubercules globuleux, terminés par un orifice un peu prolongé, noirs, légèrement chagrinés à la surface, pleins d'une pulpe noirâtre qui renferme les graines : elle croît dans les caves, les souterreins, les arbres creux, et même parmi les feuilles tombées à terre.

LVIII. SPHÉRIE. *SPHÆRIA.*

Sphæria. Hall. Tode. Pers. — *Hypoxylon, Variolaria et Clavariæ sp.* Bull.

Car. Les sphéries offrent un ou plusieurs réceptacles osseux, arrondis, ouverts au sommet par un orifice souvent alongé, solitaires, agglomerés ou enchâssés dans une tige subéreuse, remplis d'une substance mucilagineuse qui renferme les graines et qui sort par l'orifice du réceptacle.

Obs. Presque toutes les sphéries sont de couleur noire et de consistance ferme ; quelques-unes sont rouges et charnues ; plusieurs d'entre elles offrent, à l'époque qui précède l'ouverture de leurs loges, une poussière blanche et fugace qui a été bien observée par Hoffman, Tode et Bulliard, et que plusieurs naturalistes regardent comme l'organe mâle de ces plantes. Presque toutes les espèces de ce genre, et sur-tout celles qui n'ont pas de tiges, naissent sous l'épiderme des vieux troncs ou des feuilles mourantes, et le percent au moment de répandre leurs graines.

Première Section. — *Loges séminales portées sur une base alongée, charnue ou subéreuse. (Hypoxylon.* Juss. *Xylaria,* Schrank.)

753. Sphérie militaire. *Sphæria militaris.*

Sphæria militaris. Pers. Syn. 1. Obs. Myc. 2. p. 66. t. 2. f. 3. — *Clavaria militaris.* Linn. spec. 1652. Fl. dan. t. 337. — *Clavaria granulosa.* Bull. Champ. p. 199. t. 496. f. 1. Vaill. Bot. t. 7. f. 4. — *Clavaria squammosa.* Lam. Fl. Fr. 1. p. 125.

Cette espèce est d'un beau jaune de safran, presque toujours simple, glabre, cylindrique, fort amincie à sa base, quelquefois un peu aplatie ou bifurquée à son sommet ; sa chair est tendre, fragile, jaunâtre ; la surface de toute la partie non rétrécie en pédicule, est hérissée de petits grains protubérans, cartilagineux, ovoïdes, qui renferment une liqueur gélatineuse dans laquelle les graines sont mélangées : elle croit sur la terre, dans le gazon.

754. Sphérie à racine. *Sphæria radicosa.*

Sphæria ophioglossoides. Pers. Syn. 4. Gmel. Syst. 2. p. 1474.
Clavaria radicosa. Bull. Champ. p. 195. t. 440. f. 2.

Cette plante est de couleur noire, olivâtre à l'extérieur; sa chair est coriace, un peu mollasse, de couleur jaune; elle s'élève à 5-6 centim., le plus souvent simple, rarement divisée, quelquefois alongée et grèle, quelquefois épaisse et courte, toujours terminée inférieurement par une racine longue, fibreuse et jaunâtre; toute sa surface est garnie d'un rang de petites loges, dans lesquelles sont renfermées ses semences mêlées à un suc glaireux : elle croit sur la terre, en automne, dans les bruyères et les bois de pins.

755. Sphérie cornue. *Sphæria cornuta.*

α *Sphæria hypoxylon.* Pers. Syn. 5. Obs. Myc. 1. t. 2. p. 20. f. 1.
β. *Sphæria cornuta.* Hoffm. Crypt. I. p. 11. t. 3. f. 1. — *Clavaria cornuta.* Bull. Champ. p. 193. t. 180. Lam. Fl. fr. 1. p. 126.

Elle s'élève jusqu'à 6-8 centim.; sa consistance est coriace et analogue à celle du liége; sa chair est blanche : la plante est tantôt alongée ou grèle, tantôt trapue et épaisse, quelquefois simple, plus souvent divisée en rameaux réunis par le pied, et découpés à leur sommet; dans sa jeunesse toute sa surface est hérissée de longs poils noirs, et ses sommités aplaties sont blanches, pubescentes et poudreuses; à mesure qu'elle avance en âge, ses sommités prennent une teinte grise, ses poils tombent, et on commence à appercevoir les loges qui renferment les semences mêlées à un suc glaireux. Les individus qui portent des loges séminales, sont d'ordinaire assez petits : on a peine à trouver cette plante en fructification. Elle est commune toute l'année, sur les vieux pieux, les poutres, dans les jardins et les bois.

756. Sphérie variable. *Sphæria polymorpha.*

Clavaria hybrida. Bull. Champ. p. 194. t. 440. f. 1. — *Sphæria polymorpha.* Pers. Syn. 7. Obs. Myc. 2. p. 64 et 65. t. 2. f. 2. 4. 5. — Hall. Helv. n. 2194. var. α et γ. — Mich. t. 55. f. 1.

Cette espèce est intermédiaire entre la sphérie à racine et la sphérie digitée; elle diffère de la première, parce que sa chair est blanche, et qu'elle croît sur de vieilles souches ; elle diffère de la seconde, parce qu'elle ne s'élève pas au-delà de 4-5 centimètres, que ses sommités sont le plus souvent ramifiées et aplaties, et que même dans sa vieillesse elle est jaunâtre à son sommet ; elle diffère enfin de la sphérie cornue, parce qu'elle est glabre. Ordinairement elle n'a pas de racines, mais quelquefois elle se prolonge dans les fentes du bois, sous la forme de fibres noires diversement configurées, qui ressemblent beaucoup à la rhizomorphe fragile ; mais dont la texture intérieure est subéreuse et non velue ou cotonneuse.

757. Sphérie digitée.   *Sphæria digitata.*

Sphæria digitata. Pers. Syn. 6. Obs. Myc. 2. t. 2. f. 1. 6. —
Clavaria digitata. Linn. spec. 1652. Bull. Champ. p. 192.
t. 220. — Hall. Helv. n. 2194. var. β.

Cette espèce s'élève à 6-8 centim. ; elle est d'une consistance coriace qui approche de celle du liége ; elle est glabre, raboteuse, d'un brun noirâtre à l'extérieur, blanche en dedans et dépourvue de racines ; sa tige est quelquefois simple, quelquefois rameuse ; ordinairement il en naît plusieurs de la même base ; chacune d'elles a la forme d'une massue à pédicule court. Dans sa jeunesse ses sommités sont un peu pointues, blanches, pubescentes et poudreuses ; ses graines mêlées avec un suc glaireux, sont renfermées dans de petites loges répandues à la surface. Elle croît sur le bois pourri ; lorsqu'elle semble implantée en terre, elle est toujours fixée sur quelque morceau de bois caché sous terre. Cette plante exposée sous l'eau, au soleil, donne un gaz dans lequel j'ai trouvé jusqu'à 0,70 de gaz hydrogène.

SECONDE SECTION. — *Loges séminales placées sur une base étalée plus ou moins apparente.*

758. Sphérie concentrique.   *Sphæria concentrica.*

Sphæria concentrica. Pers. Syn. p. 8. t. 1. f. 2. 4. Bolt. Fung. t. 180.
— *Sphæria fraxinea.* Sow. Fung. t. 160. — *Sphæria tunicata.*
Tode. Mekl. 2. p. 59. t. 17. f. 130.

Cette espèce, l'une des plus grandes de ce genre, croît sur les troncs de saules et de frênes ; elle y naît d'ordinaire par grouppes ; on croiroit voir de loin une vesseloup dans son état de décrépitude ; elle est sessile ou prolongée en un pédicule court et épais, arrondie ou ovoïde, le plus souvent irrégulier ; sa surface est noirâtre, inégale, marquée de protubérances grisâtres ; si on la coupe verticalement , on remarque que toute cette masse est formée de couches concentriques d'un blanc de neige , séparées par des veines noires ; la couche extérieure est formée par un rang de cellules noires , ovoïdes , nombreuses , qui émettent en dehors une matière noire qui s'attache aux mains ; les couches blanches sont composées de filamens perpendiculaires qui ont le même aspect que des fils d'amiante tendus d'une veine à l'autre.

759. Sphérie charbonneuse.   *Sphæria deusta.*

Sphæria deusta. Pers. Syn. 16. — *Hypoxylon ustulatum.* Bull. Champ. p. 176. t. 487. f. 1. — *Sphæria maxima.* Web. Gœtt. p. 286.

La sphérie charbonneuse forme de larges plaques sur les vieilles souches ; dans sa jeunesse elle est d'une consistance charnue et mollasse , blanche en dedans et grisâtre en dehors ; à une certaine époque , elle se trouve couverte d'une poussière qui ressemble à de la cendre ; elle devient ensuite noire comme du charbon , boursouflée et friable ; sa surface sinueuse , formée d'une membrane mince à laquelle sont insérées les loges distinctes qui portent les graines , est parsemée de petits mamelons qui répondent à chaque loge. Persoon a trouvé quelques individus de cette espèce portés sur un pédicelle court et épais.

760. Sphérie menteuse.   *Sphæria decipiens.*

La base de cette sphérie est une plaque étendue , plane , charnue , dure , d'un blanc sale , dans laquelle sont enchâssées des loges ovoïdes nombreuses , noires , qui se prolongent , au-dessus de la base , en un orifice cylindrique , d'un noir mat , tronqué et un peu chagriné au sommet, long de 2 millimètres environ; ces orifices nombreux et tous de la même longueur , donnent à cette sphérie un aspect de régularité remarquable. Elle croît sur les vieux troncs pourris , quelquefois dans les places dépourvues d'écorce , et alors son orifice prolongé la fait aisément reconnoître ; quelquefois dans les places encore munies d'écorce , et alors les orifices étant cachés en partie dans l'écorce , l'aspect de la plante est tout-à-fait changé : on croiroit , au premier coup-d'œil , voir une foule de sphéries à loges solitaires et distinctes , tandis que ce sont réellement les orifices d'une sphérie à plusieurs loges.

761. Sphéric grenue. *Sphæria granulosa.*

Sphæria rubiformis. Pers. Syn. 9. — *Hypoxylon granulosum.*
Bull. Champ. p. 176. t. 487. f. 2.

La sphérie grenue, dans sa jeunesse, est pubescente, poudreuse et d'un blanc grisâtre; dans son développement parfait elle se présente sous la forme d'une croûte noire plus ou moins large, quelquefois fort épaisse et toujours très-dure; sa surface est relevée d'autant de protubérances mamelonnées, qu'il y a de loges qui la composent; elle est quelquefois convexe, quelquefois plane, toujours noire à l'intérieur : elle croît dans les forêts, sur les troncs morts.

762. Sphérie màchefer. *Sphæria scoria.*

Cette espèce a quelques rapports avec la sphérie bicolore avancée en âge; elle forme des tubercules arrondis ou oblongs, souvent réunis les uns avec les autres en forme de bande alongée, légèrement convexes, un peu tuberculeux, d'un gris brun et sale marqué de petits points noirs peu proéminens, qui indiquent l'orifice des loges; celles-ci sont noires, luisantes, petites, nombreuses, posées sur une substance blanche et un peu subéreuse. Cette plante croît sur le bois mort. — Commun. par les citoyens Léman et Dufour.

763. Sphérie soudée. *Sphæria cohærens.*

Sphæria cohærens. Pers. Syn. 11. Disp. Fung. p. 2.

Elle commence par être brune ou rousse, et finit par être noire; ses boutons sont arrondis, déprimés, irréguliers, presque toujours réunis plusieurs ensemble, de manière à former une croûte inégale et mamelonnée; les loges sont nombreuses, arrondies, et leurs orifices paroissent en dehors comme de petits grains protubérans; à la fin de leur vie ces boutons se renflent d'une manière irrégulière : elle croît sur l'écorce du hêtre.

764. Sphérie bicolore. *Sphæria bicolor.*

Hypoxylon coccineum. Bull. Champ. p. 174. t. 495. f. 2.
β. *Sphæria fragiformis.* Pers. Syn. 9. Hall. Helv. n. 2190. t. 47.
f. 10.

La sphérie bicolore se trouve sur les écorces de différens arbres, et notamment du noyer et du maronnier; dans sa jeunesse elle forme des boutons épars, globuleux, de grandeur variée, charnus, tendres, et d'un rouge tirant sur le vermillon; avec l'âge ces boutons grossissent, prennent une teinte d'un noir luisant à l'intérieur et d'un rouge de brique en dehors ; ils forment , par leur réunion une croûte épaisse fort dure , dont la surface est inégale , parsemée d'un rang de loges fort petites et très-serrées les unes contre les autres. La variété β ne paroît différer de la plante décrite par Bulliard , que parce que les inégalités de sa surface sont plus prononcées.

765. Sphérie du coudrier. *Sphæria coryli.*

Sphæria fusca, var. Pers. Syn. 12. — *Sphæria fusca.* Schleich. Crypt. exsic. n. 68.

Cette espèce s'approche beaucoup de la sphérie brune , mais elle paroît en différer , parce que les boutons qu'elle forme sont plus globuleux , plus rarement réunis , et n'ont point leur surface marquée de rides ou d'anfractuosités ; les loges en sont aussi plus grandes et plus visibles ; leur orifice ne se distingue point au dehors : elle croît sur l'écorce du coudrier noisettier.

766. Sphérie brune. *Sphæria fusca.*

Sphæria fusca. Pers. Syn. 12. Ann. Bot. 2. p. 22. t. 2. f. 3. — *Sphæria fragiformis.* Hoffm. Veg. Crypt. 1. p. 20. t. 5. f. 1.

Cette plante est d'un brun rougeâtre ; elle perce l'épiderme , forme à sa surface des tubercules compacts , bosselés et sinueux en dessus , arrondis ou oblongs , de 3–5 millim. de diamètre et de hauteur ; leur substance intérieure est de la même couleur ; chaque tubercule renferme plusieurs loges , dont on ne peut découvrir l'orifice à l'extérieur , et qui correspondent aux bosselures de la surface : elle croît sur le hêtre , l'épine blanche. — Communiquée par le C. Dufour.

767. Sphérie en bouclier. *Sphæria peltata.*

Elle se rapproche de la sphérie brune par sa couleur , mais elle forme sur l'écorce un bouton orbiculaire , uni, plane sur les bords , relevé vers le centre en un mamelon obtus de couleur plus foncée ; les loges sont très-petites , nombreuses , situées à la surface , et on ne peut en distinguer l'orifice : elle croît sur le hêtre et le chêne ? —Comm. par le C. Dufour.

768. Sphérie ramassée. *Sphæria glomerulata.*

Hypoxylon glomerulatum. Bull. Champ. p. 178. t. 468. f. 3.

Elle forme sur le bois ou l'écorce , de gros boutons ordinairement sphériques ; ces boutons sont d'abord charnus et un peu mollasses , grisâtres , pubescens et comme saupoudrés d'une poussière cendrée ; ils deviennent ensuite noirs , fort durs et glabres; sa surface ne paroît pas raboteuse, même vue avec les plus fortes loupes; les loges internes sont arrondies et pleines d'un suc glaireux.

769. Sphérie scabreuse. *Sphæria scabrosa.*

Hypoxylon scabrosum. Bull. Champ. p. 180. t. 468. f. 5.

Elle ne se trouve jamais que sur les bois dépouillés de leur écorce; dans sa jeunesse elle est pubescente, d'un jaune rouillé ou d'un rouge brun, et paroît comme saupoudrée d'une poussière jaunâtre; dans son développement parfait elle forme une croûte large, mince, noire, luisante, fort raboteuse; chaque loge est un peu terminée en pointe à son sommet, et surmontée d'un petit mamelon qu'on ne peut bien voir qu'à la loupe.

770. Sphérie note de musique. *Sphæria melogramma.*

Sphæria melogramma. Pers. Syn. 13. — *Sphæria ocellata.* Pers. Disp. Met. p. 2. — *Variolaria melogramma.* Bull. Champ. p. 182. t. 492. f. 1.

Cette sphérie se trouve sur l'écorce du charme, de l'aune et du hêtre; elle est grisâtre et pubescente dans sa jeunesse; dans un âge plus avancé elle forme des boutons de diverses grandeurs, et composés de l'aggrégation de plusieurs petites loges qui s'élargissent à leur orifice; ces boutons sont placés souvent à la suite les uns des autres, comme des notes de musique; leur surface est inégale et d'un noir bistré; leur chair est noire à l'intérieur.

771. Sphérie ponctuée. *Sphæria punctata.*

Sphæria poronia. Pers. Syn. 15. — *Sphæria punctata.* Sowerb. Fung. t. 54. — *Peziza punctata.* Linn. spec. 1650. Bull. Champ. p. 259. t. 252. — *Poronia Gleditschii.* Wild. Berol. p. 400. — *Sphæria.* Hall. Helv. n. 2184.

Cette sphérie ressemble à une pezize; sa consistance est charnue, coriace; son pédicule est court, noirâtre, et s'évase en un disque blanc, orbiculaire, plane ou peu concave, parsemé de petits points noirs épars, qui sont les orifices d'autant de petites loges osseuses pleines d'un suc glaireux : elle croît sur le crottin de cheval.

772. Sphérie faux-xyloma. *Sphæria xylomoides.*

Sphæria ulmi. Schleich. Crypt. exsic. n. 73.

Elle naît à la surface supérieure des feuilles de l'orme, commence par soulever l'épiderme, et souvent en est recouverte en
tout

tout ou en partie. Cette sphérie est d'un noir mat, d'abord plane,
ensuite convexe, d'abord orbiculaire, ensuite les taches se réunissant les unes aux autres, finissent par former de grandes plaques
de figure indéterminée ; la substance interne est compacte et d'un
beau noir, mais sur toute la surface on remarque de petites
loges sphériques très – rapprochées, pleines d'une matière
blanche, laquelle, examinée au microscope, paroît composée
de globules sphériques ; ces loges paroissent aboutir à des ponctuations très-fines, qui sont probablement leurs orifices, et
qu'on apperçoit après la destruction de l'épiderme. Cette plante
doit-elle appartenir au genre Sphérie ? Doit-elle former un genre
particulier avec l'uredo ponctué ?

773. Sphérie pénétrante.   *Sphæria serpens.*

Sphæria serpens. Pers. Syn. 20. Obs. Myc. 1. p. 18.

Elle forme des plaques d'abord grises et pubescentes, ensuite
noires et glabres, tuberculeuses et un peu grenues, posées sur
le bois dépouillé d'écorce, et qui pénètrent dans les fentes du
tronc ; ces plaques sont composées de loges réunies par une base
noire peu apparente ; les loges sont à-peu-près globuleuses ; leur
orifice est une petite protubérance obtuse . elle croît sur les
saules. — Commun. par le C. Dufour.

774. Sphérie en stigmate.   *Sphæria stigma.*

Sphæria stigma. Pers. Syn. 21. Hoffm. Crypt. 1. p. 7. t. 2. f. 2.
Hypoxylon operculatum. Bull. Champ. p. 177. t. 478. f. 2.

Elle forme sur les branches d'arbres ou sur de vieilles souches,
de larges plaques minces ; dans sa jeunesse elle est blanche, pubescente et comme farineuse à la surface ; dans son développement parfait elle est noire et luisante ; si on l'observe à une
forte loupe, on voit que chacune de ses loges est couronnée par
un opercule rond et ombiliqué ; l'orifice de ces loges n'est pas
proéminent ; souvent la plaque est fendue en divers sens, lorsque
la plante avance en âge.

775. Sphérie nue.   *Sphæria decorticata.*

Sphæria decorticata. Pers. Syn. 21.

Cette espèce ressemble beaucoup à la sphérie à opercule ;
elle forme des plaques noires, larges et minces, non luisantes,
qui naissent sur les couches corticales et détruisent absolument
l'épiderme ; la substance interne est blanchâtre ; les loges sont

ovoïdes, très-nombreuses; plusieurs d'entre elles se terminent par un orifice proéminent, conique, obtus, non ombiliqué au sommet. Cette plante croît sur le hêtre, le chêne, etc.

776. Sphérie nummulaire. *Sphæria nummularia.*

Hypoxylon nummularium. Bull. Champ. p. 179. t. 468. f. 4.

Cette sphérie forme de larges boutons orbiculaires et aplatis, un peu épais, grisâtres d'abord et pubescens, puis noirs et mats; ils ne sont point granuleux à leur surface, et renferment plusieurs loges arrondies, non saillantes, pleines d'un suc glaireux, et dont l'orifice est indistinct : elle naît sur les troncs et les branches mortes, dont elle soulève et détruit l'épiderme.

777. Sphérie en disque. *Sphæria disciformis.*

Variolaria punctata. Bull. Champ. p. 185. t. 432. f. 2. —*Sphæria disciformis.* Hoffm. Crypt. 1. p. 15. t. 4. f. 1. Pers. Syn. 24. — *Sphæria.* Hall. Helv. n. 2186. t. 47. f. 9.

Elle est formée d'un grand nombre de loges réunies en boutons larges, aplatis, d'un noir mat, et dont la surface est parsemée de points très-apparens et d'un noir foncé, qui correspondent à chaque loge; ces boutons ont 5-6 millim. de diamètre; leur chair est blanche; ils sont bordés, dans leur jeunesse, par les débris de l'épiderme déchiré. On ne trouve cette plante que sur l'écorce du hêtre : elle y persiste pendant plusieurs années.

778. Sphérie massette. *Sphæria tiphyna.*

Sphæria tiphyna. Pers. Syn. 29. Icon. Fung. 1. p. 21. t. 7. f. 1.

Cette espèce croît sur le chaume de plusieurs graminées, et en particulier du dactyle pelotonné; elle l'entoure en dessus du 3e. ou 4e. nœud, et souvent pendant 4–5 centimètres de longueur, mais ne pénètre pas l'intérieur de la tige; sa couleur est d'un jaune d'ochre, et les bords de la couche sont blanchâtres; cette couche est peu épaisse, comme crustacée, grumeleuse; vue à une forte loupe, on remarque que chaque grain est l'indice d'une loge presque sphérique, et dont l'orifice est à peine visible. Cette plante m'a été communiquée par messieurs Chaillet et Berger; ce dernier pense qu'elle est la demeure d'un insecte; il dit en avoir découvert la larve dans l'intérieur de la tige; avoir vu l'insecte parcourir les diverses loges de la croûte externe, et sortir quelquefois sa tête par l'orifice des loges. Cette singulière production mérite d'attirer de nouveau l'attention des observateurs.

TROISIÈME SECTION. — *Loges séminales non réunies par un réceptacle commun, mais soudées ou rapprochées les unes des autres en faisceau ou en grouppe.*

779. Sphérie des graminées. *Sphæria graminis.*

Sphæria graminis. Pers. Syn. 30. Obs. Myc. p. 18. t. 1. f. 1. 2.

Cette plante forme, sur les feuilles des graminées, des taches linéaires ou oblongues, noires, glabres, luisantes, un peu raboteuses; dans l'intérieur de ces taches on trouve des loges globuleuses dont les orifices ne sont pas sensiblement percés ni proéminens; ces loges sont très-rapprochées, mais on ne voit pas de réceptacle propre qui les unisse : elle croît sur l'élyme d'Europe, l'yvraie vivace, etc. Il est très-facile, au premier coup-d'œil, de confondre cette sphérie avec la puccinie des graminées; mais les taches de la sphérie sont luisantes, celles de la puccinie sont d'un noir mat; dans la première l'épiderme ne se rompt point, et ne forme pas de bordure autour de la tache; dans la seconde l'épiderme se rompt, et forme, sur-tout dans la jeunesse, une bordure autour de la tache. Le microscope apprend d'ailleurs que l'organisation interne est très-différente.

780. Sphérie rape.   *Sphæria radula.*

Sphæria radula. Pers. Syn. 37?

Les loges séminales sont au nombre de trois à cinq, insérées dans les couches corticales, ovoïdes, alongées, divergentes par la base, rapprochées par leurs orifices; la réunion de ces orifices forme un tubercule ligneux, conique, brun à l'extérieur, blanchâtre en dedans, qui soulève puis perce l'épiderme, s'évase en un petit disque, sur lequel on remarque quelques protubérances noires; ces grouppes naissent souvent en grand nombre sur la même écorce, à 4-5 millim. de distance, et détruisent entièrement l'épiderme : elle croît sur le chêne. — Comm. par le C. Dufour.

781. Sphérie blanche.   *Sphæria nivea.*

Sphæria nivea. Pers. Syn. 38. Hoffm. Crypt. 1. p. 28. t. 6. f. 3.
— *Lichen rosaceus.* Fl. dan. t. 825. f. 1.

Elle croît sur les rameaux desséchés du tremble; dans sa jeunesse on ne voit autre chose que des points blancs arrondis, à

peine proéminens, enchâssés dans l'épiderme ; elle acquiert ensuite un disque blanc et comme tronqué, sur lequel on remarque, à la loupe, de petits points grenus, qui sont l'orifice
des loges cachées sous l'écorce ; la substance du réceptacle est
blanche, sèche et pulvérulente.

782. Sphérie en pustule.   *Sphæria pustulata.*

Variolaria fugax. Bull. Champ. p. 187. t. 432. f. 5. — *Sphæria
pustulata*. Hoffm. Crypt. 1. p. 26. t. 5. f. 3. Pers. Syn. p. 41.

Elle est aplatie, d'un brun noirâtre, grenue à sa surface et
s'élève à peine au-dessus de l'écorce, sur laquelle elle a pris
naissance ; elle est ordinairement composée de plusieurs loges
aggrégées, dont l'orifice est court et resserré : elle ne se trouve
que sur l'écorce des arbres dont le bois est tendre, tels que
l'aune, le saule, etc., et s'en détache peu de temps après l'émission de ses semences.

783. Sphérie couronnée.   *Sphæria coronata.*

Sphæria coronata. Hoffm. Crypt. 1. p. 26. t. 5. f. 2. Pers.
Syn. 43.

Cette espèce offre cinq ou six loges disposées en anneau circulaire, noires, à-peu-près globuleuses, de la grosseur d'une
tête d'épingle ; leurs orifices sont alongés, cylindriques, inclinés
de manière à se réunir tous par le sommet ; ces loges sont
posées dans les couches corticales ; les orifices percent l'épiderme
et paroissent peu en dehors. Cette sphérie croît sur le bouleau
blanc.

784. Sphérie du hêtre.   *Sphæria faginea.*

Sphæria faginea. Pers. Syn. 44. Disp. Met. p. 3.

Cette sphérie habite fréquemment sur les rameaux du hêtre ;
l'épiderme paroît percé de petits trous, remplis d'une matière
noire, grenue et rude au toucher ; si on enlève l'épiderme, on
trouve en dessous des loges séminales noires, réunies trois à
cinq ensemble, de manière que leurs orifices sortent par le
même trou de l'épiderme ; ces orifices sont pointus, crochus,
et ce sont eux qui font paroître les points de l'épiderme rudes
au toucher.

785. Sphérie du cytise.   *Sphæria laburni.*

Sphæria laburni. Pers. Syn. 50.

Elle naît en grouppes arrondis, composés d'un grand nombre

de loges noires posées sur un réceptacle commun peu apparent;
les loges sont d'abord globuleuses, ensuite un peu alongées,
obtuses, ombiliquées au sommet, très-rapprochées; les grouppes
atteignent jusqu'à 7-10 millim. de diamètre, sur 3-5 de hauteur; ils percent l'épiderme, et restent entourés par ses débris,
qui forment une espèce de collerette. Cette sphérie naît sur les
branches mortes ou languissantes du cytise aubour.

786. **Sphérie à mamelons** *Sphæria ceratosperma.*
cornus.

> *Sphæria podoides.* Pers. Syn. 22. — *Variolaria ceratosperma.*
> Bull. Champ. p. 184. t. 432. f 1.
> β. *Sphæria ceratosperma.* Pers. Syn. 23.

Cette sphérie est d'un brun noirâtre, et formée de plusieurs
loges réunies en boutons, dont les sommets, amincis et mamelonnés, s'élèvent bien sensiblement au-dessus de l'écorce sur
laquelle elle a pris naissance; ses graines sont nombreuses,
ellipsoïdales, visibles seulement à la loupe, plongées dans un
liquide gélatineux. Cette plante croît toujours incrustée dans
l'écorce; elle y persiste pendant un grand nombre d'années;
peu-à-peu l'aubier entoure la base, et il semble qu'elle est
enracinée dans le bois. La variété α croît sur le chêne et les
bois durs; la variété β, que je ne connois qu'imparfaitement,
croît sur le rosier des chiens.

787. **Sphérie en massue.** *Sphæria clavata.*

> *Hypoxylon clavatum.* Bull. Champ. p. 171. t. 444. f. 5.

Les loges séminales de cette sphérie sont alongées, arrondies
à leur sommet, amincies à leur base, réunies sept à huit ensemble par le pied, de manière à former de petits grouppes;
dans leur jeunesse ces loges sont blanches et pubescentes vers
le haut; elles deviennent ensuite d'un noir foncé et parfaitement glabres. Cette plante croît sur les vieux bois dénudés
d'écorce; elle naît de préférence sur les impressions des prolongemens médullaires, et forme ainsi des stries longitudinales.

788. **Sphérie de l'épine-** *Sphæria berberidis.*
vinette.

> *Sphæria berberidis.* Pers. Syn. 52. Disp. Met. p. 3.

Cette espèce de sphérie naît sous l'épiderme des branches
du vinettier commun : elle perce cet épiderme, et forme des

petits mamelons arrondis, convexes, composés de 15 à 20 loges ovoïdes, obtuses, percées d'un pore à leur sommet, distinctes les unes des autres, et insérées sur une base commune un peu charnue : la couleur de cette plante est d'abord rouge, et devient d'un brun foncé à la maturité : on trouve çà et là des grouppes qui sont composés de loges encore rouges, et d'autres déjà brunes.

QUATRIÈME SECTION. — *Loges distinctes, rapprochées ou solitaires.*

789. Sphérie gnome.   *Sphæria gnomon.*

Sphæria gnomon. Tode. Mckl. 2. p. 5o. t. 16. f. 125. Pers. Syn. 61. Disp. Met. p. 51. Ann. Bot. 11. p. 25. t. 2. f. 6.

Cette sphérie se trouve, au commencement du printemps, sur les feuilles du noisettier; elle y forme ordinairement des taches arrondies ou annulaires; les loges séminales sont libres et distinctes les unes des autres; à la partie supérieure de la feuille, on voit des tubercules noirs et un peu convexes; à la partie inférieure se trouvent des mamelons alongés, noirs et luisans; on remarque à leur sommet un orifice concave, duquel part un petit prolongement linéaire qui ressemble à un style. Cette plante m'a été communiquée par M. Chaillet.

790. Sphérie à bec latéral.   *Sphæria latericolla.*

Ses loges sont noires, lisses, glabres, distinctes, rapprochées en grouppes étendus et peu serrés; elles ont presque la forme d'une cornue, c'est-à-dire que la loge est à-peu-près sphérique et s'alonge de côté en un orifice conique, roide et un peu pointu; après la sortie de la gelée intérieure, la loge s'affaisse et devient en dessus concave comme une pezize; son diamètre est d'un millimètre : elle croît sur le bois de chêne dénudé d'écorce.

791. Sphérie des fientes.   *Sphæria stercoris.*

Cette espèce naît sur les fumées du cerf, et on la reconnoît plus facilement à sa station qu'à sa structure; ses loges sont noires, ovoïdes, obtuses, de la grosseur d'une tête d'épingle, solitaires ou rapprochées deux ou trois ensemble, très-adhérentes aux brins d'herbes sèches qui composent la fiente, souvent à moitié cachées, terminées par un orifice non proéminent et à peine visible : elle diffère, par ce dernier caractère, de la sphérie du fumier, décrite par Persoon.

792. Sphérie en mamelon. *Sphæria mammæformis.*

Variolaria simplex. Bull. Champ. p. 186. t. 432. f. 3. — *Sphæria mammæformis.* Hoffm. Crypt. 13. t. 3. f. 2. Pers. Syn. 64 ?

Cette sphérie n'est jamais qu'à une loge ; elle est ordinairement fort petite, arrondie, éparse et souvent un peu terminée en pointe à son sommet ; c'est sur l'écorce du hêtre qu'elle se trouve ; elle forme à sa surface des mamelons très-apparens, et persiste pendant un grand nombre d'années.

793. Sphérie pezize. *Sphæria peziza.*

α. Sphæria peziza. Pers. Syn. 66. — *Sphæria miniata.* Hoffm. Fl. Germ. 2. t. 12. f. 1.

β. Peziza hydrophora. Bull. Champ. p. 243. t. 410. f. 2. — *Sphæria peziza.* Tode. Mckl. 2. p. 46. t. 15. f. 122.

Cette espèce est d'une consistance membraneuse et fragile, et d'une couleur d'un rouge orangé ; sa grosseur est celle d'un grain de millet ; elle commence par être sphérique, bientôt il sort une goutte de liquide par l'orifice placé supérieurement ; alors la petite vessie se vide et devient concave en dessus comme une pezize ; cette liqueur limpide paroît contenir les graines ; la surface est un peu velue dans la variété *β* ; elle est glabre et munie seulement à sa base d'un léger duvet, dans la variété *α*. Cette sphérie croît en sociétés nombreuses, sur les bois morts à demi pourris.

794. Sphérie tuberculaire. *Sphæria tubercularia.*

Elle croît sur les couches corticales, soulève, puis déchire l'épiderme en trois ou quatre fragmens persistans ; elle paroît alors semblable à une tuberculaire qui, au lieu de naître sur l'écorce, seroit sortie de dessous l'épiderme ; sa base est entourée d'un léger duvet jaunâtre ; les tubercules sont charnus, ovoïdes, obtus, d'un rouge vif ; ensuite ils deviennent noirs et comme charbonnés, et on distingue alors à leur sommet un orifice enfoncé peu régulier. J'ai trouvé cette plante, à la fin du printemps, sur l'écorce d'un noyer mort.

795. Sphérie à base cotonneuse. *Sphæria byssiseda.*

α. Corticalis.—*Sphæria byssiseda.* Pers. Syn. 67. Tode. Mckl. 2. p. 10. t. 9. f. 70.

β. Putredinis.

γ. Ligni. — *Hypoxylon globulare.* Bull. Champ. p. 169. t. 444.
f. 2.

Ses loges sont noires, éparses, dures, grosses comme la gre-
naille à tirer, exactement sphériques, avec un petit mamelon
protubérant qui indique l'orifice ; ces loges sont enchâssées à
moitié dans un duvet brun plus ou moins compact, semblable à
un byssus, et qui s'étend de côté et d'autre. La variété *α* croît
sur les écorces saines ; la variété *β* se trouve dans les bois absolument décomposés et presque réduits en terreau ; le mamelon
des loges y est très-peu prononcé ; la variété *γ* a été trouvée
par Bulliard, sur le bois ; elle ressemble aux précédentes par
la forme ; mais ce naturaliste ne parle point de la base cotonneuse. N'y existe-t-elle pas, ou l'auroit-il regardée comme
étrangère à la sphérie? Les deux premières variétés m'ont été
communiquées par les CC. Dufour et Léman.

796. Sphérie à base blanche.   *Sphæria albicans.*

Sphæria albicans. Pers. Syn. 70. Obs. Myc. 1. p. 71. — *Sphæria
confluens.* Tode. Mekl. 2. p. 19. t. 10. f. 87.

Elle croît dans les troncs creux et à demi pourris des saules ;
on la trouve à moitié enfoncée dans le bois ; sa couleur est noire
et sa base est ordinairement entourée d'une bordure blanchâtre
qui est due soit à quelques filamens bissoïdes, soit à quelque
altération du bois ; ses loges sont grandes ; elles naissent presque
globuleuses, terminées par un mamelon obtus ; mais souvent
plusieurs loges se réunissent l'une à l'autre, ensorte qu'elle forme
un passage très-naturel entre les sphéries à plusieurs loges et
celles qui n'en ont qu'une. — Commun. par le C. Dufour.

797. Sphérie laineuse.   *Sphæria ovina.*

Sphæria ovina. Pers. Syn. 71. — *Sphæria mucida.* Tode. Fung.
2. p. 16.

Les loges sont distinctes, rapprochées en grouppes plus ou
moins étendus, et semblent souvent réunis par une bourre
cotonneuse et blanchâtre qui se trouve à leur base ; ces loges
sont d'un blanc sale, ovoïdes ou globuleuses, terminées par un
orifice noirâtre un peu prolongé en pointe mousse : elle habite
sur les troncs humides dépouillés d'écorce. — Communiquée
par le C. Dufour.

798. Sphérie graine de pavot. *Sphæria spermoides.*

Sphæria spermoides Pers. Syn. 75. Hoffm. Crypt. 2. p. 12. t. 3. f. 3. — *Sphæria globularis.* Batsch. El. 1. p. 271. t. 30. f. 180.

Ses loges sont globuleuses, d'un noir mat, un peu chagrinées lorsqu'on les voit à la loupe, distinctes, rapprochées en grouppes nombreux, posées sur un duvet noirâtre peu visible, dépourvues d'orifice distinct; la pellicule interne est membraneuse, facile à séparer de l'extérieure qui est fragile. On croiroit voir un amas d'œufs d'insectes, ou de graines de pavot collées sur le bois mort dépouillé d'écorce.

799. Sphérie sphincter. *Sphæria sphincterica.*

Hypoxylon sphinctericum. Bull. Champ. p. 168. t. 444. f. 1.

Cette espèce est fort petite, d'une forme alongée, un peu amincie à sa base; elle n'est jamais qu'à une seule loge; on en rencontre toujours un grand nombre d'individus fort près les uns des autres; dans sa jeunesse elle est blanchâtre, son sommet est arrondi et sa surface cotonneuse; dans l'âge adulte elle est noire, remplie d'un suc glaireux; son sommet, alors couronné de poils très-apparens et creusé en entonnoir, est plissé comme un sphincter ou comme une bourse qui seroit fermée; dans un âge plus avancé elle est glabre, et sa surface est un peu égratignée : elle croît sur les bois morts.

800. Sphérie sanguine. *Sphæria sanguinea.*

Sphæria sanguinea. Pers. Syn. 81. Bolt. Fung. 3. t. 121. f. 1. — *Hypoxylon phœniceum.* Bull. Champ. p. 171. t. 487. f. 3.

Cette sphérie est fort petite; ses loges sont distinctes, éparses sur les vieilles souches, plus ou moins profondément incrustées dans le bois; elles sont d'un beau rouge; leur surface est lisse; leur consistance assez mince; leur forme est ordinairement ovoïde, quelquefois irrégulière; en vieillissant il se forme à leur sommet une dépression concave, puis il s'y creuse un petit trou, et le suc qui les remplissoit se trouve desséché.

801. Sphérie poussière. *Sphæria pulveracea.*

Sphæria pulveracea. Pers. Syn. 83 ?

Ses loges sont presque globuleuses, terminées par un orifice obtus peu saillant , d'un noir mat , glabres, libres , rapprochées en grouppes peu serrés , ou éparses sur le bois mort; leur diamètre est au plus d'un millimètre. Elle a été trouvée sur le chêne , par le C. Dufour.

802. Sphérie tachante.　　*Sphæria inquinans.*

Sphæria inquinans. Pers. Syn. 83. Tode. Mckl. 2. p. 17. t. 10. f. 85. — *Variolaria ellipsosperma.* Bull. Champ. p. 183. t. 493. f. 3. (*)

Cette sphérie est à une seule loge; cette loge, noire à sa partie supérieure , blanchâtre à sa partie iuférieure , et qui laisse sur les couches corticales une empreinte très-visible , est remplie de globules noirs , luisans et elliptiques , qui sont les capsules des graines; à mesure que ces globules sortent de la loge , ils se colent autour de son orifice , et y forment une tache plus ou moins élargie. Cette plante se trouve sur l'érable champêtre et le faux-platane.

803. Sphérie du tilleul.　　*Sphæria tiliæ.*

Sphæria tiliæ. Pers. Syn. 84.

Cette espèce est de couleur noire; ses loges sont éparses , globuleuses, un peu déprimées , évasées au sommet en un large orifice circulaire, au milieu duquel on remarque un petit mamelon qui sert d'orifice. La matière intérieure , qui est grisâtre , forme quelquefois , dit Persoon, des prolongemens externes analogues à ceux des némaspores. Cette plante croît sur les couches corticales; elle soulève l'épiderme sans le percer : elle vit sur le chêne et le tilleul. — Comm. par le C. Dufour.

804. Sphérie en cratère.　　*Sphæria craterium.*

Sphæria punctiformis , var. β. Pers. Syn. 90.

Elle croît à la surface inférieure des feuilles du lierre; elle commence par former un disque blanc, aplati, d'un millimètre de diamètre; ce disque noircit, se soulève un peu, puis se crève et devient concave au centre, ensorte qu'il ressemble à une petite coupe; cette coupe paroît souvent bordée par les débris d'une membrane blanchâtre, dont j'ignore l'origine. Cette plante appartient-elle réellement au genre des sphéries? Seroit-ce un styctis? — Comm. par le C. Dufour.

(*) La variolaire sphérosperme de Bulliard , t. 492. f. 3., appartient au genre encore mal connu des Stilbospores.

805. Sphérie aplatie. *Sphæria complanata.*

Sphæria herbarum, var. *a*. Pers. Syn. 78.
β. *In veratri et gentianæ caule.*
γ. *In aquifolii foliis.*
δ. *In Rusci foliis.*

Les loges de cette sphérie sont noires, éparses sur les tiges
herbacées, solitaires, plus petites que des têtes d'épingle, d'abord
un peu convexes, puis planes et enfin concaves, avec le centre
légèrement proéminent, à cause de l'orifice de la loge. La var. β,
qui croît sur les tiges du vératre blanc et de la gentiane jaune,
est plus petite, plus plane, et naît en sociétés nombreuses ; la
variété γ, qui se trouve à la surface supérieure des feuilles sèches
du houx, est un peu plus grande, un peu luisante, moins foncée
en couleur dans le centre que sur les bords ; la variété δ croît
sur les deux surfaces des feuilles sèches du housset piquant ; elle
y forme de petits points noirs épars qui, vus à la loupe, offrent
un anneau noir avec le centre blanc. Ces variétés seroient-elles
des espèces distinctes ?

806. Sphérie en forme de point. *Sphæria punctiformis.*

a. *Quercus.* — *Sphæria punctiformis.* Pers. Syn. 90. n. 175. var. *a*.
β. *Culmi.*

Cette sphérie offre des points protubérans, noirs, épars ;
ces tubercules sont très-petits, convexes, un peu ombiliqués à
leur centre, dépourvus d'orifice prononcé et distinct. La variété *a* croît sur l'une et l'autre surface des feuilles de chêne.
J'ai trouvé sur la paille de petit tubercules noirs absolument
semblables aux précédens, et que j'ai classés dans la variété β.

807. Sphérie lichénoïde. *Sphæria lichenoides.*

a. *Convallariæ poligonati.*
β. *Hederæ helicis.*

Je réunis sous le nom de *Sphérie lichénoïde*, de petites
plantes qui croissent à la surface des feuilles mourantes de
différentes plantes ; elles ont ceci de particulier, qu'elles déco-
lorent la feuille à l'entour d'elles, et la privent de parenchyme ;
elles offrent des points noirs proéminens sur l'un des côtés, et
quelquefois sur les deux côtés de la feuille, un peu plus petits
que des têtes d'épingle, et dépourvus d'orifice prononcé. La

variété *α*, qui croît sur le muguet-sceau-de-Salomon, n'a les tubercules saillans qu'à la surface supérieure; la variété *β*, qui vient sur le lierre, pousse indifféremment sur les deux surfaces, et forme une tache blanche ou rousse.

808. Sphérie pustule.   *Sphæria pustula.*

Sphæria pustula. Pers. Syn. 91. Ann. Bot. 11. p. 26. n. 36. t. 2. f. 7. b.

Elle croît sur les feuilles sèches du chêne, et y forme de petites taches noirâtres, aplaties, larges de 2-4 millim., qui ressemblent à des pustules; elle n'a qu'une seule loge brunâtre, remplie à l'intérieur d'une gelée noirâtre, compacte, qui en sort et se répand sur la feuille; on ne distingue pas l'orifice de la loge.

809. Sphérie du scirpe.   *Sphæria scirpicola.*

Elle naît solitaire et éparse sur les tiges mourantes du scirpe des lacs; ses loges sont noires, orbiculaires, déprimées, surmontées d'un orifice proéminent et à-peu-près conique; elle perce l'épiderme, et son orifice seul paroît au dehors par la petite fente que la sphérie forme en grandissant. — Commun. par M. Chaillet.

810. Sphérie à poils roides.   *Sphæria pilifera.*

Sphæria dematium, var. α. Pers. Syn. 88.

Elle croît sur les tiges sèches des herbes, et n'offre à l'œil nu que des points noirs, épars ou un peu rapprochés; on distingue à la loupe que chaque point est un tubercule un peu convexe, arrondi ou ovale, surmonté de trois ou quatre poils noirs, roides, droits ou un peu divergens. — Commun. par le C. Léman.

811. Sphérie en forme de cils.   *Sphæria ciliaris.*

α. Epiphylla.

β. Ramealis. — *Dematium ciliare.* Pers. Syn. 695. — *Hypoxylon ciliare.* Bull. Champ. p. 173. t. 46. f. 1.

Les loges de cette sphérie sont distinctes les unes des autres, très-petites, ovoïdes, nichées sous l'épiderme; elles se prolongent en dehors sous la forme d'un cil noir, roide, droit, long de 3-4 millim.; ce cil vu au microscope, paroît cylindrique, obtus et diaphane au sommet. Je n'ai pu voir son orifice; mais la manière dont il se présente lorsqu'on le coupe en travers, me fait penser qu'il est tubulé. J'ai trouvé la variété *α* sur des feuilles de chêne, mortes et tombées à terre; elle naît éparse sur la nervure et la surface supérieure. La variété *β* a été trouvée par Bulliard, sur les rameaux desséchés; elle ne diffère de la précédente, que parce qu'elle naît en touffes étendues et serrées, mais les loges sont de même distinctes les unes des autres. Ces plantes seroient-elles voisines des rhizomorphes?

LIX. NÉMASPORE.   *NÆMASPORA.*

Nœmaspora. Pers. — *Hypoxyli spec.* Bull.

CAR. Les némaspores diffèrent des sphéries, parce que la pulpe fructifère que renferme leur loge, sort par l'orifice sous une consistance à demi solide, et s'alonge sous la forme d'un appendice capillaire, soluble à l'eau.

812. Némaspore blanche. *Nœmaspora leucosperma.*

Nœmaspora leucosperma. Pers. Syn. 108. — *Sphæria cirrata.* Hoffm. Crypt. 1. p. 27. t. 6. f. 1. — *Hypoxylon cirratum.* Bull. Champ. p. 172. var. *α.* t. 487. f. 4. P. R. S.

Dans sa jeunesse elle forme sur l'écorce de petits boutons blanchâtres, arrondis, d'une substance analogue à de la gomme desséchée; ces boutons noircissent, s'aplatissent, s'étalent, et de leur centre qui correspond à une loge placée sous l'écorce, on voit sortir un appendice filiforme souvent roulé en spirale: elle croît sur les branches d'arbres.

813. Némaspore dorée. *Nœmaspora chrysosperma.*

Nœmaspora chrysosperma. Pers. Syn. 108. Obs. Myc. 1. p. 80. t. 5. f. 8. — *Hypoxylon cirratum.* Bull. Champ. p. 172. var. *β.* t. 487. f. 4. T.
β. Nœmaspora populina. Pers. Syn. 109.

Cette espèce diffère de la précédente, parce qu'au lieu de pousser un seul appendice, elle en pousse ordinairement plusieurs, ce qui annonce plusieurs loges rapprochées et cachées sous l'écorce; les boutons qui précèdent l'émission des appendices, et les appendices eux-mêmes, sont jaunes, grêles, souvent roulés en spirale: elle croît sur l'écorce du peuplier noir. La variété *β* ne me paroît différer de la précédente, que par l'oblitération de son réceptacle, à la place duquel on trouve un tubercule noirâtre.

8i4. Némaspore orangée.   *Næmaspora crocea.*

Næmaspora crocea. Pers. Obs. Myc. 1. p. 81. Syn. 109. —
Tremella coralloides. Gmel. Syst. 1448.

Cette production singulière se trouve sur les hêtres morts ou
vivans ; on voit sortir de l'écorce des filamens de forme et de
longueur très-variables , d'une couleur orangée tirant tantôt sur
le rouge , et tantôt sur le jaune; cette matière est une gomme
colorée par une résine; elle se dissout avec rapidité dans l'eau ,
et lorsque cette dissolution a lieu sous la lentille du microscope , on voit nager dans l'eau des milliers de globules, comme
dans l'espèce précédente. Persoon croit que ces filamens sortent
d'un réceptacle caché sous l'écorce ; mais on n'a pu encore le
découvrir. J'ai cru moi-même que ces prolongemens sont peut-
être des résidus de la sève du hêtre , qui restent entre l'écorce
et le bois, et qui sont chassés entre les fentes de l'écorce par le
gonflement que l'humidité procure au bois. (Journ. de Physiq.
an 7.) Lorsque la pluie tombe sur le tronc , elle dissout à mesure les prolongemens qui pourroient y naître ; souvent cette
dissolution change les faisceaux de filamens en tubercules ou
en plaques étendues sur l'écorce. L'histoire de cette production
bizarre mérite d'être étudiée de nouveau.

L X. X Y L O M A.   *X Y L O M A.*

Xyloma. Pers. — *Mucoris sp.* Bull.

CAR. Le péricarpe est assez dur , de forme diverse , plein
d'une gelée charnue; il reste fermé et se rompt en divers sens
pour laiser sortir la gelée.

OBS. Les xyloma naissent sur les feuilles mortes ou vivantes ;
ils y forment des taches noires et souvent luisantes ; ils naissent
de préférence à la surface supérieure, tandis que la plupart des
champignons qui croissent sur les feuilles vivantes , naissent à
la surface inférieure.

8i5. Xyloma des érables.   *Xyloma acerinum.*

Xyloma acerinum. Pers. Syn. 104. Disp. Meth. p. 6. — *Mucor
granulosus.* Bull. Champ. p. 109. t. 504. f. 13 ?

Cette espèce croît sur l'érable des champs et sur l'érable pla-
tanier ; elle forme , sur la surface supérieure de leurs feuilles ,
des taches noires arrondies, irrégulières , très-minces , desquelles
on voit sortir çà et là une matière jaunâtre assez compacte,

disposée en filamens courts et crépus, analogues à ceux des némaspores; après l'émission de cette matière, la surface du xyloma devient sensiblement ridée.

816. Xyloma à chair blanche. *Xyloma leucocreas*.

α. Salicis capreæ. — Xyloma salicinum. Pers. Syn. 103. Disp. Meth. p. 5. t. 2. f. 4.

β. Salicis vitellinæ.

Cette espèce croît sur le saule-marceau et le saule-osier; il forme sur leurs feuilles des taches irrégulières, noires, luisantes et un peu convexes en dessus. Je n'ai jamais vu ce péricarpe s'ouvrir. Persoon dit qu'il en a vu qui s'ouvrent, au printemps, par la face supérieure, en fentes qui laissent entre elles des polygones assez réguliers. Il paroît que chaque tache est formée de l'aggrégation de plusieurs plantes. Sa consistance est cornée et blanche à l'intérieur.

817. Xyloma ponctué. *Xyloma punctatum*.

Xyloma punctatum. Pers. Syn. 104. Obs. Myc. 2. p. 100.

Cette plante croît à la surface supérieure des feuilles de l'érable faux-platane; elle est de même que la précédente, de couleur noire et visible d'un côté seulement; mais elle naît sous la forme de points arrondis, distincts, ridés, planes, large d'un millimètre seulement; ces points se réunissent ensuite en taches semblables à celles du xyloma des érables. Cette espèce m'a été communiquée par M. Chaillet.

818. Xyloma à plusieurs valves. *Xyloma multivalve*.

Il croît en grand nombre sur la face supérieure des feuilles du houx; il y forme des taches noires, luisantes, orbiculaires, larges de 2-5 millim., d'abord planes, puis convexes; enfin elles s'ouvrent à leur centre, et leur bord se divise le plus souvent en cinq valves assez régulières, qui finissent par se relever de manière à former une espèce d'orifice; de l'intérieur de la loge sort une matière blanchâtre et compacte, analogue à celle des némaspores. — Commun. par le C. Dufour. Le même naturaliste a trouvé sur les feuilles du houx, des taches orbiculaires, planes, noires, qui sont peut-être une espèce différente de celle que je viens de décrire, mais que je n'ose distinguer, dans la crainte que ce ne soit la même plante dans sa jeunesse.

819. Xyloma lichénoïde. *Xyloma lichenoides.*

α. Roboris. — Sphæria punctiformis , var. γ. Pers. Syn. 91.
β. Castaneæ.— Lichen castanearius. Lam. Dict. Enc. 3. p. 471.
γ. Fagi. — Xyloma fagineum. Pers. Syn. 107 ?

Cette plante ressemble beaucoup à la sphérie lichénoïde; elle forme comme elle, sur les feuilles, des taches arrondies et blanchâtres par l'altération du parenchyme, et offre de même des points noirs et arrondis sur le milieu de ces taches; mais ces points sont planes et non proéminens, et les taches sont souvent entourées ou traversées par des raies noires et sinueuses, comme dans quelques opégraphes et quelques patellaires. La variété *α* croît à la surface supérieure des feuilles mortes du chêne; la variété *β* sur celle du châtaignier; la variété *γ* naît sur celles du hêtre; ses points noirs sont d'une extrême petitesse.

820. Xyloma du marceau. *Xyloma salignum.*

Xyloma salignum. Pers. Syn. 106.

Il est de couleur noire matte, assez petit, orbiculaire; presque plane, large de 1-2 millim. : on ne l'a point encore vu s'ouvrir; il naît en grouppes nombreux à la surface supérieure des feuilles sèches du saule-marceau; on apperçoit en dessous des taches obscures qui indiquent la place de chaque xyloma. — Commun. par le C. Dufour.

821. Xyloma des peupliers. *Xyloma populinum.*

Xyloma populinum. Pers. Syn. 107. — Rouille du peuplier tremble. Chantr. Conf. n. 39. t. 17. f. 39.

Les feuilles du peuplier tremble sont souvent tachées de petites plaques noires, arrondies ou oblongues, planes, un peu lisses, visibles sur l'une et l'autre surface, et dans lesquelles on ne distingue aucune ouverture; ces taches ont quelque rapport avec les autres xylomas, et on les regarde comme une espèce de ce genre, sans cependant que leur nature soit suffisamment connue. Cette espèce m'a été communiquée par le C. Léman.

LXI. HYPODERME.   *HYPODERMA.*

Hysterii spec. Tode. Pers. — Variolariæ sp. Bull.

Car. Les hypodermes ont un réceptacle oblong qui s'ouvre par une fente longitudinale, et émet une matière presque pulvérulente qui renferme les graines.

Ons.

Obs. Ils diffèrent des xyloma par leur port et la fente oblongue de leur réceptacle ; ils se distinguent des hystéries , soit
parce qu'ils naissent sous l'épiderme qu'ils déchirent en grandissant , soit parce que leur pulpe séminifère sort d'une manière
sensible.

822. Hypoderme xyloma. *Hypoderma xylomoides.*

Xyloma histerioides. Pers. Syn. 106. Ic. Fung. t. 10. f. 3. 4.

Il naît sur l'une et l'autre surface de la feuille ; sa couleur
est noire ; sa forme est ovale ou oblongue ; il s'ouvre par une
fente longitudinale comme l'histerium , et ne diffère des opégraphes que par l'absence de la croûte lichénoïde ; sa longueur
est de 1-2 millim. Persoon l'a trouvé sur les feuilles mortes de
l'épine blanche , le C. Thore sur celles du laurier.

823. Hypoderme des pins. *Hypoderma pinastri.*

Hysterium pinastri. Schrad. Journ. p. 69. t. 3. f. 4. Pers. Syn.
xxviii.

Cet hypoderme est petit, de couleur noire et de forme ovale ;
il perce l'épiderme sans le soulever, et s'ouvre longitudinalement ; les feuilles attaquées par cette plante parasite , offrent
des lignes noires qui semblent entourer l'hypoderme , comme
on le remarque dans certains lichens : il croît sur les feuilles
mortes du pin et du sapin.

824. Hypoderme des cônes. *Hypoderma conigenum.*

Hysterium conigenum. Pers. Syn. 102. Obs. Myc. 1. p. 30.

Cette espèce , la plus petite du genre , croît sur les écailles
des cônes de sapin ; elle y forme de petites stries noires , formées par le renflement et la fissure de l'épiderme ; de cette
fente il sort une poussière noire. Cette plante qui, par sa petitesse , échappe à l'observation , seroit-elle une espèce d'uredo ?

825. Hypoderme des roseaux. *Hypoderma arundi-naceum.*

Hysterium arundinaceum. Schrad. Journ. 2. p. 68. t. 3. f. 3.
Pers. Syn. xxviii.

Il croît sur l'écorce de la tige et sur les gaînes des feuilles du
roseau commun ; y forme des boursouflures d'un gris noir, qui

s'étendent en suivant la direction des fibres, et qui s'ouvrent
par une ou deux fentes longitudinales. On ne peut distinguer
l'enveloppe propre de l'hystérie d'avec l'épiderme de la plante.

826. Hypoderme du chêne. *Hypoderma quercinum.*

Hysterium quercinum. Pers. Syn. 100. — *Variolaria corrugata.*
Bull. Champ. p. 117. t. 432. f. 4. — *Hysterium nigrum.* Tode.
Meckl. 2. p. 5. t. 8. f. 64.

Il forme d'abord sur l'écorce des boursouflures alongées,
sinueuses, et la plupart transversales; lorsqu'il est parvenu
au terme de la dispersion des semences, l'épiderme de l'écorce
s'entr'ouvre en travers ou quelquefois en long; la loge se fend
dans la même direction, livre passage aux graines, et disparoît bientôt elle-même; ces graines sont noirâtres. J'ai
trouvé souvent cette plante sur les rameaux desséchés des chênes,
ainsi que le dit Persoon. Bulliard assure qu'elle se trouve aussi
sur plusieurs arbres à bois tendre.

** *Hypoxylons faux-lichens ou dont la pulpe séminifère
reste dans le réceptacle, ou s'échappe d'une manière peu
sensible.*

LXII. HYSTÉRIE.   *HYSTERIUM.*

Hysterii sp. Tode. Pers. — *Hypoxyli sp.* Bull.

CAR. Le réceptacle est oblong et s'ouvre par une fente longitudinale; il renferme les graines enveloppées dans un liquide
gélatineux; ce péricarpe constitue la plante entière.

OBS. Les hystéries vivent sur les troncs morts, et non sous
l'écorce, comme les hypodermes; elles ne diffèrent des opégraphes que par l'absence de toute croûte lichénoïde.

827. Hystérie en coquille. *Hysterium ostraceum.*

Hypoxylon ostraceum. Bull. Champ. p. 170. t. 444. f. 4.

Elle n'a jamais qu'une seule loge formée de deux valves semblables à celles qui composent la coquille d'une came; ces valves
d'abord collées l'une à l'autre, s'ouvrent à une certaine époque.
Cette histérie, dans sa jeunesse, est d'un gris sale tirant sur le
bistre, et remplie d'un suc glaireux; elle devient d'un brun
noirâtre en vieillissant; on la trouve éparse sur le bois des
vieilles souches.

828. Hystérie naine. *Hysterium pulicare.*

Hysterium pulicare. Pers. Syn. 98. — *Lichen scriptus pulicaris.*
Lightf. Scot. 2. p. 801. — Mich. Gen. t. 50. f. 2. — *Lichen
alneus.* Ach. Lich. 20.

Cette espèce offre des tubercules convexes, noirs, compacts,
oblongs ou arrondis, ouverts en dessus par une fente longitudinale. Ces tubercules naissent en grouppes, sur l'écorce des
vieux chênes, des aunes, des bouleaux ou des marronniers ; quelquefois ils croissent sur la croûte de certains lichens, et alors
on a beaucoup de peine à les distinguer des opégraphes.

829. Hystérie opégraphe. *Hysterium opegraphoides.*

Elle naît sur le bois à demi-pourri, et ressemble à une opégraphe dont la croûte est oblitérée ; ses tubercules sont à moitié
enfoncés dans le bois, noirs, oblongs, convexes, très-rapprochés
les uns des autres, souvent confluens d'une manière irrégulière,
et marqués en dessus d'une fente longitudinale. — Commun. par
le C. Dufour.

LXIII. OPÉGRAPHE. *OPEGRAPHA.*

Opegrapha. Pers. Ach. — *Lepronci sp.* Vent. — *Lichenis sp.*
Linn.

CAR. Les opégraphes ont une croûte lichénoïde très-mince
qui porte des réceptacles oblongs ou linéaires, marqués en dessus
d'une fente longitudinale, simple ou rameuse.

OBS. Presque toutes les espèces de ce genre étoient confondues
sous les noms de *Lichen rugosus* et de *Lichen scriptus*, de
Linné ; leurs réceptacles sont noirs dans toutes les espèces. Ils
ont reçu le nom particulier de *lirelles*.

§. Ier. *Espèces qui croissent sur les écorces d'arbres.*

830. Opégraphe du chêne. *Opegrapha quercina.*

Opegrapha quercina. Pers. Ust. Ann. st. 7. — *Lichen macularis.*
Ach. Lich. p. 21. — Dill. Musc. t. 18. f. 2 ?

Cette espèce semble presque dépourvue de croûte ; ses réceptacles percent l'épiderme absolument comme une sphérie ; ils
sont d'un noir mat, de forme ovale ou arrondie ; naissent très-
voisins les uns des autres, en sorte qu'ils forment des taches
noires, arrondies ou irrégulières, un peu rudes, entremêlées

de quelques fragmens d'épiderme ou de quelques espaces vides
et blanchâtres : elle naît sur les jeunes branches de chêne.

831. Opégraphe du hêtre.   *Opegrapha faginea.*

Opegrapha faginea. Pers. Ust. Ann. st. 7. — *Lichen epiphegus.*
Ach. Lich. 21. — *Lichen rugosus.* Hoffm. Enum. t. 2. f. 5. Poll.
Pal. 3. p. 213.

Elle a une croûte plus sensible que l'opégraphe du chêne ;
ses réceptacles sont ovales ou oblongs, d'un noir mat, ne paroissent point, même dans leur jeunesse, bordés par les débris
de l'épiderme ; ils naissent fort rapprochés les uns des autres,
et forment des taches très-étendues absolument noires ; on n'apperçoit bien les réceptacles que sur les bords de la tache : elle
croît sur l'écorce du hêtre.

832. Opégraphe étoilée.   *Opegrapha radiata.*

Opegrapha radiata. Pers. Ust. Ann. st. 7. t. 2. f. 3. B. b. —
Lichen astroites. Ach. Lich. 24.
β. *Opegrapha obscura.* Pers. Ust. Ann. st. 7. t. 3. f. 5. B. b.
— *Lichen obscurus.* Ach. Lich. 24.

Sa croûte est très-mince, blanchâtre ou un peu olivâtre ; ses
réceptacles ou lirelles sont noirs, planes, d'abord presque ovales
et difformes, puis ils deviennent presque arrondis, rayonnans ou
rameux en forme de pédale ; le sillon supérieur y est peu prononcé. Cette espèce croît sur le charme, le hêtre et le chêne ; elle
est souvent mélangée avec la variété bordée de la patellaire
distinguée, et ses taches semblent, au premier coup-d'œil, munies d'une bordure qui appartient réellement à l'espèce voisine.

833. Opégraphe dispersée.   *Opegrapha dispersa.*

Opegrapha dispersa. Schrad. Krypt. Samml. n. 167. — *Lichen
diasporus.* Ach. Lich. 228.
β. *Lichen epipastus.* Ach. Lich. 23.

Sa croûte est blanchâtre, tellement mince qu'on seroit tenté
de la prendre pour une simple altération de couleur de l'épiderme ; les lirelles sont noires, planes, d'abord ovales ou oblongues, ensuite légèrement sinueuses ou rameuses, très-petites
et fort éloignées les unes des autres ; dans leur vieillesse elles
deviennent légèrement proéminentes. Cette plante a été trouvée
sur l'écorce lisse du châtaignier, du chêne et du marronnier, par
le C. Dufour.

834. Opégraphe boursouflée. *Opegrapha bullata.*

Opegrapha bullata. Pers. Ined. ex Herb. Dufour.

Cette espèce, au lieu de former une plaque qui va toujours en s'élargissant par les bords, et qui renferme un grand nombre de lirelles, offre une multitude de petites croûtes blanchâtres, très-minces, peu prononcées et un peu tuberculeuses ; de chacune d'elles sort une lirelle noire peu proéminente, d'abord oblongue, ensuite linéaire, flexueuse ou un peu rameuse. Cette espèce croît sur l'écorce encore unie des branches de chêne. — Communiquée par le C. Dufour.

835. Opégraphe galleuse. *Opegrapha herpetica.*

Lichen herpeticus. Ach. Lich. 20.

Sa croûte est d'un brun olivâtre, un peu boursouflée lorsqu'elle est humide, et fendillée lorsqu'elle est sèche, arrondie, entourée d'une raie noire ; chaque croûte n'a que 7-8 millim. de diamètre, mais il en naît d'ordinaire plusieurs les unes à côté des autres ; les lirelles sont noires, proéminentes, sillonnées, linéaires, simples, disposées le plus souvent comme si elles rayonnoient du centre de la tache : elle croît sur le tronc du tremble. — Commun. par le C. Dufour.

836. Opégraphe rougeâtre. *Opegrapha rubella.*

Opegrapha rubella. Pers. Ust. Ann. st. 7. t. 1. f. 2. A. a. — *Lichen rubellus.* Ach. Lich. 22.

Cette plante, qui n'est peut-être qu'une variété de l'opégraphe galleuse, en paroît différer parce que sa croûte est d'une couleur rougeâtre plus ou moins prononcée, qu'elle est plus étendue et n'est point entourée d'une bordure noire ; ses lirelles sont noires, simples, proéminentes, sillonnées en dessus, oblongues, linéaires, droites ou fléchies : elle croît sur le chêne et le marronnier.

837. Opégraphe bleuâtre. *Opegrapha cœsia.*

Sa croûte est blanche, assez étendue, un peu inégale et très-distincte, sur-tout dans la jeunesse de la plante ; les lirelles sont d'abord planes, puis proéminentes, simples, d'abord arrondies ou ovales, ensuite oblongues, creusées d'un sillon large et prononcé ; leur couleur est bleuâtre dans leur jeunesse, elle

V 3

devient ensuite grisâtre et tend vers le noir dans la vieillesse de la plante : elle croît sur l'écorce des vieux chênes.

838. Opégraphe bâtarde.   *Opegrapha notha.*

Opegrapha lichenoides. Pers. Ust. Ann. st. 7. t. 2. f. 4. b. — *Lichen nothus.* Ach. Lich. 19.

Sa croûte est blanchâtre, pulvérulente, mince, peu apparente ; les lirelles sont noires, un peu couvertes de glauque dans certains individus, proéminentes, oblongues ou presque linéaires, nombreuses, creusées en dessus par un sillon simple. Cette espèce est voisine de l'opégraphe bleuâtre : elle croît de même sur l'écorce des vieux chênes.

839. Opégraphe gravée.   *Opegrapha signata.*

Lichen signatus. Ach. Lich. 23.

La croûte est assez visible, un peu irrégulière, d'un blanc glauque ; les lirelles sont éparses, linéaires, pointues, absolument noires, simples, un peu sinueuses, proéminentes, marquées en dessus d'un sillon plane et plus large que dans la plupart des espèces : elle croît sur l'écorce des vieux chênes.

840. Opégraphe noire.   *Opegrapha atra.*

Opegrapha atra. Pers. Ust. Ann. st. 7. t. 1. f. 2. C. c.—*Lichen denigratus.* Ach. Lich. 24. — *Lichen scriptus,* var. *a.* Hoffm. Enum. t. 3. f. 2. d.

Sa croûte est blanche, tellement mince qu'on la prendroit volontiers pour une simple altération de couleur de l'épiderme ; les lirelles sont absolument noires, souvent luisantes, sinueuses, simples ou un peu rameuses, proéminentes, marquées d'un sillon très-prononcé, rapprochées en taches arrondies ou oblongues peu serrées : elle croît sur l'écorce du chêne, du hêtre et du frêne.

841. Opégraphe du cerisier. *Opegrapha cerasi.*

Opegrapha cerasi. Pers. Ust. Ann. st. 11. — *Lichen cerasi.* Ach. Lich. 26.

Sa croûte est blanchâtre, peu apparente ; ses lirelles sont noires, sillonnées en dessus, proéminentes, linéaires, simples ou fourchues, à-peu-près droites, disposées presque parallèlement entre elles dans le sens transversal de l'écorce. Est-ce autre chose que l'opégraphe noire qui a été forcée de suivre la direction des fibres corticales du cerisier ?

842. Opégraphe roussâtre. *Opegrapha rufescens.*

Opegrapha rufescens. Pers. Ust. Ann. st. 7. t. 2. f. 3. A. a. — *Lichen siderellus.* Ach. Lich. 24.

Sa croûte est très-mince, d'un roux verdâtre; ses lirelles sont linéaires, absolument noires, un peu proéminentes, à peine sillonnées en dessus, simples ou une seule fois branchues, un peu écartées les unes des autres. Cette plante occupe quelquefois un espace considérable sur les troncs d'arbres dont l'écorce est encore lisse.

843. Opégraphe serpentine. *Opegrapha serpentina.*

Lichen serpentinus. Ach. Lich. 25.

La croûte est blanchâtre, très-apparente sur le bord des lirelles; celles-ci sont d'abord planes, ensuite sensiblement proéminentes, linéaires, simples ou rameuses, formant plusieurs ondulations en serpentant les unes dans les autres, très-rapprochées, creusées d'un sillon longitudinal, noires, avec un peu de poussière répandue dans le sillon. Elle a été trouvée sur le tronc du marronnier, par le C. Dufour : on la trouve encore sur l'érable, le tremble, le tilleul.

844. Opégraphe pou- *Opegrapha pulverulenta.* dreuse.

Opegrapha pulverulenta. Pers. Ust. Ann. st. 7. t. 1. f. 2. B. b. — *Lichen scriptus.* Ach. Lich. 25. — Dill. Musc. t. 18. f. 1.
β. *Lichen litterellus.* Ach. Lich. 25.

Cette espèce, la plus commune de toutes, a une croûte un peu farineuse et d'un blanc jaunâtre; ses lirelles sont enfoncées, linéaires, marquées d'un sillon longitudinal, noires, recouvertes, sur-tout dans leur jeunesse, d'une poussière glauque; d'abord simples, ensuite divisées en rameaux divergens et quelquefois rayonnans : elle forme des taches arrondies sur l'écorce de la plupart des jeunes arbres.

845. Opégraphe bordée. *Opegrapha limitata.*

Opegrapha limitata. Pers. Ust. Ann. st. 7. — *Lichen præcinctus.* Ach. Lich. 26. — *Lichen scriptus.* Hoffm. Enum. t. 3. f. 2. b.

Ses lirelles sont absolument semblables à celles de l'opégraphe poudreuse, excepté qu'elles ne sont pas enfoncées; ses taches sont entourées d'une bordure noire ; sa croûte est très-mince et d'une couleur olivâtre ou brunâtre : elle croît sur les branches encore lisses de différens arbres.

846. Opégraphe épaisse.   *Opegrapha crassa.*

Sa croûte est d'un blanc jaunâtre, épaisse, unie ; elle tend à se fendiller très-légèrement lorsqu'elle est sèche, et est ordinairement entourée d'une bordure noire ; ses lirelles sont enfoncées, noires, très-petites, écartées les unes des autres ; elles commencent par n'offrir qu'un point noir et deviennent ensuite linéaires, sinueuses, presque toujours simples. Cette espèce croît sur l'écorce encore lisse des branches.—Comm. par le C. Dufour.

847. Opégraphe fendillée.   *Opegrapha rimosa.*

Sa croûte est blanche, épaisse, très-sensiblement fendillée, sur-tout lorsqu'elle est sèche, arrondie, de 1-2 centim. de diamètre ; les lirelles sont noires, un peu proéminentes, sillonnées en dessus ; elles commencent par être simples, ovales ; elles deviennent ensuite oblongues, divisées en deux à quatre rameaux divergens ; elles sont très-rapprochées sur le milieu de la croûte. Cette espèce a été trouvée sur le noyer, par le C. Dufour.

§. II. *Espèces qui croissent sur les rochers.*

848. Opégraphe des pierres.   *Opegrapha saxatilis.*

An lichen simplex. Ach. Lich. 78. Dav. Tr. Linn. 2. t. 28. f. 2?

Ses lirelles sont noires, proéminentes, linéaires, creusées en dessus d'un sillon longitudinal, à deux ou trois rameaux divergens ; ces lirelles sont plus ou moins rapprochées et paroissent éparses ; la croûte est très-menue, un peu roussâtre et très-difficile à distinguer : elle croît sur les rochers de grès et sur les rochers calcaires. On ne pourroit la confondre qu'avec l'opégraphe des roches, qui a les lirelles simples et enfoncées.

849. Opégraphe cérébrale.   *Opegrapha cerebrina.*

Lichen cerebrinus. Ramond. Pyren. ined.

Sa croûte est d'un blanc de lait, pulvérulente, un peu épaisse, irrégulièrement terminée ; les réceptacles sont noirs, oblongs ou ovales, protubérans, marqués en dessus d'un sillon profond visible à l'œil nu, d'abord simple, ensuite fourchu aux deux extrémités ou quelquefois à une seule. Cette espèce a été trouvée dans les Pyrénées, par le C. Ramond, sur les roches calcaires dures.

850. Opégraphe marquetée.   *Opegrapha tesserata.*

La croûte de cette espèce est d'un blanc sale tirant sur la
couleur de rouille; elle est épaisse, séparable du rocher sur lequel elle croît, fendillée en une multitude d'aréoles anguleuses,
entourée d'une bordure noire, un peu inégale à sa surface; les
lirelles sont noires, nombreuses, d'abord planes, ensuite un
peu proéminentes, ovales ou oblongues, droites ou courbées en
fer à cheval, marquées d'un sillon le plus souvent simple,
quelquefois fourchu aux deux extrémités. J'ai trouvé cette espèce
dans les Alpes, sur des rochers micacés ferrugineux, vulgairement nommés *Gneiss*.

LXIV. VERRUCAIRE.   *VERRUCARIA.*

Verrucaria. Pers. — *Verrucariæ sp.* Hoffm. — *Sphæriæ sp.*
Web.

CAR. Les verrucaires ont une croûte mince qui porte des
réceptacles souvent enfoncés, quelquefois proéminens, à-peu-
près globuleux, fermés à leur naissance, puis percés d'un pore à
leur sommet.

OBS. Elles diffèrent des opégraphes, parce que leurs réceptacles s'ouvrent par un pore arrondi et non par une fente longitudinale. Les réceptacles sont de couleur noire dans toutes les
espèces de ce genre.

§. Ier. *Espèces qui croissent sur le bois ou les
écorces d'arbres.*

851. Verrucaire de   *Verrucaria epidermidis.*
l'épiderme.

Lichen epidermidis. Ach. Lich. 16.

Cette espèce, la plus petite de ce genre et peut-être de toutes
les plantes connues, naît sur l'épiderme du bouleau; elle a une
croûte blanche, lisse, qui se confond avec l'écorce; ses réceptacles sont noirs, un peu oblongs, convexes, à peine visibles,
et semblent sortir de dessous l'épiderme.

852. Verrucaire atòme.   *Verrucaria atomaria.*

Lichen atomarius. Ach. Lich. 16.

Sa croûte est mince, unie, lisse, d'un blanc tirant sur le
glauque; ses réceptacles sont épars, arrondis, un peu convexes,

excessivement petits, à peine visibles à l'œil : elle croît sur l'écorce encore unie du frêne, du peuplier, etc.

853. Verrucaire ponctuée. *Verrucaria punctiformis.*

Verrucaria punctiformis. Pers. Ust. Ann. st. 11. — *Lichen punctiformis.* Ach. Lich. 18 ?

Sa croûte est d'un blanc roux, quelquefois entourée d'une ligne noire ; cette croûte est si mince qu'elle semble une tache sur l'écorce ; ses réceptacles sont noirs, épars, éloignés, protubérans, convexes, ombiliqués au sommet, un peu plus grands que dans la verrucaire atôme : elle croît sur l'écorce des jeunes arbres. — Commun. par le C. Dufour.

854. Verrucaire du marronnier.   *Verrucaria hippocastani.*

Lichen sticticus. Ach. Lich. 16 ?

Sa croûte est grisâtre, tellement mince qu'elle se confond avec l'écorce ; les réceptacles sont noirs, un peu luisans, protubérans, coniques, obtus, terminés par un pore peu apparent, épars, moins rapprochés et plus réguliers que dans la verrucaire du saule. Le C. Dufour a trouvé cette verrucaire sur l'écorce des jeunes marronniers : elle a les réceptacles un peu plus petits et un peu plus luisans que le *lichen sticticus* d'Acharius.

855. Verrucaire du saule.   *Verrucaria salicina.*

Lichen sticticus. Ach. Lich. 16 ?

Cette espèce forme une croûte mince, inégale, peu apparente, d'un gris cendré tirant un peu sur le verd lorsqu'on l'humecte ; ses réceptacles sont noirs, petits, très-nombreux et très-rapprochés, orbiculaires ou oblongs, convexes, ouverts au sommet par un pore tantôt arrondi, tantôt alongé. Cette plante forme un passage des verrucaires aux opégraphes : elle a été trouvée sur l'écorce des vieux saules, par le C. Dufour.

856. Verrucaire du cerisier.   *Verrucaria cerasi.*

Verrucaria cerasi. Schrad. Krypt. Samml. n. 174. — *Lichen ellipticus.* Ach. Lich. 228.

Sa croûte est blanchâtre, très-mince, à peine visible, ses réceptacles sont noirs, ellipsoïdes, un peu proéminens hors de l'écorce, fermés pendant la plus grande partie de leur vie, ouverts à leur maturité par un pore peu apparent : elle croît sur l'écorce du cerisier. — Commun. par le C. Dufour.

857. Verrucaire cicatricule. *Verrucaria hyloica.*

Lichen hyloicus. Ach. Lich. 16.

Sa croûte est blanchâtre , à peine visible; ses réceptacles noirs, à-peu-près globuleux, nombreux, assez petits, soulèvent ou écartent en naissant les fibrilles du bois. Cette espèce croît sur les bois dénudés d'écorce et qui commencent à s'altérer; sa station la distingue de toutes les espèces voisines. Je l'ai trouvé abondamment sur le génevrier commun.

858. Verrucaire à petit fruit. *Verrucaria microcarpa.*

Lichen crypheus. Ach. Lich. 18? — *Lichen punctiformis.* Gmel. Syst. p. 1358?

La croûte de cette espèce est d'un gris pâle qui tire sur le verdâtre lorsqu'elle est humectée; elle est assez épaisse et compacte, ne se fendille point et s'étend sans formes déterminées; ses réceptacles sont noirs, très-petits, assez écartés, enfoncés dans la croûte, d'abord presque planes, ensuite convexes et arrondis, puis creusés au sommet : elle croît sur l'écorce encore unie des branches. — Commun. par le C. Dufour.

859. Verrucaire blanc de lait. *Verrucaria galactites.*

Sa croûte est mince, uniforme, d'un blanc de lait, étendue sur l'écorce encore lisse, et porte çà et là des réceptacles bruns ou noirs, épars, orbiculaires, planes, et dans lesquels on ne peut soupçonner l'orifice qu'avec une très-forte loupe : elle croît sur le peuplier blanc et le peuplier d'Italie.

860. Verrucaire en bouton. *Verrucaria gemmata.*

Lichen gemmatus. Ach. Lich. 17.

Sa croûte est blanche, très-mince, un peu irrégulière, à peine visible dans la vieillesse de la plante; les réceptacles sont noirs, un peu lustrés, protubérans, en hémisphère un peu conique, souvent fermés de toutes parts, quelquefois percés d'un trou à leur sommet, gros comme la tête d'une épingle. Elle a été trouvée à Montmorency, sur l'écorce du saule, par le C. Dufour.

861. Verrucaire luisante.   *Verrucaria nitida.*

Lichen nitidus. Ach. Lich. 18. — *Sphœria nitida.* Web. Spic. p.

Sa croûte est d'un blanc roussâtre ou olivâtre, épaisse, souvent fendillée, un peu inégale; les réceptacles sont nombreux, hémisphériques, d'un noir quelquefois mat, quelquefois luisant, enfoncés à moitié dans la croûte, quelquefois fermés au sommet, souvent percés d'un trou assez grand ; ces réceptacles sont plus rapprochés et de moitié plus petits que dans la verrucaire à gros tubercules. Cette espèce naît sur l'écorce du charme.

862. Verrucaire à gros tubercules.   *Verrucaria maxima.*

Lichen populneus. Ach. Lich. 17. — *Sphœria nitida.* Schleich. Crypt. exsic. n. 72.

Sa croûte est d'un blanc jaunâtre, lisse, visible pendant toute la durée de la plante, souvent fendillée; ses réceptacles sont d'un noir légèrement bleuâtre, un peu luisans, gros comme des têtes d'épingle, quelquefois très-éloignés, quelquefois rapprochés, souvent réunis par leurs bases, hémisphériques, obtus, souvent fermés, percés quelquefois d'un trou à leur sommet. Cette espèce croît sur l'écorce de differens arbres, tels que le hêtre, le frêne, le tremble : elle n'est probablement qu'une variété plus grande et mieux développée de la verrucaire luisante.

863. Verrucaire sanguinolente.   *Verrucaria sanguinaria.*

Lichen sanguinarius. Linn. spec. 1607. Ach. Lich. 65. — *Verrucaria sanguinea.* Hoffm. Pl. Lich. t. 41. f. 1. opt. — *Sphœria sanguinaria.* Tode. Meckl. 2. p. 40. t. 14. f. 112. Excl. Syn. Weig. et Scop.

Sa croûte est d'un gris cendré tirant sur le glauque quand elle est humide, un peu grenue et ridée, mince, irrégulière ; les réceptacles sont épars, hémisphériques, noirs à l'extérieur, d'un bleu foncé lorsqu'on les entame légèrement, et marqués au centre d'une tache rouge très-vive, qui est due à la pulpe séminale qu'ils renferment; au sommet des réceptacles on apperçoit souvent, avec une forte loupe, un petit orifice peu prononcé : elle croît sur l'écorce des arbres et quelquefois sur les rochers.

§. II. *Espèces qui croissent sur les rochers ou les murs.*

864. Verrucaire des rochers. *Verrucaria rupestris.*

Verrucaria rupestris. Schrad. Spic. 109. t. 2. f. 7. — *Lichen Schraderi.* Ach. Lich. 13.

Sa croûte est grise ou blanchâtre, un peu grenue, très-mince, inséparable du rocher, non fendillée, de forme et de grandeur indéterminées; ses réceptacles sont noirs, à-peu-près globuleux, enfoncés dans la roche jusqu'à la moitié de leur diamètre et au-delà, un peu proéminens en dessus, ombiliqués à leur sommet, un peu plus petits qu'une graine de pavot : elle croît sur les roches calcaires et sablonneuses.

865. Verrucaire des calcaires. *Verrucaria calciseda.*

Cette espèce, qu'il est facile de confondre avec la verrucaire des rochers lorsqu'on ne les a pas l'une et l'autre sous les yeux, en diffère parce que sa croûte est très-blanche, unie, presque lisse, compacte; que ses réceptacles sont au moins de moitié plus petits, et ne paroissent à l'œil que comme des ponctuations noires, éparses sur un fond blanc. Elle a été trouvée sur les rocs calcaires, par le C. Dufour. La fig. 4 de la planche XII d'Hoffm. Pl. Lich., représente bien le port de cette plante.

866. Verrucaire rouge. *Verrucaria purpurascens.*

Lichen marmoreus. Wulf. Jacq. Coll. 2. p. 178. t. 13. f. 1. — *Lichen Wulfenii.* Ach. Lich. 34. — *Verrucaria purpurascens.* Hoffm. Pl. Lich. t. 15. f. 1.

Elle forme sur les roches calcaires, des taches assez grandes, irrégulièrement arrondies, d'un rose tirant sur le pourpre, entourées d'une bordure de couleur plus intense, et traversées de veines sinueuses semblables à la bordure; la croûte est très-adhérente, et si mince que sa couleur seule la fait appercevoir; les réceptacles sont enfoncés dans la pierre, noirâtres, très-petits, d'abord un peu convexes et fermés, ensuite ombiliqués au sommet, puis en forme de coupe. Elle a été trouvée dans les Pyrénées, par le C. Ramond, et dans les Alpes, par Latourrette.

867. Verrucaire bleue.   *Verrucaria cœrulea.*

Lichen cœruleus. Ramond. Pyren. Ined. — *Lichen immersus ,*
var. γ. Vill. Dauph. 4. p. 997.

Cette verrucaire est très-facile à reconnoître par la couleur d'un
bleu verdâtre de sa croûte ; cette croûte est très-mince , à-peu-
près orbiculaire , marquée sur les bords de stries rayonnantes ,
et entourée d'un bord blanchâtre ; les réceptacles sont enfoncés
dans la pierre , noirs , très – petits ; lorsqu'on les observe à
une très-forte loupe , on croit y distinguer un point blanc au
centre. Ce caractère, quoique peu certain , joint à son port ,
m'engage à rapporter cette plante au genre des verrucaires. Elle
a été trouvée par le C. Ramond, dans les Pyrénées, sur les
roches calcaires.

868. Verrucaire du mortier. *Verrucaria ruderum.*

Sa croûte est d'un blanc bleuâtre , mince , à peine distincte
des vieux mortiers sur lesquels elle croît constamment; les réceptacles sont noirs , nombreux , disposés sans ordre , arrondis
ou un peu irréguliers , planes , avec le centre un peu relevé
en un col percé d'un pore au sommet. — Communiqué par le
C. Dufour.

869. Verrucaire de Dufour. *Verrucaria Dufourii.*

Sa croûte est d'un gris blanchâtre , un peu compacte , légèrement fendillée , étendue irrégulièrement; elle se rélève çà et
là , en mamelons ou protubérances qui se terminent par un
réceptacle noir , convexe , ouvert au sommet par un pore
arrondi : elle croît sur les pierres des murailles. Elle a été
trouvée à Meudon , par le C. Dufour, qui a bien voulu me la
communiquer , ainsi qu'un grand nombre d'autres plantes peu
connues.

870. Verrucaire con-   *Verrucaria concentrica.*
centrique.

Dans cette espèce de verrucaire , la croûte est à peine visible
et paroît jaunâtre ; les réceptacles sont très-nombreux , disposés sur plusieurs bandes circulaires assez régulièrement concentriques ; les bandes extérieures , qui sont les plus modernes ,
sont séparées par un intervalle plus marqué; les réceptacles
sont d'un noir un peu bleuâtre , légèrement enfoncés dans la

pierre, convexes, percés d'un orifice à leur sommet; leur
surface vue à la loupe, paroît un peu tuberculeuse. Cette belle
espèce a été trouvée sur un mur, à Meudon, par le C. Dufour: elle naissoit sur un grès jaunâtre. Son port ressemble
beaucoup au *lichen petrœus*. Wulf. Jacq. Coll. t. 6. f. 2.

871. Verrucaire à large bouche.   *Verrucaria macrostoma.*

Cette espèce, qui paroît avoir été confondue avec plusieurs
autres, sous le nom de *Lichen fuscoater*, est l'une des plus
remarquables de cette famille; sa croûte est épaisse, fendillée
et d'un brun olivâtre; les réceptacles sont noirs, nombreux ,
à moitié enfoncés dans la croûte, terminés par un col saillant ,
ouvert au sommet en un pore large et arrondi : elle croît sur
les murs. —Commun. par le C. Dufour.

872. Verrucaire noirâtre.   *Verrucaria nigrescens.*

Verrucaria nigrescens. Pers. Ust. Ann. st. 14. — *Lichen
umbrinus*. Ach. Lich. 14.

Sa croûte est d'un brun noirâtre , très-mince, disposée irrégulièrement, fortement adhérente et assez semblable à la lèpre
des antiques; les réceptacles sont noirs, protubérans, coniques,
souvent percés au sommet, un peu luisans, grands comme
ceux de la verrucaire luisante : elle croît sur les rochers et les
pierres. — Commun. par le C. Dufour.

LXV. PERTUSAIRE.   *PERTUSARIA.*

Verrucariæ et Patellariæ sp. Ach. — *Sphæriæ sp.* Weig. —
Lichenis sp. Linn.

CAR. Sur une croûte indistincte , s'élèvent des réceptacles
percés de plusieurs pores , qui aboutissent à autant de loges
internes ; ces pores vont quelquefois en s'agrandissant, se réunissent et forment une coupe irrégulière dans la vieillesse de
la plante.

OBS. Elles diffèrent des verrucaires par le port, par le
nombre de leurs loges, et parce que leurs réceptacles sont de
la même couleur que la croûte.

873. Pertusaire commune. *Pertusaria communis.*

Lichen pertusus. Linn. Mant. 131. Ach. Lich. 17. Lam. Dict. 3.
p. 472. n. 11. Hoffm. Enum. t. 3. f. 1. — Dill. Musc. t. 18.
f. 9. — *Sphœria pertusa.* Weig. Obs. p. 46. t. 2. f. 15.
β. *Rupestris.*

Sa croûte est compacte, lichénoïde, plus ou moins verdâtre
ou cendrée, selon son degré d'humidité; ses réceptacles sont
de la même couleur, très-rapprochés, plus gros que des têtes
d'épingle, protubérans, à-peu-près hémisphériques, déprimés
en dessus, percés d'un à cinq pores enfoncés, noirâtres, peu
réguliers, qui correspondent à autant de loges intérieures. Cette
plante croît sur l'écorce des arbres : on la trouve aussi sur les
rochers. Peut-être celle-ci est-elle une espèce différente?

874. Pertusaire de Wulfen. *Pertusaria Wulfenii.*

Lichen pertusus. Wulf. Jacq. Coll. 2. p. 181. t. 13. f. 3. Schrad.
t. 1. f. 5. — *Lichen hymenius.* Ach. Lich. 80.

Cette espèce ressemble tellement à la pertusaire commune
dans sa jeunesse, et à la patellaire brunâtre dans sa vieillesse,
qu'il faut l'observer avec soin pour s'assurer de son existence;
sa croûte est grisâtre, compacte, étalée, peu visible; ses réceptacles commencent par offrir des tubercules fermés de toutes
parts, sur lesquels se creusent un à quatre points noirs qui correspondent à des loges intérieures; ces cavités s'agrandissent,
se réunissent les unes avec les autres, et forment une espèce de
coupe noire, concave, irrégulière, entourée d'une bordure
blanchâtre, épaisse, inégale : elle croît sur les troncs d'arbres.

QUATRIÈME FAMILLE.
LICHENS *LICHENES.*

Lichenes. Hoffm. — *Algarum gen.* Linn. Juss.

LES lichens sont de consistance coriace, membraneuse, crustacée ou grenue, ordinairement sèche et opaque, très-rarement gélatineuse ; leur couleur est souvent verte ou du moins tend toujours au verd lorsqu'on les humecte. Ces plantes se présentent sous l'apparence ou d'une simple croûte pulvérurente, ou d'écailles distinctes, ou de tiges, ou de feuilles (*); elles portent des réceptacles en forme de tubercules, ou le plus souvent en forme d'écussons, de consistance membraneuse ou charnue, qui renferment les graines sans les expulser au dehors ; quelques-uns offrent en outre des paquets pulvérulens, que certains auteurs ont regardés comme les organes mâles, et d'autres comme de simples efflorescences dues à la rupture des cellules extérieures.

Les lichens vivent sur la terre, sur les rochers ou sur l'écorce des arbres, dont ils absorbent l'humidité superficielle sans être véritablement parasites ; presque tous donnent du gaz oxigène lorsqu'on les expose sous l'eau, au soleil ; ils reprennent l'apparence de la vie quand on les humecte, et le liquide pénètre la plante entière, même lorsqu'elle n'y est plongée qu'à moitié. Si l'on frotte un lichen de manière à déchirer ses cellules, sa substance interne de blanche qu'elle étoit, devient verte. Ce phénomène, qui est particulier à cette famille, paroît dû, selon les observations du C. Ramond, à l'extravasion d'un suc propre contenu dans des cellules particulières.

Linné considéroit les lichens comme un seul genre ; depuis lors le nombre des espèces et la diversité des organes les plus essentiels, ont engagé à les regarder comme une famille, et à les diviser en genres ; mais cette division se ressent encore du peu de connoissances anatomiques que nous possédons sur ces plantes.

(*) Je donne le nom de feuilles dans les lichens, aux expansions dont les deux surfaces sont dissemblables, et je regarde comme des tiges comprimées, celles où elles sont semblables.

Tome II. X

** Réceptacles pulvérulens placés sur une croûte peu adhérente (*).*

LXVI. LÈPRE.   *LEPRA.*

Lepra. Wigg. — *Lepraria.* Ach. — *Byssi sp.* Linn.

Car. Les lèpres n'offrent qu'une croûte étalée, le plus souvent irrégulière, composée de globules pulvérulens, lichénoïdes. Leurs réceptacles sont encore inconnus.

875. Lèpre des antiques.   *Lepra antiquitatis.*

Byssus antiquitatis. Linn. spec. 1638. — *Lichen antiquitatis.* Hoffm. Enum. t. 3. f. 5. Ach. Lich. 5.

Cette espèce paroît, à l'œil et à la loupe, comme une croûte noire qui adhère fortement aux pierres, aux statues, aux rochers, et qui les couvre dans un espace considérable. On ignore sa nature et son histoire.

876. Lèpre lactée.   *Lepra lactea.*

Byssus lactea. Linn. spec. 1639. Lam. Fl. fr. 1. p. 104. — *Lichen lacteus.* Hoffm. Enum. t. 1. f. 3. — *Lichen albus.* Ach. Lich. 7.

Elle croît sur les mousses et les troncs d'arbres, qu'elle couvre d'une croûte blanche, grenue, farineuse, assez semblable à de la chaux. On la trouve dans toutes les saisons.

877. Lèpre verte.   *Lepra botryoides.*

Byssus botryoides. Linn. spec. 1639. — *Byssus viridis.* Lam. Fl. fr. 1. p. 103. — *Lichen botryoides.* Hoffm. Enum. t. 1. f. 2. Ach. Lich. 10. — Dill. Musc. t. 1. f. 5.

Elle forme sur la terre, le bois et les murailles humides, des plaques d'un verd plus ou moins foncé et plus ou moins jaunâtre, selon le degré d'humité; d'abord minces et pulvérulentes, ensuite plus épaisses, de grandeur indéterminée. Persoon dit avoir observé des scutelles dans cette plante, qui devroit en conséquence être rangée parmi les patellaires.

(*) Les lichens classés ici sont peut-être des espèces de la troisième division, dont on ne connoît pas encore la fructification.

878. Lèpre odorante.   *Lepra odorata.*

Lichen arcumatus. Ach. Lich. 11. — *Lichen rubens.* Hoffm.
Enum. p. 4. t. 1. f. 5. — *Lichen odoratus.* Roth. Germ. 1.
p. 491.

Sa couleur est rouge, purpurine ou orangée quand la plante
est fraiche ; elle devient d'une couleur cendrée, jaunâtre ou
verdâtre après sa dessication. La croûte que cette espèce forme
est mince, inégale, grenue à l'œil, un peu floconneuse à la
loupe ; elle exhale, lorsqu'elle est humide, une odeur de violette
ou d'iris de Florence. Appartient-elle véritablement à ce genre
et à cette famille? Est-elle distincte du *byssus jolithus* Linn.?

879. Lèpre indistincte.   *Lepra obscura.*

Lepra obscura. Ehrh. Crypt. exs. — *Lichen coccodes.* Ach.
Lich. 10.

Cette espèce est d'un gris jaunâtre assez sale ; elle forme des
plaques irrégulières, grenues, lichénoïdes, adhérentes, plus
épaisses que les autres espèces de ce genre : elle croît sur les
écorces, les vieilles poutres, etc.

LXVII. CONIOCARPE.   *CONIOCARPON.*

Car. Les coniocarpes ont une croûte à peine sensible, de
laquelle s'élèvent des tubercules en forme de lentilles, couverts
d'une poussière grenue, colorée, peu adhérente ; après la chûte
de cette poussière, il reste ordinairement sur la croûte des tubercules convexes ou aplatis. Je dois au C. Dufour la connoissance de ce genre et des espèces qui le composent.

880. Coniocarpe rouge. *Coniocarpon cinnabarinum.*

Sa croûte est arrondie, blanchâtre, tellement mince qu'elle
ne paroît sur l'écorce que comme une simple altération de couleur ; ses pustules sont éparses, arrondies, compactes, d'un
brun rouge, de 1-2 mill. de diamètre, recouvertes d'une poudre
grenue peu adhérente, d'un beau rouge de cinabre ; après la
chûte de cette poudre, la pustule reste couleur de lie de vin.
Cette espèce croît sur le charme.

881. Coniocarpe olivâtre.   *Coniocarpon olivaceum.*

Sa croûte est blanchâtre, à peine visible ; ses pustules sont

arrondies, peu convexes, souvent réunies les unes avec les
autres, couvertes d'une poussière grenue très-abondante, d'abord
jaune, ensuite d'un brun olivâtre. Je n'ai pu distinguer de base
compacte après la chûte de la poussière. Cette plante croît sur
l'écorce des vieux saules.

882. Coniocarpe noire.   *Coniocarpon nigrum.*

Sa croûte est d'un blanc de lait, étalée, un peu fendillée,
plus sensible que dans les autres espèces de ce genre; ses pustules sont nombreuses, arrondies, souvent réunies les unes avec
les autres, convexes, noires, chargées d'une poussière noire
très-abondante, peu adhérente, après la chûte de laquelle on
trouve un petit disque aplati et peu apparent. J'ai trouvé cette
espèce sur l'écorce du charme.

LXVIII. VARIOLAIRE.   *VARIOLARIA.*

Variolaria. Pers. Ach. — *Verrucariæ sp.* Hoffm. — *Lichenis
sp.* Linn.

CAR. Les variolaires ont une croûte solide, étalée, arrondie
ou irrégulière, qui porte des réceptacles d'abord couverts d'une
poussière blanche, abondante et grenue; après la chûte de cette
poussière, on distingue une coupe concave en forme d'écusson.

883. Variolaire du hêtre.   *Variolaria faginea.*

α. *Lichen fagineus.* Linn. spec. 1608. Hoffm. Enum. t. 2. f. 4.
Ach. Lich. 27. Lam. Dict. 3. p. 473. n. 13.
β. *Lichen carpineus.* Linn. spec. 1608. Lam. Dict. 3. p. 473.
n. 14.
γ. *Verrucaria orbiculata.* Hoffm. Fl. germ. 2. p. 170. Enum.
t. 7. f. 2.

Cette espèce forme des plaques d'abord arrondies et régulières, ensuite étendues quelquefois sur l'écorce entière de
l'arbre, entourées d'une bordure noirâtre dans la variété γ,
dépourvues de bordure dans les variétés α et β; sa croûte est
un peu épaisse et compacte, ridée, d'un gris blanc sale tirant
sur le glauque, quelquefois à peine visible dans les individus âgés, marquée de fentes rayonnantes dans la variété β.
Les fructifications naissent d'abord vers le milieu de la plaque,
et s'approchent ensuite des bords; elles deviennent très-nombreuses et irrégulières dans les individus avancés en âge; elles
commencent par être orbiculaires, à l'exception de la variété β

où elles naissent quelquefois oblongues et alongées comme dans les opégraphes ; elles sont couvertes d'une poussière blanche , grenue , assez adhérente ; après la chûte de cette poussière , qui les rendoit plus ou moins convexes , on distingue des coupes arrondies ou irrégulières , blanchâtres , et qui ressemblent à des écussons. Cette espèce croît sur l'écorce du hêtre , du charme et de plusieurs autres arbres ; elle est d'autant plus régulière que l'écorce est plus unie.

884. Variolaire à coupes jaunes.   *Variolaria albofla-vescens.*

Lichen alboflavescens. Wulf. Jacq. Coll. 3. p. 111. t. 5. f. 1. Ach. Lich. 73.—*Verrucaria rugulosa.* Hoffm. Germ. 2. p. 170.

Sa croûte est d'un gris blanc tirant un peu sur le glauque , très-adhérente , fendillée , noueuse et ridée ; de cette croûte s'élèvent des tubercules convexes , arrondis ou irréguliers , couverts d'une poussière blanche assez adhérente et moins abondante que dans la variolaire du hêtre ; après la chûte de cette poussière , les tubercules sont terminés par une , deux ou trois coupes arrondies , concaves , d'un jaune tirant sur la couleur de chair , entourées d'une bordure blanche. Cette plante croît sur l'écorce du chêne et d'autres arbres. La figure de Wulfen la représente dans l'âge le plus avancé.

885. Variolaire lactée.   *Variolaria lactea.*

Lichen lacteus. Ach. Lich. 27. — *Lichen candidus.* Hoffm. Enum. t. 4. f. 6.

Elle forme sur les granits de larges plaques blanches comme du lait , fortement adhérentes et très-minces ; à leur centre se trouvent des tubercules hémisphériques , ou plutôt en cylindre court et tronqué , rapprochés , blancs , farineux et mamelonnés à leur sommet. Elle a été trouvée dans les Pyrénées , par le citoyen Ramond.

886. Variolaire blanchie.   *Variolaria dealbata.*

Lichen dealbatus. Ach. Lich. 29 ?

Sa croûte est épaisse , fendillée , blanche à l'intérieur , d'un blanc sale à la surface , et porte çà et là de petites papilles blanchâtres , grenues , assez analogues à celles de l'isidium corallin. Les fructifications sont des tubercules rapprochés , convexes , couverts d'une poussière grenue d'un blanc de lait et peu adhérente ; après la chûte de cette poussière, on distingue des coupes arrondies, presque planes, d'un jaune très-pâle. Cette espèce croît sur les rochers.

** *Réceptacles en tubercules ou en écussons, insérés sur des tiges.*

LXIX. ISIDIUM.   *ISIDIUM.*

Isidium. Ach. — *Stereocauli sp.* Hoffm. — *Lichenis sp.* Linn.

Car. Des tiges très-courtes, réunies par la base, forment une croûte épaisse et comme mamelonnée en dessus ; les réceptacles sont des tubercules globuleux placés au sommet des rameaux.

887. Isidium corallin.   *Isidium corallinum.*

Lichen corallinus. Linn. Mant. 1. p. 231. Lam. Dict. 3. p. 475. Ach. Lich. 87. Jacq. Coll. 2. p. 180. t. 13. f. 2. Hoffm. Enum. t. 4. f. 2. — *Stereocaulon corallina.* Hoffm. Fl. germ. 2. p. 129.

Cette espèce forme, sur les rochers, une croûte d'un gris cendré, épaisse, dure, grenue, ou crevassée à sa surface, et qui s'étend au large ; lorsqu'on la rompt, on voit qu'elle est formée de petits rameaux simples ou branchus, cylindriques, qui n'adhèrent entre eux que par la base, et qui atteignent tous à la même hauteur ; on y remarque des tubercules globuleux, blancs et proéminens, qui sont formés par l'aggrégation accidentelle de plusieurs rameaux : on y trouve quelquefois çà et là des globules noirâtres, qu'Hoffman regarde comme les tubercules, et Acharius comme des corps parasites ; le sommet des rameaux est d'abord obtus et arrondi, il devient ensuite concave. Cette espèce croît sur les rochers, à Fontainebleau, à Montmorency, etc.

888. Isidium verd-foncé.   *Isidium melanochlorum.*

Sa croûte est épaisse, blanche à l'intérieur, d'un verd glauque assez foncé à l'extérieur, fendillée et marquée d'aréoles anguleuses ; elle se soulève çà et là et produit des tiges courtes, solides à l'intérieur, simples ou rameuses, tronquées au sommet, terminées par un tubercule arrondi, blanc et un peu farineux. On trouve dans les touffes de ce lichen, les mêmes tubercules globuleux et les mêmes globules dont j'ai parlé à l'occasion de l'isidium corallin. Cette espèce croît sur les rochers de grès, à Fontainebleau; elle s'en détache sans difficulté : on la distingue de l'isidium de Westring, par sa couleur, et de l'isidium madrepore, par ses rameaux qui ne sont pas fistuleux.

LXX. SPHÉROPHORE.   *SPHÆROPHORUS.*

Sphærophorus. Pers. Ach.— *Stereocauli sp.* Hoffm. —*Thamnii sp.* Vent. — *Lichenis sp.* Linn.

Car. Des tiges solides, rameuses, lisses et cartilagineuses, portent à leur sommet des réceptacles solitaires, globuleux, pleins d'une poussière noirâtre qui en sort par le déchirement de l'enveloppe, et laisse une coupe vide et concave.

889. Sphérophore à globule.   *Sphærophorus globiferus.*

Lichen globiferus. Linn. Mant. 133. Ach. Lich. 210. Lam. Dict. 3. p. 503. n. 138. — *Coralloides globiferum.* Hoffm. pl. Lich. t. 31. f. 2. — Dill. Musc. t. 17. f. 35.

Sa tige est solide, presque ligneuse, blanchâtre, grise ou roussâtre, cylindrique, un peu comprimée aux aisselles des rameaux, glabre, lisse, droite et divisée en branches nombreuses et disposées de manière à imiter la forme d'un petit arbre; les rameaux inférieurs sont filiformes, étalés et stériles; ceux du sommet se terminent par un réceptacle globuleux, de la même nature que la tige; ce réceptacle s'ouvre, à son sommet, en deux, trois ou quatre parties, et laisse échapper la poussière noire dont il est rempli; après cette époque les bords s'étalent, et il prend la forme d'une scutelle oblitérée. Cette espèce croît dans les lieux pierreux des montagnes, sur la terre. Le C. Lamarck l'a trouvée au Mont-d'Or, le C. Ramond dans les Pyrénées.

890. Sphérophore gazonnant.   *Sphærophorus cœspitosus.*

Lichen sterilis. Ach. Lich. 211. — *Coralloides fragile.* Hoffm. pl. Lich. t. 33. f. 3. — *Lichen fragilis.* Linn. Fl. lapp. 440. t. 11. f. 4. Lam. Dict. p. 504. n. 139. — *Lichen cœspitosus.* Roth. Germ. 1. p. 513.

Cette plante n'est peut-être qu'une variété de la précédente; elle paroît cependant en différer parce que sa tige n'est pas lisse, qu'elle ne se divise pas sans ordre, mais se bifurque

plusieurs fois avec assez de régularité; que ces tiges naissent en
touffe ou en gazon serré, et atteignent toutes au même niveau;
les réceptacles, qu'on voit très-rarement, sont presque deux
fois plus gros que dans l'espèce précédente, et répandent de
même une poussière noire; sa consistance est fragile lorsqu'elle
est sèche : elle croît de même sur la terre, dans les lieux montagneux.

LXXI. STÉRÉOCAULE.   *STEREOCAULON.*

Stereocaulon. Ach. — *Stereocauli sp.* Hoffm. — *Thamnii sp.*
Vent. — *Lichenis sp.* Linn.

Car. Des tiges solides et arborescentes portent des scutelles
compactes, éparses, d'abord planes, puis convexes et ridées,
jamais bordées de cils.

891. Stéréocaule paschal.   *Stereocaulon paschale.*

Lichen paschalis. Linn. spec. 1621. Ach. Lich. 208. Lam. Dict.
3. p. 504. n. 139. — *Coralloides paschale.* Hoffm. pl. Lich.
p. 23. t. 5. f. 1. — Dill. Musc. t. 17. f. 33.

Sa tige est solide, droite, ferme, presque ligneuse, blanchâtre, divisée en rameaux plus ou moins nombreux et étalés,
chargés, ainsi qu'elle, de grains nombreux, grisâtres, qui
semblent des feuilles avortées; les réceptacles naissent vers le
sommet des rameaux; ils sont en forme de scutelle, à-peu-près
sessiles, d'abord planes, puis convexes et ridés, de couleur
brune. Le port de cette plante varie selon le nombre des tiges
qui partent de la même base, et la manière dont elles se ramifient; on la reconnoît toujours à son aspect grenu : elle croît
dans les montagnes, sur les rochers et sur la terre sablonneuse.

LXXII. CORNICULAIRE.   *CORNICULARIA.*

Cornicularia et Setaria. Ach. — *Lobariæ et Usneæ sp.* Hoffm.
— *Lichenis sp.* Linn.

Car. Des tiges solides portent, vers leur sommet, des scutelles membraneuses, d'abord planes, ensuite convexes, quelquefois bordées de cils rayonnans. On trouve dans quelques
espèces des paquets pulvérulens, épars.

892. Corniculaire triste. *Cornicularia tristis.*

Lichen tristis. Linn. f. Musc. 37. Ach. Lich. 212. — *Lichen gagates.* Lam. Dict. 3. p. 505. n. 143. —*Lichen rigidus.* Wulf. Jacq. Coll. 2. p. 187. t. 13. f. 5.—*Cornicularia tristis.* Hoffm. pl. Lich. t. 34. f. 1.

β. *Lichen fucoides.* Jacq. Coll. 3. p. 143. t. 12. f. 3.

Ses tiges sont nombreuses, disposées en touffe courte et serrée, solides, nues, comprimées, rameuses, tuberculeuses sur les bords dans la variété β, brunes à leur base, noirâtres vers leur sommet, ascendantes, un peu fermes; les scutelles naissent au sommet des branches; elles sont d'abord concaves, puis promptement planes et convexes, tuberculeuses ou comme crénelées sur les bords, luisantes, d'un brun noirâtre : elle naît dans les Alpes et les Pyrénées, sur les granits à moitié décomposés et sur les autres roches.

893. Corniculaire piquante. *Cornicularia aculeata.*

Lichen aculeatus. Web. Spic. 207. Lam. Dict. 3. p. 503. n. 135. Ach. Lich. 213. —*Lichen spadiceus.* Roth. Bot. Mag. 4. p. 1. t. 1. f. 1.—Vaill. Bot. Par. t. 26. f. 8.

Cette espèce est intermédiaire entre les physcies et les corniculaires; elle a une tige solide, roide, extrêmement rameuse en forme de buisson, irrégulièrement cylindrique, sensiblement comprimée aux aisselles des ramifications, flexueuse, lisse, dépourvue de poils, de folioles et de peluchures, d'un brun marron ; les derniers rameaux sont divergens, fourchus, trèsaigus et semblables à de petites épines; les scutelles sont de la même couleur que la tige, placées au sommet des branches, d'abord planes, puis convexes, légèrement dentelées sur le bord : elle croît sur la terre, parmi les gazons et les mousses, dans les lieux secs.

894. Corniculaire rusée. *Cornicularia vulpina.*

Lichen vulpinus. Linn. spec. 1623. Ach. Lich. 180. Lam. Dict. 3. p. 506. n. 149. Jacq. Misc. t. 10. f. 4. — *Lichen aureus.* Lam. Fl. fr. 1. p. 92. — *Lichen auratus.* Vill. Dauph. 3. p. 954. — Dill. Musc. t. 13. f. 16.

Sa couleur est d'un jaune citron tirant un peu sur le vert quand on l'humecte ; sa consistance est cartilagineuse ; sa feuille est comprimée, inégalement anguleuse, marquée çà et là d'enfoncemens irréguliers, divisée dès sa base en rameaux nombreux, branchus, qui vont en s'amincissant au sommet; cette feuille porte çà et là une poussière jaune; les scutelles, qu'on trouve fort rarement, sont placées vers le sommet des branches et semblent souvent munies d'un éperon, à cause du prolongement du rameau; elles sont membraneuses, d'un brun roux, à-peu-près planes, un peu luisantes, sans bordure, larges de 5-7 millim.; leur surface inférieure émet deux à trois rameaux pointus et rayonnans, comme dans certaines usnées. Cette espèce croît dans les Alpes, sur les troncs d'arbres et les vieilles parois.

895. Corniculaire jaunâtre. *Cornicularia ochroleuca.*

Lichen ochroleucus. Ach. Lich. 215. — *Usnea ochroleuca.* Hoffm. pl. Lich. t. 26. f. 2. — *Lichen citrinus.* Lam. Dict. 3. p. 506. n. 151. — *Lichen rigidus.* Vill. Dauph. 3. p. 938.

Cette plante mériteroit d'être rangée parmi les usnées, si elle avoit une écorce distincte de la tige; car d'ailleurs son port l'en rapproche absolument; sa tige est cylindrique, lisse, droite, rameuse, entrelacée, pleine ou légèrement fistuleuse, d'une jaune pâle; les rameaux extrêmes sont noirâtres, divergens, fourchus et pointus à leur sommet; la tige porte çà et là de petites verrues pulvérulentes, mais on n'a pas encore découvert les scutelles. Cette espèce croît dans les Alpes, sur le terreau sec, parmi les mousses et les gazons.

896. Corniculaire bicolore. *Cornicularia bicolor.*

Lichen bicolor. Ach. Lich. 215. — *Lichen lanatus.* Lam. Dict. 3. p. 505. n. 145. — *Usnea bicolor.* Hoffm. Germ. 2. p. 135.

Cette espèce a le port d'une usnée, mais n'en a point l'organisation; sa tige est solide, droite, un peu roide et presque ligneuse, de couleur noire; elle pousse une multitude de rameaux menus et capillaires; ceux du sommet sont d'un gris verdâtre ou cendré qui contraste avec la couleur de la tige, et fait aisément reconnoître cette plante. On ne connoît pas encore sa fructification : elle croît sur les rochers, parmi les mousses, dans les Alpes.

897. Corniculaire des mousses. *Cornicularia muscicola.*

> *Lichen muscicola.* Swartz. Nov. Act. Ups. 4. p. 428. Dicks.
> Crypt. 2. p. 23. t. 6. f. 9. Ach. Lich. 215.

Sa couleur est d'un brun verdâtre, sa consistance presque gélatineuse quand elle est humide, devient fragile lorsqu'elle est sèche; ses tiges sont courtes, solides, cylindriques, rameuses, droites, disposées en gazons courts et serrés; ses rameaux sont un peu noueux, flexueux, obtus, presque égaux en hauteur. Je n'ai point vu les scutelles; selon Dickson elles sont brunes, terminales, entourées d'un rebord entier. Cette espèce a été trouvée par le C. Ramond, dans les Pyrénées, sur les granits de Saint-Savin, où elle croissoit parmi les mousses.

898. Corniculaire laineuse. *Cornicularia lanata.*

> *Lichen lanatus.* Linn. spec. 1623. Ach. Lich. 216. Dill. Musc.
> t. 13. f. 8.
> β. *Lichen pubescens.* Wulf. Jacq. Coll. 2. t. 13. f. 6. Lam.
> Dict. 3. p. 505. n. 144. — Dill. Musc. t. 13. f. 9.

Cette plante est d'un brun noir, d'une consistance sèche et un peu coriace; ses tiges sont filiformes, solides, lisses, tombantes et entrecroisées en forme de gazon, divisées en rameaux plusieurs fois fourchus, entrelacés et divergens. Je n'ai point vu les scutelles. Cette plante se présente sous différens aspects; elle a quelque analogie avec les bisses noirs, mais elle en diffère par sa consistance : elle croît sur les rochers, les pierres et la terre aride : elle diffère, par sa grandeur, de l'espèce précédente et de la suivante.

899. Corniculaire entrelacée. *Cornicularia intricata.*

> *Lichen intricatus.* Ehrh. Crypt. exs. 80. — *Lichen exilis.* Lightf.
> Scot. 2. p. 894. — *Lichen pubescens.* Linn. spec. 1623? Ach.
> Lich. 217. — *Lichen lanatus.* Wulf. Jacq. Misc. 2. t. 10.
> f. 5.
> α. *Rupestris.*
> β. *Lacustris.*

Cette petite plante a le port des algues, mais appartient réellement à la famille des lichens; elle est d'un brun olivâtre foncé et mat; ses tiges sont minces, solides, cylindriques, disposées en touffes ou en gazons serrés, divisées en rameaux capillaires, nombreux, divergens, entrelacés et semblables à de petites radicules. Je n'ai point vu les scutelles ; selon Acharius elles sont planes et de la couleur des tiges. Cette plante a été trouvée par le C. Ramond, dans les Pyrénées. La variété *α* croît sur les rochers humides de Cauterès, et la variété *β*, qui forme une touffe plus lâche, habite le fond du lac de Coumiscure. Acharius assure que c'est ici le véritable lichen pubescent de Linné, quoiqu'il ne soit pas luisant et qu'il réponde mal à la figure de Dillen, citée par Linné.

900. Corniculaire crinière. *Cornicularia jubata.*

> *Lichen jubatus.* Linn. spec. 1622. Ach. Lich. 219. Lam. Dict. 3. p. 505. n. 146. — Dill. Musc. t. 12. f. 7.
> *β. Lichen chalibeiformis.* Linn. spec. 1623. Ach. Lich. 220. Lam. Dict. 3. p. 506. n. 147. — Dill. Musc. t. 13. f. 10.

Sa tige est foible, pendante, unie, lisse, filiforme, blanchâtre, grise ou noirâtre, très-rameuse et entrecroisée, comprimée aux aisselles, longue de 1–3 décim.; les scutelles, que je n'ai pas encore eu occasion d'observer, sont convexes, glabres bordées, et de la même couleur que la tige; on y trouve plus souvent des paquets latéraux, blanchâtres et pulvérulens; ces paquets farineux se trouvent indifféremment dans les deux variétés, et ne peuvent servir à les distinguer comme espèces. Cette corniculaire pend des branches des arbres, particulièrement des pins et des sapins.

LXXIII. USNÉE.   *USNEA.*

> *Usnea.* Ach. — *Usneæ sp.* Dill. Vent. Hoffm. — *Lichenis sp.* Linn.

Car. Des tiges très-rameuses, revêtues d'une écorce crustacée, distincte du centre, portent des scutelles éparses, planes ou convexes, quelquefois bordées de cils, et des paquets pulvérulens épars.

901. Usnée fleurie.   *Usnea florida.*

> *α. Lichen floridus.* Linn. spec. 1624. Ach. Lich. 224. Lam. Dict. 3. p. 507. — *Usnea florida.* Hoffm. pl. Lich. t. 30. f. 2.— Dill. Musc. t. 13. f. 13.
> *β. Lichen hirtus.* Linn. spec. 1623. Lam. Dict. 3. p. 507. — *Usnea hirta.* Hoffm. pl. Lich. t. 30. f. 1. — Dill. Musc. t. 13. f. 12.

Sa couleur est d'un verd cendré ou jaunâtre; sa tige est

droite, ferme, divisée en branches capillaires, divergentes, étalées, peu alongées et hérissées de petites fibrilles qui sont des rameaux avortés; ces fibrilles sont très-nombreuses dans les individus stériles, et donnent alors à la plante un aspect rude et
hérissé, qui a fait long-temps croire aux naturalistes qu'elle étoit
une espèce différente; les scutelles naissent presque au sommet
des rameaux; elles sont planes, d'un blanc verdâtre ou jaunâtre, bordées de cils rayonnans. Cette espèce est commune
sur les vieilles poutres exposées à l'air, sur l'écorce des arbres
et sur les rochers.

902. Usnée entrelacée.   *Usnea plicata.*

Lichen plicatus. Linn. spec. 1622. Ach. Lich. 225. — *Lichen
implexus.* Lam. Dict. 3. p. 507. — Dill. Musc. t. 11. f. 1.

Cette usnée croît sur le tronc et les rameaux des vieux arbres,
et sur-tout des sapins; elle pend sous la forme de longs filamens
entrelacés, rameux et blanchâtres; les scutelles naissent vers
le sommet des rameaux; elles sont d'un blanc verdâtre, planes,
membraneuses, et émettent sur les bords des rameaux capillaires et rayonnans.

903. Usnée barbue.   *Usnea barbata.*

Lichen barbatus. Linn. spec. 1622. Ach. Lich. 223. Lam. Dict. 3.
p. 507, n. 157. — Dill. Musc. t. 12. f. 6.

Cette espèce ressemble beaucoup à l'usnée entrelacée; mais
au lieu de scutelles radiées et membraneuses, on y trouve des
réceptacles épars, charnus, un peu convexes, assez petits, dépourvus de cils rayonnans et d'une teinte qui approche de la
couleur de chair; on remarque aussi que cette usnée a des
rameaux un peu plus épais, moins nombreux et un peu plus
divergens : elle pend sur les branches d'arbres, dans les forêts.
Le C. Ramond l'a trouvée dans les Pyrénées.

904. Usnée flasque.   *Usnea flaccida.*

Lichen divaricatus. Linn. spec. 1623. Ach. Lich. 226. — *Usnea
flaccida.* Hoffm. Germ. 2. p. 133. — Dill. Musc. t. 12. f. 5.

Cette usnée est d'une couleur blanchâtre, d'une consistance
molle et flasque; on la prendroit pour une espèce voisine de la
physcie du prunellier, si on ne remarquoit pas l'écorce extérieure qui revêt le cylindre central, comme dans toutes les
usnées; sa tige est comprimée, presque plane, un peu articulée.

pendante, divisée en rameaux divergens, fourchus, peu nom—
breux, pointus à leur extrémité; les scutelles sont sessiles,
planes ou concaves, d'un brun roux, orbiculaires et entières
sur leurs bords : elle croît sur les pins et les sapins. Les échantillons que j'en possède m'ont été communiqués par le C. Lamouroux d'Agen, et sont beaucoup moins articulés que la figure
de Dillen.

905. Usnée articulée.   *Usnea articulata.*

Lichen articulatus. With. Brit. 4. p. 48. Ach. Lich. 226. —
Usnea articulata. Hoffm. Fl. germ. 2. p. 133. — Dill. Musc.
t. 11. f. 4. — Mich. Gen. t. 39. f. 1.

Cette plante est d'un verd cendré assez pâle, foible, moins
rameuse que la plupart des espèces de ce genre; sa tige se divise en articulations alongées, renflées, séparées par un étranglement irrégulier; elle se termine en rameaux capillaires,
cylindriques, alongés. Je n'ai jamais vu ses scutelles; selon
Hoffman elles sont arrondies, tuberculeuses, et brunissent en
vieillissant. Cette espèce croît sur les arbres; je l'ai trouvée
dans les dunes de Belgique et de Zélande, croissant sur le
sable.

LXXIV. ORSEILLE.   *ROCCELLA.*

Setariæ et Physciæ spec. Ach. — *Lichenis sp.* Linn.

CAR. Des tiges alongées, non fistuleuses, cylindriques ou
comprimées, d'un aspect poudreux et d'une consistance un peu
coriace, portent des paquets épars, de poussière blanche, et des
réceptacles hémisphériques, sessiles et entiers.

906. Orseille des teinturiers.   *Roccella tinctoria.*

Lichen roccella. Linn. spec. 1622. Ach. Lich. 221. Lam. Dict. 3.
p. 504. n. 141. — Dill. Musc. t. 17. f. 39. et forsan f. 38.

Sa tige est à-peu-près cylindrique, quelquefois simple, le
plus souvent rameuse et droite comme un petit arbrisseau ; sa
surface est blanche et comme saupoudrée de glauque, un peu
brune à l'extrémité; le long des rameaux sont des paquets
blancs, poudreux et arrondis; les scutelles sont éparses, hémisphériques, de couleur noire. Cette espèce croît sur les rochers;
elle a été trouvée en Auvergne (Delarbre), près de Nice
(Allioni), au Nazareth et à Cette (Gouan). Elle se retrouve aux Canaries, au Cap de Bonne-Espérance, à l'Isle de

France. Son aspect et ses dimensions varient beaucoup. Est-ce réellement la même plante qui croît dans ces divers pays? Cette plante fournit une teinture violette ou purpurine; on la connoît dans le commerce sous le nom d'*orseille des canaries*.

907. Orseille varec. *Roccella fuciformis.*

> **α.** *Lichen fuciformis.* Linn. Mant. 507. Ach. Lich. 182. Lam. Dict. 3. p. 188. n. 78. Dill. Musc. t. 22. f. 61. A. B. et t. 23. f. 61. C. D.
> **β.** *Arborea.*

Sa tige est comprimée, très-coriace, ferme, droite, non bosselée, linéaire ou lancéolée, plusieurs fois bifurquée, d'un blanc cendré, couverte d'une poudre fine analogue au glauque. Cette espèce est semblable, par l'apparence, à l'orseille des teinturiers; sur les bords des feuilles on trouve des paquets de poussière blanche; les scutelles sont noirâtres, hémisphériques, éparses sur le tranchant de la tige. La variété *α* croît sur les rochers; la variété *β*, qui est plus petite, croît sur les arbres. Cette espèce a été trouvé près Saint-Malo, par le C. du Petit-thouars; en Provence, par le C. Deleuze.

LXXV. CLADONIE. *CLADONIA.*

> *Cladonia.* Ach. — *Cladoniæ sp.* Hoffm.— *Thamnii sp.* Vent. — *Lichenis sp.* Linn.

Car. Des tiges fistuleuses, simples ou rameuses, nues ou chargées de folioles, portent à leur sommet des tubercules fongueux, à-peu-près globuleux, sessiles et solitaires.

908. Cladonie vermiculaire. *Cladonia vermicularis.*

> **α.** *Simplex* — *Lichen vermicularis.* Linn. f. Musc. p. 37. Ach. Lich. 205. Lam. Dict. 3. p. 503. Dicks. Crypt. 2. p. 23. t. 6. f. 10. — *Cladonia subuliformis.* Hoffm. pl. Lich. t. 29. f. 1-3.
> **β.** *Subramosa.*—*Lichen tauricus.* Jacq. Coll. 2. p. 177. t. 12. f. 2. — *Cladonia taurica.* Hoffm. pl. Lich. t. 34. f. 2.—*Lichen tubulosus.* Vill. Dauph. 3. p. 946. t. 55.

Cette espèce offre une tige creuse, cylindrique, amincie au sommet, simple ou un peu rameuse, de couleur blanche ou roussâtre, de 4-7 centim. de longueur, sur 2-5 millim. de diamètre; ses tiges sont étalées sur la terre et sur les mousses; elles s'entrecroisent les unes les autres, et tendent à diverger par leurs extrémités: on les a comparées, avec raison, à un

paquet de vers blanchâtres posés sur la terre ; on remarque çà
et là sur la tige des tubercules qui sont des rameaux avortés : la
fructification n'est pas connue. Cette plante croît dans les Alpes
et les Pyrénées, sur les mousses et les gazons, dans les lieux découverts.

909. Cladonie pointue.　　*Cladonia subulata.*

> *Lichen subulatus*. Linn. spec. 1621. Lam. Fl. fr. 1. p. 89.
> α. *Lichen subulatus*. Ach. Lich. 2o3. — *Cladonia subulata.*
> 　Hoffm. Germ. 2. p. 118. — Dill. Musc. t. 16. f. 26.
> β. *Cladonia furcellata*. Hoffm. Germ. 2. p. 118. — *Lichen*
> 　*furcatus*. Hagen. Lich. t. 2. f. 10.
> γ. *Cladonia furcato-subulata*. Hoffm. Germ. 2. p. 115. Vaill.
> 　Par. t. 26. f. 7.
> δ. *Cladonia recurva*. Hoffm. Germ. 2. p. 115. Vaill. Par. t. 7. f. 7.
> ε. *Lichen furcatus*. Huds. Angl. 458.—*Cladonia furcata*. Hoffm.
> 　Germ. 2. p. 115. — Dill. Musc. t. 16. f. 27.
> ζ. *Lichen spinosus*. Huds. Angl. 459. Hagen. Lich. t. 2. f. 11.
> 　— *Cladonia spinosa*. Hoffm. Germ. 2. p. 115. — Dill. Musc.
> 　t. 16. f. 25.

A l'exemple de Linné et de Lamarck, je réunis sous une
seule espèce toutes les variétés qui ont été décrites sous divers
noms par les auteurs, et qui ne sont que de légères modifications
les unes des autres. Cette espèce diffère de la cladonie vermi-
culaire, parce qu'elle n'est pas couchée ; de la cladonie des rennes
et de la cladonie cornue, parce que les aisselles des ramifications
ne sont pas percées ; sa tige est droite, creuse, presque simple
dans la variété α, fourchue une ou plusieurs fois dans les variétés β, γ et δ, divisée en rameaux fourchus et divergens dans
les variétés ε et ζ ; elle porte un nombre très-variable de petites folioles crénelées ; les rameaux sont pointus, en forme
d'alène, presque toujours redressés ou divergens, mais jamais
penchés du même côté, comme dans la cladonie des rennes ; les
tubercules sont bruns, arrondis, placés au sommet des rameaux ; la couleur de cette plante varie du gris blanc au verdâtre et au brun ; sa consistance est plus ferme que dans les
autres espèces de ce genre : elle naît en touffes sur la terre,
parmi les mousses et les gazons, dans les bois, les lieux montueux et stériles.

910. Cladonie des rennes. *Cladonia rangiferina.*

Lichen rangiferinus. Linn. spec. 1620. Ach. Lich. 203. Lam.
Dict. 3. p. 503. n. 137. —Dill. Musc. t. 16.f. 29.
β. *Lichen sylvaticus.* Allion. Pedem. n. 2584. — Dill. Musc. t.
16. f. 30.

Ses tiges sont creuses, droites, molles dans l'état de fraîcheur, fragiles lorsqu'elles sont sèches, ordinairement blanchâtres, quelquefois cendrées ou un peu brunes, hautes de 7-8
centim., divisées en rameaux nombreux, branchus, pointus,
souvent un peu bruns au sommet et penchés tous du même côté
lorsqu'ils ne portent pas de fructification ; l'aisselle des rameaux
principaux est presque toujours percée ou fendue ; le bas de
la tige porte, dans la jeunesse, de petites folioles crénelées et
peu apparentes ; les tubercules sont bruns, placés au sommet
des petites branches, convexes, peu réguliers. La variété β est
plus petite et a les tiges plus lisses. Cette plante est commune
dans les prairies et les bois des pays montagneux : elle résiste
aux froids les plus vifs ; dans le nord les rennes en font leur
principale nourriture pendant l'hiver ; dans notre climat les
cerfs s'en nourrissent quelquefois : on a même conseillé de la
donner aux troupeaux.

911. Cladonie cornue. *Cladonia ceranoides.*

Lichen uncialis. Linn. spec. 1621. Ach. Lich. 201. Lam. Dict. 3.
p. 502. n. 132. — Dill. Musc. t. 16. f. 22.
β. *Lichen ceranoides.* Allion. Pedem. n. 2586. — Dill. Musc.
t. 16. f. 21.

Cette espèce s'élève de 1-3 pouces (3-8 centim.); sa tige
est creuse, blanchâtre ou verdâtre, quelquefois chargée vers
la base de petites feuilles crénelées, fourchue, ouverte aux
aisselles des rameaux; ceux-ci se terminent ordinairement par
deux petites pointes divergentes; ils sont droits, et les fructifications naissent à leur sommet, sous la forme de petits tubercules bruns; la consistance de cette espèce est plus molle
que celle de la cladonie pointue : elle croît sur la terre, dans
les bois et les montagnes.

LXXVI. SCYPHOPHORE. *SCYPHOPHORUS.*

Scyphophorus. Vent. Ach.—*Cladoniæ sp.* Hoffm. — *Lichenis
sp.* Linn.

CAR. Des tiges fistuleuses, quelquefois garnies de folioles,

souvent insérées sur des feuilles, épanouies au sommet en entonnoir fermé, portent sur les bords de cet entonnoir des
tubercules fongueux et presque globuleux.

OBS. Ce genre, ainsi que le précédent, offre un passage
prononcé des lichens munis d'une tige, à ceux qui n'ont que
des feuilles.

912. Scyphophore diffus.   *Scyphophorus diffusus.*

Lichen parechus. Ach. Lich. 185. — *Lichen alcicornis.* Lam.
Dict. 3. p. 500. — *Lichen diffusus.* Lam. Fl. fr. 1. p. 88.

Ce lichen tient le milieu entre les scyphophores et les cla-
donies; ses feuilles forment un petit gazon serré et d'un verd
glauque; elles sont un peu redressées, arrondies et lobées; de
leur surface supérieure s'élèvent des rameaux creux, chargés
de folioles, rameux, pointus, terminés à leur sommet par des
tubercules roux. Cette espèce croît sur la terre, dans les montagnes et les bois.

913. Scyphophore replié. *Scyphophorus convolutus.*

Lichen convolutus. Lam. Fl. fr. 1. p. 84. Dict. 3. p. 500. —
Lichen alcicornis. Lightf. Scot. 2. p. 872. Ach. Lich. 184. —
Lichen foliaceus. Schreb. Spic. p. 122. — *Lichen sterilis.*
Gouan. Illustr. p. 82. — *Lichen ambiguus.* Vill. Dauph. 3. p.
934. — Dill. Musc. t. 14. f. 12. — Vaill. Par. t. 21. f. 3.

Ses feuilles sont nombreuses, disposées en gazon serré, cartilagineuses, étalées à la base, redressées et recoquillées vers
le sommet, quelquefois absolument droites, blanchâtres et concaves en dessous, convexes et d'un verd jaunâtre pâle en dessus, lobées et découpées, souvent munies de cils noirs vers
l'extrémité; de la surface supérieure des feuilles naissent des
entonnoirs simples, en forme de toupie alongée; les tubercules
sont bruns, charnus, convexes, placés au sommet des entonnoirs ou quelquefois à l'extrémité des feuilles elles-mêmes. Cette
plante croît sur les côtes sèches, dans les pelouses pierreuses,
sur la terre. On la trouve rarement en fructification; quelquefois
le bord des entonnoirs produit des feuilles au lieu de tubercules.

914. Scyphophore corne   *Scyphophorus cervi-*
de cerf.   *cornis.*

Lichen cervicornis. Ach. Lich. 184.

Cette espèce, qu'on a long-temps confondue avec la précédente,
lui ressemble en effet beaucoup pour sa structure; mais ses

feuilles sont plus redressées, coquillées au sommet seulement, toujours dépourvues de cils noirs, remarquables par une teinte générale d'un verd glauque; les entonnoirs sont presque cylindriques, leur bord est d'abord crénelé et porte ensuite de petits tubercules bruns; quelquefois ces dentelures se prolongent en folioles. J'ai trouvé cette espèce dans les Alpes, sur la terre.

915. Scyphophore cochenille. *Scyphophorus cocciferus.*

Lichen cocciferus. Linn. spec. 1618. Ach. Lich. 187. Lam. Dict. 3. p. 499. n. 123.

α. *Cladonia coccinea.* Hoffm. Germ. 2. p. 123. — Dill. Musc. t. 14. f. 7.

β. *Cladonia extensa.* Hoffm. Germ. 2. p. 123. — Vaill. Bot. Par. t. 21. f. 4.

γ. *Cladonia polycephala.* Hoffm. Germ. 2. p. 126. — Vaill. Par. t. 21. f. 10.

δ. *Lichen digitatus.* Linn. spec. 1618. Ach. Lich. 188. — Dill. Musc. t. 15. f. 19.

ε. *Lichen deformis.* Linn. spec. 1618. Ach. Lich. 189. — Dill. Musc. t. 15. f. 18.

ζ. *Lichen filiformis.* Ach. Lich. p. 193. — Dill. Musc. t. 14. f. 10.

Cette espèce se distingue facilement à ses tubercules fongueux et d'un rouge vif, mais d'ailleurs sa forme varie à l'infini; les feuilles sont petites, cartilagineuses, crénelées, quelquefois absolument avortées, quelquefois radicales, quelquefois placées le long de la tige; cette tige est creuse, elle s'évase au sommet en un entonnoir dont les bords sont entiers, dentelés, digités ou irrégulièrement ramifiés; ce sont ces dentelures qui portent les tubercules dont la forme, la grandeur et le nombre varient. Cette espèce croît sur la terre, dans les pelouses découvertes, les bruyères et les bois; dans sa vieillesse les tubercules deviennent quelquefois noirs.

916. Scyphophore entonnoir. *Scyphophorus pyxidatus.*

Lichen pyxidatus. Lam. Dict. 3. p. 499. n. 122.

α. *Lichen pyxidatus.* Linn. spec. 1619. Ach. Lich. 186. — Dill. Musc. t. 14. f. 6. A. B. C. — Vaill. Par. t. 21. f. 7. 8.

β. *Lichen prolifer.* Lam. Fl. fr. 1. p. 87. — Dill. Musc. t. 14. f. 6. D-H. — Vaill. Par. t. 21. f. 5.

γ. *Lichen fimbriatus.* Linn. spec. 1619. Ach. Lich. 187. — Dill. Musc. t. 14. f. 8. A. B. C. — Vaill. Par. t. 21. f. 6. 9.

δ. *Lichen ventricosus.* Huds. Angl. 457. Ach. Lich. 189. — Dill. Musc. t. 15. f. 17. A. B. C.

ε. *Lichen radiatus.* Schreb. Spic. 122. Ach. Lich. 190. — Dill. Musc. t. 15. f. 16.

Ce lichen commence par pousser quelques feuilles arrondies, lobées ou découpées, étalées, diposées en rosette un peu embriquée; de la surface supérieure de ces feuilles s'élèvent des pédicelles en forme d'entonnoir, et souvent les feuilles radicales se détruisent, en sorte que l'entonnoir semble constituer la plante entière; cet entonnoir est simple, presque entier sur les bords, dans la variété α; il porte, soit sur ses bords, soit sur son centre, un ou plusieurs entonnoirs dans la variété β; les entonnoirs sont plus alongés et fortement crénelés sur les bords dans la variété γ; ces crénelures deviennent plus profondes et se ramifient beaucoup dans la variété δ; enfin, elles se divisent en digitations rayonnantes dans la variété ε. Toutes ces modifications des entonnoirs, sont souvent encore combinées les unes avec les autres. Les tubercules fructifères sont placés sur les dentelures des entonnoirs; ils sont de couleur brune, leur nombre, leur grandeur et leur forme varient beaucoup. Cette espèce croît sur la terre humide, sur les vieux murs, sur les troncs à moitié pourris. La décoction de cette plante est utile contre la toux et la coqueluche.

917. Scyphophore cornu. *Scyphophorus cornutus.*

Lichen cornutus. Linn. spec. 1620. Ach. Lich. 192. Hoffm. pl. Lich. t. 25. f. 1. — Dill. Musc. t. 15. f. 14.

β. *Lichen gracilis.* Linn. spec. 1619. Ach. Lich. 191. — Dill. Musc. t. 14. f. 13.

γ. *Lichen elongatus.* Jacq. Misc. Austr. 2. t. 11. f. 1. Ach Lich. 196.

Cette plante n'est peut-être encore qu'une variété du lichen entonnoir, dont elle se rapproche par ses tubercules bruns et par l'histoire de son développement; mais tandis que dans l'espèce précédente tous les pédicelles se terminent en entonnoir, dans celle-ci on en remarque plusieurs qui se terminent en pointe aiguë ou qui se ramifient indéfiniment sans s'épanouir en entonnoir au sommet; ces entonnoirs, lorsqu'ils existent, sont petits, peu apparens, et plutôt cylindriques qu'en forme de cône renversé; les tubercules sont placés, soit au sommet des ramifications, soit sur le bord des entonuoirs. Cette plante croît sur la terre, dans les bois et les montagnes.

LXXVII. HÉLOPODE. *HELOPODIUM.*

Helopodium. Ach. — *Cladoniæ sp.* Hoffm. — *Bœomyces sp.* Pers.

Car. Des tiges fistuleuses, un peu évasées et ouvertes au sommet, garnies de quelques folioles vers leur base, portent à leur extrémité des tubercules fongueux, ramassés, irrégulièrement contournés.

918. Hélopode délicat. *Helopodium delicatum.*

Lichen delicatus. Ach. Lich. 199. — *Lichen parasiticus.* Hoffm. Enum. t. 8. f. 5.

Ses feuilles sont petites, radicales, embriquées, crénelées, presque déchiquetées, d'un verd pâle en dessus, blanchâtres en dessous; elles portent des pédicelles creux dans toute leur longueur, ouverts au sommet, un peu comprimés, blanchâtres, avec quelques petites folioles avortées qui semblent des grains verdâtres, divisés au sommet en deux ou trois lanières très-courtes qui portent des tubercules globuleux, charnus, d'abord bais, puis bruns et enfin noirs. Cette espèce croît sur le bois pourri.

*** *Réceptacles en tubercules ou en écussons, sessiles ou pédonculés, insérés sur une simple croûte grenue.*

LXXVIII. BÉOMYCÈS. *BŒOMYCES.*

Bœomyces. Ach. — *Bœomycis sp.* Pers. — *Lepronci sp.* Vent. *Lichenis sp.* Linn.

Car. Une croûte molle et grenue porte des tubercules fongueux, presque globuleux, ordinairement soutenus sur un pédicelle simple, droit et charnu, quelquefois sessiles.

Obs. Les tubercules sont toujours roses ou roussâtres. Ce genre a beaucoup d'analogie avec les *onygena* de Persoon, qui appartiennent à la famille des champignons. Le béomycès des rochers, qui est tantôt pédonculé, tantôt sessile, prouve qu'on ne doit pas séparer les deux sections de ce genre.

§. Ier. *Tubercules pédonculés.*

919. Béomycès des landes.   *Bœomyces ericetorum.*

Lichen ericetorum. Linn. sp. 1608. var. *a.* —*Lichen ericetorum.*
Lam. Dict. 3. p. 475. Achar. Lich. p. 81.—*Lichen bœomyces.*
Hoffm. Enum. p. 35. t. 8. f. 3. — *Bœomyces roseus.* Pers. Ann.
Ust. st. 7. — Dill. Musc. t. 14. f. 1.

La croûte que forme cette espèce est grenue, blanchâtre,
quelquefois un peu verdâtre lorsqu'il fait humide; elle n'a pas
de forme ni de grandeur déterminées; il en sort çà et là des
pédicelles courts, charnus, inversement coniques, qui s'évasent
en un tubercule simple, presque globuleux, fongueux, rose
ou couleur de chair, qui devient pâle en vieillissant : il croît
dans les landes, les bruyères, sur la terre argilleuse.

920. Béomycès roux.   *Bœomices rufa.*

Lichen rufus. Ach. Lich. 82.

Cette espèce n'est peut-être qu'une variété du béomycès des
rochers; elle paroît en différer cependant parce que sa croûte est
plus mince et de couleur verdâtre; que les pédicelles qui portent
les réceptacles sont plus courts, et que ces réceptacles sont assez
petits et presque planes en dessus : elle croît sur la terre sablonneuse, dans les bruyères.

921. Béomycès des rochers.   *Bœomyces rupestris.*

Lichen byssoides. Linn. Mant. 133. Achar. Lich. p. 82.—*Lichen
fungiformis.* Scop. Carn. 2. n. 1364. Lam. Dict. 3. p. 475. Hoffm.
Enum. p. 38. t. 8. f. 2. — *Bœomyces rupestris.* Pers. Ann. Ust.
st. 7. — Dill. Musc. t. 14. f. 4.

Sa croûte est inégale, ridée, pulvérulente, d'un glauque
verdâtre; les pédicelles qui en sortent sont assez nombreux,
rapprochés, cylindriques; ils portent des tubercules charnus,
d'un roux brun, presque globuleux, un peu déprimés, ordinairement simples et solitaires, quelquefois multiples ou composés : il croît sur les terres argilleuses et graveleuses, et dans
les fentes des rochers. On le trouve quelquefois à tubercules
presque entièrement sessiles.

§. II. *Tubercules sessiles.*

922. Béomycès verd-de-gris. *Bœomyces æruginosa.*

Lichen æruginosus. Ach. Lich. 53. Scop. Carn. 2. n. 1368. Jacq.
FI. austr. t. 275.
α. *Truncicola.* — *Lichen icmadophila.* Linn. F. suppl. 450.
β. *Spagnicola.* — *Lichen ericetorum, var. sessilis.* Linn. spec.
1608.
γ. *Rupicola.*

La croûte de ce lichen est mince, peu grenue, de la couleur
du verd-de-gris; elle porte des réceptacles fongueux, de couleur rose, adhérens par le centre seulement, et formant une
espèce de toupie aplatie ou même concave en dessus, par la
dessication; la partie fongueuse du réceptacle semble comme
enchâssée dans une coupe membraneuse. La variété α croît sur
les troncs pourris; la variété β sur les tapis de sphaigne, et la
variété γ naît sur les rochers de grès.

923. Béomycès elvelle. *Bœomyces elveloides.*

Lichen æruginosus, var. Ach. Lich. 53. — *Lichen elveloides.*
Web. Spic. 186. Gmel. Syst. 2. p. 1358.

Cette espèce ressemble beaucoup au béomycès verd-de-gris,
mais sa croûte est plus grenue, plus blanchâtre, et ses réceptacles sont adhérens par toute leur surface inférieure, toujours
convexes, d'abord unis, puis dans leur vieillesse chargés de rides
et de plis très-sensibles : elle croît sur la terre dans les montagnes élevées et les tourbières.

LXXIX. CALYCIUM. *CALYCIUM.*

Calycium. Pers. Ach. — *Stemonitis sp.* Gmel. — *Mucoris sp.*
Linn.

Car. Une croûte mince porte des réceptacles subéreux, ordinairement pédonculés, dont la surface supérieure se couvre
de poussière.

Obs. Dans presque toutes les espèces, les réceptacles et
leurs pédicelles sont noirs. Ce genre a quelque analogie avec
les hypoxylons; il en diffère parce que ses réceptacles ne sont
pas creux intérieurement. La croûte qui se trouve souvent à la
base des pédicelles des calyciums, leur appartient-elle réellement, ou seroit-ce celle d'un autre lichen, sur laquelle ils au-
roient pris naissance?

924. **Calycium en massue.** *Calycium clavellum.*

α. *Calycium salicinum.* Pers. Disp. Fung. 59. — *Lichen clavellus.*
Ach. Lich. 84. — *Mucor lichenoides.* Linn. Syst. 802. — Dill.
Musc. t. 14. f. 3.

β. *Calycium castanearium.*

Sa croûte est mince, pulvérulente, blanchâtre, quelquefois
à peine visible, quelquefois recouverte par celle de la patellaire
jaunâtre; le pédicelle est noir, cylindrique, long de 5-6 millimètres; il s'évase au sommet en une coupe arrondie, de
couleur de rouille en dessous, concave et chargée de poussière
blanchâtre en dessus, presque fermée dans sa jeunesse. La variété α est commune dans l'intérieur des vieux saules; la variété β se trouve sur le bois à demi pourri du châtaignier, et
doit peut-être former une espèce distincte. Cette variété est
quelquefois d'une extrême ténuité. Dans cette espèce le réceptacle, au moment de sa naissance, est sessile, convexe et absolument noir.

925. **Calycium des chênes.** *Calycium quercinum.*

Calycium quercinum. Pers. Disp. Fung. 59. — *Lichen sphœrocephalus.* Ach. Lich. 84?

Sa croûte est cendrée, grenue, presque tuberculeuse, un
peu compacte; les pédicelles sont cylindriques, un peu amincis
à la base, noirs, longs de 5 millim., terminés par un réceptacle en chapeau, orbiculaire, cendré en dessous, d'un noir
mat en dessus, d'abord plane, ensuite très-convexe, grenu
et quelquefois hérissé de poils noirs à la surface supérieure.
On la trouve sur l'écorce des vieux chênes. Lorsque les réceptacles commencent à sortir de la croûte, ils offrent des tubercules convexes, couverts de poussière d'un gris bleuâtre, et
ressemblent beaucoup, dans cet état, à la patellaire des écorces.

926. **Calycium des sapins.** *Calycium abietinum.*

Calycium abietinum. Pers. Disp. Fung. 59. — *Lichen hyperel-
lus.* Ach. Lich. 85?

Sa croûte est mince, grenue, inégale, de couleur jaune;
les pédicelles sont noirs, grêles, longs de 4-6 millim., terminés par un réceptacle convexe, gris à sa surface inférieure,
et noir à la supérieure; la séparation de couleur est si régulièrement prononcée, qu'on croiroit voir une espèce de plateau
ou de calice gris qui supporte le tubercule : il croît sur l'écorce
des sapins.

927. Calycium à pied court. *Calycium brevipes.*

Sa croûte est jaune, grenue; ses pédicelles noirs, longs de 1-2 millim., un peu épais, terminés par un réceptacle presque en forme de toupie, dont la surface inférieure est blanche, et dont la supérieure est noire, plane ou à peine convexe. Cette plante croît sur le bois des pins à demi pourris. Est-ce une simple variété du calycium des sapins?

928. Calycium en toupie. *Calycium turbinatum.*

Calycium turbinatum. Pers. Disp. Fung. 59.

Sa croûte est d'un brun verdâtre, mince, non fendillée; les réceptacles sont noirs, épars, luisans, portés sur un court pédicelle qui s'évase au sommet en une très-petite coupe, dont les bords sont blancs, entiers, et le disque à peine visible : il croît sur l'écorce du chêne.

929. Calycium sessile. *Calycium sessile.*

Calycium sessile. Pers. Disp. Fung. 59. — *Spœrocarpus sessilis.* Ehrh. pl. Crypt. 320. ex Pers.

Sa croûte est assez apparente, ridée, compacte, blanchâtre; les réceptacles sont noirs, proéminens, sessiles, et ont la forme d'une tasse ou de la cupule du gland; le bord de cette coupe est entier ou blanchâtre. On trouve cette plante sur l'écorce du chêne et du charme. Cette espèce forme un passage très-naturel des calyciums aux patellaires.

LXXX. PATELLAIRE. *PATELLARIA.*

Patellaria. Ach. — *Verrucariæ sp.* Hoffm. — *Lepropinaciæ sp.* Vent. — *Lichenis sp.* Linn.

CAR. Les patellaires ont une croûte solide, diversement conformée, qui porte à sa superficie des scutelles sessiles, concaves dans leur jeunesse, ensuite planes et même convexes, quelquefois entourées d'une bordure ou d'un simple rebord, souvent aussi dépourvues de l'un et de l'autre (*).

(*) J'appelle bordure (*cinctura*) un entourage de nature analogue à la croûte et formé par elle, et rebord (*margo*), une simple protubérance de la scutelle.

§. Ier. *Scutelles plus ou moins charnues, de couleur noire.*

930. Patellaire enfoncée.   *Patellaria immersa.*

Lichen immersus. Web. Spic. p. 188. Ach. Lich. 70. Hoffm. pl. Lich. t. 12. f. 2. 3.

Sa croûte est blanchâtre, unie, peu apparente ; ses scutelles sont orbiculaires, noires, planes, avec un rebord un peu proéminent, quelquefois un peu protubérantes au centre ; ces scutelles creusent la pierre sur laquelle elles croissent, et s'y enfoncent un peu ; elles tombent à la fin de leur vie, et laissent la pierre percée de petits trous. Lorsque ce lichen croît sur une pierre fort dure, il ne peut la percer, et reste à la surface. On le trouve d'ordinaire sur la pierre calcaire. Le C. Dufour en a trouvé une variété dont les scutelles deviennent d'un gris glauque par la dessication.

931. Patellaire exiguë.   *Patellaria exigua.*

Lichen exiguus. Ach. Lich. 69.

Sa croûte est irrégulière, peu apparente, d'un gris cendré ; les scutelles sont nombreuses, éparses, noires, très-petites, d'abord un peu concaves et entourées d'une bordure blanche, crénelée, formée par la croûte, ensuite convexe et sans bordure : elle croît sur l'écorce des vieux chênes. — Commun. par le C. Dufour.

932. Patellaire en forme   *Patellaria puncti-*
de point.   *formis.*

Verrucaria punctiformis. Hoffm. Germ. 2. p. 193. — *Lichen pinicola.* Ach. Lich. 66.

Sa croûte est mince, cendrée ou verdâtre, non bordée de noir et même un peu blanchâtre sur les bords ; ses scutelles sont éparses, noires, très-petites, d'abord concaves et bordées de noir, ensuite planes : elle croît sur l'écorce des arbres, et, selon Hoffman, sur les rochers. — Commun. par le C. Dufour.

933. Patellaire à mille   *Patellaria myriocarpa.*
scutelles.

Sa croûte est mince et grise lorsqu'elle est sèche, grenue et verdâtre quand elle est humide, non bordée de lignes noires ; elle porte une foule de petites scutelles, rapprochées mais non soudées ensemble, noires, convexes et sans rebord dès leur naissance, un peu ridées dans leur vieillesse, d'un demi-mil-

limètre de diamètre. Elle croît dans l'intérieur des saules creux ;
elle a été découverte par le C. Dufour.

934. Patellaire à croûte blanche. *Patellaria leucoplaca.*

Cette plante diffère de la patellaire distinguée, parce que
sa croûte est d'un blanc de lait, et n'est jamais entourée d'une
bordure noire ; cette croûte est mince, arrondie, à peine grenue ; les scutelles sont absolument noires, orbiculaires, un peu
concaves, entourées d'un rebord entier un peu luisant ; dans
un âge plus avancé elles deviennent planes, et le rebord s'oblitère. Cette espèce croît sur l'écorce encore lisse du peuplier
d'Italie.

935. Patellaire à grandes scutelles. *Patellaria macrocarpa.*

Sa croûte est d'un gris tirant sur la couleur de rouille, tellement mince qu'on ne la prend au premier aspect que comme
une simple tache ; les scutelles sont éparses, éloignées, absolument noires, d'abord hémisphériques, concaves, entourées
d'un rebord proéminent, ensuite planes et bordées, enfin, dé-
pouillées de rebord sensibles ; ces scutelles atteignent 4 millim.
de diamètre : elle croît dans les Alpes, sur des roches micacées.

936. Patellaire distinguée. *Patellaria parasema.*

Lichen parasemus. Ach. Lich. 64. —*Lichen sanguinarius.* Lam.
Dict. 3. p. 473. Wulf. Jacq. Coll. 3. p. 114. t. 5. f. 3. b. —
Lichen punctatus. Hoffm. Enum. t. 5. f. 3-5. — Dill. Musc.
t. 18. f. 3.
β. *Limitata.* — *Verrucaria limitata.* Hoffm. Germ. 192.
γ. *Rupestris.*

Sa croûte est mince, blanchâtre, verdâtre ou grisâtre, adhérente, souvent entourée d'une ligne noire ; les scutelles sont
éparses, noires en dehors et en dedans, planes et bordées dans
leur jeunesse, convexes, presque hémisphériques et sans rebord
dans un âge avancé. Elle est commune sur les écorces d'arbres.
On trouve sur les rochers la variété γ, qu'on doit peut-être regarder comme une espèce distincte.

937. Patellaire raboteuse. *Patellaria glomerulosa.*

Cette espèce ressemble beaucoup à la patellaire distinguée ,
mais elle en diffère constamment parce que sa croûte est plus
grenue , composée de tubercules plus distincts, que cette croûte

n'est jamais bordée de lignes noires ; les scutelles sont d'abord
entourées d'un rebord blanc formé par la croûte ; elles deviennent
promptement convexes et sans rebord ; leur substance interne
est grise ou noire, selon l'âge : elle croît sur les troncs d'arbres ;
elle a été observée par le C. Dufour.

938. Patellaire à bande blanche.   *Patellaria albozonaria.*

Cette plante n'est peut-être qu'une variété de la patellaire
distinguée ; elle paroît en différer parce que sa croûte est plus
jaunâtre, très-rarement bordée, et sur-tout parce que ses
scutelles, au lieu d'être entièrement noires à l'intérieur, offrent
une zone blanche placée immédiatement sur l'écorce, et qui
entoure un noyau noir ; ces scutelles sont d'ailleurs plus grosses
et plus écartées ; elles commencent par être concaves, et deviennent ensuite convexes. Cette plante croît sur les troncs
d'arbres et sur les pierres.

939. Patellaire tête de clou.   *Patellaria clavus.*

Lichen clavus. Ramond. Pyren. ined.

Sa croûte est mince, unie, d'un blanc de lait, d'un aspect
farineux ; les réceptacles sont noirs, d'abord sessiles, en forme
de scutelles planes entourées d'un léger rebord, ensuite fortement proéminentes, presque pédicellées, convexes, larges de
5-6 millim. ,' et un peu semblables à des têtes de clous. Cette
belle plante a été trouvée par le C. Ramond, sur les roches calcaires arenacées du Marboré, dans les Pyrénées.

940. Patellaire des pierres.   *Patellaria petrœa.*

Lichen lapicida. Ach. Lich. 61. — *Lichen petrœus.* Wulf. Jacq.
Coll. 3. p. 116. t. 6. f. 2. — *Verrucaria petrœa.* Hoffm. pl.
Lich. t. 50. f. 1. 2.

Sa croûte est d'un gris quelquefois blanchâtre, quelquefois
cendré, quelquefois tirant sur le glauque ; elle se fendille en
aréoles polygones, et prend souvent une épaisseur et une irré-
gularité remarquables ; les scutelles sont noires, nombreuses,
enfoncées dans la croûte, planes ou concaves, arrondies ou
anguleuses, entourées d'un rebord à peine visible, souvent réunies ensemble ; ces scutelles sont tantôt disposées en zones concentriques, tantôt éparses et plus ou moins rapprochées. Cette
espèce croît sur les rochers.

941. Patellaire crénelée. *Patellaria crenata.*

Lichen crenatus. Pers. ined. in Herb. Juss.

La croûte est grisâtre, grenue, adhérente, un peu compacte ; les scutelles sont éparses, sessiles, noires, un peu luisantes, orbiculaires, planes, entourées d'un rebord crénelé, saillant ; dans certains individus le disque devient d'un noir mat et comme pulvérulent, le rebord reste luisant. Ce lichen croît sur les rochers de grès. Il a été trouvé à Luzancy, près la Ferté-sous-Jouarre.

942. Patellaire enfumée. *Patellaria fumosa.*

Verrucaria fumosa. Hoffm. pl. Lich. t. 49. f. 2. — *Lichen fumosus.* Ach. Lich. 78.

Sa croûte est grumeleuse, d'un gris enfumé, fendillée en aréoles très-petites, et sensiblement inégale à sa surface, quelquefois entremêlée de lignes noires qui sont probablement étrangères à la plante ; les scutelles sont noires, convexes et inégales à la surface supérieure, un peu roussâtres à la surface inférieure, d'abord orbiculaires et entourées d'un rebord peu apparent, ensuite sinueuses et sans rebord. Ce lichen croît abondamment sur les rochers de grès de Fontainebleau ; il les couvre quelquefois sur un espace considérable.

943. Patellaire des mousses. *Patellaria muscorum.*

Lichen muscorum. Web. Spic. 183. Ach. Lich. 69. Wulf. Jacq. Coll. 4. p. 232. t. 7. f. 1.

Sa croûte est blanchâtre, pulvérulente, souvent à peine visible ; ses scutelles sont noires en dedans et en dehors dès leur naissance, orbiculaires, d'abord planes et entourées d'un rebord semblable au disque, ensuite convexes, presque hémisphériques, quelquefois confluentes et sans rebord : elle croît à terre, sur les mousses.

§. II. *Scutelles plus ou moins charnues, brunes ou d'un noir tirant sur le gris ou le glauque.*

944. Patellaire graine *Patellaria sinapi-*
    de moutarde.   *sperma.*

Cette plante est si voisine de la patellaire des mousses et de la patellaire à croûte verdâtre, qu'il faut une attention scrupuleuse pour la distinguer; sa croûte est blanchâtre , peu grenue et étendue sur les tas de mousses , comme la première espèce ; ses scutelles sont globuleuses et sans rebord dès leur naissance, d'un roux brun à l'extérieur, comme dans la seconde ; mais ces scutelles ne deviennent jamais noires et sont grisâtres en dedans. Elle diffère en outre de la patellaire des mousses, par ses scutelles globuleuses, et de la patellaire à croûte verdâtre, par sa croûte et sa station. Le C. Dufour a observé cette espèce dans les Pyrénées.

945. Patellaire à croûte verdâtre.   *Patellaria viridescens.*

Lichen viridescens. Schrad. in Gmel. Syst. 1361. Ach. Lich. 50.
Lichen virescens. Schleich. Crypt. exs. 65.

Sa croûte est sensiblement grenue , verdâtre , irrégulièrement étendue sur les vieilles écorces d'arbres et sur les brins de mousse qu'elle rencontre dans son accroissement ; les réceptacles sont convexes et sans rebord dès leur jeunesse, presque hémisphériques et ridés dans un âge avancé, d'un brun noirâtre en dehors et en dedans. Cette plante croît sur les vieux troncs à moitié pourris , dans les forêts.

946. Patellaire brune.   *Patellaria brunnea.*

Lichen brunneus. Ach. Lich. 49. — *Lichen pezizoides.* Web.
Gœtt. 200. Dicks. Crypt. 1. t. 2. f. 4.

Ce lichen a une base qui, en apparence, n'offre qu'une croûte indistincte , mais qui, humectée et observée à la loupe , présente des grains gélatineux presque foliacés , ensorte qu'on pourroit le placer parmi les collêmes , aussi bien que dans les patellaires. Cette croûte est d'un verd foncé qui tourne au brun ou au gris en se desséchant ; les scutelles sont nombreuses, d'abord planes, ensuite irrégulièrement convexes, d'un brun olivâtre , entourées d'une bordure grenue semblable à la croûte. Cette espèce croît sur la terre et sur les vieux murs ; dans ce dernier cas elle est moins développée dans toutes ses parties.

947. Patellaire des tourbières. *Patellaria uliginosa.*

Lichen uliginosus. Ach. Lich. 69. — *Verrucaria uliginosa.*
Hoffm. Germ. 2. p. 190.
β. *Verrucaria humosa.* Hoffm. Germ. 2. p. 191.

Sa croûte est brune , grenue , un peu spongieuse , inégalement

étalée; ses scutelles sont noires, d'abord orbiculaires, concaves
et entourées d'un rebord de la même couleur, ensuite convexes, souvent soudées ensemble et dépourvues de rebord. La
variété β, qui semble être le dernier âge de la plante, a la
croûte noirâtre et les scutelles très-convexes. Cette espèce croît
sur la terre et les mousses à moitié décomposées, dans les lieux
humides et les tourbières.

948. Patellaire brune et noire. *Patellaria fuscoatra.*

Lichen fuscoater. Linn. spec. 1607. Ach. Lich. 63. Lam. Dict. 3.
p. 473. n. 16. — *Lichen carbonarius.* Wulf. Jacq. Coll. 3.
p. 118. t. 6. f. 2. b. b.
β. *Lichen diffractus.* Ach. Lich. 63 ?

Sa croûte est d'un brun foncé, mince, unie, fendillée en
une multitude d'aréoles polygones; les scutelles sont noires,
très-petites, convexes; on peut à peine les distinguer de la
croûte. La variété β a les aréoles plus grandes, les fentes plus
larges et souvent entourées d'une matière noire, qui peut-être
est parasite. Cette espèce croît sur les pierres et les murs. —
Commun. par le C. Dufour.

949. Patellaire rouge d'ochre. *Patellaria silacea.*

Patellaria silacea. Hoffm. pl. Lich. t. 19. f. 2. — *Lichen silaceus,*
Ach. Lich. 66. — *Lichen æderi.* Web. Gœtt. 182.

La croûte est mince, adhérente, non fendillée, d'un rouge
d'ochre; les scutelles sont absolument noires, éparses, rapprochées mais non réunies, d'abord planes et munies d'un rebord,
ensuite convexes. Cette espèce peut se confondre avec la patellaire confluente et la patellaire à fruit bleuâtre, qui l'une et
l'autre ont la croûte quelquefois rougeâtre; elle en diffère par
la forme et la couleur de ses scutelles. Cette plante croît sur les
granits, et en général sur les pierres dures.

950. Patellaire à fruit bleuâtre. *Patellaria albocœrulescens.*

Lichen albocœrulescens. Jacq. Coll. 2. p. 184. t. 15. f. 1. Ach.
Lich. 59. — *Patellaria albocœrulescens.* Hoffm. pl. Lich.
t. 14. f. 2. — *Lichen cœrulescens,* var. β. Lam. Dict. 3. p.
477. n. 34.
β. *Crustâ rubiginosâ.*

Sa croûte est blanchâtre ou couleur de rouille, très-mince,

souvent à peine visible, unie, égale, peu régulière; les scutelles sont proéminentes, planes, d'un noir bleuâtre ou glauque,
entourées d'un rebord proéminent absolument noir; leur diamètre est de 2 millim.; dans la vieillessse de la plante les
scutelles deviennent souvent irrégulières et portent quelquefois
elles-mêmes de petites scutelles. Cette espèce se trouve dans les
roches micacées, granitiques ou sablonneuses.

951. Patellaire de Dickson. *Patellaria Dicksonii.*

Lichen cœsius. Dicks. Crypt. 2. p. 19. t. 6. f. 6. — *Lichen
Dicksonii.* Gmel. Syst. p. 1363. Ach. Lich. 76.

Sa croûte est roussâtre, mince, peu apparente; les réceptacles
sont proéminens, d'un noir tirant sur le bleu, couverts d'une
poussière glauque, petits, orbiculaires, planes, entourés d'un
rebord épais, entier, plus foncé que le disque. Cette espèce a
été trouvée sur la pierre meulière, au bois de Boulogne; elle
diffère du lichen bleuâtre de Hagen, parce que le bord de la
scutelle n'est pas blanc, et de la patellaire à fruit bleuâtre,
par la petitesse de ses réceptacles et l'épaisseur de leur rebord.

952. Patellaire glauque. *Patellaria glaucoma.*

Lichen glaucoma. Ach. Lich. 56. — *Verrucaria glaucoma.* Hoffm.
pl. Lich. t. 52. et t. 53.

Sa croûte est blanchâtre, fendillée, preque lisse; les scutelles
sont nombreuses, d'abord planes, arrondies, entourées d'un
rebord crénelé analogue à la croûte, puis convexes, difformes,
presque soudées ensemble; ces scutelles sont, dans leur jeunesse, d'un bleu glauque, recouvertes d'une poussière blanchâtre; dans leur vieillesse elles deviennent noires et un peu
luisantes. Cette espèce croît sur les rochers; elle a été trouvée
dans les Pyrénées, par le C. Ramond.

953. Patellaire frottée. *Patellaria detrita.*

Verrucaria detrita. Hoffm. Germ. 2. p. 172. — *Lichen detritus.*
Ach. Lich. 75.

Sa croûte est d'un blanc cendré, étendue irrégulièrement,
légèrement fendillée; les scutelles sont planes, appliquées sur
la croûte, de couleur pâle dans leur jeunesse, ensuite d'un gris
brun, entourées d'une légère bordure formée par la croûte; ces
scutelles sont irrégulières et si peu saillantes, qu'on croiroit
qu'elles ont été usées par le frottement : elle croit sur l'écorce
des arbres. — Commun. par le C. Dufour.

954. Patellaire des écorces. *Patellaria corticola.*

Lichen corticola. Ach. Lich. 57. — *Verrucaria alboatra.* Hoffm. pl. Lich. t. 15. f. 2.

Cette espèce ressemble beaucoup à la patellaire des murs, mais elle croît sur les vieilles écorces d'arbres ; sa croûte est blanche, grenue, inégale, souvent fendillée, quelquefois à peine visible, quelquefois fort épaisse ; ses scutelles sont nombreuses, éparses, d'abord noirâtres, un peu concaves et entourées d'un rebord peu apparent, ensuite convexes, légèrement un peu glauques, et enfin couvertes, dans leur vieillesse, d'une poussière glauque-bleuâtre, très-abondante.

955. Patellaire des remparts. *Patellaria epipolia.*

Lichen epipolius. Ach. Lich. 58.

Cette espèce a une croûte blanche assez épaisse, arrondie ou étalée, grenue, fendillée et comme composée de folioles embriquées sur les bords ; les scutelles sont nombreuses, éparses, dépourvues de bordure semblable à la croûte, d'abord planes, ensuite convexes et presque hémisphériques, grises, couvertes d'une poussière glauque très-adhérente. Cette plante croît sur les murs.

956. Patellaire crétacée. *Patellaria cretacea.*

Lichen cretaceus. Ehrh. Crypt. exs.?

L'espèce que je décris ici est intermédiaire entre la patellaire des murs et la patellaire calcaire ; sa croûte est étendue, uniforme, pulvérulente et d'un blanc de lait, ce qui la distingue de la première espèce ; elle diffère de la seconde par ses scutelles qui sont éparses, planes, épaisses, d'un gris bleuâtre, couvertes d'une poussière glauque, entourées d'un rebord proéminent, calleux, qui ne paroît pas formé par la croûte, mais qui, dans sa jeunesse, est recouvert d'une poudre blanche. Cette espèce a été trouvée dans les Alpes, par le C. Dufresne, sur des roches calcaires primitives.

957. Patellaire à double face. *Patellaria biformis.*

Lichen biformis. Ramond. Pyren. ined.

Ce lichen est voisin de la patellaire couleur de soufre ; sa croûte est plus unie, fendillée, d'un jaune plus pâle ; les scutelles sont absolument noires en dehors, blanches en dedans, fongueuses, d'abord orbiculaires, planes, bordées, fort petites, et à moitié enfoncées dans la croûte, ensuite protubérantes, convexes, irrégulières et sans rebord.

958. Patellaire couleur de soufre.　　　*Patellaria sulfurea.*

Lichen sulfureus. Hoffm. Enum. t. 4. f. 1. Ach. Lich. 58. — *Verrucaria sulfurea.* Hoffm. pl. Lich. t. 11. f. 3.

Sa croûte est épaisse, inégale, bosselée, fendillée, d'un jaune de soufre; elle porte des scutelles irrégulières, convexes, d'un noir bleuâtre, entourées d'une bordure peu apparente, analogue à la croûte, souvent recouverte d'une poussière d'un jaune bleuâtre. Trouvée à Senlis, par le C. Dufour, sur des roches sablonneuses.

959. Patellaire jaunâtre.　　*Patellaria lutescens.*

Lichen lutescens. Ach. Lich. 9. — *Lepra lutescens.* Hoffm. pl. Lich. t. 23. f. 1. 2. — *Verrucaria lutescens.* Hoffm. Germ. 2. p. 195.

Sa croûte est mince, inégale, étendue, pulvérulente, adhérente, d'un jaune pâle tirant sur le verd; ses scutelles sont éparses, arrondies, d'abord planes, puis convexes, à-peu-près de la couleur de la croûte dans leur jeunesse, ensuite tendant au roux et au brun, entourées d'un rebord peu apparent semblable à la croûte : elle est commune sur l'écorce des vieux arbres, mais il est rare de la trouver en fructification. Elle m'a été communiquée, dans cet état, par le C. Dufour.

§. III. *Scutelles plus ou moins charnues, de couleur rose, rouge, orangée ou jaune.*

960. Patellaire venteuse.　　*Patellaria ventosa.*

Lichen ventosus. Linn. Syst. 957. Ach. Lich. 46. — *Lichen rubinus.* Lam. Dict. 3. p. 476. n. 32. non Vill. — *Verrucaria ventosa.* Hoffm. pl. Lich. t. 27. f. 1. — *Lichen cruentus.* Web. Spic. 184. t. 1. — *Lichen flavescens.* Jacq. Misc. 2. p. 79. t. 9. f. 1.

Sa croûte est épaisse, jaunâtre, bosselée et comme composée d'une multitude de petites folioles soudées ensemble; elle a une consistance crustacée et non pulvérulente; ses scutelles sont éparses, d'abord concaves, ensuite planes et un peu convexes, arrondies ou le plus souvent irrégulières, d'un rouge brun, entourées d'une mince bordure blanchâtre ou jaunâtre : elle croît sur les rochers battus des vents, dans les Alpes.

961. Patellaire à fruit rouge. *Patellaria hœmatomma.*

Lichen hœmatomma. Ach. Lich. 46. — *Lichen coccineus.* Dicks. Crypt. 1. p. 8. t. 2. f. 1.
β. *Verrucaria porphyria.* Hoffm. pl. Lich. t. 51.
γ. *Verrucaria frondosa.* Hoffm. pl. Lich. t. 49. f. 1.

Sa croûte est d'un jaune plus ou moins pâle, d'une consistance absolument pulvérulente, et étendue irrégulièrement sur les murs et les pierres ; les scutelles sont éparses, distinctes, enfoncées à moitié dans la croûte, un peu convexes, d'un rouge sanguin très-vif, et entourées d'une bordure analogue à la croûte ; à la fin de leur vie elles deviennent irrégulièrement bosselées. Elle croît sur les rochers de pierres calcaires ou de grès, à Fontainebleau, etc.

962. Patellaire frangée.   *Patellaria craspedia.*

Patellaria arenaria. Hoffm. pl. Lich. t. 58. f. 1? — *Lichen craspedius.* Ach. Lich. 45?

La croûte de cette espèce est grenue, un peu inégale, blanchâtre ou grise lorsqu'elle est sèche, tirant promptement sur le verd foncé lorsqu'on l'humecte ; les scutelles sont d'un rouge sanguin, d'abord légèrement concaves, puis planes ou un peu convexes, entourées d'une légère bordure grenue, formée par la croûte, et d'un rebord peu saillant plus pâle que le disque, et qui s'oblitère avec l'âge. Cette plante a été trouvée à Fontainebleau, sur de la brique, par le C. Lasalle.

963. Patellaire rose.   *Patellaria rosella.*

Lichen rosellus. Pers. Ann. Bot. 7. p. 25. Ach. Lich. 52. — *Lichen alboincarnatus.* Wulf. Jacq. Coll. 3. t. 2. f. 3. — *Verrucaria rosella.* Hoffm. Germ. 2. p. 176.

La croûte est d'un gris verdâtre, grenue, peu épaisse et souvent à peine apparente ; les scutelles sont assez nombreuses, proéminentes, d'un roux qui tire sur la couleur de chair, entourées d'un rebord blanchâtre, d'abord orbiculaires et en forme de coupe, à cause de la proéminence du rebord, ensuite un peu irrégulières, planes ou légèrement convexes, et à rebord plane. Cette espèce croît sur l'écorce des arbres : elle a été trouvée à Saint-Pierre-le-Moutier, par le C. Simonnet : elle a quelque analogie avec les béomyces sessiles.

964. Patellaire en coupe. *Patellaria cupularis.*

Lichen cupularis. Hedw. st. Crypt. 2. p. 59. t. 20. f. B. Ach.
Lich. 53. — *Peziza jenensis.* Batsch. El. 1. p. 125. f. 153. —
Lichen fuscorubens. Wulf. Jacq. Coll. 3. p. 112. t. 2. f. 2.

Sa croûte est mince, glabre, fugace, rouge, souvent recouverte par des lèpres parasites; les réceptacles sont épars, en forme de coupe, concave, assez grands, d'un rose vif à l'intérieur, entourés d'un rebord épais, charnu, arrondi, blanchâtre, un peu crénelé : elle croît sur les pierres calcaires et sur le fin terreau qui couvre les rochers. Le C. Ramond l'a trouvée dans les Pyrénées.

965. Patellaire rougeâtre. *Patellaria rubella.*

Lichen rubellus. Ehrh. Crypt. exsic. 196. — *Verrucaria rubella.*
Hoffm. Fl. germ. 2. p. 174.
β. *Lichen luteolus.* Ach. Lich. 42.
γ. *Lichen vernalis.* Hoffm. Enum. t. 5. f. 1.

Sa croûte est grenue, inégale, d'un verd grisâtre; ses scutelles sont éparses, sessiles, un peu charnues, orbiculaires, d'abord légèrement concaves, avec le disque rougeâtre et le bord pâle, ensuite planes, puis convexes et sans rebord, toutes entières d'un rouge fauve ou jaunâtre. Sur presque toutes ces scutelles, le C. Dufour m'a fait observer des points noirs épars et plus ou moins nombreux, qui ressemblent à ceux de la pezize du fumier ou de la sphérie ponctuée, et qui pénètrent dans la substance même de la scutelle. Seroit-ce les capsules du lichen? Sont-ils seulement des corps parasites? Elle croît sur l'écorce des arbres.

966. Patellaire étendue. *Patellaria effusa.*

Lichen effusus. Ach. Lich. 50. — *Lichen salignus.* Schrad. Spic.

Sa croûte est mince, pulvérulente, d'un gris verdâtre, occupant d'ordinaire un espace considérable; les scutelles sont nombreuses, arrondies, petites, planes ou légèrement convexes, d'une couleur olivâtre ou roussâtre, entourées d'un rebord mince et semblable à la croûte : elle croît dans l'intérieur des saules creux. — Commun. par le C. Dufour.

967. Patellaire couleur de chair. *Patellaria carnea.*

La croûte de cette patellaire est d'un verd glauque, pâle, grenue, adhérente, disposée en rosette orbiculaire comme dans les placodes, mais non foliacée sur les bords ; les réceptacles sont des tubercules convexes, couleur de chair, placés au centre de la croûte, dépourvus de rebord , saupoudrés d'une légère poussière blanche. J'ai trouvé cette plante sur les rochers de grès, à Fontainebleau, et sur un caillou siliceux, à Bagneux.

968. Patellaire sphéroïdale. *Patellaria sphœroidœa.*

Lichen vernalis. Linn. Syst. 805. Ach. Lich. 51. — *Lichen sphœroides.* Dicks. Crypt. 1. p. 9. t. 2. f. 2. — *Verrucaria conglomerata.* Hoffm. Germ. 2. p. 174.
β. *Lichen effusus.* Schleich. Crypt. exsic. non Pers.

Cette espèce habite sur la terre ou sur les écorces , parmi les mousses, qu'elle couvre d'une croûte mince, verdâtre, peu apparente ; les scutelles adultes sont globuleuses, un peu déprimées, d'un fauve clair tirant quelquefois sur le rougeâtre ou le brun'; dans leur première jeunesse elles sont presque planes , entourées d'un rebord de la même couleur. J'ai trouvé cette plante dans l'herbier du C. Delessert, sans désignation de son lieu natal.

969. Patellaire oblitérée. *Patellaria obliterata.*

Lichen obliteratus. Pers. Ust. Ann. st. 11. Ach. Lich. 74.

Sa croûte est composée de grains d'un jaune très-pâle, irréguliers, un peu étalés vers les bords, et bosselés vers le centre ; entre ces grains la lèpre des antiques trouve souvent assez de place pour croître, et donne à la croûte un aspect noirâtre ; les scutelles sont disposées sans ordre, arrondies, d'abord planes , ensuite convexes, d'une couleur orangée tirant sur le roux, entourées d'un rebord pâle et peu apparent. On la trouve sur les murs et les rochers. Le C. Dufour l'a trouvée à Vincennes ; je l'ai trouvée à Cachan, sur un mur, mélangée avec le placode jaune.

970. Patellaire à bord luisant. *Patellaria lamprocheila.*

Lichen cœsiorufus. Ach. Lich. 45?
v. *Crustâ cinereo-ochroleucâ, crassâ, rimosâ.*
β. *Crustâ cœsiâ tenuissimâ.*

Ce lichen ressemble beaucoup à la patellaire ferrugineuse, mais il croît sur les rochers au lieu de naître sur les écorces ; sa croûte est épaisse, fendillée, jaunâtre ou cendrée dans la

variété *α*, qui croît sur les granits; elle est mince, bleuâtre et
à peine perceptible dans la variété *β*, qui croît sur les grès;
les scutelles sont éparses, d'un roux orangé, planes, entourées
d'un rebord convexe, un peu luisant, régulier dans la jeunesse,
sinueux et crénelé dans un âge avancé.

971. Patellaire ferrugineuse. *Patellaria ferruginea.*

> *Lichen cinereofuscus.* Web. Spic. n. 244. Ach. Lich. 44.—
> *Lichen vernalis*, *var. α.* Lam. Dict. 3. p. 476. n. 31.—
> *Patellaria ferruginea.* Hoffm. pl. Lich. t. 12. f. 1. t et. 35.
> f. 1.—*Lichen ferruginosus.* Gmel. Syst. 1360.
> *β. Scutellis aurantio-rubris.*

Sa croûte est mince, cendrée, adhérente, arrondie irrégulièrement, un peu grenue; les scutelles sont nombreuses, d'un
brun rouge qui tire sur la couleur de la rouille; elles sont
d'abord orbiculaires, concaves, entourées d'un rebord proéminent de la même couleur; elle deviennent ensuite planes ou
irrégulièrement convexes, souvent sinueuses, et leur rebord
s'oblitère : elle est commune sur l'écorce des arbres. La variété
β se distingue par la couleur rougeâtre de ses scutelles.

972. Patellaire orangée. *Patellaria aurantiaca.*

> *Lichen aurantiacus.* Lightf. Scot. 2. p. 810. Ach. Lich. 44.—
> *Lichen flavorubescens.* Huds. Angl. p. 443.

Cette espèce ressemble à la patellaire ferrugineuse, mais elle
en diffère en ce que ses scutelles sont communément plus petites, d'une couleur orangée ou quelquefois presque fauve, entourées, sur-tout dans leur jeunesse, d'un rebord d'un jaune
pâle; sa croûte, qui est mince et blanchâtre, est quelquefois
entourée d'une ligne noire; les scutelles deviennent convexes
en vieillissant : elle croît sur l'écorce des arbres. — Commun.
par le C. Dufour.

973. Patellaire des ormeaux. *Patellaria ulmicola.*

Cette espèce habite sur l'écorce des vieux ormes, qu'elle
couvre quelquefois en entier, sur-tout du côté du midi; sa
croûte paroît grisâtre, grenue, et peut à peine se distinguer
de l'écorce; ses scutelles sont d'un jaune orangé assez vif,
un peu plus pâles et protubérantes sur les bords dans leur jeunesse, planes, puis convexes et sans rebord dans un âge avancé;
ces scutelles n'ont pas un millimètre dans leur plus grand

développement, et sont excessivement nombreuses et rapprochées. Elle a été observée par le C. Dufour.

974. Patellaire jaune. *Patellaria candelaris.*

Byssus candelaris. Linn. spec. 1639. — *Byssus flava.* Lam. Fl.
fr. 1. p. 103. — *Lichen flavus.* Hoffm. Enum. t. 1. f. 4. Ach.
Lich. 6. — *Lichen linckii.* Gmel. Syst. 1361. — Dill. Musc.
t. 1. f. 4.

Elle forme sur les bois à demi pourris , sur les vieilles écorces ,
sur les murs humides et sur les rochers abrités , des plaques
pulvérulentes , minces , d'un jaune plus ou moins vif , de forme
et de grandeur indéterminées , ordinairement plus pâles vers les
bords ; ses scutelles sont d'un jaune plus ou moins foncé , un
peu enfoncées dans la croûte entourée d'un rebord proéminent
et grenu. Quoique cette plante soit très-commune , il est rare
de la trouver en fructification. Les échantillons que j'en ai vus
ont été trouvés par les CC. Dufour et Lasalle.

975. Patellaire jaune-verdâtre. *Patellaria flavovirescens.*

α. *Arborea.* — *Lichen salicinus.* Ach. Lich. 43.
β. *Rupestris.* — *Lichen flavovirescens.* Ach. Lich. 73. — *Patellaria flavovirescens.* Hoffm. pl. Lich. t. 20. f. 1.

La croûte de ce lichen est d'un jaune un peu verdâtre quand
on l'humecte , sensiblement grenue et fortement adhérente ; les
scutelles sont d'un fauve orangé , planes ou un peu convexes
dans leur vieillesse , entourées d'un rebord peu proéminent d'un
jaune pâle. La variété α , qui croît sur l'écorce des arbres , offre
quelquefois des scutelles réunies en un paquet ou un tubercule
proéminent ; la variété β croît sur les rochers. — Commun. par
le C. Ramond.

976. Patellaire jaune d'œuf. *Patellaria vitellina.*

Patellaria vitellina. Hoffm. pl. Lich. t. 26. f. 1. et t. 27. f. 2. —
Lichen vitellinus. Ach. Lich. 41.
β. *Saxatilis.*

Sa croûte est d'un jaune très-vif , sensiblement grenue et un
peu inégale ; les scutelles sont nombreuses , éparses dans leur
jeunesse , orbiculaires , concaves , petites , entourées d'un rebord
saillant , et toutes entières de la même couleur que la croûte ;
en vieillissant leur disque s'élargit , devient plane , convexe ,

irrégulier, tourne à la couleur fauve et ensuite presque brun ; le rebord devient dentelé ou plutôt crispé : elle croît sur les poutres et les pieux à demi pourris. Je l'ai trouvée en Belgique. La variété β a été trouvée par le C. Ramond, dans les Pyrénées, sur des roches de schistes cornés ; elle est plus maigre et le bord de ses scutelles est moins grenu.

977. Patellaire variable.   *Patellaria varia.*

Patellaria varia. Hoffm. pl. Lich. t. 23. f. 4. — *Lichen varius.* Ach. Lich. 40.

Sa croûte est d'un gris verdâtre, mince, à peine sensible ; ses scutelles sont rapprochées sans ordre, arrondies et planes dans leur jeunesse, un peu convexes et sinueuses dans un âge avancé ; leur disque est jaune, roux, olivâtre ou brun ; le bord est crénelé, blanchâtre : elle croît sur les poutres et les pieux exposés à l'air depuis long-temps, et non sur les écorces, comme les espèces voisines.

978. Patellaire couleur de cire.   *Patellaria cerina.*

Lichen cerinus. Hedw. Crypt. p. 62. t. 21. f. B. Ach. Lich. 40. — *Patellaria cerina.* Hoffm. pl. Lich. t. 33. f. 1.
β. *Cyanolepra.*

La croûte est mince, grisâtre, blanchâtre ou bleuâtre, souvent à peine sensible, mal terminée ; les scutelles sont petites, arrondies, d'abord un peu concaves, ensuite planes ou légèrement convexes, d'un jaune fauve, entourées d'une bordure blanche très-sensible dans la jeunesse, un peu grise et sinueuse dans un âge avancé : elle croît sur l'écorce des arbres ; on dit qu'on la trouve aussi sur la terre et les rochers. La variété β, qui se distingue à sa croûte bleuâtre, croît sur les peupliers et les noyers, et doit peut-être former une espèce distincte.

979. Patellaire des roches.   *Patellaria rupestris.*

Lichen rupestris. Ach. Lich. 43. — *Verrucaria rufescens.* Hoffm. pl. Lich. t. 17. f. 1 ?

La croûte de ce lichen est très-mince, très-fugace et de couleur blanche ; quelquefois elle est recouverte d'une matière noire qui paroît être une plante parasite ; quelquefois aussi elle devient jaunâtre, et cette teinte, selon l'observation du C. Ramond, est due à l'avortement d'une multitude de scutelles ; celles-ci sont hémisphériques, sans rebord, jaunes, orangées ou rousses. Cette espèce croît sur les rochers, qu'elle n'excave pas comme la patellaire creusante.

980. Patellaire creusante. *Patellaria incrustans.*

An lichen irrubatus. Ach. Lich. 75 ?

Sa croûte n'est pas sensible à l'œil; ses scutelles sont d'un jaune orangé, fort petites; dans leur jeunesse elles sont enfoncées dans la pierre, concaves, entourées d'un rebord proéminent; bientôt elles s'élèvent, deviennent planes, puis convexes et hémisphériques; alors leur couleur est un peu plus foncée, et le rebord a disparu. Elle a été trouvée sur des pierres calcaires tendres, à Senlis, par le C. Dufour.

§. IV. *Scutelles membraneuses, entourées d'une bordure analogue à la croûte (*).*

981. Patellaire rouge. *Patellaria rubra.*

Patellaria rubra. Hoffm. pl. Lich. t. 17. f. 2. — *Lichen pallidus.* Hoffm. Enum. 50. t. 5. f. 2. — *Lichen ulmi.* Ach. Lich. 54.

Une croûte mince, pulvérulente, blanchâtre et peu prononcée, porte des réceptacles épars; ceux-ci paroissent d'abord comme des tubercules blancs et hémisphériques; ils s'ouvrent à leur sommet et forment des scutelles orbiculaires dont le fond est plane ou concave, et d'un rose tirant sur le rouge, tandis que le bord est protubérant, fortement crénelé, blanc et d'un aspect poudreux. Ce lichen croît sur l'écorce des vieux chênes, des ormes, des noyers, etc.

982. Patellaire baïe. *Patellaria badia.*

α. *Lichen fuscatus.* Schrad. Spic. 83. — *Verrucaria badia.* Hoffm. pl. Lich. t. 51. f. 2. — *Lichen badius.* Ach. Lich. 67 ?
β. *Crustá pallidá.*

Sa croûte est d'un gris plus ou moins foncé, composée de mamelons distincts, convexes, glabres, qui s'ouvrent à leur sommet par un pore qui bientôt s'agrandit, se soulève et forme une scutelle à-peu-près plane, d'un brun luisant, entourée d'une bordure peu saillante, analogue à la croûte. La variété β diffère par sa croûte blanchâtre; quelques-unes de ses scutelles sont absolument de la même couleur que la croûte dans

---

(*) Cette section doit peut-être former un genre distinct.

l'échantillon que j'ai sous les yeux. Cette espèce a été trouvée par le C. Ramond, dans les Hautes-Pyrénées, sur des roches dures.

983. Patellaire des hypnes.   *Patellaria hypnorum.*

Lichen hypnorum. Wulf. Jacq. Coll. 4. p. 233. t. 7. f. 2. — *Lichen epibryon.* Ach. Lich. 79.

Sa croûte est d'un blanc tirant sur le glauque, étendue irrégulièrement sur les mousses ; les scutelles sont éparses, planes, lisses, d'un brun marron, entourées d'un rebord blanc analogue à la croûte. Cette espèce croît sur les tas de mousses vivantes.

984. Patellaire brunâtre.   *Patellaria subfusca.*

Lichen subfuscus. Linn. spec. 1609. Ach. Lich. 47. Lam. Fl. fr. 1. p. 77. Hoffm. Enum. t. 4. f. 3. 4. 5. — Dill. Musc. t. 18. f. 16. t. 55. f. 8.
β. *Saxatilis.*

De toutes les espèces de lichens, il en est peu qui soient aussi communes et qui varient autant d'aspect que celle-ci ; sa croûte est d'un blanc tirant sur le gris, quelquefois très-mince, quelquefois grenue et bosselée, quelquefois même un peu farineuse ; les scutelles sont tantôt éparses et distinctes, tantôt tellement rapprochées qu'elles gênent réciproquement leur croissance ; elles commencent par être entourées d'un rebord très-épais qui leur donne l'apparence d'un godet ; mais ce rebord s'évase, la scutelle devient plane et souvent même convexe ; le rebord est toujours de la couleur de la croûte ; le disque est ordinairement brun, quelquefois un peu rougeâtre ou d'un jaune fauve. Cette plante croît sur tous les troncs d'arbres. La variété β croît sur les rochers ; elle se fait remarquer par la petitesse de ses scutelles. Peut-être est-elle une espèce distincte ?

985. Patellaire noire   *Patellaria tephromelas.*
et cendrée.

Lichen tephromelas. Ach. Lich. 67. — *Verrucaria atra.* Hoffm. Fl. germ. 2. p. 183. — *Lichen cinereus.* Wulf. Jacq. Coll. 2. p. 183. t. 14. f. 6. b. — *Lichen ater.* Huds. Angl. 445.

Sa croûte est d'un gris blanchâtre, orbiculaire, grenue, un peu ridée ; elle porte des scutelles rondes, éparses, planes, noires dès leur naissance, entourées d'une bordure blanche un peu proéminente ; dans la vieillesse elles deviennent sinueuses et un peu bosselées. Cette espèce croît sur les rochers et l'écorce

des arbres ; elle diffère de la patellaire brunâtre par la couleur
noire de ses scutelles.

986. Patellaire dispersée. *Patellaria dispersa.*

α. Muralis. — Lichen dispersus. Pers Ust. Ann. 7. p. 27. Ach.
Lich. 49. — *Verrucaria dispersa.* Hoffm. Germ. 2. p. 189.
β. Arborea. — Lichen nigrovirens. Ach. Lich. 71?

Cette patellaire offre une croûte toujours mince et adhérente,
le plus souvent grisâtre ; quelquefois elle est noire, un peu gélatineuse, et dans ce cas paroit formée par une petite plante
parasite ; les scutelles sont planes, nombreuses, petites, tantôt
éparses, tantôt rapprochées ; leur disque est d'un roux pâle dans
leur jeunesse, et devient ensuite plus foncé ; leur bord est blanc,
proéminent, un peu grenu et légèrement crénelé. Cette plante
croît, soit sur l'écorce des arbres, soit sur les murs ; elle diffère, par la petitesse de ses scutelles, des espèces voisines.

987. Patellaire anguleuse. *Patellaria angulosa.*

α. Lichen angulosus. Ach. Lich. 54. — *Lichen pallescens.* Wulf.
Jacq. Coll. 3. p. 112. t. 5. f. 3. a. — *Lichen albidus.* Lam. Dict.
3. p. 478.
β. Lichen subcarneus. Ach. Nov. Act. Succ. 15. t. 6. f. 4.

La croûte est mince, blanchâtre, irrégulièrement étendue,
lisse ou très-légèrement fendillée ; les scutelles sont d'abord
éparses et orbiculaires, ensuite très-nombreuses, serrées les
unes contre les autres et irrégulièrement anguleuses ; ces scutelles sont à-peu-près planes dans leur jeunesse, puis convexes,
blanchâtres ou couleur de chair, entourées d'un rebord entier,
pâle et peu saillant ; elles semblent ordinairement saupoudrées
de poussière glauque : elle croît sur les troncs d'arbres. La variété
β, qui est peut-être une espèce distincte, croît sur les rochers.

988. Patellaire du peuplier. *Patellaria populicola.*

Sa croûte forme une tache arrondie, assez régulière dans sa
jeunesse, grenue et d'un gris noir au centre, blanchâtre et
zonée sur les bords ; les scutelles, qui ne naissent que dans la
partie noirâtre, sont d'abord concaves, orbiculaires, blanches
et un peu poudreuses ; elles deviennent ensuite un peu irrégulières, planes ou convexes, d'une couleur olivâtre pâle, entourées d'un rebord blanc qui s'efface un peu avec l'âge : elle croît
sur le peuplier blanc, aux environs de Paris, et a été observée
par le C. Dufour.

989. Patellaire tartre.　　*Patellaria tartarea.*

α. Rupestris.— Lichen tartareus. Lightf. Scot. 2. p. 811. Linn.
spec. 1608. Ach. Lich. 38. Excl. Syn. Wulf. — Dill. Musc.
t. 18. f. 13.

β. Muscicola.— Lichen frigidus. Linn. f. Meth. Musc. p. 32.
t. 2. f. 4. — *Lichen androgynus.* Hoffm. Enum. p. 56. t. 7. f. 3.

γ. Arborea.

La croûte de ce lichen est irrégulière, grenue et comme verruqueuse, blanchâtre, étendue inégalement et fendillée dans
les variétés *α* et *γ*, divisée en paquets cylindriques, et fruticuleux dans la variété *β*; quelquefois elle s'effleurit çà et là en
une poussière blanchâtre, que quelques botanistes ont regardée
comme le pollen; les scutelles sont éparses, sessiles, d'abord
orbiculaires, puis irrégulières; le disque est plane, d'un roux
plus ou moins foncé, entouré d'un bord épais, blanc, calleux
et proéminent. La variété *α* croît sur les rochers, et je ne
sache pas qu'on l'ait encore trouvée en France; la variété *β*
naît sur les tas de mousses, dans les Pyrénées; la variété *γ* croît
sur les troncs de pins, dans les Alpes.

990. Patellaire d'Upsal.　*Patellaria Upsaliensis.*

Lichen upsaliensis. Linn. spec. 1609. Ach. Lich. 37. Diks. Crypt.
2. p. 12. t. 2. f. 7.—*Patellaria upsaliensis.* Hoffm. pl. Lich.
t. 21. f. 2.

Le croûte est très-irrégulière, composée de rameaux distincts, rampans, entrecroisés, ce qui semble rapprocher cette
plante des lichens fruticuleux; cette croûte est d'un blanc un peu
glauque quand elle est fraîche, légèrement jaunâtre quand elle
est sèche; les scutelles sont éparses, arrondies, entourées d'un
bord saillant, épais, de couleur blanche; le disque est d'un
jaune pâle : elle croît sur les mousses, dans les lieux découverts
et élevés. Schleicher l'a trouvée dans les Alpes.

991. Patellaire parelle.　　*Patellaria parella.*

α. Rupestris.—Lichen parellus. Linn. Mant. 132. Ach. Lich. 36.
Lam. Fl. fr. 1. p. 78. — *Patellaria parella.* Hoffm. pl. Lich.
t. 12. f. 3. —Dill. Musc. t. 18. f. 10.

β. Arborea.

Sa croûte est blanchâtre, grenue, un peu verruqueuse, souvent fendillée, et forme des taches considérables; les scutelles
sont de la même couleur que la croûte, proéminentes, entourées

d'un rebord saillant, enflé, arrondi; quelquefois les scutelles naissent très-voisines, se gênent dans leur développement et deviennent anguleuses : elle croît sur les rochers et sur-tout sur ceux qui sont calcaires ou voisins de la mer. On la connoît sous le nom de *Parelle* ou *Orseille d'Auvergne*. On la recueille en raclant les rochers ; elle s'emploie dans la teinture ; on en tire une couleur rouge par la macération dans l'urine. On la trouve aussi sur les troncs d'arbres; sa croûte y est moins épaisse.

******** *Réceptacles en écussons, placés entre ou sur des écailles foliacées.*

LXXXI. RHIZOCARPE. *RHIZOCARPON.*

Rhizocarpon. Ramond. ined. — *Urceolariæ et Patellariæ sp.* Ach. — *Lepropinaciæ sp.* Vent. — *Lichenis sp.* Linn.

Car. Les rhizocarpes offrent une base noire très-mince, composée de fibrilles menues et adhérentes ; de cette base radicale sortent des écailles distinctes, un peu foliacées, planes ou rarement convexes, et des réceptacles non insérés sur les écailles, mais placés entre elles ; ces réceptacles sont ordinairement noirs, planes et munis d'un léger rebord.

Obs. Ce genre, qui est voisin des psora, s'en distingue parce que les scutelles naissent entre les écailles et non sur leur bord; la présence de ces écailles le distingue des patellaires. Le *lichen Swartzii* d'Acharius, et le *lichen dendriticus* d'Hoffman, me paroissent appartenir à ce genre.

992. Rhizocarpe géographique.   *Rhizocarpon geographicum.*

Lichen geographicus. Linn. spec. 1607. Ach. Lich. 33. Lam. Dict. 3. p. 471. n. 2. — Dill. Musc. t. 18. f. 5.
a. Lichen atrovirens. Linn. spec. 1607.—*Verrucaria atrovirens.* Hoffm. pl. Lich. t. 17. f. 4.
β. Verrucaria geographica. Hoffm. pl. Lich. t. 54. f. 2.

Cette espèce forme des taches souvent très-étendues, bigarrées de noir et de jaune verdâtre ; la partie noire est formée par une couche très-mince étendue sur la pierre, qui forme une bordure noire autour de la tache, et qui porte les écailles et les scutelles; les écailles sont d'un jaune verdâtre, arrondies ou irrégulières, distinctes les unes des autres, toutes planes et unies en dessus; les scutelles qui naissent entre les écailles sont

d'un noir mat , planes , entourées d'un léger rebord , arrondies
ou quelquefois oblongues, ce qui leur donne quelque ressemblance avec les lirelles des opégraphes. Les variétés *α* et *β* sont
simplement dues à la diversité de l'âge. Cette espèce est commune sur les pierres quartzeuses.

993. Rhizocarpe con-   *Rhizocarpon con-*
ferve.   *fervoides.*

Cette plante n'offre, à sa naissance , que des filamens d'un
verd foncé , appliqués sur la surface des pierres, délicats , rameux et rayonnans de toutes parts avec plus ou moins de
régularité; bientôt il se développe au centre plusieurs petites scutelles noires, planes, orbiculaires , entourées d'un rebord noir peu apparent , et remarquables en ce que le centre
est souvent proéminent; entre les scutelles et peu après leur
naissance, il se forme une croûte grise, unie, souvent un peu
mélangée de noir; dans les individus âgés, la croûte grise
est étendue irrégulièrement , chargée de scutelles et entourée
d'une bordure d'un verd foncé , qui , vue à la loupe, paroit
ramifiée ainsi que je l'ai dit plus haut. Cette espèce naît sur
des pierres siliceuses.

994. Rhizocarpe arlequin.   *Rhizocarpon morio.*

Lichen morio. Ramond. Pyren. ined.

La croûte est lisse , fort adhérente , fendillée en une multitude d'aréoles polygones et d'un jaune cuivré, séparées par des
interstices noirs qui donnent à la croûte un aspect noirâtre ; les
scutelles , qui sont distinctes des folioles , naissent de la base
commune; elles sont noires , planes, entourées d'un très-léger
rebord de la même couleur. Cette espèce croît sur les granits ,
dans les Pyrénées.

995. Rhizocarpe abricot. *Rhizocarpon armeniacum.*

Cette espèce est intermédiaire entre la précédente et la suivante, et n'est peut-être qu'une variété de l'une ou de l'autre;
sa base radicale est noire, non ramifiée sur les bords; les
écailles sont d'un jaune abricot, peu convexes, ridées sur-tout
dans un âge avancé, plus grandes que dans le rhizocarpe arlequin, plus planes et plus pâles que dans le rhizocarpe noir et
brun; les scutelles sont noires, radicales, orbiculaires, planes,

un peu sillonnées. Cette espèce a été trouvée dans les Pyrénées, par le C. Ramond, sur des roches calcaires compactes.

996. Rhizocarpe noir et brun. *Rhizocarpon atrobrunneum.*

Lichen atrobrunneus. Ramond. Pyren. ined. — *Lichen niger*, *var. β.* Vill. Dauph. 3. p. 999.

Cette espèce est tellement voisine du rhizocarpe arlequin, qu'on seroit tenté de croire qu'elle n'en est qu'une variété à folioles plus grandes et plus convexes ; sur une base noire à peine visible, s'élèvent des folioles convexes, blanches en dedans, d'un brun noirâtre en dehors, séparées par des interstices souvent assez larges ; les scutelles naissent à côté des folioles ; elles sont arrondies ou irrégulières, noires, planes, entourées d'un rebord noir, convexe et un peu luisant. Elle a été trouvée sur des schistes micacés, au sommet du pic du Midi, par le C. Ramond, et dans les Alpes, par les CC. Dufresne et Villars. Lorsqu'elle croît sur des pierres quartzeuses, les petites fibrilles noirâtres qui forment la base de la plante, divergent et s'étendent sur la pierre en forme de dendrites. Cette espèce tient le milieu entre les rhizocarpes et les psora.

LXXXII. PSORA. *PSORA.*

Psoromæ sp. Ach. — *Psoræ sp.* Hoffm. — *Geissodeæ sp.* Vent. — *Lichenis sp.* Linn.

CAR. Les psoras forment une croûte épaisse, irrégulière, composée de tubercules ou d'écailles distinctes, planes ou convexes, qui portent sur leur côté des scutelles d'abord planes et munies d'un rebord, ensuite irrégulièrement convexes.

OBS. Les espèces à écailles convexes offrent à l'intérieur une consistance spongieuse ; leurs scutelles naissent d'abord sur le sommet des tubercules, et ne deviennent latérales que par le boursouflement de ces tubercules.

§. Ier. *Écailles convexes.*

997. Psora tabac d'Espagne. *Psora tabacina.*

Lichen tabacinus. Ramond. Pyren. ined.

La croûte de ce lichen est épaisse, grumeleuse, inégale, blanche à l'intérieur, d'une couleur qui approche de celle du tabac d'Espagne à l'extérieur, composée d'écailles rapprochées, convexes, bosselées, qui portent des scutelles noires, planes ou un peu convexes ; orbiçulaires ou irrégulières ; ces scutelles naissent d'abord sur les écailles, et sont ensuite déjetées sur le côté, à mesure que l'écaille grossit. Cette espèce a été trouvée par le C. Ramond, dans les Pyrénées , sur des rochers schisteux.

998. Psora loriot.   *Psora galbula.*

Lichen galbulus. Ramond. Pyren. ined.

Sa croûte est d'un beau jaune citron, composée de folioles ou de tubercules renflés, épais, arrondis ou lobés, distincts, mais rapprochés, qui portent sur leurs côtés des scutelles toutes noires, épaisses, arrondies, planes et entourées d'un léger rebord dans leur jeunesse, irrégulières, confluentes et convexes dans un âge avancé. Cette belle espèce a été trouvée par le C. Ramond, dans les Pyrénées , sur la terre, au haut du passage de Piéta , près du lac de Liéou.

999. Psora vésiculaire.   *Psora vesicularis.*

Patellaria vesicularis. Hoffm. pl. Lich. t. 32. f. 3. — *Lichen vesicularis , var. α.* Ach. Lich. 94. — *Lichen radicatus.* Vill. Dauph. 3. p. 948. t. 55 ?

Cette espèce est composée de tubercules distincts , munis à leur base d'une racine fibreuse, divisés en lobes obtus et renflés ; leur couleur est d'un gris sale , et devient verdâtre ou olivâtre lorsqu'on les humecte ; les scutelles sont noires ou très-légèrement glauques, placées sur le côté des tubercules , d'abord arrondies, planes et munies d'un rebord , ensuite irrégulières et sans rebord. Ce lichen croît sur la terre , dans les pays de montagnes , parmi les mousses.

1000. Psora raquette.   *Psora opuntioides.*

Lichen opuntioides. Vill. Dauph. 3. p. 967. t. 55.

Cette plante est voisine de la psora vésiculaire , mais elle n'offre pas de fibres radicales sensibles ; ses folioles sont creuses à l'intérieur, un peu renflées , mais aplaties, droites, rapprochées, obtuses, sinueuses, entremêlées les unes dans les autres comme dans les lobes de la tremelle mésentère , vertes lorsqu'elles sont fraîches , d'un gris sale quand elles se dessèchent ; les scutelles naissent sur le sommet et se déjettent latéralement ; elles sont petites, orbiculaires , munies d'un rebord saillant, noires , avec une légère teinte glauque : elle croît sur la terre ,

dans

dans les montagnes. Le C. Ramond l'a trouvée dans les Pyrénées; les CC. Villars et Deleuze, dans les Alpes méridionales.

1001. Psora blanche. *Psora candida.*

Patellaria candida. Hoffm. pl. Lich. t. 33. f. 2. — *Lichen candidus.* Web. Gœtt. 193. Vill. Dauph. 3. p. 967. Lam. Dict. 3. p. 481. n. 52. — *Lichen vesicularis, var.* β. Ach. Lich. 94.
α. *Terrestris.*
β. *Collematicola.*
γ. *Rosea.*

Cette plante se rapproche de la psora vésiculaire ; mais elle est dépourvue de radicules , et ses tubercules sont plus foliacés , sur-tout vers les bords de la croûte ; ils sont recouverts d'une poudre blanche très-adhérente , et ne changent pas sensiblement de couleur lorsqu'on les humecte ; les scutelles sont planes , entourées d'un léger rebord , saupoudrées d'une poussière bleuâtre qui quelquefois se détruit dans la vieillesse , et alors la scutelle paroît noire. La variété α croît sur la terre ; la variété β croît sur de vieilles espèces de colléma ; l'une et l'autre se trouvent dans les pays montagneux ; la variété γ, que le C. Ramond a trouvée dans les Pyrénées , se distingue par sa teinte rose.

§. II. *Écailles planes ou concaves.*

1002. Psora trompeuse. *Psora decipiens.*

Lichen decipiens. Hedw. St. Crypt. 2. p. 7. t. 1. f. B. Ach. Lich. 96. — *Lichen pezizoides.* Swartz. Act. Ups. 4. p. 247. Lam. Dict. 3. p. 481. — *Lichen elveloides.* Jacq. Coll. 3. p. 108. t. 3. f. 3. — *Lichen dispermus.* Vill. Dauph. 3. p. 994. t. 55.

Ce lichen mérite , à juste titre , le nom de *trompeur* , parce que ses feuilles distinctes appliquées sur la terre , orbiculaires et concaves à leur naissance , ressemblent absolument à des scutelles ; ces feuilles deviennent ensuite bosselées , un peu lobées et irrégulières ; elles sont d'un rouge de brique , entourées d'une bordure blanche produite par la tranche de la feuille qui se relève ; les véritables scutelles sont noires , convexes , sans rebord , placées sur le bord des feuilles , et souvent confluentes les unes avec les autres. Cette espèce croît dans les montagnes , sur la terre nue. Je l'ai souvent trouvée dans les Alpes , près de la limite des neiges éternelles.

FAMILLE

1003. Psora couleur de cuir.   *Psora lurida.*

Lichen luridus. Ach. Lich. 95. — *Psora squammata.* Hoffm. Germ. 2. p. 161. —*Lichen squammatus.* Vill. Dauph. 3. p. 966. — Dill. Musc. t. 3o. f. 134 et 135.

Sa couleur est d'un gris brun approchant de celle du cuir ou du bronze ; ses folioles sont d'abord arrondies, éparses, ensuite un peu lobées et embriquées irrégulièrement ; elles sont blanchâtres en dessous et leurs bords se relèvent quelquefois à-peu-près comme dans la psora trompeuse ; les scutelles naissent vers le bord des folioles ; elles sont noires, éparses, convexes, sans rebord : ce lichen croît sur la terre qui recouvre les rochers et sur les tas de mousses décomposées. Trouvé à Chantilly, par le C. Dufour ; près de Grenoble, par le C. Villars ; en Provence, par le C. Deleuze ; dans les Pyrénées, par le C. Ramond.

LXXXIII. URCÉOLAIRE.   *URCEOLARIA.*

Urceolaria. Ach. — *Verrucariæ sp.* Hoffm. —*Lepropinaciæ sp.* Vent.— *Lichenis sp.* Linn.

CAR. les urcéolaires sont composées de tubercules planes ou concaves, quelquefois entièrement distincts, souvent rapprochés de manière à former une croûte plane ou mamelonnée ; ces tubercules s'ouvrent à leur sommet en une scutelle enfoncée au moins dans sa jeunesse, et toujours entourée d'un rebord saillant formé par la croûte.

OBS. Les tubercules du bord de la croûte sont quelquefois stériles et dégénèrent en petites feuilles.

§. Ier. *Scutelles enfoncées pendant toute leur durée.*

1004. Urcéolaire contournée. *Urceolaria contorta.*

Lichen Hoffmanni. Ach. Lich. 31. —*Verrucaria contorta.* Hoffm. pl. Lich. t. 22. f. 1-4. — *Lichen rupicola.* Hoffm. Enum. 23. t. 6. f. 3.

Sa croûte est formée de verrues distinctes, déprimées et contournées sur les bords, d'un blanc tirant un peu sur le gris-bleuâtre ; ces verrues portent à leur sommet un ou deux réceptacles brunâtres, enfoncés, concaves, entourés d'un rebord blanc, poudreux, ridé, proéminent, souvent un peu tortu. Cette espèce croît sur les roches schisteuses et siliceuses.

1005. Urcéolaire marron. *Urceolaria castanea.*

Lichen castaneus. Ramond. Pyren. ined.

Cette urcéolaire, la plus petite de toutes, se fait distinguer sans peine à sa couleur d'un brun marron; elle est composée de tubercules arrondis ou anguleux, convexes, rapprochés deux à cinq ensemble, quelquefois épars, percés à leur sommet d'un pore assez grand si on le compare à la grandeur de la plante. Cette espèce a été trouvée par le C. Ramond, dans les Pyrénées, aux environs de Baréges, sur des roches de schistes cornés mêlangée avec la variété β de la patellaire jaune-d'œuf.

1006. Urcéolaire opégraphe. *Urceolaria opegraphoides.*

Sa croûte est d'un blanc légèrement jaunâtre ou cendré, unie, plane, fendillée en aréoles polygones; chaque aréole porte deux à quatre points enfoncés, d'un noir un peu glauque; ces points se réunissent et forment des fentes irrégulières qui ont quelque analogie avec celles des opégraphes; ces fentes ne sont pas sensiblement bordées par la croûte. Cette plante croît sur les rochers.

1007. Urcéolaire fendillée. *Urceolaria tessulata.*

α. *Lichen tessulatus.* Ach. Lich. 35.
β. *Lichen ocellatus.* Ach. Lich. 61. — *Verrucaria ocellata.* Hoffm. pl. Lich. t. 20. f. 2.
γ. *Lichen polygonius.* Vill. Dauph. 3. p. 995. t. 55? Ach. Lich. 35?
δ. *Lichen cinereus.* Hoffm. Enum. p. 22. t. 4. f. 3.

Sa croûte est d'un blanc jaunâtre sale dans la variété α; d'un gris assez foncé dans la variété β; d'un gris bleuâtre ou verdâtre tirant sur le noir, dans la variété γ, d'un gris cendré dans la variété δ, toujours fendillée en aréoles polygones, planes ou peu convexes; chaque aréole porte un à trois points noirs enfoncés, qui s'élargissent et finissent par former une scutelle arrondie, entourée d'un rebord formé par la croûte. Cette plante croît sur les rochers.

§. II. *Scutelles d'abord enfoncées, ensuite saillantes.*

1008. Urcéolaire graveleuse. *Urceolaria scruposa.*

α. Lichen scruposus. Linn. Mant. 131. Ach. Lich. 32. Lam. Dict. 3. p. 477. n. 36. — *Patellaria scruposa.* Hoffm. pl. Lich. p. 54. t. 11. f. 2. — Hall. Helv. n. 2051. t. 47. f. 6.

β. Lichen impressus. Ach. Lich. 104.

γ. Lichen muscorum. Hoffm. Enum. 41. Pl. Lich. p. 93. t. 21. f. 1. — *Lichen bryophilus.* Ehrh. Crypt. exsic. 236.

Sa croûte est ordinairement d'un gris cendré, quelquefois blanchâtre ou jaunâtre; elle est grenue, un peu inégale, disposée à se fendiller, sur-tout lorsque la plante a crû sur des rochers, dégénérant quelquefois en petites folioles embriquées; les réceptacles sont épars, enfoncés dans la croûte, d'un noir tirant un peu sur le bleuâtre ou le gris, entourés d'un rebord saillant, renflé, crénelé, et qui semble un peu roulé en dedans. La variété *α* naît sur les rochers; la variété *β* sur la terre; la variété *γ* sur les mousses et les grandes espèces de lichens. On en tire une teinture rouge par une longue macération dans l'urine, et une couleur noisette-verdâtre, par la macération dans l'eau avec le sulfate de fer.

1009. Urcéolaire à yeux bordés. *Urceolaria ocellata.*

Lichen ocellatus. Vill. Dauph. 3. p. 988. t. 55.

Sa croûte est blanche, épaisse, quelquefois boursouflée, composée de verrues convexes, contiguës, ovales ou irrégulières; ces verrues s'ouvrent à leur sommet et laissent voir des réceptacles d'abord enfoncés, concaves, arrondis, noirâtres, entourés d'un rebord blanc très-proéminent, ensuite ils s'étalent, s'aplatissent; ils atteignent jusqu'à 3-4 millim. de diamètre; leur disque devient grisâtre et leur bord irrégulier et peu saillant. Cette espèce croît sur les rochers calcaires durs, dans le Midi de la France : elle diffère du *lichen gibbosus* de Dickson, en ce que la plante décrite par Dickson, a la croûte brune et les réceptacles deux fois plus petits.

1010. Urcéolaire de Lamarck. *Urceolaria Lamarckii.*

Lichen calcareus. Lam. Fl. fr. 1. p. 76. — *Lichen tartareus.* Lam. Dict. 3. p. 477. Excl. Syn.

Cette espèce est voisine de l'urcéolaire à yeux bordés, et de la patellaire tartre ; elle offre des fragmens arrondis ou irréguliers, distincts , rapprochés en forme de croûte mamelonnée, convexes , épais, d'un blanc jaunâtre, d'un aspect pulvérulent, d'une consistance fragile ; les réceptacles naissent du milieu des fragmens ; ils sont orbiculaires, un peu concaves, d'un roux fauve; entourés d'une bordure analogue à la croûte, de 3-5 millim. de diamètre. Cette espèce croît dans les Alpes , sur les rochers recouverts d'un peu de terre.

LXXXIV. VOLVAIRE. *VOLVARIA*.

Urceolariæ sp. Ach. — *Lichenis sp.* Vill. Smith.

Car. Des tubercules membraneux insérés sur une croûte mince, fermés dans leur jeunesse, s'ouvrent ensuite à leur sommet et découvrent une masse compacte et caduque.

Obs. Ce genre semble être parmi les lichens, ce que les théléboles sont parmi les champignons.

1011. Volvaire coquille. *Volvaria conchylioides.*

Cette espèce de lichen n'offre pas de croûte sensible; on y remarque des tubercules arrondis, aplatis, blancs et légèrement enfoncés, qui s'ouvrent au sommet et mettent à découvert un réceptacle noir, orbiculaire, en forme de lentille. Dans cet état on croiroit voir un très-petit lichen foliacé, dont chaque feuille porte un seul tubercule ; à la fin de la vie de la plante, le réceptacle tombe, et on voit alors une coupe concave, blanche, crustacée, et qui ressemble à une petite coquille. Ce lichen singulier croît sur les rochers de grès ; il a été découvert aux environs d'Étampes, par le C. Villermets.

1012. Volvaire épanouie. *Volvaria exanthematica.*

Lichen clausus. Hoffm. Enum. 48. — *Lichen volvatus.* Vill.
Dauph. 3. p. 998. t. 55. — *Lichen exanthematicus.* Smith.
Trans. Linn. 1. t. 4. f. 1. Ach. Lich. 35.

Sa croûte est grise, très-mince, à peine visible, étendue irrégulièrement sur les rochers calcaires ; ses réceptacles sont très-petits, à moitié incrustés dans la pierre; d'abord tuberculeux, fermés de toutes parts et de couleur blanchâtre; ils s'ouvrent ensuite au sommet et forment une coupe concave dont la bordure est épaisse, blanchâtre, proéminente, exactement arrondie; le centre plane, couleur de chair et séparé de la bordure; ce centre ou ce réceptacle tombe, et il semble alors qu'on a sous les yeux une véritable scutelle concave. Cette espèce croît dans les Alpes et les Pyrénées, sur les pierres calcaires compactes.

1013. Volvaire des troncs. *Volvaria truncigena.*

Sa croûte est blanchâtre, inégale; elle se boursoufle çà et là en mamelons d'abord fermés de toutes parts, bientôt ouverts à leur sommet; cette ouverture s'agrandit, devient plus profonde, et le réceptacle offre alors une scutelle arrondie, d'un blanc un peu jaunâtre ou couleur de chair, entourée d'une bordure proéminente, épaisse, distincte d'elle et formée par la croûte. Le C. Dufour a trouvé cette espèce sur l'écorce des vieux chênes.

LXXXV. ÉCAILLAIRE. *SQUAMMARIA.*

Psoromæ et Placodii sp. Ach. — *Psoræ sp.* Hoffm.

Car. Les écaillaires sont composées d'écailles foliacées, distinctes ou soudées ensemble, souvent embriquées, qui tendent à diverger du centre de la rosette à la circonférence, et qui portent à leur surface supérieure des réceptacles épars, en scutelles ou en tubercules qui ne sont point enfoncés dans la croûte, même dans leur jeunesse.

Obs. Les espèces de ce genre semblent fort disparates au premier coup-d'œil, et ce n'est que par la comparaison d'un grand nombre d'individus, qu'on peut se faire une idée juste de leurs rapports naturels.

1014. Écaillaire succin. *Squammaria electrina.*

Lichen electrinus. Ramond. Pyren. ined.

Ce lichen est tout entier d'une vive couleur d'un jaune citrin; il forme une rosette arrondie, composée de tubercules distincts, convexes et protubérans dans le centre, étalés et un peu foliacés sur les bords; les tubercules centraux portent des réceptacles convexes, sans rebord et de la même couleur. Le C. Ramond a trouvé cette espèce dans les Pyrénées, sur les rochers.

1015. Écaillaire en forme d'isle.   *Squammaria insulata.*

Lichen insulatus. Ramond. Pyren. ined.

Sa croûte est épaisse, bombée dans le centre, un peu foliacée sur les bords, blanche en dedans, d'un jaune pâle en dehors; elle naît par touffes distinctes qui se réunissent quelquefois et restent souvent séparées; à la surface des tubercules naissent des scutelles d'abord planes, rousses, entourées d'une bordure saillante formée par la croûte, puis convexes, souvent aggrégées et presque dépourvues de rebord. Le C. Ramond a trouvé cette espèce dans les Pyrénées, sur les roches calcaires sablonneuses.

1016. Écaillaire de Smith.   *Squammaria Smithii.*

Lichen tartareus. Jacq. Coll. 4. p. 241. t. 8. f. 2. opt. — *Lichen gypsaceus*. Smith. Act. Soc. Linn. 2. p. 81. t. 4. f. 2.—*Lichen Smithii*. Ach. Lich. 98. — *Lichen fragilis*. Scop. Carn. 2. p. 1402.

Sa croûte est épaisse, d'un blanc de lait à l'intérieur, d'un verd glauque pâle à la surface, relevée supérieurement en écailles foliacées, concaves, irrégulièrement sinueuses et blanches sur les fissures; du milieu de ces écailles s'élèvent les scutelles d'abord orbiculaires, concaves, entourées d'un rebord blanchâtre proéminent, qui tend à décrire plusieurs spirales autour du disque; celui-ci est d'abord roussâtre et devient ensuite d'un brun clair; ces scutelles atteignent 5-6 millim. de diamètre; elles sont alors irrégulièrement bosselées ou concaves, et occupent l'écaille entière, de manière à être entourée par les rebords blancs de cette écaille : elle croît sur la terre et les rochers calcaires.

1017. Écaillaire épaisse.   *Squammaria crassa.*

Lichen crassus. Huds. Angl. p. 430. Ach. Lich. 97. — *Lichen cartilagineus*. Lam. Dict. 3. p. 480. n. 49. —*Lichen laqueatus*. Jacq. Coll. 3. p. 109. t. 5. f. 2.—*Lichen cœspitosus*. Vill. Dauph. 3. p. 976. t. 55. — Dill. Musc. t. 24. f. 54.

Cette espèce forme de larges plaques arrondies ou irrégulières; ses feuilles sont épaisses, planes dans le centre, ondulées sur les bords, lobées, obtuses, embriquées, d'un verd glauque en dessus, bigarrées de blanc à cause des ondulations qui mettent à découvert la surface inférieure ; les scutelles sont nombreuses, éparses, rousses ou marron, arrondies, planes, entourées d'un rebord blanchâtre, apparent sur-tout dans leur jeunesse. Cette plante croît sur la terre.

1018. Écaillaire lentille.   *Squammaria lentigera.*

Lichen lentigerus. Web. Spic. p. 192. t. 3. Ach. Lich. 103. Lam. Dict. 3. p. 481. — *Psora lentigera.* Hoffm. pl. Lich. t. 48. f. 1.

Cette espèce forme sur la terre des rosettes arrondies, composées de folioles divergentes, lobées, arrondies, blanchâtres, un peu flexueuses et embriquées ; les scutelles sont nombreuses, d'abord légèrement concaves, ensuite convexes, arrondies, d'un roux jaunâtre, entourées d'un rebord blanc. On trouve cette espèce dans les lieux montueux, sur la terre.

1019. Écaillaire carti-   *Squammaria carti-*
lagineuse.   *laginea.*

Lichen cartilagineus. Ach. Lich. 97. Fl. dan. t. 1006.

La feuille de ce lichen est embriquée, découpée en folioles laciniées, ascendantes, qui partent toutes du même point et forment un petit coussinet ou une petite touffe serrée et arrondie ; cette feuille est d'un roux pâle et jaunâtre ; les scutelles sont très-nombreuses, sur-tout vers le centre, planes, d'un roux fauve, entourées d'une bordure blanchâtre crénelée, qui, en vieillissant, devient sinueuse et irrégulière. Cette espèce a a été trouvée dans les Pyrénées, sur les roches dures, par le C. Ramond.

1020. Écaillaire aux   *Squammaria melano-*
yeux noirs.   *phthalma.*

Lichen melanophthalmus. Ramond. Pyren. ined.

Sa feuille est cartilagineuse, divisée en folioles lobées, toutes réunies et adhérentes au rocher par la base, embriquées, serrées, peu étalées, noires en dessous et sur les bords, d'un jaune pâle et verdâtre en dessus ; les scutelles qui naissent à la face supérieure des feuilles sont noires, planes, entourées d'une bordure entière peu saillante, d'un jaune blanchâtre ; dans leur vieillesse elles deviennent sinueuses et irrégulières, quelquefois on trouve certains individus dont les scutelles sont brunes ou de couleur pâle, mais jamais rouges. Le C. Ramond a trouvé cette espèce sur les rochers, vers le sommet du pic du Midi, dans les Pyrénées.

1021. Écaillaire rubis.   *Squammaria rubina.*

Lichen rubinus. Vill. Dauph. 3. p. 977? Ach. Lich. 100? non Lam. — *Squammaria rubina.* Hoffm. pl. Lich. t. 32. f. 1.

Cette élégante espèce ressemble à la précédente pour la forme et la couleur des feuilles, mais elle forme une rosette ordinairement plus grande, et d'ailleurs ses scutelles sont d'un rouge de brique très-vif, entourées d'une bordure blanchâtre et entière. Elle a été trouvée par le C. Ramond, sur les rochers de schistes cornés du pic d'Éreslids, dans les Pyrénées. Je l'ai trouvée dans les Alpes, au pied du mont Salève, sur des granits.

1022. Écaillaire en bouclier.   *Squammaria peltata.*

Lichen peltatus. Ramond. Pyren. ined.

Sa feuille est un peu épaisse et coriace, blanche à l'intérieur, noirâtre en dessous, jaunâtre en dessus, insérée par le centre, disposée en rosette arrondie, irrégulière, peu lobée; les réceptacles naissent épars sur le disque et le bord des feuilles; ils sont de couleur fauve, d'abord un peu enfoncés dans la feuille, ensuite saillans, en forme de scutelles planes ou un peu convexes, entourés d'une bordure analogue à la feuille un peu épaisse et flexueuse. Cette espèce a été trouvée par le C. Ramond, sur les rochers du pic d'Éreslids, dans les Pyrénées; et dans les Alpes, par les CC. Villars et Dufresne.

***** *Réceptacles insérés sur des feuilles.*

LXXXVI. PLACODE.   *PLACODIUM.*

Placodium. Ach. — *Lobariæ et Psoræ sp.* Hoffm. — *Geissodeæ sp.* Vent. — *Lichenis sp.* Linn.

Car. Les placodes forment une rosette orbiculaire, adhérente, composée de folioles qui divergent du centre et ne sont visibles que sur les bords; les scutelles sont placées dans la partie de la rosette où les folioles sont indistinctes.

1023. Placode brillant.   *Placodium fulgens.*

Lichen fulgens. Ach. Lich. 102. — *Lichen friabilis.* Vill. Dauph.
3. p. 979. t. 55. — *Psora citrina.* Hoffm. pl. Lich. t. 48. f. 2.
— *Lichen citrinus.* Hedw. Crypt. 2. p. 60. t. 20. f. c.

Sa croûte est d'un jaune citrin ordinairement orbiculaire,
composée de folioles lobées, flexueuses, peu appliquées, soudées les unes avec les autres, confuses dans le centre, distinctes
vers les bords; les scutelles sont éparses ou centrales, orbiculaires, d'un rouge carmelite, avec un rebord plus clair, d'abord
un peu concaves, ensuite planes ou convexes, irrégulières et
sans rebord. Cette espèce croit sur la terre calcaire, parmi les
mousses. On la trouve dans les Basses-Alpes, les Pyrénées, les
environs de Paris.

1024. Placode jaune.   *Placodium candelarium.*

Lichen candelarius. Linn. spec. 1608. Lam. Dict. 3. p. 479.
n. 43. Hoffm. Enum. t. 9. f. 3. Ach. Lich. 92. — Dill. Musc.
t. 18. f. 18. B.

Sa forme et sa couleur varient beaucoup selon les circonstances; il forme des plaques arrondies ou irrégulières, assez
adhérentes, d'un jaune pâle, citron ou orangé, indistinctes vers
le centre, formées de folioles lobées, larges, obtuses, planes,
un peu ondulées et visibles sur les bords; les scutelles sont
nombreuses, placées vers le centre de la rosette, d'un jaune
ordinairement plus foncé que la croûte, d'abord concaves et
entourées d'un rebord saillant, ensuite convexes et presque sans
rebord; quelquefois les folioles s'oblitèrent et il ne reste plus
qu'un amas de scutelles. Ce lichen croit sur les murs, les rochers,
les parois et les troncs d'arbres.

1025. Placode des murs.   *Placodium murorum.*

Lichen murorum. Hoffm. Enum. t. 9. f. 2. Ach. Lich. 101. —
Psora saxicola. Hoffm. pl. Lich. t. 17. f. 3. — Dill. Musc.
t. 18. f. 18. A. C.

Ce lichen est d'un jaune brillant lorsqu'il est sec, et devient
verdâtre lorsqu'on l'humecte; il forme, sur les murs et les rochers
calcaires, des expansions arrondies ou irrégulières, planes, assez
adhérentes, grenues et indistinctes dans le centre, composées de
folioles étroites, lobées, convexes, visibles sur les bords; les
scutelles sont planes, jaunes, entourées d'un rebord saillant un

peu plus pâle que le disque ; quelquefois dans la vieillesse, la rosette entière devient pulvérulente.

1026. Placode élégant. *Placodium elegans.*

Lichen elegans. Ach. Lich. 102. — *Lichen miniatus.* Hoffm. Enum. 62. — Dill. Musc. t. 24. f. 68.

Il se distingue des deux espèces précédentes par sa couleur orangée-rouge, et par ses folioles étroites, lobées et écartées les unes des autres ; il forme une plaque ordinairement composée de folioles rayonnantes et souvent oblitérées ou détruites vers le centre de la rosette ; les scutelles sont presque éparses, assez petites, absolument de la même couleur que les folioles, planes, entourées d'un rebord saillant dans leur jeunesse. On le trouve sur les roches calcaires et micacées.

1027. Placode jaunâtre. *Placodium ochroleucum.*

a. Lichen saxicola. Poll. Pal. 3. p. 225. Ach. Lich. 104. — *Lichen muralis.* Hoffm. Enum. t. 11. f. 1. — *Psora muralis.* Hoffm. pl. Lich. t. 16. f. 1. — *Lichen ochroleucus.* Wulf. Jacq. Coll. 2. p. 192. t. 13. f. 4. a.
β. Parietinus.

Il forme des plaques arrondies, lobées, d'un verd jaunâtre très-pâle, composées de folioles indistinctes vers le centre, visibles sur les bords, lobées, un peu embriquées, obtuses, planes ; les scutelles sont ramassées au centre, arrondies et concaves dans leur jeunesse, ensuite un peu convexes et irrégulières, d'un brun clair, entourées d'une bordure blanchâtre, saillante, crenelée. Il croît sur les rochers. La variété β croît sur les poutres ; ses folioles sont plus larges, plus grises, ses scutelles plus pâles.

1028. Placode blanchâtre. *Placodium canescens.*

Lichen canescens. Dicks. Crypt. 1. p. 10. t. 2. f. 5. Ach. Lich. 103. — *Lichen canus.* Gmel. Syst. 1364. — Dill. Musc. t. 18. f. 17. A.

Sa croûte est blanchâtre, farineuse, arrondie, formée de folioles lobées, appliquées, soudées ensemble et visibles sur les bords de la croûte ; les scutelles sont placées vers le centre de la rosette ; d'abord planes, puis convexes, orbiculaires, d'un millimètre de diamètre, d'un noir bleuâtre, avec une bordure blanchâtre à peine visible : il croît sur les troncs d'arbres et sur les murs.

1029. Placode pâle.   *Placodium albescens.*

Psora albescens. Hoffm. Germ. 2. p. 165. — *Lichen albescens.*
Ach. Lich. 105.

Ce lichen forme sur les murs des plaques adhérentes, grisâtres,
irrégulières, dont le centre est entièrement recouvert par les scutelles, et dont le bord offre à peine quelques folioles soudées
et appliquées; les scutelles sont rapprochées, souvent sinueuses
ou anguleuses, planes, d'un roux pâle, entourées d'un rebord
blanchâtre, saillant, sur-tout dans leur jeunesse. Le C. Dufour
l'a trouvé sur les parapets du jardin des plantes.

1030. Placode bigarré. *Placodium versicolor.*

Lichen versicolor. Pers. Ust. Ann. 7. p. 24. Ach. Lich. 106. —
Lobaria versicolor. Hoffm. Germ. 2. p. 157.

Il naît sur la pierre calcaire en plaque arrondie, adhérente, grenue, indistincte et verdâtre dans le centre, cendrée ou blanchâtre vers le bord, et composée de folioles
soudées; les scutelles sont rassemblées dans la partie grenue,
petites, planes, d'un brun roux, entourées d'un rebord blanchâtre
peu sensible. Ce lichen devient tout entier d'un gris cendré,
par la dessication. Le C. Dufour l'a trouvé sur les parapets du
jardin des Plantes de Paris.

1031. Placode rayonnant. *Placodium radiosum.*

Lichen radiosus. Hoffm. Enum. t. 4. f. 5. — *Lichen radians.*
Lam. Dict. 3. p. 480. n. 47. — *Lichen circinatus.* Ach. Lich.
100. — *Lichen subimbricatus.* Relh. Cant. p. 427. tab.

Il forme sur les murs et les pierres calcaires, une expansion
arrondie, adhérente de tous côtés, indistincte, grenue et noirâtre dans le milieu, formée, sur les bords, de folioles étroites,
soudées, rayonnantes et d'un gris cendré; les scutelles sont nombreuses vers le centre de la rosette, orbiculaires, planes, noirâtres, avec le bord blanchâtre et non proéminent; elles sont
quelquefois entremêlées de tubercules blancs et farineux.

LXXXVII. COLLÈMA.   *COLLEMA.*

Collema. Hoffm. Ach. — *Lichenis et Tremellæ sp.* Linn. —
Geissodea sp. Vent.

Car. Les feuilles des collèma sont de forme et de grandeur
très-variables, d'une consistance gélatineuse quand elles sont

humides, roide et fragile lorsqu'elles sont sèches; les scutelles
sont de la même nature et placées vers les bords des folioles.

§. Ier. *Feuilles petites, épaisses, embriquées ou peu distinctes.*

1032. Collèma noir.   *Collema nigrum.*

Lichen niger. Linn. suppl. 449. Ach. Lich. 92. Hoffm. Enum. t. 3.
f. 6. — *Collema nigrum.* Hoffm. Germ. 2. p. 103.

Il forme sur les pierres calcaires des taches d'un noir bleuâtre,
très-adhérentes, qui, de loin, ont quelque ressemblance avec
la lèpre des antiques; ces taches sont composées de très-petites folioles lobées, convexes, opaques, un peu gélatineuses,
indistinctes sur les bords de la croûte; les scutelles sont orbiculaires, d'abord concaves, ensuite planes, de la même couleur
que les feuilles. Quand ce lichen est sec il absorbe l'eau avec une
grande rapidité. Appartient-il aux collêmes, aux patellaires
ou aux psora?

1033. Collèma variable.   *Collema variabile.*

Lichen variabilis. Pers. Ust. Ann. st. 7. p. 26. Ach. Lich. 106.
— *Psora variabilis.* Hoffm. Fl. germ. 2. p. 167.

Cette singulière espèce tient le milieu entre les collèma, les
patellaires et les placodes; sa croûte, lorsqu'elle est humide,
est grenue, à demi gélatineuse, d'un verd brun, un peu plus pâle
et presque foliacée sur les bords; lorsqu'elle est sèche elle devient brune, avec le bord grisâtre; ses scutelles humides sont
de la même couleur que la croûte, à l'exception d'une teinte
rousse vers le centre, et d'une bordure blanchâtre; lorsqu'elles
sont sèches, la bordure devient plus apparente et le disque
semble couvert d'une poudre cendrée; ces scutelles sont nombreuses, planes, arrondies : elle croît sur les pierres calcaires.
Trouvée à Vincennes, par le C. Dufour.

1034. Collèma à petites   *Collema microphyllum.*
feuilles.

Lichen microphyllus. Ach. Lich. 91. Schrad. Spic. t. 1. f. 4. —
Psora microphylla. Hoffm. Germ. 2. p. 167.
β. *Stereocaulon corallinoides.* Hoffm. Germ. 2. p. 129.

Ce lichen singulier forme une croûte d'un brun gris, arrondie
ou irrégulière, entourée d'un tache d'un noir bleuâtre, dont je

n'ai pu démêler la nature; la croûte est composée d'une multitude de folioles planes, obtuses, lobées, et qui tendent à diverger du centre; quelquefois toutes les folioles du centre sont déchiquetées et relevées sur les bords, ensorte que ces petites dentelures redressées ont quelque analogie avec l'aspect des isidiums; les scutelles sont éparses, brunes, d'abord un peu concaves, avec un léger rebord de la même couleur, ensuite convexes et presque noirâtres. Cette espèce croît sur les troncs d'arbres.

1035. Collèma grenu.   *Collema granosum.*

Lichen granosus. Scop. 2. p. 397. n. 1411. — Dill. Musc. t. 19. f. 24. absq. scut. — *Collema byssinum.* Hoffm. Germ. 2. p. 105.?

Cette espèce est fort petite; ses feuilles sont d'un verd foncé, couvertes de petits grains nombreux, opaques et tuberculeux, divisées en lobes obtus, redressés et à moitié embriqués, souvent couverts d'une poussière blanchâtre; les scutelles se trouvent rarement; elles sont d'un brun rouge, convexes, entourées d'une légère bordure grenue comme la surface des feuilles. Cette espèce a été trouvée à Meudon, sur la terre humide, par le C. Deleuze : elle diffère du *lichen granulatus* Ach., parce que ses scutelles ne sont pas concaves.

1036. Collèma en paquets.   *Collema symphoreum.*

Lichen symphoreus. Ach. Lich. 135. — *Lichen fascicularis.* Wulf. Jacq. Coll. 3. p. 137. t. 11. f. 2. excl. syn.

Cette espèce a des feuilles d'un verd très-foncé, embriquées, rapprochées, divisées en folioles crépues et redressées; les scutelles naissent sur le bord des feuilles, bientôt elles deviennent si nombreuses qu'elles forment des paquets serrés, convexes et irréguliers; chaque scutelle a la forme d'une toupie renversée, son disque est concave, entouré d'un rebord saillant; leur couleur est la même que celle des feuilles. Le C. Dufour a trouvé cette plante à Chantilly, sur un rocher recouvert d'un peu de terre. On la trouve quelquefois mélangée avec le psora couleur de cuir.

1037. Collèma en faisceaux. *Collema fasciculare.*

α. Lichen fascicularis. Linn. Mant. 133. Ach. Lich. 130. —Dill. Musc. t. 19. f. 27. — *Collema conglomeratum.* Hoffm. Fl. germ. 2. p. 102.

β. Arboreum.—Lichen fascicularis. Schleich. Crypt. exs. n. 50.

Les feuilles de ce collèma sont à demi embriquées, redressées, courtes, lobées ou crénelées, plissées, d'un verd foncé ; sur leur bord supérieur elles portent plusieurs scutelles qui paroissent un peu pédonculées et en forme de toupie ; ces scutelles ont le disque plane et d'un brun rougeâtre, avec une bordure entière, proéminente, analogue à la feuille. La variété *α* croît sur la terre ; la variété *β*, qui est plus petite dans toutes ses parties, et qui peut-être est une espèce distincte, croît sur les troncs du peuplier noir.

1038. Collèma crépu. *Collema crispum.*

Lichen crispus. Linn. Syst. 806. Ach. Lich. 126. — *Collema crispum.* Hoffm. Germ. 2. p. 101. — Dill. Musc. t. 19. f. 23.

Les feuilles de ce collèma sont à demi embriquées, à-peu-près disposées en rosette, un peu lobées et crénelées, arrondies, d'un verd foncé ; celles du centre de la rosette sont moins distinctes que celles du bord ; les scutelles sont éparses, presque aussi grandes que les feuilles, planes, d'un roux bai, entourées d'une bordure entière ou crénelée, analogue à la croûte : il croît sur la terre, parmi les mousses.

§. II. *Feuilles libres et peu épaisses.*

1039. Collèma en crête. *Collema cristatum.*

Lichen cristatus. Linn. spec. 1610. Ach. Lich. 127. With. Brit. 4. p. 75. Lam. Dict. 3. p. 482. n. 58. — Dill. Musc. t. 19. f. 26.

Ses feuilles sont un peu gélatineuses dans leur état de fraîcheur, roides et friables après leur dessication, embriquées, d'un brun olivâtre en dessus, blanchâtres en dessous, divisées en lobes dentelés, courts, étroits, tronqués et redressés au sommet ; les scutelles naissent à la base des feuilles ; elles sont planes, entourées d'un rebord épais, saillant et entier ; leur couleur diffère peu de celle de la feuille. Cette espèce a été trouvée par le C. Aubert du Petit-Thouars, sur les roches maritimes des environs de Cherbourg.

1040. Collèma cornu.   *Collema corniculatum.*

Lichen corniculatus. Ach. Lich. 138. — *Collema corniculatum.*
Hoffm. Germ. 2. p. 105.

Ses feuilles sont membraneuses, rapprochées en touffe,
d'un verd brun, roulées sur elles-mêmes en dessous dans le
sens de leur longueur, glabres, plusieurs fois bifurquées, terminées par des rameaux divergens et pointus. Le C. Dufour a
trouvé cette plante sur la terre, au bois de Boulogne. Les fructifications sont encore inconnues.

1041. Collèma découpé.   *Collema lacerum.*

Lichen lacerus. Ach. Lich. 133. — *Lichen tremelloides.* Lightf.
Scot. 2. p. 842. Lam. Dict. 3. p. 490. — *Tremella lichenoides.*
Linn. spec. 1625. Lam. Fl. fr. 1. p. 93. — Dill. Musc. t. 19.
f. 31.
α. *Collema ciliatum.* Hoffm. Germ. 2. p. 104.— Dill. t. 19. f. 31.
A. B.
β. *Collema fimbriatum.* Hoffm. Germ. 2. p. 104. — Dill. t. 19.
f. 31. C.

La feuille est d'un verd glauque quand elle est humide,
grise après sa dessication, membraneuse, mince, divisée
en folioles oblongues, irrégulièrement dentelée ou frangée,
crépue et déchiquetée sur les bords; les scutelles sont peu
nombreuses, éparses, petites, de couleur rouge. Cette espèce
croît sur les mousses; la forme et la grandeur de la feuille varient beaucoup.

1042. Collèma à feuilles   *Collema Jacobeæ-*
de Jacobée.   *folium.*

Lichen Jacobeæfolius. Schrank. Bav. 2. p. 530. Ach. Lich. 138.

Ses feuilles sont membraneuses, d'un verd foncé, déchiquetées et crépues; elles portent des scutelles d'un brun pourpre,
éparses, orbiculaires, planes, entourées d'un rebord analogue
à la feuille. Cette espèce croît sur la terre et les rochers humides.

1043. Collèma noircissant.   *Collema nigrescens.*

Lichen nigrescens. Linn. f. suppl. 451. Ach. Lich. 130. — *Collema vespertilio.* Hoffm. pl. Lich. t. 37. f. 2. 3. — *Lichen pa-
pyraceus.* Jacq. Coll. 3. p. 134. t. 10. f. 3. — Dill. Musc. t. 19.
f. 20.
β. *Microcarpa.*

La feuille est verte, à demi transparente, molle, flexible et
papiracée

papiracée lorsqu'elle est fraiche ; en séchant elle devient noirâtre et fragile ; cette feuille forme une rosette assez grande , adhérente seulement par le centre , arrondie , lobée , relevée en rides nombreuses et saillantes ; les scutelles sont rapprochées , nombreuses sur-tout sur les rides , en forme de toupie tronquée au sommet , de couleur rousse tirant sur le brun par la dessication. Cette espèce croît sur les troncs d'abres. La variété β , qui peut-être est une espèce distincte , se fait remarquer parce qu'elle noircit moins en vieillissant , que ses scutelles sont plus nombreuses , de couleur plus claire , avec le rebord plus clair encore que le disque.

1044. Collèma verd de bouteille. *Collema furvum.*

Lichen furvus. Ach. Lich. 132.

Sa feuille est membraneuse, d'un verd foncé , presque noire quand elle est sèche, glabre sur l'une et l'autre face , couverte en dessus de petits grains nombreux , opaques et tuberculeux , divisée en plusieurs lobes redressés , arrondis, entiers et ondulés. Je n'ai point vu les scutelles. Acharius dit qu'elles sont éparses et de couleur brune. Cette espèce adhère aux troncs d'arbres. Le C. Dufour l'a trouvée sur le peuplier.

1045. Collèma plombé. *Collema saturninum.*

Lichen saturninus. Dicks. Crypt. 2. p. 21. t. 6. f. 8. Ach. Lich. 132. — *Collema tomentosum.* Hoffm. Germ. 2. p. 99. — *Lichen myochrous.* Ehrh. Crypt. exsic. 286.

Sa feuille est membraneuse , glabre en dessus, cotonneuse en dessous , d'un verd foncé lorsqu'elle est fraiche , d'un gris plombé quand elle est sèche , divisée en folioles libres , arrondies , presque entières , ondulées , plus grandes que dans la plupart des collèma ; les scutelles sont éparses , d'un brun rouge , proéminentes , d'abord planes , puis convexes , munies d'un léger rebord dans leur jeunesse. Cette espèce croit sur les troncs d'arbres et particulièrement sur les noyers.

LXXXVIII. EMBRICAIRE. *IMBRICARIA.*

Imbricaria. Ach. — *Lobariæ sp.* Hoffm. — *Geissodea sp.* Vent. *Lichenis sp.* Linn.

CAR. Les embricaires ont des feuilles disposées en rosette adhérente , embriquées du centre à la circonférence , divisées en folioles linéaires ou arrondies , souvent munies en

dessous de fibrilles radicales ; les scutelles, qui ne sont atta‑
chées que par leur centre, sont placées à la surface supérieure
des feuilles.

§. Ier. *Feuilles hérissées en dessous et divisées en lobes linéaires.*

1046. Embricaire bleuâtre.   *Imbricaria cœsia.*

Lichen cœsius. Hoffm. Enum. p. 65. t. 12. f. 1. Ach. Lich. 107.
Lam. Dict. 3. p. 485. n. 67. — *Psora cœsia.* Hoffm. pl. Lich.
t. 8. f. 1. — *Lichen pulchellus.* Wulf. Jacq. Coll. 2. p. 199.
t. 16. f. 2.

La feuille de ce lichen est membraneuse, adhérente, **presque**
crustacée, d'un blanc cendré en dessus, hérissée de poils noirs
en dessous, divisée en fo oles linéaires découpées, qui portent
çà et là sur leurs bords des paquets de poussière grenue, com‑
pacte et bleuâtre ; les scutelles sont éparses sur le dos des
feuilles, d'un noir tirant sur le glauque, avec le bord blan‑
châtre. Cette espèce croît sur les pierres, sur les mousses et les
écorces à moitié décomposées.

1047. Embricaire étoilée.   *Imbricaria stellaris.*

Lichen stellaris. Linn. spec. 1611. Ach. Lich. 111. Lam. Dict.
3. p. 480. n. 48. Hoffm. Enum. t. 13. f. 1. 2. — Dill. Musc.
t. 24. f. 70.

Sa feuille est membraneuse, embriquée, d'un gris cendré
à la surface supérieure, blanchâtre et hérissée en dessous de
fibrilles grises ou noirâtres, disposée en rosette orbiculaire,
divisée en folioles linéaires, découpées, planes ou ordinairement
convexes ; les scutelles sont nombreuses au centre de la rosette,
placées sur le dos des folioles, orbiculaires, planes, d'abord
brunâtres et couvertes d'une poussière glauque, noires et sans
poussière dans un âge avancé, entourées d'une bordure entière,
proéminente, analogue à la feuille. Cette espèce est commune
sur les troncs d'arbres.

1048. Embricaire barbe   *Imbricaria aipolia.* de chèvre.

Lichen aipolius. Ehrh. Crypt. exs. Ach. Lich. 112.

Cette espèce est intermédiaire entre l'embricaire pulvérulente
et l'embricaire étoilée ; elle se rapproche de la première par la

largeur de ses feuilles et la couleur de ses scutelles, et de la
seconde par la couleur de ses feuilles; elle forme une rosette
assez large, peu régulière, composée de folioles nombreuses,
découpées, élargies et arrondies vers le sommet, un peu crépues sur les bords, couvertes en dessous d'un duvet noir fort
épais; la surface supérieure est d'un gris cendré et ne change
pas sensiblement de couleur quand on l'humecte; les scutelles
sont grisâtres, couvertes d'une poussière glauque, entourées
d'une bordure saillante, analogue à la feuille, fortement crenelée dans la vieillesse : elle croît sur le tronc des vieux arbres.

1049. Embricaire pul-   *Imbricaria pulveru-*
vérulente.   *lenta.*

Lichen pulverulentus. Schreb. Spic. 1123. Ach. Lich. 112. —
Lobaria pulverulenta. Hoffm. pl. Lich. t. 8. f. 2. — *Lichen
omphalodes.* Wulf. Jacq. Coll. 2. p. 196. t. 15. f. 2.

Sa feuille est membraneuse, embriquée, chargée en dessous
d'un duvet noir, divisée en folioles découpées, planes ou souvent déprimées vers le milieu, obtuses, ordinairement élargies
vers le sommet; dans l'état de siccité la surface supérieure est
d'un gris roux et paroît chargée de petits grains blancs et protubérans ; dès qu'on l'humecte elle prend une couleur d'un
verd gai ; les scutelles sont nombreuses, brunes, couvertes
d'une poussière glauque, entourées d'une bordure analogue à
la feuille, d'abord entière, ensuite crénelée. Cette espèce croît
sur les troncs d'arbres.

1050. Embricaire grise.   *Imbricaria grisea.*

Lichen gryseus. Lam. Dict. 3. p. 480. n. 46.
β. *Muralis.*

Cette espèce de lichen forme une rosette arrondie, plus ou
moins régulière, d'un gris cendré; sa feuille, qui rayonne du
centre, est membraneuse, embriquée, divisée en folioles découpées, obtuses, déprimées, crépues, relevées et pulvérulentes sur les bords; la surface supérieure vue à la loupe,
paroît couverte de petites protubérances; l'inférieure, qui est
blanchâtre, émet quelques fibrilles radicales, blanches ou noirâtres; le centre de la rosette est quelquefois absolument pulvérulent, et alors on n'y trouve point de scutelles; celles-ci,
qui ont été découvertes par le C. Dufour, sont planes, d'un

gris noirâtre tirant sur le glauque, entourées d'un rebord proéminent, blanchâtre, crénelé et pulvérulent. Cette plante croit communément sur les troncs d'arbres. La variété β nait sur les murs. Cette espèce est très-voisine de l'embricaire pulvérulente, et ne paroît en différer que par ses fibrilles radicales, plus pâles et moins nombreuses.

1051.Embricaire orbiculaire. *Imbricaria cycloselis.*

Lichen cycloselis. Ach. Lich. 113.—*Lichen orbicularis.* Hoffm. Enum. t. 9. f. 1.

Cette espèce est intermédiaire entre l'embricaire pulvérulente et l'embricaire à cheveux noirs; elle diffère de la première par la couleur plus cendrée de ses feuilles, par ses scutelles noires et par ses lobes étroits et linéaires; de la seconde, parce que ses scutelles ne sont jamais hérissées de poils en dessous, que les bords de sa feuille ne sont pas ciliés, et que sa couleur n'est point brune, mais cendrée. Cette espèce affecte une forme orbiculaire assez régulière; le bord des folioles et le centre de la rosette sont souvent entièrement pulvérulens, et alors les scutelles avortent. Elle croît sur les troncs d'arbres.

1052. Embricaire à cheveux noirs. *Imbricaria ulothryx.*

Lichen ulothryx. Ach. Lich. 113. — *Lichen ciliatus.* Hoffm. Enum. t. 14. f. 1. — Dill. Musc. t. 24. f. 72.

Sa feuille est membraneuse, rayonnante, adhérente à l'écorce, à peine embriquée, divisée en folioles linéaires, découpées, planes, garnies sur les bords et à la surface inférieure, de cils noirs; la surface supérieure est d'un gris noirâtre tirant sur le glauque; les scutelles sont placées vers le milieu de la rosette, orbiculaires, planes ou concaves, noires, avec le bord blanchâtre, entier et proéminent, munies en dessous de cils noirs et peu apparens quand on n'enlève pas la scutelle. Cette espèce croît sur le tronc des ormes, des trembles, des noyers, etc.

1053. Embricaire brune. *Imbricaria aquila.*

Lichen aquilus. Ach. Lich. 109. — *Lichen pullus.* Lightf. Scot. 2. p. 825. — *Lichen obscurus.* With. Brit. 4. p. 28.—*Lichen fuscus.* Huds. Angl. 533. — Dill. Musc. t. 24. f. 69.

Ses feuilles sont cartilagineuses, embriquées, disposées en

rosette peu régulière, glabres et d'un brun foncé en dessus, de couleur pâle et souvent hérissées de poils noirs en dessous, divisées en lobes linéaires, convexes, rameux, courbés en bas sur leur bord et vers leur sommet; les scutelles sont assez grandes, noires, entourées d'un bordure dentelée, analogue à la feuille. Ce lichen croît sur les rochers. Le C. du Petit-Thouars l'a trouvé aux environs de Cherbourg.

1054. Embricaire brodée. *Imbricaria retiruga.*

Lichen saxatilis, *var.* Linn. spec. 1609. Ach. Lich. 115. — *Lichen saxatilis.* Lam. Dict. 3. p. 484. n. 64. Wulf. Jacq. Coll. 4. p. 281. t. 20. f. 2. — Vaill. Bot. t. 21. f. 1.

Sa feuille est membraneuse, embriquée, divisée en folioles sinuées, découpées, arrondies à leur sommet; la surface supérieure est d'un glauque cendré, relevée de nervures anastomosées, et presque toujours hérissée de grains saillans, grisâtres, qui sortent de la substance même de la feuille, et la couvre quelquefois en entier; la surface est noire, absolument couverte d'un duvet serré, de la même couleur; les scutelles sont brunes, assez grandes, éparses, concaves; leur surface inférieure est analogue à la feuille. Cette espèce croît sur les rochers, les parois et les troncs d'arbres.

1055. Embricaire brûlée. *Imbricaria adusta.*

Lichen omphalodes. Lam. Dict. 3. p. 484. n. 65. — *Lobaria adusta.* Hoffm. Germ. 2. p. 145. — Vaill. Bot. t. 20. f. 10. — *Lichen saxatilis*, *var.* Ach. Lich. 115.

Cette espèce diffère de la précédente parce que les lobes de ses feuilles sont plus étroits et plus profondément découpés; que ses scutelles sont plus grandes; que sa feuille n'est jamais relevée de nervures anastomosées, ni hérissée de grains saillans; que sa couleur, enfin, est d'un brun olivâtre en dessus. Quelques auteurs ont cru que ces changemens sont dûs à l'âge; mais l'embricaire brodée, en vieillissant, tend à se couvrir entièrement de grains, tandis que celle-ci en est tout à fait dépourvue; j'ai d'ailleurs sous les yeux des échantillons de cette espèce, qui offrent déjà sa teinte brune, quoique les scutelles commencent seulement à paroître. Comment enfin concilier cette dégradation avec la différence de la forme des lobes? Cette espèce croît sur les rochers et les troncs d'arbres.

§. II. *Feuilles hérissées en dessous et divisées en*
lobes larges et arrondis.

1056. Embricaire à feuilles   *Imbricaria quercina.*
de chêne.

Lichen quercinus. Vild. Fl. berol. t. 7. f. 13. Ach. Lich. 124.
Lichen quercifolius. Jacq. Coll. 3. p. 127. t. 9. f. 2. — *Lichen*
tiliaceus, var. Lam. Dict. 3. p. 483. n. 62. Hoffm. Enum. t.
16. f. 2 ?

Sa feuille appliquée sur l'écorce, forme une rosette arrondie ; elle est membraneuse, un peu embriquée, glauque ou
grisâtre en dessus, noire et hérissée en dessous, divisée en
lanières obtuses et lobées ; les scutelles sont éparses sur le dos
des feuilles, sur-tout vers le centre de la rosette ; elles sont
brunes, orbiculaires, d'abord concaves, puis planes, entourées
d'une bordure blanchâtre peu saillante ; dans quelques individus
les feuilles portent en dessus des points noirs et protubérans.
Seroit-ce dans cet état qu'il auroit reçu le nom de *lichen*
scorteus, Ach. Lich. 119? Cette espèce croît sur les troncs
d'arbres.

1057. Embricaire à   *Imbricaria cœrulescens.*
duvet bleu.

Lichen cœrulescens. Huds. Angl. 571. — *Lichen plumbeus.*
Lightf. Scot. 2. p. 826. t. 26. — Dill. Musc. t. 24. f. 73. malè.
— Mich. Gen. t. 43. f. 1.

Sa feuille est membraneuse, étalée, adhérente, embriquée,
divisée en lobes divergens, arrondis, sinueux et dont les bords
sont légèrement crispés ; la surface supérieure est d'un gris
sale ; l'inférieure est couverte par un duvet d'un bleu noirâtre,
qui quelquefois dépasse les bords de la feuille et s'étend sur
l'écorce ; les scutelles sont nombreuses au centre de la rosette,
planes ou concaves, orbiculaires, entourées d'un rebord saillant, blanchâtre et crénelé ; leur disque est ordinairement d'un
rouge brun ; il devient tantôt noirâtre, tantôt jaunâtre, en
veillissant. Ce lichen croit sur les troncs d'arbres, les mousses,
et sur d'autres lichens : il a été trouvé à Crémens, par le
C. Dufour ; à Nieuport, par le C. Aubert du Petit-Thouars.

1058. Embricaire plombée. *Imbricaria plumbea.*

Lichen plumbeus. Ach. Lich. 120. excl. syn.

Ce lichen se rapproche du précédent par la forme de sa rosette, par le duvet bleuâtre qui couvre sa surface inférieure, par la couleur d'un gris plombé de la surface supérieure, par sa manière de croître sur les mousses, les lichens et les troncs d'arbres ; mais il en diffère parce que ses scutelles sont de moitié plus petites, d'abord planes, puis convexes, dépourvues de rebord saillant, d'un rouge brun, avec le bord un peu plus pâle dans leur jeunesse. Il a été trouvé à Brassempouy, par le C. Dufour ; à Nieuport, par le C. Aubert du Petit-Thouars.

1059. Embricaire farineuse. *Imbricaria pityrea.*

Lichen pityreus. Ach. Lich. 124. — *Lobaria pulveracea.* Hoffm. Germ. 2. p. 153. — *Lichen membranaceus.* Dicks. Crypt. 2. p. 21. t. 6. f. 1 ?

Cette espèce naît sur les mousses, auxquelles elle adhère par un duvet épais, laineux, d'un bleu verdâtre, qui part de la surface inférieure des feuilles ; celles-ci sont membraneuses, d'un blanc gris ou jaunâtre en dessus, déprimées, divisées en lobes obtus, crénelés, découpés, relevés, crépus et pulvérulens sur les bords ; les scutelles sont encore inconnues. Seroit-ce une monstruosité de l'embricaire plombée ?

§. III. *Feuilles glabres, divisées en lobes larges et arrondis.*

1060. Embricaire des parois. *Imbricaria parietina.*

Lichen parietinus. Linn. spec. 1610. Ach. Lich. 121. Lam. Dict. 3. p. 479. Hoffm. Enum. t. 18. f. 1. — Dill. Musc. t. 24. f. 76.

Ce lichen, le plus commun de tous, se fait remarquer de loin à sa belle couleur d'un jaune doré ou jonquille ; à la fin de sa vie il tend à devenir verdâtre, et enfin d'un gris cendré à sa mort ; sa feuille est membraneuse, embriquée, blanchâtre en dessous, divisée en folioles arrondies, lobées, crépues, le plus souvent larges et étalées, quelquefois déchiquetées et un peu redressées ; les scutelles sont de la même couleur que la feuille, entourées d'un rebord plus pâle, nombreuses au centre de la rosette ; quelquefois les feuilles s'oblitèrent, et les scutelles paroissent sessiles sur l'écorce. Cette espèce croît sur les parois, les troncs d'arbres, les murs et les rochers.

1061. Embricaire olivâtre. *Imbricaria olivacea.*

α. Lichen olivaceus. Linn. spec. 1610. Ach. Lich. 121. Lam. Dict. 3. p. 482. n. 59. — Dill. Musc. t. 24. f. 77. 78. — Vaill. Bot. t. 20. f. 8.

β. Lichen pullus. Schreb. Spic. 131. n. 1127.

Sa feuille est membraneuse, embriquée, d'un brun olivâtre, unie ou ponctuée, plane ou ridée, divisée en lanières lobées presque toujours luisantes vers le sommet ; les scutelles sont de la même couleur que la feuille, éparses, plus nombreuses vers le centre de la rosette, orbiculaires, concaves, munies d'un rebord crénelé dans la variété *α*, entier dans la variété *β* ; le diamètre de ces scutelles ne dépasse pas 8-9 millim. Cette espèce croît sur les troncs d'arbres et les rochers.

1062. Embricaire ciboire. *Imbricaria acetabulum.*

Lichen corrugatus. Ach. Lich. 122. — *Lichen acetabulum.* Jacq. Coll. 3. p. 125. t. 9. f. 1. Lam. Dict. 3. p. 483. n. 60. — Dill. Musc. t. 24. f. 79. — Vaill. Bot. t. 21. f. 13.

Sa feuille est membraneuse, glabre, d'un verd glauque en dessus, d'un brun noir en dessous, disposée en rosette peu régulière, divisée en lanières lobées, arrondies, relevées dans leur vieillesse, et ridées sur les bords de manière à donner à la rosette un aspect irrégulier ; ses scutelles sont éparses, grandes, concaves, d'un brun roux, entourées d'une bordure semblable à la feuille et crénelée ou ridée. Ce lichen croît sur l'écorce des érables, des frênes, des chênes, des hêtres, etc.

1063. Embricaire froncée. *Imbricaria caperata.*

Lichen caperatus. Linn. spec. 1614. Ach. Lich. 119. Lam. Dict. 3. p. 483. n. 61. Wulf. Jacq Coll. 4. p. 280. t. 20. f. 1. — *Platisma caperatum.* Hoffm. pl. Lich. t. 38. f. 1. t. 39. f. 1. t. 42. f. 1.

Sa feuille est coriace, membraneuse, embriquée, disposée en large rosette le plus souvent incomplette, ridée et froncée dans le milieu, divisée sur les bords en lobes arrondis et crénelés, noire et presque glabre en dessous, d'un jaune pâle en dessus, souvent couverte de poussière vers le centre de la rosette ; les scutelles sont peu nombreuses, rouges, concaves, entourées d'une bordure analogue à la feuille. Ce lichen croît sur les arbres et les rochers.

§. IV. *Feuilles glabres , divisées en lobes linéaires.*

1064. Embricaire ponctuée. *Imbricaria conspersa.*

> *Lichen conspersus.* Ach Lich. 118.— *Lichen centrifugus.* Hoffm.
> Enum. t. 10. f. 3. pl. Lich. t. 16. f. 2. — *Lichen tiliaceus, var.*
> Lam. Dict. 3. p. 483. n. 62.

Ce lichen forme, sur les rochers, des rosettes assez larges et souvent irrégulières ; sa feuille est membraneuse, embriquée , d'un jaune verdâtre tirant sur le glauque, souvent marquée en dessus de points noirs épars, d'un brun noirâtre en dessous, divisée en lanières découpées, sinueuses, arrondies et crénelées au sommet ; ses scutelles sont éparses, presque planes , brunes , avec le bord analogue à la feuille. Cette espèce diffère du *lichen centrifugus* de Linné, parce que sa feuille n'est pas blanche en dessous, que ses scutelles sont plus brunes, que sa rosette ne s'évide pas dans le centre , etc.

1065. Embricaire percée. *Imbricaria diatrypa.*

> *Lichen diatrypus.* Ach. Lich. 116. — *Lichen physodes.* Jacq.
> Coll. 3. t. 8. f. 1. — *Lobaria terebrata.* Hoffm. Fl. germ. 151.

Cette espèce ressemble beaucoup à l'embricaire renflée , mais elle en diffère par un caractère singulier, c'est que ses folioles sont percées vers le milieu de leur largeur, de trous arrondis bien distincts ; en outre la surface inférieure est ordinairement blanche, munie de fibrilles ; les scutelles , que je n'ai jamais rencontrées , sont, selon Acharius, petites et rougeâtres : elle croit sur les arbres.

1066. Embricaire renflée. *Imbricaria physodes.*

> *Lichen physodes.* Linn. spec. 1610. Ach. Lich. 115. Lam. Dict. 3.
> p. 483. n. 66. Wulf. Jacq. Coll. 3. p. 122. t. 8. f. 2. 3. Hoffm.
> Enum. t. 15. f. 2. — Dill. Musc. t. 20. f. 49.

Sa feuille est embriquée , membraneuse, glabre, d'un blanc tirant sur le glauque en dessus, d'un brun noir en dessous, divisée en folioles découpées , convexes, obtuses , plus ou moins étroites , renflées à leur sommet, quelquefois redressées à l'extrémité et chargées de poussière blanche disposée en paquets ; les scutelles, qu'on trouve rarement, sont grandes , planes, d'un rouge brun ; la surface supérieure des feuilles est souvent marquée de points noirs analogues à ceux de l'embricaire ponctuée. Sont-ils parasites ou naturels à la plante ? Cette espèce est commune sur les arbres, les parois et les rochers, parmi la mousse.

1067. Embricaire courbée. *Imbricaria incurva.*

Lichen incurvus. Ach. Lich. 107.—*Lobaria incurva.* Hoffm. 156.

Cette espèce forme sur les rochers calcaires durs, une rosette adhérente de toutes parts ; ses feuilles sont découpées en lobes rameux, linéaires, convexes en dessus, à cause de la courbure de leurs bords, un peu courbés en bas à leur extrémité, d'un gris jaunâtre en dessus, noirâtres et glabres en dessous ; les scutelles naissent vers le centre de la rosette ; elles sont orbiculaires, planes ou un peu concaves, d'un roux brun, avec un bord blanchâtre, entier, proéminent. — Communiquée par le C. du Petit-Thouars.

1068. Embricaire douteuse. *Imbricaria ambigua.*

Lichen ambiguus. Wulf. Jacq. Coll. 4. p. 140. t. 4. f. 2. Ach. Lich. 117. — *Lichen diffusus.* Web. Spic. 250. — *Psora ambigua.* Hoffm. pl. Lich. t. 40. f. 2-4.

Sa feuille est membraneuse, noire et glabre en dessous, d'un jaune blanchâtre à la surface supérieure, divisée en folioles découpées, étroites, linéaires, exactement appliquées sur le bois, couvertes de poussière jaunâtre souvent si abondante qu'elle les couvre entièrement et masque leurs contours ; les scutelles sont planes, brunes, entourées d'un rebord peu saillant, analogue à la croûte. Cette espèce croît sur le bois nu et sur les écorces des pins et des sapins.

1069. Embricaire charbonnée. *Imbricaria encausta.*

Lichen multipunctatus. Ehrh. Cr. exsic. — *Lichen encaustus.* Ach. Lich. 123. — *Squammaria pulla.* Hoffm. pl. Lich. t. 32. f. 2. — *Lobaria pulla.* Hoffm. Germ. 2. p. 154.

β. *Latifolia.*

Ce singulier lichen est composé de feuilles nombreuses, entremêlées, linéaires, rameuses, souvent bifurquées, à-peu-près disposées en coussinet, un peu convexes, glabres ; la surface inférieure est d'un noir tirant sur le violet ; la supérieure est d'un gris cendré, un peu luisante et marquée çà et là de points noirs ; les scutelles sont arrondies, d'un brun bai, entourées d'un rebord analogue à la feuille. Cette plante croît sur la terre, dans les Pyrénées : on la trouve aussi dans les Alpes, au Mont-Anvers, près Chamouni. La variété β, qui a été recueillie au sommet du pic du Midi par le C. Ramond, est remarquable par la largeur de ses feuilles, la teinte noire qu'elles ont en dessus, et l'absence presque totale des ponctuations.

1070. Embricaire de Fahlun.   *Imbricaria Fahlunensis.*

Lichen Fahlunensis. Linn. Fl. suec. p. 411. Ach. Lich. 110.
Lam. Dict. 3. p. 485. n. 68. — *Squammaria Fahlunensis.*
Hoffm. pl. Lich. t. 36. f. 2. — Dill. Musc. t. 24. f. 82.

Sa couleur est d'un noir bronze sur l'une et l'autre face; sa
feuille est membraneuse, friable, embriquée, divisée en une
multitude de folioles étroites, pointues, bifurquées, un peu
crénelées et crépues, souvent relevées sur leurs bords de
manière à prendre en dessus la forme d'une gouttière; la surface inférieure est glabre, mais du bord de la feuille partent
souvent des fibrilles noires et radiciformes; les scutelles sont
grandes, planes, brunes. Cette espèce croît sur les rochers,
dans les Alpes : elle diffère de l'embricaire du styx, qui, à ma
connoissance, n'a pas encore été trouvée en France, parce que
les bords de la feuille se relèvent en dessus au lieu de se rouler
en dessous.

LXXXIX. PHYSCIE.   *PHYSCIA.*

Physcia et Platisma. Ach. — *Lobariæ sp.* Hoffm. — *Platyphylli
sp.* Vent. — *Lichenis sp.* Linn.

Car. Les physcies ont des feuilles libres plus ou moins redressées, disposées en gazon, glabres sur l'une et l'autre surface,
quelquefois ciliées, souvent bosselées irrégulièrement, divisées
en lanières qui portent vers leur sommet des scutelles, et sur
leurs bords des paquets farineux.

**§. Ier. *Feuilles divisées en lanières alongées, cour-
bées en canal longitudinal par dessous.***

1071. Physcie exiguë.   *Physcia leptalea.*

Lichen leptaleus. Ach. Lich. 108. — *Lobaria semipinnata.*
Hoffm. Germ. 2. p. 151. — *Lichen hispidus, var.* Wulf. Jacq.
Coll. 4. t. 6. f. a. b. c. — Dill. Musc. t. 20. f. 46. A. B.

Sa feuille est d'un gris cendré lorsqu'elle est sèche, et verte
quand elle est humide, membraneuse, embriquée, divisée en
lobes rameux, étalés, garnis à leur sommet de cils noirs et peu
nombreux, absolument comme dans la physcie délicate, mais ni
relevés ni renflés en voûte à leur sommet; les scutelles naissent
sur le dos des feuilles; elles sont sessiles, d'un brun noir, planes,
entourées d'une bordure blanchâtre, entière et protubérante.
Cette espèce croît sur les arbres et les rochers. — Commun. par
le C. Dufour.

1072. Physcie délicate.   *Physcia tenella.*

Lichen tenellus. Web. Spic. 269. Ach. Lich. 172. — *Lichen hispidus.* Schreb. Spic. p. 126. Lam. Dict. 3. p. 486. n. 74. Jacq. Coll. 4. p. 246. t. 6. f. d. — *Lichenoides hispidum.* Hoffm. pl. Lich. t. 3. f. 2. 3. — *Lichen ciliaris, var. β.* Lam. Fl. fr. 1. p. 80. — Vaill. Bot. Paris. t. 20. f. 5.

Ce lichen tient le milieu entre le précédent et le suivant; sa feuille est membraneuse, d'un gris cendré, étalée à sa base, relevée sur les bords, divisée en lobes rameux, obtus, relevés en voûte et garnis à leur sommet de cils alongés et peu nombreux; les scutelles sont placées sur le bord des feuilles, sessiles, planes, d'un noir bleuâtre, entourées d'une bordure blanchâtre, protubérante. Cette plante croît sur l'écorce des arbres; elle y forme des touffes qui ne s'élèvent pas à 1 centim. de hauteur.

1073. Physcie ciliée.   *Physcia ciliaris.*

Lichen ciliaris. Linn. spec. 1611. Ach. Lich. 173. Lam. Dict. 3 p. 486. n. 73. Jacq. Coll. 4. p. 244. t. 13. f. 1. — *Lichenoides ciliare.* Hoffm. pl. Lich. t. 3. f. 4. — Vaill. Bot. t. 20. f. 4. — Dill. Musc. t. 20. f. 45. — Tourn. Inst. t. 325. f. C.

Sa feuille est membraneuse, blanche en dessous, d'un verd glauque en dessus quand elle est humide, grisâtre lorsqu'elle est sèche, divisée dès sa base en lanières étroites, alongées, redressées, rameuses, bordées, dans presque toute leur longueur, de cils alongés, noirâtres, ordinairement simples, quelquefois en forme de pinceau à l'extrémité; les scutelles naissent sur le dos des feuilles; elles sont portées sur un court pédicelle, et paroissent souvent terminales; leur disque est plane, noirâtre ou brunâtre tirant sur le glauque, entouré d'un rebord blanchâtre, proéminent, ordinairement entier, quelquefois rayonnant, frangé ou prolifère. Ce lichen est commun sur l'écorce des arbres.

1074. Physcie grenue.   *Physcia furfuracea.*

Lichen furfuraceus. Linn. spec. 1612. Ach. Lich. 173. Lam. Dict. 3. p. 487. n. 77. — *Lichenoides furfuraceum.* Hoffm. pl. Lich. t. 9. f. 2. — *Lichen absinthifolius.* Lam. Fl. fr. 1. p. 82. — Dill. Musc. t. 21. f. 52.

Ses feuilles sont membraneuses, planes, légèrement courbées en canal, droites ou étalées, plusieurs fois bifurquées en lobes divergens et presque obtus ; leur surface supérieure est d'un gris cendré, couverte de petits grains globuleux, gris ou noirâtres, quelquefois prolongés en forme de petits rameaux ; l'inférieure est glabre, un peu réticulée, d'un violet noir, à l'exception du sommet où elle est blanchâtre ; les scutelles, qu'on voit rarement, sont, selon Hoffmann, grandes, concaves, d'un rouge brun, posées sur le dos des lobes les plus larges. Elle croît sur le tronc des arbres, dans les Alpes et les Pyrénées ; sa saveur est amère : elle teint la laine d'une couleur olivâtre.

§. II. *Feuilles divisées en lanières planes et alongées.*

1075. Physcie du prunellier. *Physcia prunastri.*

Lichen prunastri. Linn. spec. 1614. Ach. Lich. 174. Lam. Dict. 3. p. 488. n. 79. — Dill. Musc. t. 21. f. 54 et 55. A. — Vaill. Bot. t. 20. f. 11.

Ce lichen diffère de tous ceux de cette section, parce que sa feuille, au lieu d'être ferme et cartilagineuse, est molle et membraneuse ; cette feuille est ridée, bosselée irrégulièrement, d'un blanc cendré en dessus, et d'un blanc de lait en dessous, irrégulièrement bifurquée et divisée en lobes planes, droits, linéaires, obtus ou peu pointus ; les bords de la feuille portent çà et là quelques paquets de poussière blanche ; les scutelles, qu'on trouve rarement, sont brunes, latérales et concaves. Il est commun sur les troncs d'arbres, sur les pieux et les parois.

1076. Physcie farineuse. *Physcia farinacea.*

Lichen farinaceus. Linn. spec. 1613. Ach. Lich. 177. Lam. Dict. 3. p. 488. n. 80. — Dill. Musc. t. 23. f. 63. — Vaill. Bot. t. 20. f. 13. 14.

Sa consistance est cartilagineuse ; sa couleur d'un gris cendré, glauque ou blanchâtre, uniforme sur les deux surfaces ; la feuille est glabre, peu bosselée, alongée, un peu convexe, découpée en lobes bifurqués ou rameux, élargis à l'aisselle des bifurcations, et qui vont en s'amincissant vers le sommet ; sur le bord des lanières on remarque des paquets convexes et très-apparens de poussière blanche ; les scutelles sont éparses, portées sur un court pédicule, planes, d'un jaune pâle tirant sur la couleur de chair.

1077. Physcie raboteuse.   *Physcia squarrosa.*

Lichen pollinarius. Ach. Lich. 178. — *Lichen squarrosus.* Pers.
Ust. Ann. Bot. st. 14. — Vaill. Bot. t. 20. f. 15.

Ce lichen ressemble beaucoup à la physcie farineuse , et n'en est
probablement qu'une variété, mais il est plus petit ; les lobes inférieurs de ses feuilles sont plus larges et plus courts , les supérieurs
sont étroits et irrégulièrement déchiquetés ; ses scutelles sont ,
selon les auteurs, plus grandes, ridées en dessous, concaves ,
blanchâtres, avec un rebord élevé, verdâtre ; les paquets farineux sont peu visibles. Il croît sur les troncs d'arbres ; ses caractères méritent d'être étudiés de nouveau.

1078. Physcie des frênes.   *Physcia fraxinea.*

Lichen fraxineus. Linn. spec. 1614. Ach. Lich. 175. Lam. Dict.
3. p. 489. n. 82. — *Lobaria fraxinea.* Hoffm. pl. Lich. t. 18.
— Dill. Musc. t. 22. f. 59. — Tourn. Inst. t. 325. A. B.
β. *Vivipara.*

Sa feuille est presque cartilagineuse, cendrée ou un peu verdâtre , ridée et bosselée, non courbée en canal , ordinairement
droite , quelquefois flasque et pendante , simple ou rameuse ,
de dimensions très-variables et atteignant jusqu'à 1 décim. de
longueur, sur 4 centim. de largeur ; on n'y trouve point de paquets farineux ; les scutelles sont ordinairement nombreuses ,
éparses sur la surface et les bords de la feuille , jamais placées
au sommet, sessiles, orbiculaires, d'abord concaves et lisses,
ensuite ridées, planes ou convexes, à-peu-près de la même
couleur que la feuille. Cette espèce croît sur les troncs d'arbres.

1079. Physcie nivellée.   *Physcia fastigiata.*

Lichen fastigiatus. Pers. Ust. Ann. Bot. st. 7. Ach. Lich. 175.
— *Lichen calicaris.* Lam. Dict. 3. p. 489. n. 81. — Dill. Musc.
t. 21. f. 55. B. et t. 23. f. 62. — Vaill. Bot. t. 20. f. 6.

Cette plante n'est peut-être qu'une variété de la physcie des
frênes ; elle en diffère parce qu'elle est plus petite, plus touffue ,
plus serrée, et que ses scutelles sont placées au sommet des
rameaux. On la trouve fréquemment en cet état sur les troncs
d'arbres ; mais je serois tenté de croire que la position terminale des scutelles, et conséquemment le port de la plante, tient
à un simple avortement de la partie supérieure des rameaux ;
cet avortement est souvent incomplet, ce qui forme sous la
scutelle une espèce d'appendice ou d'éperon ; on peut alors confondre cette plante avec le *lichen calicaris* de Linné ; mais

notre plante est insipide, tandis que celle de Linné est d'une saveur très-amère. Notre plante croît sur les arbres, et celle de Linné sur les rochers maritimes.

§. III. *Feuilles divisées en lanières alongées, courbées en canal longitudinal par dessus.*

1080. Physcie d'Islande. *Physcia Islandica.*

Lichen Islandicus. Linn. spec. 1611. Ach. Lich. 170. Lam. Dict. 3. p. 486. n. 75. Jacq. Coll. 4. p. 253. t. 8. f. 1. — *Lichenoides Islandicum.* Hoffm. pl. Lich. t. 9. f. 1. — Dill. Musc. t. 28. f. 111. 112.

La feuille est membraneuse, plus sèche et plus ferme que dans la plupart des lichens, droite, divisée en lobes nombreux, obtus, souvent bifurqués, bordés de cils presque épineux; cette feuille tend à se courber en gouttière, sur-tout vers le bas; elle est d'un brun verdâtre ou olivâtre, plus pâle vers la partie inférieure, souvent tachée de rouge à sa base; les scutelles sont sessiles, planes, orbiculaires, de la même couleur que la feuille, entourées d'un rebord cilié comme le bord de la feuille elle-même; elles sont placées au sommet des lobes, sur le disque de la feuille. Cette espèce croît par touffes, sur la terre, dans les prairies montagneuses; sa longueur varie de 3-9 centimètres. Ce lichen réduit en poudre, donne une farine que les habitans de l'Islande mêlent habituellement dans leur soupe et leur pain; bouilli avec du lait, il est employé avec succès dans les maladies de poitrine; on s'en sert en Carniole pour engraisser les divers bestiaux; il teint la laine en jaune.

1081. Physcie en capuchon. *Physcia cucullata.*

Lichen cucullatus. Bellardi Obs. 54. Smith. Trans. Linn. 1. t. 4. f. 7. Ach. Lich. 171. — *Lichen ochroleucus.* Lam. Fl. fr. 1. p. 81. — *Lichen nivalis, var. β.* Lam. Dict. 3. p. 490. n. 90. — Dill. Musc. t. 21. f. 56. B.

Ses feuilles sont blanches ou jaunâtres, membraneuses, glabres, unies, sans excavations prononcées, droites, rameuses, sinueuses, un peu crépues au sommet, courbées sur elles-mêmes de manière à former un canal ou un tube longitudinal; elles s'élèvent jusqu'à 6 centim. de hauteur. Je n'ai point vu ses scutelles; Acharius dit qu'elles sont brunes, en forme de capuchon, placées sur le dos des feuilles. Cette espèce croît sur la terre, dans des collines arides.

1082. Physcie des neiges.   *Physcia nivalis.*

Lichen nivalis. Linn. spec. 1612. Ach. Lich. 171. Vill. Dauph. 3.
p. 955. t. 55. — *Lichen candidus.* Lam. Fl. fr. 1. p. 81. —
Lichen nivalis , var. α. Lam. Dict. 3. p. 490. n. 90. Fl. dan.
t. 227. — Dill. Musc. t. 21. f. 56. A.

Ses feuilles sont blanches ou jaunâtres , membraneuses, bosselées, un peu étalées à leur base, redressées au sommet, rameuses, presque déchiquetées , crépues , à peine longues de
5 centim. , et ne formant pas un canal prononcé comme l'espèce
précédente. Je n'ai point vu ses scutelles ; elles sont, selon
Villars, placées à la surface antérieure des feuilles, sessiles,
brunes, entourées d'un rebord crénelé : elle croît sur la terre ,
dans les prairies sèches et sablonneuses ; on la trouve dans les
Alpes et les Pyrénées.

§. IV. *Feuilles divisées en lobes arrondis ou déchiquetés irrégulièrement.*

1083. Physcie des genévriers. *Physcia juniperina.*

Lichen juniperinus. Linn. spec. 1614. Ach. Lich. 168. Hoffm.
Enum. t. 22. f. 1. — *Squammaria juniperina.* Hoffm. pl. Lich.
p. 35. t. 7. f. 2.

Sa feuille est membraneuse, d'un jaune vif, sur-tout en dessous, lisse, glabre, un peu bosselée, divisée en découpures
nombreuses, ascendentes, fines, crépues et entremêlées , souvent bordée par de petits tubercules noirâtres ; les scutelles sont
placées vers le sommet des découpures, planes ou convexes,
d'un roux brun , entourées d'une bordure jaune crénelée , analogue à la feuille. Cette espèce croît dans les Pyrénées , sur les
troncs de genévriers.

1084. Physcie des pins.   *Physcia pinastri.*

Lichen pinastri. Scop. Carn. 2. p. 1387. Ach. Lich. 168. —
Squammaria pinastri. Hoffm. pl. Lich. t. 7. f. 1.

Cette espèce est d'un jaune jonquille, quelquefois un peu
verdâtre ; sa feuille est membraneuse, unie et glabre, divisée
en lobes arrondis, découpés, sinueux, étalés, un peu redressés
sur les bords, lesquels sont chargés de paquets pulvérulens ,
jaunes, arrondis ou cylindriques. On n'y a jamais découvert de
scutelles. Quelques auteurs regardent cette plante comme une
variété de la physcie des genévriers ; il en est même qui l'ont
regardée

regardée comme l'individu mâle de cette espèce. On la trouve
dans les Alpes méridionales et les Pyrénées, sur les troncs des
sapins, des génevriers et des melèzes.

1085. Physcie aux yeux d'or. *Physcia chrysophthalma.*

> *Lichen chrysophtalmus.* Linn. Mant. 311. Ach. Lich. 181. Lam.
> Dict. 3. p. 486. n. 72.
> *α. Ciliatus.* — *Platisma armatum.* Hoffm. pl. Lich. t. 36. f. 4.
> — Dill. Musc. t. 13. f. 17.
> *β. Nudus.* — *Platisma denudatum.* Hoffm. pl. Lich. t. 31. f. 1.
> — Jacq. Coll. 1. p. 117. t. 4. f. 3. a. b.

Sa feuille est membraneuse, d'un jaune orangé, découpée en
lobes nombreux, linéaires, droits, disposés en une petite touffe
arrondie, déchiquetés et ciliés; les scutelles naissent vers le sommet des lobes; elles sont d'un fauve doré, planes, ordinairement entourées de cils rayonnans, nues dans la variété *β*; ces
scutelles atteignent 5-7 millim. de diamètre. Ce beau lichen
croît sur les troncs d'arbres; on l'a trouvé à Bondy, à Fontainebleau, près Lyon, Thouars, etc.

1086. Physcie des haies. *Physcia sepincola.*

> *Lichen sepincola.* Ehrh. Beitr. 2. 95. Hoffm. Enum. 102. t. 17.
> f. 1. Hedw. Stirp. p. 8. t. 2. f. 1-10. Ach. Lich. 169. — *Pla-*
> *tisma sepincola.* Hoffm. pl. Lich. t. 14. f. 1.

Sa feuille est membraneuse, lisse, d'un brun olivâtre, un peu
pâle et déprimée irrégulièrement en dessous, divisée en lobes
ascendans, sinueux, crépus sur les bords, quelquefois chargés
de poussière cendrée, quelquefois munis de scutelles nombreuses,
arrondies, de couleur marron, à peine concaves, entourées d'un
léger rebord. Cette espèce croît sur les rameaux des génevriers;
elle a été trouvée dans les Pyrénées par le C. Ramond.

1087. Physcie glauque. *Physcia glauca.*

> *Lichen glaucus.* Linn. spec. 1615. Ach. Lich. 167. Jacq. Coll. 4. p.
> 276. t. 19. f. 2. — Dill. Musc. t. 25. f. 96. — Vaill. Paris. t. 21. f. 12.

Sa feuille est membraneuse, lisse sur l'une et l'autre surfaces,
glauque en dessus, noire en dessous dans le milieu, et brune sur
les bords, divisée en lobes nombreux, profonds, ascendans,
entremêlés, déchirés et crépus; les scutelles, selon les auteurs,
sont éparses, concaves, rouges, et ont l'apparence d'un bouclier;
le sommet des lobes se renfle quelquefois en vésicule de la forme
d'une toupie. Il est rare de trouver ce lichen en fructification; il
croît sur le tronc des arbres et sur les rochers.

1088. Physcie trompeuse.   *Physcia fallax.*

Lichen fallax. Web. Spic. p. 244. Ach. Lich. p. 169. — *Lichen
membranaceus.* Lam. Dict. 3. p. 492. n. 96. — *Platisma
fallax.* — Hoffm. pl. Lich. t. 46. f. 1-3. — Dill. Musc. t. 22.
f. 58. — Mich. Gen. t. 37.

Sa feuille est membraneuse, mince, d'un glauque tirant un peu
sur le jaune, blanche en dessous, et plus ou moins tachée de
noir, étalée, divisée en lobes profonds, entremêlés, découpés
et même finement déchiquetés sur les bords, quelquefois tachetés de petits points noirs ; les scutelles sont grandes, brunes, placées au sommet des lobes. Cette espèce croît sur les troncs
d'arbres et sur les rochers ; le C. Lamarck l'a trouvée au Mont-
d'Or.

XC. LOBAIRE.   *LOBARIA.*

Lobaria. Ach. — *Lobariæ sp.* Hoffm. — *Dermatodeæ sp.* Vent.—
Lichenis sp. Linn.

CAR. Les lobaires ont des feuilles membraneuses, coriaces,
libres, divisées en lobes larges et arrondis, velues en dessous,
garnies en dessus de scutelles éparses, presque sessiles.

1089. Lobaire à fossettes. *Lobaria scrobiculata.*

Lichen scrobiculatus. Scop. Carn. 2. n. 1391. Ach. Lich. 152.
Lam. Dict. 3. p. 492. n. 95. — *Lichen verrucosus.* Jacq. Coll.
4. p. 278. t. 18. f. 2. — *Pulmonaria verrucosa.* Hoffm. pl. Lich.
p. 1. t. 1. f. 1. — Dill. Musc. t. 29. f. 114.

Sa feuille est un peu coriace, large, étalée, divisée en lobes
arrondis, marquée à sa surface de cavités et de bosselures irrégulières, d'un verd glauque en dessus, munie en dessous d'un duvet court et serré, roux sur les bords de la feuille, et noirâtre
vers le centre ; sur les bords et sur le disque même de la feuille,
on remarque des verrues blanches et pulvérulentes ; les scutelles sont éparses à la surface supérieure, orbiculaires, brunes,
avec le bord plus pâle et proéminent, presque plane, attachées
par le centre. Cette espèce croît sur la terre et les arbres, parmi les mousses.

1090. Lobaire pulmonaire. *Lobaria pulmonaria.*

Lichen pulmonarius. Linn. spec. 1612. Ach. Lich. p. 152. Lam.
Dict. 3. p. 491. n. 94. — *Pulmonaria reticulata.* Hoffm. pl.
Lich. t. 1. f. 2. — Dill. Musc. t. 29. f. 113.
β. *Scutellis sparsis atro-sanguineis margine rufis.*

Sa feuille est un peu cartilagineuse, grande, étalée, divisée en lobes profonds, sinueux rameux et tronqués au sommet , marquée en dessus de concavités séparées par des arêtes saillantes disposées en réseaux , d'un verd tirant sur le fauve ou le roux ; la surface inférieure est bosselée, blanche et glabre sur les convexités , brune et presque toujours velue dans les concavités ; on trouve des verrues farineuses sur les bords et les arêtes ; les scutelles sont d'ordinaire rangées sur le bord de la feuille , d'abord concaves , puis planes , d'un roux marron sur leur surface entière ; dans la variété β , que le C. Dufour a trouvée dans les Pyrénées, les scutelles sont éparses sur le disque de la feuille , fort épaisses , d'un pourpre noir , et entourées d'un rebord roux , souvent crénelé. Cette plante croît sur les vieux troncs , dans les forêts ombragées ; on la connoît sous le nom de *pulmonaire de chéne* , de *thé des Vosges* ; on l'emploie avec succès dans les maladies de poumon et les hémorragies ; elle fournit une teinture brune , assez fixe ; on s'en sert en Sibérie , à la place de houblon , pour faire la bière.

1091. Lobaire perlée. *Lobaria perlata.*

Lichen perlatus. Linn. Syst. 8o8. Jacq. Coll. 4. p. 273. t. 10. Ach. Lich. 153. — *Lichen perlatus , var. α.* Lam. Dict. 3. p. 493. — Dill. Musc. t. 20. f. 39. — Vaill. Bot. t. 21. f. 12. β. *Ciliatus.*

Sa feuille est membraneuse , étalée , divisée en lobes nombreux, crépus, souvent relevés , toujours arrondis ; la surface supérieure est lisse , d'un verd glauque quand elle est fraîche , et grisâtre quand elle est sèche ; l'inférieure est noire ou brune , un peu hérissée de poils noirs ; les bords sont nus dans la variété α , bordés de poils noirs dans la variété β : ces bords portent le plus souvent des paquets blanchâtres et farineux ; les scutelles naissent sur le disque des feuilles , elles sont un peu pédicellées , orbiculaires , concaves, d'abord rouges , puis brunes : elle croît sur les arbres.

1092. Lobaire herbacée. *Lobaria herbacea.*

Lichen herbaceus. Huds. Angl. 2. p. 544. Ach. Lich. 154. — *Lichen lœtevirens.* Lightf. Scot. 852. — *Pulmonaria herbacea.* Hoffm. pl. Lich. t. 10. f. 2. —Dill. Musc. t. 25. f. 98.

Sa feuille est herbacée , un peu membraneuse , large , étalée , sinueuse , divisée en lobes arrondis , lisse et d'un verd clair en dessus , blanchâtre et légèrement cotonneuse en dessous ; par la dessication la surface supérieure devient d'un glauque cendré; les scutelles sont nombreuses, concaves, d'un roux brun en dessus, et de la même couleur que la feuille en dessous. Cette espèce croît sur les vieux arbres, parmi les mousses.

1093. Lobaire à paquets. *Lobaria glomulifera.*

Lichen glomuliferus. Lightf. Scot. 2. p. 853. Lam. Dict. 3. p. 496. n. 109. Ach. Lich. 154. — *Lichen laciniatus.* Huds. Angl. 449. — Dill. Musc. t. 26. f. 99.

Sa feuille est un peu coriace, large, étalée, légèrement embriquée, divisée en lobes sinueux, arrondis, et dont l'aisselle est remarquablement évasée, d'un verd glauque lorsqu'elle est fraîche, jaunâtre lorsqu'elle est sèche; la surface inférieure est brunâtre, un peu cotonneuse : on remarque aux aisselles et sur les bords des lobes, des paquets d'un verd brun, assez gros, composés de filamens rameux, serrés et entrecroisés; les scutelles sont éparses, concaves, orbiculaires, rousses en dessus, de la couleur de la feuille en dessous. Cette espèce croît au pied des vieux arbres; le C. Lamarck l'a trouvée au Mont-d'Or.

X C I. S T I C T A.   *S T I C T A.*

Sticta. Ach. — *Peltigerœ spec.* Hoffm. — *Dermatodeœ spec.* Vent. — *Lichenis sp.* Linn.

Car. Les feuilles membraneuses des sticta portent en dessus des réceptacles en scutelle ou en bouclier ordinairement placés vers les bords, et offrent en dessous de petites fossettes glabres, éparses au milieu d'un duvet.

Obs. Ce genre dont les espèces peu nombreuses en Europe se retrouvent dans d'autres parties du monde, diffère de tous les autres par les concavités de la surface inférieure; ces concavités ont reçu le nom de *cyphelles ;* on ignore leur usage, et par conséquent leur degré d'importance dans la classification.

1094. Sticta fuligineuse.   *Sticta fuliginosa.*

Lichen fuliginosus. Dicks. Crypt. 1. p. 13. Ach. Lich. 158. — Dill. Musc. t. 26. f. 100.

Ses feuilles sont membraneuses, arrondies, à-peu-près attachées par le centre, peu déchirées, d'un gris cendré tirant sur le glauque; la surface inférieure offre un duvet brunâtre, dans lequel se distinguent des cyphelles blanchâtres; la supérieure est tantôt glabre, tantôt marquée de grains noirâtres disposés en réseau irrégulier; les réceptacles (selon Dickson) sont d'un brun de rouille avec le bord blanchâtre, placés sur le bord de la feuille et en forme de scutelle. Cette espèce a été trouvée sur le tronc des arbres par le C. Dufour.

1095. Sticta des bois. *Sticta sylvatica.*

Lichen sylvaticus. Linn. Syst. 808. Ach. Lich. 156. Lam. Dict. 3. p. 495. n. 106. Jacq. Coll. 4. p. 258. t. 12. f. 2. — *Peltigera sylvatica.* Hoffm. pl. Lich. p. 21. t. 4. f. 2.

Ses feuilles sont membraneuses, redressées, sinuées, lobées, ou incisées, d'un brun verdâtre en dessus, d'un fauve noirâtre en dessous ; leur surface inférieure est velue, et offre des cyphelles blanches ; la supérieure est ordinairement glabre, quelquefois chargée de grains noirâtres disposés en séries ou en réseau ; les réceptacles sont bruns, placés au bord de la feuille et en forme de bouclier. Ce lichen exhale une odeur fétide qui se perd en partie par la dessication : on le trouve dans les bois montagneux, sur la terre et les rochers, parmi la mousse.

XCII. PELTIGÈRE. *PELTIGERA.*

Peltidea. Ach. — *Peltigeræ spec.* Hoffm. — *Dermatodeæ spec.* Vent. — *Lichenis sp.* Linn.

Car. Des feuilles coriaces, arrondies, lobées, portent (ordinairement vers leur bord) des réceptacles superficiels ou enfoncés, adhérens par leur surface entière.

Ons. La plupart des peltigères sont garnies en dessous de veines proéminentes et rameuses, et de fibrilles semblables à des racines.

§. Ier. *Réceptacles placés au bord de la feuille et tournés en dessus.*

1096. Peltigère veinée. *Peltigera venosa.*

Lichen venosus. Linn. spec. 1615. Ach. Lich. 159. Lam. Dict. 3. p. 494. — *Peltigera venosa.* Hoffm. pl. Lich. 31. t. 6. — Dill. Musc. t. 28. f. 109.

Ses feuilles sont un peu coriaces, arrondies, divergentes, peu lobées, attachées à la terre par le bord ou près du bord, glabres et d'un gris jaunâtre en dessus, blanches en dessous et marquées de veines cotonneuses, brunâtres, rameuses et proéminentes ; les réceptacles sont placés sur le bord de la feuille au sommet des veines, solitaires, ou du moins éloignés, bruns, un peu concaves, orbiculaires et horizontaux : la plante n'a pas 5 centim de diamètre ; elle croît dans les lieux ombragés et graveleux, au bord des routes et des fossés.

1097. **Peltigère bâtarde.**   *Peltigera spuria.*

Lichen spurius Ach. Lich. 159.—Dill. Musc. t. 28. f. 108?

Elle ressemble beaucoup à la peltigère veinée; mais les veines de la surface inférieure sont blanches, la surface supérieure est d'un gris plus cendré; les feuilles sont divisées en lobes assez profonds, en sorte que chaque réceptacle termine une languette alongée; ces réceptacles sont plutôt verticaux qu'horizontaux. Le C. Dufour a trouvé cette espèce à Vincennes, sur la terre.

1098. **Peltigère horizontale.** *Peltigera horizontalis.*

Lichen horizontalis. Linn. Mant. 132. Ach. Lich. 160. Jacq. Coll. 4. p. 265. t. 16. Lam. Dict. 3. p. 495. n. 107. — Dill. Musc. t. 28. f. 104.—Mich. Gen. t. 4. f. 1-6.

Sa feuille est coriace, étalée, glabre, d'un verd glauque en dessus, blanchâtre et relevée en dessous de nervures rousses et rameuses, divisée vers le bord en lanières alongées, horizontales, au sommet de chacune desquelles est un réceptacle d'un roux brun, orbiculaire, plane, horizontal. Cette espèce croît sur les rochers, dans les bois, parmi la mousse.

1099. **Peltigère canine.**   *Peltigera canina.*

Lichen caninus. Linn. spec. 1616. Ach. Lich. 160. Lam. Dict. 3. p. 494. Jacq. Coll. 4. p. 260. t. 14. f. 1. — *Lichen terrestris.* Lam. Fl. fr. 1. p. 84.—Dill. Musc. t. 27. f. 102.—Vaill. Bot. Paris. t. 21. f. 16.

La feuille est large, coriace, arrondie, lobée, d'un gris cendré en dessus, blanche et relevée en dessous de nervures rousses, rameuses, anastomosées, qui se prolongent çà et là en fibrilles qui font l'office de vrilles et de racines; les bords de la feuille se découpent en lanières plus ou moins alongées et ascendantes, qui portent à leur sommet des réceptacles d'un brun roux, arrondis, planes, verticaux ou inclinés. Cette espèce est commune sur la terre, dans les bois; on l'a regardée long-temps comme un spécifique contre la rage; on la recommande encore dans l'hydropisie et l'asthme convulsif.

1100. **Peltigère aux aphthes.** *Peltigera aphthosa.*

Lichen aphthosus. Linn. spec. 1616. Ach. Lich. 161. Lam. Dict. 3. p. 495. n. 108. Jacq. Coll. 4. p. 266. t. 17. — *Peltigera aphthosa.* Hoffm. pl. Lich. p. 28. t. 6. f. 1. — Dill. Musc. t. 28. f. 106.

Ses feuilles sont coriaces, étendues, larges, arrondies, peu

lobées , glabres , verdâtres en dessus , d'un blanc roussâtre et
dépourvues de nervures en dessous , chargées çà et là , à la surface supérieure , de tubercules bruns , applatis , dont on ignore
la nature ; les réceptacles , qu'on ne voit que rarement , sont
arrondis , de couleur rousse , placés au sommet des lobes.
Ce lichen croît sur la terre , dans les bois de pins : infusé
dans du lait , on l'emploie en Suède pour guérir les aphthes des
enfans.

1101. Peltigère digitée. *Peltigera polydactyla.*

> *Lichen polydactylus.* Ach. Lich. 162. Jacq. Coll. 4. t. 14. f. 2.
> Lam. Dict. 3. p. 494. n. 105. —*Peltigera polydactyla.* Hoffm.
> pl. Lich. p. 19. t. 4. f. 1.

Sa feuille est coriace , étalée , glabre , et d'un glauque cendré
en dessus , blanchâtre , relevée de nervures rameuses , et émettant en dessous des fibrilles radicales , divisée vers les bords
en plusieurs lobes alongés , ascendans , au sommet de chacun
desquels se trouve un réceptacle arrondi , plane , vertical , d'un
brun noir. Elle croît sur la terre dans les bois.

§. II. *Réceptacles au bord de la feuille et tournés
en dessous.*

1102. Peltigère renversée. *Peltigera resupinata.*

> *Lichen resupinatus.* Linn. spec. 1615. Ach. Lich. 163. Lam.
> Dict. 3. p. 493. Wulf. Jacq. Coll. 4. p. 257. t. 12. f. 1. —
> Dill. Musc. t. 28. f. 105.
> α. *Glabra.* —*Peltigera papyracea.* Hoffm. Germ. 2. p. 108.
> β. *Tomentosa.* —*Peltigera tomentosa.* Hoffm. Germ. 2. p. 108.

Sa feuille est coriace , ascendante , incisée , lobée , verdâtre
ou grisâtre en dessus , souvent un peu velue , de couleur pâle et
dépourvue de nervures en dessous ; les lobes sont terminés par
des réceptacles roux , arrondis , un peu concaves , placés du
côté de la surface inférieure de la feuille : elle croît sur la terre ,
sur les rochers et sur les arbres.

§. III. *Réceptacles placés sur le disque de la feuille
et un peu enfoncés.*

1103. Peltigère orangée. *Peltigera crocea.*

> *Lichen croceus.* Linn. Fl. lapp. p. 443. t. 11. f. 3. Ach. Lich.
> 165. Jacq. Coll. 4. p. 275. t. 11. f. 2. 3. Lam. Dict. 3. p. 496.
> n. 111. — *Peltigera crocea.* Hoffm. pl. Lich. t. 41. f. 2.-4.
> t. 42. et t. 45.

Elle se distingue facilement à la vive couleur rouge-orangée

de la surface inférieure des feuilles ; cette surface offre quelques
nervures et quelques fibrilles radicales roussâtres ; la supérieure
est d'un roux brun , et porte soit vers le sommet des lobes , soit
vers le centre des réceptacles sessiles , planes , bruns , orbiculaires ; les lobes sont divergens et sinueux : elle croît sur la terre
qui recouvre les rochers , dans les Alpes et les Pyrénées.

1104. Peltigère à pochettes.　*Peltigera saccata.*

Lichen saccatus. Linn. Fl. suec. n. 1102. Ach. Lich. 165. Lam.
Dict. 3. p. 496. n. 110. — Dill. Musc. t. 30. f. 121. — Mich.
Gen. t. 52. f. 1.

Sa feuille est coriace , déprimée , un peu embriquée , arrondie , peu lobée , légèrement crénelée , d'un glauque cendré en
dessus , blanche et garnie de fibrilles en dessous ; les réceptacles
sont d'un brun noir , orbiculaires , épars , enfoncés profondément dans la feuille. Ce dernier caractère doit peut-être engager à séparer cette espèce des vraies peltigères : elle croit sur la
terre , au pied des arbres ou contre les rochers , dans les Alpes
et les Pyrénées.

XCIII. OMBILICAIRE.　*UMBILICARIA.*

Umbilicaria. Hoffm. Ach. — *Capnia.* Vent. — *Lichenis sp.* Linn.

CAR. Les feuilles sont cartilagineuses , lobées , attachées par
leur centre ; les réceptacles sont toujours noirs , et leur surface
supérieure est presque toujours marquée de rides concentriques
ou spirales.

OBS. Toutes les espèces de ce genre ont un aspect noirâtre ou
enfumé ; plusieurs émettent en dessous des fibrilles noires , simples ou rameuses.

§. Ier. *Feuilles hérissées en dessous.*

1105. Ombilicaire enfoncée.　*Umbilicaria saccata.*

Lichen velleiformis. Bell. act. Tur. 5. p. 274. Ach. Lich. 151.

La feuille est arrondie , attachée par le centre , légèrement
lobée ; sa surface supérieure est grise , unie , glabre ; l'inférieure
est , dans le milieu , d'un blanc sale , et hérissée de radicules
simples , blanchâtres , semblables à des poils ; vers le bord , elle
est grisâtre et hérissée de petites papilles comme l'ombilicaire
gris de souris ; les scutelles sont noires , d'abord planes , puis
convexes , sillonnées , enfoncées dans la feuille , et saillantes en
dessous , sous la forme de protubérances coniques ou hémisphériques ; elles sont nombreuses et rangées sur le bord de la

feuille. Cette plante a été observée par le C. Ramond, dans les Pyrénées, sur les rochers, autour du lac de Gaube.

1106. Ombilicaire hérissée. *Umbilicaria hirsuta.*

Lichen hirsutus. Ach. Lich. 150.—Dill. Musc. t. 30. f. 117.

Cette espèce diffère de l'ombilicaire enfoncée, parce que ses scutelles sont éparses et non enfoncées dans la feuille, que sa surface supérieure est d'un gris plus foncé, que l'inférieure n'est point garnie de papilles vers le bord, et que ses poils partent de nervures anastomosées qui rayonnent du centre de la feuille, et qui ont quelque analogie avec celles de la peltigère canine. Cette plante a été trouvée par le C. Ramond, dans les Pyrénées, sur les rochers.

1107. Ombilicaire coriace. *Umbilicaria spadochroa.*

Lichen spadochrous. Ach. Lich. 149.—*Lichen polyrhyzos.* Linn. spec. 1618? *Umbilicaria spadochroa.* Hoffm. Germ. 2. p. 113. *Lichen polyrhizos*, var. α. Lam. Dict. 3. p. 497. n. 115.

Sa surface supérieure est d'un gris roussâtre, souvent marquée de petits points ou de petites fissures noires; l'inférieure est absolument noire et couverte de poils nombreux, serrés et branchus; la feuille est plissée, lobée, arrondie, coriace; les scutelles sont éparses, convexes, sillonnées, absolument sessiles. Cette plante croît dans les Pyrénées, sur les rochers, près le lac d'Oo.

1108. Ombilicaire à vrilles. *Umbilicaria cirrhosa.*

Umbilicaria cirrhosa. Hoffm. pl. Lich. t. 2. f. 3. 4. — *Lichen glaucodermus.* Ram. Pyren. ined.

Cette espèce est voisine de l'ombilicaire coriace; mais elle en diffère, parce que sa feuille est plus crépue, plus divisée et comme froncée sur les bords; la surface supérieure est glauque, et devient blanchâtre par la dessication; l'inférieure est noire, hérissée de fibrilles noires, simples et épaisses. Le C. Ramond a trouvé cette espèce sur des rochers de granit, au bord du lac de Gaube, dans les Pyrénées : les réceptacles ne sont pas connus.

1109. Ombilicaire drapée. *Umbilicaria pellita.*

Lichen pellitus. Ach. Lich. 149. — *Umbilicaria vellea.* Hoffm. pl. Lich. t. 26. f. 3.—Dill. Musc. t. 30. f. 130.—*Lichen polyrhyzus*, var. β. Lam. Dict. 3. p. 497. n. 155.

Sa feuille est attachée par le centre, arrondie, profondément

lobée, souvent crispée et prolifère dans le milieu ; la surface supérieure est unie, d'un brun de bronze ; l'inférieure est noire,
presque entièrement couverte d'un duvet court, épais et entre-
lacé ; les scutelles sont éparses, convexes, presque globuleuses, marquées de rides spirales. Cette espèce a été trouvée
à Villers-Coterets, par le C. Foucault ; elle croît sur les rochers.

1110. Ombilicaire à trompes.   *Umbilicaria proboscidea.*

> α. *Lichen cylindricus.* Linn. spec. 1618. Ach. Lich. 148. —
> *Lichen proboscideus.* Lam. Dict. 3. p. 498. Hedw. Musc.
> fr. 2. t. 1. A. — *Lichen crinitus.* Lightf. Scot. 2. p. 860.
> — *Umbilicaria crinita.* Hoffm. pl. Lich. t. 44. f. 1.-9. — Dill.
> Musc. t. 29. f. 116.
> β. *Umbilicaria rigida.* Hoffm. Germ. 2. p. 112.
> γ. *Umbilicaria corrugata.* Hoffm. pl. Lich. t. 43. f. 4-7. —
> *Lichen proboscideus.* Linn. spec. 1618. Ach. Lich. 147. —
> *Lichen deustus.* Lightf. Scot. 2. p. 861. — Dill. Musc. t. 30.
> f. 117. 118.

Sa feuille est d'un gris glauque ou cendré en dessus, d'un
roux jaunâtre en dessous, au moins vers le centre ; la surface
supérieure est unie dans les variétés α et β , bosselée en réseau
dans la variété γ ; l'inférieure est quelquefois glabre et lisse ,
quelquefois munie de poils simples ou peu rameux ; les bords
sont garnis de poils semblables dans la variété α ; on en retrouve encore quelques-uns dans la variété β , et ils manquent
dans la variété γ ; les scutelles sont éparses en forme de toupie ou de cône renversé, d'abord planes, puis convexes, marquées de sillons concentriques, souvent trouées au sommet.
Cette espèce croît dans les Pyrénées et les Alpes, sur les rochers.

§. II. *Feuilles non hérissées en dessous.*

1111. Ombilicaire à fruit lisse. *Umbilicaria leiocarpa.*

Lichen infundibuliformis. Ramond. Pyren. ined.

Sa feuille est arrondie, un peu lobée sur les bords , glabre
sur l'une et l'autre faces, d'un gris tirant sur le noir , plus foncé
en dessous qu'en dessus, marquée à la surface supérieure de
quelques fentes noires, réticulaires ; les réceptacles sont d'un
noir mat, inversement coniques ou en forme d'entonnoir, entourés d'un rebord saillant ; leur disque est plane, entièrement
dépourvu des rides et des spires qu'on observe dans toutes les

autres ombilicaires. Cette espèce remarquable a été découverte
par le C. Ramond, sur les rochers du port Madamette, dans
les Pyrénées.

1112. Ombilicaire à pustules. *Umbilicaria pustulata.*

Lichen pustuslatus. Linn. spec. 1617. Ach. Lich. 146. Lam.
Dict. 3. p. 498. n. 118. — *Umbilicaria pustulata.* Hoffm. pl.
Lich. t. 28. f. 1. 2. et t. 29. f. 4. — Vaill. Bot. Paris. t. 20.
f. 9. — Dill. Musc. t. 30. f. 131.

Sa feuille est d'un verd brun olivâtre lorsqu'elle est humide,
et grise quand elle est sèche; elle est attachée par le centre,
arrondie, lobée, relevée en bosselures convexes, grenues et
semblables à des pustules lorsqu'on regarde la surface supérieure, creusée de fossettes irrégulières à la face inférieure;
celle-ci est glabre, munie de très-petites papilles comme l'ombilicaire gris de souris; celle-là émet souvent des faisceaux de
fibres noires et très-rameuses; les scutelles sont éparses, d'abord
un peu concaves et sans rides concentriques, ensuite planes et
ridées : elle naît sur les rochers.

1113. Ombilicaire rongée. *Umbilicaria erosa.*

Umbilicaria erosa. Hoffm. Germ. 2. p. 111. *Lichen erosus.* Web.
Spic. 259. Ach. Lich. 145.

Sa feuille est membraneuse, attachée par le centre, noire en
dessus, arrondie, ridée et comme criblée sur toute la surface,
déchirée comme une dentelle sur les bords; la surface inférieure
est glabre, rousse vers le centre, noirâtre vers le bord; les
scutelles sont noires, proéminentes, d'abord planes marquées d'un ombilic au centre et d'un sillon concentrique, ensuite convexes et ridées irrégulièrement : elle croît sur les rochers; M. Schleicher l'a trouvée dans les Alpes.

1114. Ombilicaire à papilles. *Umbilicaria papillosa.*

Lichen hyperboreus. Ach. Lich. 146?

Cette plante est intermédiaire entre l'ombilicaire rongée et
l'ombilicaire gris de souris; sa feuille est arrondie, un peu lobée, quelquefois déchiquetée sur les bords, adhérente par le
centre; la surface supérieure est d'un brun foncé, unie, glabre,
un peu bosselée, et çà et là irrégulièrement fendillée; l'inférieure est brune, hérissée de petites papilles proéminentes, rudes et blanchâtres; les réceptacles sont noirs, grands, irréguliers, convexes, extrêmement ridés; on croiroit voir un amas de

lirelles agglomerées les unes aux autres. Cette espèce a été trou‑
vée par le C. Ramond, sur les rochers voisins du lac de Gaube ,
dans les Pyrénées.

1115. Ombilicaire gris.   *Umbilicaria murina.*
de souris.

> *Lichen murinus.* Ach. Lich. 143. — *Lichen griseus.* Ach. nov.
> act. Ac. Suec. V. XV. t. 2. f. 3. — *Umbilicaria grisea.* Hoffm.
> Germ. 2. p. 111. — *Lichen deustus*, *var.* *α.* Lam. Dict. 3.
> p. 497. — Vaill. Bot. Par. t. 21. f. 14.

Sa surface supérieure est d'un gris cendré , glabre , unie , avec
le centre un peu blanchâtre , crevassé et comme mamelonné ;
l'inférieure est d'un noir brun , dépourvue de poils , mais héris‑
sée de petites papilles protubérantes et de couleur pâle ; la feuille
est lobée , attachée par le centre ; elle porte des réceptacles
épars à la surface supérieure , noirs , d'abord planes , ensuite
hémisphériques , marqués de rides d'abord concentriques , puis
sinueuses : elle croît sur les rochers à Fontainebleau.

1116. Ombilicaire écailleuse. *Umbilicaria flocculosa.*

> *Lichen flocculosus.* Wulf. Jacq. Coll. 3. p. 99. t. 1. f. 2.

Cette plante est voisine de l'ombilicaire gris de souris , mais
elle est plus grande , plus simple ; sa surface inférieure est noire ,
absolument lisse et glabre ; la supérieure est d'un gris plus
foncé , rompue , sur‑tout vers le centre , en petites écailles
blanches , irrégulières , proéminentes , éparses : je n'ai point
vu les scutelles. Le C. Ramond a trouvé cette espèce dans les
Pyrénées , sur les granits , au‑dessous de Néouvielle ; elle est
d'un verd foncé dans l'état de fraîcheur.

1117. Ombilicaire glabre.   *Umbilicaria glabra.*

> *Lichen glaber.* Ach. Lich. 144. — *Lichen polyphyllus.* Linn. sp.
> 1618. Lightf. Scot. 2. p. 863. — Dill. Musc. t. 30. f. 129.
> *α.* *Umbilicaria polyphylla.* Hoffm. Germ. 2. p. 109.
> *β.* *Umbilicaria anthracina.* Hoffm. Germ. 2. p. 110. — *Lichen*
> *anthracinus.* Jacq. Misc. 2. t. 9. f. 4. Lam. Dict. 3. p. 498.

Sa feuille est membraneuse , glabre et lisse sur l'une et l'autre
surfaces , attachée par le centre , arrondie , lobée , quelquefois
formant une rosette simple , quelquefois poussant en tout sens
une multitude de lobes ou de folioles ; sa couleur est noire ou
d'un brun de bronze en dessus , toujours noire en dessous ; elle
devient verdâtre lorsqu'on l'humecte ; les réceptacles sont presque

globuleux dans un âge avancé, et marqués de spires concentriques : elle croît sur les rochers des pays montagneux.

XCIV. ENDOCARPE.   *ENDOCARPON.*

Endocarpon. Hedw. Ach. — *Lobariæ sp.* Hoffm.

Car. Les feuilles sont cartilagineuses, attachées par le centre ; les réceptacles enchassés dans la substance même de la feuille, se font remarquer à la surface supérieure, où ils forment plusieurs protubérances terminées par un orifice peu distinct.

Obs. La fructification des Endocarpes ressemble à celle de la sphérie ponctuée, ou de la pézize des fientes. Ce genre est peu éloigné des riccies. La *riccia cordata* de Villars paroît être un endocarpe. Certains lichens écailleux, et en particulier l'écaillaire à lentilles, se couvrent dans leur vieillesse de points noirs qui leur donnent une grande ressemblance avec les endocarpes : ces points paroissent dûs, soit à une maladie organique, soit peut-être à une sphérie parasite. Cette dernière opinion a été embrassée par Villars, qui décrit ces taches sous le nom de *sphæria lichenum*. Vill. Dauph. 4. p. 1059.

1118. Endocarpe fluviatile.   *Endocarpon fluviatile.*

Lichen fluviatilis. Weber. Spic. p. 265. t. 4. *Lichen Weberi*. Ach. Lich. 142. — *Platisma aquaticum*. Hoffm. pl. Lich. t. 45. f. 1.-5 — Dill. Musc. t. 30. f. 128.

Cet endocarpe croît dans les ruisseaux et les rivières, attaché aux pierres ; ses feuilles sont ramassées, cartilagineuses, crépues, flexueuses, lobées, et même découpées sans régularité ; la surface inférieure est roussâtre ; la supérieure est d'un gris verdâtre, sale, marquée de points bruns, assez nombreux, qu'on regarde comme les réceptacles ; les touffes de cette plante ont jusqu'à 6-8 centim. de diamètre : le C. Desportes l'a trouvée dans la rivière d'Orthe.

1119. Endocarpe compliqué.   *Endocarpon complicatum.*

Lichen complicatus. Ach. Lich. 142. — *Lichen polyphyllus*. Jacq. Coll. 2. p. 190. t. 16. f. a-i. — *Lichen miniatus complicatus*. Lightf. Scot. 2. p. 858. Fl. dan. t. 532. f. 2. — *Lichen polylobus*. Jacq. Coll. 3. p. 96. — *Lichen deustus, var. β*, Lam. Dict. 3. p. 497.

Cette espèce se rapproche beaucoup de l'endocarpe rougeâtre,

et n'en est peut-être qu'une variété; sa feuille est plus petite ,
divisée en lobes plus nombreux , plus profonds , redressés et
crépus ; sa surface inférieure est d'un brun cuivré tirant sur le
noir ; la supérieure est grise , marquée de points bruns assez
nombreux : elle **croît** sur les rochers , et sur-tout sur ceux du
bord de la mer.

1120. Endocarpe rougeâtre. *Endocarpon miniatum.*

> *Lichen miniatus.* Linn. sp. 1617. Ach. Lich. 141. Jacq. Misc. 2.
> t. 10. f. 3. Lam. Dict. 3. p. 496. — Dill. Musc. t. 30. f. 127. —
> Hall. Helv. n. 2199. t. 47. f. 2.

Sa feuille est cartilagineuse , attachée par le centre , presque
entière , un peu ondulée et relevée sur les bords , de 3-5 centimètres de diamètre ; la surface inférieure est unie , d'un rouge
de cuivre ; la supérieure est d'un blanc cendré ou grisâtre ,
tachetée de points bruns ou rougeâtres. Cette espèce croît sur
les rochers , dans les Alpes , les Pyrénées , à Fontainebleau.

1121. Endocarpe d'Hedwig. *Endocarpon Hedwigii.*

> *Endocarpon pusillum.* Hedw. st. Crypt. t. 20. f. A. — *Lichen
> Hedwigii.* Ach. Lich. 140. — *Lichen endocarpon.* Gmel.
> Syst. 1370.
>
> β. *Lichen pentospermus.* Vill. Dauph. 3. p. 969. t. 55.

Les feuilles sont arrondies , attachées par le centre , plus ou
moins lobées , un peu coriaces , blanches en dessous , d'un verd
foncé en dessus , brunes lorsqu'elles sont sèches , de 4-6 millim.
de diamètre , planes quand elles sont humides , un peu relevées
sur les bords par la dessication , marquées en dessus de 7-8
points d'un brun noir , qui sont les réceptacles. Cette plante
croît sur la terre , parmi les mousses , sur les rochers et les
vieilles murailles : elle est commune , mais difficile à appercevoir. La variété β , que Villars a trouvée en Dauphiné , sur la
terre , doit peut-être former une espèce distincte ; elle est moins
crépue ; sa surface inférieure est noire , un peu cotonneuse , et
la supérieure prend , en se desséchant , une teinte d'un roux
clair tirant sur la couleur de chair ; le nombre de ses récep=
tacles varie de 4-10.

CINQUIÈME FAMILLE.
HÉPATIQUES. *HEPATICÆ.*

Hepaticæ. Adans. Juss. — *Algarum gen.* Linn.

Les hépatiques offrent tantôt de simples expansions membraneuses analogues à celles des lichens, mais plus vertes et plus foliacées, tantôt des tiges chargées de feuilles distinctes comme dans les mousses. On y reconnoît assez évidemment deux sexes quelquefois réunis sur un seul pied, quelquefois séparés. Les organes mâles sont des globules remplis d'un liquide fécondant, ordinairement agglomérés dans un calice sessile ; les organes femelles sont nus ou entourés d'une gaîne calicinale, et surmontés d'une coiffe membraneuse qui paroît jouer le rôle de stile ; les capsules sont ordinairement pédunculées, et toujours dépourvues d'opercule ; les graines sont, dans la plupart, attachées à des filamens élastiques roulés en spirale ; dans leur germination, elles poussent en dessous une radicule, et s'étendent en dessus dans tous les sens.

Ces plantes croissent dans les lieux humides et ombragés, et quelquefois sur l'eau ; elles poussent en dessous des fibrilles radicales très-menues, et sont presque toujours rampantes sur le sol. Les hépatiques membraneuses sont presque toutes traversées par une nervure longitudinale qui est un faisceau de cellules alongées, et qu'on doit considérer comme une véritable tige qui ne diffère de la tige qu'on observe dans certaines jongermannes, qu'en ce qu'elle est bordée de parenchyme dans toute sa longueur, tandis que dans les hépatiques caulescentes le parenchyme est interrompu, c'est-à-dire divisé en lobes foliacés. Ces plantes reprennent souvent l'apparence de la vie lorsqu'on les replonge dans l'eau après leur dessication ; plusieurs d'entre elles sont pellucides, de sorte qu'on peut distinguer à la loupe les cellules qui composent leur tissu.

* *Hépatiques lichenoïdes. La capsule ne s'ouvre pas en valves longitudinales et ne renferme pas des filamens spiraux et élastiques.*

XCV. RICCIE. *RICCIA.*

Riccia. Mich. Linn. — *Hepaticæ sp.* Vaill.

Car. Les riccies ont des capsules à-peu-près globuleuses,

renfermées dans l'intérieur de la feuille, et couronnées par un tube court, peu proéminent et perforé.

Obs. Les organes mâles sont de petits cônes sessiles, proéminens, grenus à l'intérieur, placés vers le bord des expansions foliacées; celles-ci sont souvent bifurquées, et semblent rayonner d'un centre commun.

1122. Riccie nageante.　　　*Riccia natans.*

Riccia natans. Linn. syst. 781. Schmied. ic. t. 74. Hoffm. Germ. 2. p. 96. — Dill. Musc. t. 78. f. 18.

Cette petite plante nage sur les eaux tranquilles, et ressemble aux lenticules par son port; sa feuille est plane, en forme de cœur, ou arrondie, divisée en lobes échancrés en cœur au sommet; elle émet en dessous des radicules longues, foliacées, comprimées et d'un verd clair. Le C. Deleuze l'a trouvée en Provence dans une fosse à tourbe; le C. Dufour, à l'étang de la Chasse, près Montmorency.

1123. Riccie flottante.　　　*Riccia fluitans.*

Riccia fluitans. Linn. spec. 1606. Lam. Fl. fr. 1. p. 74. Hoffm. Germ. 2. p. 96. — Dill. Musc. t. 74. f. 47.

Ses feuilles sont planes, linéaires, plusieurs fois bifurquées, à lobes divergens, obtus, un peu calleux au sommet, presque transparens, et composés de cellules qu'on apperçoit à l'aide d'une forte loupe; elles sont d'un verd clair, et flottent sur les eaux stagnantes. On apperçoit quelquefois dans l'intérieur de la feuille de petits corpuscules jaunes qu'on regarde comme les capsules séminales. Cette plante se trouve fréquemment dans les étangs, à Fontainebleau; le long des rivières peu courantes, dans l'Isère. (Villars).

1124. Riccie noueuse.　　　*Riccia nodosa.*

Riccia nodosa. Bouch. Fl. abbev. p. 88.

Cette espèce ressemble beaucoup à la riccie flottante; elle offre comme elle des expansions linéaires, bifurquées, flottantes; mais, au lieu d'être planes, ces expansions offrent une convexité marquée, et présentent, d'espace en espace, des renflemens qui font paroître les lobes noueux. Cette espèce a été découverte à Abbeville, par le C. Boucher, qui me l'a communiquée.

1125. Riccie poreuse. *Riccia cavernosa.*

Riccia cavernosa. Hoffm. Germ. 2. p. 95. — *Riccia crystallina.*
Schmied. ic. t. 45. f. 5. Linn. spec. 1605? — Dill. Musc. t. 78.
f. 12.

Cette plante forme une petite rosette arrondie, rayonnante,
adhérente au sol par toute sa surface, composée de feuilles qui
vont en s'élargissant et en se bifurquant au sommet; leur couleur
est d'un verd jaunâtre; elles sont percées en dessus d'une
multitude de petits trous irréguliers qui la rendent facile à reconnoître : elle se trouve aux environs de Paris, à l'étang de
Saint-Léger.

1126. Riccie glauque. *Riccia glauca.*

Riccia glauca. Hedw. Theor. retr. p. 197. t. 31. Hoffm. Germ. 2.
p. 95. Linn. spec. 1605? — *Riccia minima.* Thore. Chl. p. 466.

Cette espèce forme, sur la terre humide, une petite rosette
arrondie, de couleur glauque, composée de folioles une ou
deux fois bifurquées, planes, élargies et obtuses à leurs extrémités, longues de 8-10 millimètres : les capsules sont nichées
dans l'intérieur de la feuille, et grosses comme une graine
de pavot; la surface de la feuille, vue à une forte loupe,
paroît marquée d'un léger réseau formé par les parois des
cellules. Cette espèce croît autour des étangs et dans les champs
humides, à Montmorency, Dax (Thore), Saint-Pierre-le-
Moutier, etc.

1127. Riccie bifurquée. *Riccia bifurca.*

Riccia bifurca. Hoffm. Germ. 2. p. 95. — *Riccia glauca.* Schmied.
Icon. t. 44. f. 1. — Mich. Gen. t. 57. f. 4.

Cette espèce ressemble à la riccie glauque par sa couleur et le
mode de sa bifurcation, mais la rosette qu'elle forme atteint 3
et 4 centim. de diamètre; les folioles sont concaves en dessus,
plus étroites, plusieurs fois bifurquées, et leur surface n'offre
pas le réseau délicat qu'on observe sur l'espèce précédente :
elle croît sur la terre humide, au bord des lieux inondés; je l'ai
trouvée au fond d'une des mares de Franchard, près Fontainebleau.

XCVI. BLASIE.　　　*B L A S I A.*

Blasia. Mich. Linn. Hedw.

Car. Les blasies ont une capsule oblique, enfoncée dans la feuille, couronnée en dessus par un tube persistant.

Obs. On ne distingue point de gaîne calicinale à la base de la capsule; le sommet du tube est surmonté d'une coiffe caduque; les fleurs mâles sont, selon Hedwig, des globules d'abord cachés sous une membrane, puis mis à nu, épars sur la même feuille que les organes femelles.

1128. Blasie naine.　　　*Blasia pusilla.*

Blasia pusilla. Linn, spec. 1605. Hedw. Theor. retr. p. 191. t. 30. f. 4.-12. Hoffm. Germ. 2. p. 94. t. 3. Lam. Dict. 1. p. 429. Illustr. t. 877. — Mich. Gen. t. 7. — Dill. Musc. t. 31. f. 7.

Cette plante tient légèrement au sol par de petites radicules blanchâtres et semblables à des poils; ses feuilles rayonnent d'un centre commun, et forment une rosette orbiculaire étendue sur la terre : elles vont en se divisant et en s'élargissant vers l'extrémité; leur bord est assez fortement ondulé; leur consistance tendre, presque pellucide; leur couleur d'un verd clair; sur le bord de cette feuille naissent des grains sessiles, d'abord verds, puis noirâtres, que Hedwig regarde comme les organes mâles. A l'extrémité de chaque nervure longitudinale, se trouve l'organe femelle; celui-ci offre un tubercule oblique, uniloculaire, enfoncé dans la feuille, ovoïde, un peu comprimé du côté du centre de la rosette, surmonté d'un style ou d'un tube à-peu-près cylindrique, ouvert au sommet. Cette plante naît sur le bord des fossés et dans les lieux humides; elle a été trouvée à Meudon par le C. Deleuze; à Saint-Omer, par le C. Aubert du Petit-Thouars; à Dax, par le C. Thore; à l'étang de la Molinetta, près Turin, (All.).

XCVII. TARGIONIE.　　　*T A R G I O N I A.*

Targionia. Mich. Linn. — *Lichenis sp.* Dill.

Car. Dans ce genre, la capsule est globuleuse et entourée d'un calice à deux valves qui reste long-temps fermé, et semble un véritable péricarpe.

Obs. Les targionies offrent des expansions membraneuses; elles sont fort petites; leurs organes mâles ne sont pas encore suffisamment connus.

1129. Targionie hypophylle. *Targionia hypophylla.*

Targionia hypophylla. Linn. spec. 1604. Lam. Fl. fr. 1. p. 73.
Illustr. t. 877. Spreng. Bull. Philom. n. 52. p. 27. t. 2. f. 2. —
Dill. Musc. t. 78. f. 9. — Mich. Gen. 3. t. 3.

Les feuilles, qui ressemblent beaucoup à celles des marchanties, sont vertes en dessus, et parsemées de petits tubercules
de couleur pâle, d'un brun foncé en dessous, et adhérentes fortement au sol par des fibrilles noirâtres; ces feuilles sont oblongues, élargies en spatule vers le sommet où elles se renflent par
dessous en un fruit comprimé, arrondi, composé de deux valves
d'un pourpre foncé, qui ne s'ouvrent, selon Sprengel, qu'à la
maturité des graines : la capsule est recouverte de deux membranes, l'une externe et purpurine, l'autre interne et pellucide ; elle
est entourée de quelques styles avortés, et surmontée elle-même
d'un style caduque ; la membrane interne offre à sa base une
callosité purpurine que Schreber regarde comme l'organe mâle ;
mais Sprengel assure que cette verrue persiste sans altération
jusqu'à la maturité, et il prend pour organes mâles des corpuscules qui sont épars sur cette même membrane, et qui se
flétrissent avant la maturité du fruit. Cette plante croît sur la
terre et sur les rochers, dans les lieux couverts et un peu humides : elle a été trouvée en Provence (Gér.), à Anduse et
à Lamalou (Gou.), en Alsace (Stolz), à Dax, à Meudon, dans
les Alpes, en Bretagne, etc..

1130. Targionie sphé- *Targionia sphærocarpos.*
rocarpe.

Targionia sphærocarpos. Dicks. Crypt. 2. p. 8. — *Sphærocarpos Michelii.* Bell. act. Tur. 5. p. 258. — *Spæhrocarpus terrestris minima.* Mich. Gen. 4. t. 3. f. 2. — Dill. Musc. t. 78. f. 17.

Cette plante naît sur la terre humide et sablonneuse, où elle
forme une rosette d'un verd clair, arrondie, large de 3-8 millimètres, adhérente par son centre au moyen de radicules fines
et blanchâtres; les feuilles sont arrondies, tronquées au sommet, presque pellucides; à la loupe on apperçoit les cellules
qui les composent : sur cette feuille naissent quelques paquets de
8-10 corpuscules d'un pourpre foncé, en forme de toupie presque cylindrique, rapprochés par le pied, perforés au sommet,
et qui sont les organes reproducteurs. Micheli a vu que ces étuis
s'ouvrent en deux valves égales, concaves et divergentes;
dans le centre, se trouve un globule sphérique et sessile qui est

une capsule pleine de graines. En examinant au microscope les
échantillons desséchés de cette plante, je n'ai point vu cette séparation des valves dont parlent Micheli et Dillenius. Cette plante
est fort rare; elle a été trouvée en Touraine, par le C. Aubert
du Petit-Thouars; à Cambron, département de la Somme, par
le C. Boucher; en Piémont (Bell.).

** *Hépatiques moussières. La capsule s'ouvre en valves
longitudinales, et renferme des filamens spiraux et
élastiques* (1).

XCVIII. ANTHOCÈRE.   *ANTHOCEROS.*

Anthoceros. Dill. Linn.

Car. Les anthocères ont une capsule très-longue, en forme
d'alêne, engaînée à la base par le calice, s'ouvrant du sommet jusqu'au milieu en deux valves qui laissent à nu un placenta
linéaire.

Obs. La capsule est, dans sa jeunesse, surmontée d'une
coiffe fugace; les organes mâles sont épars sur la même feuille,
d'abord cachés sous une membrane, ensuite mis à nu; chaque
calice renferme 3-6 corpuscules oblongs, entourés d'un anneau
articulé, et pleins d'un liquide fécondateur.

1131. Anthocère ponctué.   *Anthoceros punctatus.*

Anthoceros punctatus. Linn. spec. 1606. Lam. Illustr. t. 876. f. 2.
Hoffm. Germ. 2. p. 94. t. 5. — Dill. Musc. t. 68. f. 1.

Sa feuille est disposée en rosette arrondie, étalée, crépue et
sinuée sur les bords, attachée au sol par de petites radicules
qui partent du centre; sa couleur est d'un verd jaunâtre: cette
feuille est couverte en dessus de petites verrues sessiles, proéminentes, orangées, qui ressemblent à des calices, et sont
regardées comme les organes mâles par Hedwig. Les fleurs femelles sont de petits cornets cylindriques, proéminens, tronqués
et surmontés d'un style court et orangé : de ce cornet, s'élève
ensuite une capsule longue de 4 centim. Cette plante croît sur
la terre humide, dans les lieux couverts : elle a été trouvée
en Provence (Gér.); dans les bois de Gouy et de Franleu, près
Abbeville (Bouch.); à Cholonges, sur la Mataisine (Vill.); à

____

(1) Ces filamens ont été nommés *élatères* par Hedwig. Ils sont entremêlés avec les graines et paroissent destinés à favoriser leur dispersion.

Saint-Pierre-le-Moutier, par le C. Simonnet ; en Corse, par le
C. Noisette.

1132. Anthocère lisse.   *Anthoceros lævis.*

Anthoceros lævis. Linn. spec. 1606. Hedw. Theor. retr. p. 186.
t. 29. et t. 30. f. 1. 2. 3. Lam. Illustr. t. 876. f. 1. — Dill.
Musc. t. 68. f. 2.

Cette espèce se distingue de la précédente, en ce que sa
feuille est plane, légèrement sinuée, d'un verd plus foncé, et
forme une rosette d'un diamètre beaucoup plus grand que l'anthocère ponctué ; sa capsule acquiert jusqu'à 8 et 9 centim. de
longueur : elle croît sur la terre humide ; le C. Hauy l'a trouvée
dans les champs situés sur la route de Saint-Just à Clermont,
département de l'Oise : elle croît dans les forêts des collines qui
environnent Turin (All.), à Franleu et à Mareuil près Abbeville
(Bouch.), le long du Drac (Vill.?).

XCIX. MARCHANTIE.   *MARCHANTIA.*

Marchantia. Mich. Linn. — *Hepaticæ sp.* Vaill.

CAR. Dans les marchanties, un pédicelle inséré sur la feuille
porte à son sommet un réceptacle divisé en lobes rayonnans,
au-dessous desquels se trouvent des capsules globuleuses qui
s'ouvrent en quatre valves du sommet à la base.

OBS. Les organes mâles sont sessiles, ou en bouclier pédi-
cellé, et offrent à l'intérieur des loges nombreuses qui renferment les corpuscules pleins du liquide fécondateur. Il faut éviter
de les confondre avec des aggrégations de gemmes ou de bulbes
qu'on trouve dans quelques espèces. Les marchanties diffèrent
des jongermannes, en ce que les capsules sont portées plusieurs
ensemble sur un pédicelle commun, tandis que dans les jongermannes chaque capsule a son pédicelle propre. Dans les premières, le pédicelle commun est opaque, persistant, et croît avec
lenteur ; dans les secondes, le pédicelle propre est transparent,
fugace, et s'alonge avec une rapidité remarquable.

1133. Marchantie   *Marchantia polymorpha.*
protée.

Marchantia polymorpha. Linn. spec. 1603. Hedw. Theor. retr.
p. 172. t. 26 et t. 27. f. 1. 2. — Dill. Musc. t. 76 et 77. f. 7.
♀. *Marchantia stellata.* Scop. Carn. 2. p. 353. Lam. Fl. fr. i.
p. 71. Illustr. t. 876. f. 2. Bull. Herb. t. 291. — Dill. Musc.
t. 77. f. 7. B. C. E. I. — Lob. Icon. 2. t. 246. f. 2.

♂. *Marchantia umbellata.* Scop. Carn. 2. p. 354. Lam. Fl. fr. 1.
p. 72. Illustr. t. 876. f. 1. — Dill. Musc. t. 77. f. 7. D. —Lob.
Icon. 2. t. 246. f. 3.

♀. Dill. Musc. t. 76. f. 6. E. F.

Cette plante forme des expansions membraneuses, planes,
rampantes, longues de 4-7 centim., lobées, obtuses, vertes et
ponctuées en dessus, traversée par une nervure ordinairement
brune et garnie en dessous de radicules capillaires : sur cette feuille
naissent çà et là des coupes sessiles remplies de corpuscules en
forme de lentille, qui sont des gemmes ou des espèces de bulbes.
La reproduction sexuelle s'opère, par des organes placés quelquefois sur le même pied, selon Dillenius, ordinairement sur des
pieds différens ; les organes mâles sont des disques orbiculaires,
pédiculés, divisés en 8 lobes arrondis et peu profonds ; ces disques
sont un peu raboteux en dessus, et chaque petit tubercule indique la place d'une loge interne qui renferme des corpuscules
oblongs, remplis d'un liquide fécondateur ; les organes femelles
sont de même des disques pédonculés, mais leur pédicule est
plus long, leur surface n'est point raboteuse, et leur bord se
divise en dix rayons profonds et alongés : à la base de ces
lobes, et du côté inférieur, se trouve un calice membraneux,
étalé et dentelé, qui renferme 2-5 fleurs femelles dont une seule
fructifie ; l'ovaire, surmonté du style, a la forme d'une bouteille, et
il est entouré d'une membrane ou gaîne particulière : à la maturité,
la capsule s'ouvre en quatre valves, et émet un grand nombre de
graines mélangées avec des filamens spiraux et élastiques ; ces
graines, semées par Hedwig, ont germé sous ses yeux. Cette
plante, nommée vulgairement *hépatique des fontaines*, croît sur
les pierres et la terre humide, au bord des ruisseaux, des puits,
des sources vives, etc. ; elle a été regardée comme vulnéraire,
et vantée pour les maladies de foie et de poumon.

1134. Marchantie hé-   *Marchantia hemisphærica.*
misphérique.

Marchantia hemisphærica. Linn. spec. 1604. Lam. Dict. 3.
p. 109. — Dill. Musc. t. 75. f. 2. — Mich. Gen. 3. t. 2. f. 2.

Sa feuille est assez petite, lobée, d'un verd clair, velue, ciliée et crénelée sur les bords ; on ne connoît pas encore les
réceptacles mâles ; les pédicelles des réceptacles femelles naissent
vers l'extrémité de la feuille, n'offrent pas de gaîne à leur base,
et s'élèvent à 2-5 centim. de hauteur ; le plateau est conique,

divisé sur le bord en quatre, cinq ou six lobes arrondis et peu
profonds ; il émet en dessous quatre ou cinq sacs séminaux blancs,
membraneux, plus grands et plus visibles que dans la plupart
des espèces de ce genre. Cette plante croît dans les Alpes, près
du Valais ; en Provence dans les fossés et les lieux couverts
(Gér.) ; à Montpellier dans les puits, (Gou.).

1135. Marchantie odorante. *Marchantia fragrans.*

Marchantia fragrans. Balbi ex Schleich. cent. 3. n. 64.

Cette espèce est l'une des plus petites et des mieux caractérisées de ce genre ; ses expansions sont un peu coriaces, vertes et
dépourvues de pores visibles en dessus, d'un brun pourpre et
luisantes en dessous, plusieurs fois bifurquées, entières et souvent
relevées sur les bords ; les lobes stériles sont oblongs et obtus ;
ceux qui sont fertiles, sont fortement échancrés en forme de cœur
au sommet ; le pédicule naît du fond de l'échancrure, à la surface
supérieure de la feuille ; il est très-court, opaque, entouré dans
sa jeunesse d'une touffe de longs poils blancs ; le réceptacle est en
forme de cône obtus, divisé en cinq ou six lobes profonds, ovales
et réguliers. Le citoyen Thore a découvert cette espèce aux
environs de Dax, dans les lieux ombragés et humides, sur le
revers des fossés ; il observe qu'elle émet une odeur forte et
résineuse : depuis lors, je l'ai reçue de M. Schleicher qui l'a
trouvée en abondance aux environs de Branson, dans le Valais,
et j'en ai vu des échantillons envoyés du mont Saint-Gothard
au C. Desfontaines.

1136. Marchantie conique. *Marchantia conica.*

Marchantia conica. Linn. spec. 1604. Lam. Fl. fr. 1. p. 73. Hedw.
Theor. retr. t. 27. f. 3. 4. 5. et t. 28. — Dill. Musc. t. 75. f. 1.
— Vaill. Paris. t. 33. f. 8.
β. *Brevipes.*

Cette marchantie forme des expansions assez grandes, ramifiées, rampantes, obtuses, chargées en dessous de poils radicaux, et en dessus de pores glanduleux, visibles à la loupe ;
les organes sexuels sont placés sur des individus différens ; les
mâles sont des tubercules hémisphériques, sessiles, un peu
raboteux en dessus, qui offrent à l'intérieur des loges pleines
de corpuscules qui contiennent le fluide fécondateur ; les organes
femelles sont des réceptacles coniques portés sur un long pédicelle blanchâtre, transparent et placé d'ordinaire vers le bord de

la feuille : ces cônes sont divisés en dessous en cinq ou sept loges , de chacune desquelles pend une capsule ovoïde , recouverte d'un calice alongé ; à sa maturité , cette capsule s'ouvre en quatre valves brunes et roulées en dehors ; les élatères sont pendans et très-visibles. Cette plante croît dans les lieux humides et couverts, aux environs de Paris, de Montpellier , dans les Alpes , les Pyrénées , etc. La variété β est originaire de Montpellier; elle se distingue à son pédicelle court et opaque.

1157. Marchantie à feuille étroite. *Marchantia angustifolia.*

> *Marchantia angustifolia.* Neck. Meth. Musc. p. 117. — *Marchantia androgyna.* Web. Spic. 230. Allion. Ped. 2518. excl. Syn. Linn. et Dill. — Mich. Gen. 3. t. 2. f. 3.

Cette espèce a été réunie par Linné avec une plante originaire de la Jamaïque, mais elle en diffère, 1°. parce que les segmens de sa feuille ne se bifurquent pas régulièrement, et sont sinués sur les bords ; 2°. que cette feuille est membraneuse, transparente comme celle d'une jongermanne ; 3°. qu'elle n'offre point même à une forte loupe les pores glanduleux qu'on observe sur la vraie *marchantia androgyna ;* 4°. qu'elle est extrêmement peu velue en dessous, même sur la nervure qui traverse les segmens de la feuille : ces segmens sont étroits, alongés, pellucides , obtus ; leur consistance suffit pour distinguer cette espèce de toutes les marchanties ; je n'ai point vu sa fructification : elle est originaire des Alpes, des vallées d'Aouste et Saint-Jean-de-Maurienne (All.), de Saint-Paul-de-Varces (Vill.) , de l'Alsace (Stolz).

1158. Marchantie croisette. *Marchantia cruciata.*

> *Marchantia cruciata.* Linn. spec. 1604. Lam. Fl. fr. 1. p. 72. — Dill. Musc. t. 75. f. 5. — *Lunularia.* Mich. Gen. 4. t. 4.

Cette plante forme des expansions membraneuses, planes , lisses , vertes , médiocrement ramifiées, lobées, arrondies à leur sommet , rampantes , longues de 4–5 centimètres. Les coupes qui renferment les organes mâles sont de petites fossettes recouvertes en partie par une membrane ; les pédicelles qui sont munis d'une gaîne à leur base , portent un réceptacle qui se divise, comme dans les jongermannes , en quatre ou quelquefois cinq lanières profondes , mais qui portent les graines en dessous

et non en dessus : elle croît sur les pierres , dans les lieux ombragés et humides, dans les fossés de Lille (Beauvois), dans
les cours à Abbeville (Bouch.), au pont Juvénal et dans le
labyrinthe du jardin de Montpellier (Gou.), à Gières près
Grenoble (Vill.), en Provence (Gér.), à Montauban (Gat.),
à Sorrèze, etc.

C. JONGERMANNE.   *JUNGERMANNIA.*

Jungermannia. Linn. — *Lichenastrum.* Dill.

Car. La capsule des jongermannes est globuleuse, solitaire au
sommet d'un pédicelle grêle, et s'ouvre en quatre valves à sa
maturité.

Obs. Les organes mâles sont des corpuscules pleins de liquide
fécondateur, sessiles ou portés sur de courts pédicelles, solitaires ou agglomerés, épars sur les feuilles et ordinairement de
couleur brune ; les fleurs femelles offrent plusieurs ovaires dont
un seul fructifie ; chaque ovaire a une enveloppe propre et un
style qui se change en coiffe caduque ; les élatères naissent du
fond de la capsule dans la jongermanne épiphylle, du bord des
valves dans la jongermanne palmée, de leur sommet dans la
jongermanne fourchue. Les jongermannes diffèrent des mousses,
parce que leur capsule s'ouvre en valves longitudinales, et renferme
des élatères, tandis que celle des mousses n'offre pas d'élatères,
et est recouverte d'un opercule qui s'ouvre transversalement.

* *Expansions foliacées imitant une feuille simple.*

1139. Jongermanne   *Jungermannia epiphylla.*
épiphylle.

Jungermannia épiphylla. Linn. spec. 1602. Lam. Illustr. t. 875.
f. 4. Hedw. Theor. t. 23-25. Hoffm. Germ. 2. t. 4. — *Jungermannia foliacea.* Lam. Fl. fr. 1. p. 69. — Dill. Musc. t.
74. f. 41.
β. *Longifolia.* — Vaill. Bot. Par. t. 19. f. 4.

La feuille est arrondie ou alongée, obtuse, quelquefois simple, quelquefois rameuse, souvent sinueuse ou ondulée sur les
bords, toujours étalée sur le sol, adhérente par de nombreuses
radicules qui partent sur-tout de la nervure longitudinale ; les
pédicelles qui naissent de la partie supérieure de la feuille, sont
ordinairement placés sur la nervure, et sortent d'une gaîne
foliacée, cylindrique ; ils sont blancs, pellucides, et s'alongent

en peu de temps à une hauteur de 5-7 centim.; le péricarpe s'ouvre en quatre valves courtes, réfléchies et obtuses. Cette plante croît au premier printemps, sur la terre, dans les bois humides et au bord des fossés. La variété β, qui a les feuilles très-alongées et les pédicelles presque latéraux, doit peut-être former une espèce intermédiaire entre cette jongermanne et la suivante.

1140. Jongermanne grasse. *Jungermannia pinguis.*

Jungermannia pinguis. Linn. spec. 1682. Lam. Fl. fr. 1. p. 70. Dict. 3. p. 286. Illustr. t. 875. f. 3. — Dill. Musc. t. 74. f. 42.

Cette espèce diffère de la précédente, parce que ses feuilles sont plus charnues, plus alongées et souvent bifurquées, que les pédicelles naissent du bord inférieur de la feuille, et se redressent brusquement, en sorte qu'ils semblent sortir du bord supérieur; la gaîne du pédicelle est plus alongée, et les valves du péricarpe plus étroites et plus aiguës que dans la jongermanne épiphylle : elle naît sur la terre humide et quelquefois sur le bord de l'eau; elle fructifie au premier printemps.

1141. Jongermanne découpée. *Jungermannia multifida.*

Jungermannia multifida. Linn. spec. 1602. Lam. Fl. fr. 1. p. 70. Dict. 3. p. 287. — Dill. Musc. t. 74. f. 43.

De la même base partent trois ou cinq feuilles étalées sur la terre, adhérentes par leur milieu au moyen de petites fibrilles radicales, libres sur les bords, étroites, linéaires, dépourvues de nervures. divisées en lobes étroits qui sont eux-mêmes plus ou moins lobés et disposés comme dans le varec osmonde. Selon Dillen et Hoffmann, les pédicelles partent de la base des feuilles, naissent d'une gaîne alongée, cylindrique; ils sont placés sur la face supérieure de la feuille près de sa base, aux aisselles des lobes, et s'élèvent à 5-4 centim. de hauteur; les valves du péricarpe sont étroites et pointues. Cette espèce croît sur la terre humide, au bord des ruisseaux et sur les troncs pourris : on la trouve à Meudon (Beauvois), au bois de l'Aubert près Abbeville (Bouch.) au bois de l'abbaye près Saint-Just (Hauy), au Chamsaur (Vill.).

1142. Jongermanne fourchue. *Jungermannia furcata.*

Jungermannia furcata. Linn. spec. 1602. Lam. Dict. 3. p. 287.
Hoffm. Germ. 2. p. 90. Hedw. Theor. retr. t. 21. f. 4. 5. et
t. 22. — Dill. Musc. t. 74. f. 45. — Vaill. Bot. t. 23. f. 11.

Sa feuille est d'un verd pâle, à demi-transparente, linéaire,
entière sur les bords, plusieurs fois bifurquée, obtuse à ses
extrémités, traversée dans toute sa longueur par une nervure
longitudinale; cette feuille est glabre, à l'exception de quelques cils placés sur le bord et sur la nervure; lorsqu'on
l'examine à la loupe, on apperçoit sans peine les cellules
arrondies dont la plante est formée : les pédicelles sont courts,
minces; ils naissent d'une gaîne évasée placée à la face supérieure de la feuille : elle naît sur les troncs d'arbres, et
fructifie au printemps; quoiqu'elle soit très-commune, on la
trouve presque toujours sans fruit.

1143. Jongermanne pubescente. *Jungermannia pubescens.*

Jungermannia pubescens. Schrad. Spic. 76. — *Jungermannia
tomentosa.* Hoffm. Germ. 2. p. 91. non Swartz.

Cette espèce ressemble absolument à la précédente, mais sa
feuille est entièrement couverte d'un duvet court et serré, et
on ne peut distinguer à la loupe les cellules dont elle est composée, à cause de son opacité; on ne connoît pas encore sa
fructification : elle croît sur les rochers, les troncs d'arbres,
parmi les mousses; elle a été trouvée dans les Alpes par le
C. Clarion.

1144. Jongermanne palmée. *Jungermannia palmata.*

Jungermannia palmata. Hedw. Theor. retr. p. 159. t. 20. f. 5. 6.
7. t. 21. f. 1-3. Lam. Dict. 3. p. 287. — *Jungermannia pusilla.*
Leers. Herborn. 913. non Linn. — Hall. Helv. n. 1887.

Cette espèce, la plus petite de ce genre, est fort différente
de la jongermanne fluette avec laquelle elle a été confondue;
ses expansions sont foliacées, d'un verd foncé, courtes, étroites,
divisées à l'extrémité en plusieurs lobes disposés comme les
doigts de la main; de la base de la feuille s'élève le pédicelle
qui naît d'une gaîne cylindrique et peu apparente, et qui soutient une capsule à quatre lobes linéaires. Cette espèce croît

sur l'écorce des arbres à demi-pourris et sur la terre humide :
elle a été trouvée à Barèges, par M. Flugge; dans les forêts des
Alpes, par Haller et Schleicher.

** *Expansions foliacées imitant une feuille pennée.*

1145. Jongermanne fluette.   *Jungermannia pusilla.*

> *Jungermannia pusilla.* Linn. spec. 1602. Lam. Dict. 1. p. 284.
> Hoffm. Germ. 2. p. 90. Schmied. Ic. t. 22. Hedw. Theor. retr.
> t. 20. — Dill. Musc. t. 74. f. 46. — Mich. t. 5. f. 10.

Ses tiges sont grêles, rampantes, longues de 8-10 millim.
garnies de petites feuilles embriquées sur deux rangs, d'un verd
gai, dentelées ou festonnées sur les bords ; ces tiges se terminent par une rosette de feuilles du milieu de laquelle sort un
pédicule de 6-10 millim. de longueur, muni à sa base d'une
gaîne en forme de godet plissé sur ses bords et surmonté par un
péricarpe assez gros, d'abord noirâtre, puis roussâtre, qui se
divise peu régulièrement en quatre valves obtuses et inégales.
Cette plante croît sur la terre humide ; le C. Hauy l'a trouvée,
en automne, dans le bois de Tremontvillé, près Saint-Just :
elle croît au bois de Popincourt près Abbeville (Bouch.).

1146. Jongermanne en   *Jungermannia scalaris.*
échellons.

> *Jungermannia scalaris.* Schmied. Icon. t. 17. Hoffm. Germ. 2.
> p. 89. — Dill. Musc. t. 31. f. 5.

Ses jets sont nombreux, ramassés, filiformes, garnis en dessous de radicules blanches et très-menues, chargés de folioles
disposées sur deux rangs peu réguliers, ovales, concaves, entières sur les bords ; l'extrémité de chaque jet porte souvent una
petite tête arrondie et foliacée ; du milieu des jets partent les pédicelles qui sont grêles, longs d'un centimètre, munis à leur base
d'une gaîne courte, cylindrique et dentelée ; la capsule est sphérique, d'un brun rouge, et se divise en 4 lobes courts et étroits.
Cette plante croît dans les bois, et fructifie au printemps. Elle
a été trouvée au bois de Bray près Abbeville (Bouch.), sur
les bords des chemins, dans les Landes, par le C. Dufour.

1147. Jongermanne barbue. *Jungermannia barbata.*

Jungermannia barbata. Schreb. Spic. 1080. Hoffm. Germ. 2.
p. 89. Schmied. icon. t. 48.

Cette espèce se présente sous plusieurs aspects divers , mais on
la reconnoît toujours à ses feuilles disposées sur deux rangs , dépourvues de stipules et d'oreillettes , et terminées par trois ,
quatre ou cinq dentelures assez prononcées. Elle diffère de la jongermanne à trois lobes , et de la jongermanne à cinq dents , parce
que sa tige n'émet point de drageons radicaux : elle croît dans
les Alpes et les Pyrénées , aux lieux humides et couverts.

1148. Jongermanne fendue. *Jungermannia fissa.*

Jungermannia fissa. Bouch. Fl. abb. p. 87. — *Mnium fissum.*
Linn. spec. 1579.—*Jungermannia sphærocephala.* Gmel. Syst.
1349. — Dill. Musc. t. 31. f. 6.

Cette espèce est intermédiaire entre les jongermannes en
échelons, à deux dents et à deux pointes; ses jets sont couchés, garnis de radicules en dessous, et se terminent par une
petite tête foliacée comme dans la première de ces plantes ;
ses folioles sont disposées sur deux rangs , ovales, et le plus
plus souvent terminées par deux petites dents aiguës comme
dans les deux espèces suivantes ; je n'en ai pas vu la fructification. Cette espèce croît sur la terre humide : elle a été trouvée au bois de Mareuil près Abbeville par le C. Boucher, au
Chamsaur (Vill. ?).

1149. Jongermanne à   *Jungermannia bicus-*
deux pointes,   *pidata.*

Jungermannia bicuspidata. Linn. spec. 1598. Lam. Dict. 3.
p. 280. Hoffm. Germ. 2. p. 89. — Dill. Musc. t. 70. f. 13.

Elle diffère de la jongermanne à deux dents , parce qu'elle est
de moitié plus petite dans toutes ses dimensions , que ses feuilles
sont terminées par deux dents plus aiguës , et sur-tout que ses
pédoncules ne naissent pas du sommet , mais du milieu des rameaux. Elle croît dans les lieux ombragés et humides ; elle fructifie au printemps. Le C. Hauy l'a trouvée dans les bois voisins
de Saint-Just : elle croît près d'Abbeville (Bouch.).

1150. Jongermanne à deux dents. *Jungermannia bidentata.*

Jungermannia bidentata. Linn. spec. 1598. Lam. Fl. fr. 1. p. 66.
— Dill. Musc. t. 70. f. 11. — Vaill. Par. t. 19. f. 8.

Ses tiges sont nombreuses, couchées, simples ou à peine rameuses, longues de 4-6 centim., garnies de feuilles disposées sur deux rangs, ovales, arrondies, échancrées au sommet, et terminées par deux dents aiguës; les pédicules naissent du sommet des rameaux, entourés à leur base d'une gaîne cylindrique, ils s'alongent jusqu'à 12-15 millim., et portent une capsule d'un rouge brun, qui s'ouvre en quatre lanières ovales-oblongues : elle croît dans les bois, sur la terre et les troncs pourris; elle fructifie au printemps : je l'ai trouvée à Meudon; elle croît en Provence (Lam.), près Abbeville (Bouch.).

1151. Jongermanne à deux becs. *Jungermannia birostrata.*

Jungermannia birostrata. Schleich. Cent. exs. 3. n. 59.

Cette jongermanne est très-facile à reconnoître à ses feuilles qui se divisent au sommet en deux lobes grêles, linéaires, et presque aussi longs que la feuille même; ses jets sont filiformes, couchés, presque simples, et poussent quelques radicules très-fines; les feuilles sont alternes sur deux rangs, disposées avec régularité comme les folioles d'une feuille pennée; je ne connois pas la fructification. Cette plante croît sur les troncs d'arbres, dans les forêts voisines du lac Léman. — Commun. par M. Schleicher.

1152. Jongermanne sarmenteuse. *Jungermannia viticulosa.*

Jungermannia viticulosa. Linn. spec. 1597. Lam. Fl. fr. 1. p. 66.
— Dill. Musc. t. 69. f. 7. — Mich. Gen. 8. t. 5. f. 4.

Les tiges sont grêles, un peu rameuses, étalées, longues de 4-8 centimètres, garnies de feuilles disposées sur deux rangs, ovales ou arrondies, obtuses, planes, absolument entières, non embriquées et d'un verd clair; les pédicules naissent épars le long des jets les plus courts, sortent d'une gaîne cylindrique, et portent une capsule brune qui se divise en quatre lobes linéaires : elle croît dans les bois humides; elle a été trouvée près d'Agen, par le C. Lamouroux; à Meudon, par le C. Claïon; en Provence (Lam.), près d'Abbeville (Bouch.).

1153. Jongermanne à plusieurs fleurs. *Jungermannia polyanthos.*

Jungermannia polyanthos. Linn. spec. 1597. Lam. Dict. 3. p. 279. Hoffm. Germ. 2. p. 88. — Dill. Musc. t. 70. f. 9.

Elle diffère de la jongermanne sarmenteuse, parce que ses feuilles sont plus petites, plus embriquées, que ses tiges sont plus courtes, que ses pédicelles sont plus nombreux et naissent du bas des tiges et non dans toute leur longueur : elle a été trouvée dans les bois de l'abbaye près Saint-Just par le C. Hauy; à Valgaudemar (Vill.); aux environs d'Abbeville par le C. Boucher.

1154. Jongermanne lancéolée. *Jungermannia lanceolata.*

Jungermannia lanceolata. Linn. spec. 1597. Hoffm. Germ. 2. p. 88. — Dill. Musc. t. 70. f. 10.

Cette espèce est assez petite; ses jets sont peu rameux, garnis de folioles planes, disposées irrégulièrement comme les barbes d'une plume, lancéolées, obtuses, entières, d'un verd clair; les pédicelles partent du sommet des tiges; ils sont courts et sortent d'une gaîne cylindrique très-large. On trouve cette plante sur la terre, dans les lieux humides et ombragés.

1155. Jongermanne doradille. *Jungermannia asplenioides.*

Jungermannia asplenioides. Linn. spec. 1597. Lam. Fl. fr. 1. p. 65. Dict. 3. p. 278. — Dill. Musc. t. 69. f. 5.

β. *Ciliaris.* — Dill. Musc. t. 69. f. 6. — Hedw. Theor. retr. t. 18. et 19.

Ses tiges sont alongées, un peu rameuses, disposées en touffe, quelquefois absolument droites, quelquefois en partie couchées, garnies de feuilles disposées sur deux rangs, planes, pellucides, grandes, ovoïdes ou arrondies, entières dans la variété α, garnies de très-petites dentelures dans la variété β; les pédoncules naissent du sommet des branches; ils sortent d'une gaîne cylindrique, souvent évasée au sommet, et remarquable par sa grandeur; ces pédicules sont blancs, longs de 5-4 centim., terminés par une capsule d'un brun rougeâtre, qui se divise en quatre valves linéaires : elle croit dans les lieux humides et ombragés, et fructifie au printemps; elle a été trouvée à l'Eglantier, par le C. Beauvois; dans le Jura, par M. Chaillet; dans les Alpes; près d'Abbeville (Bouch); à Meudon, par le C. Clarion, etc.

1156. Jongermanne lisse. *Jungermannia lævigata.*

Jungermannia lævigata. Schrad.

Cette belle jongermanne atteint presque un décimètre de longueur, et se fait remarquer par son feuillage lisse, presque luisant et d'un verd foncé; ses jets sont comprimés, rameux; les rameaux sont alternes ou opposés, le plus souvent disposés sur un seul plan; les feuilles sont nombreuses, serrées, embriquées, larges, courtes, très-obtuses, presque tronquées, surmontées d'une petite pointe acérée, entières sur leurs bords, dépourvues de nervures et de stipules, disposées sur deux rangs d'une manière peu prononcée; je ne connois point la fructification : elle se trouve dans les Alpes, près Chamouny et du côté du Valais.

1157. Jongermanne à trois lobes. *Jungermannia trilobata.*

Jungermannia trilobata. Linn. spec. 1599. Lam. Fl. fr. 1. p. 67. Dict. 3. p. 281. — Dill. Musc. t. 71. f. 22. A. B. — *Jungermannia radicans.* Hoffm. Germ. 2. p. 87.

β. *Alpina.*

Elle pousse des tiges nombreuses, un peu rameuses, qui émettent çà et là des filets alongés, filiformes, souvent garnis de petites feuilles; les feuilles de la tige sont rapprochées, disposées sur deux rangs, ovoïdes, presque quadrilatérales, terminées par trois dentelures assez visibles : à la base de ces folioles, se trouve une rangée de petites stipules dentelées; je n'ai point vu ses capsules : selon Weiss et Haller, elles naissent à l'extrémité des rameaux; les pédicelles sortent d'une gaîne de 5-6 millim. de longueur : elle croît dans les bois montueux; elle a été trouvée dans les environs de Fontainebleau au rocher de Cuvier près Chaville, par le C. Thuilier; au Champsaur et à Saint-Léger (Vill.). La variété β, qui croît dans les Alpes, se distingue parce que sa tige est droite, et que ses deux rangées de feuilles se déjettent du côté d'où partent les drageons filiformes.

**1158. Jongermanne   *Jungermannia reptans.*
rampante.**

Jungermannia reptans. Linn. spec. 1599. Hoffm. Germ. 2. p. 86.
— Dill. Musc. t. 71. f. 24. — Hall. Helv. n. 1879.

Cette espèce est d'un verd pâle et blanchâtre, d'une consistance frêle et délicate ; elle pousse des tiges rameuses, déliées, alongées, couchées, et qui émettent çà et là des jets filiformes, nus, semblables à des racines : les feuilles sont pellucides, de formes très-diverses, les unes ovales, arrondies, à trois ou quatre dents ; les autres à-peu-près quadrilatères, à trois ou quatre lobes ; quelques-unes, enfin, à trois ou cinq lobes linéaires tellement profonds, qu'on croiroit voir les filets qu'émettent certaines conferves : les stipules sont écartées, disposées sur un seul rang, et offrent les mêmes anomalies que les feuilles ; les capsules, qui manquent dans mes échantillons, naissent de la base des tiges et sortent d'une gaine finement découpée vers le sommet (Hoffm.). Elle naît sur les bois pourris, dans les forêts voisines du Léman, où elle a été observée par M. Schleicher.

**1159. Jongermanne à   *Jungermannia platy-*
large feuille.   *phylla.***

Jungermannia platyphylla. Linn. spec. 1600. Lam. Fl. fr. 1.
p. 69. Hoffm. Germ. 2. p. 87. — *Jungermannia cupressiformis*, var. β. Lam. Dict. 3. p. 283. — Dill. Musc. t. 72. f. 32.

Cette espèce forme des touffes étalées, d'un verd foncé, mais jamais noirâtre ni purpurin, comme la jongermanne tamarix ; ses tiges se divisent en rameaux pennés ; les folioles sont nombreuses, rapprochées en forme de cœur arrondi, embriquées, munies en dessous d'une triple rangée de stipules ; les pédicelles naissent le long des rameaux, et sortent d'une gaine oblongue, un peu renflée, d'un verd pâle : elle est commune sur les troncs d'arbres et les rochers ; elle fructifie au printemps, mais on la trouve rarement en fleur.

**1160. Jongermanne   *Jungermannia tamarisci.*
tamarix.**

Jungermannia tamarisci. Linn. spec. 1600. — *Jungermannia nigricans.* Lam. Fl. fr. 1. p. 68. — *Jungermannia tamariscifolia.* Hoffm. Germ. 2. p. 86. — Dill. Musc. t. 72. f. 31.

Cette espèce, la plus commune de toutes, se distingue

Tome II.   E e

facilement à la couleur d'un brun pourpre, et à l'aspect luisant de son feuillage; sa tige se divise en rameaux pennés, couverts de folioles exactement embriquées, arrondies et d'une extrême petitesse; sous ces folioles se trouve une triple rangée de stipules qu'on ne distingue qu'à la loupe. Les fructifications naissent du sommet des rameaux; la gaîne est cylindrique, composée de feuilles dentelées; le pédicelle la dépasse fort peu : les capsules sont inclinées avant leur maturité, globuleuses et d'un noir luisant; elles s'ouvrent en quatre valves oblongues, brunâtres, obtuses, plus courtes que dans la plupart des espèces, blanchâtres après l'émission des graines : elle croît sur les troncs d'arbres et les rochers, et fructifie au printemps.

1161. Jongermanne dilatée. *Jungermannia dilatata.*

Jungermannia dilatata. Linn. spec. 1600. Lam. Fl. fr. 1. p. 68. Hoffm. Germ. 2. p. 85. — *Jungermannia cupressiformis,* var. α. Lam. Dict. 3. p. 283. — Dill. Musc. t. 72. f. 27.

Cette espèce ressemble beaucoup à la jongermanne à large feuille, mais ses pédicelles naissent du sommet des branches, au lieu d'être latéraux; sa tige se ramifie davantage; ses feuilles sont plus exactement appliquées contre la tige, et les supérieures l'étant un peu moins, l'extrémité des rameaux semble dilatée; elle offre de même une triple rangée de stipules : elle est commune sur les troncs d'arbres et les rochers.

1162. Jongermanne applatie. *Jungermannia complanata.*

Jungermannia complanata. Linn. spec. 1599. Lam. Dict. 3. p. 282. Hoffm. Germ. 2. p. 85. — Dill. Musc. t. 72. f. 26.

Sa tige est étalée, rameuse et ne pousse pas de radicules en dessous; les feuilles sont disposées sur deux rangs, arrondies, très-entières, un peu pellucides, embriquées, munies d'une oreillette à leur base; les pédicelles naissent en grand nombre le long des tiges, ils sortent d'une gaîne cylindrique, dentelée, un peu évasée au sommet, et la dépassent de quelques millimètres seulement; la capsule est brune, et s'ouvre en quatre valves linéaires : elle est commune sur les troncs d'arbres, mais fructifie rarement. Le C. Hauy l'a trouvée à Vincennes. Je l'ai reçue des Alpes : elle se trouve au bois de Marcuil, près Abbeville (Boucher).

1163. Jongermanne   *Jungermannia nemorosa.*
des bois.

Jungermannia nemorosa. Linn. spec. 1598. Lam. Dict. 3. p. 281.
Hoffm. Germ. 2. p. 85. Hedw. Theor. t. 17. — Dill. Musc.
t. 71. f. 18.

Les jets de cette jongermanne sont simples ou peu rameux, réunis en touffe redressée ou un peu étalée, garnis de
folioles pennées, arrondies, ciliées, munies à leur base de petites oreillettes qui sont aussi légèrement ciliées. On trouve, en
automne, au sommet des tiges de petits globules noirs, qui sont
les organes mâles; les pédicelles des capsules sont terminaux,
longs de 5 centim.; ils sortent d'une gaîne cylindrique, dentelée au sommet, et portent une capsule à quatre valves linéaires :
on la trouve en fruit au printemps. Cette plante croît dans les
bois humides : elle a été trouvée à Meudon ; dans les Alpes ; au
Champsaur (Vill.).

1164. Jongermanne   *Jungermannia undulata.*
ondulée.

Jungermannia undulata. Linn. spec. 1598. Lam. Fl. fr. 1. p. 67.
Hoffm. Germ. 2. p. 85. — Vaill. Bot. t. 19. f. 6. — Dill. Musc.
t. 71. f. 17.

Cette espèce ressemble à la jongermanne des bois; mais ses
feuilles sont dépourvues de cils sur les bords, ondulées, luisantes, et munies d'une oreillette au côté supérieur; les fructifications sont terminales et se trouvent rarement : elle a été
découverte par Vaillant, sur les grès humides qui entourent les
mares de la forêt de Fontainebleau; elle se trouve à Liège.

1165. Jongermanne   *Jungermannia resupinata.*
renversée.

Jungermannia resupinata. Linn. spec. 1599. Hoffm. Germ. 2.
p. 84. — Dill. Musc. t. 71. f. 19.

Cette petite jongermanne pousse des jets presque simples,
entre-croisés, grêles, étalés et dirigés vers la terre à leur extrémité; les folioles sont un peu embriquées au sommet, presque
alternes, arrondies, entières dans la plus grande partie de leur
contour, très-légèrement dentelées et munies d'une petite oreillette du côté supérieur. Je n'ai point vu les fructifications qui
naissent de la base des jets. Elle croît dans les fentes des rochers
des Alpes. J'en possède deux échantillons, dont l'un, originaire

des Alpes , est d'un verd très-foncé , et l'autre , recueilli aux
environs de Gœttingue , d'un verd pâle et blanchâtre.

1166. Jongermanne blanchâtre.   *Jungermannia albicans.*

> *Jungermannia albicans.* Linn. spec. 1599. Lam. Fl. fr. 1. p. 67.
> Dict. 3. p. 282. Hoffm. Germ. 2. p. 84. — Dill. Musc. t. 71.
> f. 20. t. 73. f. 36. — Vaill. Bot. t. 19. f. 5.

Elle naît en gazon serré et d'un verd clair; ses tiges sont
droites ou couchées, non rampantes, longues de 5-5 centim. ,
simples ou peu rameuses, garnies de folioles disposées sur deux
rangs peu réguliers, oblongues-linéaires , entières , étalées ou
le plus souvent recourbées à leur sommet; de leur base naît un
lobe alongé, droit ou recourbé , qui semble une stipule latérale ;
les pédicules naissent de l'extrémité des tiges et portent une
capsule d'abord noirâtre et ovoïde , qui se fend en quatre valves
roussâtres ; les gaînes sont courtes et d'un verd pâle : elle croît
dans les lieux frais et ombragés, et fructifie au printemps. Elle
a été trouvée à Montmorency, par l'Héritier; dans les bois de
Fausse-Repose, près Ville-d'Avray, par le C. Hauy; dans les
environs de Nantes, de Liège, etc.

1167. Jongermanne cotonneuse.   *Jungermannia tomentella.*

> *Jungermannia tomentella.* Ehrh. Crypt. n. 8. Hoffm. Germ. 2.
> p. 83. — *Jungermannia ciliaris.* Weiss. Crypt. 129. Lam.
> Fl. fr. 1. p. 69. Dict. 3. p. 284. —Dill. Musc. t. 73. f. 35.

Cette jongermanne ressemble , par son port , à l'hipne fougère ; elle forme des touffes d'un verd pâle ; ses tiges sont couchées à la base, un peu roides, divisées en rameaux pennés ;
ses feuilles sont nombreuses, déchiquetées en lobes fins et linéaires , couvertes d'un duvet cotonneux à peine visible à l'œil;
les gaînes sont cylindriques , ciliées ; les pédicelles sont très-longs
et soutiennent une capsule assez grosse qui se divise en quatre
valves linéaires : elle croît dans les lieux humides et ombragés:
on la trouve dans les Alpes , aux environs de Paris, de Sorrèze ,
de Dax.

1168. Jongermanne *Jungermannia trichophylla.*
capillaire.

> *Jungermannia trichophylla.* Linn. spec. 1601. Lam. Dict. 3.
> p. 285. Hoffm. Germ. 2. p. 82. Schmied. Icon. t. 42. — Dill.
> Musc. t. 73. f. 37.

Sa tige est grêle, divisée en rameaux étalés, cylindriques,
entièrement recouverts de folioles capillaires, alternes ou verticillées, réunies en faisceau; elles paroissent articulées et très-légèrement ciliées lorsqu'on les observe à la loupe; les pédicelles
naissent au sommet des rameaux, et sortent d'une gaîne alongée, cylindrique, un peu dentelée au sommet. Cette plante a
été trouvée dans les Alpes, par M. Schleicher.

1169. Jongermanne en *Jungermannia setiformis.*
forme de crin.

> *Jungermannia setiformis.* Ehrh. Beitr. 3. p. 80. Hoffm. Germ. 2.
> p. 82.

Cette jongermanne pousse des jets nombreux, alongés, cylindriques, filiformes, simples, et qui s'élèvent comme une tige;
ils paroissent garnis de folioles verticillées quatre à quatre, mais
si on les observe avec une très-forte loupe, on voit que ces
folioles sont les lobes d'une feuille simple; ces lobes sont étalés, un peu relevés au sommet, d'un verd olivâtre ou brun,
en forme d'alène élargie à la base, creusés en gouttière par
dessous, courbés en carène par dessus, ciliés sur les bords : on
ne connoît pas la fructification. Cette espèce a été trouvée par
M. Flugge, dans le midi de la France.

1170. Jongermanne chaton. *Jungermannia julacea.*

> *Jungermannia julacea.* Linn. spec. 1601. Lam. Dict. 3. p. 285.
> Hoffm. Germ. 2. p. 82. — Dill. Musc. t. 73. f. 38.

Les jets de cette jongermanne sont grêles, nombreux, droits,
rameux par la base, disposés en touffe serrée, garnies de folioles
très-rapprochées, exactement embriquées sur deux rangs opposés, ovales, quelquefois échancrées au sommet, d'un verd
qui ressemble à celui du bry argenté : les fructifications naissent
du sommet des tiges; elles n'ont pas été observées depuis Dillen.
Le port de cette plante me fait soupçonner qu'elle appartient
au genre andréée, et conséquemment à la famille des mousses :
elle croît dans les montagnes voisines du Léman et dans celles
de la France méridionale.

SIXIÈME FAMILLE.

MOUSSES.   *MUSCI.*

Musci. Juss. Linn. — *Musci frondosi.* Hedw.

LES mousses présentent des tiges simples ou rameuses, chargées de feuilles ordinairement nombreuses et embriquées ; elles sont dioïques, monoïques ou hermaphrodites ; leurs fleurs sont très-petites, tantôt latérales, tantôt terminales, sous forme de bourgeons, de disques ou de têtes, sessiles ou pédonculées, composées de folioles qui jouent le rôle de calice et qui portent à leur aisselle les organes fécondateurs. Les organes mâles sont des utricules pédicellés remplis d'une poussière très-fine, et entremêlés de filamens stériles et articulés, qu'on regarde comme des nectaires ; les fleurs femelles offrent ces mêmes nectaires entremêlés de plusieurs corpuscules cylindriques, qui sont des pistils. Un seul d'entre eux est ordinairement fécondé : alors le pédicelle imperceptible qui soulevoit l'ovaire, s'alonge, pousse le jeune fruit hors du calice (qu'on appelle ici *perichœtium*), et enlève avec lui une *coiffe* qui le recouvroit et qui jouoit le rôle de corolle pendant la floraison. Le fruit est une *urne* ou capsule pédicellée, à une loge, traversée de la base au sommet par un axe nommé *columelle* ; l'orifice de cette capsule, nommé *péristome*, est horizontal, orbiculaire, souvent entouré d'un anneau élastique, toujours recouvert d'un couvercle (nommé *opercule*) qui tombe à la maturité, tantôt nu, tantôt bordé de une ou deux rangées de cils ou dents diversement conformées ; les graines, qui sont nombreuses et fines comme de la poussière, remplissent la capsule.

Hedwig, auquel on doit la connoissance des organes sexuels des mousses, a prouvé que ces graines mises en terre, reproduisent de nouvelles plantes. Les mousses se reproduisent encore par drageons ; la plupart d'entre elles sont vivaces, et les nouveaux rameaux sortent souvent des places où étoient les fleurs l'année précédente. Ces plantes reverdissent lorsqu'on les met dans l'eau ; elles végètent bien dans les lieux et pendant les saisons les plus humides de l'année ; dans la plupart le fruit est mûr en automne ou au printemps, et les fleurs naissent ordinairement à l'époque de la maturité des fruits de l'année précédente ; les cils du péristome servent à protéger les graines ; ils s'étalent par la sécheresse et se replient sur l'ouverture lorsqu'on les humecte : dans quelques genres ces cils sont réunis au sommet par une membrane transversale nommée *épiphragme*.

* *Mousses sans péristome.*

CI. PHASQUE. *PHASCUM.*

Phascum. Linn. Hedw.

Car. La capsule est terminale, ovoïde, presque sessile, fermée par un rudiment d'opercule qui ne s'ouvre jamais; la coiffe est très-petite.

Obs. Les Phasques sont monoïques; les fleurs mâles sont en disque terminal ou en gemmes latéraux : les espèces de ce genre sont fort petites, presque dépourvues de tiges, et croissent d'ordinaire sur la terre argilleuse ; quelques-unes ont les feuilles inférieures ou radicales, découpées en lanières filiformes et articulées.

1171. Phasque sans pointe. *Phascum muticum.*

Phascum muticum. Schreb. Phasc. p. 8. t. 1. f. 11. 12. Hedw. spec. 23. Brid. Muscol. 2. p. 10. — *Phascum acaulon*, *var.* β. Linn. spec. 1570. — Dill. Musc. t. 32. f. 12.

Cette plante croît par petites touffes sur les murs, le bord des champs et des fossés ; sa tige est comme nulle; ses feuilles sont d'un verd jaune, ovales, concaves, assez exactement embriquées, et jamais étalées comme dans le phasque pointu, dépourvues de nervure, terminées par une pointe courte et peu apparente; la capsule est cachée sous les feuilles florales. Cette plante se trouve au bois de Boulogne, à Meudon, autour du lac Léman (Bridel), en Dauphiné (Villars)?

1172. Phasque pointu. *Phascum cuspidatum.*

Phascum cuspidatum. Schreb. Phasc. t. 8. f. 1. Brid. Muscol. 2. p. 17. Hedw. spec. 22. — *Phascum acaulon*, *var.* α. Linn. sp. 1570. Lam. Fl. fr. 1. p. 35. — Vaill. Bot. t. 27. f. 2. — Dill. Musc. t. 32. f. 11.

Cette espèce est munie d'une tige très-courte, simple, qui est garnie de feuilles étalées, ovales, traversées par une nervure prolongée en pointe aigüe; les feuilles florales sont plus alongées, concaves, un peu étalées par l'humidité, rapprochées lorsqu'elles sont sèches; elles couvrent absolument la

E e 4

capsule, laquelle est ordinairement solitaire, presque sessile, brune, ovoïde, surmontée d'une petite pointe, couronnée d'une coiffe conique et striée. Cette espèce croît dans toute la France sur la terre humide, dans les allées de jardin, sur les murs ; elle fructifie en hiver. ♃.

1173. Phasque courbé.   *Phascum curvicollum.*

Phascum curvicollum. Hedw. Musc. fr. 1. p. 32. t. 11. Brid. Musc. 2. p. 11. Hoffm. Germ. 2. p. 20. — *Phascum cernuum.* Gmel. Syst. 2. p. 1323.

Cette mousse est presque dépourvue de tige ; ses feuilles sont ramassées, les extérieures sont ovales-lancéolées, très-courtes ; les intérieures sont plus longues et plus linéaires ; celles du centre n'ont pas de nervure longitudinale : la capsule est portée sur un pédoncule recourbé ; elle est ovoïde, brune à sa maturité, chargée d'une petite coiffe blanchâtre et terminée par une pointe oblique, caduque et qui paroît être un rudiment d'opercule. On trouve cette espèce en fruit au printemps : elle croît dans les lieux secs et sablonneux, sur les remparts, etc.; à Genêve (Brid.) et dans le Valais.

1174. Phasque dentelé.   *Phascum serratum.*

Phascum serratum. Hedw. spec. 23.

α. *Phascum serratum.* Dicks. Cryp. 1. t. 1. f. 1. — *Phascum confervoides.* Brid. Musc. 2. p. 12. — *Phascum velutinum.* Hoffm. Germ. 2. p. 20.

β. *Phascum serratum.* Schreb. Phasc. t. 2. f. 1. 2. Brid. Muscol. 2. p. 11. Hoffm. Germ. 2. p. 20.

Cette petite plante pousse de sa racine des feuilles linéaires, filamenteuses, déchiquetées, étalées, articulées, semblables aux filamens des petites conferves. Hedwig les regarde comme les cotylédons de la plante, quoiqu'on les retrouve encore à l'époque de la maturité du fruit. D'entre ces filamens rameux s'élèvent 3-4 feuilles florales lancéolées, droites, dentées en scie : la capsule est rougeâtre, portée sur un court pédicelle ; elle a la forme d'une toupie dont la pointe seroit en haut ; elle est surmontée d'une très-petite coiffe blanchâtre et conique. Il paroît qu'à une certain époque de la vie de cette plante, ou dans certaines circonstances, elle manque de feuilles radicales rameuses, ce qui constitue la variété β, qui peut-être est une espèce distincte.

Elle croît sur la terre humide : elle a été trouvée par l'Héritier, au bois de Boulogne.

1175. Phasque crépu.   *Phascum crispum.*

Phascum crispum. Hedw. St. Cr. 1. p. 25. t. 9. spec. 21. Brid.
Muscol. 2. p. 19.

Sa tige est droite, simple ou un peu rameuse au sommet, haute de 4-8 millim. ; les feuilles inférieures sont courtes, étalées ; les florales sont longues, droites, prolongées en une longue pointe, qui se crispent lors de sa dessication, d'une manière très-remarquable ; toutes sont munies d'une nervure ; le pédicule est terminal, excessivement court ; la capsule est droite, ovoïde, brune, surmontée d'un bec oblique et d'une coiffe qui se fend de côté. Cette espèce a été trouvée dans les environs du lac Léman (Brid.).

1176. Phasque porte-poil. *Phascum piliferum.*

Phascum piliferum. Schreb. Phasc. p. 8. t. 1. f. 6. 7. Brid.
Musc. 2. p. 17. Hedw. spec. 20. Hoffm. Germ. 2. p. 19.

Sa tige est très-courte, droite, presque toujours simple, couverte de feuilles rapprochées, droites, ovales-oblongues, traversées par une nervure qui se prolonge au sommet en un poil blanc ; la capsule est droite, presque sessile, ovoïde, d'un roux brun dans sa vieillesse, chargée d'une petite coiffe blanchâtre qui se fend de côté. ♃. On le trouve sur les vieux murs, et plus communément sur la terre argilleuse : il fructifie au printemps ; il a été recueilli en Champagne (Brid.) ; au bois de Boulogne près Paris, par les citoyens Clarion et Delaroche.

1177. Phasque en alène.   *Phascum subulatum.*

Phascum subulatum. Linn. spec. 1570. Lam. Fl. fr. 1. p. 36.
Hedw. St. Cr. I. 1. p. 93. t. 35. Brid. Musc. 2. p. 15. —Vaill.
Bot. t. 29. f. 4. — Dill. Musc. t. 32. f. 10.

Sa tige est presque toujours simple, droite, longue de 5-8 millim., garnie de feuilles linéaires, en alène ; les inférieures sont écartées ; les supérieures rapprochées, élargies à la base, alongées en forme d'alène très-fine ; la capsule est portée sur un très-court pédicelle, droite, jaunâtre, ovoïde, terminée par une pointe oblique. Il croît par touffes le long des chemins,

au bord des fossés , dans les bruyères. ♃. Il fleurit en été,
et mûrit son fruit à la fin du printemps suivant.

**** *Mousses à péristome nu.***

CII. SPHAIGNE.   *SPHAGNUM.*

Sphagnum. Hedw. — *Sphagni sp.* Linn.

CAR. La capsule est latérale ou terminale, pédonculée; son
péristome est nu; la coiffe se rompt en travers, et ses débris
entourent la base de la capsule.

OBS. Les sphaignes sont monoïques; leurs fleurs mâles sont
axillaires au haut des rameaux, auxquels elles donnent la forme
d'une massue; le pédicelle se termine par un bourrelet circulaire : les espèces de ce genre vivent dans les marais; elles
sont grandes et d'un verd glauque.

1178. Sphaigne à large feuille. *Sphagnum latifolium.*

Sphagnum latifolium. Hedw. spec. 27. — *Sphagnum cymbi-*
folium. Hedw. Fund. I. t. 1. f. 9. II. t. 3. f. 1. — *Sphagnum*
obtusifolium. Hoffm. Germ. 2. p. 21. — *Sphagnum palustre,*
var. α. Linn. spec. 1569. — Dill. Musc. t. 32. f. 1.

β. *Tenellum.* Schmied. Ic. t. 58. f. 6.

γ. *Compactum.*

Sa tige atteint 2 et 3 décimètres; elle émet des rameaux
grêles, très-étalés, souvent fléchis en bas à leur extrémité,
plus nombreux vers le sommet de la tige; les feuilles sont embriquées, ovales, presque obtuses, concaves, sans nervures ;
du milieu du corimbe que les rameaux forment au sommet de
la tige, s'élèvent les capsules; elles sont portées sur des pédoncules de 6-9 millim. de longueur, blanchâtres et terminés
par un bourrelet; la capsule est sphérique, droite, brune à sa
maturité. La couleur ordinaire de cette plante est d'un verd
glauque; elle est souvent blanchâtre ou rougeâtre. ♃. Elle croît
dans les marais, les prés humides, les fossés, les lieux où se
forme de la tourbe : ses capsules sont mûres en été. La variété
β est remarquable par la petitesse de toutes ses parties; la variété γ a des rameaux courts et serrés les uns sur les autres.

1179. Sphaigne capillaire. *Sphagnum capillifolium.*

Sphagnum capillifolium. Hedw. Fund. II. p. 86. l. t. 3. f. 13. 14.
15. Brid. Musc. 2. p. 24. t. 5. f. 1. — *Sphagnum intermedium.*
Hoffm. Germ. 2. p. 134. — *Sphagnum palustre.* β. Linn. spec.
1569. — Dill. Musc. t. 32. f. 2. A.

β. *Cuspidatum.* Hoffm. Germ. 2. p. 22. — Dill. t. 32. f. 2. B.

Sa tige, qui s'alonge jusqu'à 8-10 centim., émet plusieurs

rameaux grêles et étalés ; la tige et les branches sont couvertes de feuilles nombreuses, toujours pointues, lancéolées ou capillaires, planes ou légèrement creusées en carène. La couleur ordinaire de cette plante est d'un verd glauque ; elle prend souvent une teinte rougeâtre : les capsules s'élèvent du sommet de la tige ou du moins tout auprès du sommet; leurs pédoncules sont plus longs que dans l'espèce précédente, et elles-mêmes sont ovales au lieu d'être sphériques. ♃. Cette espèce croît dans les marais stagnans des bois et des montagnes.

1180. Sphaigne hérissé.   *Sphagnum squarrosum.*

Sphagnum squarrosum. Flugg. ined. ex herb. Clarion. Pers. ined. ex Hedw. fil.

Cette espèce ressemble aux deux précédentes par son port, sa couleur, ses ramifications et la consistance de son feuillage, mais elle en diffère par la forme et la disposition de ses feuilles; celles-ci sont embriquées sur deux rangs, concaves et ovales à leur base, aiguës et fortement divergentes à leur sommet, ce qui donne aux jeunes rameaux un aspect hérissé : elle croît dans les marais, aux environs de Paris, et m'a été communiquée, sans fruits, par le C. Delaroche.

1181. Spaigne compact.   *Sphagnum compactum.*

Sphagnum condensatum. Schleich. Crypt. exs. cent. 2. n. 5.

Cette espèce est la plus petite de ce genre ; sa tige ne dépasse pas 4-5 centim.; elle se divise dès sa base en branches qui émettent des rameaux courts et peu étalés ; les feuilles sont embriquées, concaves, ovales-oblongues, presque pointues, d'un verd glauque ou blanchâtre, dépourvues de nervures ; les capsules sont peu nombreuses, droites, portées sur un pédicelle de 5-7 millim. de longueur, ovales-oblongues, brunes à leur maturité ainsi que le pédicelle. ♃. Cette plante croît dans les marais : elle m'a été communiquée par le C. Deleuze. Je l'ai aussi reçue de M. Schleicher, qui la regarde comme le *Sphagnum condensatum* de Bridel, à laquelle elle ressemble en effet par le port; mais elle semble en différer par ses rameaux moins étalés et par sa couleur d'un verd glauque. La fructification du sphaigne condensé n'est pas encore connue, et comme cette mousse est originaire de l'isle de Bourbon, j'ai cru devoir désigner celle d'Europe sous un nom particulier, en attendant qu'on connoisse la fructification de la mousse indiquée par Bridel. Au reste, la fig. 4. t. 2. v. 2. de l'ouvrage de ce naturaliste, donne l'idée du port de notre plante.

CIII. GYMNOSTOME.   *GYMNOSTOMUM*.

Gymnostomum. Sw. — *Gymnostomum et Hedwigia seu Anyc-tangium*. Hedw. — *Bryi et Fontinalis sp*. Linn.

Car. La capsule est terminale, ovoïde, non entourée à sa base par la coiffe, et s'ouvre par un orifice nu.

Obs. Ce genre, bien prononcé par son caractère, renferme des espèces qui diffèrent beaucoup entre elles par le port et la grandeur. Dans la première section, qui comprend les espèces que Hedwig désignoit d'abord sous le nom de *Hedwigia*, et ensuite d'*Anyctangium*, les fleurs mâles sont des gemmes axillaires portés sur le même pied que les femelles, et la coiffe se fend à la base en plusieurs lanières; dans la seconde, qui comprend les gymnostomes de Hedwig, les fleurs mâles sont des disques terminaux portés sur des pieds distincts des femelles, et la coiffe se fend de côté.

§. Ier. *Fleurs monoïques, coiffe fendue en plusieurs lanières* (Anyctangium, II.).

1182. Gymnostome   *Gymnostomum aquaticum*. aquatique.

Hedwigia aquatica. Hedw. Musc. fr. 3. p. 29. f. 11. Brid. Musc. 2. p. 34. t. 1. f. 4. — *Hypnum aquaticum*. Jacq. Austr. t. 290. — *Hypnum nigricans*. Vill. Dauph. 3. p. 904. — *Fontinalis subulata*. Lam. Dict. 2. p. 518. — Dill. Musc. t. 43. f. 70.

Une même souche produit cinq à six tiges droites, fermes, longues de 1–3 décim., noirâtres et nues vers leur base, un peu rameuses vers le sommet; les feuilles sont d'un verd foncé, un peu luisantes, linéaires et en alène, dirigées du même côté et sensiblement courbées, sur-tout vers le sommet des rameaux : les capsules naissent terminales et paroissent ensuite latérales, à cause de l'alongement des branches voisines; elles sont portées sur des pédicelles rougeâtres plus longs que les feuilles; ces capsules sont oblongues, presque ovoïdes, un peu applaties d'un côté, rougeâtres à leur maturité, surmontées d'un oper-cule conique et oblique. Cette belle mousse naît attachée aux pierres, dans les ruisseaux et les rivières. ♃. Elle a été trouvée dans la Sorgue près Vaucluse, dans la Versoix près Genève (Brid.); au ruisseau de Vicé près Issey (Bell.); aux cuves de

Sassenage , par le C. Deleuze ; dans les rivières du Jura , par M. Chaillet.

1183. Gymnostome de Lapponie.   *Gymnostomum Lapponicum.*

Hedwigia lapponica. Hedw. St. Cr. 3. p. 31. Brid. Muscol. 2. p. 33. — *Gymnostomum lapponicum.* Hedw. St. Cr. 3. p. 12. t. 5. A.

Ses tiges sont droites , alongées , peu rameuses , et forment des touffes serrées ; les feuilles sont lancéolées , assez longues , d'un verd foncé , étalées quand elles sont humides , crépues au sommet quand elles sont sèches ; les pédicelles dépassent à peine la hauteur des feuilles , et supportent une capsule en forme de toupie , fortement cannelée , d'un roux brun tirant sur le jaunâtre à la base ; le péristome est calleux , dépourvu de dents. Cette espèce croit dans les Alpes , aux lieux escarpés et ombragés.

1184. Gymnostome cilié.   *Gymnostomum ciliatum.*

Hedwigia ciliata. Hedw. Musc. fr. 1. p. 104. t. 40. Brid. Musc. 2. p. 30. t. 1. f. 3. — *Bryum apocarpon , var.* β. Linn. spec. 1579. — *Gymnostomum Hedwigia.* Hoffm. Germ. 2 p. 28. — *Fontinalis albicans.* Web. Spic. 38. — Dill. Musc. t. 32. f. 5. — Vaill. Bot. t. 27. f. 18.
β. *Foliis omnino viridibus nec apice albis.*
γ. *Foliis falcatis heteromallis.*

La tige est droite , rameuse , longue de 5-6 centim. , grèle , noirâtre , fragile lorsqu'elle est sèche , souvent dénudée à sa base ; les feuilles sont embriquées , ovales-lancéolées , concaves , dépourvues de nervure , terminées par un prolongement blanc , filiforme , aigu , souvent barbu et toujours très-long dans les feuilles qui entourent la capsule ; celle-ci est presque sessile ; elle nait au sommet des rameaux , mais semble latérale par l'alongement des branches voisines ; elle est ovoïde , d'un rouge orangé , cachée par les feuilles. Cette mousse nait sur les rochers , dans les Pyrénées , les Alpes et le Jura , les environs du Mans , etc. Elle fleurit en automne ; on trouve sa capsule en hiver. ♃. La variété β , qui a été recueillie dans les Pyrénées par le C. Ramond , est remarquable par ses feuilles entièrement vertes et à peine ciliées ; la variété γ , que M. Chaillet m'a envoyée du Jura , a les feuilles en faulx , dirigées d'un seul côté.

§. II. *Fleurs dioïques , coiffe qui se fend latérale-*
ment (Gymnostomum , H.).

1185. Gymnostome　　*Gymnostomum pyriforme.*
pyriforme.

Gymnostomum pyriforme. Hedw. Fund. 2. p. 87. t. 1. f. 2. 3.
t. 2. f. 6. *a. β*. t. 4. f. 18. 24. 6. t. 7. f. 31. Brid Musc. 2. p. 36.
— *Bryum pyriforme*. Linn. spec. 1580. Lam. Fl. fr. 1. p. 45.
— Dill. Musc. t. 44. f. 6. — Vaill. Bot. t. 29. f. 3.

Sa tige est droite, très-courte, rarement branchue ; les
feuilles sont d'un verd pâle, ovales, aiguës, traversées par une
nervure longitudinale qui se prolonge en pointe ; le pédoncule ,
qui est droit, terminal, solitaire , d'un jaune rougeâtre, long
de 15-20 millim. , porte une capsule droite en forme de poire ,
dont l'opercule est un cône court et obtus , et dont la coiffe est
pâle et alongée ; ses graines vues à la loupe , sont hérissées.
Cette espèce est commune sur la terre argilleuse , dans les prés
humides, les fossés, les jardins , etc. ♃. Elle fleurit au printemps,
et répand ses graines le printemps suivant.

1186. Gymnostome　　*Gymnostomum trunca-*
tronqué.　　　　　　*tulum.*

Gymnostomum truncatulum. Hedw. Fund. 2. p. 87. Brid. Musc.
2. p. 38. t. 1. f. 5. — *Gymnostomum truncatum*. Hedw. Musc.
fr. 1. p. 13. t. 5. — *Bryum truncatulum*. Linn. spec. 1584.
Lam. Fl. fr. 1. p. 49. — Dill. Musc. t. 45. f. 7. — Vaill. Bot.
t. 26. f. 2.

Sa tige est droite, très-courte, simple, munie à sa base
de radicules rougeâtres, chargée de feuilles étalées, planes,
ovales-lancéolées, traversées par une nervure qui se prolonge
en une pointe filiforme ; les supérieures sont disposées en rosette
d'où sort un pédoncule long de 8-10 millim., rougeâtre, terminé par une petite capsule ovoïde, droite, tronquée au sommet ; l'opercule se prolonge en bec obtus. Cette petite espèce
est commune dans les jardins, les routes, les champs, sur les
murs : elle fleurit en été et répand sa graine le printemps suivant. ♃. Hasselquist, qui a trouvé cette mousse sur tous les
murs de Jérusalem, pense que c'est elle que Salomon désignoit
sous le nom d'*Hyssope*.

1187. Gymnostome de Heim.   *Gymnostomum Heimii.*

Gymnostomum Heimii. Hedw. St. Cr. 1. p. 80. t. 30. spec. 32.
Brid. Muscol. 2. p. 41. — *Bryum Heimii.* Dicks. Crypt. 2. p. 4.

Cette espèce ressemble tellement au gymnostome tronqué,
qu'elle doit probablement être considérée comme une simple
variété ; elle en diffère en ce qu'elle est plus grande dans toutes
ses dimensions, que ses feuilles sont aiguës et non terminées
par une soye particulière, et qu'elles sont très-légèrement dentelées au sommet. Elle croît sur les digues du canal de Saint-
Valery. (Boucher).

1188. Gymnostome obtus. *Gymnostomum obtusum.*

Gymnostomum obtusum. Hedw. spec. p. 34. t. 2. f. 1-3.
β. *Capsulá subcampanulatá.*

Sa tige est extrêmement courte ; les feuilles sont lancéolées,
aiguës, entières sur les bords, traversées par une nervure, étalées par l'humidité, redressées par la dessication ; les supérieures
sont beaucoup plus grandes que les inférieures ; le pédicelle est
terminal, rougeâtre ; la capsule droite, ovale, tronquée, d'un
rouge brun ; l'opercule a une base presque plane, d'où s'élève
une pointe aiguë et courbée. Cette mousse croît sur la terre et
les pierres. La var α. a été trouvée en Provence, par le C. Deleuze ; la deuxième à Dax, par le C. Thore.

1189. Gymnostome à bec courbé. *Gymnostomum cur-virostrum.*

Gymnostomum curvirostrum. Brid. Muscol. 2. p. 45. — *Gymnostomum recurvirostrum.* Hedw. St. Cr. 2. p. 69. t. 34 ? —
Bryum curvirostrum. Gmel. Syst. 2. p. 1334.

Les touffes de cette mousse sont composées d'individus fertiles et d'individus stériles ; dans les uns et les autres, la tige
est droite, foible, rameuse, longue de 1-2 centim. ; les feuilles
sont linéaires, recourbées, d'un verd clair ; celles du perichœtium sont ovales, aiguës ; le pédicelle est terminal, droit, long
de 10-12 millim. ; la capsule droite, ovoïde, d'un brun clair ;
l'opercule muni d'un bec long, grêle et courbé. Cette mousse
habite sur les roches gypseuses ; ses feuilles inférieures sont souvent chargées de dépôts gypseux. Elle croît dans les Alpes.

1190. Gymnostome ovoïde. *Gymnostomum ovatum.*

Gymnostomum ovatum. Hedw. Musc. fr. 1. p. 16. t. 6. Brid.
Musc. 2. p. 40. — *Gymnostomum pusillum.* Hedw. Fund. 2.
p. 32. et 87. — *Bryum ovatum.* Dicks. Crypt. 2. p. 4.

Cette espèce diffère du gymnostome tronqué, parce que ses
feuilles sont concaves et terminées par un long poil blanc, que
son pédicelle est un peu plus court, la capsule plus grosse et de
forme ovoïde ou ellipsoïde, et d'un roux brun assez prononcé :
elle croît sur les murs et les rochers couverts de fine terre.
Bridel l'a trouvée à Genêve et à Paris sur tous les murs de
terre du faubourg Saint-Antoine. Je l'ai reçue de Bex et de
Neufchâtel ; elle se trouve à Abbeville, à la porte d'Hoquet
(Boucher). Le C. Dufour m'en a communiqué une variété remarquable par la longueur de sa capsule et la petitesse de ses
feuilles.

1191. Gymnostome à petite bouche.   *Gymnostomum microstomum.*

Gymnostomum microstomum. Hedw. Musc. fr. 3. p. 71. t. 30.
f. B. Hoffm. Germ. 2. p. 29. Brid. Musc. 2. p. 44.

Sa tige est droite, courte, simple, garnie de feuilles d'un
verd clair, élargies à leur base, lancéolées et pointues au sommet, et deviennent crépues en se desséchant ; le pédoncule
est terminal, droit, solitaire, long de 5-7 millim. , terminé par
une petite capsule ovoïde, un peu applatie d'un côté, verdâtre
même à sa maturité, et dont l'orifice est resserré ; son opercule est oblique et conique. Cette petite plante croît en gazons,
sur la terre sablonneuse, le long des routes et des allées. M. Schleicher l'a trouvée à Bex : elle est souvent hermaphrodite, selon
Hoffman.

*** *Mousses à péristome simple.*

CIV. TETRAPHIS.   *TETRAPHIS.*

Tetraphis. Hedw. — *Mnii sp.* Linn.

Car. La capsule est terminale, oblongue ; le péristome est
simple, à quatre dents pyramidales.

Obs. Les tetraphis sont dioïques, et leurs fleurs mâles sont
tantôt sessiles, ramassées en tête, tantôt pédonculées et en coupe,
toujours terminales ; la coiffe est entière et se détache latéralement.

1192.

1192. Tétraphis pellucide. *Tetraphis pellucida.*

Tetraphis pellucida. Hedw. Fund. 2. p. 88. t. 7. f. 2. Spec. p. 45.
t. 7. f. 1. — *Mnium pellucidum.* Linn. sp. 1574. Lam. Fl. fr. 1.
p. 36. Œder. Fl. dan. t. 300. — Dill. Musc. t. 31. f. 2. — Vaill.
Bot. Par. t. 24. f. 7. — Hall. Helv. n. 1853. t. 45. f. 8.

Dans les plantes mâles, la tige s'élève jusqu'à 15 millim., et
se ramifie quelquefois; les feuilles sont rangées en quadruple
spirale autour de la tige, ovales-lancéolées, traversées par une
nervure longitudinale : du sommet des rameaux part un pédoncule qui se termine par un globule brun, composé de très-petites feuilles, entre lesquelles Hedwig a découvert les étamines.
Les plantes femelles sont plus petites, et ont des feuilles plus
étroites ; les pédoncules sont droits, solitaires, longs de 2 cent. ;
la coiffe est conique, très-alongée, anguleuse, divisée à sa base
en dix déchirures très-fines; la capsule est droite, cylindrique,
jaunâtre, bordée d'un péristome pourpre. ♃. Cette plante croît
dans les lieux ombragés et humides. Quelquefois les fleurs mâles
sont sessiles et en forme de coupe.

CV. ANDRÉÉE. *ANDREÆA.*

Andreæa Ehrh. Hedw. — *Jungermanniæ sp.* Linn.

Car. Le péristome se fend au-delà du milieu de la capsule,
en quatre dents qui divergent à la base, et sont réunies au
sommet par un petit opercule; les capsules sont terminales.

Obs. Lorsque l'opercule tombe, les dents du péristome s'é-
cartent, et alors cette capsule à quatre valves ressemble abso-
solument à celle d'une jungermanne, ce qui a causé l'erreur de
Dillenius et de Linné. Erhrhart, Hedwig et Hoffmann, ont reconnu l'existence de l'opercule et de la coiffe dans ces plantes,
et ont ainsi constaté qu'elles appartiennent à la famille des
mousses : leurs fleurs mâles sont encore inconnues.

1193. Andréée des rochers. *Andreæa rupestris.*

Andreæa rupestris. Hedw. spec. 47. t. 7. f. 2. — *Jungermannia
rupestris.* Linn. spec. 1601. Lam. Dict. 3. p. 285. — Dill. Musc.
t. 73. f. 40.

La plante entière est d'un brun roux ; la tige est d'abord
simple, puis rameuse, longue de 12-18 millim., garnie de
feuilles embriquées, concaves, lancéolées, un peu rudes sur le
dos selon Hedwig; les capsules naissent au sommet des rameaux, sortent d'un périchœtium alongé, que leur pédoncule

dépasse peu ; la capsule est jaunâtre, en forme de toupie, surmontée d'une coiffe grèle, pâle, campanulée ; le péristome est
purpurin, à quatre dents grandes, profondes, droites lorsqu'elles
sont humides, courbées en arc lorsqu'elles sont sèches, et qui soutiennent à leur sommet un petit opercule obtus. ♃. Elle est originaire des Alpes. J'ai reçu cette plante des environs de Martigny,
dans le Valais, sur la frontière de France.

1194. Andréée des Alpes.   *Andreœa Alpina.*

Andreœa Alpina. Hedw. spec. 49. — *Andreœa petrophila.*
Hoffm. Germ. 2. p. 80. — *Jungermannia Alpina.* Linn. spec.
1601. Lam. Dict. 3. p. 286. — Dill. Musc. t. 73. f. 39.

Cette espèce ressemble beaucoup à la précédente, mais sa
couleur est encore plus noire, sa consistance plus fragile, ses
feuilles plus petites, plus exactement embriquées et lisses sur
le dos ; les pédicules sont plus courts et d'un pourpre foncé ;
les capsules sont un peu plus petites que dans l'espèce précédente. ♄. Cette plante est originaire du Mont-Brucler, près la
forêt Noire. M. Bridel l'a trouvée au Mont-d'Or ; et M. Schleicher dans les Alpes du Valais, sur les rochers des vallées de Binn
et de Servan.

CVI. SPLANC.   *SPLACHNUM.*

Splachnum. Linn. Hedw.

Car. La capsule est terminale, ovoïde ou cylindrique, posée
sur une apophyse en parasol, ou en cône renversé et concave en
dessus ; le péristome est simple, a huit dents marquées d'un
sillon longitudinal, ou à huit paires de dents.

Obs. Les fleurs des splancs sont hermaphrodites et terminales,
tantôt stériles et en forme de disque, tantôt alongées et fertiles ;
leur coiffe se fend latéralement ou se divise à la base en plusieurs
lanières. Les espèces de ce genre habitent les lieux tourbeux des
montagnes.

1195. Splanc ampoulé.   *Splachnum ampullaceum.*

Splachnum ampullaceum. Linn. spec. 1572. Hedw. Musc. fr. 2.
p. 41. f. 14. Fund. 2. p. 88. t. 7. f. 33. 34. Brid. Musc. 2.
p. 109. Lam. Fl. fr. 1. p. 42. — Dill. Musc. t. 44. f. 3. — Vaill.
Bot. t. 26. f. 4.

Sa tige est droite, ordinairement simple, longue de 1-3 centimètres, garnie de feuilles éparses, ovales-lancéolées, entières,

pointues ; celles du sommet sont plus aiguës et plus rapprochées,
le pédoncule est terminal, droit, rougâtre, long de 4-6 centim. ,
terminé par une capsule droite, cylindrique, d'un jaune doré à
sa maturité, posée sur un renflement verd ou purpurin, qui
représente la forme d'une bouteille renversée ; l'opercule est
convexe, orangé ; les dents du péristome se renversent en dehors après la chûte de l'opercule ; la coiffe est campanulée,
déchirée sur les bords. ♃. Cette mousse croît dans les marais
tourbeux. On la trouve sur les montagnes du Jura, à Charousse,
à Saint-Léger, à Villers-Cotteret, en Premol dans le Dauphiné
(Vill.) en Provence (Gér.), en Piémont (All.), au Mont-d'Or
(Del.), etc. Sa capsule est mûre en été.

1196. Splanc sphærique.   *Splachnum sphæricum.*

Splachnum sphæricum. Linn. Syst. 945. Hedw. St. Cr. 2. p. 46.
t. 16. Brid. Muscol. 2. p. 111. — *Splachnum viride.* Vill.
Dauph. 4. p. 861. t. 56.

Les tiges sont droites, courtes, réunies en tapis serrés, garnies de quelques feuilles oblongues-lancéolées, entières, traversées par une nervure qui se prolonge en pointe acérée ; les
plantes mâles sont un peu plus longues que les femelles, et se
terminent par un disque composé de trois à cinq feuilles élargies par leur base ; le pédicelle des capsules est droit, terminal,
rougeâtre à sa base, un peu tortillé dans l'état de dessication ;
sa longueur varie de 5-12 centim. ; la capsule est rougeâtre,
cylindrique, droite, posée sur une apophyse verte, sphérique,
aussi longue que la capsule, et plus apparente qu'elle : les dents
du péristome se déjettent en dehors après la chûte de l'opercule ; celui-ci est rouge et conique. ♃. Ce splanc croît dans les
lieux tourbeux des montagnes ; il a été trouvé à la montagne de
la Vialette, près Taillefer (Vill.).

1197. Splanc de Frœlich. *Splachnum Frœlichianum.*

Splachnum frœlichianum. Hedw. St. Cr. 3. p. 99. t. 40. Brid.
Musc. 2. p. 105. — Hall. Helv. n. 1831. ex Schleich. Crypt.
exs. cent. 3. n. 7.

La tige est droite, longue de 15-20 millim. , simple ou divisée par sa base, garnie de feuilles oblongues en forme de
langue, dont les inférieures sont un peu pointues et les supérieures obtuses, presque en forme de spatule, marquées d'un
réseau très-visible à la loupe, et qui leur donne un aspect

ponctué ; les pédicelles sont droits , d'un jaune rougeâtre ,
longs de 2 centimètres ; la capsule est presque sphérique ,
soutenue par une apophyse en forme de cône long et renversé ,
ce qui donne à l'urne la forme d'une poire alongée ; cette capsule est d'abord légèrement oblique , puis penchée , et enfin
pendante ; sa couleur est d'un rouge brun. ♃. Cette mousse croît
dans les fentes des rochers , dans les Alpes , entre le Valais , la
Savoie et le Piémont.

   1198. Splanc menu.   *Splachnum tenue.*

Splachnum tenue. Dicks. Crypt. 2. p. 2. t. 4. f. 2. — *Splachnum
attenuatum.* Brid. Musc. 2. p. 107.

   Cette mousse a été réunie , par Hoffman , avec le splanc de
Frœlich , et très-rapprochée , par Bridel , du splanc en godet ,
mais elle diffère de la première à cause de sa capsule ovale et de
ses feuilles terminées par une petite pointe , et de la seconde parce
que cette pointe est très-courte , ne se prolonge pas en forme
de poil , et que ses feuilles sont assez étalées ; sa tige est droite ,
divisée à la base ; ses feuilles sont ovales-oblongues , légèrement
pointues ; ses pédicelles atteignent 5 centim. de longueur , et
sont d'une couleur orangée pâle ; la capsule est ovale , posée
sur une apophyse mince en forme de cône renversé : elle se
trouve dans les Alpes.

   1199. Splanc dentelé.   *Splachnum serratum.*

Splachnum serratum. Hedw. spec. 53. t. 8. f. 1. — *Splachnum
helveticum.* Schleich. Crypt. exs. 2. n. 9.

   Sa tige est simple , droite , longue de 8-10 millim. , garnie de
feuilles lancéolées , dentées en scie vers le sommet , et dont la
nervure se prolonge en une pointe acérée ; les pédicelles sont
droits , longs de 2 centim. , d'un rouge mordoré très-vif ; la
capsule est droite , d'un brun rouge à sa maturité , ovale-cylindrique , posée sur une apophyse en cône renversé , presque aussi
épaisse que la capsule elle-même ; les dents du péristome sont
de la même couleur que la capsule , et se déjettent en dehors
au point d'être appliquées sur le côté extérieur de l'urne. Cette
mousse se trouve dans les Alpes voisines de la Suisse , aux environs des chalets et dans les lieux gras et ombragés. C'est d'après
des échantillons communiqués par MM. Hedwig et Schleicher ,
que je réunis les deux synonymes cités plus haut.

CVII. ÉTEIGNOIR. *ENCALYPTA.*

Encalypta. Schrch. Hoffm. — *Encalyptæ sp.* Hedw. — *Leersia.*
Brid. — *Bryi sp.* Linn.

CAR. La capsule est terminale ; le péristome simple , a seize
dents entières placées à distances égales ; la coiffe est grande ,
lisse, en forme d'éteignoir, et ne se fend point latéralement.

OBS. Les fleurs sont monoïques, et les mâles en gemmes latéraux ; l'opercule se termine par une longue pointe, et la coiffe
l'entraîne dans sa chûte.

1200. Éteignoir vulgaire. *Encalypta vulgaris.*

Encalypta vulgaris. Hedw. spec. p. 60. — *Leersia vulgaris.*
Hedw. Musc. fr. 1. p. 46. t. 18. Fund. 2. t. 4. f. 19. — *Bryum
extinctorium.* Linn. sp. 1581. — Vaill. Bot. Par. t. 26. f. 1. —
Dill. Musc. t. 45. f. 8. — Magn. Monsp. p. 139. t. 32.

Sa tige est simple, longue de 4-8 millim. ; ses feuilles sont
nombreuses, embriquées, oblongues-lancéolées, entières, pointues, traversées par une nervure longitudinale, souvent rougeâtre ; du sommet de la tige part un pédoncule solitaire , droit,
rougeâtre, de 10-12 millim. de longueur, qui porte une capsule droite, cylindrique ; la coiffe est très-grande , jaunâtre,
en forme d'éteignoir alongé, terminée par une pointe droite,
conique et brunâtre, et dont le bord inférieur est entier ; l'o-
percule se termine par une longue pointe cachée sous celle de la
coiffe. ♃. Cette espèce est commune sur les murs, les rochers,
les lieux secs, sablonneux et pierreux ; ses capsules sont mûres
à la fin du printemps.

1201. Éteignoir frangé. *Encalypta fimbriata.*

Encalypta ciliata. Hedw. spec. p. 61. — *Leersia ciliata.* Hedw.
Musc. fr. p. 49. t. 19. Fund. 2. t. 4. f. 24. a. — *Leersia fim-
briata.* Brid. Musc. 2. p. 53. — *Bryum ciliare.* Gmel. Syst. 2.
p. 1332. — *Bryum extinctorium,* β. Linn. spec. 1581. Lam.
Dict. 1. p. 491. — Dill. Musc. t. 45. f. 9.

Cette espèce ressemble beaucoup à la précédente, et n'en est
peut-être qu'une variété ; elle s'élève jusqu'à 15 millim. ; sa
tige se ramifie presque toujours, ensorte que ses pédoncules paroissent latéraux, tandis qu'ils partent réellement du sommet
d'un rameau ; sa coiffe ressemble beaucoup à celle de l'éteignoir vulgaire ; mais au lieu d'être entière et tronquée en son

bord, elle est languettée et frangée d'une manière bien distincte. ♃. Elle croît dans les montagnes, sur les rochers et dans les bois secs ; ses capsules ne mûrissent qu'en été.

1202. Éteignoir tordu. *Encalypta streptocarpa.*

Encalypta streptocarpa. Hedw. spec. p. 62. t. 10. f. 10-15. — *Bryum contortum.* Wulf. Jacq. Coll. 2. p. 236. — *Encalypta grandis.* Sw. Journ. Schrad. 2. p. 172.

Sa tige est droite, ordinairement simple, longue de 2-3 centimètres, garnie de feuilles oblongues-lancéolées, aiguës, embriquées, un peu crépues lorsqu'elles sont sèches, traversées par une nervure rougeâtre et saillante ; le pédoncule est terminal, droit, rougeâtre ; la coiffe est grande, blanchâtre, en forme d'éteignoir, frangée à la base ; la capsule est rougeâtre, cylindrique, tortillée sur elle-même en spirale de droite à gauche : les dents du péristome sont rouges, alongées, convergentes. ♉. Cette mousse croît sur les rochers calcaires, ombragés, recouverts d'un peu de terre. M. Schleicher l'a trouvée dans les Alpes.

CVIII. WEISSIE. *WEISSIA.*

Weissia. Hedw. — *Grimmiæ sp.* Roth. — *Bryi et Mnii sp.* Linn.

CAR. La capsule est terminale, oblongue ou cylindrique, le péristome est simple, à seize dents linéaires, aiguës, rapprochées par leur sommet.

OBS. Les weissies sont toutes dioïques ; les fleurs mâles sont en têtes terminales ; la coiffe est en alène, se fend latéralement et se détache obliquement. — Ce genre, que quelques auteurs ont réuni avec le suivant, en est distinct par le port, la forme de la capsule, la figure et la direction des dents du péristome, la manière dont la coiffe se détache, la structure et la position des fleurs mâles.

1203. Weissie crispée. *Weissia crispata.*

Weissia crispata. Brid. Muscol. 2. p. 73. — *Bryum crispatum.* Dicks. Crypt. 3. p. 3. t. 7. f. 4. Hoffm. Germ. 2. p. 32.

Ses tiges sont droites, rameuses, réunies en touffes serrées ; ses feuilles linéaires, peu aiguës, courbées en gouttière, tortillées ou crépues lorsqu'elles sont sèches, très-légèrement dentelées ; le pédicelle est droit, très-court, d'abord terminal et ensuite latéral ; la capsule est droite, oblongue, un peu étranglée dans le milieu, brune à sa maturité, et marquée longitudinalement de huit sillons profonds et d'autant de nervures

saillantes ; l'opercule est en forme de bec grêle, long et courbé. ♃.
Elle croît dans les lieux marécageux ; elle a été trouvée à Belval,
par le C. Hauy.

1204. Weissie à crochets.   *Weissia cirrhata.*

Weissia cirrhata. Hedw. spec. 69. t. 12. f. 7-12. Sw. Journ,
Schrad. 2. p. 172. — *Encalypta cirrhata.* Sw. Musc. succ. 25.
Mnium cirrhatum. Linn. spec. 1576. — Dill. Musc. t. 48. f. 42.
— Vaill. Bot. t. 24. f. 8.

Cette mousse a une tige droite, longue de 3-6 centim., d'a-
bord simple, ensuite branchue, garnie de feuilles lancéolées,
aiguës, d'un verd jaunâtre, traversées par une nervure longitudinale, courbées sur cette nervure, crépues et contournées
lorsqu'elles sont sèches ; le pédicule, qui est droit, terminal et
plus court que la tige, porte une capsule à-peu-près droite,
ovale-oblongue, d'un jaune tirant sur le brun, dont l'ouverture
est rouge et dont l'opercule se prolonge en un bec long acéré et
blanchâtre. ♃. Cette mousse croît dans les bois, les haies, les gazons : on la trouve aux environs de Paris, à Fontainebleau,
dans les Alpes, etc.

1205. Weissie contestée. *Weissia controversa.*

Weissia controversa. Hedw. St. Cr. p. 12. t. 5. B. — *Weissia
virens.* Brid. Muscol. 2. p. 69. — *Bryum virens.* Dicks. Crypt.
1. p. 4. — *Bryum viridulum.* Weiss. Gœtt. p. 192. Lam.
Dict. 1. p. 493. — Dill. Musc. t. 48. f. 43. — Vaill. Bot. t. 29.
f. 5.

Cette espèce ressemble beaucoup à la weissie naine et à la
weissie à crochets, mais elle s'en distingue facilement au verd
beaucoup plus clair de ses feuilles, et à la teinte jaune de ses
pédicelles : elle a une tige droite et très-courte, des feuilles
aiguës-lancéolées, qui se crispent par la dessication, et des capsules ovoïdes, droites, d'un brun très-clair. ♃. Cette plante croît
sur les terreins humides un peu sablonneux, dans les bois de
Versailles, de Montmorency, de Meudon ; dans les Alpes, le
Jura, aux environs d'Abbeville (Bouch.), à Premol (Vill.).

1206. Weissie naine.   *Weissia pusilla.*

Weissia pusilla. Hedw. St. Cr. 2. p. 78. t. 29. Spec. Musc. 64.
Weissia paludosa. Brid. Musc. 2. p. 74 ? — *Bryum paludo-
sum.* Linn. spec. 1584. Lam. Fl. fr. 1. p. 49. var. β. — Dill.
Musc. t. 49. f. 53.

Cette petite plante a une tige simple extrêmement courte,

des feuilles menues, alongées, capillaires, d'un verd foncé et
qui ne deviennent point crépues par la dessication ; le pédicelle
est terminal, long de 10-12 millim., droit, rougeâtre, terminé
par une capsule droite, d'un rouge brun, ovoïde, un peu évasée
au sommet. ⊙? Cette espèce croît dans les lieux ombragés et humides ; ses capsules se trouvent au printemps.

1207. **Weissie à bec courbé.** *Weissia curvirostra.*

> *Weissia curvirostra.* Sw. Musc. succ. 25. — *Weissia recurvi-*
> *rostra.* Hedw. Musc. fr. 1. p. 19. t. 7. Brid. Musc. 2. p. 79.—
> *Bryum curvirostrum.* Dicks. Crypt. 2. p. 7. excl. syn. Dill.

Sa tige est droite, un peu rameuse vers le haut, longue de
3-4 centim., garnie de feuilles lancéolées, embriquées, un peu
étalées, appliquées obliquement sur la tige lorsqu'elles sont
sèches, traversées par une nervure rougeâtre ; le pédicule est
terminal, droit, long de 12 millim., rougeâtre sur-tout vers le
bas, terminé par une capsule droite, ovale, cylindrique, rougeâtre à sa maturité, dépourvue d'anneau ; l'opercule se prolonge
en un bec recourbé ; la coiffe est alongée en forme d'alène. ♃.
Cette mousse naît en touffes très-serrées, dans les forêts sablonneuses et sur les terreins argilleux : elle a été trouvée près
Genève (Brid.). Elle fleurit en été et mûrit en automne.

1208. **Weissie noirâtre.** *Weissia nigrita.*

> *Weissia nigrita.* Hedw. St. Cr. 3. p. 97. t. 39. Spec. 72. Brid.
> Musc. 2. p. 80. t. 3. f. 11.—*Bryum nigritum.* Hoffm. Germ. 2.
> p. 33.

Cette espèce se reconnoît très-facilement au verd sombre de
son feuillage et au brun presque noir de son pédicelle et de sa
capsule à l'époque de la maturité ; ses tiges sont droites, rameuses,
longues de 2-4 cent. ; ses feuilles sont ovales ou un peu en cœur
à la base, alongées, pointues, étalées, un peu crépues dans leur
vieillesse ; les pédicelles sont droits, d'abord rouges, puis bruns ;
la capsule est penchée, presque globuleuse, un peu luisante ;
l'opercule est convexe, surmonté d'une petite pointe. ♃. Elle
croît dans les lieux tourbeux et humides. Je l'ai reçue de
M. Schleicher, qui la dit commune dans les Basses-Alpes voisines du Léman.

CIX. GRIMMIE. *GRIMMIA.*

Grimmia et Leersiæ sp. Hedw. — *Grimmiæ sp.* Roth. — *Bryi sp.*
Linn. — *Grimmia et Swartzia.* Brid.

CAR. La capsule est terminale, ovoïde; le péristome simple,
à seize dents élargies à leur base, divergentes au sommet et souvent déjetées en dehors.

OBS. Les grimmies sont monoïques ou dioïques; leurs fleurs
mâles sont en gemmes latéraux ou en têtes terminales; leur
coiffe se fend à sa base en plusieurs lanières, excepté dans la
grimmie recourbée et la grimmie lancéolée. J'ai réuni à
ce genre la grimmie lancéolée que Hedwig avoit rapprochée
des éteignoirs, et dont Bridel avoit fait un genre particulier,
sous le nom de *Swartzia.* Peut-être est-il convenable de ré-
tablir ce genre et d'y faire entrer la grimmie recourbée.

§. Ier. *Tige simple, coiffe qui se fend latéralement.*

1209. Grimmie recourbée. *Grimmia recurvata.*

Grimmia recurvata. Hedw. St. Cr. 1. p. 102. t. 38. Brid. Muscol.
2. p. 59. — *Bryum setaceum.* Wulf. Jacq. Misc. 2. p. 96. t. 12.
— *Bryum recurvatum.* Hoffm. Germ. 2. p. 31.

Cette petite mousse forme des tapis serrés hauts de 2-3 millimètres; sa tige est presque toujours simple; ses feuilles étroites,
alongées, aiguës, lancéolées dans le bas de la plante, en alène
dans le haut, un peu crépues lorsqu'elles sont sèches; le pédicelle est terminal, long de 7-9 millim., droit dans le bas, arqué au sommet: la capsule est verte, en forme de poire presque
pendante; après l'émission des graines, elle devient arrondie et
brune; l'opercule a une base convexe, et se prolonge en un bec
mince et courbé. ⚥. Elle croît sur les rochers nus, et a été trouvée dans les Alpes voisines du Léman.

1210. Grimmie lancéolée. *Grimmia lanceolata.*

Leersia lanceolata. Hedw. Musc. fr. 2. p. 66. t. 23. Brid. Musc.
2. p. 55. t. 1. f. 8. — *Bryum lanceolatum.* Dicks. Fasc. 3. p. 4.

Sa tige est droite, longue de 5-10 millim., simple ou peu
rameuse; ses feuilles sont lancéolées, concaves, entières, traversées par une nervure longitudinale qui se prolonge en une
petite pointe; les inférieures sont décolorées, les supérieures
d'un verd gai; le pédoncule est droit, solitaire, de 5-10 millimètres de longueur; la coiffe est petite, en capuchon, tronquée

obliquement à sa base, de couleur pâle; la capsule rousse à sa
maturité. ♃. Cette espèce croît en gazons serrés, et a un peu le
port des gymnostomes. M. Bridel l'a trouvée abondamment aux
environs de Genève et dans les Alpes voisines; le C. Deleuze
l'a recueillie en Provence, et le C. Magneville aux environs de
Caen : ses capsules mûrissent au printemps.

§. II. *Tige rameuse , coiffe qui se fend à la base en plusieurs lanières.*

1211. Grimmie sessile.　　　*Grimmia apocarpa.*

Grimmia apocarpa. Hedw. Musc. fr. 1. p. 104. St. Cr. 1. p. 113.
t. 39. Brid. Musc. 2. p. 57. t. 2. f. 10. — *Bryum apocarpum,*
var. α. Linn. spec. 1579. Lam. Dict. 1. p. 490. — *Fontinalis*
apocarpa. Web. Gœtt. p. 38. — Dill. Musc. t. 32. f. 4. —
Vaill. Bot. t. 27. f. 15.

Cette espèce est commune sur les troncs humides et ombragés, où elle forme des gazons serrés; le tronc est droit, rameux,
noirâtre et souvent dénudé à la base, garni vers le haut de
feuilles embriquées, lancéolées, presque en carène, d'un verd
foncé, traversées par une nervure longitudinale; les pédicules
sont terminaux, solitaires ou geminés, extrêmement courts;
la coiffe est petite, frangée à la base; la capsule droite, ovale,
sans anneau, striée en long, entourée des feuilles florales, surmontée d'un opercule convexe, d'un rouge vif au sommet. ♃.
Cette mousse fleurit en automne, et porte ses capsules l'automne
et l'hiver suivant.

1212. Grimmie à courte tige.　　*Grimmia apocaula.*

Grimmia apocaula. Hedw. f. ined. — *Bryum apocaulon.* Hoffm.
Germ. 2. p. 30.—*Grimmia apocarpa, apocaulos.* Brid. Musc. 2.
p. 59. — *Bryum apocarpon.* Schmid. Icon. t. 57. f. 1.

Cette plante n'est peut-être qu'une variété de la précédente ;
elle paroît en différer parce que sa tige est beaucoup plus courte,
simple ou seulement rameuse au sommet; que ses feuilles supérieures se terminent par un poil blanc et alongé à-peu-près comme
dans le gymnostome cilié; et que son opercule est surmonté d'une
pointe droite et plus longue que dans la grimmie sessile. ♃. Elle
croît sur les murs et les pierres.

1213. Grimmie des Alpes. *Grimmia Alpicola.*

Grimmia Alpicola. Sw. Musc. succ. p. 27. et 83. t. 1. f. 1. Hedw.
spec. p. 77. t. 15. f. 1-5.

Cette espèce ressemble beaucoup à la grimmie sessile; mais
elle est ordinairement plus petite; ses feuilles sont plus obtuses,
et celles qui entourent le fruit ne sont pas blanches au sommet;
sa capsule est lisse, d'un brun rouge à sa maturité, ovoïde, très-
ouverte; les dents de son péristome sont d'un rouge foncé, étalées, presque réfléchies. Cette mousse croît dans les Alpes, sur
les rochers humides et près des ruisseaux.

1214. Grimmie criblée. *Grimmia cribrosa.*

Grimmia cribrosa. Hedw. St. Cr. 3. p. 73. t. 31. A. Spec. 76.
Brid. Muscol. 2. p. 60. — *Bryum cribrosum.* Hoffm. Germ. 2.
p. 31.

Cette mousse forme des tapis d'un verd obscur; ses tiges sont
ordinairement simples, hautes de 1-2 centim., garnies de feuilles
embriquées, lancéolées, dont les supérieures se terminent par
un poil blanc qui est le prolongement de la nervure longitudinale; le pédicule est court, terminal, jaunâtre; la capsule est
droite, d'abord ovoïde, ensuite en forme de toupie d'un roux
jaunâtre; l'opercule est conique; les dents du péristome sont
souvent criblées de trous, selon l'observation de Hedwig. ♃.
Cette espèce croît dans les lieux montueux, sur les pierres : elle a
été trouvée sur les toits, aux environs de Paris, par le C. Dufour.

1215. Grimmie noirâtre. *Grimmia nigricans.*

Grimmia canescens. Schleich. Crypt. exs. cent. 3. n. 12.

Ses tiges sont droites, rameuses, rapprochées en touffe; les
feuilles inférieures sont persistantes et noirâtres, les supérieures
sont d'un verd foncé; ces feuilles sont à demi étalées par l'humidité, appliquées contre la tige lorsqu'elles sont sèches, courbées en carène, lancéolées, entières, traversées par une nervure
qui se prolonge au sommet en un poil blanc de moitié au moins
plus court que la feuille; ce poil s'oblitère dans les feuilles âgées :
le pédicelle est droit, entouré à sa base d'une gaîne cylindrique,
long de 7-8 millim.; la capsule est ovoïde, droite, petite, assez
semblable à celle du trichostome à petit fruit; l'opercule est
rougeâtre, conique, presque obtus, un peu courbé; les dents
du péristome sont rouges, peu élargies à leur base. Cette espèce
m'a été envoyée des Alpes voisines du Léman : elle a été trouvée

dans les Pyrénées, par le C. Dufour, et dans les montagnes d'Auvergne, par le C. Dubois.

1216. Grimmie à pied court. *Grimmia plagiopodia.*

Grimmia plagiopodia. Hedw. spec. 78. t. 15. f. 6-13. Schl. Crypt. exs. n. 15.

Cette espèce forme des tapis courts, serrés et blanchâtres; sa tige est simple ou rameuse à la base; les feuilles sont embriquées, nombreuses, ovales-oblongues, dépourvues de nervure longitudinale; les inférieures sont roussâtres, oblongues, pointues; les supérieures vertes, ovales, concaves, surmontées d'un poil blanc plus long que la feuille elle-même, et qui n'est autre chose que sa sommité décolorée: le pédicule est terminal, court, jaunâtre, arqué; la coiffe est blanchâtre, avec le sommet brun, et se fend à la base en deux ou trois lanières; la capsule est penchée, ovoïde, jaunâtre, surmontée d'un opercule rouge, court et conique. Cette mousse croît sur les murs; elle a été découverte près Neuchâtel, par M. Chaillet; au bois de Boulogne près Paris, par le C. Dufour.

CX. PTEROGONE. *PTERIGYNANDRUM.*

Pterigynandrum. Hedw. — *Pterogonium.* Sw. — *Hipni sp.* Linn.

Car. La capsule est latérale, oblongue; le péristome simple, à seize dents droites et entières.

Obs. Les pterogones sont dioïques; la fleur mâle est en gemme latéral; la coiffe se fend de côté et se détache obliquement dans toutes les espèces; elle est glabre dans la première section, chargée de poils articulés et redressés dans la seconde, qui, outre le pterogone de Smith, renferme les *pterigynandrum fulgens*, *trichomitrion* et *subcapillatum* de Hedwig. On ne connoît encore les fleurs mâles d'aucune des espèces de cette seconde section, qui probablement un jour formera un genre distinct. Dans tous les pterogones, le perichœtium est grand, composé de folioles très-différentes des feuilles: dans quelques espèces le pédicelle dépasse à peine ce perichœtium.

§. Ier. *Coiffe glabre.*

1217. Pterogone délié. *Pterigynandrum gracile.*

Pterigynandrum gracile. Hedw. Musc. fr. 4. p. 16. t. 6. Brid.
Musc. 2. p. 62. — *Hipnum gracile.* Linn. Syst. p. 952. Lam.
Dict. 3. p. 178. — Dill. Musc. t. 41. f. 55.

Cette mousse a un aspect luisant et d'un verd jaunâtre ; ses
tiges rampantes, émettent des rameaux simples ou peu rameux,
disposés en faisceaux, étendus sur l'écorce, un peu courbés ou
flexueux au sommet, garnis de feuilles embriquées, souvent
tournées du même côté, concaves, ovales-aiguës, presque entièrement dépourvues de nervure ; ses capsules sont portées
sur un long pédicelle axillaire, droites, d'un brun rougeâtre,
oblongues, presque cylindriques, surmontées d'un opercule
court et conique. ♃. Elle croît dans les forêts, sur les troncs de
hêtre : elle a été trouvée près Lyon (Brid.), dans les Alpes
(Schleich.), près Abbeville (Bouch.).

1218. Pterogone filiforme. *Pterigynandrum filiforme.*

Pterigynandrum filiforme. Hedw. Musc. fr. 4. p. 18. t. 7. Brid.
Musc. 2. p. 63. — *Hipnum filiforme.* Hoffm. Germ. 2. p. 71.
non Lam.

Cette espèce ressemble à la précédente par la plupart de ses
caractères, mais ses rameaux sont plus courts, plus grèles, plus
cylindriques ; ses feuilles sont plus petites et plus exactement
embriquées ; ses pédicelles partent le long de la tige tout auprès
de la racine ; son opercule est le plus souvent terminé par un crochet oblique. ♃. Elle croît dans les forêts, sur le tronc des vieux
chênes ; elle a été trouvée dans les montagnes du Jura, par
M. Chaillet, et dans celles des Pyrénées, par le C. Dufour.

1219. Pterogone chaî- *Pterigynandrum cate-*
nette. *nulatum.*

Perigynandrum catenulatum. Brid. Muscol. 2. p. 64. t. 5. f. 4.

Cette petite mousse offre des jets rameux, grèles et cylindriques, dont les feuilles sont exactement embriquées, et qui,
vues à l'œil simple, paroissent articulées: elle diffère du pterogone
délié, par ses feuilles plus aiguës et très-évidemment munies de
nervures ; elle se distingue du pterogone filiforme, parce que
ses feuilles sont tellement embriquées qu'on n'apperçoit nulle
part le tronc. On ne connoît pas encore sa fructification. ♃. Elle

se trouve sur le tronc des arbres , dans les montagnes voisines du lac Léman ; en Provence ; dans le Rouergue.

1220. Pterogone inter-médiaire. *Pterigynandrum medium.*

Pterigynandrum medium. Brid. ined. —*Hypnum medium.* Dicks. Crypt. 2. p. 12. Hoffm. Germ. 2. p. 67. — Dill. Musc. t. 42. f. 65.

Cette espèce se distingue facilement des précédentes , par sa couleur d'un verd foncé ; ses tiges sont grèles , rampantes , irrégulièrement pennées ; les feuilles sont ovales , un peu aiguës , concaves , traversées par une nervure qui atteint le sommet ; les pédicelles naissent le long des souches principales , ils sont droits , rouges , long de 15 millim. , et s'élèvent au-dessus des branches ; la capsule est droite , cylindrique ; l'opercule court et conique. ♈. Elle croit sur les troncs d'arbres , dans les Alpes.

1221. Pterogone de Ramond. *Pterigynandrum Ramondii.*

Cette mousse ressemble au dicrane queue d'écureuil , par son port , son feuillage et la forme de ses capsules , mais elle en est bien séparée , 1°. par sa tige qui n'est nullement rampante , mais droite , divisée par le bas en jets grèles , qui atteignent 9-10 centimètres de longueur ; 2°. par ses feuilles nullement déjetées d'un seul côté et parfaitement entières , mais semblables d'ailleurs à celles du dicrane par la forme et la couleur ; 3°. par ses feuilles florales qui sont absolument semblables aux feuilles ordinaires ; 4°. par ses pédicelles qui ne dépassent pas 5-7 mill. de longueur ; 5°. enfin , parce que son péristome a seize lanières grèles , pointues , entières , purpurines , striées en travers. Je n'ai vu ni la coiffe , ni l'opercule. Cette belle mousse a été découverte dans les Pyrénées , par le C. Ramond , qui le premier a remarqué ses caractères distinctifs.

§. II. *Coiffe hérissée.*

1222. Pterogone de Smith. *Pterigynandrum Smithii.*

Hypnum Smithii. Dicks. Crypt. 2. p. 10. t. 5. f. 4. Hedw. spec. p. 264. t. 68. f. 5. 6. 7. Desf. Atl. 2. p. 416. — *Orthotrichum Smithii.* Brid. Muscol. 3. p. 33.

La tige est couchée , divisée en rameaux durs , fermes , disposés sur un seul plan de l'un et l'autre côté de la souche ,

courbés vers le sommet lorsqu'ils sont secs , de manière à donner à la plante l'aspect d'une feuille composée et concave ; les
feuilles sont embriquées , un peu étalées par l'humidité , concaves, ovales, obtuses , munies d'une légère nervure jusqu'aux
deux tiers de leur longueur ; les pédicelles naissent le long
des tiges et des rameaux principaux ; ils sont droits , très-courts
et dépassent à peine le périchœtium ; celui-ci est composé de
folioles blanches , oblongues , acérées , munies d'une légère nervure qui n'atteint pas le sommet ; la capsule est ovale-oblongue ,
droite , d'un roux brun , sans anneau ; l'opercule est convexe et
se prolonge en une pointe acérée un peu courbe ; le péristome
est simple , a seize dents blanches et acérées ; la coiffe est en
alène , se fend de côté et elle est hérissée de longs poils filiformes
articulés, dirigés de bas en haut, qu'on retrouve sur la gaîne
qui enveloppe le pédicelle , et qui sont les débris des nectaires qui
entouroient la fleur. ℔. Cette mousse croît au pied des arbres.
J'en ai reçu un échantillon sans fruit , des montagnes voisines du
Léman. M. Bridel l'a trouvée près Montpellier et Avignon. L'é-
chantillon en fruit qui m'a servi à déterminer le véritable genre
de cette mousse, m'a été communiqué par le C. Deleuze , qui,
je crois , l'a trouvée en Provence.— Je retrouve la même observation dans le mémoire de Swartz , Journ. Schrad. 2. p. 173.

CXI. DIDYMODON. *DIDYMODON*.

Didymodon. Sw. Brid.— *Didymodon , Swartzia, seu Cynontodium.* Hedw. — *Bryi sp.* Linn.

CAR. La capsule est terminale , oblongue , sans apophyse ; le
péristome simple a seize ou trente-deux dents filiformes rapprochées par paires.

OBS. Les didymodons sont monoïques , dioïques ou hermaphrodites ; les fleurs mâles , lorsqu'elles existent , sont terminales ou latérales ; la coiffe se fend latéralement et se détache
obliquement.

§. Ier. *Fleur terminale hermaphrodite* (Cynontodium, Hedw.).

1223. Didymodon ca-   *Didymodon capillaceum.*
pillaire.

Didymodon capillaceum. Swartz. Musc. succ. 28. — *Swartzia
capillacea.* Hedw. St. Cr. 2. p. 70. t. 26. — *Cynontodium
capillaceum.* Hedw. Posth. 57. — *Bryum capillaceum.* Dicks.

Crypt. 1. p. 4. t. 1. f. 6. — *Bryum montanum.* Lam. Dict. 1. p. 493. — *Mnium capillaceum.* Swartz. nov. act. ups. 4. p. 241.

Sa tige est droite, longue de 5–6 centim., garnie dans le bas de petits filamens bruns et cotonneux, chargée de feuilles linéaires, capillaires à l'extrémité, pointues, alongées et d'un verd clair; celles du haut sont souvent tournées d'un seul côté; le pédoncule est droit, terminal, rougeâtre à la base, verdâtre au sommet, long de 5–6 centim.; la capsule est droite, cylindrique, d'un rouge brun à sa maturité, surmontée d'un opercule court et conique, et d'une longue coiffe de couleur pâle. ♃. Il croît dans les Alpes de la Provence, du Dauphiné, du Piémont, aux lieux humides et tourbeux.

§. II. *Fleurs mâles axillaires* (Didymodon, Hedw.).

1224. Didymodon nain.　　*Didymodon pusillum.*

Didymodon pusillum. Brid. Muscol. 2. p. 115. t. 2. f. 4. Hedw. spec. 104. — *Trichostomum pusillum.* Hedw. St. Cr. 1. p. 74. t. 28. — *Bryum pusillum.* Dicks. Crypt. 2. p. 6. — *Bryum didymodon.* Hoffm. Germ. 2. p. 43.

Ses tiges sont simples, très–courtes, rapprochées en touffe; les feuilles sont petites, nombreuses, ovales, concaves et appliquées à leur base, traversées par une nervure assez forte qui se prolonge au sommet en pointe acérée; le pédicelle est droit, terminal, d'un rouge pâle, long de 8–10 millim.; la capsule est droite, ovale-oblongue, d'un brun rougeâtre; l'opercule a un bec long et un peu courbé; les dents du péristome sont longues, droites, rougeâtres, au nombre de seize paires. ☉? Cette mousse croît dans les lieux un peu sablonneux et découverts; le C. Deleuze l'a trouvée en Provence.

1225. Didymodon uni-　　*Didymodon homomallum.*
latéral.

Didymodon homomallum. Hedw. spec. 105. t. 23. f. 1. 2.

Cette espèce, ainsi que l'observe Hedwig, est très-voisine du didymodon nain, mais elle en diffère par sa stature un peu plus grande, par ses feuilles plus serrées, un peu plus longues, et toutes dirigées d'un même côté, sur-tout vers le sommet; par sa capsule dont le bord est muni d'un anneau. Elle croît par grouppes et fructifie à l'entrée de l'automne : elle a été recueillie au Mont-Simplon, par M. Schleicher.

1226.

1226. Didymodon roide. *Didymodon rigidulum.*

Didymodon rigidulum. Hedw. St. Cr. 3. p. 8. t. 4. Brid. Muscol.
2. p. 116. — *Bryum rigidulum.* Hoffm. Germ. 2. p. 40. —
Bryum didymodon. Gmel. Syst. 2. p. 1333. — *Dicranum laxum.*
Bouch. Abb. p. 82. Brid. Muscol. 2. p. 175? — Dill. Musc. t.
48. f. 49? — *Bryum tenue.* Dicks. Crypt. 3. p. 8? — Hall. Helv.
n. 1817?

Sa tige est droite, d'abord simple, puis rameuse vers le haut,
longue de 2 centim., garnie de feuilles un peu éloignées, étalées par l'humidité, redressées et légèrement tortillées par la
dessication, lancéolées, munies d'une nervure ferme qui se
prolonge un peu en pointe au sommet; celles du haut sont plus
grandes, courbées en carène; celles du périchœtium n'ont pas
de nervure : le pédicelle est droit, rouge, long de 10-15 millimètres; il part du sommet de la tige, et devient ensuite axillaire par la naissance des branches : la capsule est droite, oblongue, surmontée d'un opercule conique, mince, aigu, presque
aussi long qu'elle; les dents du péristome sont rouges, très-
longues, au nombre de trente-deux. ♃. La plante que je décris a
été trouvée aux environs d'Abbeville, par le C. Boucher, et
ressemble absolument à la figure d'Hedwig, et aux échantillons
que M. Hedwig fils m'a communiqués. D'un autre côté, elle
répond aussi à la figure 49. t. 48. de Dillen, ce qui me fait penser
que le *bryum tenue* de Dickson, le *dicranum laxum* de Bridel,
et le *didymodon rigidulum* d'Hedwig, ne sont que la même
plante. S'il en est ainsi, cette mousse se retrouve en Piémont
(All.), en Dauphiné (Vill.), dans les Alpes voisines du Léman
(Schl.) : elle croît sur les murs, les rochers, les graviers, etc.

CXII. TRICHOSTOME. *TRICHOSTOMUM.*

Trichostomum. Hedw. — *Bryi et fontinalis sp.* Linn.

Car. La capsule est terminale, oblongue; le péristome simple,
à seize dents, fendues au-de-là du milieu en deux ou trois lanières longues, droites et capillaires.

Obs. Les fleurs mâles sont en gemmes axillaires, sur le
même pied ou sur un pied différent des femelles; la coiffe est
tantôt conique et fendue en plusieurs lanières à sa base, tantôt
en alène et fendue latéralement.

§. Ier. *Tige simple.*

1227. Trichostome pâle.   *Trichostomum pallidum.*

Trichostomum pallidum. Hedw. St. Cr. 1. p. 71. t. 27. Brid.
Musc. 2. p. 121. *Bryum pallidum.* Schreb. Spic. n. 1039. —
Bryum trichodes , var. ß. Lam. Dict. 1. p. 494. — Dill. Musc.
t. 49. f. 57.

Cette espèce de trichostome a le port d'une tortule ; sa tige
est simple, très-courte, garnie de feuilles nombreuses, capillaires,
droites, d'un verd jaune, longues de 7-9 millim. ; le pédicelle
est terminal, droit, solitaire, jaunâtre, long de 4-5 centim. ,
surmonté d'une capsule ovale-cylindrique, d'abord droite et
jaunâtre, ensuite rousse et un peu penchée ; la coiffe est d'un
jaune pâle ou rose, et se fend de côté ; l'opercule est conique,
alongé, rougeâtre ; les dents du péristome sont longues, fines et
rougeâtres. ☉ ? Cette mousse croit dans les forêts dont le sol est
compact . elle mûrit sa capsule au commencement de l'été. Elle
a été trouvée près Abbeville au bois de Caubert par le C. Boucher ; près Dax , par le C. Thore ; aux environs du Mans.

§. II. *Tige rameuse.*

1228. Trichostome   *Trichostomum canescens.* blanchâtre.

Trichostomum canescens. Hedw. Musc. fr. 3. p. 5. t. 3. Spec.
111. Brid. Musc. 2. p. 123. — *Bryum hipnoides , var. ß.* Linn.
spec. 1584. Lam. Dict. 1. p. 490. — *Bryum hipnoides.* Vill.
Dauph. 4. p. 884. — Dill. Musc. t. 47. f. 27.
ß. *Trichostomum ericoides.* Schrad. Spic. 62. Brid. Muscol.
126. — *Bryum hypnoides , γ.* Linn. spec. 1585. — Dill. Musc.
t. 47. f. 31.

Sa tige est droite, divisée dès la base en rameaux presque
simples, ramassés, garnis dans le bas de feuilles brunes , et dans
le haut de feuilles d'un verd jaune ; ces feuilles sont serrées ,
embriquées, lancéolées, concaves, terminées par une pointe
blanche, aiguë, entière, souvent crispée, un peu étalée ; les
pédicelles partent de l'extrémité des rameaux inférieurs ; ils
sont presque horizontaux à la base , puis redressés, d'un brun
rouge, longs de 2 centim., tortillés en spirale à leur sommet :
les capsules sont droites, ovales, brunes à leur maturité ; l'opercule est conique, droit, alongé ; les dents du péristome sont
très-longues. ♃. Cette mousse croit dans les lieux sablonneux ,

stériles et pierreux, dans toute la France. La variété β ne diffère que par un aspect plus ferme, des feuilles plus larges, des pédoncules plus longs, et paroît due à une végétation plus vigoureuse.

1229. Trichostome laineux.   *Trichostomum lanuginosum.*

Trichostomum lanuginosum. Hedw. St. Cr. 3. p. 3. t. 2. Spec. 109. Brid. Musc. 2. p 129. — *Trichostomum serratum.* Ehrh. exs. 94. — *Bryum hipnoides*, var. α. Linn. spec. 1584. — *Hyp. num canescens.* Web. Gœtt. 81. — Dill. Musc. t. 47. f. 34.

Cette espèce est facile à reconnoître à sa tige longue et traînante, qui émet de côté et d'autre des rameaux courts, alternes et qui portent les capsules à leur sommet; les feuilles sont d'un verd jaunâtre, lancéolées, linéaires, embriquées, souvent tortillées et dirigées d'un seul côté, terminées par un cil blanc, alongé et dentelé; les pédicelles sont courts, droits, surmontés de capsules ovoïdes, droites, d'un brun roux; la coiffe est pâle, avec le sommet brun. ♃. Cette mousse croît dans les Pyrénées, les Alpes, etc., aux lieux secs et pierreux : on la trouve rarement en fructification.

1230. Trichostome unilatéral.   *Trichostomum heterostichum.*

Trichostomum heterostichum Hedw. St. Cr. 2. p. 70. t. 25. Spec. 109. Brid. Musc. 2. p. 128. t. 2. f. 16. — *Bryum heterostichum.* Hoffm. Germ. 2. p. 40. — Dill. Musc. t. 47. f. 30?

Sa tige est étalée, rameuse, longue de 5-6 centim., nue et noirâtre dans le bas, feuillée et redressée au sommet des branches; les feuilles sont d'un verd foncé, embriquées, dirigées du même côté vers le bout des rameaux, oblongues-lancéolées, terminées par un long poil blanc et finement dentelées; les pédicelles sont terminaux, droits, longs de 10-15 millim.; la capsule ovale-oblongue, droite, d'un roux brun à sa maturité; l'opercule est en cône alongé, un peu oblique; les dents du péristome vues à une forte loupe, paroissent dentelées d'un côté. ♃. Cette mousse croît sur les rochers et les pierres, dans les Alpes; dans le Jura; aux environs du Mans.

1231. Trichostome en faisceau.   *Trichostomum fasciculare.*

Trichostomum fasciculare. Schrad. Spic. 61. Brid. Muscol. 2.
p. 131. Hedw. spec. 110. — *Bryum hipnoides*. β. Linn. spec.
1565. Lam. Dict. 1. p. 490. — *Bryum fasciculare*. Gmel.
Syst. 2. p. 1332. — Dill. Musc. t. 47. f. 28.

Sa tige est couchée, longue de 3-5 centim., simple ou divisée en rameaux courts et rapprochés; ses feuilles sont serrées,
lancéolées, aiguës, dépourvues de prolongement blanc au sommet, courbées en carène, un peu roulées en dehors sur les
bords, d'un verd jaunâtre; le pédicelle est long de 2 centim.,
ascendant; la capsule droite, ovale-oblongue. ♃. Cette mousse
croît sur les rochers, dans le midi de la France.

1232. Trichostome dentelé.   *Trichostomum serratum.*

Mnium tortile. Ramond. Pyren. ined. — *Trichostomum serratum*. Schleich. Crypt. exs. cent. 2. n. 19. non Ehrh.

Cette mousse pousse plusieurs tiges simples ou bifurquées,
longues de 1-4 centim., cylindriques, garnies dans toute leur
longueur de feuilles serrées, lancéolées, alongées, entières,
dentelées au sommet, traversées par une nervure longitudinale; les feuilles du haut de la tige sont vertes, les autres deviennent noirâtres; toutes se plient longitudinalement et se tor-
tillent sur elles-mêmes d'une manière remarquable, sur-tout
lorsqu'elles sont sèches; les pédicelles sont droits, orangés à
leur base, longs de 10-12 millim., solitaires ou aggrégés quatre
à cinq ensemble, d'abord terminaux, ensuite latéraux à cause
de l'alongement des tiges : la capsule est droite, ovale-oblongue,
pâle, surmontée d'un opercule dont la base est calleuse et d'un
rouge vif, et qui se prolonge en une pointe droite, jaunâtre,
acérée; le péristome est simple, a seize dents rougeâtres, capillaires, fendues en deux lanières très-longues. ♃. Cette mousse
croît dans les Pyrénées, où elle a été découverte par le C. Ramond. Je l'ai aussi reçue de M. Schleicher, qui l'a recueillie sur
les rochers, dans les bois de pins de la vallée de Servan, dans
les Alpes.

1233. Trichostome à petit fruit. — *Trichostomum microcarpon.*

Trichostomum microcarpon. Brid. Muscol. 2. p. 127. Hedw. spec. p. 112. t. 23. f. 1-5. — *Bryum microcarpon.* Gmel. Syst. 1332. Hoffm. Germ. 2. p. 42. — Dill. Musc. t. 47. f. 29? — Hall. Helv. n. 1782.

Ses tiges sont droites, rameuses, longues de 3-4 centim.; les feuilles sont rapprochées, d'un verd foncé, noirâtres dans le bas des tiges, concaves, oblongues-lancéolées, terminées par un prolongement blanc qui ressemble à un poil, traversées par une nervure longitudinale, étalées par l'humidité, redressées par la sécheresse; les pédicelles sont droits, longs de 5-7 millimètres, d'abord terminaux, puis latéraux à cause de l'alongement des branches; la coiffe se déchire à sa base et ne se détache pas obliquement; la capsule est ovale-oblongue, d'un brun olivâtre; l'opercule conique, en forme de bec; le péristome rouge, a seize dents fendues en deux ou trois lanières au-delà du milieu. Ce dernier caractère joint à la structure de la coiffe, prouve que cette espèce n'appartient pas au genre des dicranes, comme quelques botanistes l'ont pensé. ♃. Elle croit sur les rochers, dans les hautes Alpes voisines du Léman.

1234. Trichostome fontinale. — *Trichostomum fontinaloides.*

Trichostomum fontinaloides. Hedw. St. Cr. 3. p. 36. t. 14. Spec. 114. Brid. Musc. 2. p. 133. — *Fontinalis minor.* Linn. spec. 1571. — *Fontinalis a'pina.* Dicks. Crypt. 2. p. 2. t. 4. f. 1. — *Fontinalis erecta.* Vill. Dauph. 3. p. 919. — *Hypnum fontinaloides.* Lam. Dict. 3. p. 164. Hoffm. Germ. 2. p. 79.

Cette plante naît comme les fontinales, attachée aux pierres et aux racines dans le fond des fleuves et des ruisseaux d'eau courante et limpide; sa tige est redressée, flottante, rameuse, longue de 5-20 centim.; les feuilles sont creusées en carène et embrassent à moitié la tige; elles sont traversées par une nervure saillante, étalées quand elles sont humides, un peu crépues quand elles sont sèches, d'abord d'un verd foncé, ensuite noirâtres : les capsules naissent le long des branches: elles sont portées sur un très-court pédicelle, et presque entièrement cachées par les feuilles florales; elles sont ovales, d'un roux pâle, surmontées d'un opercule alongé, conique, d'un beau rouge; les dents du péristome sont rouges, alongées, divisées en deux à quatre lanières filiformes. ♃. Cette plante a été trouvée dans l'Arve, le Pô, la Sorgue, etc., près Abbeville, aux environs du Mans, dans la Seine sur la machine de Marly.

CXIII. DICRANE.   *DICRANUM.*

Dicranum. Sw. — *Dicranum et Fissidens.* Hedw. Brid. — *Bryi et Hyni sp.* Linn.

Car. Les capsules sont terminales ou latérales, oblongues, avec ou sans apophyse; le péristome est simple, a seize dents fendues jusqu'au milieu en deux lanières, souvent fléchies **en** dedans.

Obs. Dans la première section de ce genre, les capsules sont toujours terminales, et les fleurs dioïques; dans la seconde, les capsules sont indifféremment latérales ou terminales, et les fleurs monoïques; les fleurs mâles sont en gemmes ou en têtes, sessiles ou pédonculées, latérales ou terminales; la coiffe est toujours glabre, en forme d'alène, se fend de côté et se détache obliquement. La première, la troisième et la cinquième division de ce genre, offrent des grouppes très-naturels; la dernière ressemble aux neckères par le feuillage; la troisième, qui renferme des espèces monoïques et d'autres dioïques, prouve la nécessité de réunir les dicranes et les fissidens d'Hedwig; la cinquième , qui renferme des espèces à pédicelles latéraux et terminaux , force à réunir les dicranum et les fissidens de Bridel.

§. Ier. *Fleurs dioïques ; les mâles en têtes ou en gemmes terminales* (Dicranum , Hedw.).

† *Feuilles dirigées d'un seul côté.*

1235. Dicrane en balai.   *Dicranum scoparium.*

Dicranum scoparium. Hedw. Fund. 2. p. 92. t. 8. f. 41. 42. Brid. Muscol. 2. p. 155. — *Bryum scoparium.* Linn. spec. 1582. Lam. Fl. fr. 1. p. 47. Hoffm. Germ. 2. p. 39. — Dill. Musc. t. 46. f. 16. A. B. C. E. F. G. H. — Vaill. Bot. t. 28. f. 12.

Cette espèce est remarquable par son aspect luisant et sa couleur d'un verd gai, qui devient d'un jaune doré par la sécheresse; ses tiges sont redressées, rameuses, longues de 3-6 centimètres, réunies en touffes et souvent couvertes d'un duvet roux; les feuilles sont longues, courbées en dessus, pointues, dirigées d'un seul côté vers le sommet des tiges; les pédicelles naissent d'un périchœtium souvent très-alongé; ils sont terminaux mais paroissent quelquefois latéraux, à cause de l'alongement de la tige; ils atteignent 5-6 centim. de longueur, et portent une capsule ovale-oblongue, courbée et penchée à sa maturité; l'opercule est pointu, très-alongé. ♃. Cette plante est commune dans les bois, les champs, sur la terre, les rochers et les troncs d'arbres : elle fleurit en automne et mûrit sa capsule en hiver.

1236. Dicrane ondulé. *Dicranum undulatum.*

α. *Dicranum undulatum.* Schrad. Spic. 59. Brid. Muscol. 2. p. 157.— *Bryum rugosum.* Hoffm. Germ. 2. p. 39.

β. *Dicranum polysetum.* Sw. Musc. suec. 34.— Dill. Musc. t. 46. f. 16. D.

Cette espèce ressemble beaucoup à la précédente, et n'en diffère que parce que ses feuilles sont marquées de rides ou d'ondulations transversales, sur-tout visibles dans l'état de dessication; il part souvent plusieurs pédicelles du même périchœtium. ♃. Elle croît de même dans les bois, etc.

1237. Dicrane unilatéral. *Dicranum heteromallum.*

Dicranum heteromallum. Hedw. St. Cr. 1. p. 63. t. 26. Fund. 1. t. 9. f. 55-61. Brid. Muscol. 2. p. 157. t. 3. f. 18. — *Bryum heteromallum.* Linn. spec. 1583. — *Bryum elegans.* Lam. Dict. 1. p. 493. — Dill. Musc. t. 47. f. 37. — Vaill. Bot. t. 27. f. 7.

Cette espèce ressemble à la précédente par la couleur et la disposition des feuilles, mais elle est de moitié plus petite; sa tige est droite, à peine rameuse, ses feuilles éparses, capillaires, toutes courbées d'un même côté, jamais crépues; les pédicelles sont droits, rougeâtres, longs de 2 centim.; la capsule est ovale, droite ou légèrement inclinée, d'un brun rougeâtre à sa maturité; l'opercule est caduc, en forme de bec alongé; le péristome est d'un brun rougeâtre. ♃. Elle est commune dans les forêts, les montagnes, les collines, sur la terre et au pied des arbres; dans les Alpes, au Mont-d'Or, à Montmorency, etc. Elle fleurit au commencement et fructifie à la fin de l'automne.

1238. Dicrane sarmenteux. *Dicranum flagellare.*

α. *Dicranum flagellare.* Hedw. St. Cr. 3. p. 1. t. 1. Brid. Muscol. 2. p. 160.

β. *Dicranum interruptum.* Brid. Muscol. 2. p. 159. non Hedw.

Il ressemble au dicrane unilateral, mais il est de moitié plus grand; ses tiges sont simples ou divisées, réunies en touffe; ses feuilles ont une base oblongue qui se continue en

un prolongement linéaire, concave, pointu, courbé, en forme
de faulx; elles se dirigent du même côté et tombent çà et là
dans les anciennes tiges, à-peu-près comme dans le dicrane
interrompu figuré par Dillen, t. 47. f. 58. : les pédicelles sont
jaunâtres, droits, longs de 2 centim.; la capsule est oblongue,
cylindrique, droite, nullement oblique, chargée d'un opercule
mince en forme d'alène courbée. ♃. Cette plante croît dans
les bois, au pied des vieux troncs : je l'ai reçue des environs
du Léman.

1239. Dicrane changeant.   *Dicranum varium.*

> *Dicranum varium.* Hedw. St. Cr. 2. p. 93. t. 34. Brid. Muscol.
> 2. p. 169. — *Dicranum simplex.* Hedw. Fund. 2. p. 92. —
> *Bryum simplex.* Linn. spec. 1587. Lam. Dict. 1. p. 495. —Dill.
> Musc. t. 50. f. 59.

Sa tige est d'abord simple, ensuite rameuse, à-peu-près
droite, longue de 5-15 millim.; les feuilles inférieures sont
étalées, lancéolées, en carène; les supérieures sont en alène,
redressées dans la dessication, souvent dirigées d'un seul côté :
le pédicelle est terminal, solitaire, rougeâtre, droit, long de
8-12 millim.; la capsule est ovale-oblongue, droite ou inclinée,
d'un brun rougeâtre à sa maturité; l'opercule est conique, plus
ou moins alongé. ♃. Cette espèce croit sur la terre presque nue,
dans les routes, les bois, les collines, près Genève (Brid.),
près Lyon (Gilib.), en Piémont (All.) : elle fleurit à l'entrée
de l'automne, et son fruit mûrit l'automne suivante.

1240. Dicrane en aiguille.   *Dicranum aciculare.*

> *Dicranum aciculare.* Hedw. St. Cr. 3. p. 79. t. 33. Brid. Muscol.
> 2. p. 162. — *Bryum aciculare.* Linn. spec. 1583. Lam. Dict. 1.
> p. 493. — Dill. Musc. t. 46. f. 25.

Cette espèce, ainsi que toutes les mousses aquatiques, varie
beaucoup pour le port, la grandeur et la couleur; sa tige est
droite, longue de 5-9 centim. , tantôt séparée dès la base en jets
alongés, quelquefois divisée au sommet seulement en rameaux
courts et divergens; les feuilles sont d'un verd foncé, rapprochées, embriquées, oblongues-lancéolées, traversées par une
nervure longitudinale; celles du bas de la tige tombent quelquefois absolument, ailleurs elles se couvrent de concrétions ter-
reuses, quelquefois leur nervure seule persiste, et la tige alors
semble être hérissée : les pédicelles naissent du sommet des
branches, et deviennent ensuite latéraux à cause de l'alongement

des tiges ; ils sont rouges-bruns , droits , tordus sur eux-mêmes ,
longs de 8-16 millim. : la capsule est ovale-oblongue , brune à
sa maturité , surmontée d'un opercule droit, alongé et pointu ;
la coiffe se fend par le bas en plusieurs lanières ; les capsules de
l'année précédente persistent fréquemment ; les dents de leur péristome se détruisent , et quelques auteurs voyant cette mousse à
cette époque , ont cru que son péristome étoit nu. ♃. Elle croît
sur les pierres , au bord des ruisseaux et des rivières , et sur les
rochers humides ; à Castelnau ; dans l'Orthe ; près Lyon ; à
Rouen ; dans la Seine , etc. : elle fructifie au printemps.

†† *Feuilles non dirigées d'un seul côté.*

1241. Dicrane ovale.   *Dicranum ovale.*

Dicranum ovale. Hedw. spec. 140.— *Dicranum ovatum*. Hedw.
St. Cr. 3. p. 81. t. 34. A. — *Bryum ovale*. Hoffm. Germ. 2.
p. 35. — *Bryum brevicaule*. Vill. Dauph. 4. p. 871.

Cette espèce ressemble aux trichostomes par son port, et au
dicrane en aiguille par son fruit ; elle pousse des tiges d'abord
simples, puis rameuses, longues de 1-4 centim. ; les rameaux
sont redressés , alongés, garnis de feuilles lancéolées, embriquées , traversées par une nervure qui se prolonge au sommet
en un long poil blanc ; ces feuilles sont d'un verd foncé ; dans
leur vieillesse le parenchime se détruit et les nervures persistantes rendent la tige hérissée ; les pédicelles sont jaunâtres ,
longs de 5-8 mill. , surmontés d'une capsule ovale , droite, pâle ;
l'opercule est droit, conique, terminé par une fine pointe. ♃.
Cette espèce croit sur les rochers : elle a été trouvée dans les
Alpes du Dauphiné, à Orcière , à Saint-Léger, dans le Champsaur et à Valgaudemar (Vill.). Je l'ai reçue des environs du
Léman.

1242. Dicrane bâtard.   *Dicranum spurium.*

Dicranum spurium. Hedw. St. Cr. 2. p. 82. t. 30. Spec. 141.
Brid. Muscol. 2. p. 171. — *Bryum spurium*. Hoffm. Germ. 2.
p. 38. — *Dicranum undulatum*. Schleich. Crypt. exs. n. 15.

Cette espèce ressemble beaucoup au dicrane balai , mais ses
feuilles se crispent et se coquillent en dessus dans l'état de dessication ; elles ne se dirigent point d'un seul côté et sont plus
nombreuses au sommet des tiges ; les pédicelles sont solitaires
ou rarement géminés , jaunâtres , et portent une capsule d'abord

inclinée, puis pendante à sa maturité; l'opercule est conique à sa base et se prolonge en une longue pointe; les fleurs mâles sont en gemmes pédonculés, comme dans les *fissidens* de Hedwig; son analogie avec le dicrane balai, prouve que ce caractère ne suffit pas pour séparer ce genre en deux. ♃. Cette mousse croît dans les lieux tourbeux de la chaîne du Jura, et dans les Alpes voisines du Léman.

1243. Dicrane flexueux.   *Dicranum flexuosum.*

> *α. Dicranum flexuosum.* Brid. Muscol. 2. p. 163. — *Bryum flexuosum.* Linn. spec. 1583. Hoffm. Germ. 2. p. 38. — Dill. Musc. t. 47. f. 33. A-E.
>
> *β. Dicranum flexuosum.* Hedw. spec. p. 145. t. 38. f. 1-4. — *Bryum fragile.* Dicks. Crypt. 3. p. 5. Hoffm. Germ. 2. p. 38. — Dill. l. c. f. F, G.

Ses tiges sont droites, un peu rameuses, longues de 4-6 centimètres dans la variété *α*, et de 2-3 dans la seconde, réunies en touffes serrées; les feuilles un peu élargies à leur base se prolongent en une pointe longue et étroite; elles sont repliées sur elles-mêmes par les bords, un peu courbées et dirigées d'un seul côté vers le sommet des tiges, munies d'une nervure à peine visible : les pédicelles sont terminaux, longs de 2 centimètres, flexueux ou tortillés sur-tout dans leur jeunesse; la capsule est droite, oblongue, cylindrique, marquée, dans un âge avancé ou dans l'état de dessication, de stries longitudinales; l'opercule est conique, fort pointu. ♃. Cette plante croît sur la terre, les rochers et les troncs pourris : on l'a trouvée à Meudon, dans les vallées des Alpes, aux environs d'Abbeville.

1244. Dicrane de montagne.   *Dicranum montanum.*

> *Dicranum montanum.* Hedw. spec. p. 143. t. 35. f. 8-13.

Sa tige d'abord simple, devient ensuite rameuse, et forme une touffe serrée, haute de 1-3 centim. ; les feuilles sont ovales à la base, prolongées en une longue pointe, traversées par une nervure longitudinale, crépues lorsqu'elles sont sèches; le pédicelle est pâle, droit, long de 10-12 millim. , solitaire ou géminé; la capsule est oblongue, droite ou un peu penchée, de la couleur du pédicelle; l'opercule est en cône fort alongé; les dents du péristome ont une couleur rouge et des stries transversales. ♃. Cette plante croît sur les troncs pourris, dans les forêts : elle a été trouvée dans les environs du Léman, par M. Schleicher.

1245. Dicrane de Schreber. *Dicranum Schreberi.*

> *Dicranum Schreberi.* Sw. Musc. succ. p. 37. et 88. t. 2. f. 3. —
> *Dicranum Schreberianum.* Hedw. spec. p. 144. t. 33. f. 6-10.—
> *Barbula Schreberi.* Brid. Muscol. 2. p. 207. — *Bryum cris-*
> *pum.* Schreb. Spic. 79. — *Barbula crispa.* Hedw. Fund. 2.
> p. 92.

Sa tige est droite, simple ou rameuse vers le sommet, longue
de 1-3 centim.; les feuilles ont une base large, ovale, qui embrasse la tige et qui se prolonge en une lanière étalée, étroite,
en alène, pointue, diversement crépue, sur-tout dans l'état de
dessication; le pédicelle est droit, long de 2-5 centim.; la
capsule est penchée, ovoïde, sans anneau; l'opercule est convexe, presque conique, aigu, rougeâtre; le péristome est
rouge. ♃. Cette espèce croît dans les lieux humides et argilleux :
elle a été trouvée dans les environs du Léman.

1246. Dicrane pellucide. *Dicranum pellucidum.*

> *Dicranum pellucidum.* Hedw. spec. 142. — *Bryum pellucidum.*
> Linn. Syst. Veg. 948. — *Dicranum aquaticum.* Ehrh. Crypt.
> exs. n. 213. — *Dicranum virens.* Brid. Muscol. 2. p. 178. *ipso*
> *teste.*

Ses tiges sont grèles, d'abord simples, puis rameuses, munies vers leur base de radicules rousses, garnies de feuilles peu
nombreuses, lancéolées, linéaires, étalées et planes dans l'état
de fraicheur, crépues et récoquillées dans leur dessication, d'un
verd gai, munies d'une nervure, entières sur les bords; les
pédicelles sont jaunâtres, longs de 2 centim., non tortillés sur
eux-mêmes; la capsule est ovoïde, penchée, d'abord verdâtre,
puis brune; les dents du péristome ne sont pas fendues jusqu'au
milieu. ♃. M. Schleicher a trouvé cette espèce dans les lieux
humides de la vallée de Saas, dans les Alpes.

1247. Dicrane glauque. *Dicranum glaucum.*

> *Dricanum glaucum.* Hedw. Fund. 2. p. 92. Spec. 135. Brid.
> Muscol. 2. p. 165. — *Bryum glaucum.* Linn. spec. 1582. Lam.
> Dict. 1. p. 492. — Dill. Musc. t. 46. f. 20. — Vaill. Bot. t. 26.
> f. 13.

Cette mousse est facile à reconnoître à sa fragilité, à sa
grandeur et à la teinte glauque de ses touffes; ses tiges sont
fragiles, droites, longues de 6-8 centim., simples dans le bas,
divisées vers le haut en rameaux rapprochés; les feuilles sont
embriquées, droites, oblongues-lancéolées, un peu concaves,

sans nervure, formées de cellules visibles à la loupe; celles du bas sont blanchâtres; celles du haut sont d'un verd pâle et glauque : les pédicelles terminaux, droits, rougeâtres, longs de 2 centim., portent des capsules d'abord droites, puis un peu inclinées, et dont l'ouverture est oblique. ♃. Elle croît dans les bois, les bruyères et les prés humides ou marécageux; elle fleurit au printemps et fructifie en automne : on la trouve près Paris, Nantes, dans les Basses-Alpes.

1248. Dicrane purpurin. *Dicranum purpureum.*

Dicranum purpureum. Hedw. Fund. 2. p. 92. t. 4. f. 17. Spec. p. 136. t. 36. Brid. Muscol. 2. p. 172. — *Mnium purpureum,* Linn. spec. 1575. Lam. Fl. fr. 1. p. 38. — Dill. Musc. t. 49. f. 51.

Sa tige est d'abord simple, ensuite une ou plusieurs fois bifurquée, droite, longue de 4-10 millim., rougeâtre, garnie de petites feuilles lancéolées, étroites, étalées quand elles sont humides, appliquées lorsqu'elles sont sèches, munies d'une nervure purpurine, à l'exception de la feuille qui entoure immédiatement les organes mâles; les pédicelles sont droits, purpurins, brillans, longs de 2 centim.; la coiffe est d'un brun rouge; la capsule ovale, d'abord verte et droite, ensuite penchée et d'un brun rougeâtre, surmontée d'un opercule conique; les dents du péristome s'étalent par l'humidité, et se resserrent par la sécheresse. ♃. Cette plante est commune sur la terre, le bois pourri, les murs, les rochers, et se reconnoît sans peine à la couleur brillante de ses pédicelles : elle fleurit en automne et fructifie au premier printemps.

§. II. *Capsule munie d'une apophyse à sa base; fleurs monoïques ou dioïques.*

1249. Dicrane à petit goître. *Dicranum cerviculatum.*

Dicranum cerviculatum. Hedw. St. Cr. 3. p. 89. t. 37. A. Spec. 149. Brid. Muscol. 2. p. 180. — *Bryum cerviculatum.* Dicks. Crypt. 3. p. 7.

Cette espèce est dioïque; la tige est droite, courte, simple, garnie de feuilles concaves, lancéolées, très-alongées, aiguës, étalées dans l'état frais, appliquées dans l'état de dessication, dépourvues de nervure; le pédicelle est terminal, pâle, grêle, droit, long de 1 centim.; la capsule est ovoïde, inclinée, d'un jaune brun, munie à sa base d'un seul côté d'une petite apophyse

rougeâtre ; l'opercule est oblique , en forme d'alène alongée.
Cette espèce croît dans les tourbières du Jura.

1250. Dicrane à pied rouge. *Dicranum erythropum.*

Cette espèce , découverte par M. Chaillet , dans les tourbières
du Jura , diffère du dicrane de Celse par ses tiges rameuses et son
péristome rouge ; du dicrane purpurin , par la longueur de ses
pédicelles et l'apophyse de sa capsule ; du dicrane bossu et du
dicrane à petit goître , par ses fleurs dioïques. — Elle forme des
touffes courtes et peu serrées , entremêlées de plantes mâles
et de plantes femelles ; les individus mâles sont petits , peu
apparens ; leurs tiges se divisent en trois branches, dont celle
du milieu est la plus longue ; ces tiges sont rougeâtres , garnies de feuilles peu nombreuses , lancéolées , pointues , traversées par une nervure qui , dans les supérieures , se termine
en pointe , et dans les inférieures se ramifie sous forme de poils
radicaux ; l'extrémité de ces tiges offre un petit bourgeon arrondi , foliacé ; les feuilles florales sont lancéolées , aiguës , dépourvues de nervure ; les étamines sont au nombre de quatre à
six , entremêlées de filamens grèles , articulés ; les plantes femelles sont , ainsi que les mâles , divisées ordinairement en trois
branches , mais leurs feuilles ne m'ont pas paru se terminer par
des poils radicaux ; leurs feuilles sont de même lancéolées ,
munies d'une nervure , peu nombreuses , étalées , un peu recourbées au sommet , crispées et pliées sur elles-mêmes dans
l'état de dessication ; celles qui entourent immédiatement le
pédicelle sont sans nervure ; ces pédicelles sont d'un beau rouge
à leur maturité , droits , longs de 3-4 centim. ; la coiffe est purpurine , longue , en alène , fendue de côté : la capsule est d'a-
bord droite , puis inclinée , oblongue , d'un rouge foncé et striée
en long à sa maturité , chargée d'une petite apophyse à sa base
du côté où elle s'incline ; l'opercule est conique , aigu , de la
couleur de la capsule ; celle-ci est munie d'un anneau : les dents
du péristome sont d'un beau rouge , et divisées au-delà du milieu de leur longueur.

1251. Dicrane bossu. *Dicranum strumiferum.*

Dicranum strumiferum. Ehrh. exs. 74. — *Fissidens strumifer.*
Hedw. St. Cr. 2. p. 88. t. 32. Brid. Muscol. 2. p. 151.—*Bryum*
strumiferum. Dicks. Crypt. 3. p. 31.

Cette espèce est monoïque ; sa tige est droite , rameuse ,
longue de 2-3 centim. , garnie de feuilles linéaires , redressées ,

tortillées lorsqu'elles sont sèches, entières, munies d'une nervure longitudinale; le pédicelle est droit, terminal, long de 2-3 centim., non tordu dans l'état de siccité; les capsules sont penchées, munies d'une petite bosse du côté intérieur vers la base, oblongue, striée, oblique, d'un rouge brun dans l'état de maturité; l'opercule est en bec courbé d'un rouge vif. ♃. Elle croît dans les près humides et sur les rochers ombragés; en Piémont (Brid.), dans les Alpes, etc.

§. III. *Fleurs monoïques; les mâles en gemmes axillaires* (Fissidens, Hedw.).

† *Feuilles disposées en tout sens autour de la tige.*

1252. Dicrane à plu-   *Dicranum polycarpon.*
sieurs fruits.

> *Dicranum polycarpon.* Sw. Musc. suec. 32. — *Fissidens polycarpos.* Hedw. St. Cr. 2. p. 85. t. 31. Brid. Muscol. 2. p. 150. *Bryum polyphyllum.* Dicks. Crypt. 3. p. 7. — Dill. Musc. t. 48. f. 41.

Ses tiges sont droites, divisées, cylindriques, réunies en touffes, longues de 2-5 centim., garnies de feuilles linéaires, étalées par l'humidité, crépues par la siccité; dans celles du périchœtium, la nervure se prolonge en pointe au sommet; le pédicelle est droit, terminal, long de 1-3 centim.; la capsule ovoïde, à-peu-près droite, brune à sa maturité; la coiffe est de couleur pâle et se fend de côté; l'opercule est en bec légèrement courbé, d'un rouge orangé à sa base. ♃. Cette espèce croît sur les rochers, dans les montagnes; je l'ai reçue des Alpes voisines du Léman.

1253. Dicrane coussinet.   *Dicranum pulvinatum.*

> *Dicranum pulvinatum.* Sw. Musc. suec. p. 33. — *Fissidens pulvinatus.* Brid. Muscol. 2. p. 149. Hedw. spec. p. 158. t. 40. f. 1. 2. 3. — *Bryum pulvinatum.* Linn. spec. 1586. Lam. Dict. 1. p. 495. — Dill. Musc. t. 50. f. 65. — Vaill. Bot. t. 29. f. 2.

Cette mousse forme des touffes arrondies, convexes, d'un verd foncé, hérissées de poils blancs; sa tige est droite, rameuse, garnie de feuilles dont les inférieures sont brunes, petites, dépourvues de poil, et les supérieures embriquées, lancéolées, courbées en carène, traversées par une nervure qui se prolonge en un long poil blanc; les pédicelles sont terminaux, jaunâtres, d'abord droits, ensuite arqués, de sorte que la capsule semble cachée dans les feuilles, à-peu-près comme un oiseau cache sa tête sous son aile ; cette capsule est arrondie, brune, striée, couverte d'un opercule court et aigu. ♃. Cette mousse est commune sur les murs, les toits, les pierres, les parois. Elle fleurit au automne et fructifie au premier printemps.

1254. Dicrane queue d'écureuil. *Dicranum sciuroides.*

Dicranum sciuroides. Sw. Musc. succ. 32. — *Fissidens sciuroides.* Hedw. Fund. 2. p. 91. t. 8. f. 45. 46. Brid. Muscol. 2. p. 153. — *Hypnum sciuroides.* Linn. spec. 1596. Lam. Dict. 3. p. 176. — Dill. Musc. t. 41. f. 54. — Vaill. Bot. t. 27. f. 12.

Une tige rampante émet plusieurs rameaux alongés, cylindriques, redressés, souvent courbés vers le sommet, garnis de feuilles serrées, embriquées, courbées en carène, ovales-lancéolées, munies d'une nervure qui se prolonge en pointe aiguë, étalées par l'humidité, appliquées dans l'état de dessication ; celles qui entourent le pédicelle n'ont pas de nervure ; les pédicelles sont latéraux, orangés, droits, tortillés sur eux-mêmes après la dessication, chargés de capsules ovales-oblongues, droites, d'abord orangées, puis brunes; l'opercule est conique, aigu, d'un rouge clair; la coiffe blanche, avec le sommet brun. ♂. Cette mousse est commune sur les vieux troncs d'arbres. Elle fleurit en automne et fructifie au printemps : on la trouve rarement en cet état.

† † *Feuilles disposées sur deux rangs opposés.*

1255. Dicrane verdoyant. *Dicranum viridulum.*

Dicranum viridulum. Sw. Musc. succ. p. 32. et 84. t. 2. f. 1-3. — *Bryum viridulum.* Linn. spec. 1584 ? — *Fissidens bryoides.* Hedw. St. Cr. 3. p. 67. t. 29. Brid. Muscol. 2. p. 139. t. 2. f. 17. *Hipnum bryoides.* Lam. Dict. 3. p. 162. — Vaill. Bot. t. 24. f. 13.

Cette mousse, l'une des plus petites qu'on connoisse, a une tige courte, ordinairement simple, inclinée ou arquée, garnie de cinq à neuf feuilles alternes, lancéolées, aiguës, munies d'une nervure et disposées sur deux rangs comme les folioles d'une feuille pennée ; celles du bas sont pliées sur elles-mêmes, et la fleur mâle se trouve dans cette duplicature; le pédicelle est droit, terminal, grêle, long de 7-10 millim.; la capsule est droite, oblongue, un peu étranglée au-dessous du péristome ; l'opercule est en bec oblique; le péristome offre des dents d'un beau rouge, longues, aiguës et ordinairement étalées : elle croît fréquemment dans les lieux ombragés des forêts et des vergers, sur la terre, fleurit en automne et fructifie au printemps. ♃ ! Swartz, d'après des échantillons de l'herbier de Linné, assure que cette mousse est le vrai *Bryum viridulum*, L., et d'après l'échantillon envoyé par M. R. A. Hedwig, je la regarde comme le vrai *dicranum bryoides*, Hedw.

1256. Dicrane à feuille d'if.   *Dicranum taxifolium.*

> *Dicranum taxifolium.* Sw. Musc. suec. 31. — *Fissidens taxifolius.* Hedw. spec. 155. t. 39. f. 1-5. Brid. Muscol. 2. p. 142.— *Hipnum taxifolium.* Linn. spec. 1587. Lam. Fl. fr. 1. p. 51.— Dill. Musc. t. 34. f. 1. — Vaill. Bot. t. 24. f 11.

Cette mousse ressemble beaucoup au dicrane verdoyant, mais elle s'en distingue parce que son pédicelle part de la base et non du sommet de la tige, que les feuilles sont au moins au nombre de quinze à vingt, un peu plus grandes et terminées par une petite pointe; qu'enfin, la capsule est d'un rouge brun à sa maturité et surmontée d'un opercule aigu en forme d'alène. ♃ ? Elle croit sur la terre humide, dans les lieux ombragés, fleurit en automne et fructifie au printemps.

1257. Dicrane adianthe.   *Dicranum adianthoides.*

> *Dicranum adianthoides.* Sw. Musc. suec. 31. — *Fissidens adianthoides.* Hedw. St. Cr. 3. p. 62. t. 26. — Brid. Muscol. 2. p. 145. — *Hipnum adianthoides.* Linn. spec. 1588. Lam. Dict. 3. p. 163. — Dill. Musc. t. 34. f. 3. — Vaill. Bot. t 28. f. 5.
> β. *Atrovirens.* — *Dicranum palmiforme.* Ramond. Pyren. Ined.

Cette espèce a une tige longue de 5-8 centim., rameuse, droite ou peu couchée, ferme, garnie de deux rangées de feuilles planes, engainantes à leur base à la manière des feuilles d'iris, alternes, disposées sur deux rangs opposés, embriquées, oblongues, pointues, dont le nombre varie de soixante à quatre-vingt; les pédicelles partent le long des tiges, tantôt près de la base, tantôt vers le sommet; ils sont rougeâtres, long de 3-5 centim. : la capsule est presque droite, ovoïde, brune à sa maturité; l'opercule est rouge à sa base, et se prolonge en un bec pâle. ♃. Cette mousse croît dans les prés et les bois tourbeux ou humides : elle fleurit au commencement et fructifie à la fin du printemps. La variété β, qui probablement est une espèce distincte, a été observée par le C. Ramond dans les Pyrénées, où elle est assez fréquente; elle est remarquable par sa couleur

d'un

d'un verd très-foncé, par ses feuilles plus pointues, par sa consistance roide et fragile : elle ne se trouve jamais en fruit.

CXIV. TORTULE.   *TORTULA.*

Tortula. Sw. Brid. — *Tortula et Barbula.* Hedw. — *Bryi et Mnii sp.* Linn

CAR. La capsule est terminale, cylindrique ; le péristome est simple, a seize ou trente-deux cils contournés en spirale, et dans quelques espèces soudés les uns avec les autres.

OBS. Les fleurs sont monoïques, et les mâles en gemmes axillaires dans les deux premières sections qui comprennent les tortules de Hedwig ; elles sont dioïques, et les mâles en têtes terminales dans la troisième section, qui renferme les barbules du même auteur ; dans toutes les espèces la coiffe est en alène, se fend latéralement et se détache obliquement.

§. Ier. *Cils du péristome soudés ensemble ; fleurs monoïques.*

1258. Tortule en alène.   *Tortula subulata.*

Tortula subulata. Hedw. Fund. 2. p. 92. t. 8. f. 38-40. Spec. p. 122. t. 27. Brid. Musc. 2. p. 184. — *Bryum subulatum.* Linn. spec. 1581. Lam. Dict. 1. p. 492. — Dill. Musc. t. 45. f. 10. — Vaill. Bot. t. 25. f. 8.

Sa tige est courte, droite, d'abord simple, puis un peu branchue ; les feuilles inférieures sont embriquées, appliquées, ovales-oblongues ; les supérieures sont grandes, étalées en rosette, traversées par une nervure qui se prolonge en une pointe très-courte : le pédoncule est droit, purpurin, un peu tortillé en spirale, long de 3-4 centimètres ; la capsule est droite, cylindrique, brune à sa maturité ; l'opercule est en cône très-alongé ; la coiffe est d'un jaune brunâtre, alongée et caduque ; les dents du péristome sont réunies en un cylindre marqué de stries spirales. ℔. Cette mousse est commune sur la terre, dans les fossés, les bois, les fentes des rochers : elle fleurit au printemps et mûrit en été.

1259. Tortule à long poil.   *Tortula pilosa.*

Tortula pilosa. Schrad. Spic. p. 66. — *Tortula Gottingensis.* Brid. Muscol. 2. p. 185. — *Bryum pilosum.* Gmel Syst. 2. p. 1336. — *Tortula subulata,* var. Hedw. spec. 122. — *Bryum canescens.* Vill. Dauph. 4. p. 883 ?

Cette plante diffère de la précédente parce qu'elle est plus

Tome II.   Iih

petite , que sa tige est rameuse , que ses feuilles se prolongent
en une longue soie blanche qui atteint et dépasse leur propre
longueur; le pédicelle est droit , grêle , long de 10-15 millim. ;
la capsule est droite , ovale-oblongue. ♃. J'ai reçu cette mousse
des environs du lac Léman.

§. II. *Cils libres ; fleurs monoïques.*

1260. Tortule des murs.   *Tortula muralis.*

> *Tortula muralis.* Hedw. Fund. 2. p. 92. Spec. 123. Brid. Musc.
> 2. p. 187. t. 3. f. 20. — *Barbula muralis.* Timm. Megap. n.
> 794.— *Bryum murale.* Linn. spec. 1581. Lam. Dict. 1. p. 491.
> — Dill. Musc. t. 45. f. 15. — Vaill. Bot. t. 24. f. 15.

Sa tige est droite , un peu rameuse , longue de 6-12 millim. ,
garnie de feuilles dont les inférieures sont petites , lâches , pointues , et les supérieures plus grandes , disposées en rosette , oblongues , traversées par une nervure saillante qui se prolonge en
un poil blanc et capillaire; le pédoncule est rougeâtre , droit ,
long de 1-2 centimètres; la coiffe est longue , brunâtre ; la
capsule , qui est droite , cylindrique , d'abord verdâtre , puis
rougeâtre , devient noire après l'émission des graines. ♃. Cette
mousse est commune sur les murs , les parois et les rochers
qu'elle couvre de grouppes larges , arrondis et barbus; ses
capsules mûrissent au printemps. Bridel en cite une variété qui
mûrit en été.

1261. Tortule tortueuse.   *Tortula tortuosa.*

> *Tortula tortuosa.* Schrad. Spic. 54. Hedw. spec. 124. Brid.
> Musc. 2. p. 189. — *Bryum tortuosum.* Linn. spec. 1583. Lam.
> Dict. 1. p. 493. — Dill. Musc. t. 48. f. 40. — Hall. Helv. n. 1787.
> t. 45. f. 2.

Cette mousse a une tige droite , rameuse , longue de 3-4 centimètres , garnie dans toute sa longueur de feuilles éparses , rapprochées , étalées , linéaires , en alène , traversées par une nervure longitudinale ; ces feuilles , dans l'état de dessication , sont
crépues et tortillées sur elles-mêmes ; le pédoncule est purpurin ,
droit , long de 2-5 centimètres , surmonté d'une capsule cylindrique , droite , d'un rouge brun ; l'opercule est conique ,
aigu , rougeâtre. ♃. Cette mousse croit au pied des vieux arbres ,
dans les montagnes du Piémont (All.); du Dauphiné (Vill.);
aux environs de Lyon (Brid.); dans les Pyrénées ; les Alpes ;
au Mont-d'Or , etc.

§. III. *Fleurs dioïques, les mâles en têtes terminales (Barbula, Hedw.).*

1262. Tortule des champs. *Tortula ruralis.*

Tortula ruralis. Sw. Musc. suec. 39. — *Barbula ruralis.* Hedw. Fund. 1. t. 6. f. 28-32. et 2. p 195. Brid. Musc. 2. p. 195. — *Bryum rurale.* Linn. spec. 1581. Lam. Dict. 1. p. 491. — Dill. Musc. t. 45. f. 12. — Vaill. Bot. t. 25. f. 3.

Cette espèce naît en touffes serrées et convexes; ses tiges sont droites, rameuses, longues de 2-6 centim., chargées de feuilles embriquées, ovales-oblongues, courbées en carène, traversées par une nervure proéminente et rougeâtre, qui se prolonge au sommet en un long poil blanc; les pédicelles sont droits, tordus sur eux-mêmes, rougeâtres, longs de 2 centimètres; la capsule est droite, cylindrique, brunâtre, surmontée d'un opercule long, conique et légèrement courbé; le péristome offre seize dents pourpres, réunies à la base en un court cylindre. ⚥. Cette mousse croît sur les chaumes, les murs, les troncs et les champs arides; sa capsule est mûre en hiver.

1263. Tortule roide. *Tortula rigida.*

Tortula rigida. Sw. Musc. suec. 40. — *Barbula rigida.* Hedw. spec. 115. St. Cr. 1. p. 65. t. 25. Brid. Muscol. 2. p. 192. — *Bryum stellatum.* Schreb. Spic. 80. — Dill. Musc. t. 49. f. 55.

Sa tige est simple, si courte qu'on peut la regarder presque comme nulle; les feuilles sont oblongues, obtuses dans les pieds mâles, pointues et plus longues dans les femelles, roides, étalées en rosette, roulées en dessus par leurs bords, opaques et souvent roussâtres; le pédicelle est rougeâtre, droit, long de 2 centim.; la capsule droite, oblongue, d'un brun rougeâtre; l'opercule alongé, conique, un peu courbé; le péristome d'un beau rouge. Elle croît sur les murs, les collines sèches, les vieilles taupinières, souvent mêlée avec la tortule enveloppée. ⊙?

1264. Tortule nerveuse. *Tortula nervosa.*

Barbula nervosa. Brid. Muscol. 2. p. 199. — *Bryum nervosum.* Hoffm. Germ. 2. p. 44. — *Mnium setaceum.* Lam. Fl. fr. 1. p. 38.

Cette espèce est très-voisine de la tortule ongle-d'oiseau, mais elle en diffère réellement par sa tige plus alongée et plus rameuse, par ses feuilles plus rapprochées, traversées par une forte nervure de couleur foncée, et qui ne se prolonge pas en pointe particulière au sommet de la feuille. ♃. Elle croît sur les murs, la terre sèche, et fructifie au printemps : elle a été trouvée aux environs de Paris, de Sorrèze, de Genève, etc.

1265. Tortule ongle-d'oiseau. *Tortula unguiculata.*

Barbula unguiculata. Hedw. St. Cr. 1. p. 59. t. 23. Spec. 118. Brid. Musc. 197. — *Tortula mucronulata.* Sw. Musc. succ. 40. — *Bryum unguiculatum.* Linn. Syst. p. 948. Lam. Dict. 1. p. 492. — Dill. Musc. t. 48. f. 47.

Sa tige est droite, très-courte, d'abord simple, puis un peu branchue au sommet ; les feuilles sont linéaires, lancéolées, courbées en carène, ouvertes quand elles sont humides, contournées et redressées quand elles sont sèches, traversées par une nervure qui se prolonge au sommet en une petite pointe ; le pédoncule est droit, long de 15-20 millimètres, rouge surtout à la partie inférieure ; la capsule, qui est cylindrique, d'un roux brun, porte un opercule conique, alongé, un peu oblique, et une coiffe verdâtre qui se fend de côté. ♃. Elle habite sur les vieux murs et les collines sèches ; elle fleurit en été et ses capsules mûrissent au printemps suivant.

1266. Tortule trompeuse.   *Tortula fallax.*

Tortula fallax. Sw. Musc. succ. 40. — *Barbula fallax.* Hedw. St. Cr. 2. p. 66. t. 24. Spec. 120. — *Bryum fallax.* Dicks. Crypt. 3. p. 5. — *Bryum imberbe.* Linn. Mant. 309. Lam. Dict. 1. p. 492. — Dill. Musc. t. 48. f. 46.

Cette espèce est très-voisine de la tortule ongle-d'oiseau, mais elle constitue une espèce réellement distincte, parce que sa tige est plus rameuse, que ses feuilles florales sont dépourvues de nervure, que toutes les feuilles sont plus étalées par l'extrémité ; son pédicule est long de 20-25 millim., rouge vers le bas, chargé d'une capsule oblongue, droite, bordée d'un anneau rouge, surmontée d'un opercule en cône alongé et oblique ; les dents du péristome sont d'un jaune fauve, très-grêles, et tombent avec une si grande facilité, qu'on a cru long-temps que cette mousse en étoit dépourvue. ♃. Elle croît sur les vieux murs, les terreins arides : elle a été trouvée près de Genève (Brid.) ; à Theys et Saint-Léger en Dauphiné (Vill.) ; sur les fortifications d'Abbeville (Bouch.).

1267. **Tortule enveloppée.** *Tortula convoluta.*

Tortula convoluta. Sw. Musc. succ. 41. — *Barbula convoluta.*
Hedw. spec. 120. — *Barbula setacea.* Hedw. St. Cr. 1. p. 86
t. 32. — Dill. Musc. t. 48. f. 44. — *Bryum cirrhatum.* Vill.
Dauph. 4. p. 878.

Les jets de cette mousse sont droits, courts, un peu rameux,
garnis de feuilles lancéolées, aiguës, étalées par l'humidité,
tortillées par la sécheresse ; celles qui entourent la base du pédicule sont obtuses, droites et forment une gaine serrée, au
moyen de laquelle on reconnoît cette espèce sans difficulté ; les
pédicelles sont grèles, droits, alongés, d'un jaune pâle ; les
capsules droites et oblongues ; les opercules longs et en forme
d'alène aiguë : elle croît le long des chemins et des fossés. ℔.
Je l'ai reçue de Nantes, du Jura et de la Provence : elle se
trouve en Dauphiné (Vill.), à Abbeville (Bouch), et a été
recueillie aux environs de Paris, par le C. Delaroche.

**** *Mousses à péristome simple et à épiphragme.*

CXV. POLYTRIC. *POLYTRICHUM.*

Polytrichum. Linn. Menz. — *Polytrichi sp.* Hedw.

Car. La capsule est terminale ; le péristome est simple, à
trente-deux, quarante-huit ou soixante-quatre dents réunies au
sommet par une membrane qui ferme la capsule ; la coiffe est
petite et oblique, revêtue d'une espèce de coiffe extérieure,
grande, composée de poils ferrugineux dirigés de haut en bas.

Obs. Les polytrics sont dioïques et ont leurs fleurs mâles en
disques terminaux, grands et souvent prolifères ; leur capsule
est tetraèdre, ovoïde ou cylindrique, quelquefois posée sur
un bourrelet circulaire ; la coiffe extérieure est formée par les
nectaires de la fleur femelle, qui se soudent au sommet de la
coiffe intérieure, et sont soulevés avec elle lorsque le pédicelle
s'alonge ; la membrane qui unit les dents du péristome est
nommée *épiphragme* par Hedwig, et considérée comme un
péristome interne par Swartz. — Les espèces de ce genre sont
d'une consistance coriace, d'une couleur obscure, et se plaisent
dans les bruyères et les lieux tourbeux.

§. Ier. *Tige simple ou nulle; capsule sans apophyse,
ovale, ou cylindrique.*

1268. Polytric nain.　　*Polytrichum nanum.*

Polytrichum nanum. Hedw. Musc. frond. 1. p. 35. t. 13. Menz.
Act. Soc. Linn. 4. p. 69. — *Mnium polytrichoides*, var. α.
Linn. sp. 1576. Lam. Fl. fr. 1. p. 40. — Dill. t. 55. f. 6. G-L.

Sa tige est presque nulle ; ses feuilles embrassent la tige à
leur base ; elles sont redressées, linéaires, lancéolées, un peu
charnues et concaves, pointues, entières ou très-légèrement dentelées au sommet ; celles qui forment la rosette dans les fleurs mâles,
sont larges et étalées : les pédoncules sont solitaires ou géminés ; leur longueur varie de 7-25 millimètres : la coiffe est
velue, conique, et se fend latéralement ; la capsule est ovale-
arrondie, un peu penchée, brune, avec le bord rouge ; l'opercule est épais, terminé par un bec crochu. ♃. Cette espèce croît
dans les bruyères et les bois de sapins de la France septentrionale ; au bois de Saint-Riquier et de Marcuil près Abbeville
(Bouch.); au bois de la Batie près Genève, etc.

1269. Polytric arrondi.　*Polytrichum subrotundum.*

Polytrichum subrotundum. Huds. Angl. 1. p. 400. Menz. Act.
Soc. Linn. 4. p. 68. — *Polytrichum pumilum.* Sw. Musc. succ.
p. 77. et 108. t. 9. f. 19. Hedw. spec. 97. t. 21. f. 7-9. — Dill.
Musc. t. 55. f. 6. A-F. — Vaill. Bot. t. 26. f. 15.

Cette espèce, qu'on a confondue avec le Polytric nain et le
Polytric à feuilles d'aloès, diffère de l'un et de l'autre par ses
feuilles presque entières, et sa capsule en forme de toupie ; elle
n'a pas de tige visible ; ses feuilles sont linéaires, lancéolées,
pliées en gouttières lorsqu'elles sont sèches, à peine dentelées au sommet ; les pédicelles purpurins, longs de 2-3 centim. ;
la capsule droite, arrondie, soutenue sur un petit renflement
du pédicelle, qui lui donne la forme d'une toupie ; les trente-
deux dents du péristome sont longues et d'un rouge vif. ♃. Cette
plante croît dans les bois arides, aux environs de Paris, de
Nantes, etc.

1270. Polytric à gros　*Polytrichum crassisetum.*
pédicelle.

Sa tige est simple, longue de 1-2 centim., garnie de feuilles
un peu épaisses, oblongues, presque obtuses, concaves en

dessus, un peu étalées lorsqu'elles sont humides, redressées quand elles sont sèches, entières, d'un verd foncé ; les pédicelles sont solitaires, cylindriques, un peu épais, longs de 2-3 centimètres ; la capsule est presque sphérique, jaunâtre, dépourvue d'apophyse à sa base ; l'opercule est rougeâtre, plane, avec un bec presque droit ; le péristome est blanchâtre, a soixante-quatre dents courtes et très-régulières ; la coiffe est velue, rousse, conique, presque en cloche ; les fleurs mâles sont des disques campanulés, terminaux et jaunâtres. ♃. Cette espèce croît dans les Alpes voisines du Valais.

1271. Polytric à feuilles d'aloès. *Polytrichum aloides.*

Polytrichum aloides. Hedw. Musc. frond. 1. p. 37. t. 14. Menz. Act. Soc. Linn. 4. p. 70. — *Polytrichum nanum.* Weiss. Gœtt. 173. — *Mnium polytrichoides.* β. Linn. sp. 1576. Lam. Fl. fr. 1. p. 40. — Vaill. Bot. t. 29. f. 11. — Dill. Musc. t. 55. f. 7.

Sa sige est droite, simple ou rameuse, longue de 5-15 mill. ; les feuilles inférieures sont petites, entières ; les supérieures sont rapprochées, linéaires, lancéolées, dentées en scie surtout vers leur sommet, fermes, étalées ou redressées, d'un verd obscur ; celles qui forment les rosettes mâles sont larges, ovales, concaves, terminées par un petit renflement ; le pédoncule est droit, solitaire, long de 12-16 millim. ; la coiffe est velue, rousse, conique ; la capsule est cylindrique, légèrement oblique, d'un verd pâle ; le péristome a trente-deux dents courtes et d'un rouge brun. ♃. Cette espèce croît dans les bruyères et les bois de sapin ; elle est plus rare que le polytric nain.

§. II. *Capsule quadrangulaire posée sur une apophyse.*

1272. Polytric commun. *Polytrichum commune.*

Polytricum commune. Linn. spec. 1573. Hedw. Fund. I. t. 9. f. 62-64. II. p. 90. t. 7. f. 37. Menz. Act. Soc. Linn. 4. p. 74. — Vaill. Bot. Par. p. 131. t. 23. f. 8. — Dill. Musc. t. 54. f. 1.

Le tronc de cette mousse est droit, ordinairement simple ou divisé dès sa base en deux ou trois branches ; sa longueur varie beaucoup selon le lieu où la plante a cru ; elle n'a quelquefois que 1-2 centim. dans les lieux secs, et elle atteint jusqu'à 2-3 décim. dans les lieux humides ; les feuilles inférieures sont fauves et ressemblent à des écailles ; les supérieures sont vertes, avec le sommet rougeâtre, appliquées contre la tige, avec l'extrémité recourbée en dehors ; ces feuilles sont linéaires, lancéolées, dentées en scie ; celles qui, dans les pieds femelles, entourent la base du pédoncule, sont très-longues ; ce pédoncule est solitaire, rougeâtre, de 6-12 centim. de longueur ; il se termine par un bourrelet circulaire, sur lequel est posée une capsule quadrangulaire, d'abord droite, puis penchée ; la coiffe est couverte de soies longues, jaunes ou rougeâtres ; le péristome a soixante-quatre dents ; l'opercule est plat, avec un bec pyramidal au centre. Dans les plantes mâles, la tige se termine par une rosette de feuilles, entre lesquelles l'œil armé du microscope, trouve les étamines ; après la floraison ces rosettes poussent souvent un nouveau jet, à-peu-près comme cela arrive dans le pin sauvage, ce qui donne souvent aux plantes mâles l'aspect d'articles emboîtés les uns au-dessus des autres. ♃. Le polytric commun croît dans toute la France, dans les bruyères, les bois de sapin, les tourbières. Il fleurit en automne ; ses capsules sont mûres au printemps.

1273. Polytric à poil blanc. *Polytrichum piliferum.*

Polytrichum piliferum. Brid. Musc. 2. p. 85. Menz. Act. Soc. Linn. 4. p. 75. Hedw. Fund. 2. p. 90. — *Polytrichum pilosum.* Neck. Meth. 128. — *Polytrichum commune*, γ. Linn. spec. 1573. — Dill. Musc. t. 54. f. 3. — Vaill. Bot. t. 23. f. 7.

Cette espèce ressemble beaucoup au polytric à feuilles de génevrier, par son port et ses feuilles entières, mais elle en diffère parce que sa tige ne se ramifie presque jamais, que ses feuilles se terminent par un poil blanc de 3-4 millim., qui donne à la plante un aspect barbu ; le pédoncule et la capsule sont plus petits que dans le polytric roide ; la capsule est brune, absolument penchée à sa maturité complette. Il est rare que dans cette espèce la fleur mâle produise de nouvelles pousses chaque année. ♃. Cette plante croît dans les lieux secs ; elle a été trouvée près de Toulon ; de Paris ; aux Pyrénées, sur les monticules sèches du Lavedan, par le C. Ramond ; dans les Alpes, etc.

1274. Polytric roide.   *Polytrichum strictum.*

Polytrichum strictum. Menz. Act. Soc. Linn. 4. p. 77. — *Polytrichum commune, var. β.* Linn. spec. 1573. — *Polytrichum
juniperinum.* Hedw. spec. 89. t. 18. f. 6. 7. excl. syn. Dill? —
Vaill. Bot. t. 23. f. 6.
β. *Polytrichum helveticum.* Schl. Crypt. exs. cent. 3. n. 16.

Sa tige est rameuse à sa base, divisée en branches droites,
un peu roides, longues de 3-6 centim.; les feuilles sont lancéolées, aiguës, absolument entières, un peu repliées en dessus sur les bords, à demi étalées quand elles sont humides,
exactement appliquées contre la tige lorsqu'elles sont sèches;
les pédoncules sont à-peu-près de la longueur de la tige, terminés
par une apophyse qui porte une capsule quadrangulaire; l'opercule est rouge, applati avec une pointe au centre : elle croît dans
les bois stériles. ♃. Je l'ai trouvée à Fontainebleau. La variété β,
qui croît sur les hautes Alpes, ne me semble différer de la précédente que parce qu'elle est plus petite.

1275. Polytric à long   *Polytrichum longisetum.*
pédicelle.

Polytrichum longisetum. Swartz. Musc. suec. p. 76. et 103.
t. 8. f. 16.

Cette espèce ressemble au polytric commun par sa tige et ses
feuilles, et à celui des Alpes par sa capsule; elle a une tige
simple, prolifère, longue de 5-6 centim., garnie de feuilles
lancéolées à la base, en alène au sommet, dentelées en scie,
souvent étalées; les pédicelles sont longs de 10-12 centim.,
d'un rouge pâle sur-tout vers le sommet; les capsules sont obliques, ovoïdes, un peu anguleuses, posées sur une très-petite
apophyse; le péristome a trente-deux dents. Je n'ai point vu
la coiffe que Swartz dit couverte de poils noirs. ♃. Cette espèce
croît dans les tourbières des montagnes du Jura.

1276. Polytric élégant.   *Polytrichum formosum.*

Polytrichum formosum. Hedw. spec. p. 92. t. 19. f. 1. a.

Sa tige est simple, prolifère, longue de 4-10 centim., garnie
de feuilles lancéolées, en alène, dentées en scie vers le sommet, appliquées contre la tige dans l'état de siccité, étalées
quand elles sont humides; les pédicelles sont rougeâtres, longs
de 5 centim.; les capsules reposent sur une petite apophyse

quadrangulaire; elles sont un peu inclinées, vertes, cylindriques, avec quatre angles très-peu marqués; l'opercule est
d'un rouge vif à sa base, et se prolonge en une pointe droite,
aiguë et blanchâtre; la coiffe est roussâtre et velue. ♃. Cette
espèce croît dans les forêts des Alpes peu élevées.

§. III. *Tige rameuse; capsule ovale ou cylindrique, sans apophyse.*

1277. Polytric des alpes. *Polytrichum alpinum.*

Polytrichum alpinum. Linn. spec. 1573. Hedw. spec. p. 92.
t. 19. f. 2. b. Fl. Dan. t. 296. — Dill. Musc. t. 55. f. 4. — Hall.
Helv. n. 1800. t. 46. f. 6.

Sa tige est droite, rameuse, longue de 5-6 centim., ordinairement nue dans le bas, de couleur de rouille ou noirâtre; ses
feuilles embrassent la tige à leur base, et se prolongent en forme
d'alène dentée sur les bords; ces feuilles sont un peu en carène,
d'un verd foncé, appliquées contre la tige quand elles sont sèches,
étalées quand elles sont humides; le pédoncule est droit, solitaire, long de 5 centim. : la coiffe est conique, pointue, velue;
la capsule est ovoïde, posée sur un bourrelet à peine sensible,
inclinée à sa maturité; l'opercule est orangé, applati, terminé
par un bec oblique; le péristome a quarante-huit dents. ♃. Cette
espèce croît dans les bruyères du Piémont; au Mont-d'Or; dans
les Alpes méridionales; sur les hautes sommités du Jura, telles
que la Dôle, Thoiry, etc.

1278. Polytric arctique. *Polytrichum arcticum.*

Polytrichum arcticum. Swartz. Musc. suec. p. 76. et 105. t. 8.
f. 17.

Cette espèce est très-voisine du polytric des Alpes; elle en
diffère seulement parce que sa capsule n'offre aucune trace d'a-
pophyse à la base, qu'elle est dans une direction presque droite
et d'une forme cylindrique. ♃. Elle a été trouvée dans les Alpes
du Valais et du Piémont.

1279. Polytric noirâtre. *Polytrichum nigrescens.*

Sa tige est droite, longue de 7-8 centim., dénudée et lisse
dans le bas, simple ou un peu rameuse par le haut; les feuilles
sont fermes, aiguës, d'un brun foncé, redressées et embriquées,
dentées en scie vers le sommet; les inférieures ont une base

ovale, embrassante, élargie, d'où sort un prolongement linéaire, lancéolé, d'autant plus court qu'on approche plus du bas de la plante ; les supérieures sont lancéolées, linéaires, un peu concaves : les pédicelles sont rougeâtres, longs de 3-4 centim.; la capsule droite, ellipsoïde, presque sphérique ; l'opercule très-long, en alène, droit et jaunâtre, du moins avant la maturité complette ; la coiffe est rousse, velue, déchirée à sa base. ♃. Cette espèce croît dans les Alpes : elle diffère du polytric des Alpes, par sa capsule et son opercule droit ; du polytric à urne, par la forme de sa capsule, et du polytric arctique, par son opercule droit et alongé.

1280. Polytric à urne. *Polytrichum urnigerum.*

Polytrichum urnigerum. Linn. spec. 1573. Hedw. Fund. 2. p. 90.
— *Polytrichum dubium.* Scop. Carn. p. 136. — *Polytrichum axillare.* Lam. Fl. fr. 1. p. 43. — Vaill. Bot. t. 28. f. 13. — Dill. Musc. t. 55. f. 5.

Sa racine fibreuse et rampante, produit un grand nombre de tiges droites, simples ou rameuses, de 1-5 centim. de longueur ; les feuilles embrassent la tige à leur base, au moyen d'une membrane élargie, puis se rétrécissent, se creusent en carène, deviennent linéaires, lancéolées, dentelées sur les bords, très-aiguës, fermes, de couleur brune, traversées par une nervure longitudinale ; les pédoncules partent réellement du sommet des pousses ; mais comme pendant leur accroissement la tige se prolonge de côté, il en résulte qu'à l'époque de leur maturité ils paroissent axillaires ; la coiffe est velue, rousse et se fend de côté ; la capsule est droite, cylindrique, retrécie un peu au-dessus du sommet, de manière à avoir la forme d'une urne ; elle s'incline légèrement après la chûte de l'opercule ; le péristome a trente-deux dents. ♃. Cette espèce croît dans les bois et les vallées des montagnes, près Paris ; Lyon ; Nantes ; dans les montagnes d'Auvergne et du Piémont ; dans les Landes ; les Pyrénées.

CXVI. OLIGOTRIC. *OLIGOTRICHUM.*

Polytrichi sp. Hedw. — *Bryi sp.* Linn. — *Orthotrici sp.* Hoffm.

CAR. La capsule est terminale, cylindrique ; le péristome simple a trente-deux dents réunies au sommet par une membrane ;

la coiffe est cylindrique, hérissée çà et là de quelques poils dirigés de bas en haut.

OBS. Les oligotrics sont dioïques et ont leurs fleurs mâles en
disques terminaux ; la coiffe n'est hérissée que d'un petit nombre
de poils, que Hedwig attribue, comme ceux des polytrics, aux
nectaires qui se soudent à la coiffe, mais qui en diffèrent sensiblement en ce qu'ils sont attachés par la base et non par le
sommet. Ce genre est intermédiaire entre les polytrics, dont il
a le péristome, et les orthotrics, dont il a la coiffe. Les oligotrics ont les feuilles ondulées, d'une consistance presque membraneuse.

1281. Oligotric ondulé. *Oligotrichum undulatum.*

> *Polytrichum undulatum.* Hedw. Fund. 1. p. 43. t. 16. 17. f. 6.
> 10. 11. — *Bryum undulatum.* Linn. spec. 1532. Lam. Fl.
> fr. 2. p. 45. Fl. dan. t. 477. — *Bryum phyllitidifolium.* Neck.
> Musc. p. 203. — Vaill. Bot. t. 26. f. 17. — Dill. Musc. t. 46.
> f. 18.
>
> β. *Minus.* Hedw. Musc. fr. 1. p. 48. t. 17. f. 14-18. — *Poly*
> *trichum controversum.* Brid. Musc. 2. p. 93.

Sa tige est droite, simple, longue de 2-4 centim., chargée
de feuilles rapprochées, oblongues, lancéolées, pointues, ondulées, dentées en scie, d'un verd clair, pellucides, crépues lorsqu'elles sont sèches, traversées par une nervure longitudinale
saillante ; celles des rosettes mâles diffèrent peu des autres : les
pédoncules sont droits, rougeâtres, longs de 3 centimètres ; la
capsule est cylindrique, d'abord droite, puis courbée et penchée ; la coiffe est cylindrique, pointue ; l'opercule est convexe,
terminé par un bec long et menu ; le péristome a trente-deux
dents. ☉ ou ♂. Le polytric ondulé croît dans les forêts, les vergers, les lieux ombragés de toute la France. La variété β ne
diffère de la précédente que parce qu'elle est plus petite, et a
ses feuilles plus redressées.

1282. Oligotric de *Oligotrichum Hercyninum.*
la forêt Noire.

> *Polytrichum hercyninum.* Hedw. St. Cr. 1. p. 40. t. 15. Brid.
> Muscol. 2. p. 91. — *Orthotrichum hercyninum.* Hoffm. Germ.
> 1. p. 25.

La tige est droite, presque toujours simple, rougeâtre, longue
de 1-3 centim. ; les feuilles sont un peu charnues, d'un verd

glauque, linéaires, pointues, concaves en dessus, crépues dans l'état de dessication ; dans les pieds mâles, les feuilles qui forment la rosette, sont larges, d'un jaune rougeâtre, terminées par une pointe due au prolongement de la nervure ; dans les femelles, les feuilles du périchœtium ne diffèrent des autres que parce qu'elles sont dentelées : le pédicelle est droit, d'un jaune rougeâtre, terminal, long de 2-5 centim. ; la coiffe est cylindrique ; la capsule est droite, cylindrique, un peu en godet, brune à sa maturité ; l'opercule est conique ; le péristome a trente-deux dents courtes, blanchâtres. Ⱶ. Cette espèce a été trouvée à Dax, dans les endroits tourbeux, par le C. Thore.

***** *Mousses à péristome double.*

CXVII. ORTHOTRIC. *ORTHOTRICHUM.*

Orthotrichum. Hedw. — *Orthotrici sp.* Hoffm. — *Bryi sp.* Linn.

Car. La capsule est terminale, cylindrique ; le péristome simple ou double, l'un et l'autre a huit ou seize dents ; la coiffe est sillonnée en long, presque toujours hérissée de poils dirigés de bas en haut.

Obs. Les orthotrics sont monoïques ou dioïques ; leurs fleurs mâles sont axillaires ou terminales, en gemmes ou en têtes, pédonculées ou sessiles ; leur péristome externe a tantôt seize dents non sillonnées, tantôt huit marquées d'un sillon longitudinal, et il tend à s'étaler facilement ; l'interne est quelquefois nul, quelquefois composé de huit ou de seize dents. Malgré ces anomalies, ce genre est tellement naturel, qu'on peut à peine à l'œil nu distinguer les espèces ; son seul caractère est tiré de sa coiffe, ce qui prouve que cet organe mérite quelque attention dans la classification des mousses.

§. Ier. *Péristome simple.*

1283. Orthotric irrégulier. *Orthotrichum anomalum.*

Orthotrichum anomalum. Hedw. St. Cr. 2. p. 102. t. 37. Hoffm. Germ. 2. p. 25. — *Orthotrichum saxatile.* Brid. Muscol. 3. p. 27. — *Bryum striatum*, *var.* β. Linn. spec. 1580. — *Bryum tectorum.* Gmel. Syst. 2. p. 1335. — Vaill. Bot. t. 27. f. 10. — Dill. Musc. t. 55. f. 9.

Il croît en touffes larges, arrondies et d'un verd brunâtre ; sa tige est droite, rameuse ; ses feuilles sont oblongues, lancéolés, aiguës, roulées en dehors sur les bords, traversées par une nervure longitudinale qui forme une petite pointe au sommet , appliquées et non crépues par la dessication ; le pédicelle dépasse la longueur des feuilles ; la coiffe est conique , crénelée sur le bord , légèrement hérissée ; la capsule est droite , d'abord ovoïde , cylindrique et striée après l'émission des graines ; le péristome est simple , a seize dents striées , rougeâtres , réunies deux à deux. ♃. Il croît dans toute la France , sur les murs , les rochers et les toits. Hoffman dit l'avoir trouvé sur les arbres : il fructifie au printemps.

1284. Orthotric hé- *Orthotrichum cupulatum.* misphérique.

Orthotrichum cupulatum. Hoffm. Germ. 2. p. 26. Brid. Muscol. 2. p. 25. — *Bryum sessile.* Gmel. Syst. 2. p. 1334. — *Bryum striatum* , γ. Linn. spec. 1580. — Vaill. Bot. t. 25. f. 6? — Dill. Musc. t. 55. f. 10.

Cette espèce a le péristome simple comme la précédente , mais elle se distingue à sa coiffe évasée , presque hémisphérique et simplement surmontée d'une petite pointe ; à son pédicelle si court que les capsules paroissent sessiles au milieu des feuilles ; en outre elle forme des grouppes lâches et irréguliers , et naît le plus souvent sur les troncs d'arbres. Elle se ramifie beaucoup et porte à la fois plusieurs capsules qui , à leur maturité , paroissent latérales quoiqu'elles fussent terminales à leur naissance. ♃. On la trouve aux environs de Paris , de Nantes , de Genève , de Sorrèze , etc.

§. II. *Péristome double.*

1285. Orthotric apparenté. *Orthotrichum affine.*

Orthotrichum affine. Schrad. Spic. 67. Hoffm. Germ. 2. p. 26. Brid. Muscol. 2. p. 22. — *Bryum affine.* Gmel. Syst. 2. p. 1335.

Il forme des grouppes irréguliers et peu serrés , et ressemble , quand il est frais , à l'orthotric crépu ; quand il est sec , à l'orthotric strié : il diffère du premier parce que ses feuilles ne se crispent point par la dessication , et que sa coiffe n'est pas aussi fortement hérissée ; du second , parce que ses feuilles sont entières au sommet , et que son pédicelle ne dépasse pas la longueur des feuilles : il se distingue enfin , de l'un et de l'autre , parce que son péristome interne n'a que huit dents au lieu de seize. ♃. Il croît sur les parois et les troncs d'arbres , dans les environs de Genève.

1286. Orthotric strié. *Orthotrichum striatum.*

Orthotrichum striatum. Hedw. St. Cr. 2. p. 99. t. 36. Fund. 1.
t. 8. f. 47-54. Brid. Muscol. 3. p. 20. Hoffm. Germ. 2. p. 25.
— *Bryum striatum, var. α.* Linn. spec. 1579. — Dill. Musc.
t. 55. f. 8. — Vaill. Bot. t. 25. f. 5.

Il naît en grouppes irréguliers ; sa tige est verte, droite, rameuse ; ses feuilles embriquées, lancéolées, d'un verd jaunâtre
dans leur jeunesse, brunes dans un âge avancé, traversées par
une nervure longitudinale assez forte ; les supérieures sont souvent étalées et dentelées, ou comme rongées vers le sommet ;
le pédicelle naît terminal et devient latéral par le prompt alongement des rameaux ; il est droit, long de 6–8 millim. : la coiffe
est conique, peu hérissée de poils, presque entière sur le bord ;
le péristome externe a seize dents brunâtres qui se réfléchissent
après la chûte de l'opercule ; l'interne a seize cils droits, blancs
et articulés. ♃. Il est commun sur les troncs d'arbres et les parois, fructifie à la fin du printemps.

1287. Orthotric dia- *Orthotrichum diaphanum.*
      phane.

Orthotrichum diaphanum. Schrad. Spic. 69. Hoffm. Germ. 2.
p. 26. Brid. Muscol. 3. p. 29. — *Bryum diaphanum.* Gmel.
Syst. 2. p. 1335.

Il forme des grouppes petits, serrés et d'un verd moins jaunâtre que l'orthotric strié, auquel il ressemble par la structure
de son péristome : il se distingue à ce que ses feuilles se prolongent au sommet en une soie longue, droite, blanche et
diaphane, et à ce que sa coiffe est dentelée régulièrement à sa
base. ♃. Il croît sur les troncs d'arbres et les parois. Je l'ai reçu
des environs du lac Léman. Il est probable qu'il habite dans
toute la France ainsi que les précédens, mais qu'on ne les a pas
distingués.

1288. Orthotric crépu. *Orthotrichum crispum.*

Orthotrichum crispum. Hedw. Fund. 2. p. 96. t. 35. Brid. Muscol.
3. p. 19. Hoffm. Germ. 2. p. 25. — *Bryum striatum, var. δ.*
Linn. spec. 1580. — Dill. Musc. t. 55. f. 11.
β. *Minus.* — Vaill. Bot. t. 27. f. 9.

Cet orthotric naît en touffes serrées, arrondies et d'un aspect
rougeâtre ; ses tiges sont droites, rameuses ; ses feuilles sont
linéaires, lancéolées, entières au sommet, fortement crispées

lorsqu'elles sont sèches; le pédicelle est droit, long de 6-7 millimètres; la coiffe est conique, hérissée de longs poils redressés; la capsule droite, striée, oblongue, presque en forme de poire; le péristome externe a seize dents rapprochées par paires, l'interne a seize cils rapprochés par les sommets. ♃. Il croît sur les troncs d'arbres, aux environs de Paris, en Auvergne, etc. Il fleurit au printemps et fructifie en été.

CXVIII. FUNAIRE. *FUNARIA.*

Funaria. Schreb. Hedw. — *Kœlreutera*. Hedw. — *Mnii sp.* Lin.

CAR. La capsule est terminale, en forme de poire; le péristome double; l'extérieur a seize dents tordues obliquement et soudées au sommet; l'intérieur a seize cils planes et membraneux : la coiffe est ventrue et tétragone à sa base, en alène à son sommet.

OBS. Les fleurs sont dioïques; les mâles en disques terminaux : la coiffe se fend de côté et se détache obliquement.

1289. Funaire hygrométrique.   *Funaria hygrometrica.*

> *Funaria hygrometrica*. Hedw. spec. 172. — *Kœlreutera hygrometrica*. Hedw. Fund. 2. p. 96. — *Mnium hygrometricum*. Linn. spec. 1575. Lam. Dict. 4. p. 200. — Dill. Musc. t. 52. f. 75. — Vaill. Bot. t. 26. f. 16.

Sa tige est d'abord simple, puis rameuse, droite, garnie de feuilles oblongues, pointues, traversées par une nervure, entières sur les bords; celles de la tige sont petites, étroites et étalées; celles qui entourent la base du pédicelle sont grandes et réunies en une espèce de bulbe embriquée : le pédicelle est long de 4-6 centim., d'abord pâle, puis rougeâtre, droit lorsqu'il est sec, arqué ou flexueux quand il est humide; la capsule est grande, d'un brun rougeâtre, oblique, penchée, en forme de poire; dans sa jeunesse elle est couverte d'une coiffe pâle, glabre, aiguë, en forme de bouteille à long cou et à ventre tétragone; l'opercule est convexe, très-obtus. ♃. Cette plante est commune sur les pentes un peu humides, sur les rochers ou les murs recouverts d'un peu de terre : elle fleurit en automne et fructifie au printemps; le pédicelle se tord sur lui-même dans la dessication, et se déroule avec assez de rapidité lorsqu'on l'humecte.

1290. Funaire de Muh-   *Funaria Muhlenbergii.*
lenberg.

Funaria Mulhenbergii. Hedw. F. Musc. ined.—Schleich. Crypt.
exsic. n. 27.

Cette espèce se distingue de la funaire hygrométrique par la
petitesse de toutes ses parties, parce que les feuilles de son périchœtium sont dentelées, dépourvues de nervure, terminées
par une longue soie; que le pédicelle ne s'élève guère au-delà
d'un centim.; que la capsule est plutôt en forme de toupie
qu'en forme de poire : elle naît sur le fin terreau qui recouvre les
rochers; elle a été trouvée près de Branson, dans le Valais, par
M. Schleicher; en Provence, près Cisteron, par le C. Deleuze.

CXIX. TIMMIE.   *T I M M I A.*

Timmia. Hedw. — *Mnii sp.* Hoffm.

Car. La capsule est terminale, ovoïde; le péristome double;
l'extérieur a seize dents aiguës; l'intérieur membraneux, sillonné,
divisé au sommet en lanières presque égales, souvent trouées.

Obs. Les fleurs sont monoïques; les mâles en gemmes pédonculés et axillaires : la coiffe est en alène, se fend latéralement
et se détache obliquement. Ce genre diffère-t-il suffisamment
du bry ?

1291. Timmie du Mec-   *Timmia Megapolitana.*
kelbourg.

Timmia Megapolitana. Hedw. St. Cr. 1. p. 83. t. 31. Spec. p.
176. — *Mnium timmia.* Hoffm. Germ. 2. p. 53. — *Mnium
Megapolitanum.* Gmel. Syst. 2. p. 1327. — *Timmia polytrichoides.* Brid. Musc. 4. p. 153.

La tige de cette mousse est droite, haute de 2-4 centim.,
d'abord simple, puis divisée en quelques rameaux redressés, garnie de feuilles linéaires, lancéolées, dentelées, munies d'une forte
nervure, étalées et un peu ondulées quand elles sont humides, redressées et pliées longitudinalement lorsqu'elles sont sèches; le
pédicelle est terminal, quelquefois latéral à cause de l'alongement des rameaux, droit, rougeâtre, long de 2 centimètres;
la capsule est inclinée, ovoïde; l'opercule convexe, un peu
ombiliqué au sommet; le péristome externe a des dents élargies
et rouges à la base, aiguës et jaunâtres au sommet; l'interne
est sillonné, divisé en lanières trouées, aiguës et souvent con-
juguées. ♃. Cette mousse a été trouvée dans les basses Alpes,

au Brusquet, sur les rochers schisteux, derrière Lauzière, par le C. Clarion.

1292. Timmie d'Autriche.　　*Timmia Austriaca.*

Timmia Austriaca. Hedw. spec. p. 176. t. 42. f. 1-7.

Ses tiges sont nombreuses, serrées, simples, droites, longues de 5-6 centim., garnies de feuilles embrassantes par leur base, embriquées, un peu lâches, en forme d'alène, munies d'une nervure longitudinale très-visible, dentées en scie sur les bords; le pédicelle naît au sommet de la tige, mais dans sa vieillesse il devient latéral à cause de l'alongement que la plante a continué de prendre; ce pédicelle est droit, rouge, long de 3-4 centim.; il se penche à son sommet et soutient une capsule ordinairement inclinée, ovale-oblongue, munie d'un anneau élastique et d'un opercule conique; les dents du péristome sont blanches, pointues; celles du péristome interne sont plus longues, plus fines, plus aiguës, de la même couleur et libres au sommet. ♃. Cette espèce croît sur les rochers ombragés, dans les bois des montagnes. Elle a été trouvée dans les basses Alpes, à la montagne de Seyne, par le C. Clarion.

C X X. P O H L I E.　　*P O H L I A.*

Pohlia. Hedw. — *Bryi sp.* Dicks. — *Mnii sp.* Hoffm.

Cᴀʀ. La capsule est terminale, oblongue; le péristome double; l'extérieur a seize dents qui se réfléchissent en dehors; l'intérieur membraneux a seize lanières uniformes.

Oʙs. Les fleurs sont dioïques, et les mâles en têtes terminales. Ce genre diffère du bry, comme la leskée de l'hipne, par l'uniformité des lanières de son péristome interne.

1293. Pohlie alongée.　　*Pohlia elongata.*

Pohlia elongata. Hedw. St. Cr. 1. p. 96. t. 36. Spec. 171. — *Bryum elongatum.* Dicks. Crypt. 2. p. 8. — *Mnium pohlia.* Hoffm. Germ. 2. p. 48.

Sa tige est simple, droite, rougeâtre, longue de 4-6 millim.; les feuilles sont linéaires, lancéolées, pointues, entières sur les bords, munies d'une nervure longitudinale rougeâtre, plus grandes dans le haut de la tige que dans le bas; celles qui forment le périchœtium sont élargies à leur base : le pédicelle est droit, rouge à sa base, long de 3 centim.; il s'évase au sommet en une longue apophyse qui est roussâtre comme la capsule, et qui lui sert de support : la capsule est oblongue; l'opercule

conique et aigu. A ce dernier caractère on distingue cette
plante du bry en gazon, auquel elle ressemble par le port : elle
croît dans les bois. ♃ . Cette rare espèce de mousse a été trouvée
dans les Alpes, à la vallée de Servan, par M. Schleicher; dans
les Alpes de Gruyère (Brid.); dans les Pyrénées?

C X X I.　M É E S I E.　　*M E E S I A.*

Meesia. Hedw. non Gœrtn (1). — *Mnii et Bryi sp.* Linn.

Car. La capsule est terminale, oblongue, pyriforme, portée
sur un long pédicelle; le péristome double; l'extérieur a seize
dents courtes et obtuses; l'intérieur a seize cils aigus, distincts
ou réunis par des prolongemens en forme de réseau.

Obs. Les fleurs sont hermaphrodites ou dioïques; les mâles
sont en disques terminaux : la coiffe est en alène, se fend de
côté et se détache obliquement; la capsule est ordinairement
oblique ou inclinée.

1294. Méesie à long pédicelle.　*Meesia longiseta.*

Meesia longiseta. Hedw. St. Cr. 1. p. 56. t. 21. 22. Sw. Musc.
succ. 43. — *Mnium triquetrum.* Linn. spec. 1578. excl. syn.
Hoffm. Germ. 2. p. 47.

Ses tiges sont alongées, rameuses par la base, garnies de
feuilles étalées, disposées sur trois rangs peu prononcés, ovales-
lancéolées, pointues, concaves, entières, traversées par une
nervure très-visible; le pédicelle, qui est le plus long de toutes
les mousses, atteint 12–15 centim.; il est rougeâtre, droit,
un peu flexueux : la capsule est oblique, inclinée, à-peu-près
en forme de toupie, d'un rouge brun, munie d'un anneau peu
visible et d'un opercule exactement conique; les dents du péristome interne sont rapprochées par couples. Elle croît dans les
marais tourbeux, fleurit au printemps, fructifie en été. On la
trouve au marais de Caubert près Abbeville (Bouch.); en
Dauphiné (Vill.) ?

---

(1) Le genre *Meesia* de Gœrtner a été publié cinq ans après celui d'Hedwig, et doit conserver le nom de *Walkera* que Schreber lui a donné.

1295. Méesie fangeuse.   *Meesia uliginosa.*

Meesia uliginosa. Hedw. St. Cr. 1. p. 1. *t.* 1. 2. Sw. Musc.
succ. 44. — *Bryum trichodes.* Linn. spec. 1585. — *Mnium
trichodes.* Hoffm. Germ. 2. p. 47. — Dill. Musc. t. 49. f. 58.

Sa tige est simple, courte, droite, garnie de feuilles linéaires,
oblongues, presque obtuses, entières, traversées par une nervure très-sensible; le pédicelle est droit, terminal, long de 7-8
centim.; la capsule est oblique, inclinée, roussâtre, en forme
de poire; l'opercule est convexe, avec un mamelon; les lanières
du péristome interne sont çà et là réunies entre elles par des
prolongemens latéraux. Cette mousse croît dans les prairies
marécageuses et tourbeuses. Je l'ai reçue des environs du Léman; elle se trouve sur Seuse près Gap (Vill.); en Piémont (All.).

C X X I I. B R Y.   *B R Y U M.*

Bryum. Sw. — *Bryum, Mnium et Webera.* Hedw. — *Bryi et
Mnii sp.* Linn.

☛ Car. La capsule est terminale, ovale ou oblongue, souvent
pendante; le péristome double; l'extérieur a seize dents aiguës;
l'intérieur membraneux, plissé, déchiré sur le bord en lanières
et en cils placés alternativement.

Obs. La coiffe est en alène, se fend de côté et se détache
obliquement; les fleurs sont hermaphrodites dans la première
section, qui est le genre *Webera* d'Hedwig; dioïques dans la
seconde et monoïques dans la troisième; les mâles sont toujours
terminales, en têtes dans les *bryum* de Linné et d'Hedwig, ou en
disques dans les *mnium* des auteurs. A l'exemple de Swartz,
j'ai réuni ces genres fondés uniquement sur la considération des
fleurs mâles.

§. 1er. *Fleurs hermaphrodites* (Webera, Hedw.).

1296. Bry penché.   *Bryum nutans.*

Bryum nutans. Sw. Musc. succ. 46. — *Webera nutans.* Hedw.
St. Cr. 1. p. 9. t. 4. — *Mnium nutans.* Hoffm. Germ. 2. p. 49.
Mnium pyriforme. Lam. Dict. 4. p. 204. — Dill. Musc. t. 50.
f. 61.

Sa tige est simple, très-rarement branchue, droite, courte,
garnie de feuilles lancéolées, aiguës, embriquées, traversées
par une nervure longitudinale; celles du bas de la tige sont légèrement dentées; celles du haut sont entières : le sommet de

la tige porte une fleur hermaphrodite; le pédicelle est droit, rougeâtre, long de 3-4 centim.; la capsule est oblongue, un peu plus évasée au sommet, penchée et non pendante, son bord supérieur est muni d'un anneau; l'opercule est convexe, muni d'une petite pointe. ♃. Cette espèce croit dans les lieux secs et stériles, et dans les tourbières humides; elle fleurit au printemps et fructifie en été. Elle a été trouvée sur les murs d'Abbeville (Bouch.); en Auvergne, par le C. Dubois.

1297. Bry pyriforme. *Bryum pyriforme.*

Bryum pyriforme. Sw. Musc. succ. 45. — *Bryum aureum.* Schreb. Spic. p. 81. — *Mnium pyriforme.* Linn. spec. 1576. Hoffm. Germ. 2. p. 50. — *Webera pyriformis.* Hedw. St. Cr. 1. p. 5. t. 3. — Dill. Musc. t. 50. f. 60.

Cette espèce, qu'on a souvent confondue avec la précédente, en diffère parce que ses tiges sont toujours simples, que ses feuilles sont plus étroites, plus étalées, plus écartées; que celles qui entourent le pédicelle sont très-alongées et souvent recourbées : le pédicelle est rouge dans la partie inférieure, un peu flexueux, et porte une capsule pendante qui a la forme d'une poire. ☉. Cette plante se trouve sur la terre humide et sablonneuse elle fleurit presque toute l'année. Elle croît à Montmorency; à Prémol et dans le Champsaur (Vill.); près Pignerol (All.).

§. II. *Fleurs dioïques.*

1298. Bry des Alpes. *Bryum Alpinum.*

Bryum Alpinum. Linn. Syst. Veg. 4. p. 482. Brid. Musc. 4. p. 30. Vill. Dauph. 4. p. 889. t. 54. Sw. Musc. succ. 47. — *Mnium Alpinum.* Linn. f. meth. p. 336. — Dill. Musc. t. 50. f. 64.

Cette mousse forme des touffes d'un verd foncé; sa tige se divise en plusieurs rameaux droits et rapprochés, qui partent immédiatement au-dessous du pédicelle de l'année précédente, ensorte que ce pédicelle, quoique terminal, paroît partir de l'aisselle des rameaux; les feuilles sont embriquées, nombreuses, appliquées les unes sur les autres par la sécheresse, un peu étalées quand elles sont humides, oblongues, pointues, étroites, entières, traversées par une nervure, souvent courbées en carêne; le pédicelle est droit, un peu flexueux, rougeâtre, long de 2 centimètres; la capsule est penchée, presque pendante, oblongue, brunâtre, surmontée d'un opercule rougeâtre, convexe, un peu pointu; les dents des deux péristomes sont blanchâtres;

celles du péristome externe sont élargies à leur base, oblongues,
aiguës, striées en travers; le péristome interne est plissé, divisé en lanières; les unes larges, entières et souvent percées; les
autres étroites, difformes, dentées. ♃. Cette mousse croît dans
les fentes humides des rochers : elle a été trouvée dans les Pyrénées, par le C. Ramond; sur les Alpes à Chaillol-le-Vieux
(Vill.). Est-elle monoïque ou dioïque ?

1299. Bry couleur de chair.   *Bryum carneum.*

Bryum carneum. Linn. spec. 1587. Brid. Musc. 4. p. 24. —
Bryum delicatulum. Hedw. spec. 179. St. Cr. 1. p. 52. t. 20.
Mnium carneum. Hoffm. Germ. 2. p. 51. —Dill. Musc. t. 50.
f. 69. —Hall. Helv. n. 1834. t. 45. f. 6.

Sa tige est grèle, droite, rougeâtre, d'abord simple, poussant quelques rameaux de sa base après la fructification; les
feuilles sont écartées, planes, ovales-lancéolées, pointues, entières, traversées par une nervure; le pédicelle est rougeâtre,
long de 1-2 centim., droit, courbé au sommet où il porte une
capsule ovoïde, arrondie, pendante, d'un rouge brun, dont
l'opercule est obtus, à-peu-près conique; le péristome externe
est d'un rouge brun, a seize dents pointues; l'interne est jaunâtre, divisé en lanières inégales, aiguës. Cette mousse croît
dans les lieux humides et ombragés ; elle fleurit en été, fructifie
au printemps. ♃. Elle a été trouvée à Nantes; à Belval; au
Brusquet et près Lauzières par le C. Clarion; à Abbeville, sur
les bords du canal, par le C. Boucher; dans le Valgaudemar
(Vill.), en Piémont (All.), aux environs de Lyon (Brid.).

1300. Bry argenté.   *Bryum argenteum.*

Bryum argenteum. Linn. spec. 1586. Hedw. spec. 181. Sw. Musc.
succ. 47. Lam. Fl. fr. 1. p. 50. — *Mnium argenteum.* Hoffm.
Germ. 2. p. 51. — Dill. Musc. t. 50. f. 62. — Vaill. Bot. t.
26. f. 3.

Cette espèce, la plus commune et la plus caractérisée des
mousses, offre des tiges nombreuses, simples, droites, rapprochées, garnies de feuilles embriquées, concaves, ovales, traversées par une légère nervure, entières sur les bords, terminées par une petite pointe, serrées les unes sur les autres en
forme de chaton, d'un blanc glauque et argenté; les pédicelles
ont 10-12 millim. de longueur et se courbent au sommet ; la
capsule est pendante, oblongue, ovoïde; l'opercule convexe et

obtus. ♀. Elle croît sur les murs, les toits, la terre sablonneuse, dans les lieux secs. Elle fructifie en hiver.

1301. Bry trompeur. *Bryum decipiens.*

Bryum annotinum. Hedw. spec. 183. t. 43. Brid. Musc. 4. p. 32.
— *Mnium annotinum.* Linn. spec. 1576. Vill. Dauph. 4. p. 886.
Hoffm. Germ. 2. p. 49. — Dill. Musc. t. 50. f. 68.
β. *Bulbiferum.* — *Trentepohlia erecta.* Roth. Cat. I. p. 139. II.
p. 155. Hoffm. Germ. 2. p. 17. t. 14. — Fl. dan. t. 215. —
Bryum viviparum. Vill. Dauph. 4. p. 891.

Cette mousse est vivace et ne peut conséquemment conserver le nom spécifique que Linné lui avoit donné; elle mérite celui de bry trompeur, par les erreurs qu'elle a fait commettre à plusieurs naturalistes distingués, et qui proviennent de ce qu'elle porte tantôt des graines, tantôt des bulbes; dans le premier cas, sa tige est droite, rougeâtre, d'abord simple, puis branchue, garnie de feuilles lancéolées, aiguës, écartées, pellucides, munies d'une nervure; les fleurs mâles sont des bourgeons terminaux : le pédicelle est droit, un peu flexueux, d'un rouge orangé; la capsule est penchée ou pendante, oblongue, presque en forme de poire, surmontée d'un opercule pâle, convexe, légèrement pointu : dans la variété β, les tiges sont plus grêles, plus alongées; les capsules avortent et il se développe à l'aisselle des feuilles supérieures de petits bulbes rougeâtres foliacés, qui peuvent reproduire un nouvel individu. ♀. Cette mousse croît dans les lieux humides, au bord des fossés, sur les sables, près des eaux stagnantes. Elle fructifie en été; elle a été trouvée dans les Alpes près Briançon et Gondran (Vill.); au bois de Blavier et de Mareuil près Abbeville (Bouch.); à Saint-Léger, par le C. Deleuze.

§. III. *Fleurs monoïques.*

† *Fleurs mâles en tête ; pédicelles solitaires.*

1302. Bry androgin. *Bryum androgynum.*

Bryum androgynum. Hedw. spec. 178. Theor. t. 14. Sw. Musc.
suec. 46. — *Mnium androgynum.* Linn. spec. 1574. Hoffm.
Germ. 2. p. 46. Lam. Fl. fr. 1. p. 36. —Dill. Musc. t. 31. f. 1.

La tige est droite, d'abord simple, puis branchue latéralement, garnie de feuilles lancéolées, aiguës, entières, munies d'une nervure longitudinale qui se prolonge sur la tige, étalées

par l'humidité, appliquées, crépues et repliées sur leur nervure
lorsqu'elles sont sèches; les fleurs mâles forment une petite tête
arrondie, portée sur un pédicelle nu et terminal, entourées de
cinq feuilles florales conniventes, et placées sur les mêmes pieds
que les femelles; les capsules sont oblongues, striées, droites
ou un peu penchées, portées sur un pédicelle droit de 15-20
millim. de longueur; l'opercule est conique; la coiffe se détache
de côté. ♃. Cette espèce croît dans les bois ombragés et humides:
quoique commune, on la trouve rarement en fructification.

1303. Bry des marais.   *Bryum palustre.*

Bryum palustre. Sw. Musc. succ. 46. — *Mnium palustre.* Linn.
spec. 1574. Hedw. spec. 188. Lam. Fl. fr. 1. p. 37. — Dill.
Musc. t. 31. f. 3. — Vaill. Bot. t. 24. f. 1.

Ses tiges sont droites, alongées, réunies en touffe, rameuses
ou le plus souvent bifurquées, souvent couvertes à leur base
d'un duvet brun formé par des fibrilles radicales, chargées de
feuilles lancéolées, acérées, courbées en carène, étalées par
l'humidité, un peu redressées et ondulées par la sécheresse, entières sur les bords, munies d'une nervure; le pédicelle est
droit, rougeâtre, long de 2-4 centim.; la capsule est presque
droite, oblongue, striée, couverte d'un opercule conique et
pointu. ♃. Il est commun dans les prés et les bois marécageux; il
fructifie au printemps.

†† *Fleurs mâles en disques; pédicelles solitaires.*

1304. Bry en gazon.   *Bryum cœspititium.*

Bryum cœspititium. Linn. spec. 1586. Hedw. spec. 180. Sw. Musc.
succ. 50. Lam. Fl. fr. 1. p. 50. — *Mnium cœspititium.* Hoffm.
Germ. 2. p. 50. — Dill. Musc. t. 50. f. 66. — Vaill. Bot. t.
29. f. 7.

La tige est droite, courte, d'abord simple, puis divisée en
rameaux courts et serrés; les feuilles sont lancéolées, acérées,
étroites, embriquées, rapprochées vers les sommités des tiges,
d'un verd clair, traversées par une nervure longitudinale; les
pédicelles sont droits, rougeâtres, longs de 2-3 centim., d'a-
bord terminaux, ensuite latéraux à cause de la naissance des
nouvelles branches, courbés au sommet de manière que la capsule est pendante; elle est oblongue, un peu resserrée au-dessous de l'orifice, d'un brun clair; l'opercule est convexe, obtus, surmonté d'un petit mamelon. ♃. Cette mousse croît par

touffes serrées sur les murs, les toits et parmi les gazons. Elle fructifie au printemps.

13o5. Bry capillaire. *Bryum capillare.*

Bryum capillare. Linn. spec. 1586. Hedw. spec. 182. Sw. Musc. suec. 5o. — *Mnium capillare.* Linn. Syst. 947. Lam. Fl. fr. 1. p. 39. Hoffm. Germ. 2. p. 5o. — Dill. Musc. t. 5o. f. 67. — Vaill. Bot. t. 24. f. 6.

β. *Bryum crudum.* Sw. Musc. suec. 49. non Vill. — *Mnium crudum.* Schl. Crypt. exsic. n. 31. non Linn.

Cette espèce ressemble beaucoup au bry en gazon; mais ses feuilles sont presque étalées, ovales, terminées par une pointe soyeuse, et courbées en carène; ses pédicelles sont plus longs, et ses capsules, qui sont de même pendantes et d'un brun rougeâtre, se distinguent en ce qu'elles sont plus longues, qu'elles vont en s'évasant légèrement de la base au sommet, et que leur opercule est conique, pointu et plus alongé. ♃. Elle croit dans les bois humides, au bord des fossés, sur les vieux troncs pourris et fructifie au printemps. — La variété β diffère de la précédente parce qu'elle a les feuilles lancéolées, acérées mais non terminées par une pointe particulière, et parce que ses tiges sont simples et plus alongées. Elle a été confondue avec le bry frais, dont elle diffère parce que ses feuilles sont absolument entières et non dentelées au sommet.

13o6. Bry bisannuel. *Bryum bimum.*

Bryum bimum. Schreb. Spic. 1047. Sw. Musc. suec. 5o. — *Mnium bimum.* Brid. Musc. 4. p. 93. — *Mnium rubiginosum.* Lam. Fl. fr. 1. p. 41. — Dill. Musc. t. 51. f. 73.

Cette mousse, que plusieurs auteurs ont confondue avec le bry ventru, et qui lui ressemble en effet beaucoup par le feuillage et le duvet brun de ses tiges, en diffère certainement parce sa capsule va toujours en s'élargissant de la base au sommet, au lieu de s'élargir dans le milieu et de se resserrer à l'orifice; en outre la nervure des feuilles est plus prononcée, leur extrémité plus aiguë; ces feuilles sont souvent courbées en carène; le pédicelle atteint 6 et 7 centim. de longueur; la capsule est plutôt inclinée que pendante. ♂. Elle croît dans les marais aux environs de Paris; dans le Dauphiné (Vill.); elle fructifie au printemps.

1307. Bry en toupie.   *Bryum turbinatum.*

Bryum turbinatum. Sw. Musc. succ. 49. — *Mnium turbinatum.*
Hedw. St. Cr. 3. p. 22. t. 8. Brid. Musc. 4. p. 95. — *Mnium
nutans.* Roth. Germ. 1. p. 476. — Dill. Musc. t. 51. f. 74.

Sa tige est rougeâtre, divisée en quelques rameaux grêles,
plus courte et moins chargée de duvet brun que dans le bry
ventru; les feuilles sont rougeâtres, petites, étalées, ovales-
aiguës, entières, traversées par une nervure; les pédicelles sont
droits, longs de 2-3 centim., courbés au sommet; la capsule
est pendante, d'un brun rougeâtre, et a exactement la forme
d'une poire. ♃. Il croit dans les lieux sablonneux et humides. Il
se trouve à Chambésy près de Genève (Brid.); en Danphiné (Vill.).

1308. Bry ventru.   *Bryum ventricosum.*

Bryum ventricosum. Dicks. Crypt. 2. p. 4. Sw. Musc. succ. 49.
Bryum triquetrum. Huds. Angl. 490. Vill. Dauph. 4. p. 890.
excl. syn. Hedw. — *Mnium pseudotriquetrum.* Hedw. St. Cr.
3. p. 19. t. 7. — Dill. Musc. t. 51. f. 72. — Vaill. Bot. t. 24. f. 2.

Ses tiges sont droites, rameuses, filiformes, abondamment
couvertes d'un duvet brun formé par des fibrilles radicales; les
feuilles sont lancéolées, étalées, planes, un peu roides, entières
sur les bords, traversées par une nervure longitudinale ferme
et rougeâtre à sa base, à peine visible au sommet; les pédicelles
sont d'un rouge brun, longs de 4 centim.; ils se courbent au
sommet et soutiennent une capsule pendante, oblongue, un peu
renflée au milieu et resserrée au sommet. ♃. Cette mousse croit
dans les marais découverts; fructifie au printemps.

1309. Bry frais.   *Bryum crudum.*

Bryum crudum. Vill. Dauph. 4. p. 888. non Sw. — *Mnium crudum.* Linn. spec. 1576. Hedw. St. Cr. 1. p. 99. t. 37. — Dill.
Musc. t. 51. f. 70.

Cette espèce est difficile à distinguer du bry capillaire, du bry
denté en scie et du bry des marais; elle diffère de tous les trois
parce que ses feuilles supérieures sont dentelées à leur sommet
et entières à leur base; sa tige est rougeâtre, simple, assez
courte; ses feuilles inférieures sont petites, larges, à peine
pointues; les supérieures sont alongées, linéaires; celles qui
entourent les fleurs mâles sont élargies, en forme de coin, peu
régulières : le pédicelle est rougeâtre, long de 2 centim., ordinairement arqué dans le haut; la capsule est inclinée ou pendante, oblongue, de couleur pâle avant sa maturité; l'opercule

est rougeâtre, convexe; les dents du péristome externe sont
jaunâtres. ♃. Cette mousse croît dans les lieux humides des
montagnes. Elle a été trouvée au Champsaur (Vill.); en Piémont (All.).

1310. Bry en étoile.   *Bryum stellatum.*

Bryum hornum. Sw. Musc. succ. 48. — *Mnium hornum.* Linn.
spec. 1576. Hedw. spec. 188. — *Mnium stellatum.* Lam. Fl.
fr. 1. p. 39. — Dill. Musc. t. 51. f. 71. — Vaill. Bot. t. 24. f. 5.

Cette plante pousse plusieurs tiges simples, droites, longues
de 2 centim., couvertes à leur base d'un duvet brun formé
par un amas de radicules fibreuses; les feuilles sont lancéolées,
étroites, d'autant plus grandes qu'elles approchent plus du sommet de la tige, fortement dentées en scie, traversées par une
nervure roussâtre qui se prolonge un peu en pointe; les pédicelles sont rougeâtres, arqués au sommet, longs de 4 centim.;
la capsule est penchée ou pendante, ovoïde, assez grosse, d'un
roux jaunâtre; l'opercule est convexe, avec un très-léger mamelon au sommet; la coiffe se fend de côté. Cette mousse est
commune dans les bois marécageux et ombragés; elle fructifie
au printemps; elle est vivace et ne peut conserver le nom
d'annuel (*hornum*), que Linné lui avoit donné.

† † † *Fleurs mâles en disques ; pédicelles souvent aggrégés.*

1311. Bry ponctué.   *Bryum punctatum.*

Bryum punctatum. Schreb. Spic. 755. — *Bryum cuspidatum.*
Vill. Dauph. 4. p. 892? — *Bryum serpillifolium.* Sw. Musc.
succ. 51. — *Mnium punctatum.* Hedw. spec. 193. — *Mnium
serpillifolium,* α. Linn. spec. 1577. Hoffm. Germ. 2. p. 52. —
Dill. Musc. t. 53. f. 81.

Les tiges de cette mousse sont droites, nombreuses, simples,
prolifères, souvent garnies vers leur base de fibrilles radicales
brunes; les feuilles sont ovoïdes, étalées, obtuses, quelquefois
échancrées, planes, légèrement ondulées lorsqu'elles sont sèches,
entières et entourées d'un bord calleux, traversées par une
nervure longitudinale qui quelquefois se prolonge en pointe peu
prononcée, transparentes de manière que les cellules dont elles
sont formées paroissent, à l'œil nu, comme de petits points;
les pédicelles sont droits, solitaires ou partent 4 à 5 ensemble de
la même rosette; les capsules sont penchées, ovoïdes, surmontées d'un opercule aigu, alongé et courbé. ♃. Elle est commune

dans les prés humides ou ombragés , fleurit en été , fructifie en automne et au printemps.

1312. Bry en rosette.   *Bryum roseum.*

Bryum roseum. Schreb. Spic. 1048. Sw. Musc. succ. 51. Vill. Dauph. 4. p. 892. — *Mnium roseum.* Hedw. spec. 194. Brid. Musc. 4. p. 104. — *Mnium serpillifolium,* γ. Linn. spec. 1578. — Dill. Musc. t. 52. f. 77.

Cette espèce ressemble au bry en lanière , mais elle est plus petite ; ses tiges ne partent pas d'une souche rampante ; ses feuilles sont réunies au sommet , disposées en rosette , oblongues , aiguës , entières sur les bords , sans y être cartilagineuses ; les capsules sont oblongues , penchées , presque pendantes ; l'opercule est court , convexe. La consistance de cette plante la rapproche du bry ponctué. ♃. Elle croît dans les forêts et les bruyères humides.

1313. Bry pointu.   *Bryum cuspidatum.*

Bryum cuspidatum. Schreb. Spic. 1049. Sw. Musc. succ. 51. — *Bryum geniculatum.* Vill. Dauph. 4. p. 892. t. 54. — *Mnium cuspidatum.* Hedw. spec. p. 192. t. 45. f. 5-8. Hoffm. Germ. 2. p. 52. — *Mnium serpillifolium ,* β. Linn. spec. 1577. — Dill. Musc. t. 53. f. 79.

Ses tiges sont simples , garnies dans toute leur longueur de feuilles ovales-lancéolées , acérées , étalées , dentées en scie ; les capsules sont ovoïdes , pendantes ; l'opercule est conique , obtus. Sa consistance est la même que celle du bry ponctué. ♃. Elle croit dans les prés humides et les bosquets frais : elle fructifie au printemps. Elle pousse quelquefois de longs rejets garnis de feuilles très-larges qui émettent des racines et s'implantent en terre par le sommet , comme certaines fougères exotiques.

1314. Bry à long bec.   *Bryum rostratum.*

Mnium rostratum. Hoffm. Germ. 2. p. 52. — *Mnium longirostrum.* Brid. Musc. 4. p. 106.

Cette espèce a le port du bry pointu , les feuilles du bry en lanière et l'opercule du bry ponctué : elle diffère du premier par son opercule en bec courbe et alongé , et par sa capsule cylindrique ; du second par son opercule et parce que ses tiges ne partent point d'une souche rampante ; du troisième , par ses feuilles alongées , dentelées , ondulées et souvent courbées en carène : elle diffère , enfin , du bry en rosette , par la longueur de son opercule et la disposition de ses feuilles. ♃. Cette mousse m'a été communiquée par le C. Deleuze, qui l'a trouvée sur la montagne de Gaches en Provence : elle y fructifie à la fin du printemps.

1315. Bry en lanière.   *Bryum ligulatum.*

Bryum ligulatum. Schreb. Spic. 753. Sw. Musc. succ. 51. — *Bryum dendroides.* Vill. Dauph. 4. p. 893. — *Mnium undulatum.* Hedw. spec. 195. Hoffm. Germ. 2. p. 53. — *Mnium serpillifolium*, δ. Linn. spec. 1578. — Dill. Musc. t. 52. f. 76.

Une souche ordinairement rampante produit des tiges droites, simples, un peu fermes, garnies de feuilles oblongues, un peu pointues, ondulées, dentées en scie et non cartilagineuses sur les bords ; les capsules sont ovoïdes, pendantes ; l'opercule est court et convexe. D'ailleurs cette espèce ressemble au bry ponctué et se trouve comme lui dans les lieux humides et ombragés. ⍦.

CXXIII. BARTHRAMIE.   *BARTHRAMIA.*

Barthramia. Brid. — *Bartramia.* Hedw. Sw. — *Mnii sp.* Hoffm. — *Bryi sp.* Linn.

Car. La capsule est sphérique, terminale ou latérale ; le péristome est double ; l'extérieur a seize dents en forme de coin, et qui tendent à se courber en dedans ; l'intérieur formé par une membrane conique, plissée, divisée au sommet en seize lanières bifurquées.

Obs. Les fleurs sont hermaphrodites ou monoïques ; la coiffe est glabre, se fend de côté et se détache obliquement.

§. Ier. *Pédoncules terminaux.*

1316. Barthramie vulgaire.   *Barthamia vulgaris.*

Barthramia pomiformis. Brid. Musc. 4. p. 128. t. 2. f. 3. non Sw. nec forsan Hedw. — *Bartramia crispa.* Sw. Musc. succ. 73. — *Bryum pomiforme.* Linn. spec. 1580. — Dill. Musc. t. 44. f. 1. — Vaill. Bot. t. 24. f. 9-12.

Sa tige est droite, rameuse, longue de 2-4 centim., garnie à sa base d'un duvet roussâtre ; ses feuilles sont nombreuses, serrées, linéaires, en forme d'alène, un peu dentées en scie vers le sommet, droites dans l'état frais, un peu crépues dans l'état de siccité, d'un verd décidé et nullement glauque ; les pédoncules sont terminaux, rougeâtres, longs de 2 centim. ; la capsule est sphérique, un peu oblique à sa maturité, d'abord verte et lisse, puis jaune ou rougeâtre, et striée en long ; l'opercule est presque plane, un peu protubérant au centre. ⍦. Elle

croît sur la terre, le sable et les rochers humides : elle fructifie
au printemps. On la trouve dans toute la France.

1317. Barthramie crépue.   *Barthramia crispa.*

Barthramia crispa. Brid. Muscol. 4. p. 131. t. 1. f. 4. non. Sw. —
Bartramia hercynica. Flœrke. — *Bryum lacerum.* Vill. Dauph.
4. p. 879 ?

Cette espèce diffère de la barthramie vulgaire par ses rameaux
plus alongés et moins serrés, ses feuilles dentées en scie dans
toute leur longueur, d'un verd plus glauque, crépues même dans
l'état frais, et très-tortillées dans l'état sec. ♂. Elle croît dans les
fentes des rochers humides et fructifie au printemps. Je l'ai reçue
de Sorrèze, des environs du lac Léman et des montagnes du
Hartz. Elle croît probablement aussi dans le Dauphiné (Vill.).

1318. Barthramie à   *Barthramia ithyphylla.*
feuilles droites.

Barthramia ithyphylla. Brid. Muscol. 4. p. 152. t. 1. f. 6. —
Bartramia pomiformis. Hedw. sp. 164. Sw. Musc. suec 73.
— *Bryum pomiforme,* β. Vill. Dauph. 4. p. 878. — Hall.
Helv. n. 1803. t. 46. f. 7.

Cette espèce se distingue de toutes les espèces de ce genre,
à ses tiges dont la longueur atteint rarement 2 centim., qui se
divisent en rameaux courts, droits et très-serrés ; à ses feuilles
nombreuses, droites et serrées même lorsqu'elles sont humides,
nullement crépues dans l'état de dessication, un peu élargies à
leur base et à peine bordées de quelques dentelures : la longueur
du pédicelle varie de 1-2 centim. ; la capsule est presque droite,
assez semblable à celle de la barthramie vulgaire. ♂. Elle croît
dans les fentes des rochers humides, et sur la terre sablonneuse
et ombragée ; dans les Alpes du Léman, de la Savoie, du Dauphiné, aux environs de Nantes, etc.

1319. Barthramie d'Œder.   *Barthramia Œderi.*

Barthramia Œderi. Brid. Muscol. 4. p. 135. t. 2. f. 9. — *Bryum
Œderi.* Retz. Prod. n. 1246. — *Bryum pomiforme,* γ. Vill.
Dauph. 4. p. 878. — Œd. Fl. dan. t. 478.
β. *Barthramia longiseta.* Brid. Muscol. 4. p. 136. t. 2. f. 10.

Cette barthramie se reconnoît sans peine à sa tige grèle,
rameuse, qui atteint 7-10 centim. de longueur ; à ses rameaux
divergens et alongés ; à ses feuilles un peu écartées, nullement
crépues dans l'état frais, à peine crispées dans l'état sec, dentées

en scie lorsqu'on les observe à une forte loupe : les pédicelles sont rouges, longs de 2 centim., d'abord terminaux, ensuite latéraux ; la capsule est verte dans sa jeunesse, brune et
striée dans un âge avancé, plus petite que dans les espèces précédentes ; l'opercule est court, conique, obtus. La variété β ne
diffère de la précédente que par sa tige plus courte, ses rameaux
plus serrés, sa capsule plus petite et ses pédicelles plus alongés. ♃.
Cette mousse croît dans les Alpes, sur les rochers humides et
ombragés ; elle a été trouvée en Dauphiné (Vill.) ; aux environs du lac Léman ; dans le Rouergue ; dans les basses Alpes
près Lauzières, par le C. Clarion.

1320. Barthramie des fontaines. *Barthramia fontana.*

Bryum fontanum. Huds. Angl. 404. Sw. Musc. suec. 48. —
Mnium fontanum. Linn. spec. 1574. Hedw. spec. 195. Brid.
Musc. 4. p. 78. Lam. Fl. fr. 1. p. 37. — Dill. Musc. t. 44. f. 2. —
Vaill. t. 24. f. 10

Les jets que pousse cette espèce sont un peu rameux, cylindriques, droits, rapprochés, couverts dans le bas de radicules
brunes et fibreuses ; ses feuilles sont ovales-lancéolées, courbées en carène, entières, aiguës, dirigées du même côté vers
le sommet des tiges, traversées par une nervure longitudinale ;
les pédicelles d'abord terminaux, deviennent latéraux par la
naissance des nouvelles branches ; la capsule est inclinée, arrondie, oblique, striée, assez grosse, un peu resserrée à son
orifice ; le péristome interne est finement cilié. Cette espèce est
monoïque et porte ses fleurs mâles en disque. Elle appartient
à ce genre d'après l'observation de Swartz. Journ. Schrad. 2.
p. 181. t. 5. f. B. 1. Cette mousse croît dans les marais découverts et auprès des fontaines ; elle fructifie en été. ♃.

§. II. *Pédoncules latéraux.*

1321. Barthramie de Haller. *Barthramia Halleriana.*

Bartramia Halleriana. Hedw. St. Cr. 2. p. 111. t. 40. Spec. 164.
Bryum laterale. Huds. Angl. 2. p. 483. — *Mnium laterale.*
Hoffm. Germ. 2. p. 54. — *Bryum recurvum.* Jacq. Coll. 2.
p. 224. — Hall. Helv. n. 1802. t. 45. f. 8.

Les tiges sont droites, longues de 4-5 centim., divisées en
rameaux alongés et peu nombreux ; les feuilles sont molles, serrées, élargies à leur base et prolongées en un long appendice

en forme d'alène ; celles du bas sont couvertes d'un duvet roux ; celles du haut sont d'un verd clair, deviennent ensuite un peu rousses, et sont souvent courbées d'un seul côté : les pédicelles sont latéraux, purpurins, à-peu-près de la longueur des feuilles, appliqués contre la tige ; les capsules sont droites ou un peu inclinées, ovoïdes, fortement striées, d'un roux brun ; le péristome externe est d'un brun pourpre, l'interne est blanchâtre, membraneux. ♃. Cette mousse croît dans les montagnes, parmi les pierres et les rochers : on la trouve dans les Pyrénées près Barèges, et dans les Alpes.

CXXIV. BUXBAUMIE.   *BUXBAUMIA.*

Buxbaumia. Linn. Hedw. — *Sphagni sp.* Hall.

Car. La capsule est terminale, ovoïde, oblique, ventrue d'un côté ; le péristome est double ; l'extérieur a seize dents tronquées ; l'intérieur est une membrane alongée, plissée, conique, un peu tronquée au sommet.

Obs. Les buxbaumies sont monoïques ; leurs fleurs males sont en disque ; leur coiffe est petite, fugace et se fend de côté. Ces mousses sont presque entièrement dépourvues de tiges et de feuilles, et leur pédicelle est peu alongé.

1322. Buxbaumie feuillée.   *Buxbaumia foliosa.*

Buxbaumia foliosa. Linn. Syst. Veg. 945. Hedw. Fund. t. 9. f. 51. — *Buxbaumia sessilis.* Schmied. Diss. p. 26. f. 1. — *Bryum Hallerianum.* Neck. Meth. 233. — *Bryum phascoides.* Jacq. Coll. 2. p. 220. — *Phascum Hallerianum.* Poll. Pall. n. 974. — *Phascum maximum.* Lightf. Scot. 2. p. 693. — *Phascum montanum.* Huds. Angl. 2. p. 466. — Hall. Helv. n. 1725. t. 46. f. 3. — Dill. Musc. t. 32. f. 13.

La tige de cette mousse peut être considérée comme nulle ; de la racine s'élève une petite touffe de feuilles ; les inférieures sont linéaires, obtuses ; les supérieures, qui forment le périchœtium, sont lancéolées, bordées d'une membrane diaphane, et leur nervure se prolonge en une longue pointe aiguë très-légèrement dentelée, qui atteint ou dépasse la capsule ; celle-ci est ovoïde, sessile, entière, presque droite, légèrement oblique ; les dents du péristome externe tombent facilement. Cette mousse croît le long des chemins ombragés, dans les bois : elle se trouve à Meudon ; dans le Jura ; dans les Alpes ; au Pati et à Abbeville (Bouch.) ; dans la Limagne et les montagnes d'Auvergne
(Del.).

(Delarb.). Bridel observe que son péristome diffère de celui de l'espèce suivante par l'absence de la couronne de filamens charnus, et qu'elle doit peut-être former un genre distinct.

1323. Buxbaumie sans feuilles. *Buxbaumia aphylla.*

Buxbaumia aphylla. Linn. Syst. Veg. 945. Hedw. Fund. t. 9. f. 52. t. 3. f. 10. — *Buxbaumia caulescens.* Schmied. Diss. p. 25. — Buxb. Cent. 2. p. 8. t. 4. f. 2. — Dill. Musc. t. 68. f. 5.

Cette mousse singulière n'offre qu'une petite callosité au lieu de tige, et un faisceau de poils courts et serrés au lieu de feuilles; le pédicelle part du milieu de ces poils; il est droit, ferme, brunâtre, long de 8-10 millim.; la capsule est grosse, oblongue, oblique ou ventrue d'un côté, d'un brun rougeâtre; sa coiffe est fugace, très-petite; son opercule oblique, conique, presque obtus. Elle croît sur la terre, dans les bruyères et les lieux stériles. On la trouve en Belgique (Lestib. Rouc.); en Bugey (Vill.); près Tende (All.); sur les rochers de la vallée de Marienflore près Sierck sur la Moselle.

CXXV. LESKÉE. *LESKEA.*

Leskea. Hedw. — *Leskia.* Brid. — *Hypni sp.* Linn.

CAR. La capsule est latérale, oblongue; le péristome double; l'extérieur a seize dents aiguës; l'intérieur membraneux, divisé en seize lanières égales entre elles.

Obs. Les fleurs sont monoïques ou dioïques, ou quelquefois même hermaphrodites, et varient dans les mêmes espèces; les mâles sont toujours des gemmes axillaires. Ce genre diffère des hypnes, parce que les seize lanières de son péristome interne sont profondes, égales, et non entremêlées de cils difformes; il diffère des neckères, parce que les lanières de son péristome interne sont réunies à la base par une membrane, que la capsule n'est jamais cachée dans le périchœtium, que son orifice est muni d'un anneau, lequel manque dans les neckères, et que sa coiffe se fend toujours de côté et se détache obliquement.

1324. Leskée luisante. *Leskea lucens.*

Hypnum lucens. Linn. spec. 1589. Hedw. spec. 243. Fund. 1. t. 1. f. 4. 5. 6. Brid. Muscol. 3. p. 128. Lam. Dict. 3. p. 167. — *Leskea lucens.* Mœnch. Marp. p. 739. — Dill. Musc. t. 34. f. 10.

Sa tige, qui est couchée, se divise en branches irrégulières

fragiles, presque simples, verdâtres; ses feuilles sont embriquées, peu serrées, grandes, planes, ovales, obtuses, transparentes, réticulées, luisantes, sans nervure, souvent garnies,
sur le bord ou vers le sommet, de cils radicaux simples ou rameux; les pédicelles naissent latéralement sur la tige et les
branches; ils sont droits, solitaires, purpurins, longs de 3 centimètres, chargés d'une capsule penchée, ovoïde, brune, reti-
culée; la coiffe est d'un blanc verdâtre, conique, aiguë; l'opercule est purpurin, convexe à sa base, prolongé en pointe aiguë,
droite ou quelquefois courbée; le péristome externe a seize
dents aiguës, purpurines, opaques; l'interne a seize dents égales,
aiguës, jaunâtres. Cette espèce croît dans les bois humides. ♃.
Elle se trouve en Dauphiné (Lam.); en Piémont (All.); aux
environs de Sorrèze.

1325. Leskée trichomane.   *Leskea trichomanoides.*

> *Leskia trichomanoides* Brid. Muscol. 2. p. 36. — *Leskea com-
> planata.* Hedw. spec. 231. — *Hypnum trichomanoides.* Schreb.
> Spic. 88. Lam. Dict. 3. p. 163. — Dill. Musc. t. 34. f. 8. —
> Vaill. Bot. t. 23. f. 4.

Cette mousse ressemble beaucoup à la suivante, avec laquelle
on l'a souvent confondue, mais elle s'en distingue par sa tige
plus courte, ses rameaux moins grèles et moins alongés, concaves en dessous à cause de l'inflexion des feuilles; par ses feuilles
obtuses, munies d'une nervure jusqu'aux deux tiers de leur longueur; par sa capsule plus cylindrique et son opercule long et
courbé. ♃. Elle croît sur l'écorce des arbres dans les forêts; son
feuillage ressemble à celui de la jongermanne applatie, et est
transparent comme dans les trichomanes. Cette espèce est réunie
avec la suivante par Hedwig, et dans l'herbier de Vaillant.

1326. Leskée applatie.   *Leskea complanata.*

> *Leskia complanata.* Brid. Muscol. 3. p. 34. t. 1. f. 2.—*Hypnum
> complanatum.* Linn. spec. 1588. Lam. Fl. fr. 1. p. 52. — Dill.
> Musc. t. 34. f. 7.
> β. *Hypnum complanatum caducum.* Vill. Dauph. 4. p. 899.

Ses tiges sont couchées, filiformes, divisées en rameaux divergens disposés sur deux rangs opposés, une ou plusieurs fois
pennés, souvent dénudés de feuilles dans leur vieillesse; les
feuilles sont disposées sur deux rangs comme les folioles des
feuilles pennées, planes, à demi-transparentes, d'un verd clair,
presque sans nervure; celles des tiges sont ovales-oblongues,

terminées par une pointe particulière ; celles des branches sont lancéolées, aiguës : les pédicelles sont grêles, droits, purpurins, longs de 2-5 centim. ; la capsule est droite, ovoïde ; l'opercule conique, acéré, légèrement oblique. ♃. Cette mousse est commune sur les troncs d'arbres, les murs, les rochers. Elle fructifie rarement.

1327. Leskée de Seliger. *Leskea Seligeri.*

Leskia Seligeri. Brid. Musc. 3. p. 47.

Cette leskée ressemble extrêmement à l'hypne dentelé par son port, ses jets simples et la forme de sa capsule ; mais elle en diffère par son péristome interne à seize lanières égales, ce qui la range parmi les leskées ; par ses feuilles plus pointues, moins étalées, et par son opercule un peu plus obtus. Elle croît sur les troncs pourris, dans les forêts des Alpes.

1328. Leskée déliée. *Leskea subtilis.*

Leskea subtilis. Hedw. St. Cr. 4. p. 29. t. 9. spec. 221. Brid.
Muscol. 3. p. 44. Sw. Musc. suec. 69. — *Hypnum subtile.*
Hoffm. Germ. 2. p. 70.

Sa tige est grêle, rampante, divisée en rameaux déliés ; les feuilles sont écartées par l'humidité, lancéolées-linéaires, grêles, sans nervure ; celles du périchœtium sont embriquées, oblongues, d'un verd plus pâle : les pédicelles sont droits, rougeâtres, longs de 1-2 centim. ; la capsule est cylindrique, droite ou légèrement inclinée, d'un brun rougeâtre ; l'opercule conique, aigu ; les deux péristomes sont d'un blanc jaunâtre et très-visibles. ♃. Cette mousse croît au pied des arbres : elle se trouve dans les montagnes voisines du Léman.

1329. Leskée multiflore. *Leskea polyantha.*

Leskea polyantha. Hedw. St. Cr. 4. p. 4. t. 2. Brid. Muscol. 3.
p. 42. excl. syn. Lam. — *Hypnum polyanthos.* Schreb. Spic.
97. — *Hypnum filifolium.* Linn. Mant. 2. p. 308. — Dill. Musc.
t. 42. f. 62.

Ses jets sont longs, couchés, divisés en rameaux grêles, simples, un peu courbés au sommet ; ses feuilles sont embriquées dans la sécheresse, étalées par l'humidité, concaves à leur base, lancéolées, aiguës, sans nervure, d'un verd clair ; les pédicelles sont nombreux, droits, d'un rouge pâle, longs de 2-5 centim. ;

la capsule est ovoïde, rouge, brune, à-peu-près droite; l'opercule est conique, aigu, d'un rouge vif, un peu courbé. ♃. Elle croît dans les bois au pied des arbres, dans les Alpes; à Abbeville (Bouch.).

1330. Leskée à plusieurs fruits.   *Leskea polycarpa.*

Leskea polycarpa. Ehrh. Crypt. exs. 96. Hedw. spec. 225. Brid. Muscol. 3. p. 43. t. 1. f. 3. et t. 6. f. 3. — *Hypnum polycarpon.* Hoffm. Germ. 2. p. 70.

Sa tige est alongée, grêle, rampante, divisée en rameaux peu branchus, entrelacés; ses feuilles ovales-lancéolées, aiguës, entières, traversées par une nervure, s'étalent par l'humidité et deviennent embriquées par la sécheresse; les pédicelles sont nombreux, rougeâtres, droits, longs de 2 centim.; la capsule est droite, longue, cylindrique, d'un brun roux; les deux péristomes sont de couleur pâle et très-visibles après la chûte de l'opercule, lequel est rouge, conique, droit, aigu, peu alongé. ♃. Cette mousse croît au pied des arbres et sur les troncs. On l'a trouvée dans les montagnes voisines du lac Léman; aux environs du Mans.

1331. Leskée soyeuse.   *Leskea sericea.*

Leskea sericea. Hedw. St. Cr. 4. p. 43. t. 17. Brid. Muscol. 3. p. 40. — *Hypnum sericeum.* Linn. spec. 1595. Lam. Dict. 3. p. 176. — Dill. Musc. t. 42. f. 59. — Vaill. Bot. t. 27. f. 3.

Cette espèce offre des jets alongés, rampans, qui émettent des rameaux simples ou branchus, redressés, souvent courbés au sommet, garnis de feuilles embriquées, d'un aspect soyeux et d'un verd souvent jaunâtre; ces feuilles sont lancéolées, pointues, munies vers leur base de trois nervures longitudinales; celles du périchœtium sont plus acérées et sans nervure; les pédicelles sont axillaires, droits, brillans, rougeâtres, longs de 2 centim.; la capsule est droite, cylindrique, brunâtre, sans anneau, munie d'un opercule conique, aigu, un peu crochu, et d'une coiffe en alêne, blanchâtre et qui se fend de côté. ♄. Cette espèce est commune sur les troncs d'arbres et quelquefois se trouve sur les pierres. Elle fructifie au printemps.

1332. Leskée arbrisseau.   *Leskea dendroides.*

Leskea dendroides. Hedw. spec. 228. — *Neckera dendroides,*
Brid. Musc. 3. p. 15. —*Hypnum dendroides.* Linn. spec. 1595.
Lam. Dict. 3. p. 178. — Dill. Musc. t. 40. f. 48. — Vaill. Bot.
t. 26. f. 6.

Sa tige est droite, ferme, nue dans le bas, divisée vers le sommet en plusieurs rameaux redressés et rapprochés ; ses feuilles sont
lancéolées, embriquées, concaves, munies d'une nervure longitudinale, d'un verd jaunâtre et luisant ; celles qui entourent la
fleur sont presque linéaires, terminées par un poil ; les pédicelles
naissent le long des rameaux ; ils sont droits, longs de 4-6 centimètres, tortillés sur eux-mêmes dans la dessication ; la capsule est droite, cylindrique ; l'opercule en bec un peu courbé ;
le péristome interne offre seize lanières capillaires qui partent
d'une membrane étroite, selon l'observation d'Hedwig. ℒ. Elle
croit dans les prairies, au bord des bois herbeux et humides ;
fructifie au printemps.

1333. Leskée attenuée.   *Leskea attenuata.*

Leskea attenuata. Hedw. St. Cr. 1. p. 33. t. 12. Brid. Muscol. 3.
p. 39. —*Hypnum attenuatum.* Dicks. Crypt. 2. p. 13 — *Hypnum clavatum.* Bell. Act. Tur. 5. p. 257. — Dill. Musc. t. 42.
f. 66. —Hall. Helv. n. 1673.

Ses jets alongés, couchés, souvent rampans, poussent des
rameaux sans ordre, dont les uns s'alongent en filamens grèles
presque dégarnis de feuilles, les autres se terminent par un
sommet épais, courbé et en forme de massue ; les feuilles sont
ovales-lancéolées, presque obtuses, concaves, dirigées du même
côté sur-tout lorsqu'elles sont sèches, munies d'une nervure
qui s'efface au sommet, d'un verd jaunâtre ; les pédicelles sont
droits, purpurins ; la coiffe étroite, tordue en spirale sur elle-
même ; la capsule droite, cylindrique, rougeâtre ; l'opercule
conique ; les dents ou cils du péristome interne sont unies par
une membrane très-étroite, ce qui rapproche cette mousse des
neckères. Elle croit au pied des arbres : il est rare de la trouver
en fruit. Je l'ai reçue des environs de Genève. Elle croit en
Savoie, entre Moutiers et Pralognan (Bell.).

CXXVI. HYPNE.   *HYPNUM.*

Hypnum. Hedw. — *Hypni sp.* Linn.

Car. La capsule est latérale, oblongue, presque toujours inclinée; le péristome double; l'extérieur a seize dents aiguës; l'intérieur a seize lanières, entre chacune desquelles on trouve un, deux ou trois cils.

Obs. Les fleurs sont dioïques (monoïques dans l'hypne des rives), et les males sont en gemmes axillaires; la coiffe est en alène, se fend de côté et se détache obliquement; la capsule est toujours portée sur un pédicelle qui dépasse beaucoup le périchœtium : les hypnes sont en général très-rameux et vivaces.

§. Ier. *Tiges pennées. Feuilles embriquées en tous sens.*

1554. Hypne tamarix.   *Hypnum tamariscinum.*

> *Hypnum tamariscinum.* Hedw. spec. 261. t. 67. f. 1-5. — *Hypnum proliferum.* Linn. spec. 1590. Sw. Musc. succ. 53. Lam. Dict. 3. p. 167. — *Hypnum parietinum.* Linn. Syst. 950. Brid. Muscol. 3. p. 72. Dill. Musc. t. 35. f. 14. — Vaill. Bot. t. 25. f. 1.
>
> ß. *Hypnum recognitum.* Hedw. St. Cr. 4. p. 92. t. 35. Brid. Muscol. 3. p. 74.

Sa souche est couchée, longue de 1-2 décim.; elle émet çà et là des tiges droites, hautes de 7-10 centim., fermes, divisées sur un seul plan en rameaux deux ou trois fois pennés, et qui vont en s'amincissant vers l'extrémité; les tiges sont ordinairement couvertes d'une espèce de duvet court, formé par des radicules avortées; les feuilles sont embriquées, cordiformes, terminées en pointe acérée, traversées par une nervure qui s'évanouit au sommet, striées et un peu rudes en dessus, nullement luisantes et d'un verd un peu roussâtre; les pédicelles sont solitaires ou aggrégés, droits, purpurins; la capsule est cylindrique, courbée, d'un pourpre brun; l'opercule est conique, aigu, presque droit. La variété ß est un peu plus grèle, a les pédicelles toujours solitaires et l'opercule un peu plus alongé. ♃. Elle est commune dans les bois, les prés, les vergers. Elle fructifie en été.

1335. Hypne éclatant. *Hypnum splendens.*

Hypnum splendens. Hedw. spec. 262. t. 67. f. 6-9. — *Hypnum pennatum.* Lam. Dict. 3. p. 168. — *Hypnum parietinum.* Linn. spec. 1590. Sw. Musc. succ. 53. — *Hypnum proliferum.* Linn. Syst. 950. Brid. Muscol. 3. p. 68. — Dill. Musc. t. 35. f. 13. — Vaill. Bot. t. 29. f. 1.

Cette espèce se distingue de la précédente dès le premier coup-d'œil, par son aspect luisant et d'un verd jaunâtre ; en outre ses rameaux ne sont d'ordinaire que deux fois pennés ; ses feuilles sont lancéolées et leur pointe se crispe par la sécheresse ; son opercule est en bec alongé, aigu et courbé. ♃. Elle croît dans les forêts, les lieux ombragés ; fructifie au printemps.

1336. Hypne des sapins. *Hypnum abietinum.*

Hypnum abietinum. Linn. spec. 1591. Hedw. St. Cr. 4. p. 84. t. 32. Brid. Muscol. 3. p. 80. Lam. Dict. 3. p. 167. — Dill. Musc. t. 35. f. 17. — Vaill. Bot. t. 29. f. 12.

Sa tige est tombante, souvent hérissée en dessous de radicules cotonneuses, pennée ou divisée en rameaux pennés, linéaires, en alène, un peu comprimés, roides et d'un verd roussâtre ; les feuilles sont appliquées, ovales-lancéolées, acérées, striées, munies d'une nervure qui s'évanouit au sommet ; les pédicelles, selon Hedwig, sont droits et partent de la souche principale ; la capsule est inclinée, oblongue ; l'opercule conique, acéré. ♃. Cette mousse est commune dans les lieux secs et stériles, les bois de sapins, etc. Elle n'a encore été trouvée avec ses fruits qu'en Suède et en Silésie.

1337. Hypne alongé. *Hypnum prælongum.*

Hypnum prælongum. Linn. spec. 1591. Hedw. St. Cr. 4. p. 76. t. 29. Brid. Muscol. 3. p. 82. Lam. Dict. 3. p. 165. — Dill. Musc. t. 35. f. 15. — Vaill. Bot. t. 23. f. 9.

Cette mousse varie beaucoup pour son port, sa grandeur et son feuillage ; on la reconnoît à sa tige longue, couchée, irrégulièrement pennée ; à ses rameaux lâches un peu branchus ; à ses feuilles presque étalées, ovales-lancéolées, quelquefois très-acérées, mais jamais terminées par un poil ; à ses pédicelles un peu rudes ; à sa capsule penchée, oblongue, surmontée d'un opercule conique qui se prolonge en un bec acéré, tortueux. ♃. Elle croît dans les forêts, sur les troncs et les bois à demi pourris ; fructifie à la fin de l'hiver.

1338. Hypne de Clarion.   *Hypnum Clarioni.*

Cette espèce est voisine de l'hypne alongé, dont elle diffère par ses feuilles en forme de cœur à la base, et dont la nervure ne dépasse pas les deux tiers de la longueur; par son pédicelle lisse et par les feuilles de son périchœtium dépourvues de nervure; sa tige est couchée, légèrement rampante, irrégulièrement pennée; les feuilles sont lancéolées, en cœur à la base, acérées et presque terminées en poil, embriquées sur la tige, presque sur deux rangs dans les rameaux, d'un verd clair et demi-transparent, dentelées sur les bords lorsqu'on les voit au microscope; celles du périchœtium sont entières: les pédicelles sont droits, un peu flexueux, et partent de la souche principale; la capsule est penchée, ovale-oblongue; l'opercule conique, en bec alongé et courbé; le péristome interne a seize lanières entremêlées de trente-deux cils. ♃. Cette espèce croît en touffes applaties sur les vieux arbres : elle a été trouvée à Meudon par le C. Clarion.

1339. Hypne pointu.   *Hypnum cuspidatum.*

Hypnum cuspidatum. Linn. spec. 1595. Hedw. spec. 254. Brid. Muscol. 3. p. 86. Lam. Dict. 3. p. 169. — Dill. Musc. t. 39. f. 34.

Sa tige est presque droite, haute de 8-15 centim., divisée sur-tout vers le haut en rameaux étalés, disposés de çà et de là sur un seul plan comme les barbes d'une plume, terminés par une pointe acérée due à l'enroulement des feuilles supérieures, et qui ressemble à celle qui termine les jeunes pousses des figuiers; les feuilles sont dépourvues de nervure, étalées sur-tout dans le bas des rameaux, embrassantes, ovales et concaves à leur base, terminées, sur-tout dans leur jeunesse, par un prolongement aigu dont les bords sont courbés ou roulés en dessus; les feuilles du périchœtium sont longues, droites, acérées; le pédicelle est droit, lisse, rougeâtre; la capsule courbée, penchée, ovale-cylindrique; l'opercule court, obtus, conique. ♃. Cette mousse est commune dans les fossés, les prés humides, le bord des ruisseaux.

1340. Hypne en cœur.   *Hypnum cordifolium.*

Hypnum cordifolium. Hedw. St. Cr. 4. p. 97. t. 27. Brid. Muscol. 3. p. 180.

Cette espèce est voisine de l'hypne pointu, parce que l'extré-

mité des rameaux se termine de même par une pointe acérée due
aux feuilles supérieures roulées et embriquées les unes sur les
autres ; mais il s'en distingue sans peine à ses jets longs, grêles,
simples ou peu rameux ; à ses feuilles écartées, disposées sans
ordre régulier, étalées, en forme de cœur, acérées et munies
dans toute leur longueur d'une nervure longitudinale ; les pédicelles sont longs, rougeâtres, latéraux ; la capsule ovoïde,
penchée, brune à sa maturité. ♃. Cette espèce se trouve près
de Paris, mêlangée avec l'hypne pointu dans les fossés et les
marais.

1341. Hypne sans pointe. *Hypnum muticum.*

Hypnum muticum. Gœns. Spic. 46. Sw. Musc. suec. 60. —
Hypnum Schreberi. Brid. Muscol. 3. p. 88. — *Hypnum com-
pressum.* Schreb. Spic. 96. Lam. Dict. 3. p. 170. non Linn. —
Dill. Musc. t. 40. f. 47.

Cette espèce tient le milieu entre l'hypne pointu et l'hypne
pur, avec lesquels on l'a souvent confondue ; elle diffère du
premier par ses feuilles presque obtuses, jamais terminées par
un poil alongé, et du second par ses feuilles moins embriquées,
dépourvues de nervure ; par ses jets comprimés ; par sa tige
rougeâtre, et par son opercule alongé ; enfin, elle se distingue
de l'hypne comprimé (avec lequel Schreber l'avoit confondue),
par ses feuilles sans nervure, qui ne sont point déjetées d'un
seul côté. ♃. Elle croît au bord des bois, dans les prairies
humides ; fructifie en hiver.

1342. Hypne pur. *Hypnum purum.*

Hypnum purum. Linn. spec. 1594. Hedw. spec. p. 253. t. 66.
f. 3-6. Brid. Muscol. 3. p. 89. Lam. Dict. 3. p. 159. — Dill.
Musc. t. 40. f. 43. — Vaill. Bot. t. 28. f. 3.

La tige de cette mousse est ascendante, longue de 8–12 centimètres, divisée en rameaux disposés sur un seul plan comme
les barbes d'une plume, étalés, souvent courbés vers le sol à
leur sommet ; les feuilles sont serrées, embriquées, munies
(excepté celles du périchœtium) d'une nervure jusqu'aux
deux tiers de leur longueur, ovales, concaves, terminées par
une petite pointe ; le pédicelle est droit, lisse, purpurin, long
de 6 centim. ; la capsule est inclinée, ovoïde, brune ; l'opercule
conique, pointu. ♃. Cette mousse croît sur la terre, dans les
bois et les prairies.

1343. Hypne vermiculaire.   *Hypnum illecebrum.*

Hypnum illecebrum. Linn. spec. 1594? Hedw. spec. 252? Lam.
Dict. 3. p. 174. Brid. Muscol. 3. p. 92. — Vaill. Bot. t. 25. f. 7.

Cette plante ne diffère de l'hypne pur que par ce qu'elle est
plus petite; que ses jets sont plus épais, moins nombreux, épars
et non régulièrement pennés. ℔. Elle croît dans les bois et
les prairies. La figure de Dillen (t. 40. f. 46.) et celle de Hedwig (spec. t. 66. f. 1. 2), représentent une mousse de l'Amérique septentrionale, qui me paroît différer de la nôtre par la
longueur de sa capsule, par les légères aspérités de son pédicelle, et même un peu par la forme des feuilles. La mousse
d'Europe seroit-elle différente de celle d'Amérique, qui est le
vrai *hypnum illecebrum*, Linn.?

1344. Hypne brillant.   *Hypnum nitens.*

Hypnum nitens. Schreb. spic. 92. Hedw. spec. 255. Brid. Muscol.
3. p. 93. Lam. Dict. 3. p. 181. All. Ped. n. 2503. — *Hypnum trichodes.* Poll. Pal. n. 1047. All. Ped. n. 2504. non Vill. — Dill.
Musc. t. 39. f. 37. — Vaill. Bot. t. 27. f. 11.

Sa tige est presque droite, longue de 8-10 centim., divisée
en rameaux simples, un peu comprimés; les feuilles sont lancéolées, aiguës, munies d'une nervure et de stries longitudinales, d'un verd jaunâtre, brillantes, étalées même lorsqu'elles
sont sèches; les pédicelles sont droits, latéraux, rouges, munis
à leur base de feuilles blanchâtres très-accréées et striées; la
capsule est ovoïde, d'abord droite, puis penchée; l'opercule
court, convexe à la base, terminé par une petite pointe. Cette
mousse croît dans les prés humides et tourbeux, aux environs
du Mans; à l'étang de Saint-Gratien et à Sèvres près Paris; à
la vallée de Lanzo dans le Piémont (All.); dans la Belgique
(Neck.).

§. II. *Jets pennés; feuilles dirigées d'un seul côté.*

1345. Hypne glauque.   *Hypnum glaucum.*

Hypnum glaucum. Lam. Dict. 3. p. 170. — *Hypnum aduncum.*
Lam. Fl. fr. 1. p. 57. excl. syn. — *Hypnum commutatum.*
Hedw. St. Cr. 4. p. 68. t. 26. excl. syn. Brid. Muscol. 3.
p. 57. — *Hypnum filicinum.* Weiss. Crypt. 229. non Linn. —
Dill. Musc. t. 36. f. 22.

Cette mousse, d'abord confondue avec l'hypne à bec et
l'hypne fougère, a été pour la première fois décrite comme une

espèce distincte par le C. Lamarck , dans le Dictionnaire Encyclopédique : elle a une tige couchée à la base, ascendante, divisée sans ordre en rameaux étalés , peu branchus, un peu
courbés en crosse au sommet ; ses feuilles sont ovales-lancéolées , acérées , courbées en faulx , dirigées d'un seul côté, munies d'une nervure qui n'atteint pas le sommet ; les feuilles du
périchœtium sont droites, acérées et blanchâtres ; les pédicelles
partent du haut des tiges et des branches principales ; la capsule
est penchée , oblongue, un peu courbée. ℔. Cette mousse croît
dans les marais et les ruisseaux ; sa base est souvent chargée
d'incrustations calcaires. Elle a été trouvée dans le Dauphiné ,
par le C. Faujas-Saint-Fond ; dans les Alpes de Provence à la
montagne de Blayeul et au bois de Verdache par le C. Clarion ;
dans les Alpes voisines du Léman.

1346. Hypne comprimé.   *Hypnum compressum.*

Hypnum compressum. Linn. Mant. 310. Brid. Muscol. 3. p. 58.
Lam. Dict. 3. p. 166. non Schreb. — *Hypnum affine.* Hoffm.
Germ. 2. p. 61. — Dill. Musc. t. 36. f. 22.

Cette espèce est très-voisine de l'hypne glauque , de l'hypne
fougère et de l'hypne d'Hedwig ; sa tige est couchée , rameuse ,
presque pennée ; ses rameaux se courbent au sommet ; ses feuilles
sont lancéolées , élargies à leur base , acérées au sommet , dirigées d'un seul côté , traversées par une nervure saillante et qui
atteint le sommet ; les pédicelles partent çà et là de la souche
principale ; les feuilles du périchœtium sont striées et peu prolongées ; la capsule est cylindrique, un peu arquée , penchée ;
l'opercule conique et pointu. ℔. Cette mousse croît dans les forêts
humides des Alpes.

1347. Hypne fougère.   *Hypnum filicinum.*

Hypnum filicinum. Linn. spec. 1590. Hedw. spec. p. 285. t. 76.
f. 5-10. Lam. Dict. 3. p. 165. non Brid. — Dill. Musc. t. 36.
f. 19. — Vaill. Bot. t. 29. f. 9.

Sa tige est couchée à sa base, rameuse ; ses rameaux se divisent en branches étalées, disposées sur un seul plan comme
les folioles d'une feuille pennée, courbées en crosse au sommet
comme de jeunes fougères ; la tige et les rameaux principaux
sont le plus souvent garnis jusqu'au sommet d'un duvet brun
formé par de nombreuses radicules , ce qui n'arrive point dans

l'hypne glauque ; ses feuilles sont embriquées, dirigées d'un seul côté, oblongues, acérées, traversées par une nervure qui se prolonge en pointe au sommet ; les pédicelles partent du bas de la tige principale et jamais des rameaux ; la capsule est penchée, oblongue, cylindrique, l'opercule conique, un peu aigu. ♃. Cette mousse croît dans les prés et les bois humides, au bord des fossés ; fructifie en été.

1348. Hypne d'Hedwig.   *Hypnum Hedwigii.*

Hypnum crista castrensis. Hedw. spec. p. 287. t. 76 f. 1-4. excl. syn. — *Hypnum filicinum.* Brid. Muscol. 3. p. 55. excl. syn.

Cette espèce est intermédiaire entre l'hypne fougère et l'hypne plumet ; elle diffère du premier parce que ses rameaux ne sont point chargés de radicules brunes, que ses feuilles n'ont pas de nervure longitudinale, et que ses pédicelles partent du milieu des tiges principales ; on la distingue du second, en ce que ses rameaux sont étalées sur un seul plan et légèrement roulés en crosse au sommet ; que la plante est plus grande et moins touffue ; que les feuilles sont un peu striées, et le périchœtium blanchâtre et composé de feuilles alongées, pointues et serrées. ♃. Elle croît dans les forêts humides. Je l'ai reçue des Alpes voisines du Léman ; il est probable qu'elle se trouve dans toute la France.

1349. Hypne plumet.   *Hypnum crista castrensis.*

Hypnum crista castrensis. Linn. spec. 1591. Brid. Muscol. 3. p. 61. Lam. Dict. 3. p. 166. non Hedw.—*Hypnum molluscum.* Hedw. St. Cr. 4. p. 56. t. 22. excl. syn. Dill. — Dill. Musc. t. 36. f. 20. — Vaill. Bot. t. 27. f. 14.

Sa tige est couchée, rameuse ; les rameaux sont divisés en branches courtes, serrées, souvent courbées, disposées sur deux rangs peu réguliers, roulées en crosse et crépues au sommet ; les feuilles sont courbées en faulx, un peu luisantes, tortillées, serrées, ovales, acérées, sans nervure ni stries ; le périchœtium est peu prolongé ; la capsule est épaisse, penchée, oblique, surmontée d'un opercule conique, obtus. ♃. Elle croît dans les bois humides et tourbeux.

1350. Hypne faucille. *Hypnum falcatum.*

Hypnum falcatum. Brid. Muscol. 3. p. 63. t. 1. f. 6. non Vill.

Sa souche rampe, pousse des branches droites, alongées et irrégulièrement pennées vers le haut ; les rameaux sont un peu courbés à l'extrémité ; les feuilles sont oblongues, lancéolées, pliées en carène, aiguës, dirigées d'un seul côté, courbées en forme de faucille, traversées par une forte nervure qui atteint le sommet et qui persiste après la destruction du parenchyme, ce qui donne aux anciennes tiges un aspect hérissé. La fructification est inconnue. ♃. Il croît dans les lieux tourbeux des Alpes.

§. III. *Tiges irrégulièrement rameuses ; feuilles dirigées d'un seul côté.*

1351. Hypne en crochet. *Hypnum uncinatum.*

Hypnum uncinatum. Hedw. St. Cr. 4. p. 65. t. 25. Brid. Muscol. 3. p. 133. excl. syn. Lam.

Cette mousse est intermédiaire entre l'hypne à bec et l'hypne cyprès : elle diffère du premier par ses feuilles plus étroites, plus longues, marquées de trois stries à leur base, toutes courbées et dirigées d'un seul côté, par son périchœtium alongé et dont les feuilles intérieures ne se continuent pas en pointe ; par son opercule convexe surmonté d'une petite pointe, et parce que entre chaque lanière du péristome interne, on compte deux cils : elle se distingue du second par la courbure de ses feuilles et la longueur de son périchœtium. ♃. Elle croît dans les lieux montueux au pied des arbres. Elle se trouve à Montmorenci ; dans les Alpes, etc.

1352. Hypne cyprès. *Hypnum cupressiforme.*

Hypnum cupressiforme. Linn. spec. 1592. Hedw. St. Cr. 4. p. 59. t. 23. Brid. Muscol. 3. p. 155. Lam. Dict. 3. p. 171. — Dill. Musc. t. 37. f. 23. — Vaill. Bot. t. 27. f. 13.

β. *Filiforme.* — *Hypnum extenuatum.* Hoffm. Germ. 2. p. 63.

Cette mousse, l'une des plus communes de toutes, se distingue des espèces voisines à ses feuilles sans nervure et a son opercule alongé, pointu et un peu courbé ; sa tige est couchée, quelquefois rampante, divisée en rameaux peu réguliers, simples, légèrement courbés ; ses feuilles sont ovales-lancéolées, courbées en faulx, dirigées d'un seul côté, un peu luisantes, et ridées dans l'état de dessication ; la capsule est oblongue, arquée,

un peu penchée ; entre deux lanières du péristome interne on ne
trouve qu'un cil. ♃. Elle croît par-tout sur la terre, les rochers,
les arbres, etc., fructifie au printemps. La variété β, qui a été
trouvée en Bretagne par le C. Aubert du Petit-Thouars, se distingue à ses rameaux et ses pédicelles grèles et alongés.

1353. Hypne courbé.   *Hypnum incurvatum.*

Hypnum incurvatum. Schrad. Crypt. n. 80. Brid. Muscol. 3.
p. 119.

Cette espèce diffère de l'hypne des marais par la couleur plus
claire de son feuillage, parce que ses rameaux sont souvent
branchus et toutes ses feuilles dépourvues de nervure ; elle se
distingue de l'hypne cyprès à la brièveté de son opercule, et à
ce que ses feuilles ne se dirigent d'un seul côté qu'au sommet
des rameaux ; sa tige est rampante, divisée en rameaux rapprochés ; ses feuilles lancéolées, concaves, se prolongent en une
pointe ; celles du haut se courbent toutes d'un côté, celles du
milieu des branches sont presque étalées ; la capsule est ovale,
d'un roux clair, un peu courbée ; les péristomes blanchâtres ;
l'opercule court, conique, aigu. ♃. Elle croît sur la terre, dans
les Alpes, et a été trouvée à Meudon près Paris par le citoyen
Clarion.

1354. Hypne des marais.   *Hypnum palustre.*

Hypnum palustre. Linn. spec. 1593. Lam. Dict. 3. p. 171. Brid.
Muscol. 3. p. 117. — *Hypnum luridum.* Hedw. St. Cr. 4. p.
99. t. 38. — Dill. Musc. t. 37. f. 27.

Sa souche est filiforme, rampante, divisée en branches
simples, droites, un peu courbées au sommet ; les feuilles sont
ovales-lancéolées, concaves, recourbées, dirigées d'un seul
côté, dépourvues de nervure ; les pédicelles partent de la souche
principale et dépassent la longueur des branches ; les feuilles
intérieures du périchœtium sont linéaires, munies d'une nervure ; la capsule est oblongue, penchée ; l'opercule est court,
conique, un peu oblique ; on compte deux cils entre chaque lanière du péristome interne. ♃. Il croît dans les marais, les prés
humides, le bord des ruisseaux ; en Belgique (Neck.) ; en Piémont (All.) ; près Lyon (Latour.) ; près Grenoble et Laroche
(Vill.) ; à la vallée de Freuière dans les Alpes, etc.

1355. Hypne flottant. *Hypnum fluitans.*

Hypnum fluitans. Linn. Fl. suec. II. p. 399. Hedw. St. Cr. 4.
p. 94. t. 36. Brid. Muscol. 3. p. 182. — *Hypnum flagelliforme.*
Lam. Dict. 3. p. 173. — *Fontinalis fluitans.* Lam. Fl. fr. 1.
p. 64. — Dill. Musc. t. 38. f. 35. — Vaill. Bot. t. 33. f. 6. et
forsan t. 28. f. 10.

Sa tige est très-longue, grèle, flottante, divisée en rameaux
épars, simples; ses feuilles sont écartées, disposées sur trois rangs
peu distincts, oblongues, lancéolées, aiguës, traversées par
une nervure qui s'efface au sommet, d'un verd pâle, un peu
transparentes; le pédicelle varie beaucoup de longueur; la capsule est oblongue, penchée, un peu courbée; l'opercule est conique, un peu convexe à la base. ♃. Cette mousse flotte dans les
eaux claires et stagnantes : elle fructifie rarement. Certains individus mâles ressemblent beaucoup à la fig. 10 de la planche 28 de
Vaillant, qui appartient, selon les auteurs, à l'hypne étoilé.

1356. Hypne à bec. *Hypnum aduncum.*

Hypnum aduncum. Linn. spec. 1592. Hedw. St. Cr. 4. p. 62. t.
24. Lam. Dict. 3. p. 170. Brid. Muscol. 3. p. 131.—Dill. Musc.
t. 37. f. 26.

Sa tige est droite, longue de 6-12 centim., divisée irrégulièrement en rameaux simples, étalés, crochus à l'extrémité;
les feuilles sont lancéolées, concaves, courbées en faulx, dirigées
d'un seul côté et roulées en crochet dans leur jeunesse, striées,
d'un verd jaunâtre ou feuille morte, traversées par une nervure qui s'évanouit au sommet; le périchœtium est court et ses
feuilles sont oblongues, sans nervure, surmontées d'une petite
pointe; le pédicelle rouge, souvent tortillé, porte une capsule
oblique, épaisse, oblongue, penchée, dont l'opercule est court,
convexe, un peu en forme de bec. ♃. Il croît dans les marais, les
fossés, les prés et les bois humides; dans les Alpes; au marais
de Gouy près Abbeville; dans le Dauphiné (Vill.); le Piémont (All.) etc.

1357. Hypne roulé. *Hypnum revolvens.*

Hypnum revolvens. Sw. Musc. suec. p. 58. et 101. t. 7. f. 14.
— *Hypnum squarrosum.* Brid. Muscol. 3. p. 146. excl. syn. —
Hypnum xerampelinum. Vill. Dauph. 4. p. 902.

Sa tige est presque droite, divisée en rameaux épars, étalés,
assez courts; son feuillage est d'un verd sale tirant sur le fauve

ou le roux ; ses feuilles sont presque linéaires, concaves et embriquées à leur base, étalées, capillaires et tortillées au sommet, dépourvues de nervure, mais souvent munies d'un pli ou
d'une raie foncée dans le milieu, déjetées d'un seul côté vers
l'extrémité des rameaux. ♃. Cette espèce croît dans les marais ;
elle a été trouvée en Provence, par le C. Deleuze.

1358. Hypne à nervure. *Hypnum diastrophyllum.*

Hypnum diastrophyllum. Hedw. St. Cr. 4. p. 58. t. 22. f. a. b.
(fol.) Sw. Musc. suec. 58. — *Hypnum scorpioides.* Brid.
Muscol. 3. p. 141. excl. syn.

Cette espèce diffère de notre hypne scorpion, parce que sa
tige est moins alongée, ses rameaux moins réguliers, son feuillage d'un roux jaunâtre dans les tiges âgées, et sur-tout parce
que ses feuilles sont munies d'une nervure longitudinale, et que
leur sommet est une pointe étalée et tortillée. ♃. Elle croît dans
les bois humides près Abbeville, Cisteron.

1359. Hypne scorpion. *Hypnum scorpioides.*

Hypnum scorpioides. Linn. spec. 1592. Sw. Musc. suec. 58.
Hedw. spec. 295 ? non Brid. Lam. — Dill. Musc. t. 37.
f. 25.

Cette espèce est remarquable par la couleur d'un brun rougeâtre de tout son feuillage, à l'exception de la sommité des
jeunes pousses, qui est d'un verd clair ; sa tige est très-longue,
couchée, irrégulièrement pennée ; ses rameaux sont courts, un
peu courbés au sommet ; les feuilles sont embriquées, ovales-lancéolées, concaves, sans nervure longitudinale, ni rides transversales : elle fructifie très-rarement. ♃. Cette mousse croît dans les
marais : elle a été trouvée à l'étang de Saint-Gratien près Montmorenci, par le C. Delaroche. L'espèce de Bridel diffère de
celle-ci parce que les feuilles ont une nervure longitudinale, et
de celle de Lamark, parce qu'elle a les feuilles ridées en travers.

1360. Hypne ridé. *Hypnum rugosum.*

Hypnum rugosum. Linn. Syst. 950. Hedw. spec. 293. Brid.
Muscol. 3. p. 139. — *Hypnum scorpioides.* Lam. Dict. 3. p.
170. non Linn. — Dill. Musc. t. 37. f. 24.

Sa tige et ses rameaux sont un peu redressés, épais, légèrement courbés, peu branchus ; ses feuilles sont embriquées, lancéolées, ridées transversalement à leur base, légèrement dentelées au sommet, munies d'une nervure longitudinale, dirigées

d'un

d'un seul côté à l'extrémité des rameaux. Il fructifie très-rarement et croît dans les bois et les montagnes; près Abbeville; Gap; dans les Alpes; les Pyrénées, etc. Sa couleur est d'un verd pâle à l'extrémité des branches, et d'un roux jaunâtre dans le bas.

§. IV. *Tiges irrégulièrement rameuses ; feuilles recourbées en crochet.*

1361. Hypne couroie.　　*Hypnum loreum.*

Hypnum loreum. Linn. spec. 1593. Hedw. spec. 294. Lam. Dict. 3. p. 172. Brid. Muscol. 3. p. 143. — Dill. Musc. t. 39. f. 40. — Vaill. Bot. t. 25. f. 2.

Cette mousse a quelque rapport avec l'hypne hérissé, mais elle est plus grande dans toutes ses parties; sa tige est rampante, alongée, irrégulièrement divisée en branches cylindriques, de couleur rouge; ses feuilles sont lancéolées-linéaires, un peu concaves à leur base, étalées sur-tout à l'extrémité, d'un verd clair, dentelées sur les bords, sans nervure longitudinale, munies à la base de quatre stries; les capsules sont ovoïdes, un peu penchées. ♃. Cette mousse croît dans les lieux secs et ombragés.

1362. Hypne hérissé.　　*Hypnum squarrosum.*

Hypnum squarrosum. Linn. spec. 1593. Hedw. spec. 281. — *Hypnum squarrosum minus.* Brid. Muscol. 3. p. 147? Lam. Dict. 3. p. 171. — Dill. Musc. t. 39. f. 38. — Vaill. Bot. t. 27. f. 5.

Sa tige est un peu couchée à la base, ascendante, divisée sans ordre en rameaux rougeâtres, redressés, souvent courbés; les feuilles sont pliées en carène, d'un verd pâle, ovales et appliquées à leur base, prolongées en une pointe acérée qui se recourbe en bas et qui donne aux jets de cette mousse un aspect hérissé; les feuilles du périchœtium sont droites; la capsule est penchée, ovoïde, un peu oblique; l'opercule est court, obtus, conique. ♃. Cette mousse croît dans les bois et les prés humides; elle fructifie au printemps.

1363. Hypne rude.　　*Hypnum squarrosulum.*

Hypnum squarrosulum. Brid. Muscol. 3. p. 149. t. 4. f. 2. — *Hypnum arrectum.* Vill. Dauph. 4. p. 903.

Cette espèce est très-voisine de la précédente, mais elle est plus petite; sa tige est verte, divisée en rameaux souvent pennés ; ses feuilles sont plus étroites, plus alongées et plutôt étalées que recourbées ; sa capsule est cylindrique, arquée, penchée ; son opercule est conique, court, aigu. ♃. Elle a été trouvée dans les Alpes voisines du Léman ; aux environs du Mans, par le C. Desportes ; à Meudon, par le C. Clarion ; à la grande Chartreuse et à Prémol dans les bois de sapin (Vill.).

1364. Hypne étoilé.   *Hypnum stellatum.*

Hypnum stellatum. Schreb. Spic. 92. Dicks. Crypt. 1. p. 5. t. 1. f. 7. Hedw. spec. 280. Brid. Muscol. 3. p. 179. Lam. Dict. 3. p. 173. — Dill. Musc. t. 39. f. 35. — Vaill. Bot. t. 28. f. 10.

Sa tige est foible, couchée ; ses rameaux épars, peu branchus, redressés ; ses feuilles ovales, embriquées à la base, prolongées en une longue lanière aiguë et étalée, dépourvues de nervure, quelquefois striées à la base ; celles de l'extrémité des branches forment un disque rayonnant ; les capsules sont oblongues, penchées, surmontées d'un opercule convexe, muni d'une petite pointe. Cette mousse se trouve rarement en fructification ; elle porte souvent à l'aisselle de ses feuilles de petits corps globuleux représentés dans les figures de Vaillant et de Dillen, et qui sont de simples gemmes analogues à ceux du bry trompeur. ♃. Elle croît dans les marais et les prés tourbeux aux environs de Paris ; d'Abbeville ; de Genève.

1365. Hypne de Haller.   *Hypnum Halleri.*

Hypnum Halleri. Linn. Syst. 952. Hedw. St. Cr. 4. p. 53. t. 21. Brid. Muscol. 3. p. 122. — Hall. Helv. n. 1734.

Sa tige rampe et pousse en dessus des rameaux droits, courts, simples, garnis ainsi que la tige, de feuilles embriquées, ovales-lancéolées, concaves, recourbées et crochues, entières, sans nervure, d'un verd jaunâtre qui tire sur le brun dans la vieillesse de la plante ; les pédicelles partent de la souche ; ils sont droits, rouges, deux fois plus longs que les rameaux : la capsule est oblongue, penchée ; l'opercule conique ; les péristomes blanchâtres. ♃. Cette mousse forme des touffes dans lesquelles on distingue çà et là des paquets arrondis plus serrés : elle a été trouvée sur les murs dans les Landes, par le C. Dufour ; dans les Alpes voisines du Léman, par M. Schleicher.

§. V. *Tiges irrégulièrement rameuses ; feuilles embriquées ou étalées tout autour de la tige.*

1366. Hypne strié.   *Hypnum striatum.*

Hypnum striatum. Schreb. Lips. n. 1281. Hedw. St. Cr. 4. p. 32. t. 13. — *Hypnum longirostrum.* Brid. Muscol. 3. p. 154. — *Hypnum rutabulum*, var. γ. Lam. Dict. 3. p. 175. — *Hypnum unguiculatum.* Vill. Dauph. 4. p. 911. — Dill. Musc. t. 38. f. 30.

Cette espèce, qu'on a quelquefois confondue avec l'hypne fourgon, en diffère par ses feuilles striées, son pédicelle lisse, son opercule en bec alongé et courbé, et l'anneau qui entoure l'orifice de sa capsule ; sa tige est alongée, un peu rampante, divisée en rameaux épars, redressés, amincis et souvent courbés au sommet ; ses feuilles sont étalées, lancéolées, évasées à la base, presque triangulaires, marquées de trois ou cinq nervures, dont celle du milieu se prolonge au-delà des autres, sans atteindre le sommet ; la capsule est penchée, cylindrique, arquée ; l'opercule long, oblique, aigu. ♃. Elle croît dans les bois et les vergers, dans les lieux montagneux ; fructifie au printemps.

1367. Hypne triangulaire.   *Hypnum triquetrum.*

Hypnum triquetrum. Linn. spec. 1589. Hedw. Fund. 1. t. 7. f. 37-46. Brid. Muscol. 3. p. 157. Lam. Dict. 3. p. 176. — Dill. Musc. t. 38. f. 28. — Vaill. Bot. t. 28. f. 9.

La tige est ferme, presque droite, longue de 8-16 centim., divisée en rameaux irréguliers, ouverts, qui se terminent en pointe alongée ; les feuilles sont étalées, lancéolées, presque triangulaires, plus grandes vers le bas des tiges, et allant en décroissant vers l'extrémité des branches, munies de deux nervures avortées, un peu striées en long, d'un verd jaunâtre et brillant ; le pédoncule est lisse, rouge, long de 5-6 centimètres ; la capsule est ovoïde, penchée, arquée, brunâtre ; l'opercule en cône obtus ; le péristome externe blanchâtre. ♃. Cette mousse est commune dans les bois, les prés, les vergers ; fleurit en automne, fructifie au printemps.

1368. Hypne fourgon.   *Hypnum rutabulum.*

Hypnum rutabulum. Linn. spec. 1590. Hedw. St. Cr. 4. p. 29. t. 12. Brid. Muscol. 3. p. 159. — *Hypnum rutabulum*, var. α. Lam. Dict. 3. p. 174. — Dill. Musc. t. 38. f. 39. — Vaill. Bot. t. 27. f. 8.

β. Longisetum. Brid. l. c. p. 161.
γ. Brevirostrum. Brid. l. c. p. 162.

Cette mousse, l'une des plus communes de toutes, se distingue facilement à son pédicelle rude et hérissé de petites papilles; sa tige est couchée, irrégulièrement divisée en rameaux cylindriques, redressés, presque simples; ses feuilles sont embriquées, concaves, ovales-lancéolées, acérées, munies d'une nervure; la capsule est penchée, ovale, brune, surmontée d'un opercule conique assez court. ♃. Elle croît par-tout sur la terre, les troncs d'arbres. La variété β, qui a été trouvée dans les fossés près Genève, par Bridel, se distingue à la longueur de son pédicelle; la variété γ, qui croît au bois de Boulogne, sur les pierres, a les feuilles un peu striées et l'opercule très-court.

1369. Hypne blanchâtre.   *Hypnum albicans.*

Hypnum albicans. Neck. Meth. p. 180. Hedw. St. Cr. 4. p. 13. t.
5. Brid. Muscol. 3. p. 163. Lam. Dict. 3. p. 173.—Dill. Musc.
t. 42. f. 63. — Vaill. Bot. t. 26. f. 9.

Sa tige est ascendante, divisée à sa base en jets cylindriques, redressés, sans ordre, longs de 5-7 centim.; les feuilles sont serrées, embriquées, ovales-lancéolées, acérées au sommet, concaves et marquées de trois nervures à leur base, d'un verd pâle et luisant; les pédicelles sont droits, rougeâtres; la capsule penchée, ovoïde, un peu bossue, d'un brun rouge; l'opercule est conique, peu aigu, terminé par un point noir avant la maturité parfaite. ♃. Cette mousse croît dans les lieux secs et sablonneux, au bois de Boulogne près Paris; en Champagne (Brid.); au bois de Lans près Grenoble (Vill.); au bois de Caubert près Abbeville (Bouch.).

1370. Hypne jaunâtre.   *Hypnum lutescens.*

Hypnum lutescens. Huds. Angl. 421. Hedw. St. Cr. 4. p. 40.
t. 16. Brid. Muscol. 3. p. 164. — *Hypnum mysuroides.* Lam.
Dict. 3. p. 177. — *Hypnum sericeum,* var. β. Weiss. Gœtt.
n. 255. — *Hypnum nitens.* Schleich. Crypt. n. 36. excl. syn.
—Dill. Musc. t. 42. f. 50. — Vaill. Bot. t. 27. f. 1.

Cette espèce, qu'on a confondue avec la leskée soyeuse et l'hypne queue de rat, diffère de l'une et de l'autre par ses feuilles striées et son pédicelle rude; sa tige est longue, un peu couchée, divisée en rameaux nombreux, épars, redressés, cylindriques; ses feuilles sont embriquées, lancéolées, acérées, un peu étalées par l'humidité, marquées de trois stries longitudinales, d'un verd jaune et soyeux sur-tout dans l'état de dessication; le pédicelle est droit, rouge, tuberculeux; la capsule ovale, penchée; la coiffe jaunâtre; l'opercule rouge, conique, aigu. 4. Cette mousse croît sur la terre sèche, quelquefois sur les murs et les rochers; elle fleurit et fructifie au printemps. On l'a trouvée près Paris, Nantes, Genève, etc.

1371. Hypne en plume. *Hypnum plumosum.*

Hypnum plumosum. Linn. spec. 1592. Hedw. St. Cr. 4. p. 37, t. 15. Brid. Muscol. 3. p. 65. — Dill. Musc. t. 35. f. 16.

Cette mousse ressemble beaucoup, par son feuillage et sa couleur jaunâtre et brillante, à l'hypne jaunâtre; mais elle en diffère parce que sa tige rampe et émet des rameaux redressés, simples ou branchus, irrégulièrement pennés; ses feuilles sont marquées de trois stries, comme dans l'hypne jaunâtre, mais elles sont plus acérées et plus longues; le pédicelle est lisse; la capsule d'abord droite, puis penchée; l'opercule conique. 4. Cette mousse a été trouvée à Cressy près Abbeville, par le C. Boucher; dans les Alpes près du Léman, par M. Schleicher. Elle croît sur les rochers et au pied des troncs d'arbres.

1372. Hypne renflé. *Hypnum tumidiusculum.*

Hypnum tumidiusculum. Lam. Dict. 3. p. 179. excl. syn.

Cette espèce est intermédiaire entre l'hypne pur et l'hypne queue de souris; sa couleur est d'un verd tirant sur le roux pâle; sa tige est droite, divisée en rameaux épars, droits ou à peine courbés; les feuilles sont embriquées même dans l'état d'humidité, un peu luisantes et ondulées en travers lorsqu'elles sont sèches, concaves et disposées de manière que les rameaux paroissent comprimés; celles qui naissent sur la face applatie sont ovales-oblongues, surmontées d'une petite pointe, peu concaves; les autres sont courbées en carène, presque aiguës; toutes ont une nervure qui s'évanouit un peu avant le sommet: les pédicelles sont latéraux, droits, purpurins, longs de 2 centimètres; la capsule est oblongue, grêle, droite, brune. Je n'ai vu ni la coiffe ni l'opercule. Cette mousse a été trouvée au Mont-d'Or, par le C. Lamarck: elle croît au pied des arbres.

1373. Hypne paillet. *Hypnum stramineum.*

Hypnum stramineum. Dicks. Crypt. 1. p. 6. t. 1. f. 9. Lam. Dict. 3. p. 173. Brid. Muscol. 3. p. 172.

Ses jets sont droits, grêles, fragiles lorsqu'ils sont secs, tantôt

simples, tantôt divisés en deux ou trois branches; le feuillage
est d'un jaune pâle et roussâtre; les feuilles sont serrées, embriquées, ovales-lancéolées, concaves, un peu brillantes, dépourvues de nervure (ce qui le distingue de l'hypne reuflé). Je
n'ai point vu la fructification. Selon Dickson, les pédicelles sont
droits, purpurins; la capsule droite, ovoïde, un peu bossue
d'un côté; l'opercule court et pointu. ♃. Cette plante croît dans
les bruyères humides. Elle a été trouvée aux environs de Paris,
par le C. Thuilier.

1574. **Hypne queue de souris.**   *Hypnum myurum.*

> *Hypnum myurum.* Poll. Pal. n. 1054. f. 8. Brid. Muscol. 3. p.
> 166. excl. syn. Lam. — *Hypnum myosuroides.* Hedw. St. Cr.
> 4. p. 21. t. 8. — *Hypnum alopecuroides.* Lam. Dict. 3. p. 179.
> *Hypnum curvatum.* Sw. Musc. succ. 64. — *Hypnum vivipa-*
> *rum.* Neck. Gallo-belg. 2. p. 175. — Dill. Musc. t. 41. f. 50. —
> Vaill. Bot. t. 28. f. 4.

Sa souche est rampante, irrégulièrement divisée en rameaux
ascendans, cylindriques, amincis aux deux extrémités, courbés
en arc; ses feuilles sont embriquées, ovales-aiguës, concaves,
un peu luisantes, traversées jusqu'aux deux tiers de leur longueur par une nervure longitudinale, assez semblables à celles
de l'hypne queue de renard; les pédicelles sont rouges, droits,
longs de 5 centim.; la capsule est droite, oblongue; l'opercule
conique, alongé; les cils du péristome interne très-petits. Cette
espèce diffère de la suivante, parce que ses capsules sont droites
et non inclinées. ♃. Elle croît assez communément sur le tronc
des arbres près Paris; Nantes; Genève; Dax; en Dauphiné
(Vill.); en Belgique (Neck.); en Piémont (All.); au bois Vaté
et à Saint-Riquier près Abbeville (Bouch.).

1575. **Hypne queue de rat.**   *Hypnum myosuroides.*

> *Hypnum myosuroides.* Linn. spec. 1596. Sw. Musc. succ. 64.
> Brid. Musc. 3. p. 168. — Dill. Musc. t. 41. f. 51.

Cette espèce diffère de la précédente parce que ses rameaux
ne sont ni amincis, ni sensiblement courbés à leur sommet, et
sur-tout parce que ses capsules sont inclinées au lieu d'être
droites; elle lui ressemble d'ailleurs tellement, que je ne puis
croire qu'elle soit autre chose qu'une simple variété. C'est ce que
décideront les botanistes qui étudieront l'une et l'autre dans leur
lieu natal. Elle croît sur les troncs d'arbres au pied des Alpes.

1376. Hypne queue de renard. *Hypnum alopecurum.*

Hypnum alopecurum. Linn. spec. 1594. Hedw. spec. 267. Lam.
Dict. 3. p. 178. — *Hypnum arbuscula.* Brid. Muscol. 3. p.
96. — Dill. Musc. t. 41. f. 49. — Vaill. Bot. t. 23. f. 5.

Une souche rampante, couverte de petites radicules brunes
et cotonneuses, pousse plusieurs tiges droites, fermes, nues
dans le bas, divisées vers le haut en branches alongées, irrégulièrement pennées, un peu comprimées, courbées vers l'ex-
trimité, et qui, par leur réunion, donnent à cette mousse l'aspect d'un petit arbre; les feuilles sont embriquées, peu rappro-
prochées, ovales-lancéolées, munies d'une nervure, légèrement
dentelées vers le sommet; les pédicelles sont droits, rouges,
lisses; la coiffe blanchâtre; la capsule penchée, ovoide; l'opercule en bec courbé. ♃. Cette espèce est commune dans les bois
humides, sur la terre et les rochers.

1377. Hypne maigre. *Hypnum strigosum.*

Hypnum strigosum. Hoffm. Germ. 2. p. 76. — *Hypnum thuringi-
cum.* Brid. Muscol. 3. p. 99. t. 3. f. 2.

Cette mousse a sa souche couchée à sa base, longue de 5-6
centim., divisée en rameaux redressés, rapprochés en faisceaux,
courts, simples, garnis de feuilles embriquées, ovales-lancéolées, concaves, très-légèrement dentelées vers le sommet, munies d'une nervure; les feuilles du périchœtium sont blanches,
alongées, aiguës, sans nervure; les pédicelles sont droits, purpurins, longs de 2-5 centim.; la capsule est penchée, ovoïde,
un peu arquée, munie d'un opercule conique, alongé, un peu
courbé. ♂. Elle croît sur la terre dans les bois; elle m'a été communiquée par M. Schleicher, qui l'a trouvée à Lausanne près
du lac Léman.

1378. Hypne de Lamarck. *Hypnum Lamarckii.*

Hypnum filiforme. Lam. Dict. 3. p. 174. excl. syn. — *Leskea
polyantha.* Bouch. Fl. abb. p. 83. non Hedw.

Cette mousse pousse des jets couchés, rameux, grêles, longs
de 5-6 centim., cylindriques dans le bas, un peu applatis vers
l'extrémité des branches; les feuilles sont embriquées, lancéolées, aiguës, munies à leur base d'un rudiment de nervure longitudinale, entières sur les bords, d'un verd jaunâtre; celles
du périchœtium sont plus étroites et sans nervure; les pédicelles

sont latéraux, redressés, rouges, grèles, longs de 2-3 centim.;
la capsule est oblongue, presque cylindrique, courbée; d'un
brun rougeâtre; l'opercule se prolonge en une pointe courbée,
longue, en forme d'alène; le péristome externe est d'un rouge
brun, l'interne est une membrane conique, plissée, divisée au
sommet en cils courts, rapprochés et difformes. ♃. Cette espèce croît dans les bois, au pied des arbres : elle a été trouvée
aux environs de Paris, par le C. Thuilier; près Abbeville par
le C. Boucher. Elle diffère de la leskée multiflore par la longueur
de son opercule, par la nervure de ses feuilles, par son péristome et la courbure de sa capsule.

1379. Hypne traînant.   *Hypnum serpens.*

Hypnum serpens. Linn. spec. 1596. Hedw. St. Cr. 4. p. 45. t. 18.
Brid. Muscol. 3. p. 111. Lam. Dict. 3. p. 180. — Dill. Musc.
t. 42. f. 64. — Vaill. Bot. t. 28. f. 6.
β. *Aurantiacum.* Brid. l. c. p. 115.

Cette espèce est difficile à reconnoître à cause des nombreuses
variations de couleur, de forme et de grandeur qu'elle présente,
selon les lieux où elle a pris naissance; sa tige est rampante,
rameuse, plus ou moins alongée ou entrelacée, divisée en rameaux rapprochés, grèles, redressés, presque simples; ses
feuilles sont très-petites, lâches, lancéolées, aiguës, presque
en forme d'alène, ordinairement dépourvues de nervure, quelquefois traversées jusqu'au milieu de leur longueur par une
veine visible à de très-fortes loupes; le pédicelle est droit,
jaunâtre; la capsule est oblongue, courbée plutôt que penchée,
jaunâtre à sa maturité, et va en s'élargissant de la base au
sommet; l'opercule est court, convexe, terminé par une légère
pointe; la couleur du feuillage est d'un verd plus ou moins
clair, quelquefois brun ou rougeâtre. ♃. Elle est commune sur la
terre, les troncs, les poutres, dans les lieux ombragés. La variété β, qui a été trouvée dans les Alpes par le C. Desfontaines, est remarquable par sa belle couleur orangée.

1380. Hypne verd.   *Hypnum viride.*

Hypnum viride. Lam. Dict. 3. p. 181. — *Hypnum serpens,* var.
γ. Brid. Muscol. 3. p. 115.

Cette mousse est intermédiaire entre l'hypne plumeux et
l'hypne traînant; sa tige est rampante, rameuse; ses rameaux
épars, entrelacés, presque simples; ses feuilles embriquées,

ovales-lancéolées, acérées, traversées jusqu'au sommet par une seule nervure très-visible; son pédicelle est droit, rougeâtre; la capsule est penchée, ovale-oblongue, un peu bossue en dessus, d'un brun rouge à sa maturité; l'opercule est conique, court, aigu. Cette mousse croît sur les troncs d'arbres; elle a été trouvée dans les bois, aux environs de Paris, par le C. Thuilier; à Abbeville, par le C. Boucher.

1381. Hypne rampant. *Hypnum repens.*

Hypnum repens. Poll. Pal. n. 1051. ic.

Sa tige est rampante, divisée en rameaux redressés, simples, garnis de feuilles un peu lâches, lancéolées, acérées, deux fois plus longues que dans l'hypne traînant et dans l'hypne verd : la nervure longitudinale s'évanouit un peu avant le sommet; les pédicelles sont lisses, rougeâtres, droits, et partent du bas des rameaux; les capsules sont oblongues, courbées, inclinées, l'opercule est convexe, à peine conique, très-court. ♃. Cette espèce croît au pied des arbres, sur la terre humide : elle m'a été communiquée par le C. Boucher, qui l'a trouvée à Abbeville.

1382. Hypne velouté. *Hypnum velutinum.*

Hypnum velutinum. Linn. spec. 1595. Hedw. St. Cr. 4. p. 70. t. 27. Brid. Muscol. 3. p. 105. Lam. Dict. 3. p. 179. — Dill. Musc. t. 42. f. 61.

Sa tige est rampante, divisée en rameaux serrés, droits, simples; les feuilles sont embriquées, étalées, lancéolées, terminées par un prolongement filiforme, dentelées vers le sommet, traversées par une nervure jusqu'aux deux tiers de leur longueur; celles qui entourent immédiatement le pédicelle sont menues et pointues comme des crins : le pédicelle est un peu rude; il part de la souche rampante et non des rameaux : la capsule est penchée, oblongue, surmontée d'un opercule conique et obtus. ♃. Cette mousse est commune dans les bois, les prés, sur la terre, les pierres, les troncs, et croît en larges touffes d'un aspect soyeux.

1383. Hypne embrouillé. *Hypnum intricatum.*

Hypnum intricatum. Hedw. St. Cr. 4. p. 73. t. 28. Brid. Muscol. 3. p. 109.

Cette plante est si voisine de l'hypne velouté, qu'elle mérite à peine d'en être distinguée; elle est plus grêle, ses rameaux sont plus entrelacés, ses feuilles plus étalées et moins luisantes;

la capsule est ventrue d'un côté et plus arrondie ; les feuilles intérieures du périchœtium sont oblongues et ne se prolongent pas en pointe acérée. ♃. Elle croît au pied des arbres et sur les pierres. On l'a trouvée aux environs de Paris, de Genève, d'Abbeville, etc.

1384. Hypne des moulins. *Hypnum molendinarium.*

Sa souche est couchée, irrégulièrement divisée en rameaux grêles, entre-croisés, peu branchus, dénudés, noirâtres et filiformes dans la partie inférieure ; ses feuilles sont embriquées, ovales, entières, un peu concaves, légèrement pointues, d'un verd foncé, munies à leur base d'un rudiment de nervure ; les feuilles du périchœtium sont blanchâtres, oblongues, sans nervure, exactement appliquées contre le pédicelle même lorsqu'on les mouille ; les pédicelles sont redressés, flexueux, rouges, lisses et partent du bas des tiges ; la capsule est ovoïde, presque redressée, un peu oblique ; l'opercule est court, convexe, surmonté d'une petite pointe ; le péristome interne a seize lanières et seize cils courts et peu apparens, même au microscope. Cette mousse tapisse les murs humides des moulins à eau. Elle a été trouvée aux environs du Mans, par le C. Desportes. Elle diffère de l'hypne des murs par la brièveté de son opercule ; et de l'hypne des marais, parce qu'elle n'a qu'un cil entre chaque lanière du péristome interne.

1385. Hypne des murs. *Hypnum murale.*

Hypnum murale. Dicks. Crypt. 3. p. 10. Hedw. St. Cr. 4. p. 78. t. 3o. Brid. Muscol. 3. p. 103. Lam. Dict. 3. p. 58. — Dill. Musc. t. 41. f. 52.

Sa tige tombante, longue de 5-6 centim., émet quelques rameaux simples, garnis de feuilles opposées sur deux rangs vers le sommet, embriquées en tous sens à la base ; ces feuilles sont ovales-aiguës, entières, concaves, munies d'une nervure très-ménue qui s'évanouit avant d'arriver au sommet ; les feuilles du périchœtium sont plus aiguës et sans nervure ; la fleur mâle est sur le même pied que la femelle : les pédicelles sont latéraux, droits, rougeâtres, longs de 10-12 millim. ; la capsule un peu inclinée, ovoïde, d'un brun rouge ; l'opercule alongé, conique, acéré et courbé au sommet, d'un verd tirant sur le pourpre. ♃. Cette mousse croît sur les murs, les pierres, les buttes de terre ; elle fructifie au printemps. Elle a été confondue avec l'hypne velouté dont elle diffère par ses feuilles presque obtuses, et avec l'hypne en massue, dont elle se distingue parce que la nervure des feuilles n'atteint pas le sommet.

§. VI. *Tiges irrégulièrement rameuses ou presque simples ; feuilles déjetées sur deux rangs.*

1386. Hypne fragon. *Hypnum rusciforme.*

Hypnum rusciforme. Weiss. Crypt. 225. Brid. Muscol. 3. p. 173. *Hypnum riparioides.* Hedw. St. Cr. 4. p. 10. t. 4. — *Hypnum rivulare.* Hoffm. Germ. 2. p. 78. — *Hypnum prolixum.* Sw. Musc. suec. 63. — Dill. Musc. t. 38. f. 31.

Cette espèce est ordinairement d'un verd assez foncé ; ses tiges, qui sont rampantes, irrégulièrement rameuses, n'atteignent guère au-delà de 7-15 centim., et se dénudent ordinairement par le bas ; les rameaux sont droits, alongés, peu comprimés ; les feuilles sont embriquées, ovales-lancéolées, moins aiguës et moins transparentes que dans l'hypne des rives, traversées par une nervure qui n'atteint pas le sommet, chargées sur les bords de dentelures visibles au microscope ; les pédicelles sont latéraux, droits, brunâtres ; les capsules ovoïdes, fortement penchées, brunes à leur maturité, surmontées d'un opercule qui se prolonge en un long bec courbé. ♃. Cette espèce croît sur le bord des ruisseaux et dans les bois très-humides ; elle a été trouvée près du Mans, par le C. Desportes ; dans les Pyrénées, par le C. Ramond ; elle fructifie en été.

1387. Hypne des rives. *Hypnum riparium.*

Hypnum riparium. Linn. spec. 1595. Hedw. St. Cr. 4. p. 7. t. 3. Brid. Muscol. 3. p. 176. Lam. Dict. 3. p. 169. — Dill. Musc. t. 40. f. 44. B. C. D.

Cette espèce, ainsi que toutes les mousses aquatiques, varie beaucoup pour l'aspect et la grandeur ; ses tiges, qui sont grêles, tombantes et rameuses, s'alongent jusqu'à 1 et 2 décimètres ; mais alors elles sont d'ordinaire stériles ; les rameaux sont applatis, presque simples ; les feuilles ovales-lancéolées, aiguës, très-entières, d'un verd clair, traversées par une nervure qui n'atteint pas le sommet, et disposées sur deux rangées divergentes ; les capsules sont ovoïdes, inclinées, d'un roux d'abord jaunâtre, puis brun, surmontées d'un opercule convexe à sa base et terminé par une pointe peu proéminente. ♃. Cette espèce croît au bord des ruisseaux et des rivières, adhérente aux pierres et aux pieux; elle fleurit toute l'année.

1388. Hypne ondulé.   *Hypnum undulatum.*

Hypnum undulatum. Linn. spec. 1589. excl. syn. Hall. Hedw. Spec. 242. Brid. Muscol. 3. p. 125. Lam. Dict. 3. p. 165. — *Hypnum crispum, var.* γ. Lam. Fl. fr. 1. p. 53. — Dill. Musc. t. 36. f. 11. — Moris. Hist. 3. s. 15. t. 6. f. 33.

Cette mousse ressemble beaucoup à la neckère crispée; sa tige est couchée, peu rameuse, longue de 7–12 centim., garnie de feuilles embriquées sur deux rangs applatis, pliées en deux, marquées de rides transversales, ovales, acérées, sans nervure (1), d'un verd clair, jaunâtres dans leur vieillesse; les pédicelles naissent sur la tige, vers l'origine des rameaux; ils sont un peu tortueux, rougeâtres, et portent une capsule penchée, ovale-oblongue; la coiffe, selon Dillen, est marquée d'un point brun au sommet. ♃. Elle croît au pied des arbres et dans les lieux couverts des forêts; dans les montagnes voisines du Léman (Hall.); dans les Vosges; près Dax; en Dauphiné (Vill.?); en Piémont (All.); dans les Alpes maritimes (Brid.).

1389. Hypne des bois.   *Hypnum sylvaticum.*

Hypnum sylvaticum. Linn. Mant. 2. p. 310? Brid. Muscol. 3. p. 51. t. 1. f. 5. Sw. Musc. suec. 52. Lam. Dict. 3. p. 164. — Dill. Musc. t. 34. f. 6? — Vaill. Bot. t. 28. f. 4.

Cette mousse, que je décris d'après les échantillons conservés dans l'herbier de Vaillant, est distincte de l'hypne dentelé parce que ses jets se divisent quelquefois en trois ou quatre branches, et sur-tout parce que son opercule est convexe à sa base, surmonté par un bec fin, aigu, et atteint presque la longueur de la capsule. Elle croît dans les bois aux environs de Paris, et probablement dans toute la France.

---

(1) La mousse d'Amérique, décrite par Swartz dans son *Prodromus,* diffère de celle d'Europe parce qu'elle a les feuilles munies d'une nervure longitudinale, plus étroites, plus crépues et quelquefois ciliées; elle doit constituer une espèce particulière.

1390. Hypne dentelé.   *Hypnum denticulatum.*

Hypnum denticulatum. Linn. spec. 1588. Hedw. spec. 237. St.
Cr. 4. p. 81. t. 31. Lam. Dict. 3. p. 163. — Dill. Musc. t. 34.
f. 5. — Vaill. Bot. t. 29. f. 8.

Ses tiges ne se ramifient que par le pied ; elles émettent des
jets simples , garnis de feuilles disposées sur deux rangs applatis , rapprochées à leur base , divergentes à leur sommet , de
sorte que le rameau paroît dentelé ; ces feuilles sont entières ,
sans nervure , lancéolées , aiguës , un peu obliques , luisantes et
d'un verd clair ; les pédicelles naissent du bas des rameaux ; ils
sont droits , rougeâtres , longs de trois centim. ; la capsule est
oblongue , inclinée ou courbée ; l'opercule conique et pointu.
Cette mousse croît dans les bois , dans les lieux ombragés , sur
la terre et les troncs d'arbres : on la trouve près de Paris ; dans
les Alpes , etc.

CXXVII. NECKÈRE.   *NECKERA.*

Neckera. Hedw. — *Hypni sp.* Hoffm. — *Hypni et Fontinalis sp.*
Linn.

Car. La capsule est latérale , oblongue ; le péristome double ;
l'extérieur a seize dents aiguës ; l'intérieur a seize cils distincts ,
alternes avec les dents extérieures.

Obs. Les fleurs sont hermaphrodites , monoïques ou dioïques ;
les mâles toujours en gemmes axillaires : la coiffe est en forme
de mitre ou d'alène , et se détache directement ou obliquement ;
la capsule est quelquefois cachée dans le périchœtium , à cause
de la briéveté du pédicelle. Ce caractère rapproche ce genre
des fontinales.

§. 1er. *Capsule pédonculée ; feuilles embriquées.*

1391. Neckère court-   *Neckera curtipendula.*
      pendue.

Neckera curtipendula. Hedw. Fund. 2. p. 93. Spec. 209. Brid.
Muscol. 3. p. 16. — Hypnum curtipendulum. Linn. spec. 1504.
Lam. Dict. 3. p. 175. — Dill. Musc. t. 43. f. 69.
β. Mas. — Hypnum montanum. Lam. Dict. 3. p. 172.

Sa tige est couchée , divisée en rameaux irrégulièrement pennés , un peu épais , garnis de feuilles nombreuses , étalées , embriquées , ovales à la base , acérées , un peu dentelées au sommet ; celles qui entourent la base du pédicelle se prolongent et
se roulent autour de lui , de manière à former une gaine pâle

et luisante qui atteint le milieu du pédicelle; la capsule est ovoïde, brune, pendante à sa maturité, et se redresse après la sortie des graines; l'opercule est conique, avec un petit bec courbé. ♃. Elle croit dans les forêts, au pied des arbres, sur les rochers et les troncs pourris, fructifie en hiver.

1392. Neckère sarmenteuse. *Neckera viticulosa.*

> *Neckera viticulosa.* Hedw. Fund. I. t. 3. f. 11. II. p. 93. t. 8.
> f. 49. 50. Spec. p. 209. t. 48. f. 4. 5. Brid. Muscol. 2. p. 13.
> — *Hypnum viticulosum.* Linn. spec. 1592. Lam. Fl. fr. 1. p. 57.
> — Dill. Musc. t. 36. f. 43.

Une souche alongée et couchée émet plusieurs rameaux longs, redressés, grèles, simples ou peu branchus, cylindriques et sans direction déterminée; les feuilles sont oblongues, lancéolées, embriquées à leur base, d'où s'élève un prolongement obtus et ondulé, traversées par une nervure longitudinale, souvent dirigées d'un seul côté; les pédicelles sont droits, longs de 2-3 centimètres; la capsule est oblongue, presque cylindrique, droite, d'un roux brun; l'opercule aigu, conique; les dents des deux péristomes d'un blanc jaunâtre. ♄. Cette mousse est commune sur les troncs des arbres, et quelquefois sur les pierres; elle fructifie au printemps.

1393. Neckère rampante. *Neckera cladorhizans.*

> α. *Arborea.* — *Neckera cladorhizans.* Hedw. spec. 207. t. 47.
> f. 1-5.
> β. *Muralis.* — *Neckera cladorhizans.* Schleicher. Crypt. exs.
> cent. 3. n. 42.

La tige est couchée, divisée en jets souvent courbés, épars ou disposés comme les folioles d'une feuille pennée; elle émet, soit de son tronc, soit de ses rameaux, des touffes de racines brunes, alongées, assez fortes, un peu rameuses; le feuillage est luisant, d'un verd jaunâtre, disposé de manière à faire paroître les jets comprimés; les feuilles sont embriquées, ovales-lancéolées, entières, sans nervure; les pédicelles sont droits, rougeâtres, longs de 2 centim.; la capsule est droite, oblongue, rougeâtre. Cette belle mousse a été décrite par Hedwig, d'après des échantillons envoyés de Pensylvanie, et a été retrouvée par M. Schleicher, sur les murs des vignes, aux environs du lac Léman. J'ai comparé avec soin les échantillons qui m'ont été communiqués par MM. Hedwig fils et Schleicher, et je ne vois d'autre différence entre la plante américaine et la plante euro-

péenne , sinon que la première croît sur les arbres , et la seconde
sur les murs ; que la première émet des faisceaux de radicules
non-seulement le long de la tige et de ses rameaux , mais encore de l'extrémité des branches , tandis que la seconde ne
pousse de radicules que le long de sa tige et de ses rameaux ,
et non à leur extrémité.

§. II. *Capsules pédonculées ; feuilles disposées sur
deux rangs comme les folioles des feuilles
pennées.*

1594. Neckère crispée. *Neckera crispa.*

Neckera crispa. Hedw. Fund. 2. p. 93. t. 8. f. 47. 48. Spec. 206.
Brid. Musc. 3. p. 11. — *Hypnum crispum.* Linn. spec. 1589.
Lam. Dict. 3. p. 165.—Dill. Musc. t. 36. f. 12. — Hall. Enum.
t. 3. f. 5.

Cette espèce ressemble , par son feuillage , à la neckère em-
pennée , mais elle en diffère parce que ses capsules sont portées
sur de longs pédicelles ; ses tiges atteignent jusqu'à 2 décim.
de longueur ; elles sont foibles , redressées au sommet , divisées
en rameaux tous disposés sur un seul plan ; les feuilles sont
embriquées , sur deux rangs opposés et applatis , ovales-oblongues , obtuses , marquées de quatre ondulations transversales ,
pellucides , luisantes ; celles du sommet sont pointues , et celles
qui forment le périchœtium n'offrent pas d'ondulations : les pédicelles sont droits , rougeâtres , longs de 15-20 millimètres ;
ils portent des capsules droites , ovoïdes , d'un roux orangé
à leur maturité , chargées d'un opercule en bec alongé. ♃.
Cette belle mousse croît en larges touffes sur les rochers humides , les troncs d'arbres et la terre nue ; dans les forêts et les
montagnes.

§. III. *Capsule sessile ; feuilles sur deux rangs.*

1595. Neckère empennée. *Neckera pennata.*

Neckera pennata. Hedw. Musc. fr. 3. p. 47. t. 19. Spec. 200.
Brid. Muscol. 3. p. 2. — *Fontinalis pennata.* Linn. spec. 1571.
Lam. Dict. 2. p. 518. — *Hypnum pennatum.* Hoffm. Germ. 2.
p. 57. — Dill. Musc. t. 32. f. 9. —Vaill. Bot. t. 27. f. 4. —Hall.
Helv. n. 1997. t. 3. f. 2.

Sa tige est menue , foible , tombante , longue de 5-10 centimètres , et pousse des rameaux un peu redressés ; les feuilles
sont rapprochées , disposées sur deux rangs opposés , comme

les folioles des feuilles pennées, ovales-lancéolées, aiguës, luisantes, pellucides, ondulées en travers, dépourvues de nervure;
celles qui entourent les fleurs sont plus étroites : les pédicelles
sont latéraux, extrêmement courts; la capsule, qui est cachée
parmi les feuilles florales, est ovoïde, roussâtre à sa maturité,
surmontée d'un opercule oblique. ♃. Cette élégante mousse croît
sur les vieux troncs de chêne; on la trouve aux environs de
Paris; dans les Alpes; dans le Piémont (All.). Ses capsules
mûrissent en été.

§. IV. *Feuilles embriquées ; capsule sessile.*

1396. Neckère unilatérale.　　*Neckera heteromalla.*

Neckera heteromalla. Hedw. St. Cr. 3. p. 39. t. 15. Spec. 202.
Brid. Muscol. 3. p. 6. —*Sphagnum arboreum.* Linn. spec. 1570.
Lam. Fl. fr. 1. p. 35. — Dill. Musc. t. 32. f. 6. —Vaill. Bot.
t. 27. f. 17.

Sa tige est ferme, un peu redressée, longue de 3-4 centim.,
divisée en rameaux courts et étalés, garnie de feuilles rapprochées, ovales-lancéolées, concaves, munies d'une nervure
jusqu'aux deux tiers de leur longueur; les capsules sont latérales, toutes tournées d'un même côté, entourées de deux à
trois feuilles florales aiguës et un peu plus longues qu'elles,
portées sur un pédicelle extrêmement court, droites, oblongues,
jaunâtres, surmontées d'un opercule droit, pointu et d'un rouge
assez vif : la coiffe est très-petite. ♃. Cette espèce croît sur les
troncs d'arbres : elle fleurit en automne et son opercule tombe
à la fin de l'hiver.

CXXVIII. FONTINALE.　　*FONTINALIS.*

Fontinalis. Hedw. — *Fontinalis sp.* Linn.

CAR. La capsule est oblongue, presque sessile, latérale, cachée
presque en entier par le périchœtium; le péristome est double;
l'extérieur a seize dents élargies; l'intérieur conique et en réseau.

OBS. Les fontinales vivent toutes dans l'eau et élèvent leurs
sommités à sa surface au moment de la fleuraison; elles sont
monoïques, et les fleurs mâles sont des gemmes axillaires.
Comme toutes les mousses aquatiques, on les trouve rarement
en fruit, à cause de leur facilité à se multiplier par boutures.

1597. Fontinale incom- *Fontinalis antipyretica.*
bustible.

Fontinalis antipyretica. Linn. spec. 1571. Hedw. spec. 298. Lam.
Dict. 2. p. 517. Illustr. t. 873. — Dill. Musc. t. 33. f. 1. — Vaill.
Bot. t. 33. f. 5.

Sa tige est rameuse, flotte dans l'eau et a jusqu'à 4 et 5 décimètres de longueur; ses feuilles sont courbées en carène,
ovales-lancéolées, très-pointues, vertes, transparentes, disposées sur trois rangs et embriquées d'une manière un peu lâche;
les capsules sont latérales, presque oblongues, sessiles, enveloppées à leur base de folioles peu alongées; la coiffe est glabre,
conique, entière. ♃. Cette mousse croît dans les eaux claires
et courantes, au fond desquelles elle adhère; elle élève les sommités de ses tiges hors de l'eau au moment de la floraison, et les
enfonce à l'époque de la maturité, qui a lieu en été. Linné assure
que cette mousse entassée entre une cheminée et une paroi,
empêche le feu d'y pénétrer.

1598. Fontinale écailleuse. *Fontinalis squammosa.*

Fontinalis squammosa. Linn. spec. 1571. Hedw. St. Cr. 3. p. 32.
t. 12. Lam. Dict. 2. p. 518. — Dill. Musc. t. 33. f. 3.

Ses tiges sont grèles, peu rameuses, bifurquées; ses feuilles
lancéolées, en alène, concaves, disposées sur trois rangs peu réguliers, plus petites que dans l'espèce précédente; les capsules
sont latérales, oblongues, petites, portées sur un court pédicelle, entouré de feuilles florales obtuses; l'opercule est conique, aigu; le péristome d'un beau rouge. Cette plante croît
dans les ruisseaux et les torrens des montagnes; dans les Alpes;
le Dauphiné (Lam.); à Lattes et Perauls, près Montpellier
(Gouan).

SECONDE CLASSE.
PLANTES MONOCOTYLÉDONES.

Les monocotylédones ont des graines qui lèvent accompagnées d'un seul cotylédon ordinairement latéral : leur anatomie présente du tissu cellulaire, des vaisseaux propres et des vaisseaux lymphatiques; les vaisseaux, par leur réunion et leur endurcissement, forment des fibres, lesquelles sont éparses et non disposées par zones concentriques; l'intérieur de leur tige ne présente ni moelle, ni prolongemens médullaires, ni écorce distincte du tronc. Cette tige ne croit point par l'addition successive de cônes superposés, mais par le simple alongement des fibres qui la composoient originairement; l'endurcissement de ces plantes s'opère de dehors en dedans; la surface de leurs feuilles offre des pores corticaux, organe qui manque dans les acotylédones. Presque toutes les monocotylédones ont des organes sexuels distincts; leurs feuilles sont souvent munies de nervures parallèles et longitudinales. La consistance de ces plantes est plus forte que celle des acotylédones, et plus foible, plus lâche que celle des dicotylédones. La distinction anatomique de ces deux dernières classes est due au C. Desfontaines.

I. MONOCOTYLÉDONES CRYPTOGAMES.
SEPTIÈME FAMILLE.
FOUGÈRES.   *FILICES.*

Filices. Smith. — *Filicum gen.* Linn. Juss. — *Filicina.* Batch.

Les fougères ont une tige herbacée ou ligneuse, tantôt droite, tantôt grimpante; tantôt rampante à la surface du sol; souvent, enfin, et surtout dans celles de nos climats, couchées sous terre et semblables à des racines : ces tiges émettent des feuilles (1)

_____

(1) Ces feuilles sont, à proprement parler, des rameaux garnis d'appendices foliacés; c'est pourquoi elles portent les fructifications sur leurs nervures.

alternes, simples ou pennées, ou diversement ramifiées ; ces feuilles (excepté dans l'ophioglosse) naissent roulées en crosse du sommet à la base, et se déroulent successivement : les fructifications naissent sur la face inférieure des feuilles, et sur des épis distincts dans le botrype et l'ophioglosse ; les organes mâles qu'on trouve, selon Hedwig, à l'époque du déroulement des feuilles, sont de petites étamines éparses sur les nervures de la feuille, et recouvertes, ainsi que les fleurs femelles, par une fine membrane ; aux ovaires succèdent des capsules très-petites, crustacées ou membraneuses, sessiles ou pédicellées, grouppées plusieurs ensemble de diverses manières, souvent munies d'un anneau élastique qui facilite leur ouverture, ou bien se déchirant à leur sommet ou s'ouvrant en deux valves, toujours à une seule loge dans les fougères de France, quelquefois à plusieurs loges dans certains genres exotiques, remplies de graines arrondies, oblongues ou réniformes : ces graines semées avec soin, lèvent accompagnées d'un cotylédon latéral, étalé, membraneux, large et réniforme.

Presque toutes les fougères ont les jeunes pousses garnies d'écailles brunes et membraneuses ; la coupe transversale de leurs tiges présente des bandes courbes ou sinueuses, colorées en brun par un suc visqueux, dont l'origine et l'usage sont peu connus. Gleichen avoit pris les pores corticaux des feuilles pour les organes mâles des fougères. Mirbel soupçonne que chaque capsule renferme les organes mâles et femelles, comme cela a lieu dans la pilulaire.

* *Capsules munies d'un anneau élastique.*

CXXIX. HYMENOPHYLLE. *HYMENOPHYLLUM.*

Hymenophyllum. Sm. Lam. Sw. — *Trichomanis sp.* Linn. Hedw.

CAR. Les grouppes de capsules naissent sur le bord des feuilles, entourés d'un tégument foliacé qui a la forme d'un calice bivalve ; les capsules sont sessiles sur une colonne centrale qui n'est point saillante hors du tégument.

OBS. Les espèces de ce genre ont les feuilles membraneuses, presque transparentes et souvent rougeâtres. Cette consistance les rapproche des vrais trichomanes, qui ont la colonne centrale saillante hors du tégument. Ces deux genres sont-ils réellement distincts ?

1599. Hymenophylle   *Hymenophyllum Tun-*
de Tunbrige.   *bridgense.*

Trichomanes Tunbridgense. Linn. spec. 1561. Hedw. f. fil. 3.
t. 13.—*Hymenophyllum Tunbridgense.* Sm. Mem. Acad. Tur.
5. p. 118. Sw. Journ. 2. p. 100. — Pluk. t. 3. f. 5. 6.

Sa tige est grêle, rampante, semblable à une racine; elle
pousse çà et là des feuilles longues de 5-8 centim.; le pétiole
est grêle, nu dans la partie inférieure; il se divise en pinnules
qui sont plusieurs fois bifurquées : les lanières sont linéaires,
tronquées au sommet, dentées sur les bords, traversées par une
nervure longitudinale, d'une consistance demi –transparente :
les fructifications naissent au sommet des folioles; elles sont entourées d'un tégument rougeâtre, ovale, obtus, dentelé au sommet, en forme de calice bivalve ouvert extérieurement : les
capsules adhèrent à une petite colonne centrale qui ne dépasse
pas le tégument. ♃. Cette fougère croît parmi les mousses, sur
les troncs d'arbres : elle a été trouvée sur les côtes de Bretagne,
par le C. Aubert du Petit-Thouars.

CXXX. ADIANTHE.   *ADIANTHUM.*

Adianthum. Linn. Smith. Sw.

CAR. Les capsules réunies en petites lignes interrompues placées sur le bord des feuilles, sont recouvertes par un tégument
qui s'ouvre de dedans en dehors, et qui est formé par le bord de
la feuille replié en dessous.

1400. Adianthe capillaire.   *Adianthum capillus-*
Veneris.

Adianthum capillus-Veneris. Linn. spec. 1558. Bull. Herb. t.
247. — *Adianthum coriandrifolium.* Lam. Fl. fr. 1. p. 29 —
Adianthum capillus. Sw. Journ. Schrad. 2. p. 83. — Tourn.
Inst. t. 317.

Ses feuilles sont radicales, ramifiées, décomposées et hautes
de 15-18 centim., leur pétiole est lisse, luisant, d'un rouge
noirâtre et très-grêle; ses ramifications sont presque capillaires
et soutiennent des folioles glabres, minces, cunéiformes, incisées et découpées en leur bord supérieur : le sommet de chaque
découpure est réfléchi ou replié en-dessous, et recouvre les paquets de fructification qui sont disposés postérieurement au bord
supérieur des folioles. ♃. On trouve cette plante dans les lieux
pierreux, couverts et humides, au bord des fontaines et aux parois

des puits; dans les provinces méridionales. Elle est regardée
comme pectorale, béchique et apéritive, et connue vulgairement sous les noms de *capillaire, capillaire de Montpellier,
cheveux de Vénus :* c'est avec elle qu'on prépare le syrop de
capillaire. Le C. Ramond l'a trouvée à Bagnères, le long du
canal de décharge des sources supérieures, où l'eau est à 52°.
de chaleur.

1401. Adianthe odorant. *Adianthum fragrans.*

Adianthum fragrans. Sw. Journ. 2. p. 84. — *Pteris acrosticha.*
Balbi. Add. p. 98. — *Polypodium fragrans.* Linn. Mant.
p. 307. (non spec.). Desf. Atl. 2. p. 408. t. 257. — *Polypodium pteridioides.* Reich. Syst. 4. p. 424.

D'une racine noirâtre et fibreuse part une touffe de feuilles
longues de 6-10 centim.; les pétioles sont bruns, grêles, fermes,
glabres ou chargés de quelques écailles, divisés vers le sommet
en quatre ou cinq paires de rameaux opposés, ouverts, une ou
deux fois pennés, d'autant plus courts qu'ils approchent du
sommet; les folioles sont petites, ovales, divisées en trois à
cinq lobes arrondis; le bord des feuilles se replie en dessous
et recouvre les grouppes de capsules, au moyen d'appendices
blanchâtres; la petitesse des folioles et leur division en lobes,
font que la ligne marginale des fructifications est interrompue çà
et là. ℔. Cette plante croît sur les murs humides, dans les vignes
de la val. d'Aost; dans les rochers, aux environs de Suze et
d'Hyères.

CXXXI. PTÉRIS. *PTERIS.*

Pteris. Smith. Sw. — *Pteridis et Acrostichi sp.* Linn.

Car. Les capsules réunies en lignes non interrompues le long
du bord de la feuilles, sont recouvertes par un tégument qui
s'ouvre de dedans en dehors, et qui est formé par le bord de la
feuille replié en dessous.

1402. Ptéris de Crête. *Pteris Cretica.*

Pteris Cretica. Linn. Mant. 130. Sw. Journ. Schrad. 2. p. 64.
Bell. Act. Tur. 5. p. 276. — Tourn. Inst. t. 321.

Sa racine, qui est fibreuse brunâtre et vivace, pousse plusieurs
feuilles hautes de 2-3 décim.; le pétiole est glabre, anguleux,
roussâtre, simple, lisse; il porte vers le haut plusieurs folioles
opposées, quelquefois distinctes, souvent réunies par leur base,
écartées, longues, étroites, entières ou légèrement dentées en

scie, traversées par une nervure longitudinale et presque d'égale largeur dans toute leur étendue ; les inférieures se divisent à la base en trois lanières absolument semblables aux folioles supérieures : les capsules naissent en série continue le long des folioles. ♃. Cette espèce a été trouvée en Corse par le C. Noisette ; aux environs de Nice et de Tende (Bell.) : elle se multiplie depuis long-temps d'elle-même , sur les murs humides des serres du jardin des plantes de Paris.

1403. Ptéris aigle-impérial.   *Pteris aquilina.*

Pteris aquilina. Linn. spec. 1533. Sw. Journ. Schrad. 2. p. 67.
Lam. Fl. fr. 1. p. 12. Bolt. Fil. t. 10. Bull. Herb. t. 207.

Sa racine est oblongue , brune et roussâtre en dehors , et remarquable lorsqu'on la coupe en travers , par deux lignes qui se croisent, et représentent, en quelque sorte, l'Aigle de l'empire ; les feuilles sont radicales , droites , hautes de 6-15 décim. , trois ou quatre fois ailées , fort amples , et portées sur des pétioles nus dans toute leur moitié inférieure , et qui ressemblent à des tiges ; les pinnules des feuilles sont très-nombreuses , et les dernières ou celles des extrémités , sont lancéolées et très-entières. La fructification est peu apparente , et forme une ligne blanchâtre qui borde le contour de la partie postérieure des pinnules ; ces pinnules sont glabres en dessus et velues en dessous. ♅. Cette plante est commune dans les bois et les lieux stériles ; sa racine est astringente , et un spécifique contre le ver solitaire.

1404. Ptéris crépue.   *Pteris crispa.*

Osmunda crispa. Linn. spec. 1522. — *Onoclea crispa.* Hoffm.
Germ. 2. p. 11. — *Acrostichum crispum.* Vill. Dauph. 4. p. 838.
— *Pteris crispa.* All. Pedem. n. 2392. Sw. Journ. 2. p. 68. —
Pteris tenuifolia. Lam. Fl. fr. 1. p. 13. — Bolt. Fil. t. 7. — Fl.
dan. t. 490.

Sa racine pousse plusieurs feuilles hautes de 2-3 décim. , portées sur des pétioles très-grêles et nus dans leur plus grande partie ; ces feuilles sont de deux sortes, les unes stériles, et les autres chargées de fructification ; les premières ont leurs folioles ou pinnules un peu élargies et dentées à leur sommet ; celles qui sont fertiles, ont leurs folioles étroites, presque linéaires, très-entières, et garnies en leur bord postérieur de fructifications rangées en une ligne qui borde très-distinctement le contour de ces folioles, et laisse sur leur disque un vide longitudinal ou un sillon enfoncé : ces feuilles, en général, n'ont pas 9 centim. de largeur, et ont la forme d'un triangle un peu alongé; leurs folioles sont petites, alternes, et portées sur des ramifications assez fines. ♃. Cette plante croît dans les montagnes, aux lieux découverts et pierreux; dans les Alpes du Dauphiné, du Piémont, du Léman, dans les Pyrénées, etc. Villars en recommande l'usage en décoction dans le commencement des rhumes de poitrine.

CXXXII. BLECHNUM.   *BLECHNUM.*

Blechnum. Smith. Sw. — *Onocleœ sp.* Hoffm. — *Osmundœ sp.* Linn.

CAR. Les capsules réunies en deux lignes longitudinales parallèles à la nervure principale, sont couvertes par un tégument qui s'ouvre de dedans en dehors.

1405. Blechnum en épi.   *Blechnum spicant.*

Blechnum spicant. Smith. Mem. Acad. Tur. 5. p. 4ıı.—*Blechnum boreale.* Sw. Journ. Schrad. 2. p. 75.—*Osmunda spicant.* Linn. spec. 1522. Hedw. Theor. retr. p. 93. t. 5. — *Onoclea spicant.* Hoffm. Germ. 2. p. 11.—*Acrostichum nemorale.* Lam. Fl. fr. 1. p. 11.—*Acrostichum spicant.* Vill. 4. p. 838.—Bolt. fil. t. 6. — *Struthiopteris spicant.* All. Fl. ped. n. 2390.

Sa racine pousse plusieurs feuilles ramassées en un faisceau très-ouvert; ces feuilles sont longues de 2-5 décim., ailées dans presque toute leur longueur, rétrécies à leur sommet et à leur base, et ressemblent à celles du polypode commun; leurs pinnules sont nombreuses, oblongues, très-entières et légèrement confluentes à leur base; celles du milieu des feuilles sont plus grandes que celles de leurs extrémités : les feuilles extérieures du faisceau commun sont stériles, et celles du centre sont plus longues, plus étroites, et abondamment chargées sur leur dos de fructifications qui ne laissent sur chaque foliole qu'un sillon médiocre. ♃. On trouve cette plante dans les bois montagneux.

CXXXIII. SCOLOPENDRE.   *SCOLOPENDRIUM.*

Scolopendrium. Smith. Sw. — *Asplenium.* Mœnch. — *Asplenii sp.* Linn.

CAR. Les fructifications naissent en lignes éparses, presque parallèles, situées entre deux nervures secondaires; elles sont recouvertes par deux tégumens superficiaires, parallèles, d'abord soudés, et qui s'ouvrent par une fissure longitudinale.

1406. Scolopendre officinale.　　*Scolopendrium officinale.*

Scolopendrium officinale. Smith. Act. Acad. Tur. 5. p. 410. —
    Asplenium scolopendrium. Linn. spec. 1537. Lam. Fl. fr. 1.
    p. 25. Bolt. Fil. t. 11. Bull. Herb. t. 167. — *Scolopendrium*
    officinarum. Sw. Journ. Schrad. 2. p. 61.
    α. Integrifolium.
    β. Undulatum.
    γ. Multifidum.

Ses feuilles naissent cinq ou six ensemble, d'une racine brunâtre et fibreuse; elles s'élèvent à 3 décim., et sont portées
sur un pétiole souvent chargé d'écailles roussâtres et long de
10-15 centim.; la feuille est oblongue, échancrée en cœur à
sa base, verte, lisse, un peu coriace, plane et entière sur les
bords dans la variété *α*, ondulée et légèrement incisée sur les
bords dans la variété *β*, fortement découpée et élargie en crête à
son sommet dans la variété *γ* : les fructifications sont disposées
de l'un et de l'autre côté de la nervure longitudinale, et lui
sont presque perpendiculaires. ♃. Cette plante naît dans les lieux
couverts et humides, dans les puits, au bord des ruisseaux; aux
environs de Paris, de Grenoble, de Sorrèze; en Provence (Gér.);
à Marceuil et à Saineville (Bouch.); à Montpellier (Gouan); en
Auvergne (Delarb.); à Montauban (Gat.). On la nomme *langue*
de cerf; on l'emploie quelquefois en médecine comme astringente dans les diarrhées et les hémorrhagies.

1407. Scolopendre hemionite.　　*Scolopendrium hemionitis.*

Asplenium hemionitis. Linn. spec. 1536. Lam. Dict. 3. p. 302.
    Illustr. t. 867. f. 2. Sw. Journ. Schrad. 2. p. 50? — *Hemionitis*
    vera. Clus. Hist. 2. p. 214.

Sa racine pousse plusieurs feuilles lisses, hastées, échancrées
en cœur, fort élargies inférieurement, distinguées par deux
grandes oreillettes à leur base, et portées sur des pétioles glabres; la fructification naît sur le dos des feuilles, disposée par
petits paquets oblongs, presque parallèles entre eux, et inclinés
ou obliques par rapport à la nervure moyenne de chaque feuille.
♃. On trouve cette plante dans les environs de Marseille; elle
est pectorale, un peu astringente et vulnéraire. On a long-
temps confondue sous le nom de *asplenium hemionitis*, deux

plantes que le C. Lamarck a distinguées avec raison dans le
Dictionnaire Encyclopédique ; l'une, que nous venons de décrire, appartient au genre de la scolopendre par les deux tégumens qui couvrent chaque grouppe de capsules ; l'autre, *asplenium palmatum*, Lam., appartient au genre des doradilles,
puisque chaque grouppe de capsules n'y est recouvert que
d'un seul tégument. Cette dernière espèce, qui croît en Por-
tugal et aux Canaries, n'a pas, que je sache, été encore trouvée
en France.

CXXXIV. DORADILLE. *ASPLENIUM.*

Asplenium. Smith. — *Phyllitis.* Mœnch. — *Asplenii sp.* Linn.

Car. Les capsules réunies en lignes droites, éparses sur le
disque de la feuille, sont recouvertes d'un tégument qui naît
latéralement d'une nervure secondaire, et s'ouvre en un seul
battant de dedans en dehors.

1408. Doradille sep-   *Asplenium septentrionale.*
tentrionale.

Acrostichum septentrionale. Linn. spec. 1524. Lam. Fl. fr. 1.
p. 11. — *Asplenium septentrionale.* Hoffm. Germ. 2. p. 12.
Sw. Journ. Schrad. 2. p. 50. — Bolt. Fil. t. 8.

Sa racine est une souche noirâtre et écailleuse, qui émet en
dessous des racines brunes et fibreuses, et pousse en dessus des
feuilles hautes de 6-8 centim., linéaires à leur base, divisées
au sommet en deux ou trois lobes un peu déchirés, aigus et
alongés : la fructification naît sur le milieu de ces lobes, et laisse
leur base et leur sommité dégarnies ; elle forme à sa naissance
deux lignes placées sur les bords et recouvertes par un tégument longitudinal : bientôt les fructifications, en grandissant,
se réunissent et couvrent le disque entier de la feuille. ♃. Elle
croît dans les lieux pierreux, les fentes des rochers ; elle se
trouve en Champagne, dans les Pyrénées, les Alpes, aux environs de Sorrèze.

1409. Doradille d'Al-   *Asplenium Germanicum.*
lemagne.

Asplenium Germanicum. Weiss. Gœtt. p. 299. Lam. Dict. 2.
p. 309. Hoffm. Germ. 2. p. 13. — *Asplenium alternifolium*
Jacq. Misc. 2. p. 51. t. 5. f. 2. — Breyn. Cent. t. 97. — *Asplenium Breynii.* Retz. Obs. 2. p. 32. Sw. Journ. Schrad. 2.

p. 57. — *Asplenium murale*, β. Bern. Journ. Schrad. 1. p.
312. — *Phyllitis heterophylla*. Mœnch. Meth. 724.

Cette espèce est intermédiaire entre la doradille septentrionale et la doradille des murs ; sa racine, qui est brune, épaisse
et fibreuse, émet cinq à six feuilles longues d'un décimètre ; le
pétiole est brun à sa base, garni vers le haut de huit à douze
folioles écartées, alternes, en forme de coin, divisées au sommet
en deux ou trois lanières irrégulières : chaque foliole porte deux
à quatre grouppes ou lignes de capsules brunes, recouvertes
par un tégument qui s'ouvre du côté intérieur. ♃. Cette espèce
croît sur les murs et les rochers ; elle a été trouvée dans les
montagnes du Jura (Hall.); dans les Vosges, par le C. Thuilier ; aux environs de Sierck sur la Moselle, par le C. Lancry ;
dans les Alpes, parmi les rochers de la vallée de Servan, par
M. Schleicher.

1410. Doradille politric. *Asplenium trichomanes.*

Asplenium trichomanes. Linn. spec. 1540. Lam. Fl. fr. 1. p. 27.
Bolt. Fil. t. 13. Bull. Herb. t. 185. Hedw. Theor. retr. p. 98.
t. 7. f. 4-7. — *Phyllitis rotundifolia*. Mœnch. Meth. 724.

β. *Minus*.

γ. *Lobato-crenatum*. — *Asplenium trichomanes ramosum*. Linn.
spec. 1541 ? — Bolt. Fil. t. 2. f. 2. — Pluk. t. 73. f. 6 — Tourn.
Inst. t. 315. f. 1. C.

Sa racine est chevelue, fibreuse, et pousse beaucoup de
feuilles longues de 9 ou 12 centim., étroites, ailées et composées
souvent de plus de trente folioles fort petites ; ces folioles sont
ovales-arrondies, légèrement crénelées, sessiles et disposées en
manière d'aile, le long d'un pétiole commun très-grêle et d'un
pourpre noirâtre : les inférieures sont un peu triangulaires ; la
fructification forme cinq ou six petites lignes courtes et divergentes sur le dos de chaque foliole. ♃. On trouve cette plante dans
les lieux couverts et humides, dans les rochers garnis de mousses,
et sur les vieux murs ; elle est apéritive et béchique.

1411. Doradille verte. *Asplenium viride.*

Asplenium viride. Huds. Angl. 453. Sw. Journ. Schrad. 2. p.
53. Hoffm. Germ. 2. p. 13. Bolt. Fil. t. 14. — *Asplenium
trichomanes umbrosum*. Vill. Dauph. 4. p. 853.

Cette espèce ressemble beaucoup à la doradille politric par
son port, mais elle en diffère par sa consistance plus herbacée,

par son pétiole qui est brun à la base seulement, et verd dans
tout le reste de sa longueur ; enfin, par ses folioles qui sont
tronquées à la base du côté inférieur. Elle croit dans les rochers
et les lieux pierreux des montagnes. Je l'ai trouvée dans le Jura
près du Doubs, et dans les Alpes au-dessus de Salenches ; le
C. Ramond l'a recueillie sur les hautes Pyrénées.

1412. Doradille maritime. *Asplenium marinum.*

Asplenium marinum. Linn. spec. 1540. Lam. Dict. 3. p. 305.
Sw. Journ. Schrad. 2. p. 53. — Pluk. t. 253. f. 5. — Moris. 3.
p. 573. s. 14. t. 3. f. 25.

La racine est une touffe de fibres menues et noirâtres, de
laquelle s'élèvent des feuilles pennées, longues de 2-5 décim. ;
le pétiole est noirâtre à sa base, garni de 14-15 couples de folioles opposées, dentées, obtuses, ovoïdes ou plutôt en forme
de trapèze, obliques à leur base, munies d'une oreillette peu
prononcée du côté supérieur : les fructifications sont brunes,
oblongues, parallèles entre elles, obliques à la nervure principale, en petit nombre sur chaque foliole. ♃. Elle habite aux îles
d'Hières (Gér. Burs.); à Vannes (Desf.).

1413. Doradille des murs. *Asplenium ruta-muraria.*

Asplenium ruta-muraria. Linn. spec. 1541. Bull. Herb. t. 195.
Bolt. Fil. t. 16. — *Asplenium murorum.* Lam. Fl. fr. 1. p. 28.
— *Asplenium murale,* 2. Bern. Journ. Schrad. 1. p. 311. — *Phyl-*
litis ruta-muraria. Mœnch. Meth. 724.

Sa racine est chevelue et pousse des feuilles longues de 6-9
centim., un peu dures, décomposées et imitant en quelque sorte
celles de la rue ; ses feuilles ont un pétiole grèle, nu dans la
plus grande partie de sa longueur, ramifié à son sommet et
chargé de folioles courtes, obtuses, denticulées en leur bord
supérieur, quelquefois incisées ou lobées, et un peu fermes ; la
fructification forme sur le dos de chaque foliole deux ou trois
lignes fort petites, et qui, par la suite de leur développement,
se réunissent en un seul paquet ovale. ♃. Cette plante est commune dans les fentes des murs, des vieux édifices et des rochers ;
on la regarde comme très-pectorale et apéritive.

1414. Doradille noire.　*Asplenium adianthum-nigrum.*

Asplenium adianthum-nigrum. Linn. spec. 1542. Sw. Journ. Schrad. 2. p. 56. Lam. Dict. 2. p. 309. — *Asplenium nigrum.* Lam. Fl. fr. 1. p. 28. Bern. Journ. Schrad. 1. p. 315. Fl. dan. t. 250.

Sa racine pousse plusieurs feuilles hautes de 1-2 décim. , un peu luisantes en dessus et d'un verd foncé presque noirâtre ; leur pétiole est brun à sa base et garni dans toute sa moitié supérieure de pinnules , dont les inférieures sont les plus grandes , et chargées de deux ou trois folioles à leur base , très-distinctes , non confluentes , incisées et dentées ; les autres pinnule vont en diminuant de grandeur jusqu'au sommet de la feuille qui est pointu , et sont simplement pinnatifides : leurs lobes sont dentés et un peu obtus. ♃. On trouve cette plante dans les lieux couverts et les bois humides ; elle passe pour pectorale et apéritive. On la nomme vulgairement *capillaire noir.*

CXXXV. ATHYRIUM.　　*ATHYRIUM.*

Athyrium. Roth. — *Nephrodium.* Rich. — *Filix.* Adans. — *Polypodii sp.* Smith. Linn. — *Aspidii sp.* Sw.

Car. Les capsules réunies en grouppes ovales épars sur la feuille , sont recouvertes d'un tégument en forme de croissant , qui naît latéralement d'une nervure secondaire , et qui s'ouvre de dedans en dehors.

Obs. Ce genre diffère à peine des doradilles , auxquelles on doit probablement le réunir.

1415. Athyrium fougère femelle.　*Athyrium filix-fœmina.*

Aspidium filix-fœmina. Sw. Journ. Schrad. 2. p. 41. — *Polypodium filix-fœmina.* Linn. spec. 1551. Lam. Fl. fr. 1. p. 20. Bolt. Fil. t. 25. Hedw. Theor. retr. p. 97. t. 7. f. 1. 2. 3. — Pluk. t. 181. f. 2.

β. *Polypodium dentatum.* Hoffm. Germ. 2. p. 7.

γ. *Polypodium molle.* Hoffm. Germ. 2. p. 7.

δ. *Polypodium incisum.* Hoffm. Germ. 2. p. 7.

ε. *Polypodium trifidum.* Hoffm. Germ. 2. p. 7.

Ses feuilles sont radicales , hautes de 4-8 centim. , et garnies dans la plus grande partie de leur longueur , de pinnules nombreuses , peu écartées entre elles , ailées , pointues , longues de

12-15 cent. , et qui vont en diminuant de grandeur vers le sommet de chaque feuille qui est pointu ; ces pinnules sont composées de trente à quarante folioles un peu étroites , longues de 5-8 millim. , profondément et finement dentées en leurs bords dans toute leur longueur , et point confluentes à leur base comme celle du polystic fougère-mâle : ces folioles sont un peu obtuses à leur sommet , et toutes fort rapprochées les unes des autres. La variété β a ses pinnules principales plus écartées entre elles et garnies de folioles tout-à-fait pointues ; la variété γ , dont la feuille est molle et demi-transparente , doit peut-être être regardée comme une espèce distincte. Cette plante est commune dans les bois montagneux et humides. ♃

1416. Athyrium des fontaines. *Athyrium fontanum.*

Polypodium fontanum. Linn. spec. 1550. — *Polypodium Alpinum.* Lam. Fl. fr. 1. p. 22. non Wulf.—Seg. Ver. 3. t. 1. f. 3.

Cette espèce a un port très-élégant ; sa souche est horizontale , et pousse plusieurs feuilles d'un verd clair , découpées extrêmement menu , et hautes de 1-2 décim. ; ces feuilles ont leur pétiole nu et roussâtre à sa base , garni , dans les deux tiers de sa longueur , de pinnules , la plupart alternes , bipinnées , pointues , peu serrées entre elles , sur-tout les inférieures , et à peine longues de 4 centim. ; le pinnules du second ordre sont alternes , un peu étroites , longues de 5-8 millim. ; et composées de folioles très-petites , pareillement alternes , bifides ou trifides , et émoussées à leur sommet. La fructification naît par paquets arrondis et souvent solitaires sur chaque foliole ou pinnule du troisième ordre , et sort de dessous un tégument blanc , oblong , qui se fend latéralement comme dans les doradilles. ♃ Cette plante croît dans les montagnes , parmi les rochers humides.

CXXXVI. ASPIDIUM. *ASPIDIUM.*

Aspidii sp. Sw. — *Polypodii sp.* Linn. — *Cyatheæ sp.* Sm.

CAR. Les capsules sont réunies en grouppes arrondis , épars sur la feuille , recouvertes dans leur jeunesse par un tégument qui se fend longitudinalement de deux côtés , se soulève du sommet à la base , et présente une lanière lancéolée , plus longue que le grouppe de capsule qu'elle recouvroit.

OBS. La singulière structure de ce tégument a été bien décrite et figurée par Villars, Flore du Dauphiné , vol. 4. p. 818.

t. 53. f. Ce. Ae. Ce genre diffère de l'athyrium, avec lequel
on l'avoit confondu non seulement par la forme des tégumens
et des grouppes de capsules, mais sur-tout parce que le tégument
s'ouvre du sommet à la base, au lieu de s'ouvrir longitudinalement de dedans en dehors. Les aspidium sont les fougères les
plus délicates et les plus grèles de nos climats.

1417. Aspidium fragile.   *Aspidium fragile.*

Aspidium fragile. Sw. Journ. Schrad. 2. p. 40. — *Polypodium
polymorphum.* Vill. Dauph. 4. p. 846. t. 53. A. B C. D.

α. Polypodium fragile. Linn. sp. 1553. Fl. dan. t. 401. — Pluk. t.
180. f. 5.

β. Polypodium rhœticum. Linn. spec. 1552.

γ. Polypodium tenue. Hoffm. Germ. 2. p. 9. — Pluk. t. 79. f. 3.

δ. Polypodium Alpinum. Wulf. Jacq. Coll. 2. p. 171.

Cette espèce offre des formes si variées dans les feuilles d'une
même touffe, que je ne puis considérer les espèces décrites par
différens auteurs, que comme de simples variétés produites par
le sol, l'âge et le climat; sa racine est une touffe de fibres brunes,
d'où s'élèvent huit ou dix feuilles dont la longueur varie de 1–3
décim.; leur pétiole est roussâtre, garni de quelques écailles à
sa base, pâle et nu dans le reste de sa longueur; il se divise en
pinnules opposées, à lobes alternes pinnatifides, plus ou moins
grands, plus ou moins découpés, obtus dans la variété *α*, pointus dans la variété *β*, très-étroits et comme déchiquetés dans
les variétés *γ* et *δ* : les grouppes de capsules sont disposés sur
une ou deux séries dans chaque lobe, selon sa largeur; elles
sont d'abord jaunes, puis brunes. La consistance des feuilles de
cette fougère est frèle et délicate : elle habite les bois et les
fentes des rochers, dans les montagnes. ♃. Peut-être ai-je réuni
sous cette espèce des plantes réellement distinctes; mais les caractères assignés jusqu'ici sont insuffisans pour les reconnoître,
et ceux qui chercheront à étudier cette fougère dans ces différens états, sur-tout par la culture et la germination, feront un
travail utile pour l'avancement de la science.

1418. Aspidium de   *Aspidium montanum.*
montagne.

Aspidium montanum. Sw. Journ. Schrad. 2. p. 42. — *Cyathæa
montana.* Smith. Mem. Acad. Tur. 5. p. 40. — *Polypodium
montanum.* Lam. Fl. fr. 1. p. 23. All. Pedem. n. 2410. Hoffm.

Germ. 2. p. 10. — *Polypodium myrrhidifolium.* Vill. Dauph. 4. p. 851. t. 53. — Pluk. t. 89. f. 4.

Sa racine pousse plusieurs feuilles hautes de 2-3 décim. , et soutenues chacune par un pétiole très-grêle , légèrement velu , et nu dans sa plus grande partie; ces feuilles ont une forme triangulaire , et ressemblent, en quelque manière , à celles du cerfeuil sauvage : leurs pinnules sont presque toutes opposées ; les deux inférieures sont bipinnées , et aussi grandes chacune que toutes les autres ensemble , ce qui fait que les feuilles de cette espèce paroissent, composées de trois parties , mais simplement ailées dans la première et bipinnées dans celle-ci ; les folioles du troisième ordre sont dentées en leurs bords , ou même un peu pinnatifides ; ses capsules sont disposées en paquets arrondis , épars sur le disque des feuilles. Cette plante croît dans les lieux montagneux et couverts , aux environs de Paris ; à la grande Chartreuse , parmi les bois de la Bouvine (Vill.) ; au Mont-Cénis (All.) ; dans les Pyrénées , au vallon d'Escoubous près Barrèges (Ram.).

CXXXVII. POLYSTIC. *POLYSTICHUM.*

Polystichum. Roth. — *Tectaria.* Cav. — *Hypopeltis.* Rich. — *Dryopteris.* Adans. — *Polypodii sp.* Smith. Linn. — *Gleichenia.* Neck. non Sm. — *Aspidii sp.* Sw.

Car. Les capsules réunies en grouppes arrondis , épars sur la feuille , sont recouvertes par un tégument attaché par un seul point, tantôt sur son bord , tantôt à son centre.

1419. Polystic fougère-mâle. *Polystichum filix-mas.*

Polypodium filix-mas. Linn. spec. 1551. Lam. Fl. fr. 1. p. 17. Bull. Herb. t. 183. Bolt. Fil. t. 24. — *Aspidium filix-mas.* Sw. Journ. Schrad. 2. p. 38.

Ses feuilles sont grandes , larges , longues de 4-5 décim., garnies de pinnules dans presque toute leur longueur , et naissent de la racine , disposées en un faisceau peu ouvert ; leurs pinnules inférieures sont courtes , celles du milieu sont très-grandes , et les supérieures diminuent insensiblement, et forment une pointe au sommet de la feuille ; ces pinnules sont profondément pinnatifides , et ont des folioles obtuses , dentées , confluentes à leur base et inclinées sur la nervure commune : les paquets de fructification sont réniformes , et ne bordent point le contour des

folioles. ♃. Cette plante est commune dans les bois et les lieux
stériles ; sa racine passe pour apéritive.

1420. Polystic raccourci. *Polystichum abbreviatum.*

On pourroit, au premier coup-d'œil, prendre cette espèce
pour une simple variété de la fougère mâle, mais elle est de
moitié au moins plus petite; ses pinnules sont plus courtes, plus
obtuses et presque d'égale largeur dans toute leur étendue;
leurs lobes sont plus larges, plus courts et moins nombreux,
et chacun d'eux ne porte ordinairement à sa base qu'un seul
grouppe de fructifications, tandis qu'on en trouve plusieurs à la
base de chaque lobe dans la fougère mâle. ♃. Cette plante a été
trouvée dans les Landes, par les C. Dufour et Thore.

1421. Polystic roide.   *Polystichum rigidum.*

Polypodium rigidum. Hoffm. Germ. 2. p. 6. — *Polypodium
fragrans.* Vill. Dauph. 4. p. 843. excl. syn. — *Polypodium
Villarii.* Bell. Act. Tur. 5. p. 255. — *Aspidium rigidum.* Sw.
Journ. Schrad. 2. p. 37.

Ses feuilles sont droites, fermes, hautes de 3-4 décim.; le
pétiole est blanchâtre, garni d'écailles rousses, chargé de douze
à dix-huit paires de pinnules qui sont elles-mêmes pennées;
les folioles sont oblongues, profondément dentées, et leurs découpures se terminent par deux à trois dentelures; les grouppes
de capsules naissent de préférence vers le haut des feuilles, et
sont disposées sur deux rangs dans chaque foliole; le tégument
est roux, en forme de rein arrondi. ♃. Cette espèce croît dans les
Alpes du Dauphiné; de la Savoie; de la Provence; au Mont-
Cénis, etc. Elle se distingue de loin à son port pyramidal et à sa
teinte jaunâtre.

1422. Polystic lonchite.   *Polystichum lonchitis.*

Polypodium lonchitis. Linn. spec. 1548. Hoffm. Germ. 2. p. 4.
Bolt. Fil. 19. Fl. dan. t. 497. Lam. Fl. fr. 1. p. 16. — *Lonchi-
tis.* Tourn. Inst. t. 314. — *Aspidium lonchitis.* Sw. Journ.
Schrad. 2. p. 30.

Sa racine pousse plusieurs feuilles longues de près d'un pied,
un peu dures, et ailées dans presque toute leur longueur; ces
feuilles ont leur pétiole commun chargé d'écailles roussâtres, et
garni de pinnules nombreuses, très-rapprochées les unes des
autres, assez petites, simples, à peine dentées, ciliées, rudes,

un

un peu courbées en croissant , et remarquables par une appendice ou oreillette située à l'angle supérieur de leur base ; ces
pinnules sont convexes en leur face postérieure , et les inférieures sont souvent stériles ; le tégument est orbiculaire , presque
attaché par le centre , et libre de tous côtés. ♃. Cette plante croît
dans les bois montagneux , en Alsace ; dans les Alpes , etc.

1423. Polystic à aiguillons. *Polystichum aculeatum.*

> *Polypodium aculeatum.* Linn. spec. 1552. Lam. Fl. fr. 1. p. 16.
> Hoffm. Germ. 2. p. 8. Bolt. Fil. t. 26. — Pluk. t. 180. f. 2. —
> *Polystichum lonchitis ,* γ. Bern. Journ. Schrad. 1. p. 306.
> β. *Minus.*

Sa racine est garnie de beaucoup de fibres noirâtres , écailleuse à son collet , et pousse plusieurs feuilles longues de 2–3
décim.; ces feuilles ont leur pétiole couvert d'écailles roussâtres ,
et chargé dans presque toute sa longueur , de pinnules assez
nombreuses , très-rapprochées les unes des autres , ovales-oblongues , un peu courbées en forme de croissant , ciliées , simplement dentées vers leur sommet , pinnatifides dans leur partie
inférieure , et remarquables par une oreillette située à l'angle
supérieur de leur base : ces pinnules sont moins dures que celles
de l'espèce précédente , et ne sont certainement pas ailées. La
variété β , qui est plus petite et qui croît dans les lieux secs , a
la plupart des folioles réunies à la base , ensorte qu'elle approche
du polystic lonchite. Bernardhi regarde cette espèce comme une
variété rameuse de la précédente. Cette plante est commune
dans les haies épaisses et les bois montagneux. ♃.

1424. Polystic à petites pointes. *Polystichum spinulosum.*

> *Polypodium dilatatum.* Mull. Frid. t. 2. f. 4. Hoffm. Germ. 2.
> p. 7. — *Polypodium aristatum.* Vill. Dauph. 4. p. 844. — *Po-*
> *lypodium aristatum.* Lam. Fl. fr. 1. p. 19. — *Aspidium spinu-*
> *losum.* Sw. ex Schl. Crypt. exs. 3. n. 1.

Sa feuille est grande , d'un verd foncé , deux fois ailée ; son
pétiole est blanchâtre , nu ou chargé de quelques écailles , creusé
en gouttière à la face supérieure , sensiblement dilaté à la naissance des pinnules ; celles-ci vont en diminuant de grandeur de
la base au sommet , et se divisent en folioles pinnatifides , oblongues , et dont les lobes sont marqués de dentelures terminées par une pointe aiguë et acérée : les fructifications sont sur

deux séries dans chaque foliole, à la base de chaque dentelure. ♃.
Cette espèce est commune dans les forêts et les montagnes : elle
diffère du polystic tanaisie, par ses feuilles plus larges et moins
découpées : elle a été long-temps confondue avec le *polypodium cristatum* L.

1425. Polystic tanaisie. *Polystichum tanacetifolium.*

Polypodium tanacetifolium. Hoffm. Germ. 2. p. 8.

Sa feuille est grande, élégante, presque trois fois pennée; le
pétiole commun est droit, cylindrique, chargé de quelques
écailles roussâtres, non renflé à la division des pinnules; celles-
ci sont elles-mêmes pennées, et leurs folioles sont profondément pinnatifides ; les lobes sont linéaires, dentelés vers le
sommet ; les fructifications sont placées à l'aisselle des sinus
des lobes; le tégument est peu apparent, en forme de rein
ombiliqué sur le côté. ♃. Cette espèce a été trouvée dans les montagnes d'Auvergne, par le C. Desfontaines.

1426. Polystic calliptère. *Polystichum callipteris.*

Polypodium callipteris. Ehrh. Pl. Cr. 53. Hoffm. Germ. 2. p. 6.
Seg. Veron. 3. t. 1. f. 1. — *Aspidium cristatum.* Sw. Journ.
Schrad. 2. p. 37. — *Polypodium cristatum.* Linn. sp. 1551?

Une souche rampante pousse plusieurs feuilles longues de 3-5
décim.; leur pétiole est un peu foible, garni d'écailles rousses
à sa base, presque nu dans le reste de sa longueur, garni de
trente à quarante pinnules alternes ou opposées, profondément
pinnatifides et presque pennées dans le bas de la plante, élargies à leur base et allant en diminuant jusqu'à la pointe, d'une
consistance assez ferme; les lobes des pinnules sont opposés,
ovales-oblongs, garnis, sur-tout vers le sommet, de dentelures en scie, terminées en pointe aiguë, et souvent elles-mêmes
dentelées : les grouppes de capsules sont globuleux, au nombre
de six à huit sur chaque lobe, peu éloignés de la nervure; le
tégument est presque ombiliqué, roussâtre, peu apparent; les
pinnules inférieures sont d'ordinaire dépourvues de fructification. ♄. Cette plante a été trouvée par le C. Boucher, dans les
marais de Gouy près Abbeville.

1427. Polystic thélyptère. *Polystichum thelypteris.*

Polypodium thelypteris. Hedw. Theor. retr. p. 95. t. 6. — *Acrostichum thelypteris.* Linn. spec. 1528. Vill. Dauph. 4. p. 841. — *Polypodium pterioides*, var. β. Lam. Fl. fr. 1. p. 18. — Schmied. Ic. t. 11. 13. — *Aspidium thelypteris.* Sw. Journ. Schrad. 2. p. 40.

β. *Repens.* Vill. l. c. t. 53.

Ses feuilles sortent d'une souche tantôt ramassée, tantôt traçante, et s'élèvent à 2-5 décim. de hauteur; les pétioles sont glabres, nus à leur base, chargés d'environ vingt couples de pinnules rapprochées, oblongues, pointues, étalées, souvent recourbées en bas vers leur sommet, divisées en lobes opposés, nombreux, triangulaires, un peu pointus, et dont le bord se recourbe légèrement en dessous; les capsules naissent en paquets arrondis, distincts, placés vers le bord des lobes sur une seule série, recouverts dans leur jeunesse non seulement par le bord de la feuille replié en dessous, mais par un tégument arrondi, fugace, attaché par un seul point au côté intérieur du lobe; à leur maturité les capsules couvrent la surface entière des lobes, de sorte que cette plante semble être d'abord un polystic, puis un ptéris, puis un acrostic. ♃. Elle croît dans les bois humides et marécageux, et fructifie à la fin de l'été. On l'a trouvée aux environs de Grenoble, de Lyon (Vill.); dans les Pyrénées près le lac de Lourdes.

1428. Polystic oréoptère. *Polystichum oreopteris.*

Aspidium oreopteris. Sw. Journ. Schrad. 2. p. 35. — *Polypodium oreopteris.* Hoffm. Germ. 2. p. 5. — *Polypodium pterioides*, var. α. Lam. Fl. fr. 1. p. 18. — *Polypodium pterioides.* Vill. Dauph. 4. p. 841. — *Polypodium the'spteris.* Bolt. Fil. 22. — *Polypodium limbospermum.* All. Auct. p. 49.

Cette espèce diffère du polystic thélyptère, parce qu'elle vient un peu plus grande, que ses pinnules sont courbées du côté du sommet de la feuille au lieu de se diriger vers la base; que les lobes des pinnules sont oblongs, obtus, nullement triangulaires, et que les fructifications, même à leur maturité, restent en points arrondis, disposés au bord des lobes, sans jamais couvrir leur disque entier. ♃. Elle croît dans les bois des montagnes, et fructifie en été. On la trouve dans les Alpes du Piémont (All. Bell.); dans les Pyrénées (Tourn.); à la grande Chartreuse et à Chamouny (Vill.); à Saint-Beaume en Normandie.

CXXXVIII. POLYPODE. *POLYPODIUM.*

Polypodium. Adans. Roth. Cav. — *Polypodii sp.* Smith. Linn.

CAR. Les capsules réunies en grouppes arrondis, épars sur la feuille, ne sont recouvertes d'aucun tégument.

1429. Polypode commun. *Polypodium vulgare.*

Polypodium vulgare. Sw. Journ. Schrad. 2. p. 24.
α. *Polypodium vulgare.* Linn. spec. 1544. Hoffm. Germ. 2. p. 4. Bull. Herb. t. 191. Bolt. Fil. t. 18.
β. *Polypodium cambricum.* Linn. sp. 1546. Gou. Monsp. 527.— *Polypodium laciniatum.* Lam. Fl. fr. 1. p. 14. — Moris. 3. s. 14. t. 2. f. 8. — Plük. t. 30. f. 1.

Sa racine est épaisse, alongée, couverte d'écailles brunes, garnie de beaucoup de fibres noirâtres, et pousse plusieurs feuilles longues de 2-3 décim.; ces feuilles ont leur pétiole nu vers sa base et chargé dans le reste de sa longueur de folioles ou pinnules lancéolées, parallèles, disposées alternativement, confluentes à leur base, et qui vont en diminuant de grandeur vers le sommet des feuilles : les paquets de fructifications forment deux rangées sur le dos de chaque pinnule. La variété β, que la plupart des auteurs ont regardée comme une espèce distincte, n'est qu'une monstruosité du polypode commun, selon Smith et Swartz; on ne la trouve jamais en fructification; ses feuilles sont plus grandes, plus profondément incisées, et ses lobes sont dentés ou déchirés, souvent crépus. ♃. On trouve cette plante dans les lieux pierreux, sur les vieux murs et au pied des arbres.

1430. Polypode phé- goptère. *Polypodium phegopteris.*

Polypodium phegopteris. Linn. spec. 1550. Sw. Journ. Schrad. 2. p. 28. Lam. Fl. fr. 1. p. 18. Bolt. Fil. 20. — Moris. Hist. 3. s. 14. t. 4. f. 17.

Ses feuilles sont radicales, longues de 3 centim., molles, d'un verd gai, et garnies de pinnules dans la plus grande partie de leur longueur; leurs pinnules sont pinnatifides et composées de folioles ovales, très-entières, presque obtuses, confluentes à leur base et chargées de quelques poils en leurs bords; la première foliole de la rangée inférieure de chaque pinnule, est plus longue que les autres, pendante et rétrécie à sa base : les fructifications sont en paquets arrondis, dépourvus de tégumens,

rangés en série assez régulière sur les deux bords de chaque
lobe des pinnules ; le sommet de chaque lobe en est dépourvu.
♃. On trouve cette plante dans les bois et les lieux humides ;
dans les Vosges, les montagnes d'Auvergne.

1431. Polypode dryoptère. *Polypodium dryopteris.*

Polypodium dryopteris. Linn. spec. 1555. Sw. Journ. Schrad. 2.
29. Lam. Fl. fr. 1. p. 23. Bolt. Fil. 28,
β. *Pumilum.* — Clus. Hist. 2. p. 112.

Sa souche est cylindrique, horizontale, noirâtre, garnie de
fibres menues, et pousse plusieurs feuilles qui s'élèvent de
2-3 décim. ; ces feuilles ont leur pétiole très-grêle, nu dans
la plus grande partie de sa longueur, et chargé vers son sommet de plusieurs pinnules, la plupart opposées : les deux pinnules inférieures sont ailées, et chacune presque aussi grande
que toutes les autres ensemble, de sorte que chaque feuille a une
forme triangulaire, et paroît composée de trois folioles grandes
et ailées ; les pinnules du second ordre sont ovales-oblongues,
obtuses, grossièrement dentées et presque pinnatifides : les fructifications sont disposées comme dans le polypode phégoptère. ♃.
Cette plante croît dans les lieux pierreux et montueux, au pied
des arbres, etc. ; dans les Alpes, le Jura, les environs de Paris,
les montagnes d'Auvergne.

CXXXIX. ACROSTIC.   *ACROSTICHUM.*

Acrostichum. Sm. — *Acrostichi, Polypodii et Osmundæ sp.*
Linn.

C**AR**. Les capsules naissent dépourvues de tégument, et
forment une tache ou plaque irrégulière, continue, qui recouvre
presque tout le disque de la feuille.

1432. Acrostic à petite   *Acrostichum leptophyllum.*
feuille.

Polypodium? leptophyllum. Linn. spec. 1553. Sw. Journ. Schrad.
2. p. 27. Ger. Gallopr. p. 70. — *Osmunda leptophylla.* Sav.
Dict. Enc. 4. p. 657. — Magn. Hort. Monsp. p. 5. t. 5. —Barr.
Icon. 1270. t. 431.

Linné remarque, avec raison, que cette plante est intermédiaire entre les osmondes, les polypodes et les acrostics : elle
diffère évidemment du premier de ces genres, parce que ses
capsules sont munies d'un anneau élastique, et du second, parce

que les grouppes des capsules naissent en lignes oblongues et finissent par couvrir la feuille entière ; malgré son port, elle appartient donc aux acrostiches, soit par l'absence du tégument, soit par la disposition de ses capsules : dans sa jeunesse, on la prendroit pour une doradille ; mais l'absence du tégument l'éloigne de ce genre ; sa racine brunâtre et fibreuse, pousse deux sortes de feuilles ; les feuilles stériles sont longues de 2-3 centimètres ; celles qui sont fertiles atteignent 1 décim., et ont leurs folioles plus étroites : les pétioles portent huit à dix folioles presque transparentes, arrondies ou en coin, divisées en plusieurs lobes digités ou penniformes, traversés par une nervure longitudinale ; les capsules naissent en ligne oblongue sur cette nervure, et finissent par couvrir la feuille entière sans en contracter le disque. Cette plante est fort rare ; elle croît en Provence (Gér.).

CXL. CÉTÉRACH.   *CETERACH.*

Ceterach. Bauh. — *Asplenii et Acrostichi sp.* Linn.

Car. Les capsules naissent en grouppes de formes diverses, toujours dépourvus de véritable tégument, mais recouverts de paillettes scarieuses qui en tiennent lieu.

Obs. Ce genre, qui étoit admis par tous les anciens botanistes, avoit été négligé tant qu'on avoit classé les fougères d'après la forme générale des grouppes de capsules. Il faut y rapporter, outre les trois espèces de France que je décris ici, 1°. *acrostichum ilvense* Linn., ou *polypodium ilvense* Roth.; 2°. *acrostichum lanuginosum* Desf.; 3°. *acrostichum villosum* Sw.; 4°. *acrostichum squammosum* Sw.; 5°. le *polypodium ceteraccinum* Michaux, ou *acrostichum polypodioides* Linn., ou *Candollea* Mirb., appartient probablement à ce genre ; 6°. le *pyrrosia* Mirb., doit probablement y être aussi réuni.

1433. Cétérach des boutiques. *Ceterach officinarum.*

Asplenium ceterach. Linn. spec. 1538. Sw. Journ. Schrad. 2. p. 5o. Lam. Fl. fr. 1. p. 26. Bull. Herb. t. 383. Bolt. Fil. t. 12. — *Ceterach officinarum.* C. B. Pin. 354. — *Vittaria ceterach,* α. Bern. Journ. Schrad. 1. p. 315.

Sa racine pousse un faisceau de feuilles longues de 6-10 centimètres, pinnatifides, à lobes alternes et arrondis, vertes en dessus et couvertes en dessous de petites paillettes très-abondantes, ferrugineuses ou roussâtres, brillantes et scarieuses; les capsules naissent en grouppes oblongs comme dans les doradilles, mais dépourvus de tégument particulier; elles sont simplement protégées par les paillettes dont nous avons parlé; à leur maturité elles couvrent entièrement le disque de la feuille. ♃. On trouve cette plante dans les lieux pierreux et sur les murailles, près Paris, Lyon, Beaucaire; en Provence (Gér.); à Blangy (Bouch.); à Montpellier (Gouan.); au cap Breton et au vieux Boucau (Thore); à Montauban (Gater.), etc. Elle est pectorale et un peu astringente.

1434. Cétérach de Maranta. *Ceterach Marantæ.*

> *Acrostichum Marantæ.* Linn. spec. 1527. excl. syn. Barrel. Pluk. Lam. Dict. 1. p. 37. Sw. Journ. Schrad. 2. p. 13. — *Vittaria ceterach,* β. Bern. Journ. Schrad. 1. p. 315. — Lob. Icon. t. 816. — Cam. Epit. 666. Ic.

Cette plante, qui étoit appelée *cétérach rameux* par les anciens botanistes, ne diffère en effet de la précédente, que par la division de ses pinnules : une racine rampante, épaisse, garnie de poils écailleux et ferrugineux, donne naissance à quelques feuilles droites, fermes, hautes de 2 décim.; le pétiole est noirâtre, presque glabre à sa base, chargé de huit à douze paires de pinnules opposées, oblongues, profondément pinnatifides et presque pennées; les lobes des pinnules sont oblongs, presque triangulaires; leur surface inférieure est entièrement couverte d'écailles rousses ou brunes, un peu luisantes; les capsules sont éparses entre ces écailles, et paroissent dépourvues de tout autre tégument. ♃. Cette fougère croît sur les rochers; elle se trouve dans le Piémont, entre Lanze et Viu, entre Varallo et Alagna prés Ivrée, au bord de la Doire, sur les rochers de Villareggia; à Superba et à Baudissé (All.). Les figures de Barrelier et de Plukenet, se rapportent à *l'acrostichum lanuginosum,* trouvé par Desfontaines en Barbarie, et par Barrelier en Espagne, mais qui n'a pas encore été découvert en France.

1435. Cétérach des Alpes. *Ceterach Alpinum.*

> *Acrostichum Alpinum.* Bolt. Fil. 2. t. 42. — *Polypodium Alpinum.* With. — *Polypodium hyperboreum.* Sw. Journ. Schrad. 2. p. 27. — *Polypodium ilvense.* Vill. Dauph. 4. p. 848. excl. syn. — *Acrostichum ilvense.* Lam. Dict. 1. p. 37. excl. syn. — Pluk. Alm. t. 89. f. 5. male. — Moris. Hist. 3. s. 14. t. 3. f. 23.?

Ses feuilles sont longues de 7-10 centim.; leur pétiole commun

est grêle, un peu rougeâtre, pubescent, garni de 8-9 paires
de folioles opposées vers le bas, alternes et plus développées
dans le milieu, soudées vers le sommet, longues de 8-12 millimètres, arrondies ou oblongues, obtuses, dépourvues de nervure sensible, découpées en cinq à sept lobes arrondis et profonds; les bords ne se replient point en dessous; la surface inférieure porte des paillettes brunes en forme de poils, plus
nombreuses à l'entour des capsules; celles-ci naissent en grouppes
distincts, arrondis, dépourvus de tégument : à la maturité elles
couvrent toute la feuille. ♃. Cette plante a été trouvée en Provence, par le C. Deleuze; à Molines dans le Champsaur et près
d'Embrun (Vill.); dans les Alpes voisines du Léman, par
M. Schleicher; dans les Pyrénées, par le C. Ramond. — Cette
espèce diffère certainement de l'*acrostichum ilvense* de Linné,
ce dont je suis assuré, soit par les phrases comparatives de
Swartz, soit par la description de Roth, soit par un échantillon envoyé par M. Vahl au C. Desfontaines; mais elle croit dans
le midi de l'Europe, et devroit conserver le nom d'*ilvense*, que
tous les anciens botanistes lui donnoient. L'espèce de Linné, au
contraire, ne croît point dans l'isle d'Elbe, mais dans le nord
de l'Europe (*in frigidissimis Europœ regionibus*, Linn.), et
devroit prendre le nom d'*hyberboreum*, qu'on a appliqué à
notre plante.

**** *Capsules sans anneau élastique; plantes roulées en crosse
dans leur jeunesse.***

CXLI. OSMONDE.   *OSMUNDA.*

Osmunda. Lam. Sw. — *Aphyllocalpa.* Ann. Esp. — *Osmundœ
sp.* Linn. — *Struthopteris.* Bern.

Car. Les capsules naissent en grand nombre sur la feuille,
qu'elles déforment et changent en grappe ; elles s'ouvrent en
deux valves, ne sont recouvertes d'aucun tégument, et sont
portées sur un pédicelle distinct.

Obs. Ce genre s'approche des polypodes par l'absence du tégument, par le pédicelle des capsules et par la position des
fruits sur les feuilles; il touche à l'ordre suivant par ses capsules
bivalves dépourvues d'anneau.

1436. Osmonde royale.   *Osmunda regalis.*

Osmunda regalis. Linn. spec. 1521. Lam. Fl. fr. 1. p. 10. Illustr.
t. 865. f. 2. Sw. Journ. Schrad. 2. p. 104. — Bolt. Fil. t. 5. —
Aphyllocalpa regalis. Ann. Hist. Nat. 5. n. 14.

Cette plante s'élève à la hauteur de 10-15 déc. ; ses feuilles
sont droites, très-grandes, deux fois ailées, composées de pinnules opposées, oblongues, lancéolées, sessiles et garnies d'une
nervure longitudinale, d'où partent de chaque côté d'autres petites nervures très-nombreuses : les pétioles communs des feuilles
naissent de la racine, et ressemblent, par leur grandeur, à des
espèces de tiges divisées dans leur partie supérieure, en rameaux opposés. La fructification est composée de globules ou
verrues roussâtres très-ramassées, et qui changent, par leur
grand nombre, le sommet des feuilles en une espèce de grappe
panniculée ou rameuse. ♃. On trouve cette plante dans les lieux
marécageux, aquatiques; et dans les bois humides. On la
connoît vulgairement sous les noms de *fougère fleurie*, *fougère
royale.*

CXLII. BOTRYCHE.   *BOTRYCHIUM.*

Botrychium. Sw. — *Botrypus.* Richard. — *Osmunda.* Ann. Esp.
et Bern. — *Osmundæ sp.* Linn. — *Ophioglossi sp.* Lam.

Car. Les capsules sont sessiles, bivalves, disposées sur deux
rangs le long des branches, d'un épi rameux et roulé en crosse
à sa naissance.

Ons. Les botryches diffèrent des osmondes par leurs capsules
sessiles disposées sur deux rangs, et des ophioglosses par leur
épi rameux roulé en crosse à sa naissance.

1437. Botryche en croissant.   *Botrychium lunaria.*

Botrychium lunaria. Sw. Journ. Schrad. 2. p. 110. — *Osmunda
lunaria.* Linn. spec. 1519. Lam. Dict. 4. p. 649. Illustr. t. 865.
f. 1. — *Ophioglossum pennatum.* Lam. Fl. fr. 1. p. 9. — Bolt.
Fil. t. 4.

Sa racine est composée de plusieurs fibres ramassées en faisceau, et pousse une tige grêle, cylindrique, simple et haute de
1 décim. ; cette tige est garnie dans sa partie moyenne, d'une
feuille glabre, un peu charnue, ailée, et composée de huit ou
dix folioles arrondies à leur sommet, et qui ont un peu la
forme d'un croissant : la fructification est disposée en une espèce

de grappe rameuse, et termine la tige, qui est, dès sa naissance, très-distinguée de la feuille; les petites verrues qui la
composent, sont situées sur la partie antérieure des rameaux,
et disposées sur deux rangs, en quoi cette plante diffère sensiblement des osmondes et des autres vraies fougères qui portent
leur fructification sur le dos des véritables feuilles. ♃. On trouve
cette plante dans les prés secs et montagneux; elle est vulnéraire
et astringente.

*** *Capsules sans anneau élastique ; plantes non roulées en*
crosse à leur naissance.

CXLIII. OPHIOGLOSSE.   *OPHIOGLOSSUM.*

Ophioglossum. Bern. Sw. Cav. Mirb. — *Ophioglossi sp.* Linn.

Car. Les capsules sont bivalves, sessiles, disposées sur deux
rangs le long d'un épi simple, et qui ne se roule point en crosse
à sa naissance.

Obs. Hedwig pense que l'épi de l'ophioglosse renferme les organes des deux sexes; cet épi observé dans sa jeunesse, lui a offert
des verrues éparses, fugaces, d'abord jaunes, puis brunes, qu'il
regarde comme les organes mâles, et des bourrelets roussâtres
et transversaux qui jouent, selon lui, le rôle de stigmates (Theor.
relr. p. 91. t. 4. f. 4–7.). Les espèces exotiques à tige grimpante, réunies à ce genre par Linné, forment maintenant,
avec raison, un genre particulier (*Ugena* Cav.; *Ramondia*
Mirb.; *Lygodium* Sw.; *Ctesium* Michaux; *Odontopteris et*
Cisopteris? Bern.; *Hydroglossum* Wild.)

1458. Ophioglosse   *Ophioglossum vulgatum.*
vulgaire.

Ophioglossum vulgatum. Linn. spec. 1518. Lam. Dict. 4. p.
561. Illustr. t. 864. f. 1. Bolt. Fil. t. 3. Sw. Journ. Schrad. 2.
p. 112.

Sa racine est composée de plusieurs fibres ramassées en faisceau, et pousse une tige grêle, simple et haute de 1 décim.;
cette tige est garnie, à 4-5 centim. de sa racine, d'une feuille
ovale, amplexicaule, très-entière, glabre et sans nervure: l'épi
est distique, pointu, long presque de 5 centim., et termine la
tige qui s'élève beaucoup au-dessus de la feuille. On trouve cette
plante dans les prés humides, les marais, ♃.; elle est vulnéraire. On la nomme vulgairement *langue de serpent*, *herbe sans*
couture.

HUITIÈME FAMILLE.

LYCOPODIENNES. *LYCOPODIACEÆ.*

Lycopodiaceæ. Richard. — *Lycopodia.* Mirb. — *Bivalvium gen.* Hoffm. — *Muscorum gen.* Linn. Juss. — *Selaginea.* Batsch.

LES lycopodiennes diffèrent de toutes les monocotylédones cryptogames, parce que leurs fructifications sont placées à l'aisselle des feuilles ; mais leur port varie beaucoup d'espèce à espèce, et leur structure est très-mal connue ; leur tige est tantôt alongée et rameuse, tantôt simple, tantôt réduite à un bourrelet radical ; leurs feuilles sont entières ou légèrement dentelées lorsqu'elles servent de bractées, disposées en spirale, ou déjetées sur deux rangs ou en faisceau presque radical dans l'isote : leurs fructifications sont placées à l'aisselle des feuilles qui quelquefois deviennent alors courtes et serrées, ensorte que les fruits semblent disposés en épi : ces fructifications se présentent sous diverses formes ; le plus souvent elles offrent une coque à deux valves, remplie d'une poussière sphérique ; quelquefois une coque à trois ou quatre valves qui renferment des globules sphériques chagrinés et marqués en dessous de trois côtes rayonnantes ; quelquefois, enfin, ces coques ne s'ouvrent point d'elles-mêmes. Ces deux classes d'organes, savoir ceux à poussière et ceux à globules, se trouvent séparés dans quelques espèces et réunis dans d'autres, en sorte qu'il est probable que l'un d'eux est l'organe mâle, et l'autre l'organe femelle ; mais on n'a pu encore déterminer leur usage avec précision.

CXLIV. LYCOPODE. *LYCOPODIUM.*

Lycopodium. Linn. — *Plananthus, Lepidotis, Stachygynandrum et Didiclis.* Beauv.

CAR. Les lycopodes ont des coques un peu crustacées qui s'ouvrent d'elles-mêmes à la maturité, en deux, trois ou quatre valves.

OBS. Ils sont tous munis d'une tige alongée, souvent rameuse, garnie de feuilles disposées sur deux rangs ou en spirale, tantôt planes et minces, tantôt courbées, épaisses et semblables à des écailles. Ce genre a quelque analogie avec les ophioglosses, à cause de ses coques bivalves ; mais ces coques sont peut-être des organes mâles, tandis que dans l'ophioglosse elles renferment les organes femelles.

§. I. *Espèces qui ne présentent que des coques à deux valves.*

1439. Lycopode des Alpes. *Lycopodium Alpinum.*

Lycopodium Alpinum. Linn. spec. 1567. Fl. lapp. t. 11. f. 6. Lam. Dict. 3. p. 647. Fl. dan. t. 79. — Dill. Musc. t. 58. f. 2.

Ses tiges sont longues, rampantes, presque nues et garnies de rameaux courts, nombreux, disposés par faisceaux, et tout-à-fait couverts de feuilles; ces feuilles sont petites, lancéolées, pointues, un peu épaisses, serrées contre les rameaux et embriquées sur quatre rangs ou côtés opposés : les massues sont grêles, sessiles et terminent les rameaux fertiles. On trouve cette plante dans les bois des montagnes, dans les Pyrénées et les Alpes; à Allevard, à l'Haut du Pont et sur le grand charnier (Vill.); au Mont-Cénis (All.).

1440. Lycopode applati. *Lycopodium complanatum.*

Lycopodium complanatum. Linn. spec. 1567. Lam. Dict. 3. p. 647. Hoffm. Germ. 2. p. 15. — Dill. Musc. t. 59. f. 3.

Sa souche est rampante et pousse çà et là des jets droits, rameux et divisés ordinairement en branches plusieurs fois bifurquées et qui sont applaties à cause de la disposition des feuilles; celles-ci sont embriquées quatre à quatre, et soudées par le bas avec la tige; les deux plus grandes se déjettent de côté et forment une espèce d'aile à la tige; les deux plus petites sont appliquées sur la branche; les épis, au nombre de deux ou quatre, sont droits, pédicellés, terminaux; le pédicelle se divise en deux branches, tantôt simples, tantôt bifurquées. Cette plante croît dans les environs de Paris; dans les basses Alpes du Piémont (Allioni).

1441. Lycopode à feuilles de génevrier. *Lycopodium juniperifolium.*

Lycopodium annotinum. Linn. spec. 1566. Lam. Dict. 3. p. 647. Hoffm. Germ. 2. p. 15. — *Lycopodium juniperifolium.* Lam. Fl. fr. 1. p. 33. — Dill. Musc. t. 63. f. 9.

Ses tiges sont longues de 3-4 décim., rampantes, et ont leurs rameaux fertiles, longs et redressés; ses feuilles sont éparses, étroites, aiguës, légèrement dentées, un peu fermes, lâches, ouvertes et souvent réfléchies : la fructification forme des massues sessiles, terminales et embriquées d'écailles ou folioles un peu élargies et pointues. ♃. Cette plante croît dans les bois des montagnes ; elle se trouve dans les Alpes du Dauphiné (Vill.).

1442. Lycopode à massue. *Lycopodium clavatum.*

Lycopodium clavatum. Linn. spec. 1564. Lam. Dict. 3. p. 646. Hoffm. Germ. 2. p. 15. — Dill. Musc. t. 58. f. 1.

Sa tige est longue de 6–14 décim., rampante, rameuse, et couverte de feuilles éparses, très-rapprochées et presque embriquées ; ces feuilles sont étroites, aiguës, et terminées par un poil assez long ; les pédoncules qui soutiennent la fructification, naissent de l'extrémité des rameaux, sont presque nus, chargés de très-petites écailles écartées entre elles, et se divisent dans leur partie supérieure, en deux rameaux courts, terminés chacun par une massue écailleuse et d'un blanc jaunâtre. Les urnes répandent dans leur maturité une poussière abondante, jaunâtre, qui s'enflamme facilement, fulmine presque comme la poudre à canon, et qu'on nomme vulgairement *soufre végétal.* ♃. On trouve cette plante dans les bois et dans les lieux montagneux, pierreux et couverts.

1443. Lycopode sélagine. *Lycopodium selago.*

Lycopodium selago. Linn. spec. 1565. Hedw. Theor. retr. p. 111. t. 9. f. 1-8. Hoffm. Germ. 2. p. 16. — *Lycopodium densum.* Lam. Fl. fr. 1. p. 33. — Dill. Musc. t. 56. f. 1.

Ses tiges sont assez droites, longues de 1–2 décim., rameuses, cylindriques, épaisses, compactes, disposées en faisceau corymbiforme, et tout-à-fait couvertes de feuilles ; ces feuilles sont lancéolées, pointues, un peu fermes, très-nombreuses et embriquées sans ordre remarquable. Les urnes sont axillaires et éparses ; on observe en outre dans les aisselles supérieures des feuilles de petites rosettes particulières, composées de quatre feuilles dures et inégales, que Haller regarde comme des bourgeons, et que Hedwig soupçonne être des organes mâles. Cette plante croît dans les bois et les bruyères humides, sur les hautes Alpes, les Pyrénées, les Vosges, etc.

1444. Lycopode des *Lycopodium inundatum.*
marais.

Lycopodium inundatum. Linn. spec. 1565. Hoffm. Germ. 2. p.
16. — *Lycopodium palustre.* Lam. Fl. fr. 1. p. 32. — Dill.
Musc. t. 61. f. 7. — Vaill. Bot. t. 16. f. 1.

Ses tiges sont longues de 10-15 cent., rameuses, rampantes
et entièrement couvertes de feuilles; les rameaux fertiles sont
redressés, feuillés, longs de 5 centim., et se terminent chacun par une massue également feuillée et longue de 2 centim.;
les feuilles sont éparses, très-rapprochées les unes des autres,
étroites, lancéolées, pointues, très-entières, glabres et d'un
vert pâle ou jaunâtre; celles des rameaux rampans sont courbées, et les autres sont droites et embriquées. On trouve cette
plante dans les lieux marécageux et humides.

§. II. *Espèces qui ont des coques à deux et d'autres
à quatre valves qui ne renferment qu'un globule.*

1445. Lycopode fausse *Lycopodium selaginoides.*
sélagine.

Lycopodium selaginoides. Linn. spec. 1565. Hoffm. Germ. 2.
p. 16. Hedw. Theor. retr. p. 114. t. 9. f. 9-18. — *Lycopodium
ciliatum.* Lam. Fl. fr. 1. p. 32. — Dill. Musc. t. 68. f. 1. —
Hall. Helv. t. 46. f. 1.

Cette espèce est fort petite et ressemble un peu au lycopode des
marais; ses souches sont rampantes et divisées en rameaux presque simples, redressés, garnis de feuilles éparses, embriquées,
lancéolées, ciliées sur les bords : les fructifications placées à
l'aisselle des feuilles supérieures, forment un épi simple et terminal; dans le bas de l'épi, on distingue à chaque aisselle un
appendice en forme de croissant, qui, à son sommet, se divise
en quatre valves, dont deux opposées, grandes et élargies;
entre ces valves se trouve un globule jaunâtre qui, vu à une
forte loupe, paroît chagriné, sphérique, marqué en dessous de
trois côtes peu prononcées; l'intérieur de ce globule paroît pellucide et oléagineux : dans les aisselles supérieures on trouve des
corpuscules jaunâtres qui s'ouvrent en deux valves et émettent une
poussière abondante laquelle, vue au microscope, paroît composée de globules hérissés; le premier de ces organes paroît être
l'organe femelle, le second l'organe mâle. Cette plante naît dans
les prairies et les bruyères; dans les Pyrénées; dans les Alpes,

au mont Saxonet; à l'Oisans et à Prémol (Vill.); à la grande Chartreuse.

§. III. *Espèces qui ont des coques à deux valves, et d'autres à quatre lobes et à quatre globules.*

1446. Lycopode hel-   *Lycopodium helveticum.*
vétique.

Lycopodium helveticum. Linn. spec. 1568. — *Lycopodium radicans,* var. *α.* Hoffm. Germ. 2. p. 16. — *Lycopodium denticulatum,* var. *β.* Lam. Fl. fr. 1. p. 34. — Dill. Musc. t. 64. f. 2.

Ses tiges sont grèles, plus ou moins alongées, couchées, entrelacées, plusieurs fois bifurquées; elles émettent des radicules assez grandes, blanchâtres, rameuses; les feuilles sont disposées sur quatre rangs et placées du côté supérieur des tiges et des branches; deux d'entre elles sont petites et appliquées sur la tige; les deux autres sont plus grandes et divergent de manière que la tige a l'aspect d'une feuille pennée : ces feuilles sont d'un verd clair, ovales, à peine pointues, chargées de quelques dentelures lorsqu'on les voit au microscope : à l'extrémité des tiges se trouve l'épi de la fructification, lequel est tantôt simple, tantôt une ou deux fois bifurqué, embriqué de feuilles florales disposées de tous côtés; à l'aisselle des feuilles se trouvent tantôt des corpuscules bivalves, réniformes, pleins d'une poussière orangée et anguleuse; tantôt des capsules à trois ou quatre lobes; dans chacun de ces lobes est un globule arrondi, jaunâtre, chagriné, marqué en dessous de trois côtes peu saillantes : ces organes, dont le premier paroît l'organe mâle, et le second l'organe femelle, se trouvent tantôt entremêlés sur le même épi, tantôt sur des épis distincts, mais toujours sur le même pied. Cette plante croît au pied des arbres, dans les Alpes du Dauphiné, au-dessus de Revel et d'Uriage (Vill.); en Provence (Gér.); à Montpellier (Gouan).

1447. Lycopode den-   *Lycopodium denticu-*
telé.   *latum.*

Lycopodium denticulatum. Linn. spec. 1569. — *Lycopodium radicans,* var. *β.* Hoffm. Germ. 2. p. 16. — *Lycopodium denticulatum,* var. *α.* Lam. Fl. fr. 1. p. 34. — Dill. Musc. t. 66. f. 1. A.

Cette plante ressemble absolument à la précédente pour le port et la fructification, mais ses feuilles se terminent par une

pointe particulière ; elles sont plus larges , très-visiblement dentelées à la loupe , et sont moins régulièrement disposées sur deux
rangs : elle peut en être une simple variété de localité , mais non
une variété de sexe , comme le pense Hoffmann , puisqu'on
retrouve sur les deux plantes les deux genres d'organes que nous
avons décrits plus haut. Elle croît au pied des arbres en Provence (Gér.); à Montpellier (Gouan).

C X L V.　I S O T E.　　　*I S O E T E S.*

Isoetes. Linn. — *Calamaria.* Dill.

Car. L'isote a des coques oblongues qui ne s'ouvrent pas
d'elles-mêmes à la maturité.

Obs. Ce genre semble se rapprocher , par son port , des rhizospermes , mais il touche réellement aux lycopodes , 1°. par ses
fructifications axillaires , et non pas proprement radicales ; 2°. par
l'existence des deux genres de coques qu'on trouve dans plusieurs lycopodes , savoir : les coques à poussière et les coques
qui portent des globules et chagrinés munis de trois côtes rayonnantes à leur base.

1448. Isote des lacs.　　*Isoëtes lacustris.*

Isoëtes lacustris. Linn. spec. 1563. Lam. Dict. 3. p. 314. Illustr.
t. 862. Bolt. Fil. t. 41. Fl. dan. t. 191. — *Calamaria.* Dill.
Musc. t. 80. f. 2. — *Subularia.* Ray. Angl. 1. p. 210. Ic.

L'isote offre un tubercule radical , épais , charnu et compact ,
qui pousse en dessous des radicules simples et fibreuses , et en
dessus une touffe de 7-8 feuilles droites , en forme d'alène ,
demi-cylindriques , articulées , longues de 10-12 centim. , pointues au sommet , évasées à la base : dans cet évasement et entre
les deux membranes de la feuille, on trouve des capsules ou involucres oblongs , comprimés , obtus et jaunâtres ; ces involucres
en apparence semblables , sont de deux sortes ; ceux des feuilles
extérieures offrent de petites colonnes transversales qui semblent ,
au premier coup-d'œil , des rudimens de cloisons ; entre ces colonnes se trouvent environ cinquante globules sphériques , un
peu chagrinés , blancs , marqués en dessous de trois côtes divergentes d'un seul point ; dans les involucres des feuilles intérieures
on retrouve les mêmes colonnes transversales dont j'ai parlé plus
haut , mais entremêlées d'une poussière blanche très-abondante ;
cette poussière vue au microscope , paroît composée de grains
anguleux. Laquelle de ces parties doit-on considérer comme
organe

organe mâle et comme organe femelle? Je l'ignore; mais ce qui me paroît prouvé par ces observations, c'est le rapprochement de l'isote avec les lycopodes, rapprochement que Linné avoit senti, et que tous les naturalistes avoient négligé. L'isote croît au bord du lac de Grammont, près Montpellier; à Saint-Vincent, près Dax (Thor.); aux environs de Domfront; au lac Saint-Andéol en Rouergue.

NEUVIÈME FAMILLE.

RHIZOSPERMES. *RHIZOSPERMÆ.*

Rhizospermæ. Roth. — *Rhizocarpa.* Batsch. — *Radicalia.* Hoffm.
— *Pilulariæ.* Mirb. — *Filicum gen.* Linn. Juss.

LES rhizospermes sont de petites plantes aquatiques, dont la souche grèle et rampante émet en dessus des feuilles de formes diverses, souvent roulées en crosse dans leur jeunesse comme les fougères, et en dessous des racines rameuses, à l'aisselle desquelles se trouvent les fructifications; celles-ci se présentent sous la forme de globules à une ou plusieurs loges, dont l'enveloppe est coriace ou membraneuse, et ne s'ouvre point d'elle-même: les organes mâles sont renfermés dans l'enveloppe commune, quand celle-ci est coriace et a plusieurs loges; ils sont posés sur elle lorsque cette enveloppe est membraneuse et uniloculaire: les graines sont nombreuses, globuleuses; leur germination est inconnue.

* *Involucre coriace à plusieurs loges; feuilles roulées en crosse à leur naissance.*

CXLVI. PILULAIRE. *PILULARIA.*
Pilularia. Linn. Juss.

CAR. Les involucres sont solitaires, globuleux, presque sessiles, divisés en quatre loges.

1449. Pilulaire à globules. *Pilularia globulifera.*

Pilularia globulifera. Linn. spec. 1563. Lam. Illustr. t. 862.
Bull. Herb. t. 375. Vaill. Bot. t. 15. f. 6. — Dill. Musc. t. 79.
f. 1. — Juss Act. Ac. Par. 1739. p. 240. t. 11.

Sa tige est une souche grèle, rampante, longue de 6-8 centimètres, fortement attachée à la terre par des fibres chevelues, qui naissent de distance en distance comme par paquets ; ses feuilles sont très-menues, cylindriques, presque filiformes, longues de 8-9 centim., et naissent deux ou trois ensemble à chaque nœud de la souche ; à leur base on trouve un globule sphérique, velu, d'un brun roussâtre, presque sessile. Cette plante croît dans les lieux humides et sur les bords des mares, qu'elle tapisse en formant des gazons fins et d'un vert gai.

CXLVII. MARSILE. *MARSILEA.*

Marsilea. Juss. Lam. — *Zaluzianskia.* Neck. — *Marsileæ sp.* Linn. — *Lemma.* B. Juss.

CAR. Les involucres sont ovoïdes, portés deux à trois sur un pédicelle commun, divisés transversalement en plusieurs loges par des cloisons très-minces.

1450. Marsile à quatre feuilles. *Marsilea quadrifolia.*

Marsilea quadrifolia. Linn. spec. 1563. Lam. Fl. fr. 1. p. 4. Illustr. t. 863. Hoffm. Germ. 2. p. 1. — *Lemma.* Juss. Mém. Acad. Par. 1740. p. 263. t. 15. — Mapp. Als. 166. Ic.

Sa tige est une souche assez longue, rampante, et qui pousse à différens intervalles des paquets de racines fibreuses ; ses feuilles sont composées de quatre folioles lisses, vertes, arrondies à leur sommet, réunies à leur base, disposées en manière de croix, et soutenues par de longs pétioles : les globules qui contiennent la fructification de cette plante, sont velus et solitaires, ou géminées sur leurs pédoncules ; ceux-ci sont quelquefois soudés avec le pétiole : les capsules sont dures, ovoïdes, ou tronquées aux deux extrémités ; elles sont à l'intérieur divisées transversalement en plusieurs loges par des cloisons extrêmement minces, et contiennent des globules jaunâtres, presque sphériques. Cette plante flotte sur les eaux, en Alsace (Map.) ; aux Avenières, près le pont de Beauvoisin (Vill.) ; aux environs d'Angers ; au lac d'Ivrée (All.), etc.

** *Involucre membraneux à une seule loge ; feuilles non roulées en crosse à leur naissance.*

CXLVIII. SALVINIE.   *SALVINIA.*

Salvinia Mich. Juss. Lam. — *Marsileæ sp.* Linn.

Car. Les capsules sont groupées quatre à neuf ensemble, arrondies, membraneuses et à une seule loge.

Obs. La salvinie, par ses feuilles opposées et non roulées en crosse, par ses capsules membraneuses et à une loge, par ses étamines placées sur la capsule même, par ses radicules verticillées, diffère beaucoup des deux genres précédens, et semble isolée dans le règne végétal.

1451. Salvinie nageante.   *Salvinia natans.*

Salvinia natans. Hoffm. Germ. 2. p. 1. Lam. Ill. t. 863. Mich. Gen. t. 58. — *Marsilea natans.* Linn. spec. 1562. Lam. Fl. fr. 1. p. 5. Hedw. Theor. retr. p. 104. t. 8. f. 1–5. —Guett. Mem. Acad. Par. 1762. p. 543. t. 29. f. 1.

Sa tige est grèle, flottante, longue de 5 centim. ; elle émet des feuilles opposées, étalées sur l'eau, rétrécies en un court pétiole, traversées par une nervure peu prononcée, sur laquelle elles sont pliées dans leur jeunesse, ovales, obtuses, un peu en cœur à leur base, mouchetées en dessus de petites houppes de quatre poils articulés, qui paroissent à l'œil nu comme des mamelons : entre les feuilles sort une racine perpendiculaire, rameuse, et munie d'un grand nombre de petites branches roussâtres, verticillées et articulées comme des conferves ; à l'aisselle des premières ramifications des racines, se trouve une grappe de quatre à huit gousses, accolées deux à deux, orbiculaires, comprimées, blanchâtres, hérissées de petites houppes de poils ; l'enveloppe de ces gousses est membraneuse, et renferme une multitude de globules jaunâtres, un peu soudés ensemble, ovales-arrondis, attachés à la base par un cordon ombilical. Cette plante flotte sur les eaux stagnantes, près Montpellier, en Dauphiné (Vill. ?) ; au lac d'Ivrée, et aux marais de Vinovo et d'Il-Po-Morto (All.) ; en Auvergne (Delarb.) (1).

---

(1) L'espèce d'Amérique méridionale, qu'on dit être la même que celle d'Europe, en diffère par ses feuilles plus grandes, echancrées au sommet et munies en dessous de poils bruns épars et solitaires.

~~~~~~

DIXIÈME FAMILLE.

PRÊLES. *EQUISETACEÆ.*

Equisetaceæ. Richard. —*Peltata.* Hoffm. — *Equiseta.* Mirb. —
Filicum gen. Linn. Juss. — *Peltigera.* Batsch.

Les prêles ont une tige simple ou divisée en rameaux verticillés, composée ainsi que les branches d'articles alongés,
munis à leur point de jonction d'une gaîne dentée ou crénelée,
qui paroît être le rudiment des feuilles : la fructification est un
épi terminal, conique, serré, composé de corpuscules pédicellés, surmontés d'un plateau et semblables à des têtes de
clous ; en dessous de ce plateau, sont des cornets membraneux,
qui s'ouvrent sur leur face interne par une fente longitudinale :
ces cornets renferment des globules verdâtres, sphériques, qui
paroissent être les ovaires ; chacun d'eux est surmonté par quatre
lames brillantes, fortement hygrométriques, roulées et appliquées autour des globules lorsqu'elles sont humides, étalées et
ouvertes en croix lorsqu'elles sont sèches. Ces lames sont les
organes mâles, selon Hedwig.

Adanson a rapproché les prêles de la famille des conifères,
et en particulier, du genre casuarina : elles lui ressemblent en
effet par le port ; mais elles en different, soit par la structure
interne des tiges, soit par la fructification.

CXLIX. PRÊLE. *EQUISETUM.*

Equisetum. Linn. etc.

Car. Voyez le caractère de la famille.

Obs. Ce genre seul constitue une famille très-prononcée, et
semble isolé dans le règne végétal.

1452. Prêle d'hiver. *Equisetum hiemale.*

Equisetum hiemale. Linn. spec. 1517. Hoffm. Germ. 2. p. 2.
Lam. Fl. fr. 1. p. 6. Bolt. Fil. t. 39.

Ses tiges sont hautes de 3-4 décimètres, simples ou un peu
rameuses à la base, fermes, dures, lisses, sillonnées, articulées
et d'un vert glauque ; ses articulations sont écartées les unes des
autres, et ne portent point de feuilles ; on y trouve seulement
une gaîne cylindrique, longue de 5-7 millim., noirâtre à sa
base et à son sommet, marquée vers le milieu d'un anneau
~~~~~~

roussâtre ou blanchâtre, presque entière, et à peine crénelée sur les bords : la gaîne supérieure est plus grande, plus foncée, et son bord se termine par trois ou quatre pointes acérées ; c'est d'elle que sort l'épi de la fructification. Elle croît dans les bois humides ; elle fructifie au printemps. ♃.

1453. Prêle des champs. *Equisetum arvense.*

Equisetum arvense. Linn. spec. 1516. Hoffm. Germ. 2. p. 3. Bolt. Fil. t. 34. Lam. Fl. fr. 1. p. 6.

Ses tiges stériles sont longues de 3 décim. environ, couchées dans leur partie inférieure, et garnies de feuilles longues, grèles, articulées, anguleuses, et en petit nombre à chaque verticille ; ces feuilles ne sont que des espèces de rameaux menus et verticillés : les tiges fleuries sont nues, droites, et hautes de 2 décim. au plus ; les gaînes de leurs articulations sont brunes dans leur partie supérieure, et profondément divisées en dents aiguës. On trouve cette plante dans les champs humides. ♃.

1454. Prêle des marécages. *Equisetum telmateya.*

Equisetum telmateya. Ehrh. Crypt. exs. 31. Hoffm. Germ. 2. p. 3.
β. *Equisetum eburneum.* Roth. Cat. 1. p. 128.

Cette belle espèce se fait remarquer à sa tige épaisse, fistuleuse, glabre, lisse et d'un blanc d'ivoire : la hampe fructifère est nue, un peu rougeâtre, garnie de gaînes très-longues, dilatées, striées et profondément dentées à leur sommet ; l'épi est long de 5-7 centim., et épais de 15-20 millim. : la tige stérile est garnie de feuilles ou de rameaux verticillés, simples, quoique quadrangulaires, marqués de huit sillons, articulés et munis à chaque articulation d'une petite gaîne à quatre pointes ; cette tige stérile s'élève jusqu'à près d'un mètre de hauteur. Roth assure que la hampe fructifère après la chûte de l'épi, se charge de feuilles, s'alonge, et prend la forme que nous avons décrite avec Ehrhart, sous le nom de tige stérile : n'ayant pu voir ce changement de la hampe nue en tige feuillée, nous laissons cette espèce parmi les Prêles à hampe fructifère nue, et nous lui conservons le nom d'Ehrhart. Elle croît dans les lieux ombragés et marécageux ; à Meudon ; à Sorreze ; à Dax (Thor.); aux environs du lac Léman (Schl.).

1455. Prêle des fleuves.   *Equisetum fluviatile.*

Equisetum fluviatile. Linn. spec. 1517. Bolt. Fil. t. 36. Hoffm.
Germ. 2. p. 2. —*Equisetum maximum.* Lam. Fl. fr. 1. p. 7.—
Equisetum heleocharin, var. Ehrh. Beitr. 2. p. 159.

Cette espèce est remarquable par sa grandeur, par la longueur de ses feuilles, et par leur grand nombre à chaque verticille ; ses tiges stériles sont droites, épaisses, garnies de beaucoup d'articulations peu écartées les unes des autres, et s'élèvent
à la hauteur d'un mètre ; ses feuilles sont menues, fort longues,
articulées, tétragones, et disposées vingt à quarante par verticille ; les tiges fleuries sont nues, épaisses, hautes de 3 décim.,
et naissent au printemps. On trouve cette plante sur le bord des
bois humides, et dans les marais et les prés couverts. ♃.

1456. Prêle des bourbiers.   *Equisetum limosum.*

Equisetum limosum. Linn. spec. 1517. Hoffm. Germ. 2. p. 2.
Bolt. Fil. t. 38.—*Equisetum heleocharin,* var. Ehrh. Beitr. 2.
p. 159. — *Equisetum palustre,* var. γ. Lam. Fl. fr. 1. p. 7.

Cette plante varie beaucoup pour son port, et peut être facilement confondue avec diverses espèces : quelquefois ses tiges
fructifères sont entièrement dépourvues de feuilles, et alors elle
ressemble à la prêle d'hiver ; mais elle s'en distingue à ce que
ses gaînes se terminent par de longues dentelures acérées : quelquefois sa tige porte des feuilles sans porter d'épis, et alors on
la confond avec la prêle des fleuves, qui en diffère par la longueur de ses feuilles, et avec la prêle des champs et la prêle des
marécages, dont elle diffère, parce que ses gaînes ne dépassent
pas le quart de la longueur des entre-nœuds ; enfin, le plus
souvent sa tige porte à-la-fois des feuilles et un épi terminal,
et dans ce cas on la confondroit avec la prêle des marais, si
l'on ne remarquoit que la tige de notre plante est deux fois
plus épaisse, qu'elle est marquée de vingt stries peu profondes,
que ses gaînes se terminent par vingt dentelures, et que son
épi est plus gros, plus court et plus épais que dans la prêle des
marais. Elle croît dans les étangs et les fossés ; fructifie à la fin
du printemps. ♃.

1457. Prêle des marais. *Equisetum palustre.*

> *Equisetum palustre.* Linn. spec. 1516. Bolt. Fil. t. 35. Hoffm.
> Germ. 2. p. 3. — *Equisetum palustre, var. 2.* Lam. Fl. fr. 1.
> p. 7.
> β. *Polystachion.* Ray. Angl. ed. 3. t. 5. f. 3.

Sa tige est droite, grêle, ferme, marquée de huit à dix sillons profonds ; ses nœuds sont assez éloignés, munis d'une gaine à huit ou dix sillons, et à huit ou dix dentelures noires et acérées ; de chaque nœud partent cinq ou six feuilles simples, qui atteignent la longueur des entre-nœuds, et qui, dans la variété β, sont quelquefois terminées par un petit épi : la tige principale se termine par un épi grêle, alongé, cylindrique, et à peine renflé dans le milieu. Elle croît dans les fossés, les prés marécageux. Les menuisiers se servent des tiges de toutes les prêles, et surtout de celle-ci, pour polir les ouvrages délicats.

1458. Prêle des bois. *Equisetum sylvaticum.*

> *Equisetum sylvaticum.* Linn. spec. 1516. Hoffm. Germ. 2. p. 3.
> Lam. Fl. fr. 1. p. 8. Bolt. Fil. t. 32. 33. Hedw. Theor. 1er
> p. 82. t. 1.

Sa tige est grêle, articulée, et s'élève jusqu'à un demi-mètre ; les gaines de ses articulations sont lâches et fort grandes ; ses verticilles sont composés de feuilles extrêmement menues, assez nombreuses, et chargées elles-mêmes d'autres verticilles à leurs articulations : l'épi est terminal, un peu long et comme panaché. On trouve cette plante dans les bois et les prés montagneux. ♃.

ONZIÉME FAMILLE.

NAYADES. *NAYADES.*

Nayadum gen. Juss.

Je réunis sous ce nom trois genres, dont l'organisation est encore mal déterminée, qui ne rentrent dans aucune des familles connues : ils se ressemblent par leur consistance herbacée, par leur port, par leur manière de vivre dans les fleuves et les étangs peu bourbeux, par leurs organes mâles solitaires dans chaque fleur, par leurs fleurs axillaires et en petit nombre.

CL. CHARAGNE. *CHARA.*

Chara. Vail. Linn.

Car. Les fructifications sont placées le long des rameaux, à l'aisselle de trois ou quatre folioles incomplettement verticillées : le fruit est une coque ovoïde, jaune, crustacée, revêtue d'un tégument membraneux, remplie d'une pulpe dans laquelle nagent des grains qu'on prend pour des semences; à la base de ces fruits sont des disques orbiculaires, rouges, entourés d'un anneau blanc, que Hedwig et Linné regardent comme des organes mâles, Gœrtner et Roth comme des organes secrétoires.

Obs. Les charagnes sont mal connues et difficiles à étudier : elles s'approchent des batrachospermes par leur consistance, leurs articulations et leur station ; des prêles, par leurs rameaux verticillés; des lycopodes, par leurs fruits crustacés et axillaires; des nayades, par leurs fruits axillaires : je les place parmi les cryptogames, parce qu'on ignore le mode de leur fécondation.

1459. Charagne vulgaire. *Chara vulgaris.*

Chara vulgaris. Linn. spec. 1624. Hedw. Theor. retr. t. 24. 25. Lam. Dict. 1. p. 696. Illustr. t. 742. f. 1. — Vaill. Acad. 1719. p. 23. t. 3. f. 1.

β. *Chara globularis.* Thuil. Fl. par. II. 1. p. 472.

Ses tiges sont très-rameuses, lisses, striées, fragiles, souvent chargées d'une espèce de croûte sablonneuse, qui les rend rudes au toucher; ses rameaux sont verticillés six ou sept ensemble, cylindriques, pointus, longs de 2 centim. : sur leur côté intérieur naissent trois ou quatre fruits jaunâtres, striés en spirale,

placés à distances égales les uns au-dessus des autres, et entourés
de trois ou quatre bractées plus courtes qu'eux. Cette plante
exhale une odeur fétide ; elle croît en gazons serrés , au fond
des rivières tranquilles et des eaux stagnantes. Elle est commune au fond de la Seine , du lac Léman et de presque toutes
les rivières ; on l'emploie à Genève pour nettoyer la vaisselle ,
et elle y porte le nom d'*herbe à écurer ;* on la nomme aussi le
lustre d'eau. La variété β a les fruits un peu plus globuleux et
moins sensiblement striés. ⊙.

1460. Charagne cotonneuse. *Chara tomentosa.*

Chara tomentosa. Linn. spec. 1624. Lam. Dict. 1. p. 696. —
Moris. s. 15. t. 4. f. 9. — Hall. Helv. n. 1683.

Sa tige est rameuse , fragile , cylindrique , striée , d'un aspect
glauque , poudreux et comme cotonneux , presque dépourvue
d'aiguillons , à l'exception des sommités de la plante ; les stries ,
vues à la loupe , paroissent composées de séries de mamelons
obtus et blanchâtres ; les rameaux sont verticillés six ou sept
ensemble , divisés par quelques articulations munies de petites
épines , à l'aisselle desquelles naissent des fruits solitaires , assez
semblables à ceux de la charagne vulgaire. Elle croît dans les
étangs. ⊙.

1461. Charagne hérissée. *Chara hispida.*

Chara hispida. Linn. spec. 1624. Lam. Dict. 1. p. 696. Illustr. t.
376. f. 3. — Vaill. Act. Acad. 1719. p. 18. t. 3. f. 3.

Elle ressemble beaucoup à la charagne cotonneuse ; mais elle
est ordinairement plus grande , plus épaisse ; sa tige et ses rameaux sont entièrement couverts d'aiguillons piquans , rudes ,
déliés , et ordinairement disposés en faisceaux ou en verticilles
incomplets. Elle habite dans les mêmes lieux , et n'en est peut-
être qu'une variété. ⊙.

1462. Charagne capillaire. *Chara capillacea.*

Chara capillacea. Thuil. Fl. par. II. 1. p. 474.

Cette espèce est grêle , alongée , très-glabre , demi-transparente et d'un verd clair ; sa tige est capillaire , à peine striée ;
ses rameaux sont longs , filiformes , articulés , verticillés , et ne
portent de fruits qu'à leurs articulations inférieures ; ces fruits
sont jaunes , ovoïdes , dépourvus de stries sensibles , souvent
plus courts que les bractées qui les entourent. Elle croît dans les
eaux stagnantes , aux environs de Paris. ⊙.

1463. Charagne flexible.   *Chara flexilis.*

Chara flexilis. Linn. spec. 1524. Lam. Dict. 1. p. 696. — Vail.
Act. Acad. 1719. p. 18. t. 3. f. 8, 9.

Sa tige est longue, rameuse, flexible, lisse, luisante, demi-
transparente et d'un verd foncé ; ses rameaux sont longs, grêles,
disposés deux, trois ou quatre ensemble, en verticilles incomplets : les fruits naissent en grouppes, sept ou huit ensemble,
aux articulations des rameaux, et sont plus longs que les petites bractées qui les entourent. Elle se trouve dans les eaux
stagnantes. ☉.

1464. Charagne batra-   *Chara batrachosperma.*
chosperme.

Chara batrachosperma. Thuil. Fl. par. II. 1. p. 473. non Weiss.

Cette espèce n'atteint guères au-delà d'un décim. de longueur ;
elle est glabre, demi-transparente, d'un verd clair ; ses rameaux
sont grêles, articulés, pointus, disposés six ou sept ensemble
en verticilles rapprochés ; les fruits sont disposés comme dans
la charagne vulgaire, mais sont plus courts que leurs bractées.
Elle se trouve aux environs de Paris, dans les eaux stagnantes,
et fructifie en été. ☉.

1465. Charagne à fruits aggrégés. *Chara syncarpa.*

Chara syncarpa. Thuil. Fl. par. II. 1. p. 473. — *Chara intricata.*
Roth. Cat. Bot. 2. p. 125.

Cette plante est grêle, flexible, glabre, demi-transparente,
d'un verd clair ; sa tige est rameuse, entrelacée ; ses rameaux
sont longs, filiformes, verticillés ; ses fruits sont aggrégés, le
plus souvent trois à trois, et n'offrent pas de bractée visible à
leur base : ces fruits deviennent souvent noirs, soit à la maturité,
soit par la dessication. Elle croît dans les eaux stagnantes, aux
environs de Paris. ☉.

C L I. N A Y A D E.   *N A Y A S.*

Nayas. Linn. Juss. — *Fluvialis.* Vaill. Mich.

Car. Les Nayades sont monoïques ; les fleurs mâles ont un
calice à deux lèvres, d'où sort une étamine dont l'anthère se
divise en quatre valves ; les femelles n'ont point de calice ;
l'ovaire est ovoïde ; le style simple, divisé en deux ou trois stigmates ; le fruit est ovoïde, monosperme.

Obs. Les nayades sont des herbes aquatiques dont les feuilles sont opposées et engaînantes, et dont les fleurs sont placées à l'aisselle des feuilles ; elles ont du rapport avec les charagnes par la manière de vivre, le port, le nombre et la position des organes sexuels. Micheli dit que dans une espèce, le fruit renferme quatre graines : si cela étoit, ce genre devroit peut-être se rapprocher des hydrocharidées ; mais je n'y ai jamais trouvé qu'une seule graine, et je ne puis encore déterminer avec quelque exactitude la place de ce genre dans l'ordre naturel.

1466. Nayade vulgaire. *Nayas major.*

Nayas major. Roth. Fl. germ. II. 2. p. 499. — *Nayas marina.* Linn. spec. 1441. — *Naias fluviatilis.* Lam. Dict. 4. p. 416.

α. *Lævis.* — *Nayas fluvialis.* Thuil. Fl. par. II. 1. p. 510. — Mich. Gen. p. 11. n. 1. t. 8. f. 1. (*) Lam. Ill. t. 799. f. 1.

β. *Spinulosa.* — *Nayas muricata.* Thuil. Fl. par. II. 1. p. 509. — Mich. Gen. p. 11. n. 2. t. 8. f. 2.

Cette plante est d'un beau verd dans toutes ses parties ; sa tige est plusieurs fois bifurquée, cylindrique, longue de 3-5 décim., unie dans la variété α, hérissée de quelques pointes dans la variété β, adhérente au sol par des racines simples et rougeâtres, qui naissent des aisselles inférieures ; les feuilles sont opposées ou ternées, un peu engaînantes à leur base, luisantes, oblongues, dépourvues de nervures, bordées de dents écartées et piquantes ; les fleurs sont placées à l'aisselle des feuilles. Elle croît dans les étangs et les rivières, et passe sa vie sous l'eau : elle fructifie en été. ⊙.

1467. Nayade fluette. *Nayas minor.*

Nayas minor. Roth. Fl. germ. II. 2. p. 500. Lam. Illustr. t. 799. f. 2. — *Nayas subulata.* Thuil. Fl. par. II. 1. p. 510. — Mich. Gen. p. 11. n. 3. t. 8. f. 3.

Cette espèce diffère de la précédente en ce qu'elle est de moitié au moins plus petite ; que sa tige est très-grêle et constamment lisse ; que ses feuilles sont ramassées vers le sommet de la plante, recourbées à leur extrémité, linéaires, légèrement dentées, et dilatées subitement à leur base en une gaîne qui embrasse la tige et qui semble être une stipule ; le fruit est plus étroit, et chargé d'un style plus long que dans l'espèce précédente. Elle croît dans la Seine, à Chamrosay, et près des îles de Charanton ; fleurit en été. ⊙.

(*) La figure représente bien cette plante ; mais il dit que le fruit a quatre graines, et je n'en ai jamais trouvé qu'une seule.

FAMILLE

CLII. LENTICULE. *LEMNA.*

Lemna. Linn. — *Lenticula.* Mich. Juss. — *Hydrophace.* Buxb.

Car. Les fleurs sont hermaphrodites ou monoïques ; le calice , qui est d'une pièce , arrondi , comprimé , renferme deux étamines , et un ovaire , qui se change en une capsule comprimée , à une ou deux loges , à deux ou quatre graines.

Obs. Les lenticules , vulgairement nommées lentilles d'eau , naissent à la surface des eaux stagnantes ; ce sont des feuilles dépourvues de tige , qui émettent en dessous une ou plusieurs racines simples , terminées par une pointe conique , assez semblable , par sa forme , à la coiffe d'une mousse , et qui portent leurs fleurs exactement sur le bord : du lieu même où les fleurs ont coutume de naître , sortent incessamment de nouvelles feuilles , qui prennent un accroissement rapide , et se détachent souvent de la plante-mère spontanément , à la manière des polypes. Ces plantes sont donc souvent vivipares , et comme on trouve difficilement leurs fleurs , plusieurs naturalistes ont cru qu'elles étoient dépourvues de sexes et de graines. Ces productions vivipares qui naissent à la place des fleurs , seroient-elles dues à des germes qui , trouvant une nourriture abondante , se développent sans fécondation ? La place de ce genre , dans l'ordre naturel , est extrêmement indécise : doit-il être rangé auprès des nayades , parmi les monocotylédones , ou à la suite des callitriches , dans les dicotylédones ?

1468. Lenticule à trois lobes. *Lemna trisulca.*

Lemna trisulca. Linn. spec. 1376. Wolf. Comm. p. 20. f. 1. 2. 3. Bull. Phil. n. 78. f. a-c. Lam. Dict. 3. p. 463. — Mich. Gen. t. 11. f. 5.

Cette lenticule diffère de toutes les autres , en ce que , au lieu de flotter sur les eaux stagnantes , elle y est souvent submergée et entassée ; on y distingue un pétiole filiforme , qui se dilate en une feuille oblongue , lancéolée , d'un verd clair , demi-transparente , un peu luisante , plane , mince , traversée au-delà du milieu par une nervure longitudinale ; de cette nervure partent , de côté et d'autre , des feuilles semblables à la précédente , et on en trouve ainsi cinquante , cent et au-delà , adhérentes les unes aux autres ; de chaque feuille part une radicule droite , solitaire , blanche ; les fleurs naissent sur le côté de la feuille , à la place même où une nouvelle feuille a coutume de pousser ;

elles offrent deux étamines droites , un peu courbées , dont les anthères sont d'un jaune pâle , et un rudiment de pistils placé entre elles : à l'époque de la floraison , qui a lieu à la fin du printemps , les feuilles qui doivent fleurir s'élèvent à la surface de l'eau. Le C. Leman a trouvé cette espèce en fleurs aux environs de Paris. ♃ (Ait.)

1469. Lenticule exiguë.   *Lemna minor.*

Lemna minor. Linn. spec. 1376. Wolf. Comm. p. 23. f. 4-10. Bull. Phil. n. 78. f. d 1. Lam. Dict. 3. p. 464. var. α. — Vaill. Bot. t. 20. f. 3. — Mich. Gen. t. 11. f. 3.

Cette espèce , la plus commune de toutes , flotte à la surface de toutes les eaux stagnantes ; ses feuilles sont ovales , sans pétioles , d'un verd clair , planes , entières ; elles émettent en dessous une radicule blanche , solitaire , perpendiculaire , et de leur côté il naît souvent une seconde feuille , puis une troisième , et alors l'une d'elles se détache spontanément des deux autres : les fleurs sont mâles , femelles ou hermaphrodites ; elles naissent sur le côté de la feuille , à l'endroit même où la plante a coutume d'être vivipare : le calice est arrondi , diaphane , blanchâtre ; les deux filamens qui naissent d'ordinaire l'un après l'autre , sont un peu courbés , et portent des anthères jaunes ; l'ovaire est oblong , conique ; la capsule est arrondie , a une ou deux loges , a deux ou quatre graines. Sa floraison a lieu au commencement de l'été. ♃ (Ait.)

1470. Lenticule gonflée.   *Lemna gibba.*

Lemna gibba. Linn. spec. 1377. Wolf. Comm. p. 26. f. 11-15. Bull. Phil. n. 78. f. m-s. — *Lemna minor, var. β.* Lam. Dict. 3. p. 464. — *Lenticula vulgaris.* Lam. Fl. fr. 2. p. 189. — Mich. Gen. t. 11. f. 2.

Cette espèce , moins commune que la lenticule exiguë , se trouve flottante sur les eaux stagnantes , tantôt seule , tantôt mélangée avec l'espèce précédente , dont elle n'est peut-être qu'une variété ; elle en diffère en ce que les cellules de sa surface inférieure se gonflent , se dilatent et se remplissent d'eau , ce qui rend cette surface convexe ; ses fleurs naissent de même sur les côtés de la feuille ; les deux étamines paroissent le plus souvent en même temps ; l'ovaire a la forme d'une poire , dont la queue représenteroit le style , et se termine par deux stigmates.

1471. Lenticule à plu-sieurs racines.   *Lemna polyrhiza.*

Lemna polyrhiza. Linn. spec. 1377. Wolf. Comm. p. 28. f. 16-21. Bull. Ph. n. 78. f. 1-y. Lam. Dict. 3. p. 464. — *Lenticula polyrhiza.* Lam. Fl. fr. 2. p. 189. — Vaill. Bot. t. 20. f. 2. — Mich. Gen. t. 11. f. 1.

Cette lenticule flotte sur les eaux stagnantes ; elle est plus grande, plus ferme, plus arrondie que la lenticule exiguë ; sa surface inférieure est souvent d'un rouge foncé ; elle émet cinq à huit radicules simples, blanches, qui partent du même point et descendent en divergeant : les fleurs naissent de même sur le bord des feuilles, et ne diffèrent pas de celles de la lenticule exiguë. ☉ (Ait.)

1472. Lenticule sans racines.   *Lemna arhiza.*

Lemna arhiza. Linn. Mant. 294. Wolf. Comm. p. 30. f. 22, 23. Bull. Phil. n. 78. f. z-&. Lam. Dict. 3. p. 464.

Cette espèce est plus mal connue encore que toutes les précédentes ; elle flotte de même sur les eaux tranquilles, et n'offre que deux feuilles inégales, ovales, soudées bout à bout, et dépourvues de racine. Sa fructification est inconnue. Seroit-ce l'une des espèces précédentes, observée avant son développement complet ? Wiggers la regarde comme le premier développement de la lenticule à plusieurs racines.

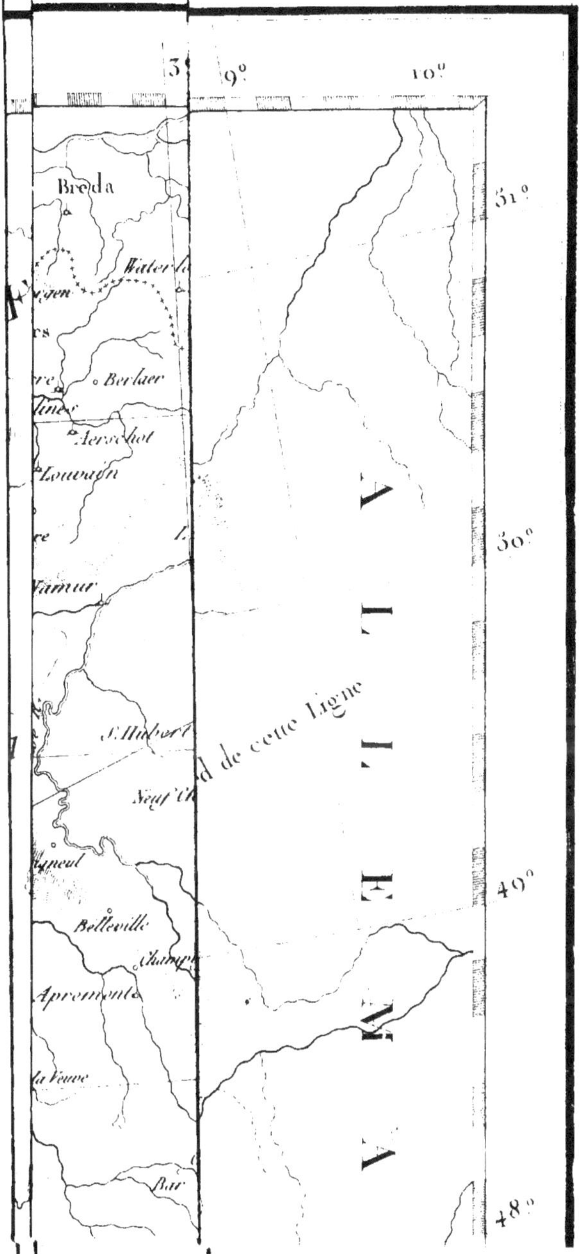

Breda

9° 10°

51°

Waterloo

Bergen

Berlaer

Aerschot

Louvain

50°

Namur

S. Hubert

d de cette Ligne

Neuf Ch.

49°

Belleville

Champ

Apremont

la Veuve

48°

Bar

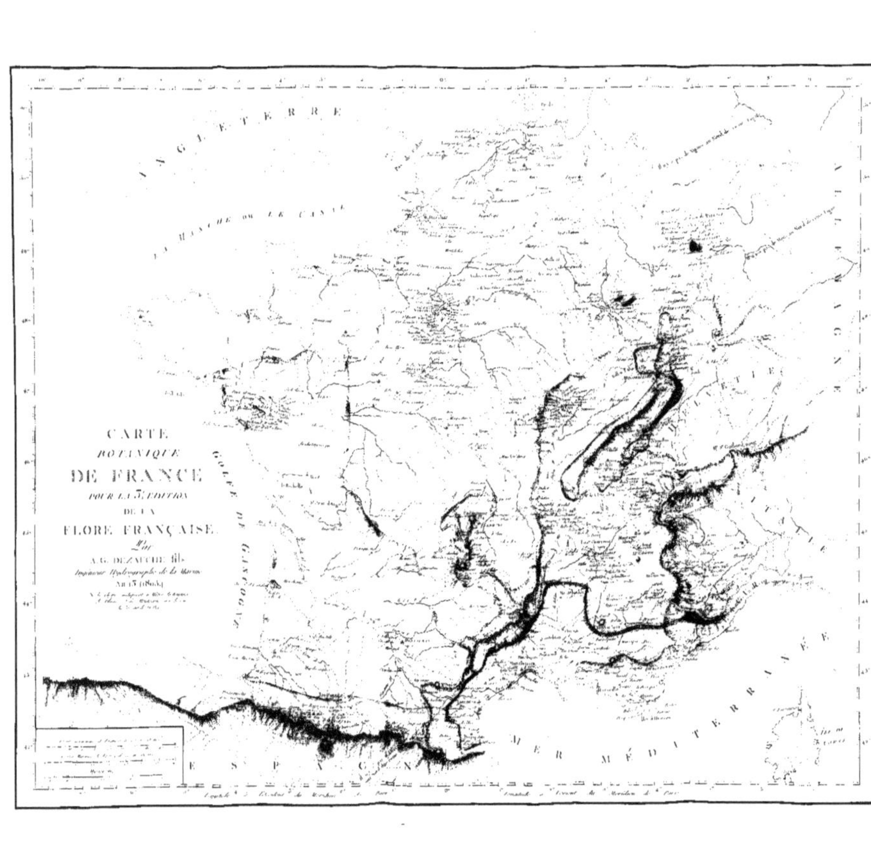

CARTE
BOTANIQUE
DE FRANCE
POUR LA 3.ᵉ ÉDITION
DE LA
FLORE FRANÇAISE.
Par
A. G. DEZAUCHE fils.
Imprimeur Hydrographe de la Marine
AN 13 (1805.)
ANGLETERRE
LA MANCHE OU LE CANAL
ALLEMAGNE
HELVÉTIE
ITALIE
GOLFE DE GASCOGNE
ESPAGNE
MER MÉDITERRANÉE

ADDITIONS ET CORRECTIONS
DU TOME II.

63. Ajoutez à la synonymie :

> *Ulva crispa.* Thor. chl. Laud. p. 446.

88. Ajoutez à la synonymie :

> *Fucus helminthocortos.* Latourr. journ. Phys. 20. p. 166. t. 1.

140*. Batrachosperme hé-   *Batrachospermum he-*
misphérique.   *misphæricum.*

> *Tremella hemispherica.* Linn. spec. 1626?

Cette plante singulière se présente sous l'apparence d'un globule à-peu-près hémisphérique, d'un verd foncé, d'une consistance charnue et compacte, et de la grosseur d'une petite lentille. Si on en examine une tranche sous le microscope composé, on voit qu'il est formé d'une multitude de filamens serrés qui rayonnent de la base à la superficie ; ces filamens paroissent analogues à ceux de plusieurs céramiums, mais ils se rapprochent des batrachospermes d'eau douce, parce que leur extrémité se prolonge en un filet pellucide, ce qui donne un aspect barbu à la plante vue à la loupe. Cette espèce croit sur les rochers dans la mer, sur les côtes de la Manche, où elle a été trouvée par MM. Jurine et Berger.

142. Ajoutez à la synonymie :

> *Conferva incrassata.* Bosc. bull. Philom. n. 43. p. 145. t. 43.
> f. 3. A.

144. Ajoutez à la synonymie :

> *Conferva fasciculata.* Thor. chlor. Land. p. 411.

146*. Batrachosperme   *Batrachospermum myurus.*
queue-de-chat.

> *Conferva myurus.* Brousson. ined.

Cette singulière plante est composée d'une tige grèle, cylindrique, simple, longue de 2-5 décim., garnie dans toute sa longueur de filamens nombreux, menus, semblables à des poils, longs de 6-8 millim., un peu plus courts vers la base, et surtout vers le sommet, qui se termine en pointe ; ces filamens .

disposés le long de l'axe, imitent la disposition des poils de la queue des chats. La plante est de couleur verte. Elle a été découverte par M. Broussonet à l'Espérou près Montpellier; on la trouve dans l'eau au premier printemps.

166*. Bisse des rochers.   *Bissus rupestris.*

Racodium rupestre. Pers. Syn. 701. — *Lichen velutinus.* Ach. Prodr. 218 ? — Dill. Musc. t. 1. f. 18.

Cette production croît sur les rochers humides, où elle forme des tapis serrés, noirâtres, composés de filamens menus, entre-croisés comme les fils d'une étoffe; lorsqu'on l'humecte, elle devient un peu verdâtre, et prend une apparence légèrement gélatineuse; en séchant, elle devient noire et coriace; elle est intermédiaire entre les colléma, les corniculaires et les bisses; sa fructification, qui est encore inconnue, quoique la plante soit assez commune, pourra seule déterminer sa place.

186*. Érinéum du hêtre.   *Erineum fagineum.*

α. *Pallidum.* — *Erineum fagineum.* Pers. obs. Myc. 2. p. 102. syn. 700.

β. *Purpureum.*

Cette plante forme à la surface inférieure des feuilles du hêtre, des plaques arrondies, irrégulières, éparses, serrées, très-exactement appliquées, et qui, vues à de fortes loupes, paroissent formées de petits points globuleux diversement agglomérés. La variété α, qui croît sur le hêtre commun, est d'un blanc roussâtre. La variété β, qu'on trouve sur le hêtre pourpre, est d'une belle couleur de carmin. J'ai reçu l'une et l'autre de M. Chaillet, qui les a observées dans le Jura aux environs de Neufchâtel.

187*. Érinéum de l'aulne.   *Erineum alneum.*

Erineum alneum. Schrad. ex Schleich. Cat. p. 61.

Cette production naît à la surface des feuilles de l'aulne, où elle forme des plaques arrondies ou oblongues, irrégulières, semblables à des croûtes grenues; elles sont d'abord jaunâtres, et acquièrent ensuite une belle couleur d'un roux vif et tirant sur la teinte de la fleur de la capucine; vues à de fortes loupes, ces taches paroissent formées de petits tubes de consistance friable, tortillés et agglomérés.

XVII*. STILBUM.   *STILBUM.*

Stilbum. Tode. Pers. Hoffm. Lam.

Car. Petits champignons pédicellés, semblables à des moisissures, mais d'une consistance plus ferme ; leur pédicelle
porte une petite tête arrondie, solide, d'abord aqueuse ou gélatineuse, ensuite ferme, opaque, et qui, selon Tode, porte
ses graines à la surface extérieure.

188*. Stilbum roide.   *Stilbum rigidum.*

Stilbum rigidum. Pers. Syn. 680.

Ce petit champignon n'a pas plus d'un millim. de hauteur ;
son pédicelle est roide, noirâtre, cylindrique, persistant ; sa
tête est globuleuse, d'abord aqueuse et de couleur blanche ou
légèrement jaunâtre ; elle devient ensuite grisâtre, et se détache du pédicelle à sa maturité. Il croît au printemps sur les
bois qui se pourrissent, et m'a été communiqué par M. Dufour.

188**. Stilbum noir.   *Stilbum nigrum.*

Stilbum nigrum. Schrad. ex Schleich. cent. exsic. n. 99.

Ce champignon ressemble, par sa forme et sa grandeur, au
précédent ; mais il est entièrement noir, d'une consistance plus
dure, et sa sommité ne se détache point du pédicelle à la maturité. Dans plusieurs individus, la tête m'a paru concave en
dessus, ce qui me fait douter s'il appartient réellement à ce
genre. Il croît sur l'écorce du genévrier.

219*. Pezize baie.   *Peziza badia.*

Peziza badia. Pers. Syn. 639. Obs. myc. 2. p. 78. — *Peziza cochleata.* Bolt. Fung. t. 99.

Cette plante est sessile, en forme de coupe hémisphérique,
d'une consistance semblable à celle de la cire, de 2-3 centim.
de diamètre, d'un roux terreux, tirant un peu sur le brun ou
le violet en dedans, lisse à la surface supérieure, très-légèrement chagrinée en dehors lorsqu'on la voit à la loupe ; les bords
sont entiers, et se roulent un peu en dedans ; elle diffère de la
pezize en ciboire, parce qu'elle n'a pas de côtes saillantes en
dehors ; de la pezize pédiculée, parce qu'elle est sessile ; de la
pezize tubéreuse et de la pezize en radis, parce qu'elle n'a pas
de racines sensibles ; de la pezize vesse-loup, parce qu'elle est
beaucoup plus évasée à son orifice. Persoon en distingue 2 variétés, l'une légèrement pédiculée, croissant sur la terre ;

l'autre plus grande, sessile, croissant sur les troncs; la mienne
est sessile comme sa seconde variété, mais croît sur la terre
humide comme la première, dont elle a les dimensions. Je l'ai
trouvée en été, après de longues pluies, dans les bois de Montmorency.

279*. Auriculaire couleur   *Thelephora cruenta.*
     de sang.

    Thelephora cruenta. Pers. Syn. 575. Schleich. cent. exsic. n. 98.

Cette espèce se distingue facilement de toutes celles qui,
comme elle, adhèrent à l'écorce par leur surface entière; elle
a la surface exposée à l'air parfaitement glabre, un peu tuberculeuse, d'un beau rouge couleur de sang; elle forme des rosettes arrondies, très-adhérentes, de 3 centim. environ de
diamètre. Elle croît dans les Alpes sur l'écorce des sapins.

560*. Agaric à réseau   *Agaricus dyctiorhyzus.*
     radical.

Cette espèce d'agaric est très-remarquable, en ce que de sa
base partent des fibrilles radicales, cotonneuses, d'un blanc de
lait, qui s'étendent sur la terre, se ramifient, s'anastomosent
en forme de réseau ou de dentelle, et émettent çà et là de nouvelles plantes; le chapeau est attaché par le côté, sessile ou
porté sur un très-court pédicule blanc et cotonneux, horizontal, demi-orbiculaire, un peu plus large que long, sinué sur les
bords, d'une belle couleur blanche, et d'une consistance frèle
et délicate; les feuillets sont inégaux, de la même couleur que
le chapeau. Cet agaric m'a été communiqué par M. Pinson,
qui l'a trouvé dans une chambre sur de la terre glaise humide.

586*. Puccinie des vé-   *Puccinia veronicarum.*
     roniques.

Cette espèce est l'une des plus caractérisées que nous possé-
dions parmi les puccinies; elle naît à la surface inférieure des
feuilles, et y forme des anneaux bruns, arrondis et réguliers,
au milieu desquels l'épiderme de la feuille reste sain; les puccinies qui composent ces anneaux, sont très-remarquables par
leur petitesse; elles adhèrent fort peu au réceptable, lequel
est peu apparent, et sont portées sur un pédicelle très-court.
Ces 3 caractères semblent rapprocher cette espèce des uredo,
mais ses péricarpes sont très-certainement divisés en 2 loges par

une cloison transversale. Je l'ai trouvée sur la véronique de Pona, et sur la véronique à feuilles d'ortie.

586**. Puccinie de la statice.   *Puccinia limonii.*

Cette puccinie attaque les 2 surfaces des feuilles, et quelquefois la tige et les pétioles de la statice limonium ; elle soulève l'épiderme en une pustule arrondie, convexe, blanchâtre, puis le rompt en 4 ou 5 lobes, et on découvre un grouppe arrondi, quelquefois oblong, d'abord roux, ensuite brun, composé d'un grand nombre de petites plantes, dont le pédicelle est blanc, grèle, articulé, deux fois plus long que la capsule ; celle-ci est d'abord en forme de massue, et devient ensuite ovoïde, presque sphérique ; à cette dernière époque, elle se détache souvent du pédicelle, et ces globules ressemblent alors à ceux des uredo. J'ai cru y distinguer une cloison, mais l'opacité des parois m'a empêché de distinguer si elle est réellement à une ou à 2 loges. Cette espèce a été découverte par MM. Delaroche et Berger, sur les côtes de la Manche, en automne.

586***. Puccinie de l'asperge.   *Puccinia asparagi.*

Elle est assez commune en automne sur les tiges, les branches et les feuilles de l'asperge officinale ; elle forme des taches ovales ou plus souvent oblongues, brunes, convexes ; l'épiderme se fend longitudinalement ; les puccinies sont insérées et fortement fixées sur un réceptacle dur et charnu ; chacune d'elles est composée d'un pédicelle blanc qui soutient un péricarpe oblong, obtus, à 2 loges séparées par un étranglement très-prononcé.

591*. Puccinie de l'épiaire.   *Puccinia stachydis.*

Elle naît à la surface inférieure des feuilles de l'épiaire crapaudine ; elle y forme des tubercules orbiculaires, convexes, persistans, d'un brun noir, non entourés par les débris de l'épiderme, et assez écartés les uns des autres ; les petites plantes qui composent ce tubercule ont un pédicelle court, un péricarpe oblong, obtus, à 2 loges arrondies, séparées par un étranglement très-distinct. — Commun. par M. Chaillet.

598*. Puccinie du podos-   *Puccinia podospermi.*
perme.

Elle naît sur les feuilles et les involucres du podosperme découpé, et attaque indifféremment les 2 surfaces de la feuille :

elle naît sous l'épiderme, le perce, et forme de petites taches arrondies, éparses, peu nombreuses, planes, d'un noir mat, et à peine entourées par les débris de l'épiderme ; la poussière, vue au microscope, offre des péricarpes exactement ovoïdes, soutenus par un très-court pédicelle, et divisés en 2 loges par une cloison transversale qui est difficile à distinguer, à cause de l'opacité des globules. Cette plante diffère, par sa couleur noire et la forme de ses péricarpes, de l'uredo des Chicoracées qui croît sur la même plante.

609*. Uredo de la fève.   *Uredo fabæ.*

Uredo fabæ. Pers. Disp. 13.—*Uredo viciæ fabæ.* Pers. Syn. 221.

Cette plante naît pendant l'été, sur la tige, les stipules, et principalement sur les 2 surfaces des feuilles de la fève commune ; elle y est quelquefois si abondante, qu'elle empêche son développement et sa fleuraison ; elle forme de petites taches arrondies ou irrégulières, déprimées, entourées ou à moitié couvertes par les débris de l'épiderme ; sa poussière est peu adhérente, d'un roux brun, composée de globules sphériques.

615. Uredo des blés.   *Uredo segetum.*

ϑ. *Mays zeœ.*

Lorsque l'uredo des bleds attaque les épis de maïs, il s'y présente sous une apparence très-remarquable ; il boursouffle l'épiderme des grains, au point de changer leur forme et de leur faire presque atteindre la grosseur d'une prune ; il détruit la substance farineuse, de sorte que cet épiderme, rempli de poussière noire, ne ressemble pas mal à une vesseloup.

629. Uredo des ronces.   *Uredo ruborum.*

γ. *Rubi idœi.*

Cette espèce d'uredo croît aussi sur la surface inférieure des feuilles de la ronce-framboisier ; mais ne doit point être pour cela confondue avec l'espèce (n°. 628), qui est particulière à cet arbuste : l'uredo des ronces sert souvent de support à la puccinie des ronces, comme l'uredo des rosiers à la puccinie des rosiers.

636*. Uredo des crucifères.   *Uredo cruciferarum.*

a. *Erysimi barbareœ.*
β. *Cochleariœ armoraciæ.* Schleich. cent. 3. n. 94.
γ. *Thlaspeos bursæ pastoris.* Pers. Syn. 223.
δ. *Alyssi calycini.* Pers. Syn. 223.

*. *Cheiranthi incani.* Pers. Syn. 224.

C'est, je pense, le même uredo qui attaque différentes espèces de Crucifères, mais qui prend une apparence un peu diverse, selon le tissu des feuilles sur lesquelles il se développe ; il est toujours parfaitement blanc, et n'attaque que la surface inférieure des feuilles ; il y forme des taches larges, irrégulières, déprimées et plates dans les 3 premières variétés, convexes dans la var. δ ; l'épiderme reste ordinairemen fermé, excepté dans la var. β, où il se rompt naturellement : la poussière est toujours abondante, composée de péricarpes globuleux.

637*. Uredo du Persil.   *Uredo Petroselini.*

Cette espèce d'uredo naît sur les feuilles de l'ache-persil ; elle attaque la nervure principale, et les lobes ou folioles qui en partent : on la trouve sur les 2 surfaces, disposée en paquets arrondis ou oblongs, souvent confluens les uns avec les autres ; elle commence par soulever l'épiderme en bulle convexe, et le crève tard et incomplettement ; la poussière est très-abondante, d'un blanc jaunâtre.

646. Lisez :

Écidium du périclymène.   *Æcidium periclymeni.*

Cette espèce attaque la face inférieure des feuilles du chèvrefeuille périclymène.

654*. Écidium du faux-   *Æcidium nymphoidis.*
nénuphar.

Cet écidium forme une tache arrondie, qui paroît composée de zones concentriques et peu régulières ; les cupules sont distinctes, rapprochées, enfoncées dans la substance de la feuille, à peine proéminentes, entières sur les bords ; la poussière est compacte, d'un jaune orangé très-vif ; elle devient d'un gris brun en vieillissant : cette espèce croît à la surface supérieure des feuilles de la villarsie faux-nénuphar ; elle est la première qu'on ait découverte sur des plantes aquatiques. M. Berger l'a trouvée sur un pied fleuri du faux-nénuphar.

673*. Trichie ovoïde.   *Trichia ovata.*

Trichia ovata. Pers. obs. Myc. 1. p. 91. 2 p. 35. — *Trichia pyriformis.* Vill. Dauph. 4. p. 1060. — *Trichia turbinata.* With. Brit. 3. p. 480. — *Mucor pyriformis.* Scop. Carn. ed. 2. n. 1637. — Hall. Helv. n. 2168. f. 7.

Cette plante se distingue assez facilement à ses péridiums

nombreux, rapprochés, sessiles, en forme d'œuf ou de poire, insérés sur la membrane par le bout le plus mince, obtus au sommet, d'un jaune d'ochre tirant un peu sur la teinte fauve, remplis de filamens et de poussière d'un jaune plus vif. Elle est assez commune sur les amas de mousses ou de feuilles, et sur les bois à demi pourris dans les forêts et les lieux humides.

674*. Trichie en grappe. *Trichia botrytis.*

Trichia botrytis. Pers. Syn. 176. — *Stemonitis botrytis.* Gmel. Syst. 2. p. 1468. — Hall. Helv. t. 48. f. 5.

Cette trichie est extrêmement remarquable, en ce que les pédicelles se soudent 2 à 6 ensemble dans toute leur longueur, de manière à former un seul pédicelle épais, sillonné, couronné par 2 à 6 péridiums disposés en petite grappe, ou plutôt en petite ombelle ; la plante est d'un rouge noirâtre, opaque et assez ferme : son pédicelle est plus long que le péridium ; celui-ci est ovoide, se rompt irrégulièrement, et renferme une poussière et des filamens, dont la couleur est d'un rouge-cannelle. Elle croît sur les bois à demi pourris. Elle a été trouvée au printemps sur la machine de Marly par M. Dufour.

716*. Vesse-loup cuir. *Lycoperdon corium.*

Lycoperdon corium. Guersent. ined.

Cette espèce est remarquable par l'épaisseur et la dureté de son écorce ; sa forme est ordinairement arrondie, quelquefois semblable à celle d'un rein : elle dépasse 1 décim. de diamètre ; sa surface est unie, non couverte de verrues, d'un roux gris terreux ; elle se rompt irrégulièrement vers le sommet en plusieurs fissures ; sa poussière est brune ; après la maturité, l'enveloppe persiste très-long-temps à cause de sa dureté ; elle naît sur la terre, à laquelle elle adhère par un appendice épais en forme de racine simple et émoussée. M. Guersent a découvert cette vesse-loup dans les champs de luzerne entre Sotteville et Rouen : elle y étoit en fruit au milieu de l'été.

760*. Sphéric épineuse. *Sphæria spinosa.*

Sphæria spinosa. Pers. Syn. p. 34. Schleich. cent. exsic. p. 80.

Cette sphérie occupe jusqu'à 5-6 centim. de diamètre et au-delà ; elle forme des plaques noires, qui naissent sur les vieux bois ; sa base est d'un gris foncé, peu épaisse, chargée d'une multitude de loges distinctes, très-serrées, un peu anguleuses et d'une consistance dure ; chaque loge se prolonge en un orifice ou un col long de 2-5 millim. , et très-remarquable par sa forme tétragone et par ses angles proéminens. M. Schleicher l'a observée sur les troncs des hêtres morts.

814*. Xyloma rouge.   *Xyloma rubrum.*

Xyloma rubrum. Pers. obs. Myc. 2. p. 101. Syn. p. 105.

Cette production bizarre naît en automne sur les feuilles vivantes du prunier épineux et du prunier domestique, où elle forme des taches rouges, arrondies, planes, et assez semblables à celles que forme l'æcidium en grillage dans son premier âge ; la tache est visible sur les 2 surfaces de la feuille ; la face supérieure est lisse, un peu proéminente ; l'inférieure est plane, et offre çà et là des points foncés, visibles à une forte loupe, qui sont peut-être les orifices des loges intérieures. Seroit-ce une simple maladie de l'arbre, la base d'un æcidium, ou quelque travail d'insecte ?

817*. Xyloma du chèvrefeuille.   *Xyloma xylostei.*

Xyloma xylostei. Chaillet. ined.

Cette singulière espèce de xyloma croît sur les feuilles vivantes du chèvrefeuille xylostéon, sur lesquelles elle forme des taches noires, proéminentes, orbiculaires : elle est composée d'une multitude de petites loges arrondies, obtuses, un peu distinctes, et que je n'ai jamais vu s'ouvrir : lorsque le xyloma naît à la surface supérieure de la feuille, les loges du centre avortent, de sorte qu'il a la forme d'un anneau ; lorsqu'il se développe (ce qui est moins fréquent) à la surface inférieure de la feuille, alors toutes les loges se développent, et le xyloma forme des taches pleines, convexes dans le centre ; dans l'un et l'autre, la partie de la feuille qui l'entoure devient jaunâtre.

818. Ajoutez en synonyme :

Xyloma ilicis. Schleich. cent. exs. n. 84.

820. Ajoutez à la synonymie :

Variolaria salicis. Bouch. Fl. abbev. p. 98.

822. Ajoutez à la synonymie :

β. *Hysterium berberidis.* Schleich. cent. exsic. n. 82.

824. *Lisez :* sur les écailles des cônes de pins et de sapins.

826*. Hypoderme du frêne.   *Hypoderma fraxini.*

Hysterium fraxini. Pers. Disp. p. 5. Syn. p. 100. — *Sphæria sulcata.* Bolt. Fung. t. 124. ex Pers.

Il naît sur l'écorce du frêne, quelquefois solitaire, quelquefois réuni en grouppes peu serrés ; il perce l'épiderme, et forme un tubercule noir, oblong, marqué à la surface supérieure d'une fente longitudinale, assez profonde, et dont les bords sont tuméfiés et obtus : sa longueur est de 2-5 millim.

828*. Hystérium étroit. *Hysterium angustatum.*

Hysterium angustatum. Pers. Syn. p. 99.

Cet hystérium croît sur les bois morts dénudés d'écorce ; il forme à leur surface des raies noires, proéminentes, étroites, très-alongées, et dirigées le long des fibres du bois : chacune de ces raies, vue à la loupe, présente une fente longitudinale à sa face supérieure ; la largeur de cette plante n'est pas d'un millim. ; sa longueur est d'abord de 2-4 millim. ; mais elle atteint jusqu'à 2 centim. de longueur, soit par l'alongement de la même plante, soit par la soudure de plusieurs.

925*. Calycium couleur de soufre. *Calycium sulfureum.*

Calycium sulphureum. Schrad. ex Schleich. cent. exs. n. 79. — *Calycium viride.* Pers. aun. ust. st. 7 ? — *Lichen lygodes.* Ach. Prod. 86?

Sa croûte est composée de globules assez gros, arrondis, adhérens, d'un jaune assez vif et légèrement verdâtre, surtout quand la plante est humide ; les pédicelles sont grêles, cylindriques, longs de 5-6 millim., souvent tortus, de la même couleur que la croûte, terminés par une petite tête globuleuse, d'abord jaunâtre, et qui devient brune à la maturité. Ce joli calycium croît sur l'écorce des arbres demi-pourris.

1006. Ajoutez en synonyme :

Lichen candidus. Thor. chlor. Land. p. 456.

1009. Ajoutez en synonyme :

Lichen vallesiacus. Schleich. cent. exsic. n. 75.

1084. On le trouve aussi sur les bouleaux nains.

FIN DES ADDITIONS DU TOME SECOND.